Origin
学术图表

张敏◎编著

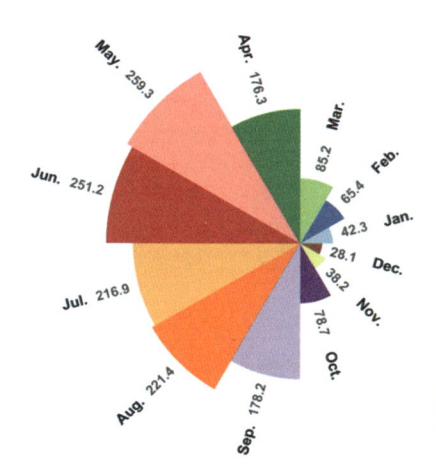

电子工业出版社
Publishing House of Electronics Industry
北京·BEIJING

内 容 简 介

本书基于 Origin 2025 中文版，结合编者多年的学术图表绘制经验，兼顾学术图表的实用性和美观性，大范围地介绍学术图表的绘制方法和技巧。全书共 9 章，深入浅出地介绍了学术图表的技术指标和要求，以及 Origin 的基本操作，并按照点、线、面、体的形态演变，以及直角坐标系、3D 坐标系、极坐标系和三元坐标系的坐标体系递进逻辑，全面讲解了 Origin 支持的关系型、比较型、构成型和分布型图表的源流与绘制方法，以及 Origin 进阶绘图技巧和统计分析方法。通过阅读本书，读者可以在较短的时间内掌握如何使用 Origin，并对学术图表的底层逻辑有进一步的理解，从而很好地处理科研工作中的图表问题。

本书注重学术图表的源流和应用，示例丰富，内容翔实，既适合作为高等院校和科研院所科技绘图与数据分析教学用书，又是科研工作者和工程技术人员必备的工具书。

未经许可，不得以任何方式复制或抄袭本书之部分或全部内容。
版权所有，侵权必究。

图书在版编目（CIP）数据

Origin 学术图表 / 张敏编著. -- 北京 : 电子工业出版社, 2025. 7. -- ISBN 978-7-121-50503-4
Ⅰ. O245
中国国家版本馆 CIP 数据核字第 20254LM881 号

责任编辑：石 倩
印　　刷：中国电影出版社印刷厂
装　　订：中国电影出版社印刷厂
出版发行：电子工业出版社
　　　　　北京市海淀区万寿路 173 信箱　　邮编：100036
开　　本：720×1000　1/16　　印张：24　　字数：544 千字
版　　次：2025 年 7 月第 1 版
印　　次：2025 年 7 月第 1 次印刷
定　　价：129.00 元

凡所购买电子工业出版社图书有缺损问题，请向购买书店调换。若书店售缺，请与本社发行部联系，联系及邮购电话：(010) 88254888，88258888。
质量投诉请发邮件至 zlts@phei.com.cn，盗版侵权举报请发邮件至 dbqq@phei.com.cn。
本书咨询联系方式：faq@phei.com.cn。

前　言

学术图表是学术成果的精华。准确、美观的学术图表不仅能充分传达学术意图，还能使论文和著作"锦上添花"。Origin 是 OriginLab 公司开发的一款用于数据分析和科学绘图的专业软件，简单易学、操作灵活、功能强大，可以满足大多数统计、分析和绘图需求，故受到越来越多科研工作者的青睐。

大多数学术图表是根据图表外观进行分类的。有些图表虽外观相同，但因在不同软件中的实现方法不同，故在不同软件中的分类不同，无法很精确地区分。本书尽量从图表的底层逻辑去组织和讨论不同的学术图表。

1. 本书定位

本书既适合作为高等院校和科研院所科技绘图与数据分析的教学用书，又是科研工作者和工程技术人员必备的工具书。

2. 中心内容

全书共 9 章。第 1 章是学术图表绘制基础，第 2 章是 Origin 的基本概念和操作，第 3 章是 Origin 绘图基础，第 4 章是关系型图表，第 5 章是比较型图表，第 6 章是构成型图表，第 7 章是分布型图表，第 8 章是 Origin 进阶绘图技巧，第 9 章是 Origin 统计分析方法。其中，前 3 章是使用 Origin 绘制学术图表的基础。

第 1 章 介绍了学术图表的基本概念、学术期刊对图片的要求、学术图表要求要点、图片的基本知识，以及图表的分类等内容。

第 2 章 介绍了 Origin 的基本知识、Origin 界面、文件类型、项目组织，以及工作簿和矩阵操作等内容。

第 3 章 介绍了 Origin 绘图的基础操作，包括 4 种数据输入方法、2 种数据格式、4 处绘图入口、2 种常规绘图方式、3 方面绘图细节设置等内容。

第 4 章 按照点、线、面、体的形态演变，以及直角坐标系、3D 坐标系、极坐标系和三元坐标系的坐标体系递进逻辑，介绍了相关关系型图表、流向关系型图表和函数关系型图表的绘制等内容。

第 5 章 以柱状图和条形图为核心，介绍了基础比较型图表的绘制，并介绍了复合比较型图表的 4 种关系：交错、分隔、堆积和堆叠等内容。

第 6 章 以饼图和环形图为核心，主要包括 Origin 中的饼图、部分分组图、部分专业图，介绍了构成型图表的绘制等内容。

第 7 章 以直方图、箱线图、小提琴图等描绘数据分布特征的图表为核心，主要包括 Origin 中的统计图、部分专业图，介绍了分布型图表的绘制。

第 8 章 介绍了多轴绘图、多窗格绘图、自定义配色方案和主题绘图、自定义模板绘图、图形输出和排版组图等内容。

第 9 章 介绍了描述统计、假设检验、方差分析、非参数检验、功效和样本量大小分析、生存分析、ROC 曲线共 7 种统计分析方法。

3. 适用范围

本书所有图表绘制内容均是在 Origin 2025 中完成的，核心内容在 Origin 系列软件中具有通用性，大部分内容适用于 Origin 2018～2024。相比其他优秀的 Origin 绘图类图书，本书主要介绍了绘图和统计分析两大模块，对示例的选取要求尽量明白畅晓，避免出现太过专业和小众的问题，力求不同专业背景的读者都能理解。在绘图过程中，本书充分使用了软件内置数据、绘图模板和绘图主题。如果需要专业应用，那么需要读者结合专业背景并遵循本书介绍的基本方法进行操作。

虽然本书的编写力求叙述准确、完善，但由于编者知识与能力有限，书中存在疏漏在所难免，欢迎广大读者给予批评与指正，以提高本书的质量。此外，Origin 在多年发展过程中，不断完善帮助文档、模板库及 Learning Center，已自带庞大的资源库与知识库，仅靠本书内容亦难窥其全貌，读者可以根据需要深入学习。

在本书编写的过程中，广州原点软件有限公司（美国 OriginLab 公司的中国分公司）提供了当下最新版软件，OriginLab 技术服务经理 Echo 提供了大量的技术支持，电子工业出版社的石倩老师对本书内容给予了指导，在此对他们表示衷心感谢。

编 者

2025 年 1 月 16 日

目　　录

第1章　学术图表绘制基础 1

1.1　学术图表的基本概念 1
1.2　学术期刊对图片的要求 3
1.3　学术图表要求要点 7
1.4　图片的基本知识 7
1.4.1　图片的类型与格式 7
1.4.2　图片的物理尺寸和标注 10
1.4.3　图片的分辨率 11
1.4.4　图片的颜色模式 14
1.4.5　图片的色彩深度 17
1.4.6　图片大小和占用空间 18
1.4.7　图片大小的调整方法 19
1.5　图表的分类 24
1.5.1　按照图表外观分类 24
1.5.2　按照图表展示的数据关系分类 26
1.5.3　Origin和本书图表分类 27

第2章　Origin的基本概念和操作 29

2.1　Origin简介 29
2.2　Origin界面 30
2.2.1　菜单栏 31
2.2.2　工具栏和按钮组 33
2.2.3　工作区 35
2.2.4　状态栏 37
2.2.5　项目管理器 37

2.2.6 对象管理器和 Apps 区域 39
2.2.7 窗口悬浮和停靠 41
2.3 文件类型 42
2.4 项目组织 43
2.4.1 项目的基本操作 43
2.4.2 自动保存和备份项目 45
2.4.3 窗口操作 45
2.5 工作簿和矩阵操作 47
2.5.1 工作簿和工作表 48
2.5.2 矩阵与矩阵表 58
2.5.3 工作表和矩阵表的直接转换 63
2.5.4 XYZ 网格化和 XYZ 对数网格化 64
2.5.5 虚拟矩阵 65

第 3 章 Origin 绘图基础 66

3.1 数据输入和查找与替换 66
3.1.1 直接输入 66
3.1.2 复制与粘贴 67
3.1.3 从数据文件中导入 69
3.1.4 使用数据连接器 77
3.1.5 数据查找与替换 81
3.2 数据格式 82
3.2.1 原始数据和索引数据 82
3.2.2 堆叠列和拆分堆叠列 83
3.3 绘图入口 84
3.3.1 工具栏绘图 84
3.3.2 "绘图"菜单绘图 84
3.3.3 Graph Maker 绘图 87
3.3.4 "添加 App"按钮绘图 88
3.4 常规绘图方式 89

3.4.1　引导式绘图 89
　　　3.4.2　模板绘图 90
　3.5　绘图细节设置 90
　　　3.5.1　Origin 图表的层级结构 90
　　　3.5.2　Origin 图表设置和美化的 3 个方面 91
　　　3.5.3　本书绘图源文件的说明 94

第4章　关系型图表 95

　4.1　相关关系型图表 95
　　　4.1.1　散点图和轴须散点图 95
　　　4.1.2　中轴散点图 104
　　　4.1.3　散点图分组 107
　　　4.1.4　火山图 113
　　　4.1.5　九象限散点图 119
　　　4.1.6　彩点图 121
　　　4.1.7　点密度图 121
　　　4.1.8　气泡图 122
　　　4.1.9　3D 散点图 126
　　　4.1.10　极坐标点图 133
　　　4.1.11　三元图 137
　　　4.1.12　点线图及其衍生图 138
　　　4.1.13　点线图分组及其衍生图 140
　　　4.1.14　3D 点线图 143
　　　4.1.15　折线图和阶梯图 144
　　　4.1.16　样条图和样条连接图 147
　　　4.1.17　极坐标点线图和极坐标面积图 148
　　　4.1.18　2D 瀑布图：Y 偏移堆积线图 149
　　　4.1.19　2D 瀑布图：分组堆积线图 151
　　　4.1.20　3D 瀑布图 154
　　　4.1.21　展平瀑布图 156

4.1.22 颜色映射的线条序列图 ... 158
4.1.23 3D 带状图 ... 159
4.1.24 平行坐标图 ... 160
4.1.25 面积图、堆积面积图和填充面积图 ... 160
4.1.26 3D 墙形图、3D 堆积墙形图、3D 百分比堆积墙形图 ... 162
4.1.27 等高线图-颜色填充 ... 163
4.1.28 带标签热图、分条热图和聚类热图 ... 166
4.1.29 极坐标等高线图 ... 170
4.1.30 三元等高线相图 ... 172
4.1.31 基础 3D 曲面图 ... 172
4.1.32 带误差棒的 3D 曲面图 ... 174
4.1.33 多个颜色映射曲面图 ... 175

4.2 流向关系型图表 ... 178
4.2.1 XYAM 矢量图 ... 178
4.2.2 XYXY 矢量图 ... 180
4.2.3 3D 矢量图 ... 180
4.2.4 极坐标矢量图 ... 181
4.2.5 罗盘图 ... 182
4.2.6 三元矢量图 ... 183
4.2.7 带状图和百分比带状图 ... 183
4.2.8 平行集图 ... 185
4.2.9 冲积图 ... 186
4.2.10 桑基图 ... 187
4.2.11 弦图和比例弦图 ... 190

4.3 函数关系型图表 ... 192
4.3.1 2D 函数图 ... 192
4.3.2 2D 参数函数图 ... 195
4.3.3 3D 函数图 ... 196
4.3.4 3D 参数函数图 ... 196

第 5 章　比较型图表...198

5.1　基础比较型图表...198
5.1.1　克利夫兰点图、垂线图、棒棒糖图和箭头图...198
5.1.2　点图分组...201
5.1.3　3D 垂线图...202
5.1.4　前后对比图和线条序列图...203
5.1.5　2D 柱状图和 2D 条形图...204
5.1.6　截断柱状图...205
5.1.7　非 0 起点柱状图...207
5.1.8　螺旋条形图...209
5.1.9　3D 条状图...209
5.1.10　径向条形图和南丁格尔玫瑰图...212
5.1.11　浮动柱状图/条形图与分组浮动柱状图/条形图...214
5.1.12　正负双向柱状图和非 0 起点双向柱状图...217
5.1.13　人口金字塔图...219

5.2　复合比较型图表...223
5.2.1　柱状图分组：交错柱状图和分隔柱状图...223
5.2.2　堆积柱状图/条形图...229
5.2.3　分组堆积柱状图...231
5.2.4　3D 堆积条状图...233
5.2.5　径向堆积条形图...236
5.2.6　堆积径向图...237
5.2.7　堆叠柱状图/条形图...238
5.2.8　子弹图和归一化子弹图...239

第 6 章　构成型图表...241

6.1　2D 饼图...241
6.2　3D 饼图...243
6.3　复合饼图...244
6.4　环形图和复合环形图...244

6.5 多层环形图 245
6.6 半图 247
6.7 多半径饼图和多半径环形图 248
6.8 切片图 249
6.9 旭日图 250
6.10 同心圆弧图 250
6.11 雷达图系列 251
6.12 圆形嵌套图 252
6.13 瀑布图系列 253
6.14 风向玫瑰图 254
6.15 不等宽柱状图和马赛克图 255

第7章 分布型图表 259

7.1 数据分布图表 259
    7.1.1 蜂群图、柱状散点图和分组散点图 259
    7.1.2 箱线图 261
    7.1.3 箱线图衍生图 262
    7.1.4 区间图 263
    7.1.5 散点间距图 264
    7.1.6 条形图及其衍生图 264
    7.1.7 小提琴图及其衍生图 265
    7.1.8 风筝图 266
    7.1.9 边际图 267
    7.1.10 脊线图 268
7.2 统计分布图表 270
    7.2.1 频数直方图和分布图 270
    7.2.2 分组频数直方图和分布图 271
    7.2.3 多面板直方图和分布图 272
    7.2.4 带轴须的密度直方图和分布图 273
    7.2.5 直方图+概率图 274

目录 | XI

7.2.6 堆积直方图 274
7.2.7 帕累托图 275
7.2.8 概率图 275
7.2.9 Q-Q 图 276
7.2.10 矩阵散点图 277
7.2.11 均值极差图 278
7.2.12 Bland-Altman 图 278

第 8 章 Origin 进阶绘图技巧 280

8.1 多轴绘图 280
8.1.1 双 Y 轴图 280
8.1.2 3Y 轴图、4Y 轴图和多 Y 轴图 282

8.2 多窗格绘图 285
8.2.1 多图层绘图：多面板图 286
8.2.2 多图层绘图：图中图 290
8.2.3 分格绘图：网格图 292
8.2.4 分格绘图：双 Y 轴网格图 295

8.3 自定义配色方案和主题绘图 297
8.3.1 自定义配色方案 297
8.3.2 复制与粘贴格式 298
8.3.3 使用图形主题 301
8.3.4 使用对话框主题 303

8.4 自定义模板绘图 304
8.4.1 个性化模板绘图 304
8.4.2 高效率模板绘图：批量绘图 307
8.4.3 高效率模板绘图：工作簿模板批处理 308
8.4.4 高效率模板绘图：克隆当前项目 310

8.5 图形输出和排版组图 313
8.5.1 复制 313
8.5.2 图形输出规范流程 316

8.5.3 期刊图形快速设置 App：Graph Publisher 322
8.5.4 布局窗口排版组图 324

第 9 章 Origin 统计分析方法 327

9.1 描述统计 327
9.1.1 列统计 327
9.1.2 行统计 329
9.1.3 统计整表 329
9.1.4 频数分布统计 330
9.1.5 离散频数统计 331
9.1.6 二维频数分布统计 331
9.1.7 正态性检验 332
9.1.8 分布拟合 333
9.1.9 相关系数拟合 334

9.2 假设检验 335
9.2.1 单样本 t 检验 336
9.2.2 单样本方差检验 337
9.2.3 单样本比率检验 337
9.2.4 双样本 t 检验 338
9.2.5 行双样本 t 检验 339
9.2.6 双样本方差检验 340
9.2.7 双样本比率检验 340
9.2.8 配对样本 t 检验 341
9.2.9 行配对样本 t 检验 342

9.3 方差分析 343
9.3.1 单因素方差分析 344
9.3.2 单因素重复测量方差分析 345
9.3.3 双因素方差分析 347
9.3.4 双因素重复测量方差分析 349
9.3.5 双因素重复测量混合方差分析 350

- 9.3.6 三因素方差分析 351
- 9.4 非参数检验 352
  - 9.4.1 单样本 Wilcoxon 符号秩检验 352
  - 9.4.2 配对样本 Wilcoxon 符号秩检验 353
  - 9.4.3 配对样本符号检验 354
  - 9.4.4 双样本 Kolmogorov-Smirnox 检验 354
  - 9.4.5 Mann-Whitney 检验 355
  - 9.4.6 Kruskal-Wallis 方差分析 356
  - 9.4.7 Mood 中位数检验 356
  - 9.4.8 Friedman 方差分析 357
- 9.5 功效和样本量大小分析 358
  - 9.5.1 单比率检验 359
  - 9.5.2 双比率检验 359
  - 9.5.3 单样本 t 检验 360
  - 9.5.4 双样本 t 检验 361
  - 9.5.5 配对样本 t 检验 361
  - 9.5.6 单方差检验 362
  - 9.5.7 双方差检验 363
  - 9.5.8 单因素方差分析 363
- 9.6 生存分析 364
  - 9.6.1 Kaplan-Meier 估计 364
  - 9.6.2 Cox 模型估计 366
  - 9.6.3 Weibull 拟合 368
- 9.7 ROC 曲线 369

第 1 章

学术图表绘制基础

学术图表是科研结果十分直观及有效的展现方式，直接支撑科研结果，在学术论文、报告、基金申请和结题报告中具有极其重要的作用。学术图表的一个重要特征是具有自明性，意思是读者只阅读图表就能够迅速读懂图表的意思，而不需要去反复翻阅文稿。因此，为了更好地呈现科研结果，科研工作者需要精心设计与绘制学术图表。

1.1 学术图表的基本概念

学术图表分为学术图片（见图 1-1-1）和学术表格，学术表格在形式上比较简单，几乎所有的学术期刊都要求学术表格为三线表。因此，在本书开头先使用较小的篇幅介绍三线表的相关要求，剩下章节将讲述如何使用 Origin 绘制学术图片中的数据图（Data Graphic）。

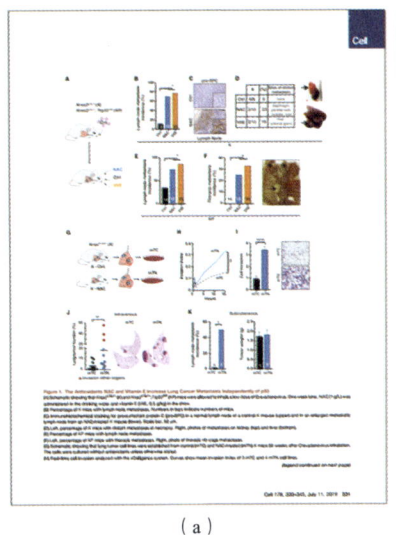

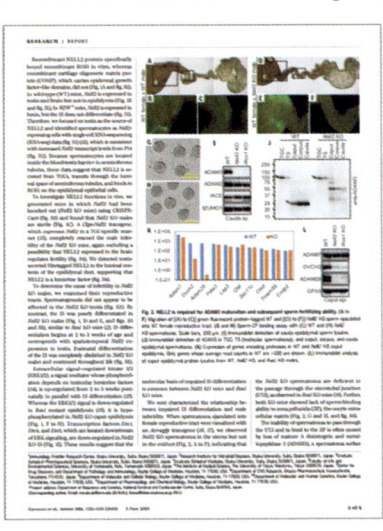

(a) (b)

图 1-1-1 学术图片

三线表以形式简洁、功能分明、阅读方便而在科技论文中被推荐使用。标准三线表包括表序、表题、项目栏、表体、表注，如图 1-1-2 所示。其中，表序和表题在表格顶部，表注在表格底部。这与图片不一样，图片的图序、图题和标注（Figure Legend）都在图片底部。表注一般要求使用简洁明了的文字，描述表格的目的、统计分析方法、标注符号，以及所反映的结果，使表格具有自明性的特点。

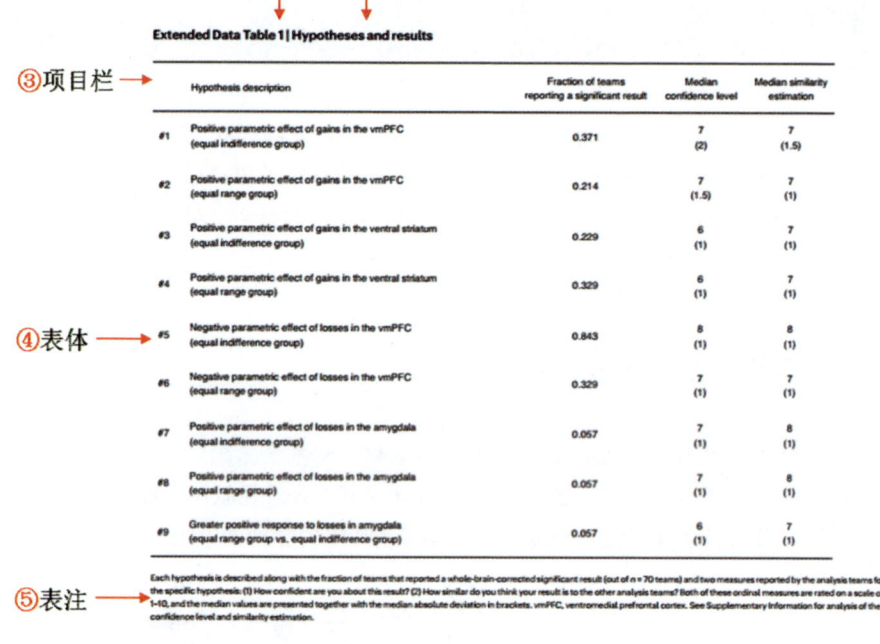

图 1-1-2　标准三线表

三线表通常只有 3 条水平线，即顶线、底线和栏目线，表格两端及内部一般都没有竖线和斜线。为了美观，有些期刊会将顶线和底线设置为粗线，将栏目线设置为细线。当然，这并不绝对，也可以将 3 条水平线设置得粗细一样。但是三线表并不一定只有 3 条水平线，在必要时可以添加辅助线，如在项目栏中添加用于区分二级分类的水平线，在表题中添加用于区分子表格的水平线，但无论添加多少条辅助线，其仍称三线表。

俗话说"一图胜千言（A picture worth a thousand words (of explanation)）"，这句话用在科研领域更是如此。比起学术表格，一张规范、准确、简洁的图片能够更好地向人们呈现科研工作者的研究成果。甚至在大多数审稿人那里，在评审一篇论文时，通常先看摘要，大致看一看论文的结构，然后重点放在论文的图片上面。如果论文的图片出彩，那么审稿人对该论文的印象会非常好，这对论文的录用与否具有关键作用。因此，高质量的图片无疑极其重要。

1.2　学术期刊对图片的要求

不同学术期刊对提交的图片均有所要求，具体要阅读所投稿的学术期刊的稿约（Information/Instruction for Authors）一类文件，这些文件中往往会单独列出一部分，用于描述对图片的要求，如图 1-2-1 所示。需要注意的是，为了减少投稿系统的负担，不少学术期刊对提交的图片往往有初投版本（For Peer-Review Submission）和接收版本（For Post-Acceptance）的区分，初投版本只是外审的电子版，对图片质量的要求较低，而接收版本需要用于印刷生产，对图片质量的要求较高。

图 1-2-1　稿约中对图片的要求

不同学术期刊对图片的要求略有差异，但是其核心要求是相同的。下面以 Cell 期刊为例，介绍学术期刊对图片的要求。进入 Cell 期刊主页，单击"For authors"→"Figure guidelines"链接，可以看到该期刊对图片的基本要求，即 Cell Press Digital Image Guidelines。Cell 期刊对图片的基本要求（部分）如图 1-2-2 所示。

总结基本要求中的要点，会发现基本要求包括图片的物理尺寸、版式设计、标注字体、线条粗细、填充颜色、大小、格式、分辨率、颜色模式等，如表 1-2-1 所示。

4 | Origin 学术图表

图 1-2-2　Cell 期刊对图片的基本要求（部分）

表 1-2-1　Cell 期刊对图片的基本要求

基 本 要 求	要 点 解 读	知 识 点
Each figure should be able to fit on a single 8.5 × 11 inch page. Please do not send figure panels as individual files. We use three standard widths for figures: 1 column, 85 mm; 1.5 column, 114 mm; and 2 column, 174 mm (the full width of the page). Although your figure size may be reduced in the print journal, please keep these widths in mind. For Previews and other three-column formats, these widths are also applicable, though the width of a single column will be 55 mm.	图片不能超出 8.5×11inch（1inch=2.54cm）的页面大小，这个页面大小是美国通用的纸张尺寸（Letter），Letter 的大小跟我们常见的A4 纸差不多。不要以单个分图的形式提交图片，而要把相关的小图组合成大图。接受 3 种尺寸的图片：单栏图片，85mm 宽；1.5 栏图片，114mm 宽；双栏图片，174mm 宽。有些杂志把它们描述为半版图、2/3 版图和整版图。对于预览文章和其他三栏格式的文章，虽然每栏都是 55mm，但这 3 种尺寸的图片也是适用的	物理尺寸、版式设计
Different panels should be labeled with capital letters, and Helvetica or Arial font should be used for any text. Line or stroke width should not be narrower than half a point, and gray fills should be kept at least 20% different from other fills and no lighter than 10% or darker than 80%.	使用大写字母标注图片中的小图面板，文本使用 Helvetica 或 Arial 字体。线条或描边不应该窄于 0.5 磅，不同填充灰色之间至少要相差 20%，不淡于 10%和深于 80%。意思是要注意不同颜色之间的区分。如果使用灰色作为填充颜色，那么不同灰色之间的差异要明显一点，否则两个相似的灰色很难区分。因为灰色在浅到一定程度时难以跟白色区分、在深到一定程度时难以跟黑色区分，所以不要使用太浅和太深的灰色，以免和白色、黑色混淆	标注字体、线条粗细、填充颜色

第 1 章　学术图表绘制基础　|　5

续表

基 本 要 求	要 点 解 读	知 识 点
Files should be provided in accordance with the following: • Figures should be submitted as separate files. • For initial submission, we prefer TIFF or PDF figure formats. We will also accept JPEG or EPS files. PDF file size should be less than 3 MB. • For final production, we prefer high-resolution TIFF or PDF files.* Each figure file should be no more than 20 MB. • For color figures, the resolution should be 300 dpi at the desired print size. • For black and white figures, the resolution should be 500 dpi at the desired print size. • For line-art figures, the resolution should be 1,000 dpi at the desired print size. • Make sure that any raster artwork within the source document is at the appropriate minimum resolution. • When color is involved, it should be encoded as RGB. • Always include/embed fonts and only use Helvetica or Arial fonts. • Limit vertical space between parts of an illustration to only what is necessary for visual clarity. • Line weights should range from 0.35 to 1.5 pt. • When using layers, reduce to one layer before saving your image (Flatten Artwork). • A scale bar, rather than magnification, must be provided for any micrographs.	这条中罗列了非常多小的知识点，每个知识点对初学者而言都是陌生的。 • 图片要作为单独的文件来提交，主要是指不要把图片放到 Word 中一起提交。 • 对于用于同行评审的初始提交版本，图片格式最好是 TIFF 或 PDF。当然，也接受 JPEG 或 EPS 格式，但每个图片均不能大于 3 MB。 • 对于用于印刷生产的最终版本，图片格式应为具有高分辨率的 TIFF 或 PDF。每个图片均不能大于 20 MB。 • 对于彩图，在满足所设定的打印物理尺寸的情况下，分辨率为 300 dpi。 • 对于黑图和白图，在满足所设定的打印物理尺寸的情况下，分辨率为 500 dpi。 • 对于线图，在满足所设定的打印物理尺寸的情况下，分辨率为 1000 dpi。 • 确保提交的位图满足最小分辨率要求。 • 在有颜色时，颜色模式为 RGB。 • 嵌入图片的字体为 Helvetica 或 Arial。 • 插图（小图）之间的空隙不要太大，能区分就行。 • 线条粗细为 0.35～1.5 磅。 • 如果图片有图层，那么一定要合并图层。 • 显微图片应使用比例尺，而非放大倍数	大小、格式、分辨率、颜色模式、标注字体、插图之间的空隙、线条粗细、合并图层、比例尺

Cell 期刊对图片的基本要求还强调了图片格式最好是 TIFF 或 PDF。对于位图，无论是灰

度图还是彩图，都建议使用 TIFF 格式和 LZW 格式进行压缩。如果把图片放到 Office 中，那么要将图片转换为 PDF 格式，同时确保放进去的图片满足最低分辨率要求，在 Office 中不要缩小或放大图片，以免图片质量下降。如果用到 AI 格式（使用 Adobe Illustrator 生成的文件格式），那么需要嵌入所有字体（类似于 PPT 嵌入字体）和图片，而不能使用链接，以免字体和小图丢失。

Cell 期刊对图片的基本要求还列举了一些常见图片问题的解决方法。例如，如果不懂各种图片格式，那么可以使用常见的图片处理软件，如 Adobe Photoshop、Adobe Illustrator、Canvas、ChemDraw、CorelDRAW、SigmaPlot、OriginLab 等，通过"另存为"命令或"导出"命令将图片存储为 PDF 格式。单个图片大小的上限是 20 MB。为了减小图片，可以合并图层或在允许的范围内降低图片的分辨率。如果是 TIFF 格式的图片，那么使用 LZW 格式进行压缩就是标准操作；如果是 PDF 格式的图片，那么可能需要选择"文件"→"另存为"→"减少 PDF 文件大小"命令。当实在没办法时，建议联系杂志社寻求帮助。

此外，Cell 期刊对摘要图也有要求。摘要图在文章前面，是用于概括整个研究内容的示意图，有助于读者快速理解文章内容。不是所有学术期刊都有摘要图，但越来越多高质量的学术期刊开始使用摘要图。摘要图在参数上的要求和文章中的图片的要求有所差异，但是和稿约中的图片的要求基本上是一致的。Cell 期刊的摘要图及对其的要求如图 1-2-3 所示。

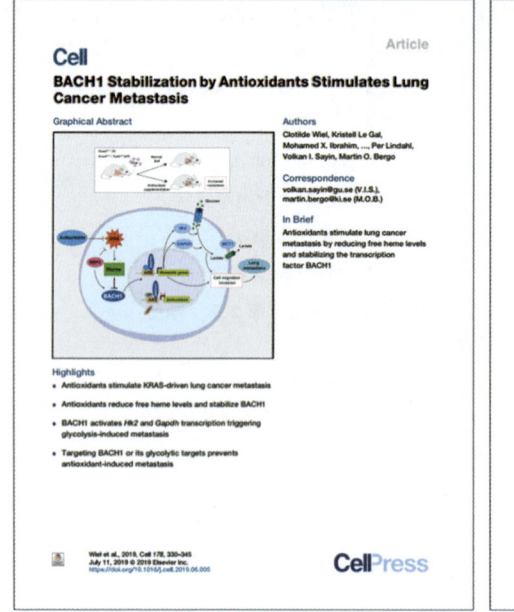

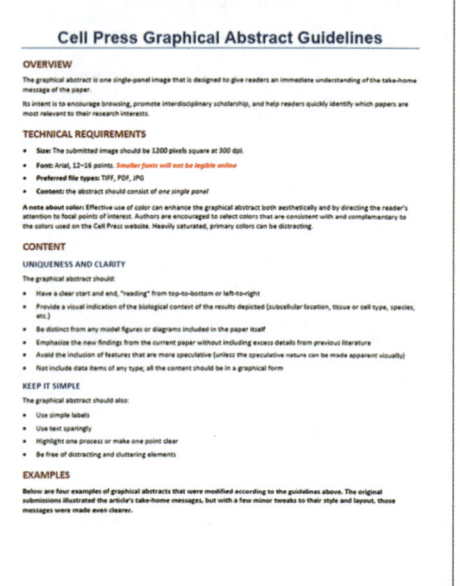

（a） （b）

图 1-2-3　Cell 期刊的摘要图及对其的要求

1.3 学术图表要求要点

不同学术期刊对图表的要求不一样。综合大量学术期刊对图表的要求来看，可以总结出以下要点。

（1）图片的物理尺寸、分辨率、颜色模式、格式要符合规范。

（2）插图上的元素要对齐，字体应符合要求，相同类型的文字大小应统一，字号一般为5～12磅。

（3）线条粗细应统一。

（4）所有图片格式应统一，前后一致。

（5）内容相关的图片应被组合在一起。

（6）图片大小应合适，空白处不可过多。

（7）可以仿制并标注，但不可以从书本或杂志上扫描图片，可以向出版社索要原始图片。

（8）在选择上，图片优于表格，但有时选择表格更方便。

（9）图表要有简明扼要的说明，但不能和文章论述相同。

（10）图表要与文字相关联，使用的图表在文中一定要依次提及，不可独立。

（11）图表虽然含有大量信息，能使文章简洁明了，但是要尽量节省空间。

1.4 图片的基本知识

1.4.1 图片的类型与格式

1. 根据产生来源的不同划分

图片的类型比较复杂。根据产生来源的不同，图片大概可以分为3种类型，即成像图、数据图和示意图。图片的分类及处理效果如图1-4-1所示。

1）成像图

成像图（Image）是使用成像设备采集目标对象的光信号生成的图片，如相机、成像系统、显微镜、扫描仪等拍摄的照片。这种图片往往需要使用Adobe Photoshop等软件进行剪裁，以及大小和对比度调整等简单操作，才能成为规范的科研图片。在采集图像时，应尽可能采集高清（高分辨率）、无损的图片，且注意记录采集时间、采集条件、采集设备等元数据，一般要求将这些数据存储为TIFF格式。

2）数据图

数据图（Data Graphic）是将科研过程中产生的原始数据进行合理的统计分析后，可视化呈现的规律的图片。数据图主要包括使用软件绘制的各种点图、柱状图、箱线图等，使用的软件有 Origin、R 语言、Python、Excel 等。生成的图片要被保存成具有高分辨率的 TIFF 格式或 EPS 格式等，以备后续使用，同时应注意保存原始数据。这种图片的绘制正是本书要重点讲述的。

需要注意的是，可以对成像图量化后生成数据图，如对生命科学领域较为常见的 Western Blot 电泳图量化后生成柱状图，常用的软件有 Image J 、Image Pro Plus 和 Adobe Photoshop 等。

3）示意图

示意图（Illustration）是将科研构思通过绘制的方式形象地展现出来的图片。常见的示意图有流程图、信号通路图、机制图等，常用的软件有 Adobe Illustrator、C4D 等。

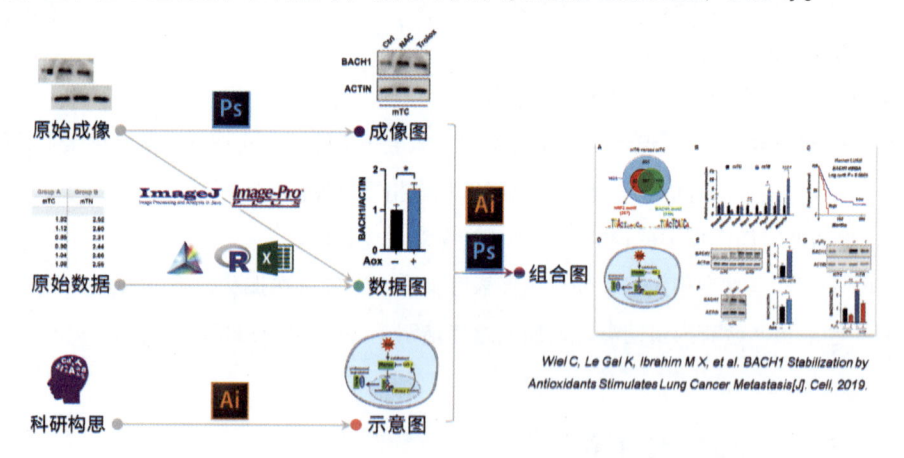

图 1-4-1　图片的分类及处理效果

2. 根据在显示屏上呈现方式的不同划分

根据在显示屏上呈现方式的不同，图片可以分为位图和矢量图两种，如图 1-4-2 所示。

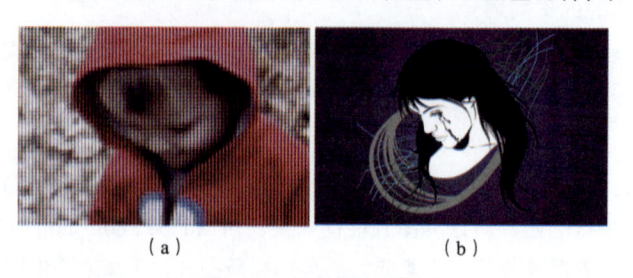

图 1-4-2　位图和矢量图

1）位图

位图（Bitmap）也称点阵图或栅格图，是使用称之为"像素"的一个一个点来表示的图像。每个点都记录着成像时的光影信息，当点足够密集时，记录的光影信息相当丰富，能够清晰地表示图像。如果放大图像，让单位面积内的点变少，单个点变大，那么位图将逐渐呈现出马赛克效果。因此，当单位面积内的点足够多时，多次放大之后仍然能保持一个较高的像素密度，这种"耐放大"也就是人们常说的"分辨率高"（位图的分辨率是一个重要的概念，下文会详细讲述）。观察生活中常见的十字绣能比较形象地理解这种形式。常见的位图格式有 TIFF、JPG、BMP、PNG、GIF，以及 Adobe Photoshop 的 PSD、Corel PHOTO-PAINT 的 CPT 等。

大多数学术期刊会要求将位图存储为 TIFF 格式，这是一种通用的无损位图格式，是美国显微学会唯一推荐的科研位图格式。单纯从显示效果来说，分辨率高的有损位图格式也足以满足视觉需求，不少学术期刊也接收 JPG 等有损位图格式的图片，但如果涉及图像分析和计算，建议还是将其存储为 TIFF 等无损位图格式。

2）矢量图

矢量图（Vectorgram）是使用函数定义的直线和曲线，根据几何特性绘制的图形。因为矢量图中的每条直线、曲线或每个图形元件都可以单独编辑，因此在数据绘图软件中可以修改绘制的矢量图的线条、填充颜色、大小、位置等属性。矢量图只能靠软件生成，使用数据绘图软件绘图时生成的都是矢量图，但最终导出的可以是位图，也可以是矢量图，建议导出为矢量图，以便后续处理。常见的矢量图格式有 Adobe Illustrator 的 AI 和 SVG、CorelDRAW 的 CDR、AutoCAD 的 DWG 和 DXF 等。

矢量图与位图最大的区别是，矢量图没有分辨率的概念，可以任意缩放，图形的清晰度保持不变，矢量图在缩放的过程中定义的直线或曲线的函数关系并不会发生改变，只会改变自变量和因变量；而位图以高倍率放大，像素放大会产生锯齿和马赛克效果。矢量图和位图的放大效果对比如图 1-4-3 所示。

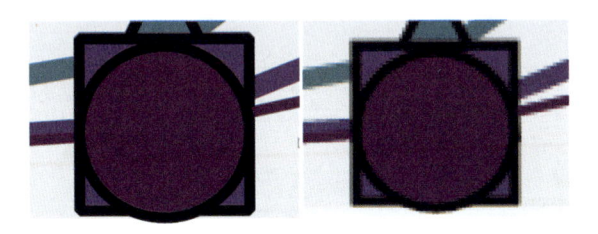

图 1-4-3　矢量图和位图的放大效果对比

由于矢量图的每条线、每个图形的属性都只能由软件通过一系列算法产生，因此其在画面精细程度上面一般不如位图。此外，矢量图表现的色彩比较单一，细节信息较少，所占用的空间较小；位图表现的色彩比较丰富，且细节信息越多，占用空间越大；图像越清晰，占用空间越大。

使用软件的栅格化功能，可以很轻松将矢量图转换为位图，而要想将位图转换为矢量图必须经过复杂的数据处理和模拟运算，且生成的矢量图的质量一般很难令人满意。位图和矢量图的区别如表 1-4-1 所示。

表 1-4-1　位图和矢量图的区别

项　　目	位　　图	矢　　量　　图
图形表示	使用点来表示	使用函数定义的直线和曲线来表示
放大效果	模糊、失真	依然清晰
信息量	多	少
文件大小	相对较大	相对较小

这里需要特别说明的是，在本书体系中，"图片"或"学术图片"是比较广泛、通俗的表述，泛指各种图或组合图，不考虑或无法考虑其构成方式或产生来源。若特意使用"图像"一词，则描述的是成像图，等同于位图；若使用"图形"一词，则是指软件生成的数据图，等同于矢量图。

1.4.2　图片的物理尺寸和标注

1. 图片的物理尺寸

人们在论文中看到的图片的英文为 Figure，而非 Image。这是因为论文中几乎不会直接使用从成像设备或绘图软件中获取的图片，基本都要经过排版组图（也叫布局，Layout），即根据论据相关性将科研活动直接产生的图像（Image）、图形（Graphic）和示意图（Illustration）作为小图组合成大图（Figure）。各类绘图软件虽然基本都配备了排版组图功能，但便捷性不足，一般还是会使用 Adobe Photoshop 和 Adobe Illustrator 等第三方软件来排版组图。

在进行将小图组合成大图的排版组图时遇到的首个问题就是，将图片的物理尺寸设置为多大，即长宽各是多少毫米。图片的物理尺寸并不能随意设置，而由图片的版式决定。根据研究获得的数据量、重要程度，应先确定图片的版式，如单栏、1.5 栏、双栏等，如图 1-4-4 所示。

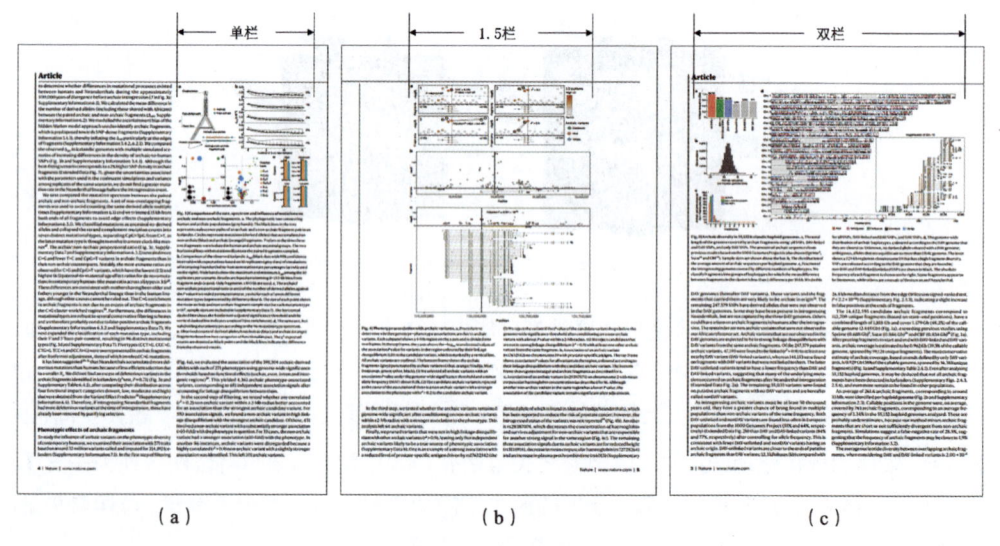

(a)　　　　　　　　(b)　　　　　　　　(c)

图 1-4-4　图片的版式

不同学术期刊对上述 3 种版式的宽度有具体的要求，如 Nature 期刊要求单栏图片的宽度为 89 mm，而 Cell 期刊要求单栏图片的宽度为 85 mm。确定宽度之后，高度由作者根据内容量来自行决定，但不能超过学术期刊页面的排版边界。从操作上来说，一般先严格根据学术期刊的要求设定不同版式对应的宽度，将高度设定为一个不超过排版边界的较大值，在排版组图之后剪裁掉多余的高度。

如果一开始不是很确定内容量，那么也可以在排版组图过程中根据实际情况进行调整。此外，在排版组图时要注意取舍，只保留具有代表性的小图，可以将不是太重要的图片放到补充材料中。

在软件中设定宽度和高度时，还需要根据学术期刊的要求为不同类型的图片设定分辨率，分辨率的概念和设定要求将在 1.4.3 节中介绍，此处不再赘述。

2．图片的标注

在排版组图过程中除需要对其中的小图进行剪裁、白平衡调整、角度旋转等简单操作之外，可能还需要进行一些标注，包括数字（Number）标注、字母（Letter）标注、箭头（Arrow）标注及符号（Symbol）标注等。对小图的字母标注，以及图表中的线条粗细、图例等应该进行相应的调整。

稿约中对所用字体、文本大小、描边或线条粗细都有明确的规定，不同学术期刊的要求存在差异，但一些经验基本上是相通的，如 Figure 中一般用 Arial、Helvetica 等非衬线字体，也有少量学术期刊的图片中用 Times New Roman 这种衬线字体；文本大小一般在 4.5～12 磅范围内；描边或线条粗细一般在 0.25～1.5 磅范围内。根据经验，8 磅的文字、1 磅的线条粗细满足大多数学术期刊的要求。

此外，不能将图题、标注直接放到图片上，往往需要单独使用一页对图片进行标注。

1.4.3　图片的分辨率

分辨率是位图独有的概念，矢量图不存在分辨率的说法。在处理学术图片时，分辨率首先是指在长度、宽度两个维度上像素的乘积，如图 1-4-5 所示。其中，"1536×1536" 表示在长度、宽度两个维度上各有多少像素。有效像素越多，说明对同样大小的场景记录的信息就越多，图片的细节就越丰富。

而像素是电子元器件记录的某个点的光影信息，本身其实是没有物理大小的。如果没有物理大小，那么像素将不能再次被可视化展现，必然要人为赋予一个形象的物理大小。例如，绘制折线图，让整个图片大小符合投稿的版式要求，并把线条粗细设置成 0.5～1.5 磅大小不等。

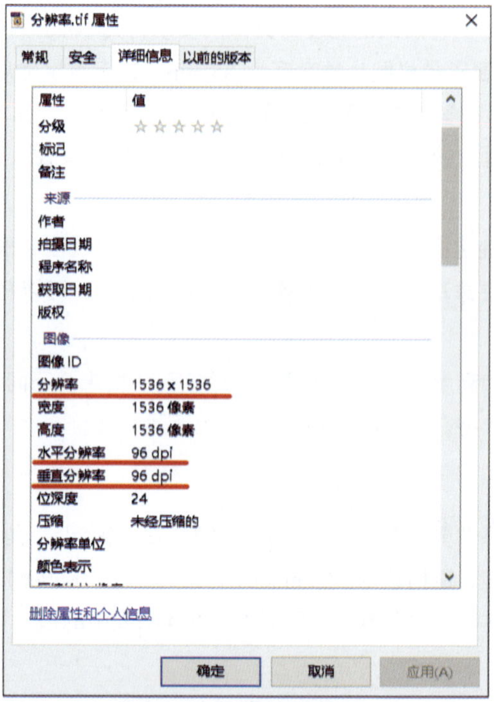

图 1-4-5 图片的分辨率

因此，在对像素进行可视化展现时，要通过设置 ppi（pixels per inch，像素每英寸）或 dpi（dots per inch，点每英寸）来对长度、宽度这两个维度上的像素进行安排，在此过程中自然就为像素指定了物理大小。例如，300 ppi 表示在 1inch 长度上安排 300 个点，如果点是正方形，那么其边长就是 25.4/300≈0.0847mm。

如果以 300 ppi 安排分辨率为 1536 像素×1536 像素的图片（图像），那么可以将其安排成边长为 1536/300=5.12inch=13.0048cm 的正方形的展示效果。dpi 和 ppi 的意思类似，不过 ppi 一般用于电子显示屏的输出上，而 dpi 用于打印机的输出上。因此，如果将如图 1-4-5 所示的分辨率为 1536 像素×1536 像素的图片按照 300 ppi（dpi）打印，那么打印出来的是边长为 13.0048cm 的正方形。

比较容易和乘积式分辨率混淆的是，ppi 和 dpi 又叫分辨率，且在期刊投稿中这两个分辨率（尤其是 dpi）使用的次数较多。学术期刊要求不同类型的位图使用不同大小的 dpi，但是在使用一些软件处理位图时，调整的其实是 ppi。使用 Adobe Photoshop 调整位图的分辨率，如图 1-4-6 所示。因此，如图 1-4-5 所示的水平分辨率 96 dpi 和垂直分辨率 96 dpi 中的单位 dpi，严格来说属于微软的误用，正确的应该为 ppi。

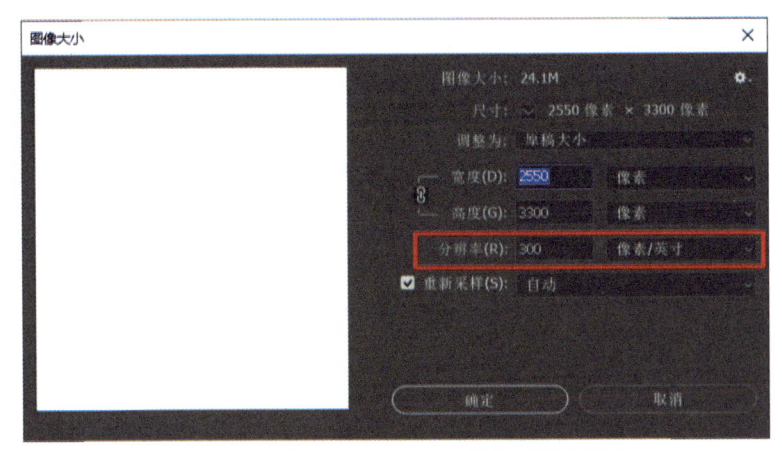

图 1-4-6　使用 Adobe Photoshop 调整位图的分辨率

　　ppi 或 dpi 除给指定像素的物理大小之外，还指定像素密度，如 600 ppi 比 300 ppi 在同尺度上安排的像素点就要多一倍。像素密度越高，位图越清晰，但是超过肉眼能够识别的精度或屏幕上显示精度之后再提高像素密度就没有太大意义了，这是因为看不到或显示不了，这样反而会使位图变得特别大，如图 1-4-7 所示。

图 1-4-7　像素密度高到一定程度后位图的清晰度不变

　　因此，投稿的位图的分辨率也不是越高越好。学术期刊会结合实际印刷要求对不同类型的图片的分辨率设定不同的要求，一般分为以下 3 种。

　　（1）line artwork /lineart/monochrome：纯的黑白图没有中心颜色，往往要求分辨率最低为 1000 dpi，如常见的数据图。

　　（2）halftone artwork/half-tones：色彩深度不同的灰度图或彩图，往往要求分辨率最低为 300 dpi，如电泳图、照片等。

（3）combination artwork/Figures containing both halftone and line images：前面二者的混合图，有时也指彩图与 line artwork 的组合，往往要求分辨率最低为 500 dpi（要求分辨率为 600dpi 的学术期刊较多），往往组合的 Figure 比较常见。

图片的分辨率有常见的乘积式和 ppi（dpi）式两种表示方式。而 ppi 和 dpi 本质上可以被理解为写入图片的一个用于安排像素密度的命令，在处理图片时，二者是等效的，几乎所有学术期刊都只会用到 dpi。其实，ppi 和 dpi 有不同的历史渊源，以及最初的实际含义，后来随着应用领域的扩展，其概念一度非常混乱，在不同场合中的意义并不一样，这里不再细究。

1.4.4 图片的颜色模式

通过成像设备的感光元件可以将大自然中的光影信息，尤其是各种颜色转变为数字记录下来。由于不同厂家记录和存储光影信息的方法并不相同，因此不同成像设备获得的原始光影信息具有不同的源文件格式，如佳能单反相机的 CR2 格式、尼康单反相机的 NEF 格式，以及索尼单反相机的 ARW 格式。

记录和存储光影信息不是最终目的，还需要将记录和存储的光影信息用屏幕或印刷品再次展示出来。这就需要对光影信息的原始数据进行转换或解释，将其转换为一种大家都喜闻乐见的形式。转换后，消除了不同厂家不同记录方式造成的障碍，更容易流通，如相机如果不开 RAW 格式会默认生成常见的 JPEG 格式。

光影信息的记录和再次展示，是一个非常复杂的图像数字化的过程。其中核心的一个问题就是对颜色进行拆解记录和再次呈现，这就需要用到颜色模式的概念。简单来说，颜色模式是将某种颜色表现为数字形式的模型，或者说是数字图像世界中表示颜色的一种算法。不同颜色模式是对真实颜色尽量模拟的不同算法，这些算法依据的理论和实现方式并不相同。常见的颜色模式有 RGB 模式、CMYK 模式、HSB 模式、Lab 模式、灰度模式、索引模式等。常见的图片的颜色模式是 RGB 模式、CMYK 模式和灰度模式。

1. RGB 模式

R 代表 Red（红色），G 代表 Green（绿色），B 代表 Blue（蓝色）。自然界中肉眼所能看到的任何色彩都可以由这 3 种颜色混合叠加而成（三基色原理），也称加色模式。它需要物体本身发光，如电子显示屏上的最小发光单元被电流激发，发出三色光线，混合成人们看到的各种色彩，电视机、计算机、手机显示屏等都是利用这种模式来呈现颜色的。这种颜色模式在实际应用中，发光的电子元器件因制作工艺所限，发出的三色光线不会百分百纯正，最后混合成的颜色未必百分百准确。一个非常直观的示例是，具有相同分辨率的计算机显示屏存在偏色的问题。在科研投稿中，如果学术期刊只有电子版的，那么只要求 RGB 模式的图片即可。

2. CMYK 模式

光线照射到物体上，物体吸收一部分光线，并将剩下的光线反射，肉眼就看到了物体的色彩，这种颜色模式也因此被称为减色模式。按照这种颜色模式，就衍变出了适合印刷的 CMYK 模式。CMYK 代表印刷上使用的 4 种颜色，C 代表 Cyan（青色），M 代表 Magenta（洋红色），Y 代表 Yellow（黄色），K 代表 Black（黑色）。理论上来讲，使用青色、洋红色、黄色可以混合出各种色彩，但在实际应用中，往往难以获得高纯度的青色、洋红色和黄色，也就不能通过这 3 种颜色叠加形成真正的黑色，因此直接引入了 Black 来表示黑色。

在科研投稿中，如果学术期刊有纸质版的，那么往往要求提供 CMYK 模式的图片。但这并不绝对，有些学术期刊虽然有纸质版的，但是只要求提供 RGB 模式，这是因为把颜色记录成了数字之后，将 RGB 模式转换为 CMYK 模式是非常简单的操作。

3. 灰度模式

用单一色调表现的颜色模式，适用于黑白图或灰度图。在这种颜色模式中，把黑、灰、白的颜色分为 256 阶，最黑的颜色的编号为 0，最白的颜色的编号为 255，这 256 阶颜色变化其实就是 256 种不同明度的灰色，总共是 8 位色彩深度。电镜图、电泳图等一般都采用灰度模式。

在 Adobe Photoshop 中将 RGB 模式转换为灰度模式，可以很方便地将彩图转换为高品质的黑白图（有亮度效果）。在将彩图转换为灰度图时，所有颜色信息都将被删除。虽然 Adobe Photoshop 允许将灰度图转换为彩图，但原来已丢失的颜色信息不能再恢复。因此，在进行图片的黑白转换时要注意保存好原始图片，以免发生不可逆转的意外。

此外，由于灰度模式只有 8 位色彩深度，比起 RGB 的 24bit（或 32bit）色彩深度要更简单，把 RGB 模式改成灰度模式，将会缩小图片。

在 Adobe Photoshop 中更改图片的颜色模式的方法非常简单，先选择菜单栏中的"图像"→"模式"命令，再选择所需的颜色模式即可，如图 1-4-8 所示。

此外，还有一个与颜色模式密切相关的概念叫作色域，这个概念可以解释一些必然会遇到的现象。色域是指某种颜色模式可以表达的所有颜色的范围。前面提到，自然界中肉眼所能看到的任何色彩都可以由红色、绿色、蓝色混合叠加而成，这种说法其实是不准确的。各种颜色模式能表示的颜色都具有一个色域，超出这个色域的颜色就表示不了，而只能用最接近的颜色代替。以图 1-4-9 为例，Lab 模式的色域一般是最广的，因为它涵盖了肉眼所能看到的任何色彩——当然还有许多肉眼看不到的色彩，如红外线、紫外线等，这些色彩连 Lab 模式都不能涵盖。RGB 模式只占 Lab 模式的一部分，而 CMYK 模式覆盖的范围更小。

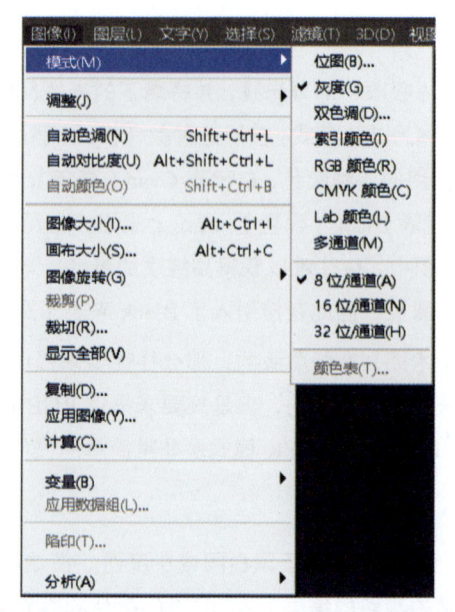

图 1-4-8　在 Adobe Photoshop 中更改图片的颜色模式

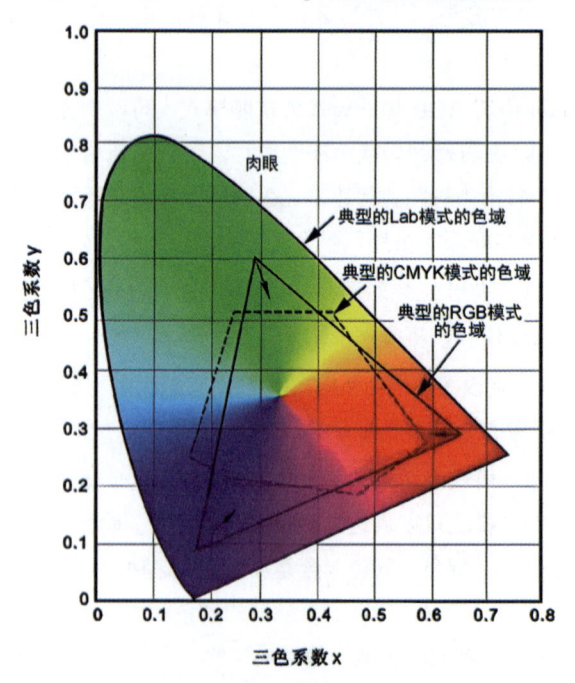

图 1-4-9　各种颜色模式的色域

RGB 模式的色域相对较窄，这意味着并非所有肉眼所能看到的色彩均能准确无误地在屏幕上展示，如金色及某些荧光色无法准确无误地在屏幕上展示。另一方面，CMYK 模式的色域与 RGB 模式的色域存在显著的重叠区域，但亦包含部分 RGB 模式所无法覆盖的颜色，这揭示了某些印刷色彩在屏幕上可能无法再现。在实际工作场景中，设计者或许会在屏幕上选定一个满意的颜色，该颜色虽位于 RGB 色域内，却可能超出了 CMYK 色域。当付诸实际打印时，鉴于以 CMYK 模式运作，打印机会自动将该颜色从 RGB 模式转换为最接近的 CMYK 模式，从而导致打印出的颜色与屏幕上显示的颜色存在明显的色差。然而，若在设计图片之初即选用 CMYK 模式，或通过软件模拟显示 CMYK 模式，并据此进行颜色的调整，则最终打印出的颜色将能较为接近屏幕上显示的颜色。科研插图一般不用太讲究这两种颜色模式的色域区分，但若为文章设计封面大图，则要注意在制作时按照输出要求，正确选择颜色模式。

1.4.5　图片的色彩深度

如果把 RGB 模式中的红色、绿色、蓝色从弱到强分为 256 阶，编号为 0～255，那么不同强弱的红色、绿色、蓝色就可以混合出 256×256×256=16,777,216 种颜色。像素的颜色值可以用 RGB（100,195,179）的形式来表示。这种图像中每个像素值都分成 RGB 模式的 3 个基色分量。各基色分量直接决定其基色强度，这样产生的色彩被称为真彩色。由于 RGB 模式能够覆盖较大的肉眼所能识别的色彩范围，应用范围非常广泛，因此有时也把 RGB 模式叫作真彩色模式。而将在一幅画面上所有光点的同一基色的强度值所构成的矩阵叫作通道。通道和像素的颜色值的表示方法如图 1-4-10 所示。

（a）　　　　　　　　　　　　　　　（b）

图 1-4-10　通道和像素的颜色值的表示方法

前面提到，可以把红色、绿色、蓝色从弱到强编号为 0～255，如果将其使用只含有 0 和 1 的二进制格式来表示，那么需要 8bit 数字才能不重复地表示其中一个编号，如 0,101,001。每位上均有 0、1 两个选择，共有 2^8=256 种排列组合，用于表示 256 阶颜色。这个"8bit"的位数被称为单通道色彩深度（Color Depth）或单通道位深度（Bit Depth）。RGB 模式中的每个像素均有 3 个通道，每个像素的色彩深度均为 8×3=24bit。因此，色彩深度是用于描述图像中各像素所使用的二进制位。在微软操作系统下的图片属性中，用"位深度"来表示色彩深度。严格来说，图片属性中的"位深度"改为"色彩深度"更合适，因为"色彩深度"和"位深度"是两个不同的概念，经常混用，这里不展开叙述。

RGB 模式中还常常会增加一个透明通道（Alpha 通道），该通道的深度是 8bit，最终 RGB 模式图片的位深度就变成了 32bit，如图 1-4-11 所示。这个透明通道单独从颜色记录的角度来说意义不大，不过在计算机桌面的显示效果上具有重要的作用，可以很方便地描绘半透明效果、渐隐效果和阴影效果等。

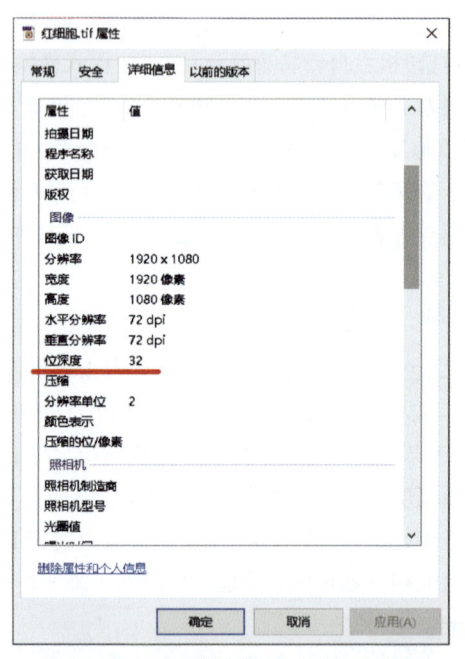

图 1-4-11　图片属性详细信息中的位深度

1.4.6　图片大小和占用空间

色彩深度有什么用处呢？除可以表示颜色精度之外，还决定着颜色信息在计算机中的存储空间，即决定着 1 像素需要多大空间来存储。

计算机存储文件最基本的单位叫作字节（Byte），1024 Byte=1KB，1 MB=1024 KB，描述的正是文件的存储空间。而 1 Byte = 8 bit，即 8 位二进制数的存储空间就是 1 Byte。有时，bit 和 Byte 都被翻译成"比特"，很容易搞混，因此一般用小写 b 表示 bit，用大写 B 表示 Byte。

在 8 位色彩深度的图片中，8 bit 刚好可以表示某个像素点某种基色的强度。因此，在 RGB 模式的 24 位色彩深度的无损图片中，1 像素的存储空间应该是 3Byte。

可以找一个成像设备拍摄的原始 TIFF 格式的图片，用其长度、宽度两个维度上像素的乘积乘以 3，查看是否等于整个图片的大小。图片的分辨率、大小和占用空间如图 1-4-12 所示。1536×1536×3=7,077,888 Byte，比实际图片大小（7,111,736 Byte）稍微大一些。这是因为图片中除了像素信息，往往还写入了其他元数据，如拍摄时间、拍摄设备、拍摄条件等信息，这些信息被统称为 Exif（Exchangeable Image File Format，可交换图像文件格式）信息。因为这些信息是可以通过一些软件来修改或删除的，所以在大多数情况下这些信息仅供参考。注意，原始图片的 Exif 信息也可用于佐证图片修改情况。

图 1-4-12　图片的分辨率、大小和占用空间

除图片大小之外，还有一个占用空间，这个值往往比图片大小要大一些。这是因为磁盘在存储文件时是把一定字节按照簇来处理的，在常见的文件系统中，簇的大小为 2～32KB。这就好比坐大巴出去旅游，导游在清点人数时并不会一个一个地清点，可能一对一对地清点或一排一排地清点，从而减少清点次数，这种一对一对或一排一排就是所谓的"簇"。使用簇的概念，可以减少寻址次数。而当向簇中存储图片信息时，就好比旅客挨个坐满一排一排的座位，但最后一排可能只坐了一人，最后旅行团占用的实际空间就比总人数占用的理论空间要大一点。

1.4.7　图片大小的调整方法

学术期刊对图片大小有限制，如 Cell 期刊的初投版本的图片大小不能超过 3 MB，而接收版本的图片大小不能超过 20 MB。此外，很明确地给出了减小图片大小的建议"合并图层、在允许的范围内降低图片的分辨率"。如果是 TIFF 格式的图片，那么使用 LZW 格式进行压缩；如果是 PDF 格式的图片，那么可能需要选择"文件"→"另存为"→"减少 PDF 文件大小"命令。此外，还可以选择合适的颜色模式。

1. 位图：合并图层和 LZW 压缩

使用 Adobe Photoshop 处理图片的一个核心概念是图层，在画布上添加的图像、文字、箭头等内容都是单独的图层。Adobe Photoshop 中的图层如图 1-4-13 所示。图层的存在可以让图片中的每个元素都能够单独编辑，但同时也会使文件大小变大。在投稿时，这些图层都应该被合并，从而减小文件大小。合并图层的方法有两种。一种是在图层面板中选择所有图层并单击鼠标右键，在弹出的快捷菜单中选择"合并图层"命令；另一种是先单击图层前面的眼睛图标，将所需的图层显示出来，再在某个图层上单击鼠标右键，在弹出的快捷菜单中选择"合并所有图层"命令，最后在菜单栏中选择"文件"→"存储为"命令，选择所需的格式（一般选择 PSD 格式或 TIFF 格式）。

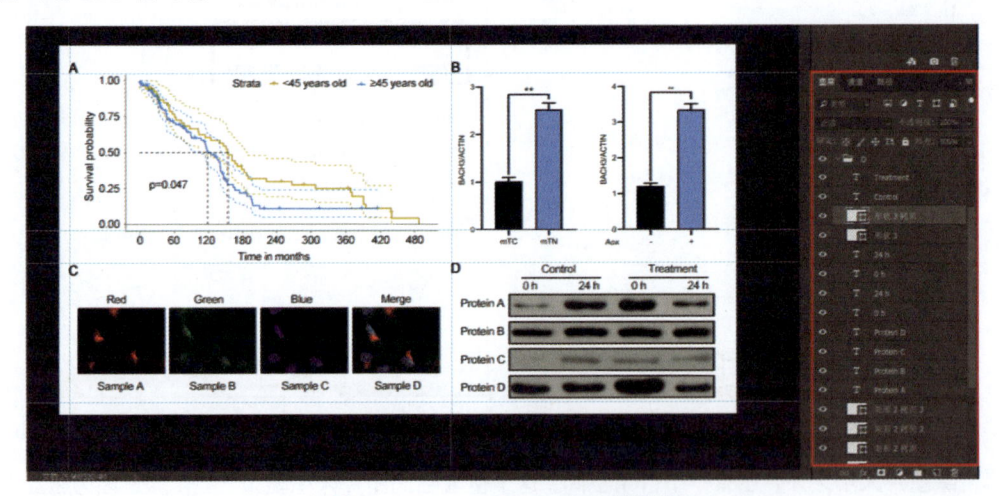

图 1-4-13　Adobe Photoshop 中的图层

除了要进行图层合并，还要进行适当压缩。如果存储为 TIFF 格式，那么可以不进行上面的操作，直接选择菜单栏中的"文件"→"存储为"命令，选择存储格式为 TIFF 格式，在弹出的如图 1-4-14 所示的"TIFF 选项"对话框中选中"图像压缩"选项组中的"LZW"单选按钮和"图层压缩"选项组中的"扔掉图层并存储拷贝"单选按钮。

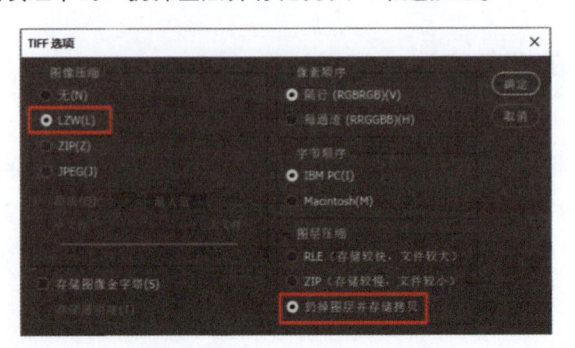

图 1-4-14　"TIFF 选项"对话框

这是图片处理中存储 TIFF 格式的图片的标准操作。以如图 1-4-13 所示的组合图为例，如果既不进行 LZW 压缩又不合并图层，那么图片大小为 41.8 MB；如果只合并图层而不进行 LZW 压缩，那么图片大小为 25.9 MB；如果既合并图层又进行 LZW 压缩，那么图片大小为 1.58 MB，如图 1-4-15 所示。3 种操作所得的图片大小相差悬殊。

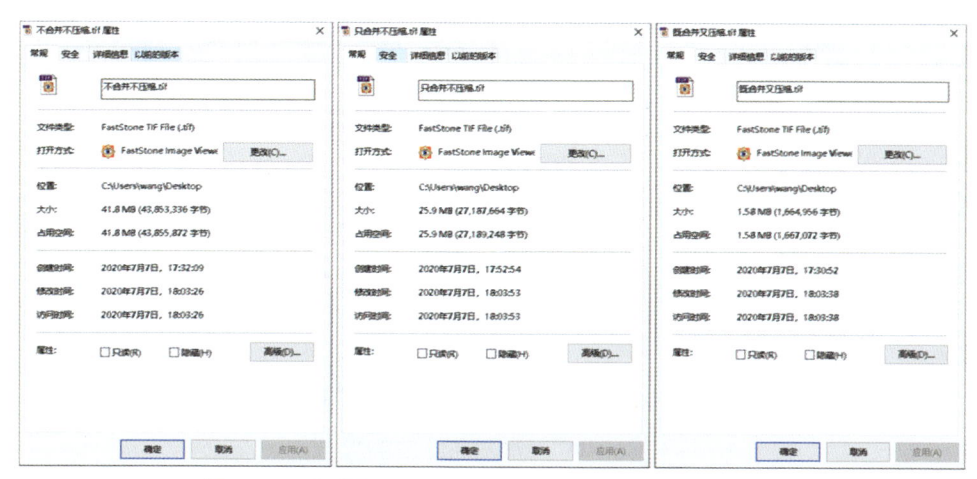

图 1-4-15　合并图层和 LZW 压缩的不同组合对图片大小的影响

2. 矢量图：使用 Adobe Illustrator 导出为 TIFF 格式的图片后进行 LZW 压缩

对于将使用 Adobe Illustrator 生成的文件另存为 TIFF 格式的图片，在"TIFF 选项"对话框中自带"LZW 压缩"复选框，如图 1-4-16 所示。

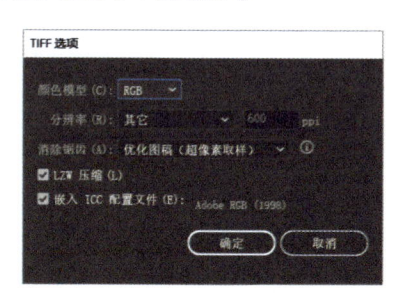

图 1-4-16　自带"LZW 压缩"复选框

在需要进一步压缩图片大小时，可以把 Adobe Illustrator 中导出的图片在 Adobe Photoshop 中进行一遍上述流程，这样能大幅度减小图片大小。如图 1-4-17 所示，左图是直接使用 Adobe Illustrator 导出的 TIFF 格式的图片的属性；右图是在此基础上，在 Adobe Photoshop 中进行 LZW 压缩后的 TIFF 格式的图片的属性，可以看到二者的分辨率、位深度等都是一样的。

但二者的大小存在显著差别，如图 1-4-18 所示。同样分辨率的图片，在 Adobe Photoshop 中合并图层并进行 LZW 压缩后为 423 KB，只有约直接从 Adobe Illustrator 中导出的 TIFF 格式的图片大小（1.86M）的 1/4。

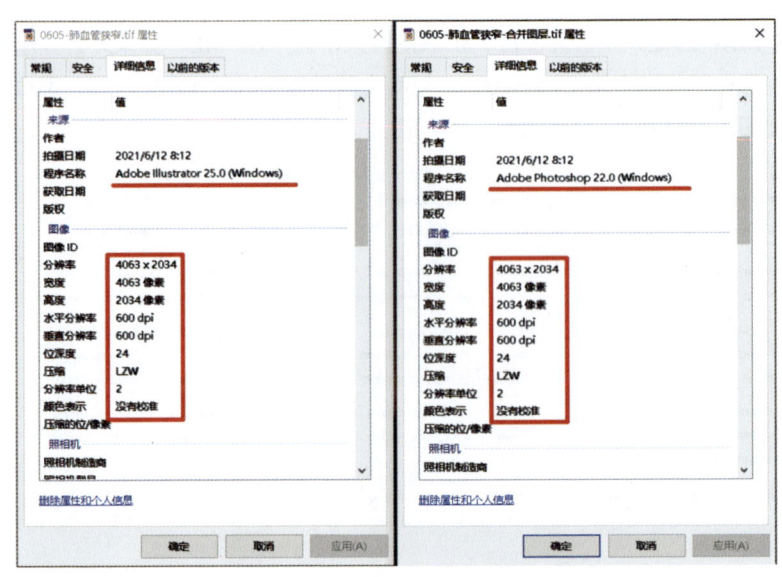

图 1-4-17 分辨率、位深度等对比

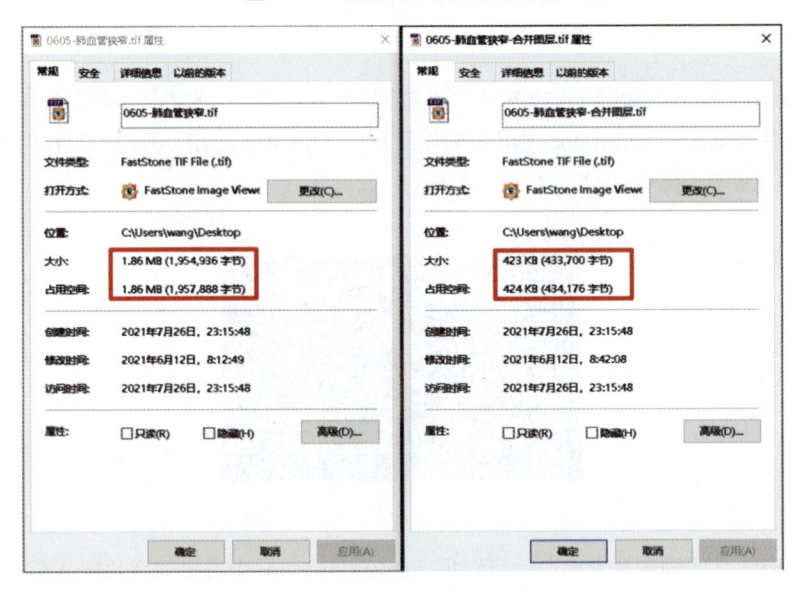

图 1-4-18 大小、占用空间对比

3. PDF 文档：PDF 优化

如果将图片存储为 PDF 格式，那么主要通过减小文档中嵌入的图片的分辨率来达到"瘦身"的效果。以福昕高级 PDF 编辑器为例，可以选择"文件"→"PDF 优化"→"高级优化"命令（见图 1-4-19），可控地设置优化参数（减小文件大小相当于按照软件默认设置进行优化，未必适用于学术图片）。

图 1-4-19 选择"文件"→"PDF 优化"→"高级优化"命令

至于如图 1-4-20 所示的"PDF 优化"对话框中的选项，比较简单，读者根据要求自行选择即可。

图 1-4-20 "PDF 优化"对话框

此外，对于黑白图，可以通过将颜色模式设置成灰度模式来减小文件大小。

1.5　图表的分类

图表的分类方式有很多种，如按照维度分类可以将图表分为 2D 图表和 3D 图表，按照数据格式分类可以将图表分为数值型图表和分类型图表，按照绘图窗格分类可以将图表分为单窗格图表和多窗格图表，按照图表外观分类可以将图表分为散点图、线图、柱状图、饼图、面积图等，按照图表展示的数据关系分类可以将图表分为关系型图表、比较型图表、构成型图表、分布型图表等。多样化的分类方式，给图表的选择带来了困惑。

1.5.1　按照图表外观分类

按照图表外观分类，常见的图表有散点图、线图、柱状图、饼图、面积图等，这些图表可用于学术图表的大部分场景中。

1. 散点图

散点图（Scatter Plot）以 2D 坐标系中的坐标值确定空间位置的点，可以反映数据分布关系和两个变量的关系，如图 1-5-1 所示。常见的相关性分析和回归分析一般使用散点图。

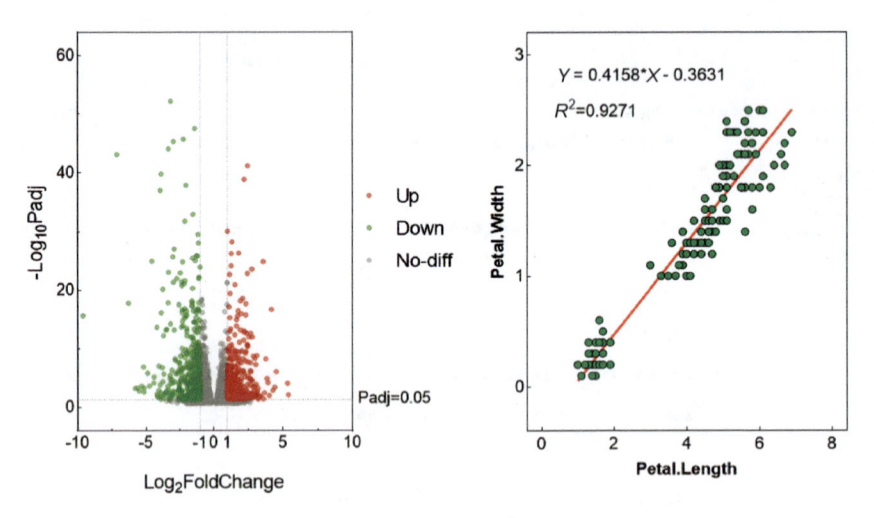

图 1-5-1　散点图

2. 线图

线图（Line Plot）用于反映随时间的变化趋势，包括由线条连接的散点图，如折线图和曲线图，如图 1-5-2 所示。

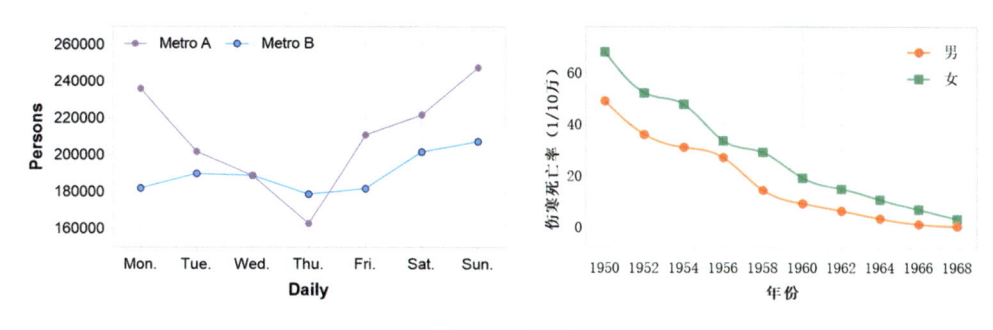

图 1-5-2　线图

3. 柱状图

柱状图（Bar Plot）使用矩形展示带误差线或不带误差线的均数、几何平均数、中位数、极差等统计量，用于反映分类项目之间的比较情况及时间趋势，如图 1-5-3 所示。根据柱状图的组成形式，多数据系列柱状图可以分为交错柱状图、分隔柱状图、堆积柱状图、堆叠柱状图 4 种。

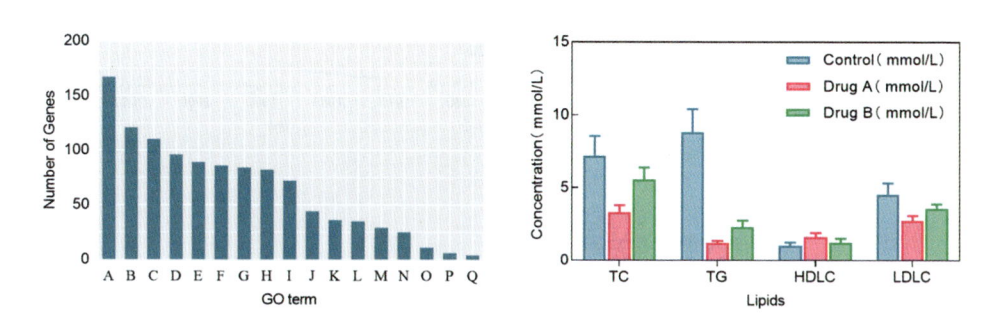

图 1-5-3　柱状图

如果需要进一步展示更多的统计量，如四分位数，那么可以使用箱线图、小提琴图等特殊图表。

4. 饼图

饼图（Pie Plot）包括环形图（属于面积图），通过面积占比（部分占总体的比例）来反映构成情况。如果将饼图（特别是环形图）拉直，那么饼图可以被看作堆积柱状图。饼图和环形图如图 1-5-4 所示。

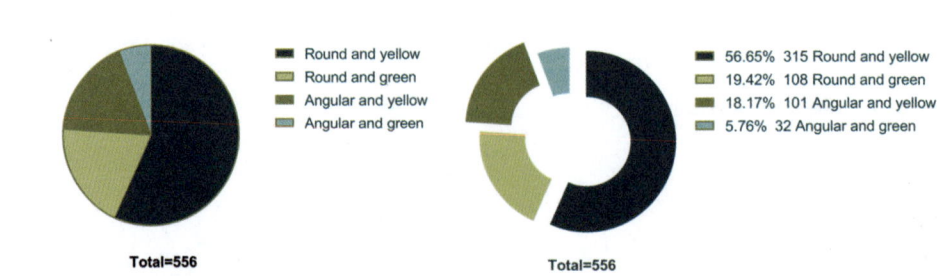

图 1-5-4 饼图和环形图

5. 面积图

面积图（Area Plot）有时候特指线下面积图，即为折线图下方部分填充颜色的图表，如图 1-5-5 所示。如果从字面意思来理解，面积图涵盖的范围比较广泛，任何通过面积大小来表示数据关系的图表都应该属于面积图，如堆积柱状图、线下面积图、饼图等都应该属于面积图。

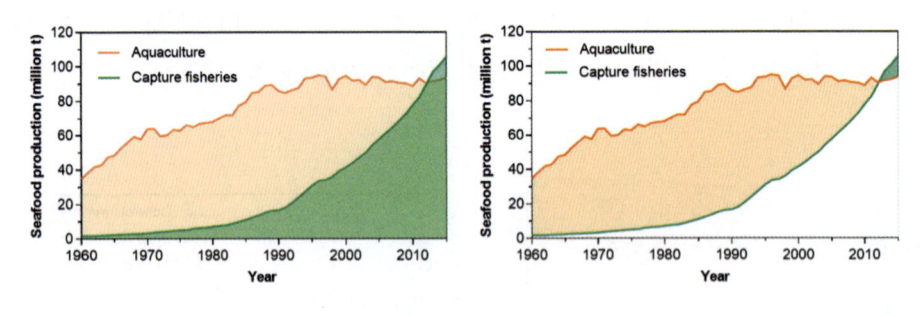

图 1-5-5 面积图

1.5.2 按照图表展示的数据关系分类

对于按照图表展示的数据关系分类，Andrew Abela 曾在自己的博客上整理了一份用于图表选择的思维指南（见图 1-5-6），介绍了如何从分布（Distribution）、构成（Composition）、关系（Relationship）、比较（Comparison）4 个方面来对图表进行分类和选择。

（1）分布：包括直方图、正态分布图、散点图和曲面图。

（2）构成：以面积图为主，包括百分比堆积柱状图、堆积柱状图、百分比堆积面积图、堆积面积图、饼图、瀑布图、复合堆积百分比柱状图等。

（3）关系：以散点图为主，还包括气泡图，除了可以表示数据分布，还可以表示变量关系。

（4）比较：以柱状图为主，分为基于分类的图表和基于时间的图表两大类。基于时间的图表，除了可以是柱状图，还可以是雷达图和曲线图。

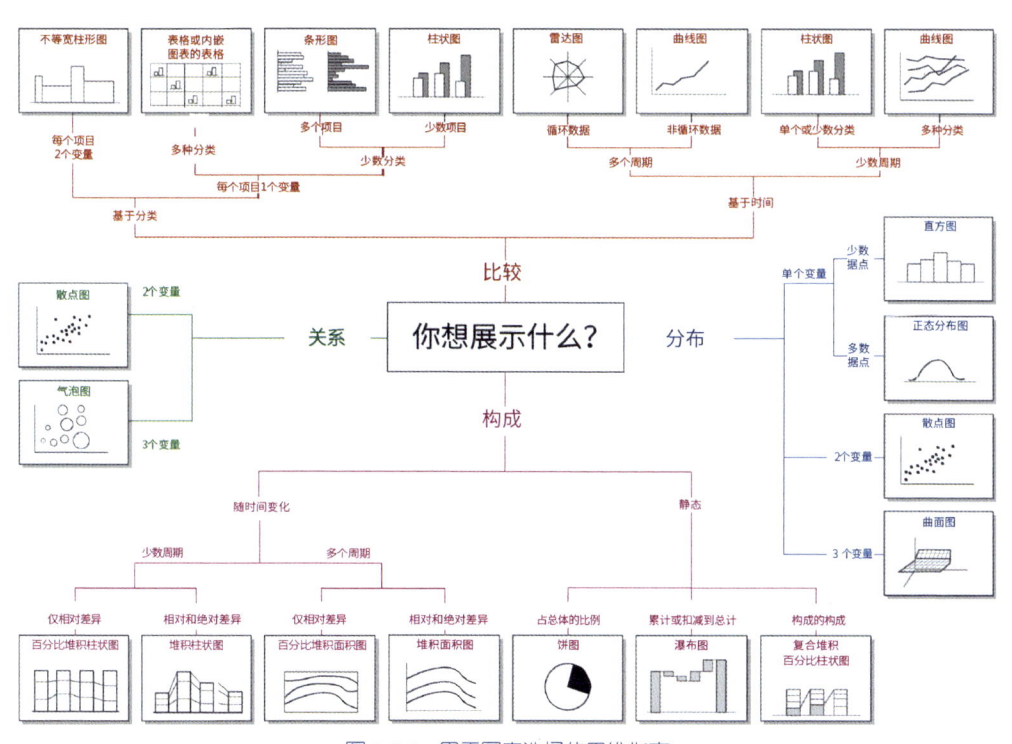

图 1-5-6 用于图表选择的思维指南

1.5.3 Origin 和本书图表分类

要在 Origin 中对图表进行分类，应先依据数据格式进行大类划分。不同的数据格式（工作簿、矩阵和图像窗口）对应的绘图菜单不同；然后依据绘图种类进行划分，其中工作簿对应的绘图种类最为丰富，分为基础 2D 图、"条形图，饼图，面积图"、"多面板，多轴"、统计图、"等高线图，热图"、地图、专业图、分组图、3D 图、数据浏览绘图、函数图共 11 类。

这种划分方式是从多标准多角度实现的，如与其余分类相比，3D 图是按照维度分类的，基础 2D 图、"条形图，饼图，面积图"、"多面板，多轴"是按照图表外观分类的，统计图、数据浏览绘图和函数图是按照功能分类的，"等高线图，热图"和地图是按照特定场景分类的，专业图是按照使用频率分类的，分组图是按照数据格式分类的。在 Origin 的这种分类体系中，专业图和分组图与其他分类的重叠最多，专业图主要是专业领域的绘图，也可以被当成按照外观分类，分组图则是使用索引数据格式绘制的其他类型的图表。

本书基于 Andrew Abela 的图表分类体系进行了扩充和调整。

1. 关系型图表

以点、线、面、体的形态为主线，扩展到三元坐标系和极坐标系，包含流向关系图，纳入函数绘图。关系型图表主要包括 Origin 中的基础 2D 图、面积图、"等高线图，热图"、部分 3D 图、部分专业图、部分分组图、函数图。

2. 比较型图表

比较型图表以柱状图和条形图为核心，主要包括 Origin 中的部分基础 2D 图、条形图、部分 3D 图、个别统计图、部分分组图。

3. 构成型图表

构成型图表以饼图和环形图为核心，主要包括 Origin 中的饼图、部分分组图、部分专业图。

4. 分布型图表

分布型图表以直方图、箱线图、小提琴图等描绘数据分布特征的图表为核心，主要包括 Origin 中的统计图、部分专业图。

5. 多轴和多窗格绘图

把"多面板，多轴"当成一种扩展表现变量数量的进阶绘图技巧，包括 Origin 中的全部"多面板，多轴"和部分分组图。

第 2 章

Origin 的基本概念和操作

目前的非编程数据绘图界呈现出 Origin、GraphPad Prism 和 SigmaPlot "三分天下"的局面，大量学术图表都使用这 3 个软件绘制。其中，Origin 的功能最为齐全。其更新迅速，操作灵活，功能强大，可以满足各层级的数据分析和绘图需要。本章将对 Origin 的基本知识、Origin 界面、文件类型等内容进行介绍，以便初次接触 Origin 的读者能够快速上手，为后续章节的学习奠定基础。

2.1 Origin 简介

Origin 最初是美国的 MicroCal 公司专门为微热量计设计的一款软件，主要用于对仪器采集的数据进行绘图、线性拟合，以及各种参数计算。1992 年，MicroCal 公司正式公开发布 Origin 4.0，该公司随后改名为 OriginLab。经过 30 余年的发展，Origin 已成为一款集数据处理、统计分析、科学绘图和编程拓展"四位一体"的国际流行的综合性学术图表绘制软件，大量学术图表都使用该软件绘制。

随着 OriginLab 公司的壮大，Origin 版本的更新也变得频繁且正规，对于不熟悉 Origin 版本命名的用户来说，其选择难度变大。由于 Origin 4.0～7.0 太古老，因此官网已不再提供对这些版本的下载功能；从 Origin & OriginPro 8.6 开始区分普通版和专业版，专业版的功能更加全面；从 Origin & OriginPro 9.0 开始连续为版本编号；从 Origin & OriginPro 2015 开始对外版本以年份编号，而仍然保留 Origin & OriginPro 9.x 的软件内版本编号，即目前最新的 Origin & OriginPro 2025 应该是 Origin10.5；从 Origin & OriginPro 2017 SR1（SR 表示修正版，正式版可能存在多个修正版，分别以"SR+数字"表示）开始正式支持中文界面；Origin & OriginPro 2018 和其后的版本使用同样的许可证文件和用户文件夹，版本升级变得简单起来，于 2018 年 4 月 24 日开始发布 b 版本。目前来看，Origin 每年在年度大版本中更新两个正式版，在正式版之后可能会存在修正版，从每年下半年开始制作下一年的测试版（Beta 版本），在每年 10 月或 11 月推出新一年的正式版，在次年 4 月或 5 月推出正式版的 b 版本。

Origin 的优点主要如下。

（1）为多文档界面设计，熟悉 Office 的人员比较容易上手，降低了学习成本。

（2）以项目文件统揽各窗口文件。在保存文件时，图形窗口、备注窗口、函数图窗口、矩阵、布局窗口等绘图过程中生成的窗口可以随着项目文件一起保存或单独保存，前者便于管理各窗口文件和梳理绘图分析过程，后者便于单独调用。项目文件内部各窗口文件相互关联，数据可以实时更新。

（3）功能强大。Origin 的主要功能包括数据处理、统计分析和科学绘图，除此之外，编程拓展也在日益强大。

Origin 的缺点主要如下。

（1）软件较大，在绘制大型图表时对计算机的要求较高。

（2）不同类型的窗口对应的菜单界面不同，增加了学习难度。

（3）只支持 Windows，制约了其他操作系统用户的使用。

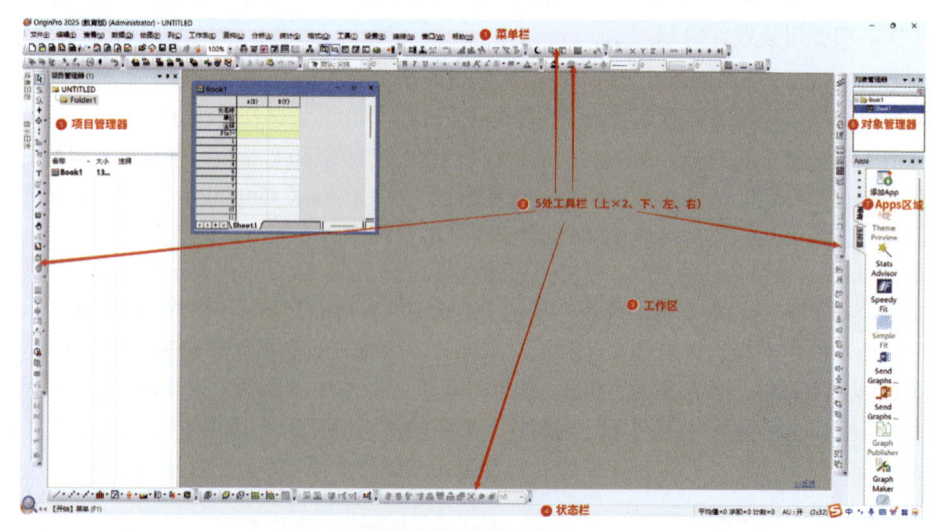

2.2　Origin 界面

Origin 界面与一般软件界面大同小异。图 2-2-1 所示为 Origin 界面（这里以 Origin 2025 为例介绍），最上面一排是菜单栏，灰色区域是工作区，工作区四周都是工具栏，最下面一排是状态栏，左侧为项目管理器，默认是隐藏状态，要打开项目管理器，需要单击"项目管理器"按钮，在弹出的悬浮窗口右上方单击"禁用自动隐藏" 按钮；右侧为对象管理器和 Apps 区域，默认固定显示。建议初学者使用如图 2-2-1 所示的 Origin 界面操作，其功能较全，使用比较方便，等熟悉 Origin 之后再自行隐藏或折叠部分区域。庞大的工具栏是 Origin 与一般软件最大的不同，也是初学者感到难学的关键，但不用担心，多绘制几次图表就熟悉了。

图 2-2-1　Origin 界面

2.2.1 菜单栏

菜单栏按照软件功能分组排列，为软件绝大多数功能提供入口。选择菜单栏中的任意一个命令，可以在下拉菜单中看到全部命令。Origin 的组织核心是以项目包含的各窗口，选择不同的窗口，对应的菜单栏会随之发生变化。图 2-2-2（a）中的工作簿对应的菜单栏和图 2-2-2（b）中的图形窗口对应的菜单栏不同。

（a）

（b）

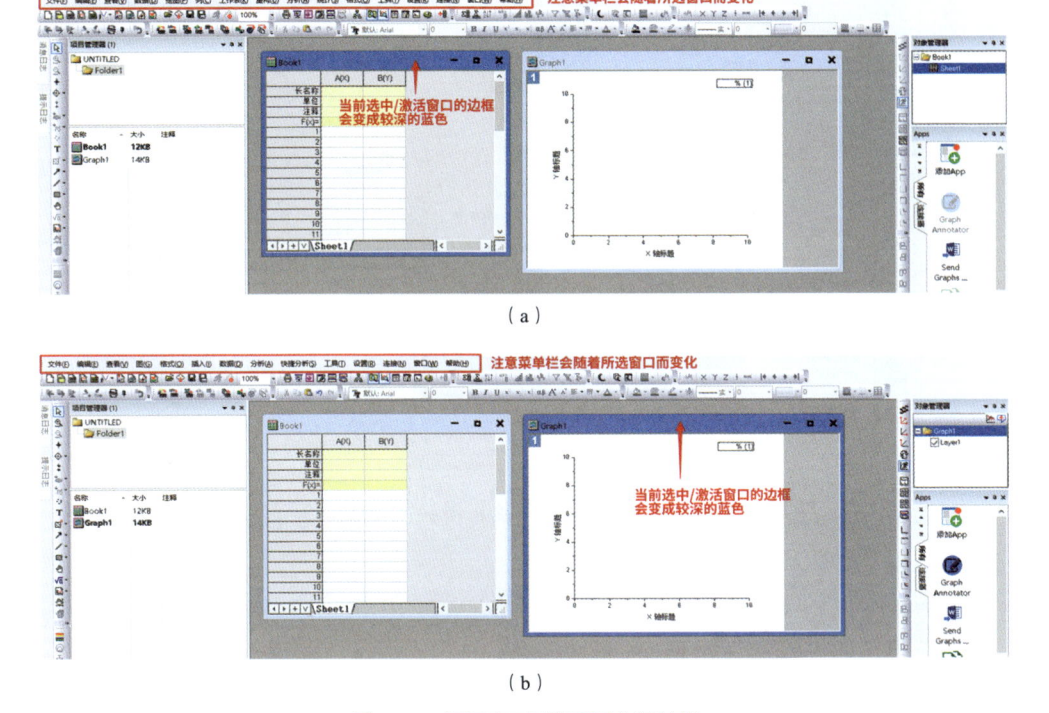

图 2-2-2　不同窗口对应不同的菜单栏

由于选择不同的窗口，对应的菜单栏会随之发生变化，且菜单栏中的命令庞杂，直接使用并不方便，因此大多数时候在 Origin 中可以通过鼠标右键菜单和下面要介绍的工具栏来完成快速操作。在鼠标右键菜单中，既可以完成对某个窗口整体或不同窗口之间的操作，也可以完成某个窗口内部具体元素的操作。Origin 经过多年优化的鼠标右键菜单，几乎可以实时智能地满足用户在软件中的大多数需求。

如果以窗口内部的具体元素作为操作对象，那么在当前窗口的不同区域中单击鼠标右键，实时显示的鼠标右键菜单将集成当前窗口该区域中常用的功能。图 2-2-3 所示为工作簿和图形窗口内部的鼠标右键菜单。在工作簿中进行操作：①在最左侧的灰色区域中单击鼠标右键，可以对行、列标题或标签显示与否进行设置；②在数据单元格中单击鼠标右键，可以对单元格中的数据进行设置；③在黄色区域的单元格中单击鼠标右键，可以对黄色区域的单元格进行设置；④在灰色空白处单击鼠标右键，可以对整个工作表进行设置，如添加新列。在图形窗口中进行操作：在坐标轴标题（⑤）上、图形区（⑥）中、坐标轴（⑦）上单击鼠标右键，进行的设置又有所不同。

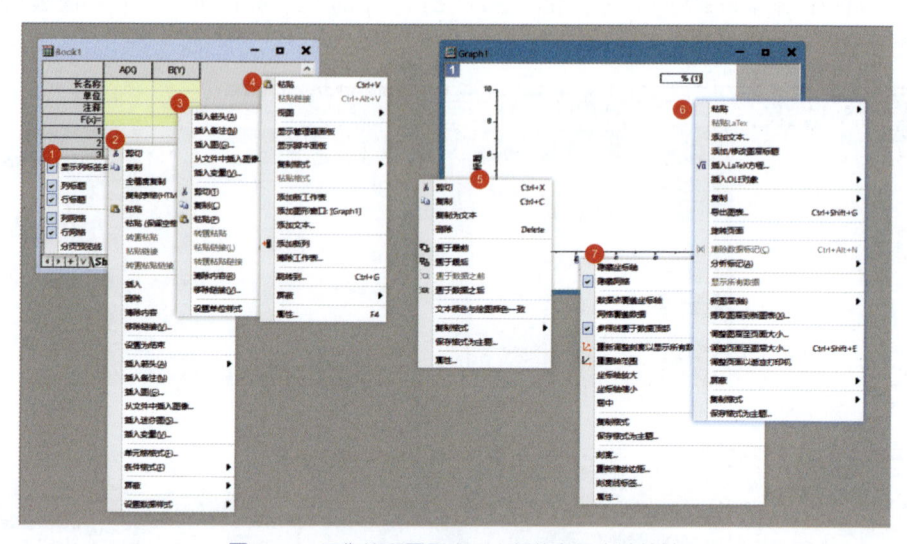

图 2-2-3　工作簿和图形窗口内部的鼠标右键菜单

如果以窗口层级作为操作对象，那么在窗口的标题栏中或窗口底部单击鼠标右键，可以进行不同的设置，如图 2-2-4 所示。

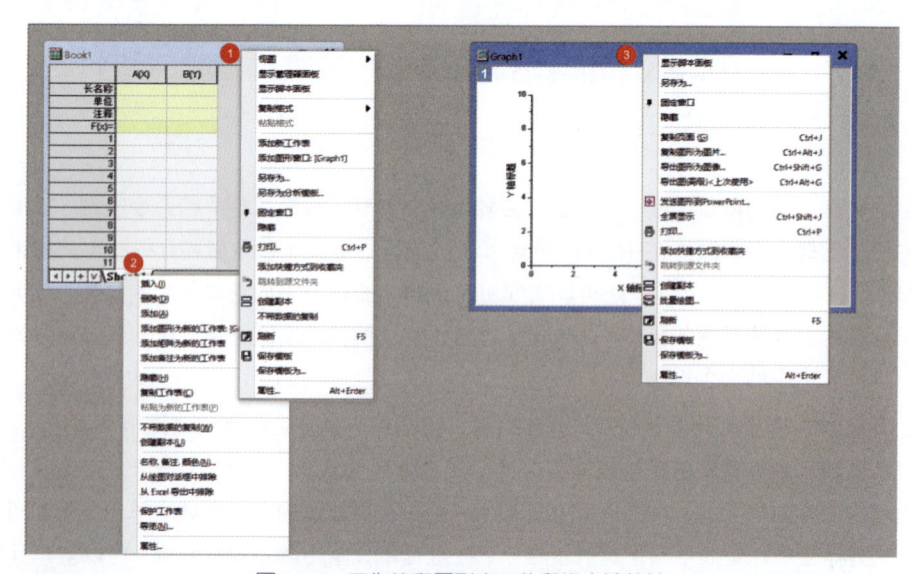

图 2-2-4　工作簿和图形窗口的鼠标右键菜单

2.2.2 工具栏和按钮组

工具栏把高频使用的软件命令通过按钮的形式集中展示，大多数操作都可以使用工具栏中的按钮快速完成。而工具栏中成组存在且和某方面功能高度相关的按钮集合在一起被称为按钮组（有时也被称为工具栏，对于这两个词，Origin 官方也混用得厉害）。Origin 总共有 3 种按钮组形式：固定按钮组、悬浮按钮组和浮动按钮组，固定按钮组被解除固定之后就是悬浮按钮组。

Origin 默认显示的固定工具栏总共有 5 处：工作区上方有 2 处，左、右侧各有 1 处，底部有 1 处，这样便于在数据处理和绘图时快速调用。5 处工具栏在功能上有一个大致的划分：①上方第 1 处工具栏（标准工具栏）主要用于项目、窗口、工作表、数据列的构建；②上方第 2 处工具栏主要用于数据导入和文本设置。这两处工具栏主要用于绘图前的数据准备和绘图后的修饰；③底部的工具栏主要用于绘图；④左侧的工具栏主要用于图例、标注的设置；⑤右侧的工具栏主要用于图形形式的调整、多个图形的排版。

工具栏在任何窗口中都全部显示，但激活（选择）不同的窗口，工具栏中能够使用的按钮组存在差异，不能使用的按钮组将变灰，此时无法选择。

每处固定工具栏都并列排布了多个按钮组，每个按钮组的末尾都以工具栏选项按钮进行分隔。单击该按钮，选择"添加或删除按钮"命令，可以查看各按钮组中按钮的名称和具体显示的按钮。如图 2-2-5 所示，标准工具栏由 4 个按钮组（标准按钮组、工作表数据按钮组、深色模式按钮组、列按钮组）组成，每个按钮组都可以根据需要设置用于展示不同功能的按钮。如果不是特别熟悉本软件或没有特殊高频使用需求，那么建议保持工具栏为默认设置。

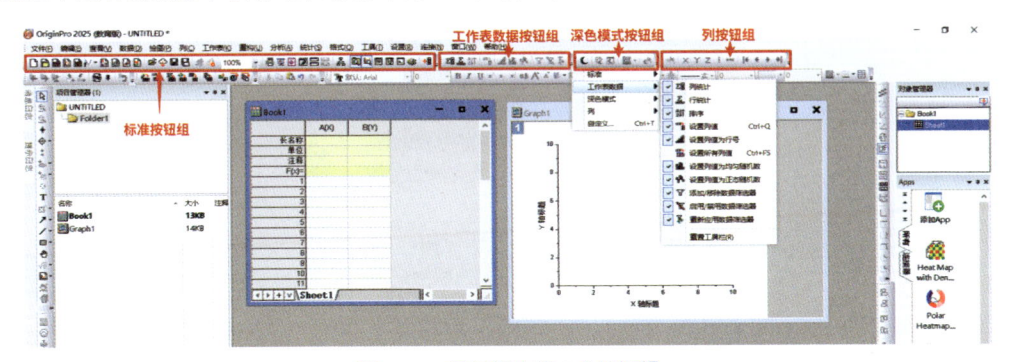

图 2-2-5 工具栏中的 4 个按钮组

可以将工具栏中的固定按钮组悬浮到工作区中，如图 2-2-6 所示。将鼠标指针移动到按钮组的左侧（或顶端），当鼠标指针变为四向箭头时，即按住鼠标左键，拖动按钮组。使用同样的方法可以将悬浮按钮组拖回原位，也可以双击悬浮按钮组左上方，即可将其移至停靠的位置。悬浮按钮组适用于就近进行批量重复操作，提高效率。如果不小心单击了"关闭"按钮，那么悬浮按钮组会被隐藏；如果需要再次显示悬浮按钮组，那么应打开"自定义"对话框进行设置。

(a)　　　　　　　　　　　　　　(b)

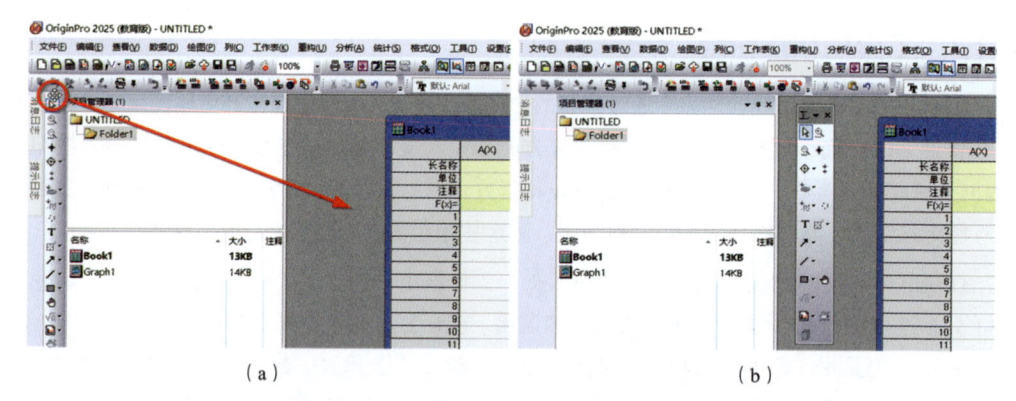

图 2-2-6　将工具栏中的固定按钮组悬浮到工作区中

如果工具栏中的按钮组过多，那么可以单击工具栏选项按钮，选择"自定义"选项（或按快捷键 Ctrl+T），在弹出的如图 2-2-7 所示的"自定义"对话框中进行设置。Origin 2025 默认未勾选"布局""箭头""设置布局浮动""设置工作簿浮动"4 个复选框，这在不同版本中差异较大，各版本中往往会默认勾选常用和最新的功能。如果对某个按钮组进行了修改，那么可以勾选对应的复选框，单击"重置"按钮，重置该按钮组的状态。如果单击"全部重置"按钮，那么会把所选按钮组重置到初始状态。如果需要同时对工具栏、按钮组和窗口进行重置，那么应单击"重新初始化"按钮，此操作适用于初学者把工具栏和窗口布局打乱之后快速回到初始状态。

图 2-2-7　"自定义"对话框

对于各按钮组中的按钮，用户可以在打开"自定义"对话框后，通过按住鼠标左键并拖动鼠标以移动位置、单击鼠标右键后选择"删除"命令等，打造符合自己使用习惯的工具栏；还可以将自定义设置导出分享给他人使用。如果默认工具栏中没有所需的按钮，那么可以在"自定义"对话框的"按钮组"选项卡的"按钮"列表框中找到对应的按钮，通过拖动将其添加到工具栏中，如图 2-2-8 所示。

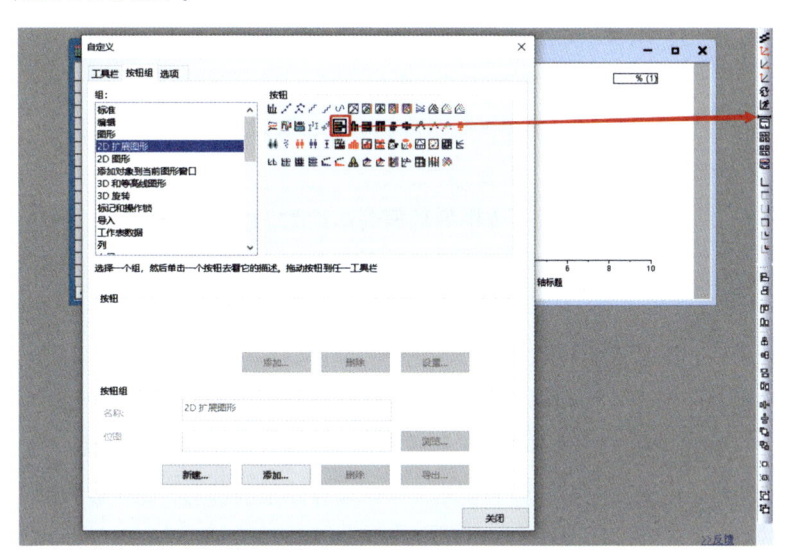

图 2-2-8 自定义添加工具栏中的按钮

从 Origin 2020 开始，当选择一个对象或单击某些关键区域时，会显示对应的浮动按钮组。浮动按钮组中支持的功能取决于选择的对象、窗口类型等。浮动按钮组对实时调整、提高绘图效率的作用极大，对于其功能，目前仍在不断添加和完善中。当鼠标指针离开浮动按钮组时，浮动按钮组会逐渐消失，按 Shift 键会再次显示浮动按钮组。显示浮动按钮组，如图 2-2-9 所示。

（a）　　　　　　　　　　（b）

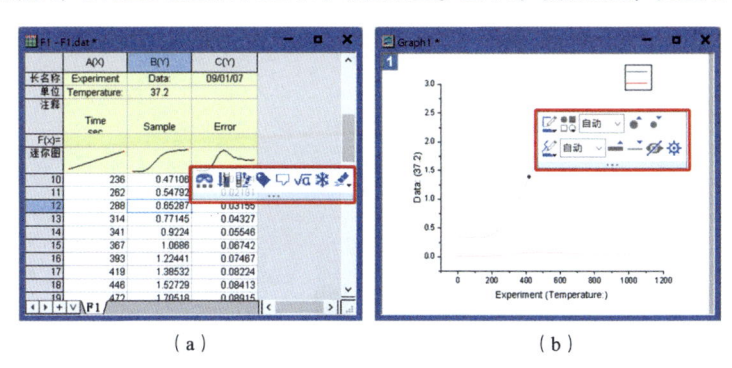

图 2-2-9 显示浮动按钮组

2.2.3 工作区

工作区是指 Origin 界面中的灰色区域，输入/输出工作都在工作区中完成，通过选择"文件"→"新建"命令，可以生成以下 7 个窗口作为基本呈现单元。

（1）工作簿：类似于 Excel 工作簿，在其中可以建立多个工作表（Sheet），用于存放和处理数据，主要用来绘制基础 2D 图和部分 3D 图。Origin 中使用频繁的窗口，可以以数据表的形式收纳矩阵、图形、图像、布局、备注等。

（2）矩阵：与工作簿类似，在其中可以建立多个矩阵表，矩阵表中没有 X 值、Y 值的标识，而使用特定的行和列来表示与 X 轴和 Y 轴对应的 Z 值，可以用来绘制等高线图、3D 轮廓图和 3D 表面图等。

（3）图形窗口：根据工作簿或矩阵中的数据进行绘图，以及修饰和美化图形，并可以建立多个图层。每个图层都相当于一个可以编辑的独立页面，可以通过多个图层叠加来设置各种绘图效果。

（4）图像窗口：进行图像（位图）处理的窗口。

（5）布局窗口：对绘制的图形、处理后的图形、原始数据表组合展示的窗口，进行添加、移动、改变大小等简单操作，具体的图形和数据操作需要在其他窗口中实现。

（6）备注窗口：记录用户在软件的使用过程中需要添加的信息，如对数据做过的处理、使用的方法等内容。

（7）函数图窗口：根据自定义函数生成图形。

项目文件是使用 Origin 进行数据处理、分析和绘图的基本单元，是一个大容器。在各项目文件中建立的 7 个窗口（见图 2-2-10），分别对应软件使用中 7 个方面信息的呈现。项目内部的窗口存在关联性，如图形窗口中图形的呈现取决于工作簿中的绘图数据。这些窗口可以随项目文件被一起保存和打开，也可以被单独保存和打开。

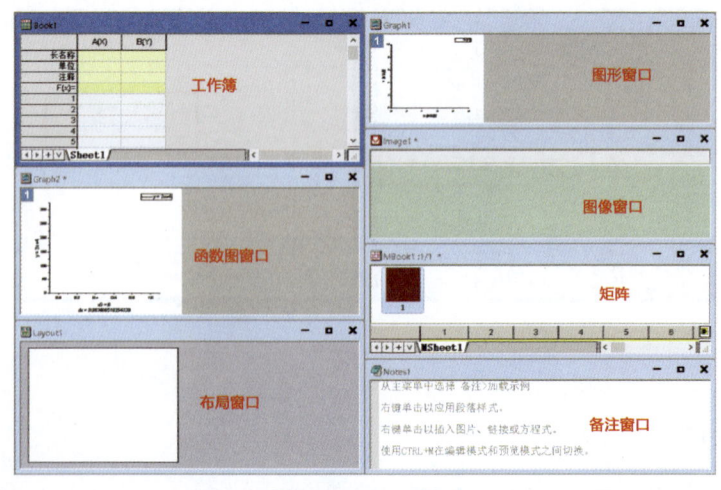

图 2-2-10　7 个窗口

2.2.4 状态栏

状态栏主要用于显示当前所选内容或所进行操作的一些简单提示信息，如图 2-2-11 所示。状态栏左侧显示的信息用于提示当前操作，右侧显示的信息用于提示当前所选内容的基本信息。状态栏显示的信息类型可以通过单击鼠标右键自定义。从 Origin 2023 开始，在状态栏最左侧设置有查找功能，类比于 Windows 左下方的查找功能，可以对 Origin 中的绘图示例、菜单、Apps、帮助等信息进行快速查找。

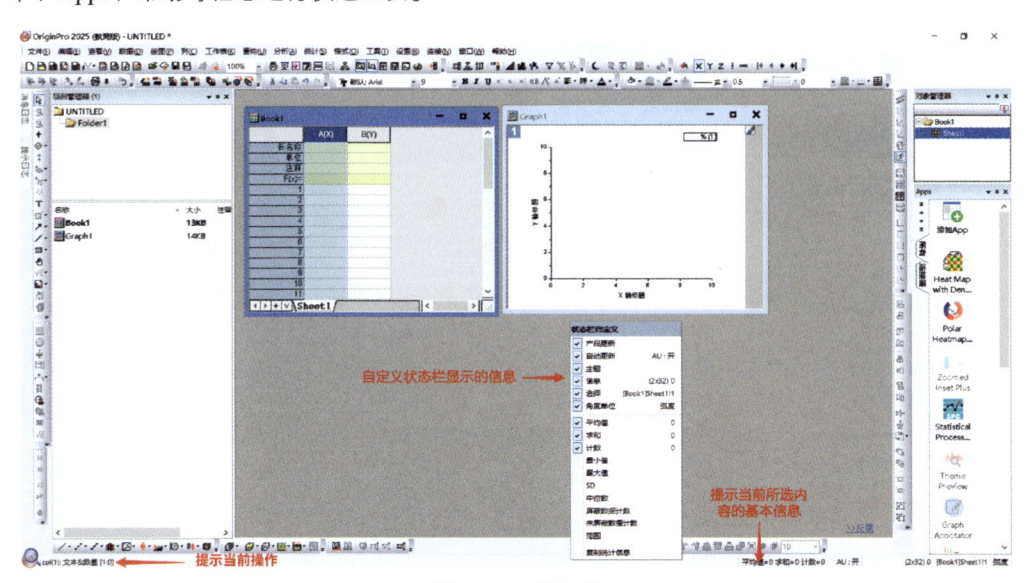

图 2-2-11 状态栏

2.2.5 项目管理器

Origin 文件的基本组织单元是项目文件，项目管理器是对项目文件中的窗口文件进行可视化管理和组织的有力工具，其功能和操作方式类似于 Windows 中的导航窗格。当项目文件中有多个文件夹层级、每个文件夹层级都有多个窗口文件时，项目管理器显得尤其重要。除了前面介绍的可以通过单击"项目管理器"按钮，在弹出的悬浮窗右上方单击"禁用自动隐藏"按钮 来打开项目管理器，还可以通过单击标准工具栏中的 按钮或按快捷键 Alt+1 来打开项目管理器。

默认打开的项目管理器的上层是文件夹管理器，用于以文件夹的形式对窗口文件进行树状分类管理；下层是窗口管理器，用于展示当前文件夹中具体的窗口文件类型。使用窗口管理器可以对工作区的窗口进行导航和管理，大多数操作既可以在工作区的窗口中直接实现，又可以在窗口管理器中通过对窗口文件进行对应操作来实现。

如图 2-2-12（a）所示，选择上层的文件夹管理器中的文件夹并单击鼠标右键，对文件夹进行管理，如新建、删除、重命名；"追加项目"命令和"保存为项目文件"命令是操作相反的命令，"追加项目"命令用于把其他项目文件合并到当前项目文件中，而"保存为项目文件"命令用于把当前项目中的某个文件夹保存为独立的项目文件。单击项目管理器右上方的▼按钮，可以对项目管理器的展示形式进行调整。

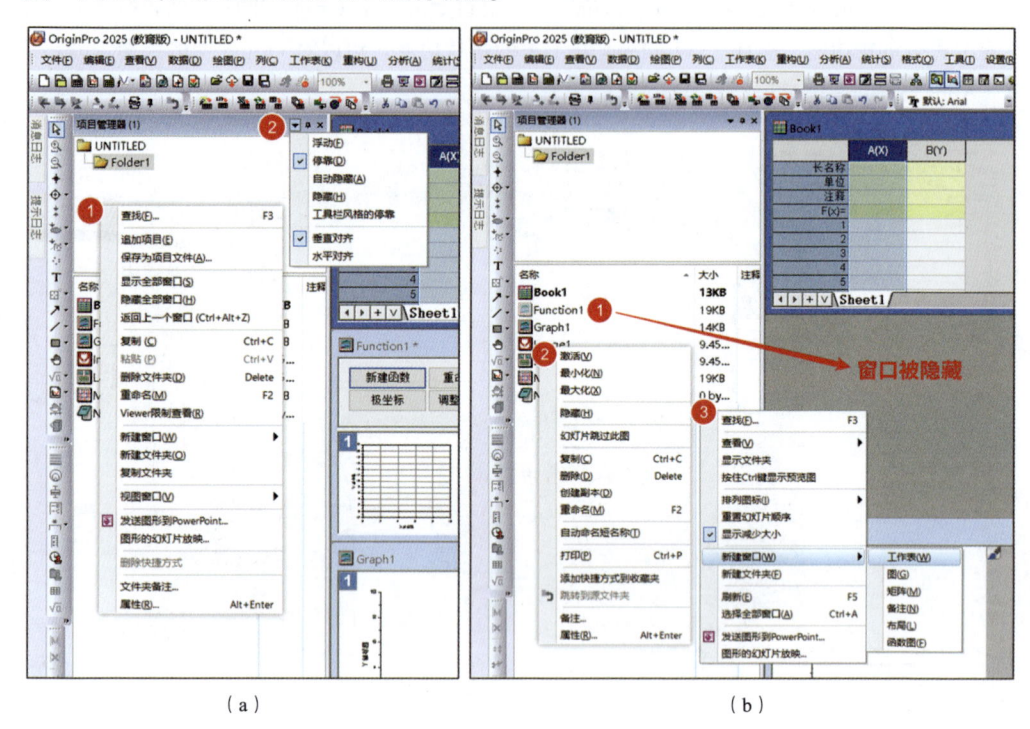

（a）

（b）

图 2-2-12　项目管理器

如图 2-2-12（b）所示，在下层的窗口管理器中双击窗口选项或选择窗口选项并单击鼠标右键，在弹出的快捷菜单中选择"隐藏"命令，文件图标的颜色变淡，表示窗口被隐藏；再次双击窗口选项或选择窗口选项并单击鼠标右键，在弹出的快捷菜单中选择"显示"命令，则回到显示状态。选择窗口文件并单击鼠标右键，可以对窗口文件进行常规操作。而在空白处单击鼠标右键，在弹出的快捷菜单中选择"新建窗口"命令，可以新建除图像窗口之外的各窗口。

需要注意的是，项目管理器中文件夹的重命名支持中、英文，而窗口管理器中的窗口文件默认显示的是短名称，重命名只支持英文或"英文+数字"的形式，即便强行使用中文命名也会自动变成"英文+数字"的形式。若需要对窗口文件进行中文重命名，则可以在重命名时单击窗口名称右侧默认的"短名称"按钮 SN，将其切换为"长名称"按钮 LN，如图 2-2-13（a）和图 2-2-13（b）所示；也可以选择窗口选项并单击鼠标右键，在弹出的快捷菜单中选择"属性"命令，在弹出的"窗口属性"窗口中设置长名称和短名称，并在"窗口标题"下拉列表中选择"长名称"选项或"长名称和短名称"选项，如图 2-2-13（c）所示。

图 2-2-13　窗口文件的重命名

2.2.6　对象管理器和 Apps 区域

工作区右侧是对象管理器和 Apps 区域。如图 2-2-14 所示，打开 Learning Center 中的一个绘图示例"3D Bar Charts - 3D XYY Cylinders"，在项目管理器中出现了一个包含绘图示例所有窗口文件的新文件夹"3D Bar Charts - 3D XYY Cylinders"，选择已绘制的 3D 柱状图，将对象管理器向下拉到足够长，以完整显示该 3D 柱状图中的全部对象。

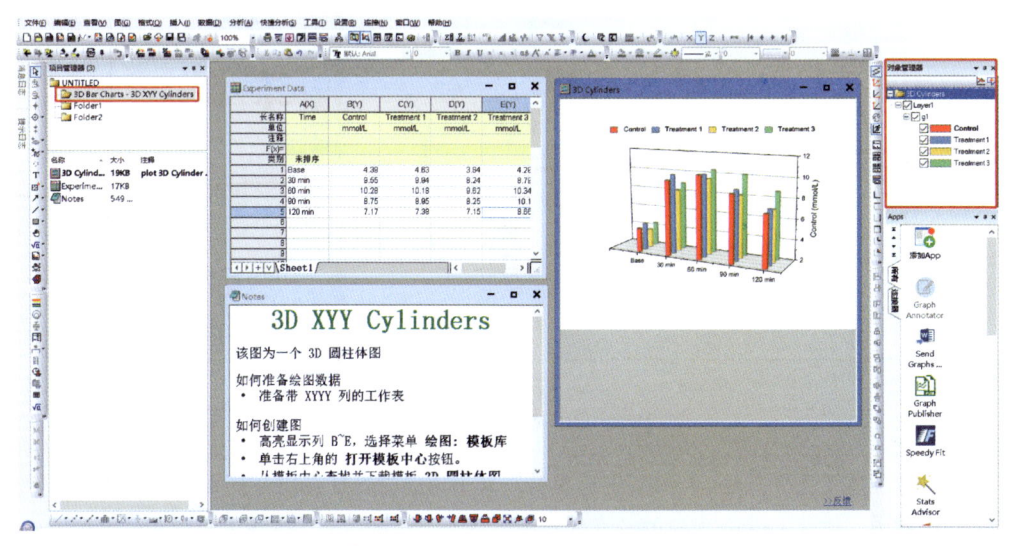

图 2-2-14　对象管理器和 Apps 区域

在对象管理器中可以对组成图形的对象进行操作和管理，还可以双击某个对象，对该对象进行调整。如图 2-2-15 所示，在对象管理器中先取消勾选组成该 3D 柱状图的浅绿色的 Treatment 3 对象前面的复选框，然后将 Control 对象拖动到 Treatment 3 对象上。可以发现，该 3D 柱状图中用于表示 Treatment 3 对象的柱子和图例被隐藏，用于表示 Control 对象的红色柱子变成了浅绿色柱子，且被移动到了整个 3D 柱状图的最里面，Treatment 1 对象和 Treatment 2 对象的颜色也随之发生了改变。这表明在移动绘图对象的操作过程中，由于颜色顺序固定不变，移动绘图对象后不仅绘图对象本身的相对位置和颜色会发生改变，还会影响其他柱子的颜色。

（a）

（b）

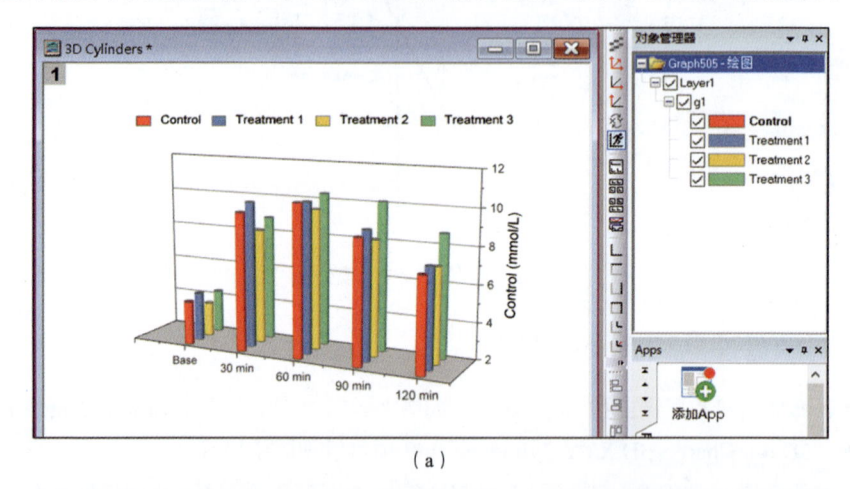

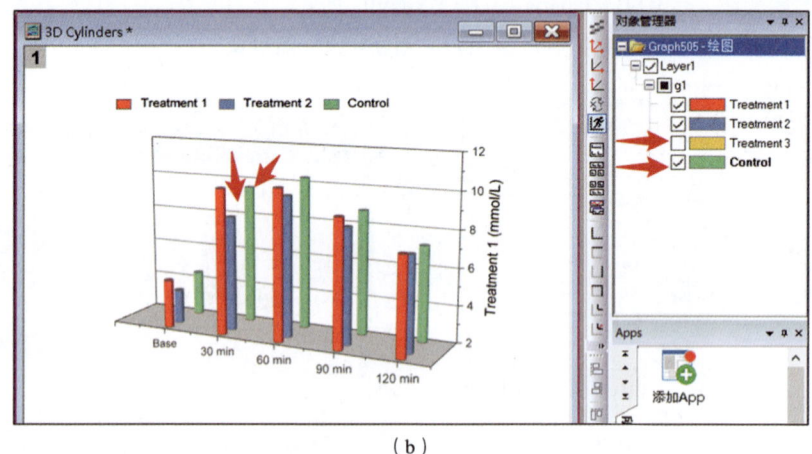

图 2-2-15　对象管理器中的操作

对象管理器下方的 Apps 区域用于汇集针对某个功能进行加强或补充的 App，以满足个性化的绘图需求，作为 Origin 功能的补充和拓展。单击"添加 App"按钮，可以在弹出的"App

Center"窗口中搜索 App（见图 2-2-16），单击所需 App 条目右上方的"下载"按钮 ↓ 即可下载和安装该 App 到 Apps 区域中。

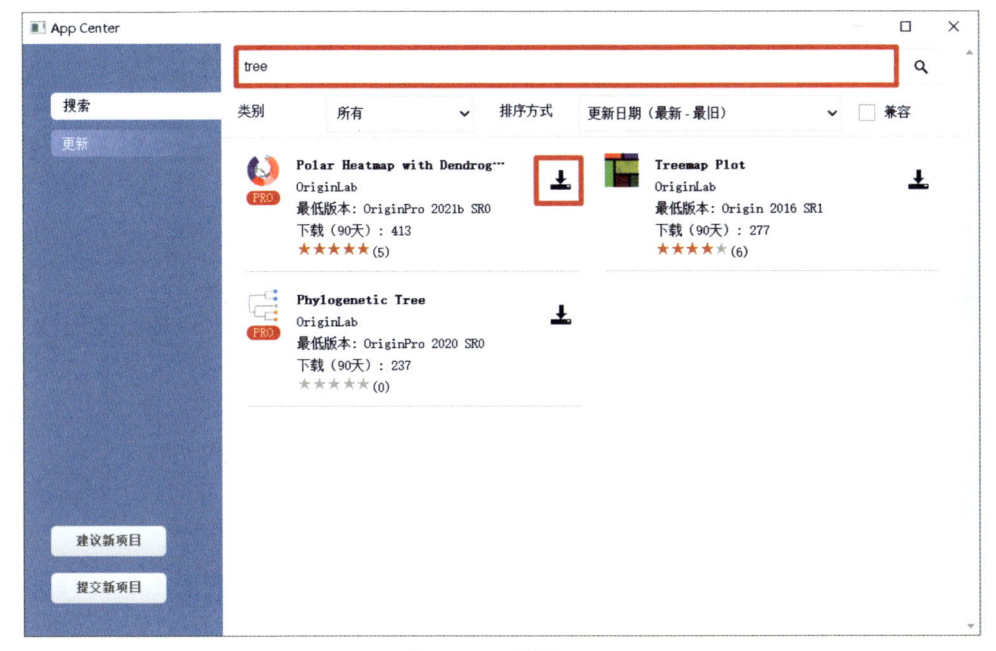

图 2-2-16　搜索 App

2.2.7　窗口悬浮和停靠

项目管理器、对象管理器和 Apps 区域以固定窗口的形式停靠在 Origin 界面两侧，可以将鼠标指针移动到要悬浮的窗口的标题栏中，按住鼠标左键并拖动鼠标到工作区中，该窗口即可变成悬浮窗口，如图 2-2-17（a）所示。

如果不小心把窗口进行了悬浮，需要让窗口回到原来的停靠状态，具体操作如下：将鼠标指针移动到窗口的标题栏中，按住鼠标左键并拖动鼠标到需要停靠的某个窗口中，该窗口正中位置会出现半透明的停靠指示器，将窗口拖动到该停靠指示器四周的箭头上，即可将窗口停靠在相对于该窗口的方位。如图 2-2-17（b）所示，要将对象管理器放回 Apps 区域的上方，应先按住鼠标左键，将对象管理器向 Apps 区域拖动，然后将其放在停靠指示器朝上的箭头上，箭头变成浅蓝色，同时 Apps 区域上方变成浅蓝色，表示对象管理器将停靠于此，松开鼠标左键，即可完成对悬浮窗口的停靠。如图 2-2-17（b）所示，停靠指示器右侧还有一个单独向右的半透明箭头，这是整个工作区的停靠指示器之一。如果将窗口放在该箭头上，则对象管理器会停靠在整个 Origin 界面的最右侧，形成和 Apps 区域并排的固定窗口，如图 2-2-17（c）所示。

(a)　　　　　　　　　(b)　　　　　　　　　(c)

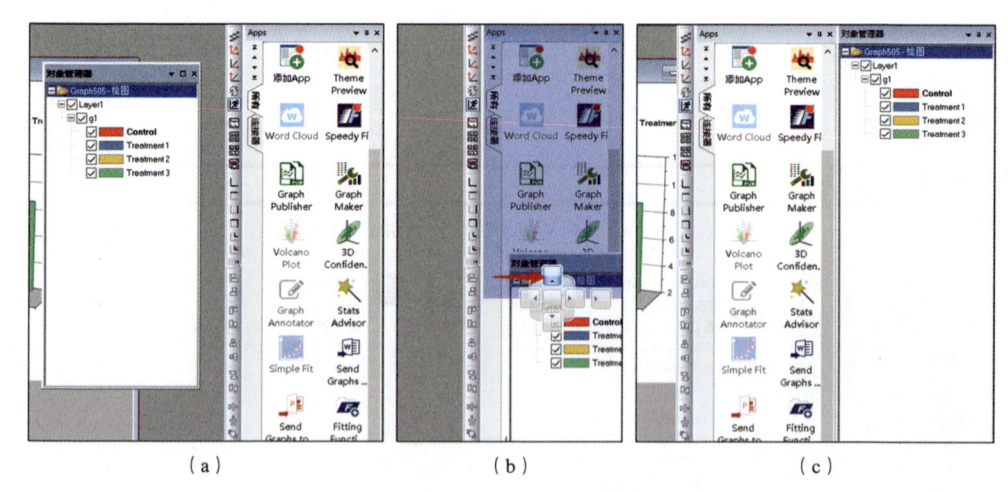

图 2-2-17　窗口的悬浮和停靠

2.3　文件类型

Origin 2018 及以上版本均添加了一系列和 Unicode（UTF-8）兼容的文件类型，以更好地支持中文，新的文件类型在后缀中添加了 u 作为区别，如*.opj => *.opju。Origin 2018 及以上版本仍然可以使用非 Unicode 文件类型，但在默认情况下，软件将保存文件为新的 Unicode 类型的文件。若需将文件存储为旧的类型，则应在"保存为"对话框的"保存为类型"下拉列表中进行设置。Origin 的文件类型、扩展名和说明如表 2-3-1 所示。

表 2-3-1　Origin 的文件类型、扩展名和说明

文 件 类 型	扩 展 名	说　　明
项目文件	*.opj(u)	存储所有数据
窗口文件	*.ogw(u)、*.ogg(u)、*.ogm(u)、*.txt	工作簿文件（.ogw）、图形窗口文件（.ogg）、矩阵窗口文件（.ogm）、备注窗口文件（.txt）
模板文件	*.otp(u)、*.otw(u)、*.otm(u)	存储定制化数据处理和格式设置的集合：图形（.otp）、工作表（.otw）、矩阵（.otm）
导入过滤器文件	*.oif	控制导入数据的解析和数据提取的外部文件
拟合函数文件	*.fdf	定义拟合函数的文件
目标区域文件	*.roi	以一组或多组坐标定义矩阵表或图像中一个或多个 ROI（Regions Of Interest）位置的文件
LabTalk 脚本文件	*.ogs	分段排列 LabTalk 脚本的文本文件

续表

文 件 类 型	扩 展 名	说 明
Origin C 文件	*.c、*.cpp、*.h、*.etc	开发 Origin C 程序的文件
X-Function 文件	*.oxf、*.xfc;	使用灵活机制执行各种各样数据操作任务的 Origin 工具文件
Origin 包文件	*.opx	发布定制应用的包文件
Origin 菜单文件	*.xml、*omc;	包含 Origin 菜单信息的文件：扩展名为 *.xml 的文件支持外部编辑；扩展名为*.omc 的文件包含菜单的结构信息
安装文件	*.ini	控制一些安装过程中 Origin 功能的组织结构的文件
配置文件	*.cnf	包含 LabTalk 脚本命令的文本文件
自定义绘图符号文件	origin.uds	保存自定义符号位图的二进制文件

2.4 项目组织

Origin 的组织核心是以项目包含的各窗口，其基本操作涉及项目和窗口两大类。

2.4.1 项目的基本操作

1. 新建和打开项目

（1）启动 Origin，默认会新建一个项目并打开一个工作簿。

（2）启动 Origin 之后，选择菜单栏中的"文件"→"新建"→"项目"命令，即可再次新建一个项目。如果已有打开但并未保存的项目，那么 Origin 会提示在打开新项目前是否先保存当前项目，然后关闭当前项目，最后打开新建项目。如果需要同时打开多个项目，那么可以在已打开项目的基础上，再次双击已保存的项目或再次启动 Origin，也可以在当前项目中添加其他项目。

（3）单击标准工具栏中的"新建项目"按钮 。

（4）在工作区的空白处单击鼠标右键，在弹出的快捷菜单中选择"文件"→"新建"→"项目"命令。

2. 添加项目

添加项目是指将一个项目中的内容添加到当前项目中，也叫合并项目。

(1)选择菜单栏中的"文件"→"附加"命令。

(2)选择项目管理器中的文件夹选项并单击鼠标右键,在弹出的快捷菜单中选择"追加项目"命令。

3. 保存和重命名项目

(1)单击标准工具栏中的"保存项目"按钮■,或按快捷键 Ctrl+S。

(2)选择菜单栏中的"文件"→"保存项目"命令。

如果项目已存在,那么除在状态栏中有提示之外,没有其他提示;如果是第 1 次保存项目,那么会弹出"另存为"对话框,输入相关信息进行保存即可。

(3)选择项目管理器中的文件夹选项并单击鼠标右键,在弹出的快捷菜单中选择"保存为项目文件"命令,即可把当前项目中的某个文件夹保存为独立的项目文件,对项目文件进行拆分。

如果需要对项目进行重命名,那么需要选择菜单栏中的"文件"→"保存项目"命令(第 1 次保存)或 "项目另存为"命令(项目已存在),在弹出的"另存为"对话框中更改项目名称,可以在"注释"文本框中对项目进行简单注释,且可以单击"保护项目"按钮,为项目设置密码,如图 2-4-1 所示。这样再次打开该项目文件时需要输入设置的密码,以达到保护数据的目的。

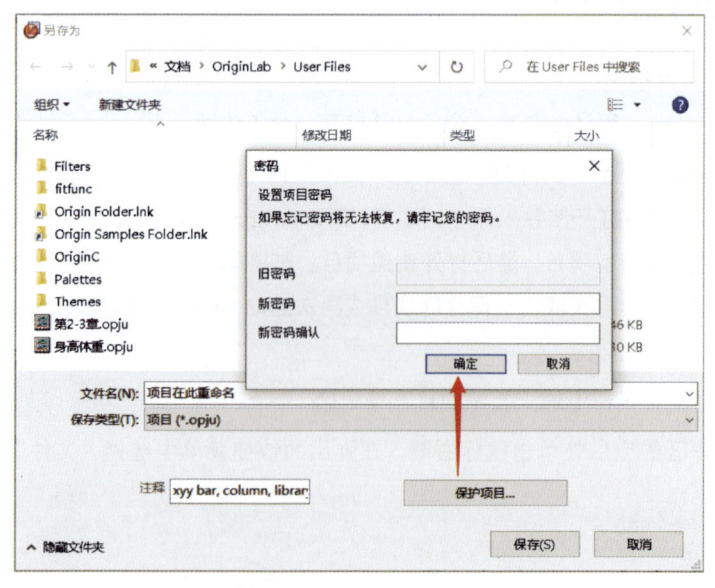

图 2-4-1　保存和重命名项目

2.4.2 自动保存和备份项目

Origin 默认支持自动保存和备份项目。选择菜单栏中的"设置"→"选项"命令，在弹出的"选项"对话框的"打开/关闭"选项卡中，可以看到 3 种自动保存和备份项目设置，如图 2-4-2（a）所示。

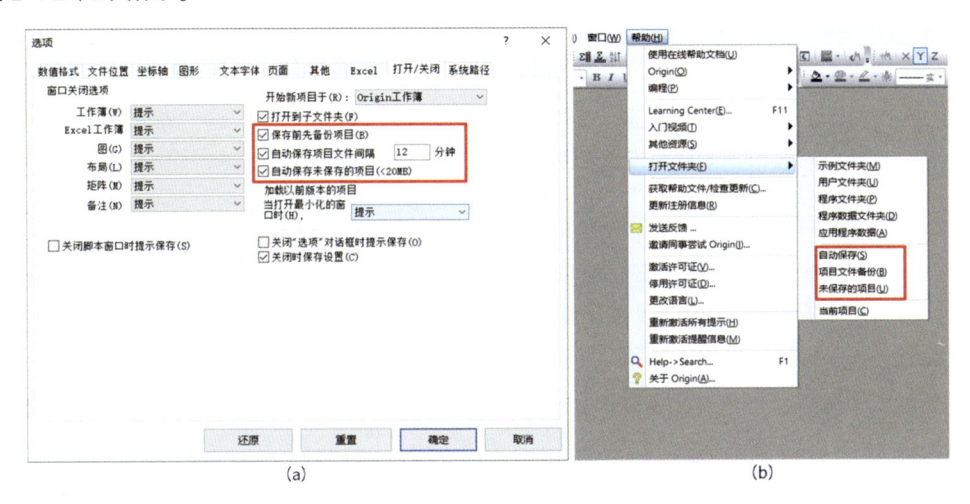

图 2-4-2 自动保存和备份项目

（1）保存前先备份项目：包含项目在最后一次成功保存时的内容。如果项目文件因某种原因（文件损坏、软件兼容性问题等）而无法打开，那么备份文件可以作为恢复数据的最后手段。

（2）自动保存项目文件间隔 12 分钟：按固定时间自动保存项目文件，旨在降低因程序崩溃、电源故障等意外情况导致的数据丢失的概率，自动保存的项目文件可能不包含用户从上次成功保存以来进行的所有更改。例如，如果从上次自动保存到程序崩溃时只过去 11 分钟，那么这 11 分钟中的数据变化情况就不会被保存。如果用户对软件操作非常熟练，那么可以将该间隔时间设置得更短一点。

（3）自动保存未保存的项目（<20 MB）：恢复用户在关闭文件或程序时未保存的数据，并非所有版本的 Origin 都提供对未保存数据的恢复功能。

如果需要通过 Origin 自动保存和备份的项目恢复数据，那么应选择菜单栏中的"帮助"→"打开文件夹"→"自动保存"命令、"项目文件备份"命令或"未保存的项目"命令，如图 2-4-2（b）所示。

2.4.3 窗口操作

窗口特指工作区中的 7 个窗口，即工作簿、矩阵、图形窗口、图像窗口、布局窗口、备注窗口、函数图窗口，项目管理器和对象管理器等窗口的操作不在本节的讨论范围内。

1．新建和打开窗口

（1）选择菜单栏中的"文件"→"新建"命令，在"新建"下拉菜单中，根据实际情况选择所需的命令。

（2）单击标准工具栏中相应的工具按钮："新建工作簿"按钮▦、"新建图形"按钮▦、"新建矩阵"按钮▦、"新建 2D 函数图"按钮▦·（单击其下拉按钮可以通过选择相应的命令来新建其他类型的函数图）、"新建布局"按钮▦、"新建备注"按钮▦、"新建图像"按钮▦。

（3）在工作区中单击鼠标右键，在弹出的快捷菜单中选择"文件"→"新建"命令。如果存在下拉菜单，那么根据实际情况选择即可。

2．重命名窗口

（1）激活要重命名的窗口，在该窗口的标题栏中单击鼠标右键，在弹出的快捷菜单中选择"属性"命令，在弹出的"窗口属性"窗口中设置长名称和短名称，并在"窗口标题"下拉列表中选择"长名称和短名称"选项。相关设置与 2.2.5 节中的部分内容相同。

（2）工作簿中的工作表和矩阵中的矩阵表均可以在左下方的名称标签上通过双击来修改名称。

（3）在窗口管理器中选择需要重命名的窗口选项并单击鼠标右键，在弹出的快捷菜单中选择"重命名"命令。

3．保存窗口

除布局窗口外，其他窗口均可以被保存为单独的文件，以便被添加到其他项目中或单独编辑。

（1）激活要保存的窗口，在该窗口的标题栏中单击鼠标右键，在弹出的快捷菜单中选择"另存为"命令，在弹出的"保存窗口为"对话框中设置完相关信息后单击"确定"按钮。

（2）激活要保存的窗口，选择菜单栏中的"文件"→"保存窗口为"命令，在弹出的"保存窗口为"对话框中设置完相关信息后单击"确定"按钮。

4．隐藏和删除窗口

（1）在窗口的标题栏中单击鼠标右键，在弹出的快捷菜单中选择"隐藏"命令，即可将窗口隐藏但不删除，此时对应的窗口管理器中的窗口图标的颜色变淡。

（2）单击窗口右上方的"关闭"按钮，在弹出的"注意"对话框中单击"隐藏"按钮，即可隐藏窗口。

（3）在窗口管理器中进行相应的操作，见 2.2.5 节。

（4）如果需要删除窗口，那么单击窗口右上方的"关闭"按钮，在弹出的"注意"对话框中单击"删除"按钮即可。需要注意的是，因为各窗口之间存在关联，所以不得随意删除窗口，以免引起其他窗口的不可逆变化，如若删除工作簿，则图形窗口中的图形也会丢失。

5. 创建窗口副本

（1）激活要创建副本的窗口，选择菜单栏中的"窗口"→"创建副本"命令。

（2）激活要创建副本的窗口，单击标准工具栏中的"创建副本"按钮 。

6. 使用窗口模板

Origin 是一款基于模板绘图的软件，内置了大量的窗口模板。这些窗口模板包括工作簿、图形窗口和矩阵等。

（1）在工作簿、图形窗口或矩阵的标题栏中单击鼠标右键，在弹出的快捷菜单中选择"保存模板"命令或"保存模板为"命令，可以将这些窗口中的一些设置另存为模板，以便下次调用，如图 2-4-3（a）所示。

（a）

（b）

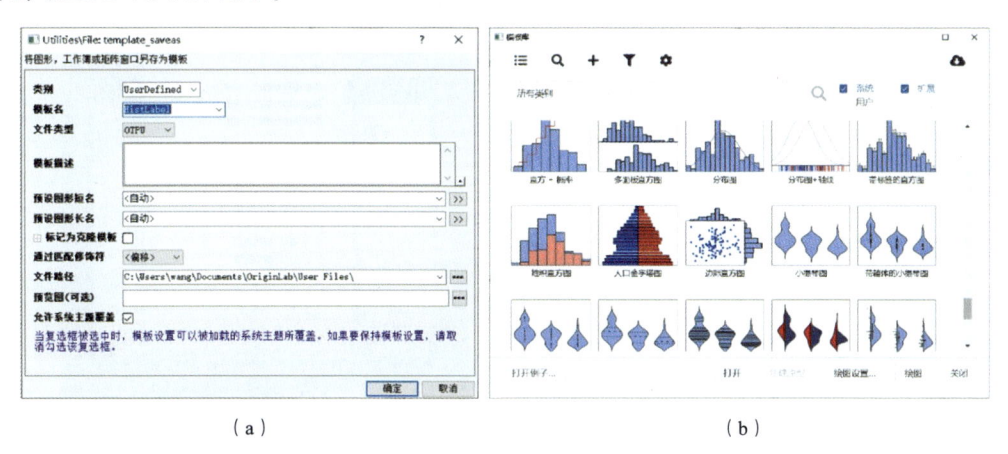

图 2-4-3　保存模板和"模板库"对话框

（2）激活工作簿，选择菜单栏中的"绘图"→"模板库"命令，打开"模板库"对话框，如图 2-4-3（b）所示。其中包含了"绘图"下拉菜单中各种绘图方法对应的绘图示例（系统模板）、扩展模板和自定义的绘图模板。

2.5　工作簿和矩阵操作

工作簿和矩阵是 Origin 的两个核心窗口，分别以工作表和矩阵表的形式组织与存放数据，是 Origin 分析和绘图的基础。工作表中的数据用于绘制 2D 图和部分 3D 图，矩阵表中的数据用于绘制 3D 表面图、3D 轮廓图等。

2.5.1 工作簿和工作表

工作簿和其中的工作表类似于 Excel 工作簿及其中的工作表，是 Origin 中一个基础的窗口，默认以 Book$N$ 和 Sheet$N$ 命名。在创建项目时，默认会创建一个名为"Book1"的工作簿，该工作簿中包含一个有 X 列和 Y 列的名为"Sheet1"的工作表。Origin 中每个工作簿中最多包含 1024 个工作表，每个工作表中最多有 65,500 列，每列中最多有 90,000,000 个单元格。而工作簿的数量没有限制，理论上只要计算机硬件支持，工作簿的数量就可以足够多。下面介绍工作簿和工作表的基础操作。

1. 工作簿和工作表操作

对工作簿的操作主要包括新建、删除、保存、复制、重命名等。工作簿中的大部分快捷操作都是通过在该窗口的标题栏中单击鼠标右键，在弹出的快捷菜单中选择相应的命令（"创建副本""添加新工作表""保存模板"等）来实现的，如图 2-5-1（a）所示。

（a） （b）

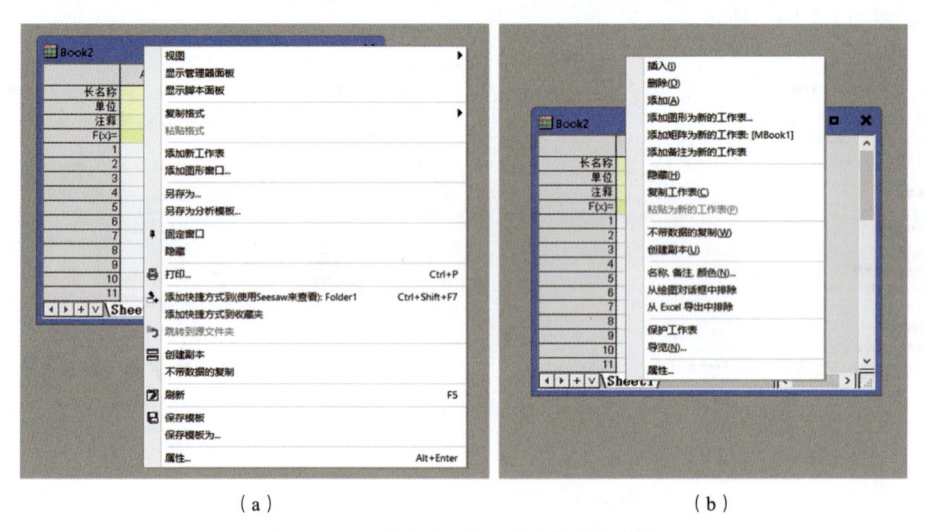

图 2-5-1　工作簿和工作表的右键操作命令

此外，选择菜单栏中的"文件"→"新建"→"工作簿"→"构造"命令，会弹出"新建工作表"对话框。在该对话框中对列进行设置之后，若取消勾选"添加到当前工作簿"复选框，则会在项目中新建一个工作簿；若不取消勾选该复选框，则会在当前工作簿中添加一个新的工作表。选择菜单栏中的"文件"→"新建"→"工作簿"→"浏览"命令，通过选择已保存的工作簿模板可以新建工作簿。

在工作表名处单击鼠标右键，在弹出的快捷菜单中通过选择相应的命令可以进行删除、添加工作表等操作，如图 2-5-1（b）所示。在工作表中操作时要注意，"插入"命令用于向当前工作表前面插入一个工作表，而"添加"命令用于在当前工作表后面添加一个工作表，单击行

标题下面的 + 按钮也可以新建一个工作表。

常见的创建工作表副本方法有：①在工作表名上单击鼠标右键，在弹出的快捷菜单中选择"创建副本"命令；②在工作表名上单击鼠标右键，在弹出的快捷菜单中选择"复制工作表"命令，再次在工作表名上单击鼠标右键，在弹出的快捷菜单中选择"粘贴为新的工作表"命令；③按住 Ctrl 键的同时将工作表向工作簿右侧拖动。在复制工作表时，如果将工作表拖动到工作簿外，那么新建工作簿并复制当前工作表到新建的工作簿中；如果不按住 Ctrl 键，那么新建工作簿并将当前工作表移动到新建的工作簿中。还可以通过同样的方法将独立出去的工作表放回初始工作簿中。如果工作簿中的工作表全部被拖走，那么会剩下空工作簿。需要注意的是，如果在工作簿的标题栏中单击鼠标右键，在弹出的快捷菜单中选择"创建副本命令"，或在标准工具栏中单击"创建副本"按钮 ，那么会创建工作簿的副本。

2. 窗口嵌入和管理

在工作表名上单击鼠标右键，在弹出的快捷菜单中选择"添加图形为新的工作表"命令、"添加矩阵为新的工作表"命令或"添加备注为新的工作表"命令，可以将图形窗口、矩阵或备注窗口作为工作表嵌入工作簿，有利于窗口的组织和学习版窗口数量的控制。如果再次把嵌入的图形窗口、矩阵或备注窗口从工作簿中拖动出来，那么窗口会变成工作簿；如果需要以原来的窗口修改，那么双击工作簿中被嵌入的窗口即可临时跳出窗口，修改完成之后，单击临时窗口右上方的"关闭"按钮 ，保存修改并返回工作簿。

其具体操作方法为：激活需要嵌入的图形窗口、矩阵或备注窗口，在工作表名上单击鼠标右键，在弹出的快捷菜单中选择"添加图形为新的工作表"命令、"添加矩阵为新的工作表"命令或"添加备注为新的工作表"命令，则对应的图形窗口、矩阵或备注窗口被自动添加到工作簿中最后一个工作表的位置，如图 2-5-2（a）所示。

（a）　　　　　　　　　（b）

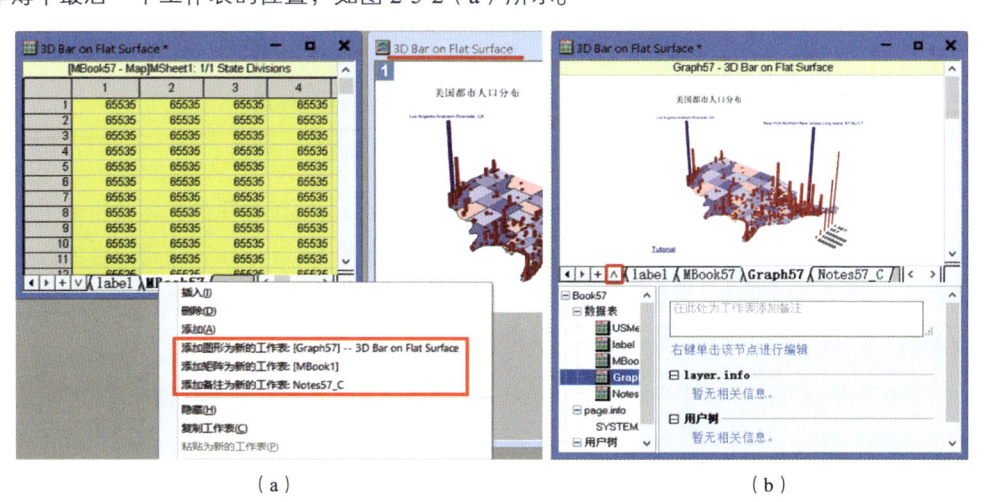

图 2-5-2　嵌入窗口和打开窗口管理器

如果工作簿中的工作表较多，那么可以打开窗口管理器，以树状结构来展示和管理工作表，如图 2-5-2（b）所示。打开窗口管理器的具体操作方法有两种：①单击工作簿左下方的"显示/隐藏窗口"按钮 V ；②在工作簿的标题栏中单击鼠标右键，在弹出的快捷菜单中选择"显示管理器面板"命令。

3. 工作表中的元数据和数据操作

工作表分为两个部分，上面的黄色区域为元数据区（表头），下面的灰色区域为数据区，该区域中输入数据的单元格会变成白色。默认的元数据包括"长名称"（对应的"短名称"默认是列标题，一般不需修改）行、"单位"行、"注释"行和"F(x)="行内容，其中"F(x)="用于设置表达式自动填充列值，如图 2-5-3 所示。填充后的黄色区域略深，以区别于其他元数据行。例如，在输入数据时，该行不会被自动识别填入元数据。

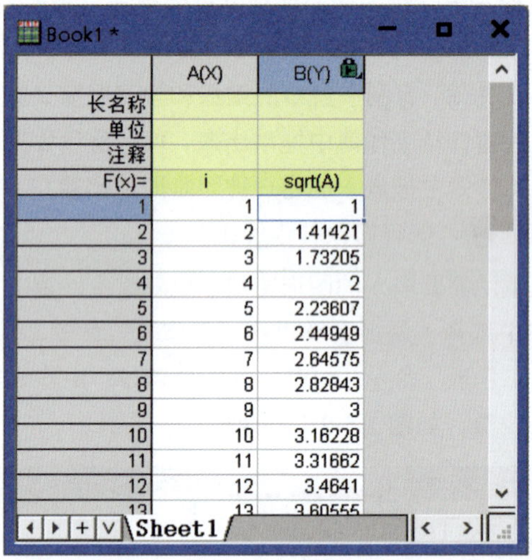

图 2-5-3 设置表达式自动填充列值

元数据可以通过在元数据区的行标题处、数据区的空白处、工作簿的标题栏中单击鼠标右键，在弹出的快捷菜单中选择"视图"命令来增减，如图 2-5-4 所示；还可以在元数据区的行标题处单击鼠标右键，在弹出的快捷菜单中选择"插入"→"用户参数"命令，插入自定义参数。

元数据用于描述工作表中内容的某些特征，在绘图时默认长名称为坐标轴标题，单位以括号的形式被添加到坐标轴标题后面，而第 1 行注释被自动添加为图片的图例。元数据还可以在进行通配符选择时作为索引的关键词，在绘图时作为映射分组的依据。

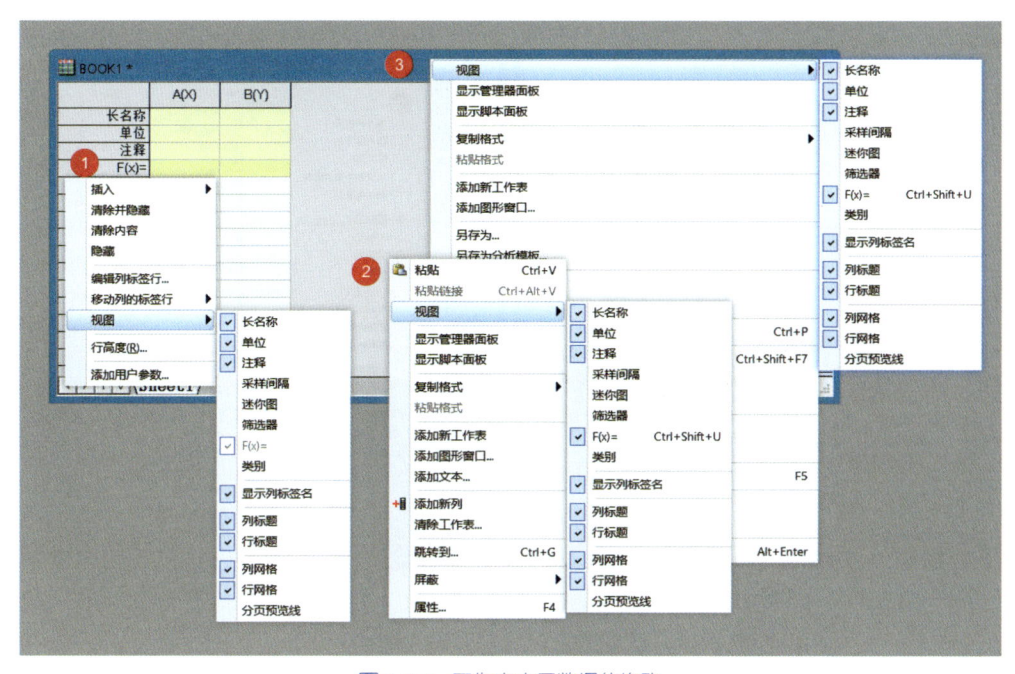

图 2-5-4　工作表中元数据的修改

如果对某元数据行有特殊格式要求，如上、下标，那么可以选择该元数据行并单击鼠标右键，在弹出的快捷菜单中选择"设置长名称""单位"或"注释格式"→"富文本"命令，将其格式设置为富文本之后，可以使用和 Word 类似的方式进行更多格式的设置。例如，要设置上标，应先选择文本，再按快捷键 Ctrl+Shift+"+"；要设置下标，应先选择文本，再按快捷键 Ctrl+"+"，也可以在工作区上方的第 2 处工具栏中进行相关操作。

此外，在数据非常多或冗余的情况下，可以选择"采样间隔"命令，用于跳跃着使用数据进行分析和绘图，以减少工作量。"迷你图"命令用于动态显示本列数据缩略图，使用迷你图便于观察数据趋势和分布。

4．工作表中的行与列操作

工作表中行的意义比较简单，往往代表一个观测对象，而列用于组织观测对象的自变量和因变量，或 3D 变量，往往是一个具体观测指标或分组标记。因此，工作表中的行与列操作主要是针对列的操作。行与列操作是通过单击行标题选择某行或单击列标题选择某列之后，单击鼠标右键，在弹出的快捷菜单中选择相应的命令来实现的。需要注意的是，在元数据区和数据区的行标题、单元格中单击鼠标右键，所进行的操作并不相同，而在列标题上单击鼠标右键时不区分元数据区和数据区（见图 2-5-5），此时在操作时就不要选择位置了。

(a) (b)

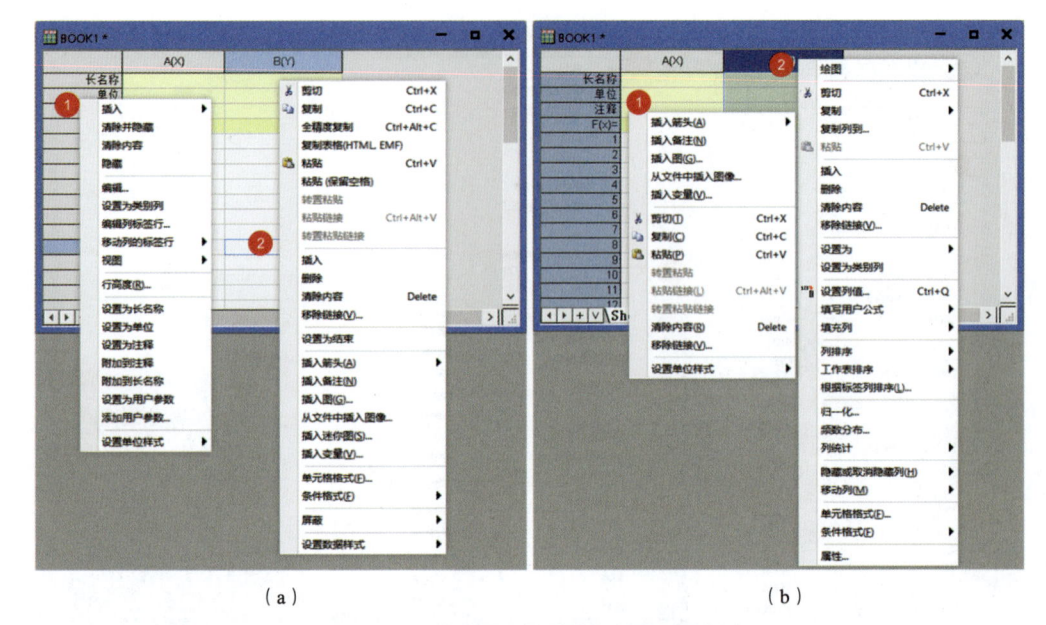

图 2-5-5　元数据区和数据区的右键操作对比

1）选择行与列

在 Origin 中对行与列的选择是针对性绘图和分析的前提，这些操作与 Excel 中的操作类似。

（1）单选：单击行标题或列标题，即可选择某行或某列。

（2）全选：单击工作表左上方的灰色空白单元格，或单击某个单元格，按快捷键 Ctrl+A，即可全选工作表。

（3）拖选：按住鼠标左键并拖动鼠标，经过行标题或列标题，即可选择相连的多行或多列，但若行与列的跨度较大则不适合使用此方法。使用此方法，同样可以选择所需的单元格。

（4）跨选：如果需要选择某个较大区域的行或列，那么可以先选择起始行或列，再拖动窗口进度条到终止行或列，按 Shift 键，单击终止行或列，即可选择从起始行或列到终止行或列的连续区域。

（5）跳选：按住 Ctrl 键，依次单击所需的行标题或列标题，即可跳过不需要的行或列进行选择。如果选错，那么在选错的行或列上再次单击，即可取消选择该行或列。使用此方法可以自由选择。此方法可以搭配跨选进行快速选择。但如果选择的行或列较多，那么不适合使用此方法。

（6）选择通配符：如果行数或列数超越常规，难以进行手动选择，那么可以通过选择菜单栏中的"列"→"选择列"命令来选择。选择菜单栏中的"列"→"选择列"命令，打开"选择"对话框，选择"模式"为"按列标签"、"标签行"为"长名称"，并在"字符"文本框中输入"A*"，单击"选择"按钮，即可选择所有长名称为"Amplitude"的列，如图 2-5-6（a）所示。此外，在该对话框中还可以选择"模式"为"选择 N 列并跳过 M 列"，用于按照等差规律选择列，如此处从第 3 列开始，每隔两列会重复出现一个长名称为"Wavelength"的列，也可以按照如图 2-5-6（b）所示，在"N"文本框、"M"文本框和"开始列"文本框中分别输入"1""2""3"。

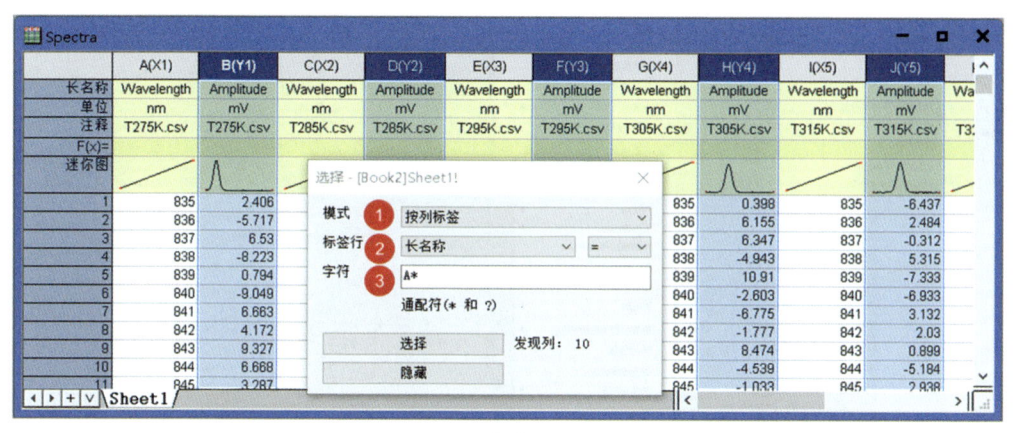

（a）

（b）

图 2-5-6　通配符选择

2）设置列

在 Origin 中，由于列的设置与绘图直接相关，因此列能够进行的设置非常多，Origin 中主要提供了 3 种进行列的设置的方法：①单击菜单栏中的"列"菜单；②选择要设置的列并单击鼠标右键；③使用右上方的列按钮组，如图 2-5-7 所示。

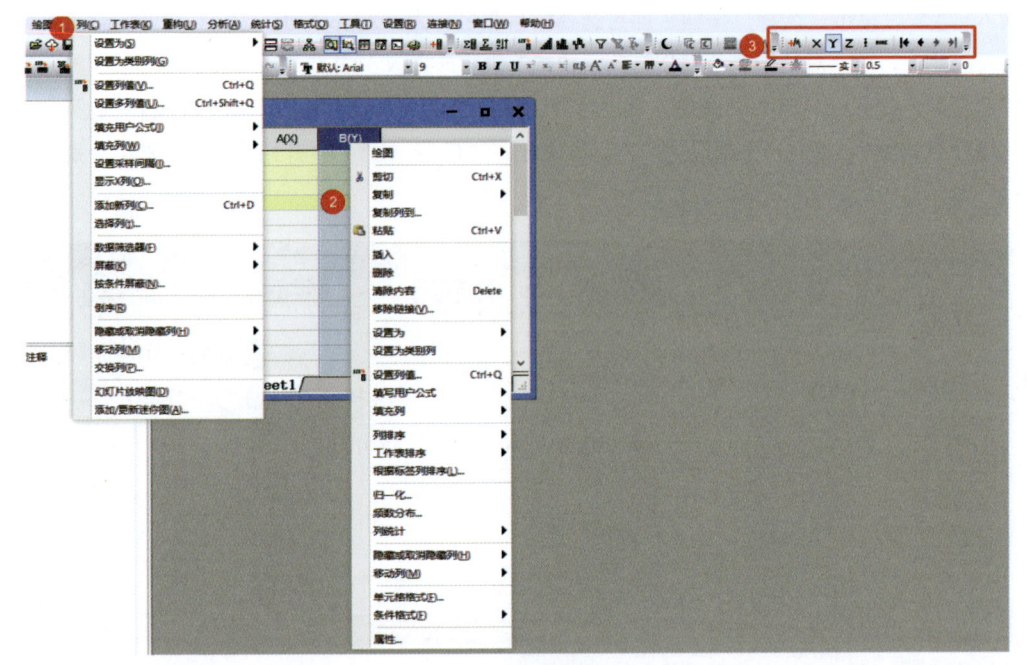

图 2-5-7　设置列

选择列并单击鼠标右键，在弹出的快捷菜单中选择"属性"命令。在弹出的如图 2-5-8（a）所示的"列属性"对话框中，上面的选项用于设置长名称、单位、注释等元数据信息，这一部分选项往往在输入数据时统一设置；中间的选项用于设置列宽，默认列宽为 6，一般可以通过手动将列拉宽；下面的选项是列属性设置中十分重要的一部分。

在"列属性"对话框的"选项"选项组的"绘图设定"下拉列表中，可以选择"X""Y""Z""X 误差""Y 误差""标签""忽略""组""观察对象"9 个选项中的任意一个，以设置列的"身份"，这种"身份"设置直接决定该列数据在绘图中的角色分配。其中"Y"选项是最基本的。一个用于绘图的工作表可以没有 X 列但不能没有 Y 列。

在"选项"选项组中还可以设置列中数据的格式，有"数值""文本""时间""日期""月""星期""文本&数值""颜色""二进制"9 个选项，如图 2-5-8（b）所示；设置数值的显示格式，有"十进制：1000""科学记数法：10^3""工程：1k""十进制：1,000""科学记数法：1E3""自定义"6 个选项，如图 2-5-8（c）所示；控制小数点的位数，一般按照系统默认设置即适合大多数情况。

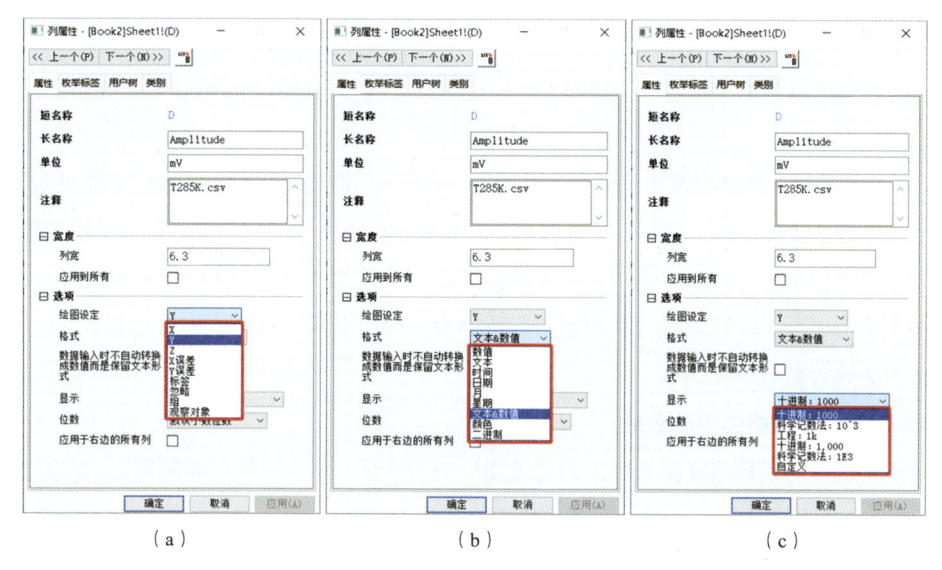

图 2-5-8 设置列属性

除了可以在"列属性"对话框中设置列的"身份",更常见的操作是选择单列并单击鼠标右键,在弹出的快捷菜单中选择"设置为"命令。"设置为"下拉菜单如图 2-5-9(a)所示。在"设置为"下拉菜单中选择"X""Y""Z""标签""忽略""X 误差""Y 误差"7 个命令中的任意一个,即可设置列的"身份"。如果选择多列并单击鼠标右键,在弹出的快捷菜单中选择"设置为"命令,那么"设置为"下拉菜单如图 2-5-9(b)所示。

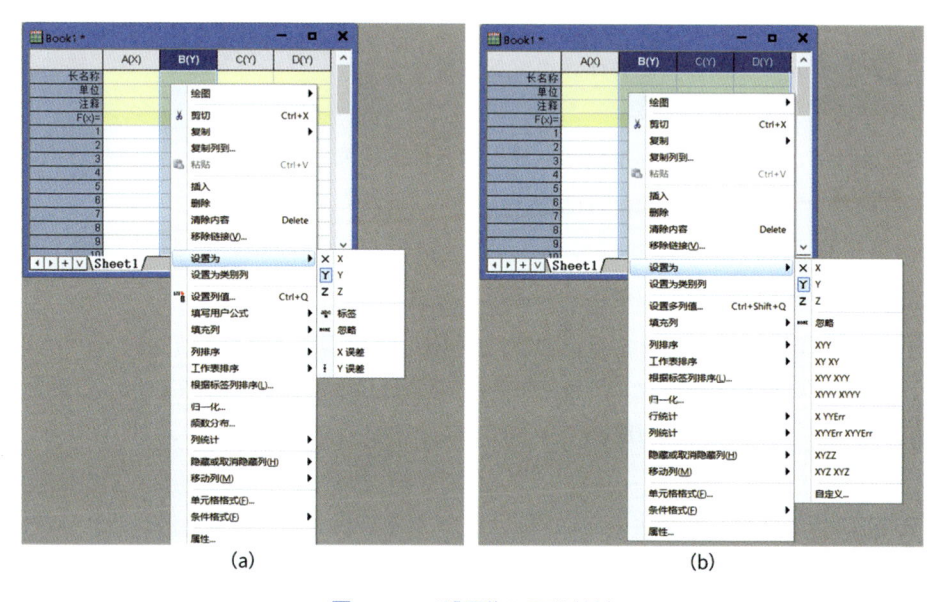

图 2-5-9 "设置为"下拉菜单

3）插入列和添加列

（1）选择列并单击鼠标右键，在弹出的快捷菜单中选择"插入"命令，即可在当前列前面插入一列。

（2）先选择列，再选择菜单栏中的"编辑"→"插入"命令，即可在当前列前面插入一列。

（3）选择菜单栏中的"列"→"添加新列"命令，在弹出的"添加新列"对话框中输入需要添加的列数，单击"确定"按钮，即可按照设置在工作表末尾添加相应数量的列。

（4）单击标准工具栏中的"添加新列"按钮 ，即可在工作表末尾添加一列。

新添加的列默认为 Y 列。

4）删除列和清除列中的数据

（1）先选择列，再选择菜单栏中的"编辑"→"删除"命令，即可删除所选的列。

（2）选择列并单击鼠标右键，在弹出的快捷菜单中选择"删除"命令，即可删除所选的列。

（3）如果只希望清除列中的数据，而不希望删除列，那么可以通过单击鼠标右键，在弹出的快捷菜单中选择"清除"命令来实现。

在删除列和工作表时都需要谨慎处理，这因为删除后数据不能恢复，有可能直接影响相关图表绘制和数据分析的结果。

5）移动列

（1）先选择列，再选择菜单栏中的"列"→"移动列"命令，在"移动列"下拉菜单中根据需要选择相关命令。

（2）选择列并单击鼠标右键，在弹出的快捷菜单中选择"移动列"命令，在"移动列"下拉菜单中根据需要选择相关命令。

（3）选择列，在右上方的列按钮组中根据需要单击相关按钮，移动列。相关按钮有"移到最前"按钮 、"左移"按钮 、"右移"按钮 、"移到最后"按钮 。

6）填充列

Origin 支持填充列功能，以便用户快速填充数据。

（1）选择需要填充的列并单击鼠标右键，在弹出的快捷菜单中选择"填充列"命令，在"填充列"下拉菜单中根据需要选择"行号"命令、"均匀随机数"命令、"正态随机数"命令、"一组数字"命令、"一组日期/时间数据"命令或"任意的数列或文本列"命令，即可填充列，如图 2-5-10 所示。

（2）在工作表数据按钮组中有自动填充列的工具按钮，包括"设置列值为行号"按钮 、"设置列值为均匀随机数"按钮 、"设置列值为正态随机数"按钮 。根据需要单击相关按钮，即可填充列。

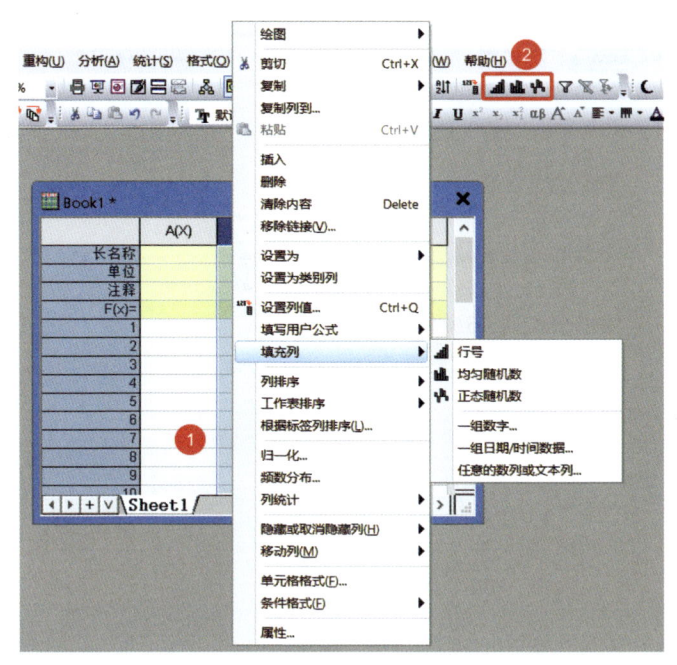

图 2-5-10　填充列

7）设置列值

先选择单列，再选择菜单栏中的"列"→"设置值"命令，或先选择多列，再选择菜单栏中的"列"→"设置多列值"命令，弹出"设置值"对话框，如图 2-5-11（a）所示。该对话框用于设置一个单行数学表达式，以创建或转换一个或多个工作表数据列，便于快速输入或生成某些具有规律的数据，在科研绘图中可以用来对数据进行变换。该对话框中有菜单栏、用于定义输出范围的行列限定区、用于在表达式中选择和插入 LabTalk 函数的操作按钮、用于定义单行数学表达式的列公式区，以及用于数据预处理和定义单行数学表达式中使用的变量的"执行公式前运行脚本"选项卡及用于定义和使用 Python 函数（也可以在表达式中使用）的"Python 函数"选项卡。元数据区的"F(x)="行中的表达式会直接被输入"设置值"对话框，反之亦然。激活矩阵，选择菜单栏中的"矩阵"→"设置值"命令，会弹出如图 2-5-11（b）所示的对话框。

8）查看列视图

Origin 2019 及以上版本为工作表引入了一种视图模式，又称列视图。它是列标签元数据的转置视图。激活工作表后，选择"查看"→"列视图"命令，或按快捷键 Ctrl+W，即可查看该列视图。如果工作表中有多行元数据，且希望专注于该元数据的某些特定方面，那么该列视图很有用。

(a) (b)

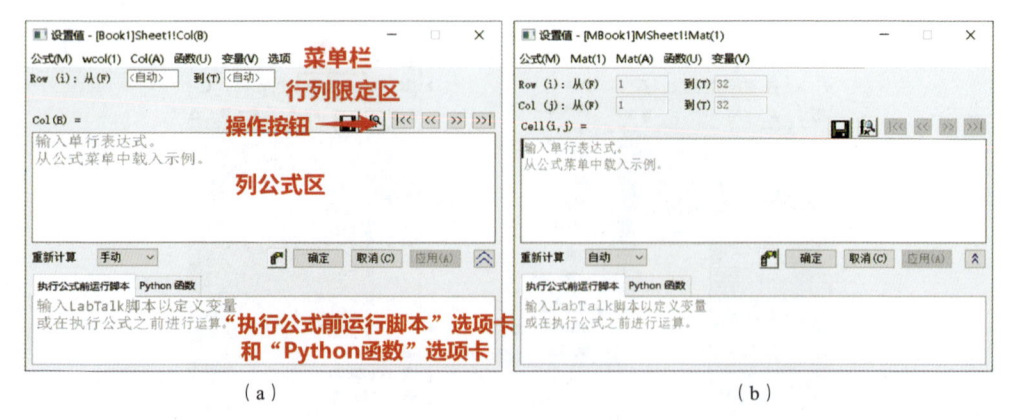

图 2-5-11　"设置值"对话框

9）列排序、工作表排序

列排序、工作表排序的具体操作方法见 4.1.8 节，工作表嵌套排序的具体操作方法见 5.1.2 节。

5．单元格操作

在多数时候单元格属性已在设置列时统一确定，这样便于软件分析和绘图。但也可以选择单元格并单击鼠标右键，在弹出的快捷菜单中选择"单元格格式"命令，对单元格进行个性化设置；还可以选择单元格并单击鼠标右键，在弹出的快捷菜单中选择"填充范围"命令（和"填充列"命令类似），在"填充范围"下拉菜单中根据需要选择"行号"命令、"均匀随机数"命令、"正态随机数"命令、"一组数字"命令、"一组日期/时间数据"命令、"任意的数列或文本列"命令完成填充。但要注意的是，对单元格格式的单独设置有可能会导致软件分析和绘图无法进行。此外，允许在单元格中插入对象，包括箭头、图片、图像、备注、迷你图、变量等。

Origin 中的工作簿支持电子表格单元格表示法（SCN），允许用户使用熟悉的电子表格单元格层级的运算，并从 Origin 2019b 开始默认支持电子表格单元格表示法。若需关闭此功能，则要在工作簿的标题栏中单击鼠标右键，在弹出的快捷菜单中选择"属性"命令，在"窗口属性"窗口中取消勾选"电子表格单元格表示法"复选框。所谓电子表格单元格表示法，简单来说，就是能够以单元格为单位进行函数和公式运算的方法，类似于 Excel 中的函数，但和 Excel 中的函数存在一些区别且目前功能还不如 Excel 中的函数的功能强大。如果读者能够比较熟练地使用 Excel 中的函数，那么建议使用 Excel 中的函数。

2.5.2　矩阵与矩阵表

一个 Origin 矩阵最多包含 1024 个矩阵表，一个矩阵表最多包含 65,504 个矩阵对象，矩阵和矩阵表默认分别以 MBook*N*、MSheet*N* 命名，矩阵可以被单独保存为 *.opm(u) 文件。

对矩阵整体的操作主要包括新建、删除、保存、复制、重命名、模板保存等。对矩阵内部矩阵表整体的操作主要包括重新排序、重命名、添加、删除、在矩阵表中新建矩阵和迁移矩阵表到其他矩阵中等，这和对工作表进行的操作基本一致。矩阵下面也带有窗口管理器，其操作方法和工作簿中窗口管理器的操作方法类似。

矩阵表中存放的矩阵数据是一组按照行和列排列的 Z 值，这些行和列线性映射到对应的 X 值和 Y 值上，X 值、Y 值、Z 值可以构成 3D 坐标系，所以矩阵数据天然适用于绘制 3D 图。行与列映射的 X 值、Y 值用于指示实际观测指标，这既可以具有科学意义，又可以是纯粹的数值。

打开本节对应源文件的矩阵，如图 2-5-12 所示。

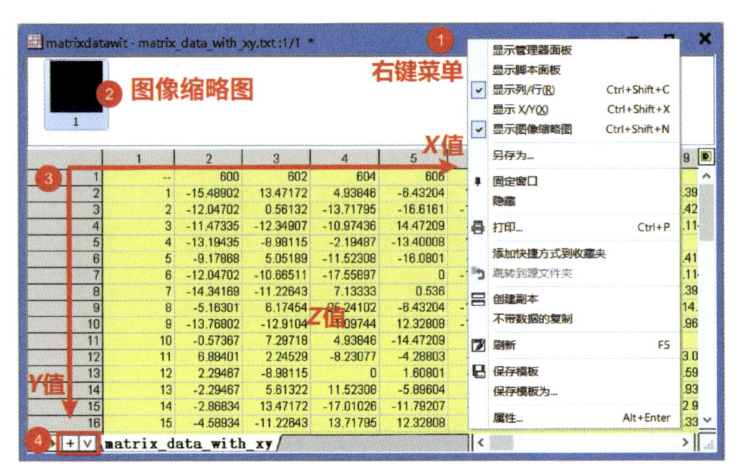

图 2-5-12　矩阵

在矩阵中单击鼠标右键，在弹出的快捷菜单中可以看到对整个矩阵和矩阵表的一些常见操作命令，如"显示列/行""显示 X/Y""显示图像缩略图""隐藏""固定窗口""创建副本""保存模板"等。

在矩阵中单击鼠标右键，在弹出的快捷菜单中选择"显示图像缩略图"命令，即可打开或关闭图像缩略图。如果能较好地理解位图的像素构成，那么理解矩阵就会比较简单。矩阵中的每个 Z 值所在的单元格都可以当成位图中的像素，Z 值不同，单元格中的颜色也不同。所有矩阵数据都可以有图像缩略图，或者说，都可以有图像模式和数字模式两种显示模式。在激活窗口时，选择"查看"→"图像模式"命令或按快捷键 Ctrl+Shift+D，即可切换为图像模式；选择"查看"→"数据模式"命令或按快捷键 Ctrl+Shift+I 即可切换为数据模式。

矩阵数据是一组按照行和列排列的 Z 值，其中列被线性映射到 X 值上，行被线性映射到 Y 值。与工作表的数据格式相比，这种映射关系可能理解起来比较困难，可以在矩阵左上方绘制一个坐标系，横向为 X 轴，纵向为 Y 轴，黄色区域的数据为 Z 值，这样即可比较清晰地理解这种映射关系。在如图 2-5-12 所示的矩阵中，行和列对应的映射值（列标题和行标题）没有特别设置，默认是列号和行号，需要设置的映射值在当前矩阵数据的第 1 行和第 1 列。

单击"新建矩阵表"按钮 +，即可新建矩阵表；单击"显示/隐藏窗口"按钮 V，即可打开矩阵的窗口管理器。

1. 设置矩阵属性

选择菜单栏中的"矩阵"→"设置属性"命令，打开"矩阵属性"窗口。注意，这里指的是矩阵表的属性，而在矩阵的标题栏中通过单击鼠标右键进行设置，设置的是整个矩阵的属性。在"矩阵属性"窗口中可以对矩阵的长名称、单位、注释、宽度，以及显示相关选项进行设置，"矩阵属性"窗口和"窗口属性"窗口如图 2-5-13 所示。

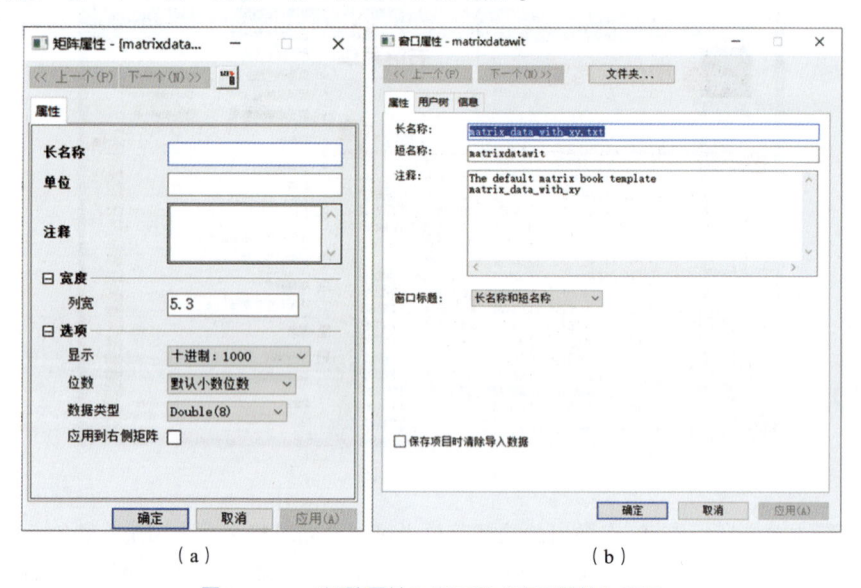

（a）　　　　　　　　　　　　（b）

图 2-5-13　"矩阵属性"窗口和"窗口属性"窗口

2. 调整矩阵大小

矩阵中的行与列不能直接删除，只能清除其中的数据。如图 2-5-12 所示，导入的矩阵的第 1 行和第 1 列均不是真正的矩阵数据，而是行和列对应的映射值（列标题和行标题），这种情况在使用第三方软件获取的矩阵数据中比较常见。选择菜单栏中的"矩阵"→"调整大小"命令，弹出如图 2-5-14（a）所示的"调整大小"对话框，选择"调整选项"为"插值"，在"列数"文本框和"行数"文本框中均输入"63"，在"第一个 X"文本框和"第一个 Y"文本框中均输入"2"，选择"输出矩阵"为"<新建>"，单击"确定"按钮，即可获得一个新的矩阵，且第 1 行和第 1 列已被删除，如图 2-5-14（b）所示。注意，此方法只适用于删除首行或首列。此时，如果在矩阵的标题栏中单击鼠标右键，在弹出的快捷菜单中选择"显示 X/Y"命令，那么列标题和行标题均为 2~64。

第 2 章 Origin 的基本概念和操作 | 61

(a)　　　　　　　　　　　　(b)

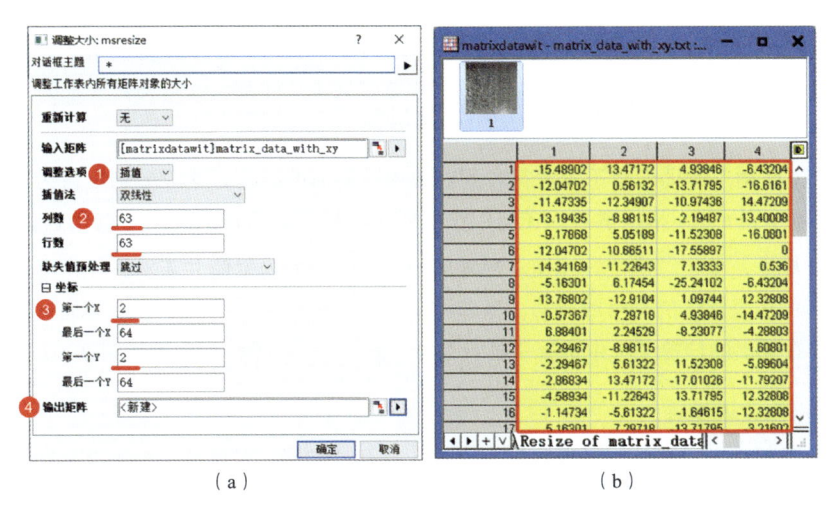

图 2-5-14　调整矩阵大小

调整矩阵大小有 4 种方法：扩展、缩小、插值、填充。对于扩展和缩小，也可以采用下文"4. 扩展和收缩矩阵"所述方法实现。

3. 调整矩阵行列数和标签

选择菜单栏中的"矩阵"→"行列数/标签设置"命令，或全选矩阵并单击鼠标右键，在弹出的快捷菜单中选择"设置矩阵的行列数和标签"命令，打开"矩阵的行列数和标签"对话框，如图 2-5-15（a）所示。

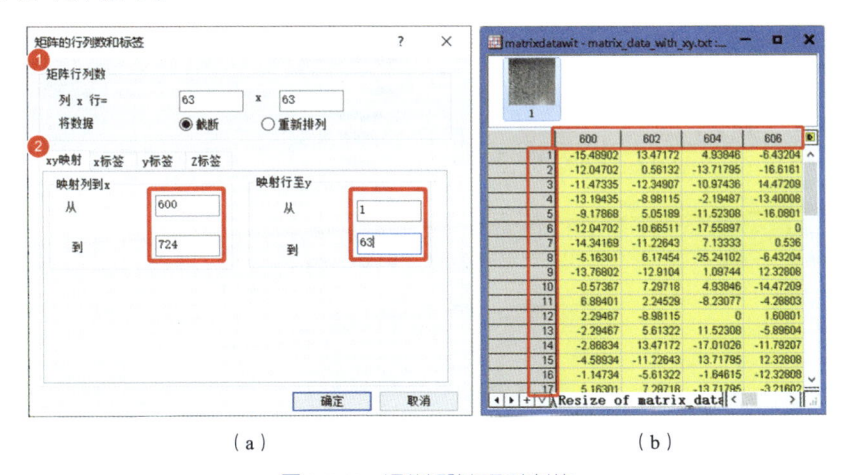

(a)　　　　　　　　　　　　(b)

图 2-5-15　调整矩阵行列映射值

（1）"矩阵行列数"选项组用于调整矩阵行列数及设置数据在矩阵中的排布。设置完行列数之后，数据有以下两种排布方式。

①截断：直接在矩阵中以左上方为原点截取部分数据（缩小矩阵）或在矩阵行列末尾加入

空白单元格（扩大矩阵）；②重新排列：将原始数据按行从左到右依次排入新的矩阵，以排满整个矩阵（缩小矩阵）或用完所有数据（扩大矩阵）为止。注意，这两种方式都无法实现删除首行和首列的效果。

（2）"xy 映射"选项卡用于设置行和列对应的映射值的范围，这里分别设置为"从 600 到 724"和"从 1 到 63"；根据需要，还可以设置所需的标签，这在绘图时可以用到。

设置完成后，单击"确定"按钮，矩阵的行和列对应的映射值并未发生任何变化，这是因为目前显示的还是默认的列号或行号，而非刚刚设置的映射值的范围。在矩阵的标题栏中单击鼠标右键，在弹出的快捷菜单中选择"显示 X/Y"命令，行标签和列标签如图 2-5-15（b）所示。

4. 扩展和收缩矩阵

选择菜单栏中的"矩阵"→"扩展"命令，打开"扩展"对话框，如图 2-5-16（a）所示；选择菜单栏中的"矩阵"→"收缩"命令，打开"收缩"对话框，如图 2-5-16（b）所示。根据"扩展单元格"选项组和"收缩因子"选项组中的设置对矩阵进行扩展和伸缩。矩阵的扩展和收缩类似于在位图处理软件（Adobe Photoshop 等）中拉伸和缩小图像。在扩展过程中，矩阵轮廓（4 个角的 Z 值）不变，但会扩展列数和行数，并据此对 X 值和 Y 值的范围再次进行线性分割；而对于收缩来说，若设置"收缩因子"选项组中的"行因子""列因子"都为 2，则相当于原来 2×2=4 个单元格现在变成了 1 个单元格，原来 4 个单元格值现在只要 1 个，如何获取这个单元格值呢？可以取原来 4 个单元格值的均值、最大值、最小值、方差等。

（a）　　　　　　　　　　　　　　（b）

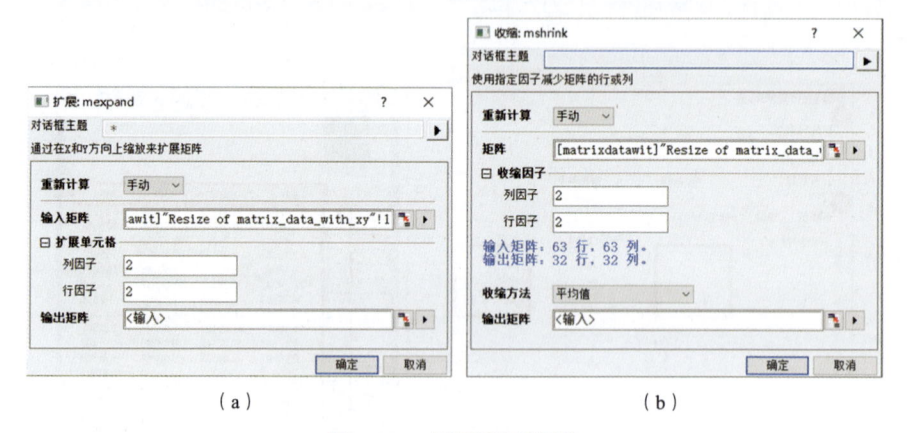

图 2-5-16　扩展和收缩矩阵

5. 转置矩阵

选择菜单栏中的"矩阵"→"转置"命令，即可转置矩阵。

6. 旋转矩阵

选择菜单栏中的"矩阵"→"旋转 90"命令，选择合适的旋转方向和角度，即可旋转矩阵。

7. 翻转矩阵

选择菜单栏中的"矩阵"→"翻转"命令，即可翻转矩阵。

2.5.3 工作表和矩阵表的直接转换

Origin 提供了将整个工作表转换为矩阵表的方法，包括直接转换、XYZ 网格化、XYZ 对数网格化等。转换方法的选择取决于工作表中的数据格式。其中，直接转换的前提是工作表中的数据在格式上与矩阵相同。

1. 将工作表直接转换为矩阵表

打开本节源文件中对应的工作簿，如图 2-5-17（a）所示。该工作簿的工作表的数据区中的数据在格式上与矩阵相同，第 1 行和 A 列表示坐标，可以将工作表直接转换为矩阵表。选择菜单栏中的"工作表"→"转换为矩阵"→"直接转换"命令，打开如图 2-5-17（b）所示的对话框。①选择"数据格式"为"X 数据跨列"，表示各列数据均是矩阵中的 X 值；②选择"X 值位于"为"第一个数据行"；③勾选"Y 值在第一列中"复选框，其余选项保持默认设置；④选择"输出矩阵"为"<新建>"。单击"确定"按钮，即可获得与图 2-5-14（b）相同的矩阵（默认不打开图像缩略图）。继续在标题栏中单击鼠标右键，在弹出的快捷菜单中选择"显示 X/Y"命令，即可获得与图 2-5-15（b）相同的矩阵（默认不打开图像缩略图）。

(a)　　　　　　　　　　　　　　(b)

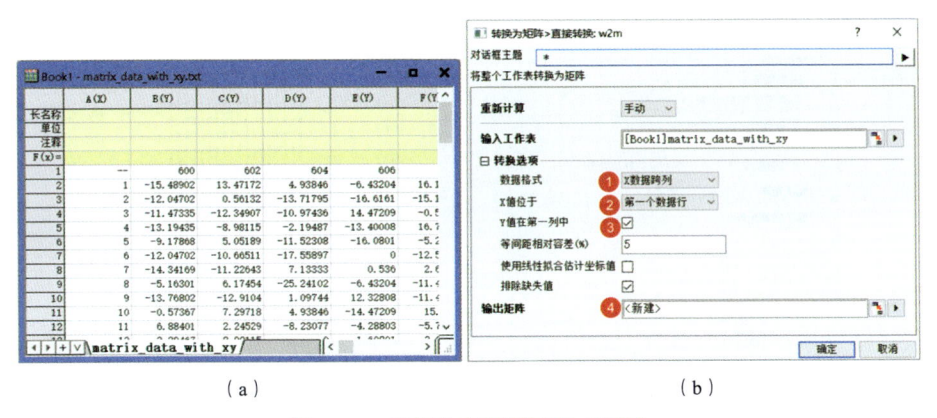

图 2-5-17　将工作表直接转换为矩阵表

2. 将矩阵表直接转换为工作表

激活上面获得的矩阵，选择菜单栏中的"矩阵"→"转换为工作表"命令，打开如图 2-5-18（a）所示的对话框，选择"方法"为"直接转换"、"数据格式"为"X 数据跨列"，单击"确定"按钮，即可获得如图 2-5-18（b）所示的工作表。可以发现，没有把 X 值和 Y 值转换过来。如果在如图 2-5-18（a）所示的对话框中勾选了"Y 数据在第一列"复选框，且选择了"X 数据在"为"第一行"，那么将获得与图 2-5-17（a）相同的带有 X 值和 Y 值的工作表。

(a)

(b)

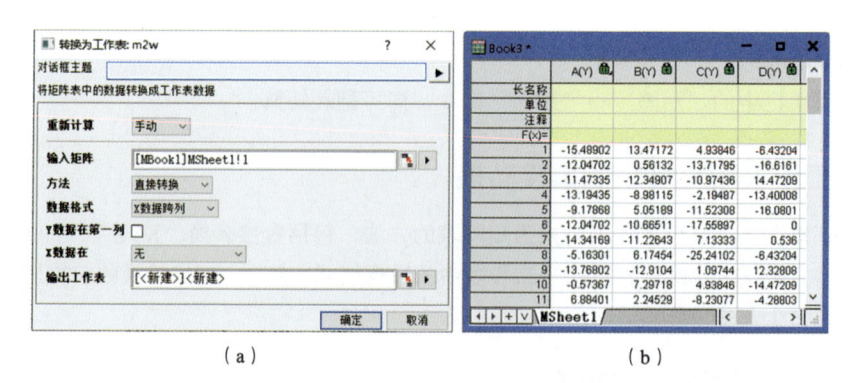

图 2-5-18　将矩阵表直接转换为工作表

2.5.4　XYZ 网格化和 XYZ 对数网格化

选择菜单栏中的"工作表"→"转换为矩阵"→"XYZ 网格化"命令，弹出如图 2-5-19（a）所示的对话框，通过相应的设置，可以将如图 2-5-19（b）所示的工作表转换为如图 2-5-19（b）所示的矩阵表，具体示例见 4.1.31 节。

(a)

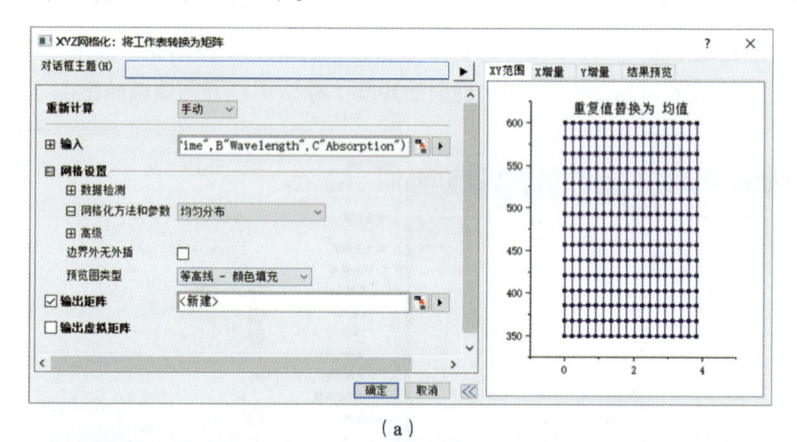

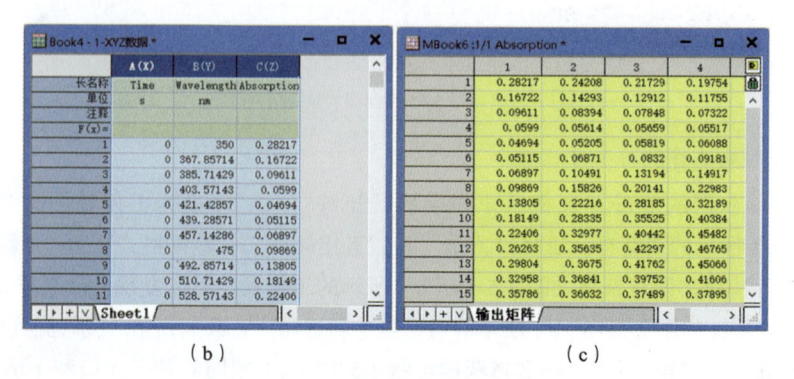

(b)　　　　　　　　　　　　　　(c)

图 2-5-19　XYZ 网格化

XYZ 对数网格化的操作方法和 XYZ 网格化的操作方法基本相同。选择菜单栏中的"工作表"→"转换为矩阵"→"XYZ 对数网格化"命令，在弹出的对话框中通过相应的设置即可将工作表转换为矩阵。

2.5.5 虚拟矩阵

可以从矩阵数据开头或结尾删除行与列，并将剩余的数据线性映射到 X 值和 Y 值上，但是不能从矩阵数据中间删除行与列，以免造成矩阵行与列间隔不规则的情况，这种情况会导致无法线性映射或映射之后偏离真实坐标。Origin 采用虚拟矩阵（Virtual Matrix，VM）来解决这种问题，虚拟矩阵不是矩阵，而是在数据格式上类似于矩阵的工作表，其数据格式类似于图 2-5-17（a）。工作表中的数据块可以包含 1 列或 1 行作为 X 值或 Y 值。同常规的矩阵数据一样，虚拟矩阵数据也可以用于绘制 3D 颜色映射曲面图、等高线图等，具体示例见 4.1.31 节。与仅支持 X 值和 Y 值的线性间隔的常规矩阵不同，虚拟矩阵支持升序或降序的不规则间隔分布的 X 值和 Y 值，甚至支持文本、日期/时间数据。

当选择虚拟矩阵数据绘制 3D 颜色映射曲面图、等高线图等时，列的绘图设置将会被忽略。打开如图 2-5-20 所示的虚拟矩阵设置对话框，在其中指定 X 值和 Y 值，将相交的数据点视为 Z 值。

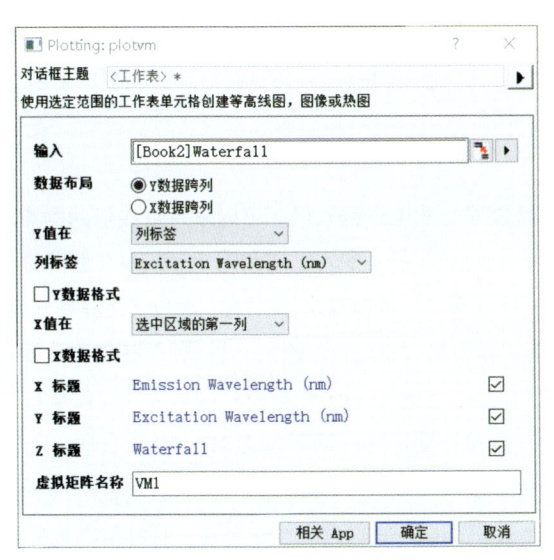

图 2-5-20 虚拟矩阵设置对话框

# 第 3 章

Origin 绘图基础

本章将介绍数据输入和查找与替换、数据格式、绘图入口、常规绘图方式，以及绘图细节设置等内容，为后续具体绘图打下基础。

3.1 数据输入和查找与替换

数据是科研绘图的基础和核心，各科研数据分析和绘图软件都需要按照一定要求输入数据，Origin 中常见的数据输入方法有 4 种：直接输入、复制与粘贴、从数据文件中导入、使用数据连接器，而每种数据输入方法又都有不同的操作技巧及适用范围。

3.1.1 直接输入

当数据不多，或原始数据为非电子格式时，可以采用直接输入的方法输入数据，其操作与在 Excel 中输入数据的操作类似。在工作表中按照图 3-1-1（a）直接输入数据，这模拟的是北京 3 月上旬每日的平均温度。其中，直接输入长名称、单位、注释均（数据是编者自行设置的，并不具备实际意义），将工作表名"Sheet1"改为"温度"。在输入日期时，只需要输入"3 月 1 日""3 月 2 日"这两个数据，选择这两个数据所在的单元格，在其右下方会出现一个黑色加号图标，按住鼠标左键并直接拖动鼠标，即可快速输入 10 天日期。

选择 C 列并单击鼠标右键，在弹出的快捷菜单中选择"插入"命令，即可在"平均温度"列前面插入一列，单击工具栏中的"添加新列"按钮，即可在"平均温度"列后面插入一列，在新插入的两列中可以直接输入上海和广州的平均温度，如图 3-1-1（b）所示。

第 3 章　Origin 绘图基础　｜　67

（a）　　　　　　　　　　　　　　（b）

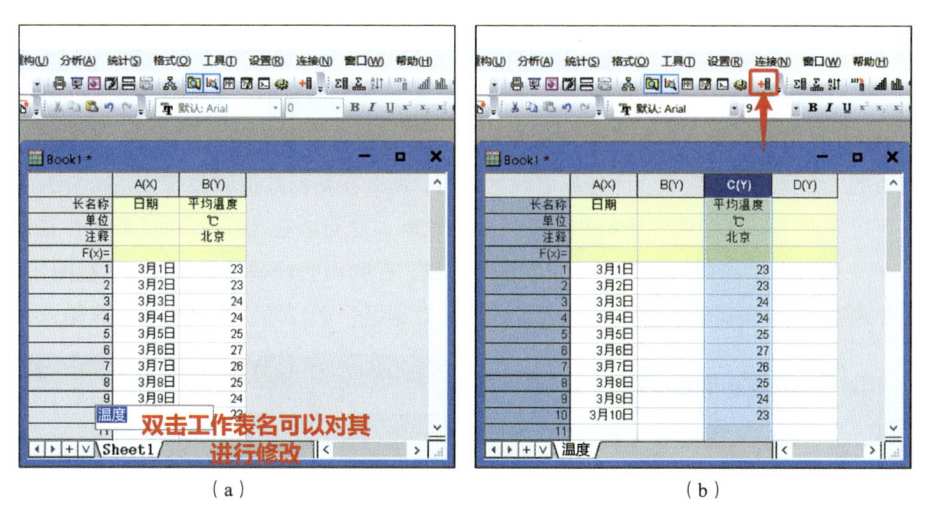

图 3-1-1　直接输入

除了可以手动输入数据，对于某些有规律的数据还可以通过自动填充列或设置公式的方式来输入。选择单元格并单击鼠标右键，在弹出的快捷菜单中选择"填充范围"命令，在"填充范围"下拉菜单中可以根据需要选择"行号"命令、"均匀随机数"命令、"正态随机数"命令、"一组数字"命令、"一组日期/时间数据"命令或"任意的数列或文本列"命令进行数据输入。通过在"F(x)="行中输入简单公式，也可以生成数据，或对数据进行变换。其具体操作步骤见2.5.1 节中填充列和设置列值的相关内容。

3.1.2　复制与粘贴

如果已在 Excel 或其他文本文档中准备好了数据，那么可以通过复制与粘贴的方法向 Origin 的工作表中输入数据。这是一种适用范围十分广的数据输入方法。

如图 3-1-2 所示，将 Excel 中的数据复制并粘贴到 Origin 的工作表中，工作表默认的列数会被自动扩充到满足粘贴进来的数据列数，且扩充的列均为 Y 列。如果需要更改列的"身份"，那么选择列并单击鼠标右键，在弹出的快捷菜单中选择"设置为"命令或"属性"命令进行修改。

Origin 中工作表的元数据区和数据区是两个独立的部分，工作表会根据元数据区的行数设置自动识别粘贴进来的数据所在的前几行作为表头，并将其他行识别为数据。因此，在复制与粘贴 Excel 中工作表的数据时，最好先把表头行数调整到与 Origin 中工作表的元数据区的设定对应。如果 Excel 中工作表的表头行数不够，那么应添加空行；如果 Excel 中工作表的表头行数过多，那么应在 Origin 的工作表中扩充元数据区的行数。

Excel 中工作表的表头有 3 行，分别对应默认 Origin 中工作表的"长名称"行、"单位"行、"注释"行（"F(x)="行无须对应），可以直接进行复制与粘贴，如图 3-1-2（a）所示。如果删除 Excel 中工作表地点行的数据而保留空行，那么也可以进行复制与粘贴，对应的 Origin 中工作表的"注释"行会空着；而如果删除地点行，那么在粘贴数据时会错位，如图 3-1-2（b）所示。可以先在 Excel 中添加空行再进行复制与粘贴，也可以在 Origin 的工作表中取消显示"注释"行（通过在工作簿的标题栏中单击鼠标右键，在弹出的快捷菜单中选择"视图"→"注释"命令来实现）；还可以将数据分成元数据区和数据区，通过两次复制与粘贴来输入数据。

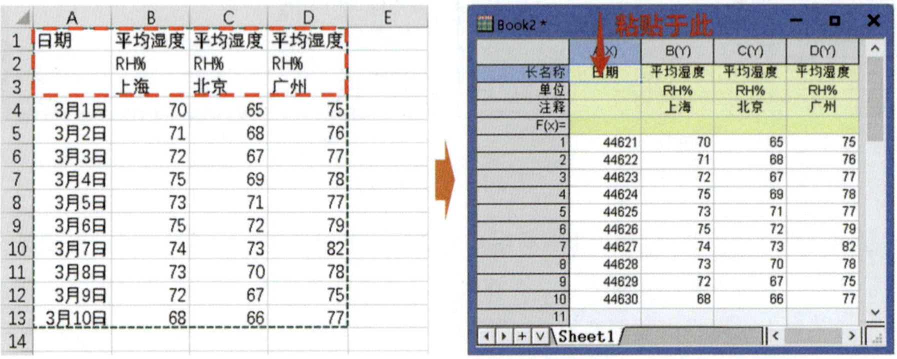

(a)

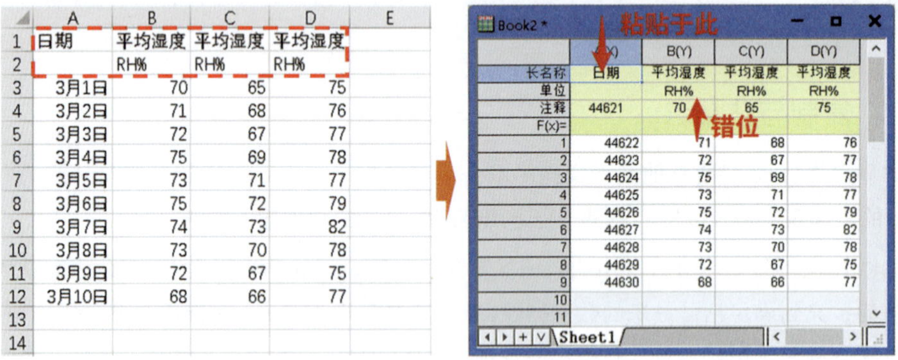

(b)

图 3-1-2 复制与粘贴

如果不调整表头的行数，那么可以先将数据直接粘贴到数据区的第 1 个单元格中，再手动设置元数据。如图 3-1-3 所示的两种方法都可以设置"注释"行的元数据：①选择对应的元数据行，在显示出的浮动按钮组中选择对应的元数据属性；②选择对应的元数据行并单击鼠标右键，在弹出的快捷菜单中选择"设置为注释"命令或"附加到注释"命令。

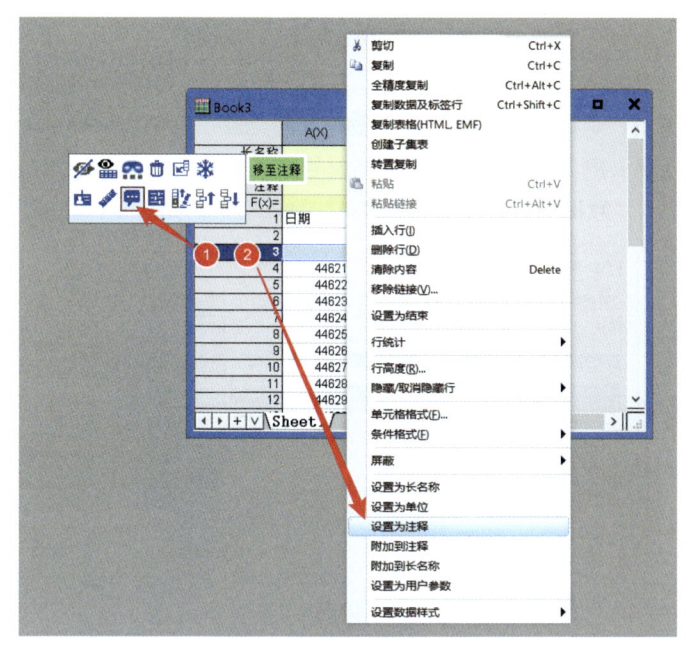

图 3-1-3　手动设置元数据

需要注意的是，虽然 Origin 中工作表的操作有很多与 Excel 中工作表的操作类似，但二者的底层定义仍有本质区别。因此，在使用复制与粘贴从数据文件中导入数据的输入方法时可能会出现错误。如图 3-1-2 所示，粘贴过来的日期变成了一串数字，这是因为 Excel 和 Origin 对于"×月×日"日期格式的定义并不相同。可以手动在 Origin 中修改；也可以选择列并单击鼠标右键，在弹出的快捷菜单中选择"属性"命令，在弹出的"列属性"对话框的"选项"选项组中，选择"格式"为"日期"，并根据需要设置合适的显示格式；还可以先在 Excel 中把日期格式修改为"2023/1/1"，再将其粘贴到 Origin 中，并在 Origin 中把日期格式修改为"1 月 1 日"。更方便的做法是，先把 Excel 文件另存为 Unicode 文本或文本文件，再复制和导入。

如果复制的数据比较复杂，那么也可以通过 3.1.3 节介绍的"导入向导"对话框的相关内容，先对剪贴板中的数据进行过滤。

3.1.3　从数据文件中导入

在 Origin 中进行操作的大部分试验数据通常来自不同的软件，各软件往往都有专属的数据文件，Origin 支持从数据文件中导入数据。导入的数据真实进入了 Origin，可以在 Origin 中操作，并随项目文件一起被保存。

1. 数据文件类型

数据文件类型多种多样，在 Origin 中大概可以归纳为 4 种：ASCII 文件、二进制文件、第三方文件和自定义文件。激活工作簿，选择菜单栏中的"数据"→"从文件导入"命令，可以看到 Origin 默认支持导入到工作簿的第三方文件的文件类型，如图 3-1-4（a）所示。如果所需的文件类型不在此列，那么可以选择"添加/删减文件类型"命令，查看 Origin 支持的所有数据文件类型，此处建议把"单个 ASCII 文件""逗号分隔（CSV）""Excel（XLS,XLSX,XLSM）"3 种文件类型添加到"数据：从文件导入：菜单"列表框中，如图 3-1-4（b）所示。

（a）　　　　　　　　　　　　　　（b）

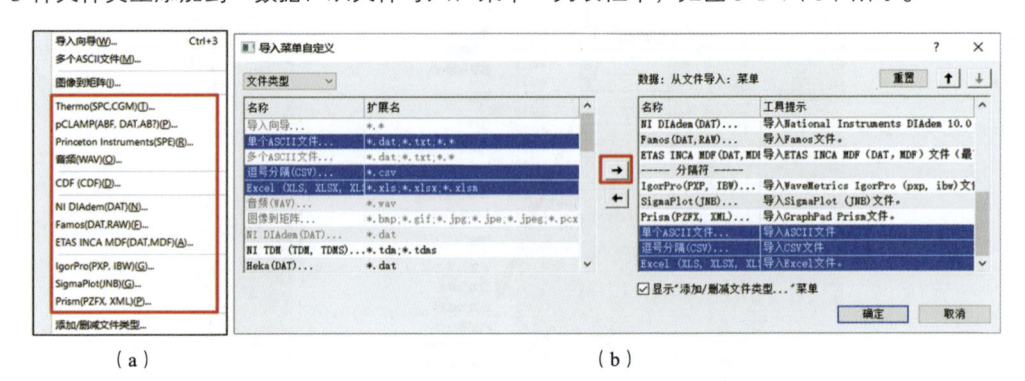

图 3-1-4　数据文件类型

下面介绍 ASCII 文件和二进制文件。

1）ASCII 文件

ASCII（American Standard Code for Information Interchange，美国信息交换标准代码）是一套基于拉丁字母的字符编码。ASCII 文件是指使用标准 ASCII 的文本文件，是 Windows 中十分简单的文件。几乎所有软件都支持以 ASCII 格式输出，ASCII 文件常见的扩展名为*.txt 或*.dat，可以使用常见的文本处理程序（记事本等）打开 ASCII 文件。ASCII 文件通常由表头和试验数据构成，不同来源的数据文件的表头不同，在导入数据时需要合理识别和过滤。而每行试验数据均作为一个观测记录，每列数据之间均采用逗号、空格或制表符分隔。

2）二进制文件

二进制文件的数据存储格式为二进制，一般不能使用记事本等打开。二进制文件具有存储的数据精准、节约空间、存储便捷、便于保密或记录各种复杂信息的优点，大部分软件均支持以二进制格式导出。但二进制文件具有独特的自定义数据格式，只有使用特定的解码器才能读取数据，这为实际操作带来了不便。

2."导入向导"对话框

由于数据文件多种多样，因此从数据文件中导入数据的方法有多种，这些方法的主要区别往往在于数据的结构识别和切分处理不同。"导入向导"对话框提供了一个功能强大的数据导入工具，引导用户处理各种数据类型和参数的设置。"导入向导"对话框通常有以下两种打开方式：①新建一个工作簿，选择菜单栏中的"数据"→"从文件导入"→"导入向导"命令；②新建一个工作簿，单击上方第 2 处工具栏中的"导入向导"按钮。

完成上面的操作后，弹出"导入向导"对话框，该对话框将一步一步引导读者完成数据导入设置。

1）"导入向导-来源"界面

先出现的是"导入向导"对话框的"导入向导-来源"界面，主要用于确定数据类型、数据源、导入过滤器，以及将要输出的目标窗口，如图 3-1-5 所示。在该界面中选择"数据类型"为"ASCII"；在"数据源"选项组中单击右侧的 按钮，打开"导入多个 ASCII 文件"对话框，选择 Import and Export 文件夹（一般在"C:\Program Files\OriginLab\Origin2025\Samples"目录中）中的 F1.dat 文件，单击"添加文件"按钮，单击"确定"按钮，此处也可以添加多个数据格式相同的文件，将其一起导入，或选中"剪贴板"单选按钮，从剪切板中读取用户复制的数据；在"导入过滤器"选项组中保持默认设置；目标窗口随当前窗口选择，如果使用了自定义过滤器，那么需要创建窗口。此外，还可以加载模板和设置导入模式，此处保持默认设置。设置完成后，单击"下一步"按钮。

（a）　　　　　　　　　　　　　（b）

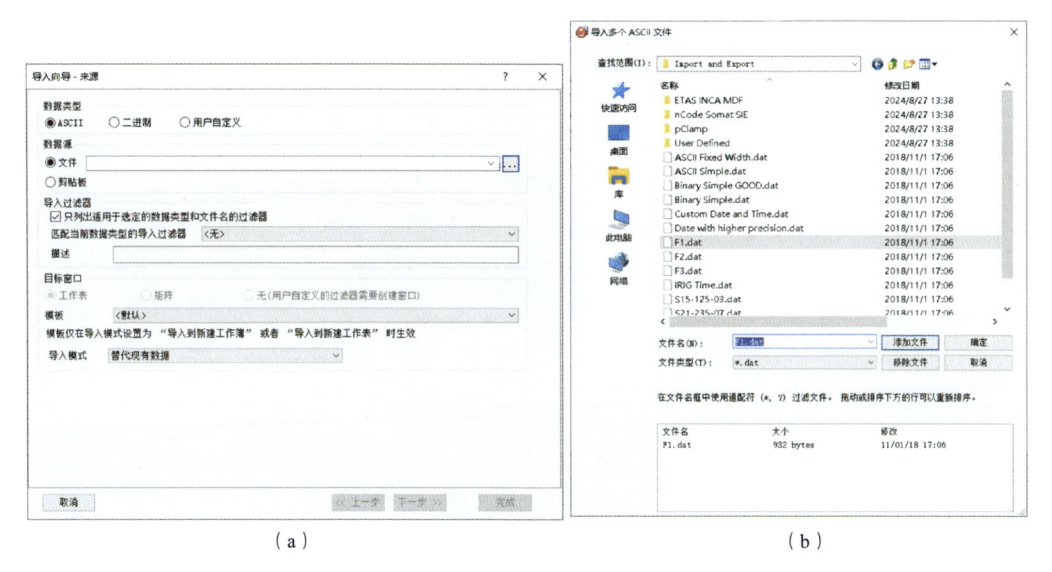

图 3-1-5　"导入向导-来源"界面

2）"导入向导-标题线"界面

标题线是数据文件表头和数据的分隔线，用于将表头安排到工作表对应的元数据区。"导入向导-标题线"界面用于设置主标题行数、副标题行数、长名称、单位、注释、系统参数、用户参数等，如图 3-1-6 所示。该界面比较简单，主要根据"表头颜色与设置内容后面的'刷新'

按钮 颜色一致"的原则，从预览窗格中查看设置是否正确。

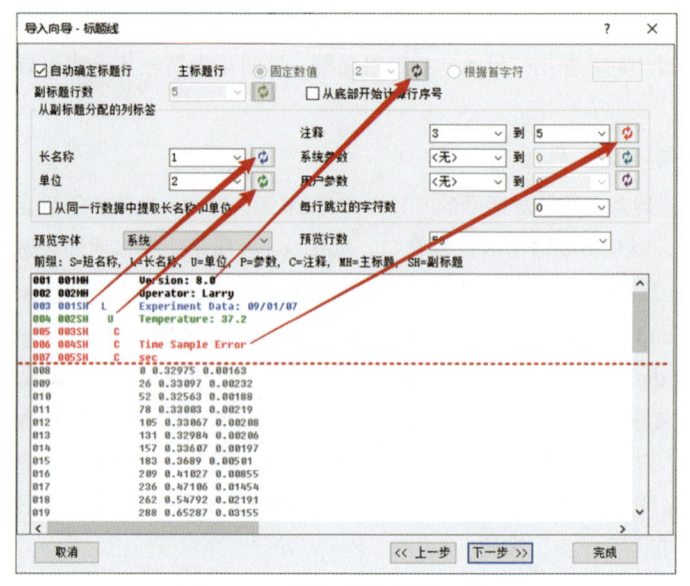

图 3-1-6 "导入向导-标题线"界面

3）"导入向导-提取变量"界面和"导入向导-按分隔符提取变量"界面

标题线设置完成后，下一步是提取变量，该步主要从数据文件中提取一些信息，将其定义为变量，以在后期引用。在如图 3-1-7（a）所示的"导入向导-提取变量"界面中勾选"使用分隔符指定变量名和值的位置"复选框，单击"下一步"按钮。如图 3-1-7（b）所示，可以看到 F1.dat 文件的绝对路径信息被定义为 FN01。此处保持默认设置，单击"下一步"按钮。

（a） （b）

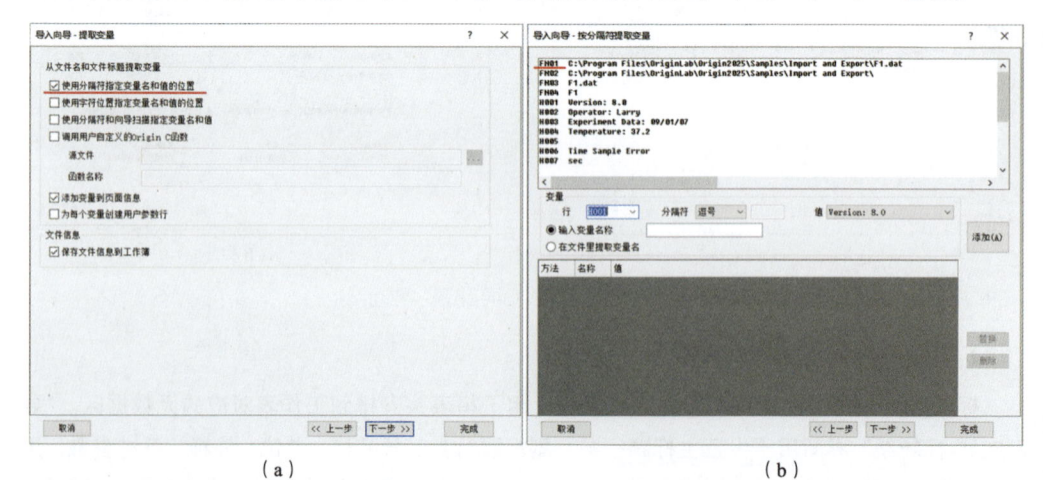

图 3-1-7 "导入向导-提取变量"界面和"导入向导-按分隔符提取变量"界面

4)"导入向导-文件名选项"界面

在"导入向导-文件名选项"界面中对导入的数据文件进行重命名,以及设置是否将数据文件名作为注释、用户参数等,如图 3-1-8 所示。此处保持默认设置,单击"下一步"按钮。

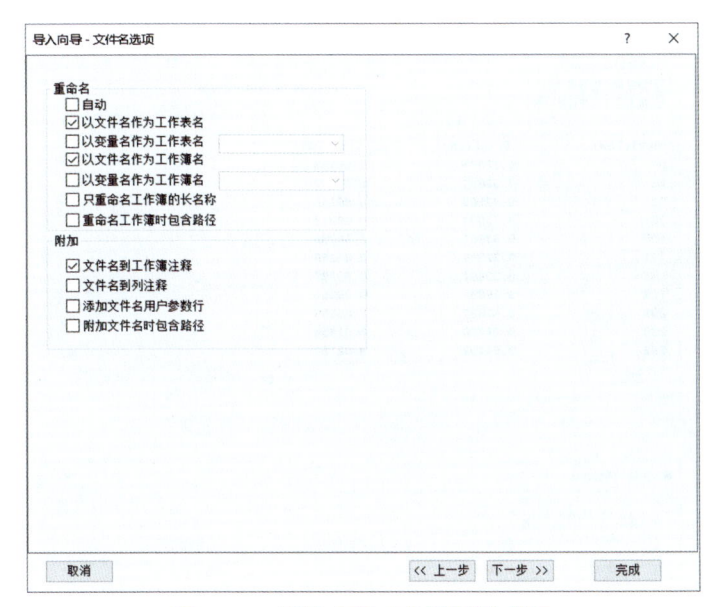

图 3-1-8　"导入向导-文件名选项"界面

5)"导入向导-数据列"界面

在如图 3-1-9 所示的"导入向导-数据列"界面中可以对数据列进行设置。①列分隔符:提供了"分隔符号"和"固定宽度"两种方式对列进行分隔,与 Excel 中的"分列"选项组的功能一样;②列设定:快速设定各列的"身份";③列数:根据数据格式进一步手动指定列数,若输入"0"则由 Origin 自动确定;④文本限定符:有些数据带有双引号,此处可以设置移除双引号;⑤自定义日期格式、自定义时间格式:自行定义日期格式、自行定义时间格式。此外,在该界面中还有"移除数字前导零""填充缺失值使行数一致"等选项,用户可根据数据实际情况设置。设置完成后,应在预览窗格中查看数据分割得是否准确。此处保持默认设置,单击"下一步"按钮。

6)"导入向导-数据选取"界面

通过设置如图 3-1-10 所示的"导入向导-数据选取"界面中的选项可以实现部分导入数据。此处保持默认设置,单击"下一步"按钮。

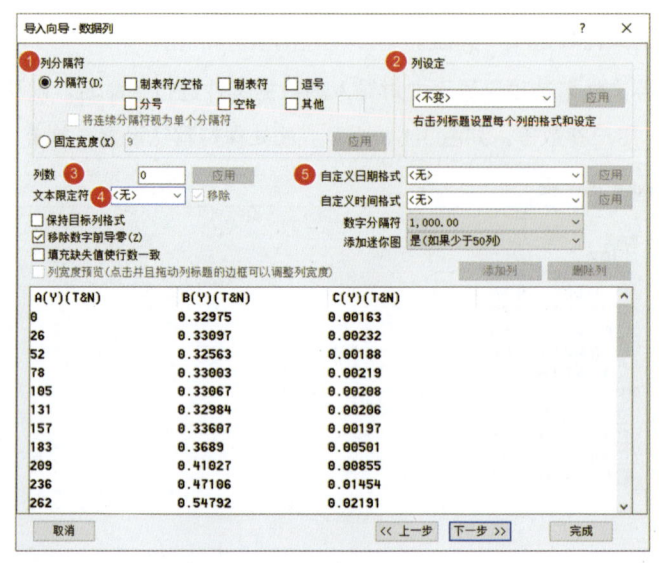

图 3-1-9 "导入向导-数据列"界面

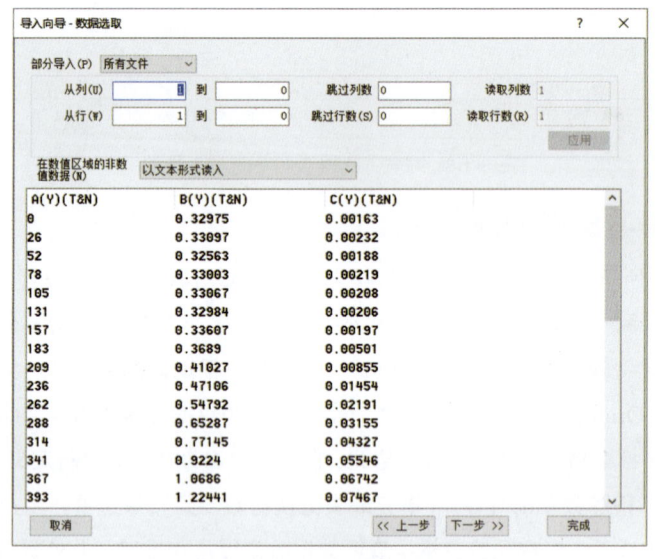

图 3-1-10 "导入向导-数据选取"界面

7)"导入向导-保存过滤器"界面和"导入向导-高级选项"界面

在"导入向导-保存过滤器"界面中可以将前面对数据导入所进行的设置保存为过滤器文件,以便对相同结构的数据文件进行快速导入。如图 3-1-11(a)所示,勾选"保存过滤器"复选框,将过滤器保存到一个合适的位置,这里使用的是 Origin 自带的示例,不建议在示例文件中保存数据;在"过滤器描述"文本框中输入相应的内容,对过滤器进行简单的描述;指定过滤器文件名和适用文件，一般采用"*"或"？"对相同结构的数据文件进行标识，以便 Origin 对相同系列数据进行快速识别和选用过滤器；勾选"导入过滤器高级选项"复选框，打开"导入向导-高级选项"界面。

（a）　　　　　　　　　　　　　　　　（b）

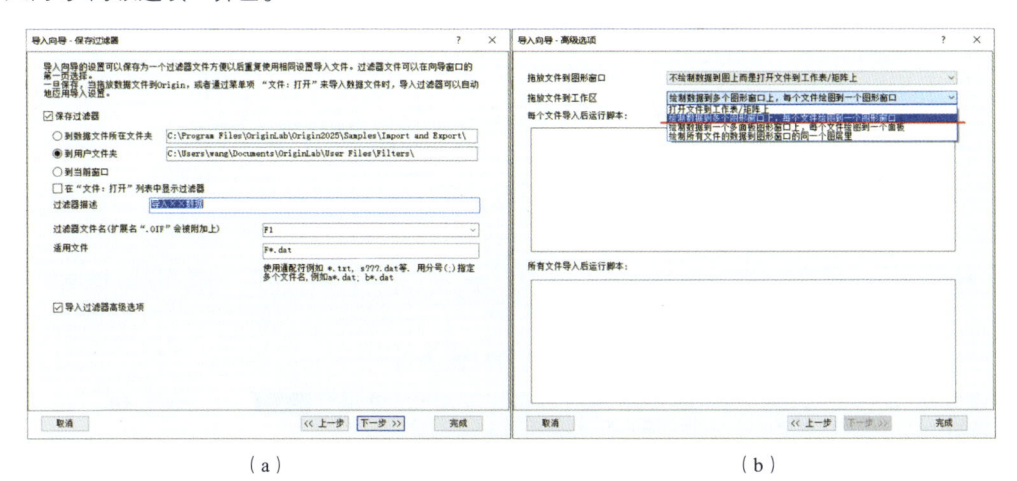

图 3-1-11　"导入向导-保存过滤器"界面和"导入向导-高级选项"界面

8）"导入向导-高级选项"界面

在"导入向导-高级选项"界面中可以为导入数据之后衔接下一步操作，如导入数据之后直接绘图。如图 3-1-11（b）所示，选择"绘制数据到多个图形窗口上，每个文件绘图到一个图形窗口"选项，单击"完成"按钮。将完成对 F1.dat 文件的导入，但不会绘图。

至此，完成了数据导入设置。把这些设置保存成名为 F1.oif 的过滤器文件，放在 Filters 文件夹（一般位于"C:\Users\用户名\Documents\OriginLab\User Files"目录）中。

如果再次导入相同系列数据，那么选择菜单栏中的"数据"→"从文件导入"→"导入向导"命令，此时"导入向导-来源"界面的"导入过滤器"选项组中会自动列出刚刚保存的过滤器文件，选择新的数据文件之后，直接单击"完成"按钮即可遵循之前的设置快速导入，如图 3-1-12（a）所示。如果选择如图 3-1-12（b）所示的多个结构不同但同为 ASCII 文件的数据文件，那么 Origin 将自动识别每个 ASCII 文件的表头，后续步骤将不起作用，导入的数据可能丢失表头的元数据，效果和选择菜单栏中的"数据"→"从文件导入"→"多个 ASCII 文件"命令的效果一样。

如果将相同系列数据文件直接拖入工作区，那么 Origin 会根据在"导入向导-高级选项"界面中的设定，自动识别数据，套用 F1.oif 文件实现数据的导入，并快速绘图，如图 3-1-13 所示。需要注意的是，使用目前的版本每次只能拖入一个文件，如果同时拖入多个文件，那么只有最后一个文件会绘图。

(a)　　　　　　　　　　　　　　　　(b)

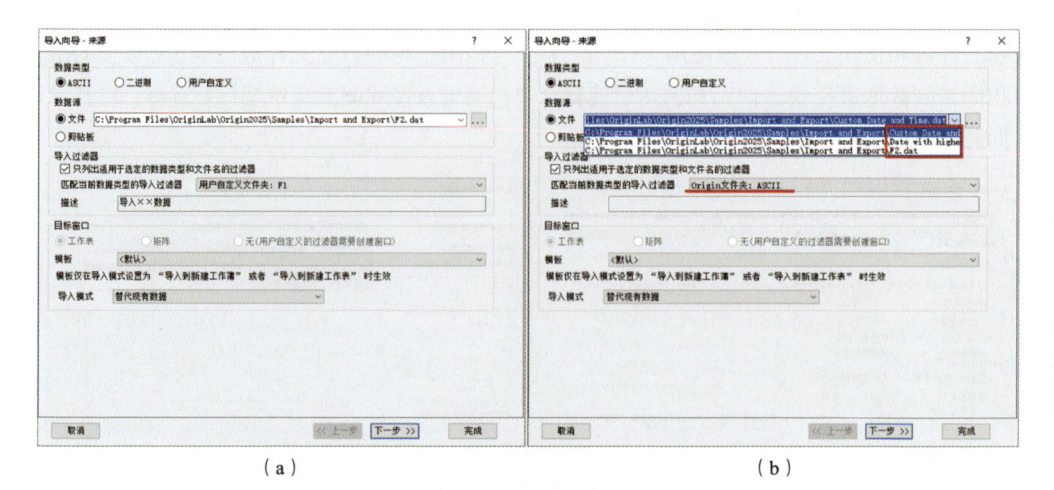

图 3-1-12　再次导入

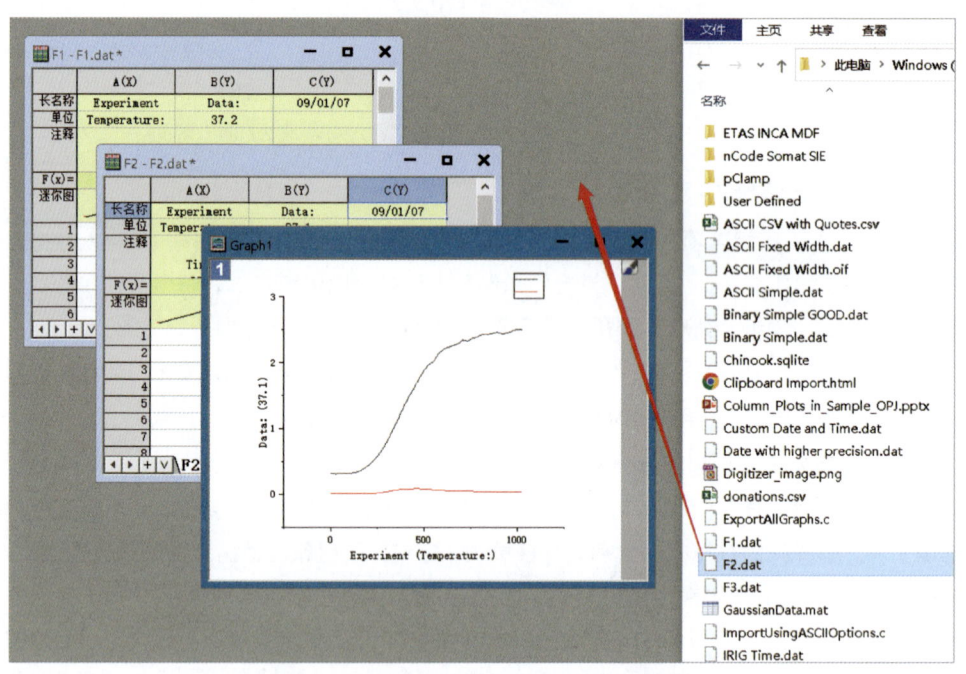

图 3-1-13　拖入相同系列数据文件快速绘图

3. 多个 ASCII 文件

使用"导入向导"命令打开的对话框会分步骤引导用户导入数据,而使用"多个 ASCII 文件"命令打开的对话框则会将所有导入参数都列出来(见图 3-1-14),可以导入相同系列数据,也可以导入不同系列数据,这和使用"导入向导"对话框选择多个 ASCII 文件进行导入没有本质区别。

(a)　　　　　　　　　　　　　　　　　　(b)

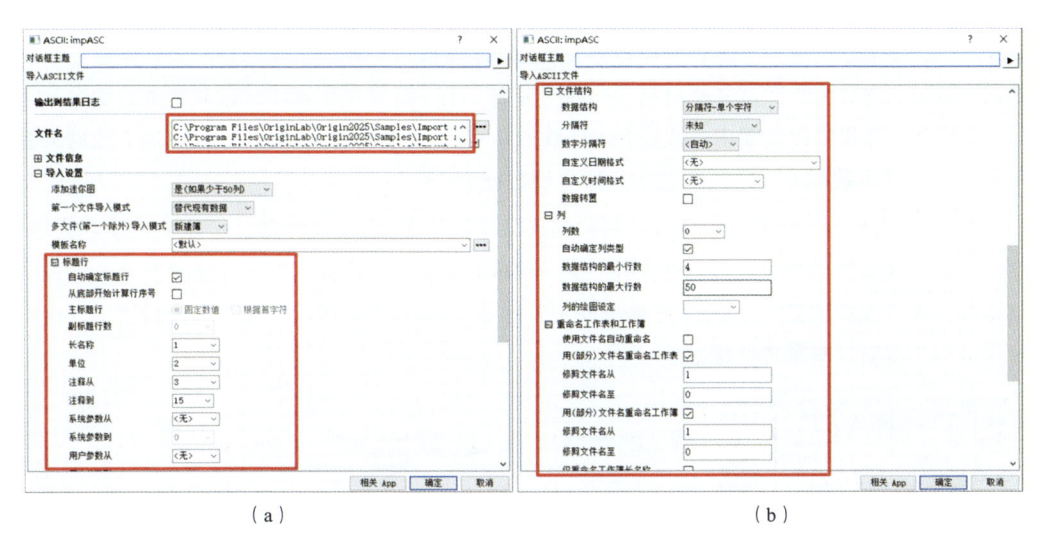

图 3-1-14　多个 ASCII 文件

4. 导入单个 ASCII 文件和 Excel 文件

前文建议把"单个 ASCII 文件""逗号分隔（CSV）""Excel（XLS,XLSX,XLSM）"3 种文件类型添加到"数据：从文件导入菜单"列表框中。选择菜单栏中的"数据"→"从文件导入"→"单个 ASCII 文件"命令，可以无引导、无选项设置地快速导入数据到 Origin 中。这里需要注意的是，在上方第 2 处工具栏中有"从单个 ASCII 文件导入"按钮 ，此按钮与"单个 ASCII 文件"命令虽名称相似但本质上并不相同，前者用于建立数据连接器，详见 3.1.4 节。二者在 Origin 2023 之前的版本中的作用相同，在 Origin 2023 及之后的版本中的作用不同。

选择菜单栏中的"数据"→"从文件导入"→"Excel（XLS,XLSX,XLSM）"命令或"逗号分隔（CSV）"命令，会弹出和导入多个 ASCII 文件类似的对话框，在该对话框中可以设置各种参数，此处不再赘述。

3.1.4　使用数据连接器

当数据非常多时，Origin 2019b 引入了数据连接器来对常见的数据文件进行操作，包括 ASCII、CSV、Excel 和 Origin 项目文件。数据连接器支持导入以前不可用的源数据格式，包括 HTML 表格和 JSON（JavaScript 对象表示法）。数据连接器支持拖放和在项目打开时自动导入。Origin 将持续扩展数据连接器以支持新的数据格式，如 Origin 2021b 改进了 National Instruments（美国国家仪器公司）开发的 TDMS 文件和 NetCDF 文件的数据连接器，还增添了 Thermo Fisher Scientific（赛默飞世尔科技公司）开发的 MSRawFile 的数据连接器。

通俗地讲，数据连接器是在数据文件和 Origin 之间开设的"管道"，Origin 通过数据连接器这个"管道"可以"看到"数据、展示数据，但是不可以修改数据，这是因为数据本身并没真正被导入项目。只要不删除和移动数据，数据连接器就可以保持对本地和网络存储数据文件的即时连接，同时由于数据并不随项目文件一起被保存，这使得在处理数据非常多的项目文件时，降低了计算机的硬件需求，尤其可以把数据非常多的项目文件分解为包含相关子数据集的子文件，并使用数据连接器读取这些文件中的数据。

如图 3-1-15（a）所示，数据连接器的操作命令在"数据"菜单中展示。①"连接到文件"命令：用于连接到单个本地或网络文件；②"连接多个文件"命令：用于连接到多个本地或网络文件；③"连接到云"命令、"连接到网页"命令、"连接到数据库"命令：分别用于连接到对应的云、网页、数据库数据源。

（a）　　　　　　　　　　　　　　（b）

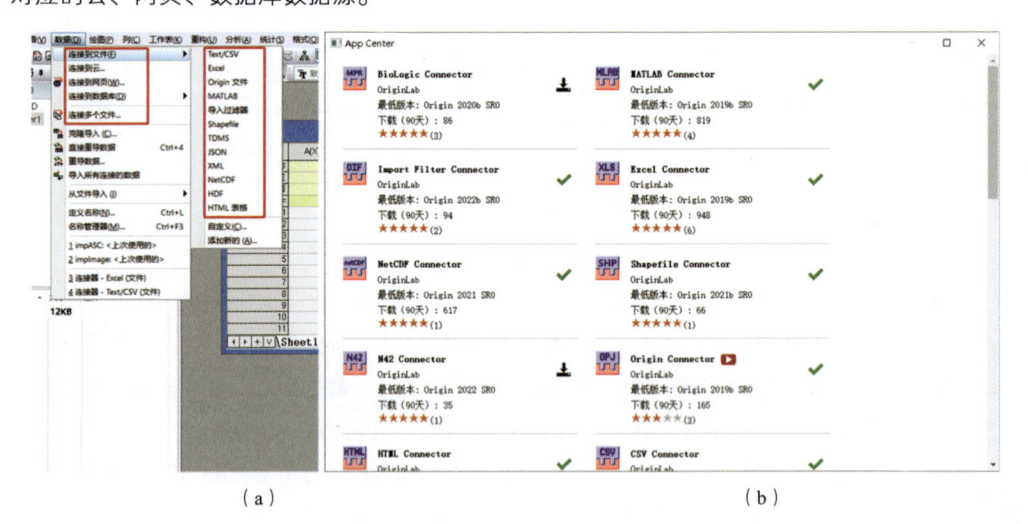

图 3-1-15　使用数据连接器

新建工作簿或矩阵后，选择菜单栏中的"数据"→"连接到文件"命令，将列出数据连接器默认支持的所有本地或网络文件类型。如果没有列出所需的文件类型，那么可以选择"添加新的"命令，打开"App Center"窗口，找到更多数据连接器，如图 3-1-15（b）所示。

下面以 Text/CSV 文件和 Excel 文件两种常见的第三方数据文件为例介绍数据连接器。

1. 连接 Text/CSV 文件

选择菜单栏中的"数据"→"连接到文件"→"Text/CSV"命令，在 Import and Export 文件夹中打开 ASCII CSV with Quotes.csv 文件，在弹出的"CVS 导入选项"对话框中保持默认设置。

当数据被导入工作表，并在左上方出现一个"数据连接器"按钮时，单击该按钮即可在弹出的下拉菜单中通过选择所需的命令进行相应的操作，如图 3-1-16（a）所示。

第 3 章　Origin 绘图基础 | 79

（a）　　　　　　　　　　　　　　　　　（b）

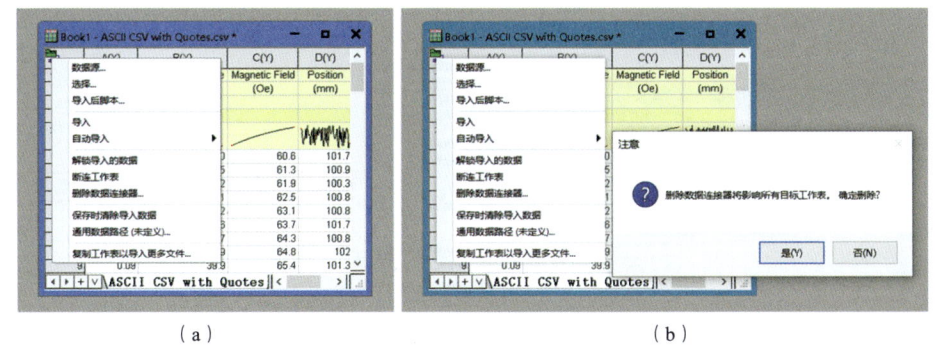

图 3-1-16　使用数据连接器的相关操作

（1）"数据源"命令：用于为数据连接器重新选择连接的数据文件。

（2）"选择"命令：用于对数据导入选项重新进行设置。

（3）"导入后脚本"命令：用于导入后运行 LabTalk 脚本。

（4）"导入"命令：用于当连接的数据文件发生了修改或需要使用源数据文件覆盖工作表数据时，重新导入数据，此命令类似于刷新功能。

（5）"自动导入"命令：用于使导入自动化。

（6）"解锁导入的数据"命令：选择此命令后，"数据连接器"按钮 变为 后，工作表与源数据文件仍保持连接，工作表中的数据可以修改，但不改变所连接的源数据文件。如果再次单击 按钮，在弹出的下拉菜单中选择"导入"命令，那么源数据文件中的数据将覆盖工作表中修改后的数据。此时如果选择"数据源"命令，那么其中包含的数据源的路径不变。

（7）"断连工作表"命令：选择此命令后，"数据连接器"按钮 变为 后，切断数据表和源数据文件的连接，"截留"在工作表中展示的数据，此时修改而不改变所连接的源数据文件。如果选择"数据源"命令，那么需要重新选择原来的源数据文件或更换新的源数据文件，且工作表中被修改的"截留"数据会被所选择的源数据文件覆盖。

在使用数据连接器建立连接的过程中，如果源数据文件发生改变，那么"数据连接器"按钮 变为 ，此时单击该按钮，在弹出的下拉菜单中选择"导入"命令即可进行更新。如果重命名源数据文件或更改所在路径，那么"数据连接器"按钮 变为 。

（8）"删除数据连接器"命令：用于弹出如图 3-1-16（b）所示的"注意"对话框，单击"是"按钮后，"数据连接器"按钮 消失，数据被"截留"到工作表中，变成普通数据。此时，可以自由编辑数据，其与源数据文件不再相关。

不管一个工作簿中有多少个工作表，在选择"连接到文件"命令进行操作时，最多都只能有一个数据连接器，如图 3-1-17（a）所示。因此，在已有数据连接器的情况下，要再次连接其他源数据文件，需要先将工作簿所属的数据连接器删除，再选择菜单栏中的"数据"→"连接到文件"命令，新连接的源数据文件中的数据将覆盖掉原来的数据。

（a）

（b）

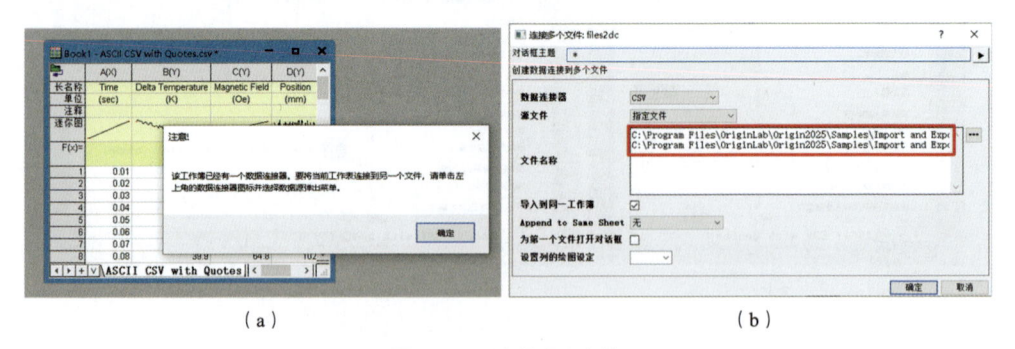

图 3-1-17　连接多个文件

如果需要同时连接多个源数据文件，那么当新建工作簿后，选择菜单栏中的"数据"→"连接多个文件"命令，在弹出的"连接多个文件"对话框中勾选"导入到同一工作簿"复选框，如图 3-1-17（b）所示。只有使用这种操作，在下一个工作簿中才可以有多个数据连接器。

2. 连接 Excel 文件

选择菜单栏中的"数据"→"连接到文件"→"Excel"命令，在 Import and Export 文件夹中打开 United States Energy (1980-2013).xls 文件，在弹出的"Excel 导入选项"对话框中保持默认设置。

Excel 文件和 Origin 中的工作表建立数据连接后，会在 Origin 中的工作表左侧多出一个"数据导览"窗格，如图 3-1-18 所示。可以单击该窗格右上方的 x 按钮关闭该窗格，或单击该窗格右上方的 » 按钮折叠该窗格。若需再次打开该窗格，则可以单击"数据连接器"按钮，在弹出的下拉菜单中选择"显示数据导览"命令。Excel 文件内部含有多个工作表，数据连接器默认只会把第 1 个工作表连接到 Origin 的工作簿中，其他工作表需要在"数据导览"窗格中单击鼠标右键，在弹出的快捷菜单中选择"连接为新工作表"命令。

图 3-1-18　"数据导览"窗格

通过 Excel 文件存放的数据和 Origin 建立连接后，同样会存在因 Excel 和 Origin 对数据显示格式的定义有差异而导致某些数据显示错误的现象。此外，Excel 的列属性设定与 Origin 不同，导入的数据有时可能被识别为文本或分类变量，这需要在 Origin 中仔细辨别后进行修改。同理，Excel 文件也可以使用"连接多个文件"命令，但每个 Excel 文件都将被导入一个工作簿。鉴于篇幅所限，其他类型的源数据文件连接的相关内容请读者自行探索。

3. 快速连接

直接将一个或多个源数据文件拖入工作区，Origin 会自动识别并建立连接。该方法适合数据表头规范，能够被 Origin 准确识别的数据使用。如果发现数据识别错误，那么应单击"数据连接器"按钮，在弹出的下拉菜单中选择"选择"命令，重新对数据导入选项进行设置。得益于各种数据格式规范化的发展，这种方法在大多数情况下都是非常便捷的。

3.1.5 数据查找与替换

选择菜单栏中的"编辑"→"在项目中查找"命令，在弹出的如图 3-1-9（a）所示的对话框中可以通过相关设置实现项目中数据的查找。选择菜单栏中的"编辑"→"在工作表中查找"命令或按快捷键 Ctrl+F，弹出如图 3-1-19（b）所示的对话框，单击 ⋯ 按钮，会变为如图 3-1-19（c）所示的对话框。选择菜单栏中的"编辑"→"替换"命令或按快捷键 Ctrl+H，弹出如图 3-1-19（d）所示的对话框。在 Origin 中进行数据查找和替换大体上能套用 Office 等软件的经验来操作，更详细的操作请读者自行探索。

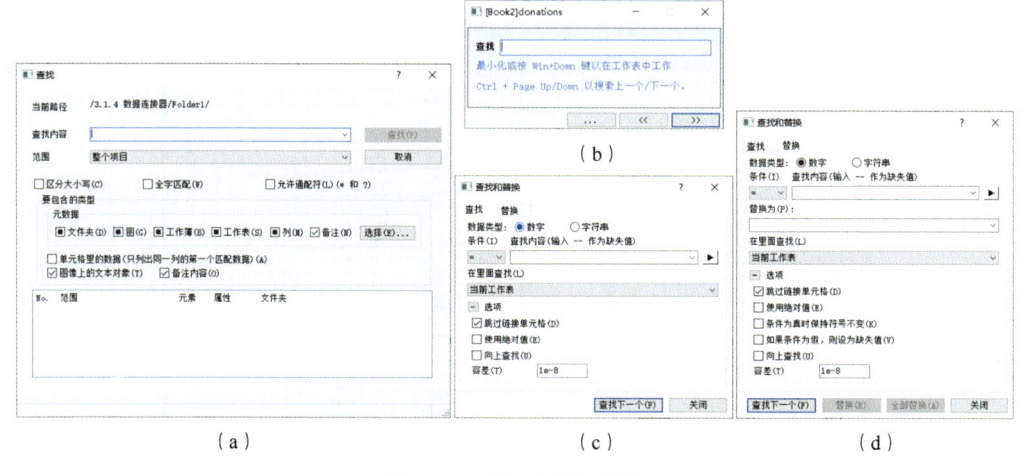

（a） （b） （c） （d）

图 3-1-19 数据查找与替换

3.2 数据格式

Origin 中有 3 种格式的数据：汇总数据、原始数据和索引数据。汇总数据一般用于统计分析。原始数据和索引数据是使用 Origin 绘图的基础，各种系统模板都是围绕这两种数据格式来设计的。原始数据和索引数据可以通过堆叠列与拆分堆叠列来进行转换，以满足不同系统模板对数据格式的要求。

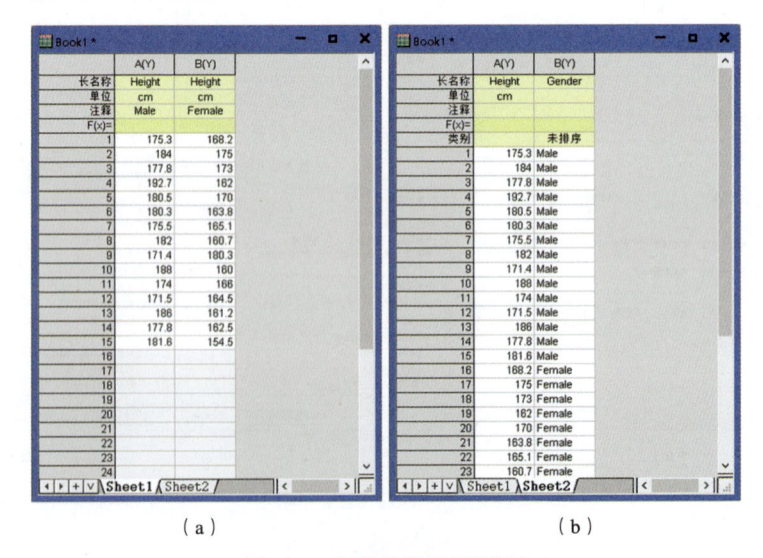

3.2.1 原始数据和索引数据

一般来说，Origin 的工作表中的每行都代表一个观测对象，每列都代表一个观测指标。例如，某地区 3000 人参加体检，每人都是一个观测对象，每个体检项目，如身高、体重、血糖、血脂、酶活性等都是一个观测指标，这些观测指标又被称为变量，也有人称其为数据维度。数据拥有不同的变量，对应的数据展示方法（又称绘图方式）不同。

研究数据内在的规律，往往还需要对观测对象按照某些特征进行分组，如对体检人群按照性别进行分组，比较男性与女性的差异。分组数据可以用不同的格式组织排列。如果每组数据都被存储在单独的列中（一列对应一组数据），那么使用表头对分组数据进行标识区分，这种数据被称为原始数据。如图 3-2-1（a）所示，A、B 两列分别表示男性和女性两组观测对象的体重，在"注释"行中输入"Male"和"Female"作为分组标识。需要注意的是，原始数据可以使用表头进行嵌套分组，一列为一个小组，多列为一个大组，完成多级分组数据的组织。这种格式在科研活动的小规模数据记录中比较常见，符合指标内部进行分组比较的观察逻辑，在直观上更容易被人接受和理解。

（a）　　　　　　　　　　　（b）

图 3-2-1　原始数据和索引数据

假设所有分组的数据被存储在同一列中，而相应的分组标识被存储在另一列中，这种格式的数据被称为索引数据。如图 3-2-1（b）所示，A 列存储所有的体重数据，B 列对观测对象的性别分组进行标识（此处以 Male 和 Female 作为分组标识，也可以以字母、数字等作为分组标识）。使用这种格式会使数据更紧凑，尤其是在分组和观测指标较多的情况下，如体检人群按照年龄分为 10 组，使用原始数据记录一个观测指标就需要 10 列，记录多个观测指标会使列数剧增；而使用索引数据则只需要一列记录一个观测指标，最终用一列指明分组即可。如果有多级分组，那么增加相应的分组列即可。

索引数据的绘图模板基本都集中在"分组图"下拉菜单中。

3.2.2 堆叠列和拆分堆叠列

使用 Origin 绘图是基于模板的，不同的数据格式对应的绘图模板不同，需要根据绘图模板组织或调整数据格式。因此，在绘图实践中经常需要交换原始数据和索引数据，以满足绘图模板的需求。

先在原始数据中选择需要转换的列，再选择菜单栏中的"重构"→"堆叠列"→"打开对话框"命令，打开如图 3-2-2（a）所示的对话框，进行相关设置后，即可将原始数据转换为索引数据。而先在索引数据中选择相关数据和分组列，再选择菜单栏中的"重构"→"拆分堆叠列"→"打开对话框"命令，打开如图 3-2-2（b）所示的对话框，进行相关设置后，即可将索引数据转换为原始数据。

（a）

（b）

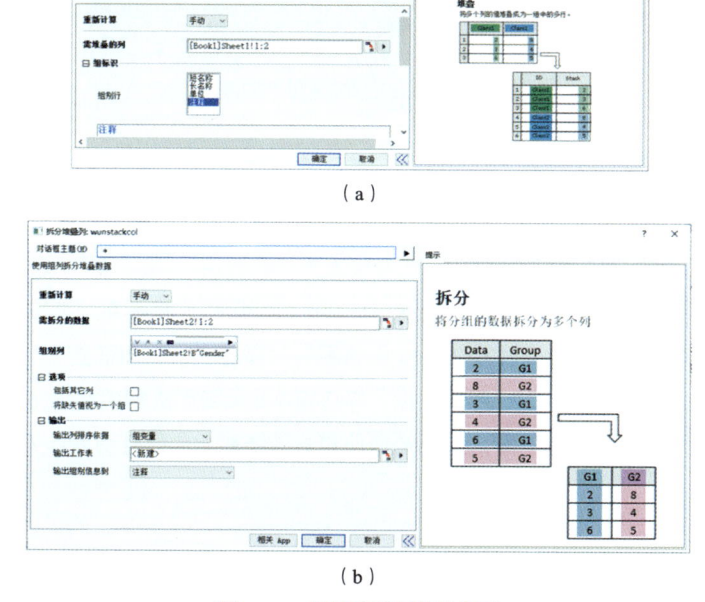

图 3-2-2 堆叠列和拆分堆叠列

3.3 绘图入口

工作簿或矩阵按照要求准备好数据之后，就可以开始绘图了。Origin 的绘图功能十分强大，绘图方式灵活。使用 Origin 能绘制出大多数精美的学术图表和商业图表。

如图 3-3-1 所示，Origin 中能使用数据进行绘图的入口有 4 处：工具栏、"绘图"菜单、Graph Maker 和"添加 App"按钮，相对来说，工具栏中的各种绘图方式最精简，完全被包含在"绘图"菜单中。

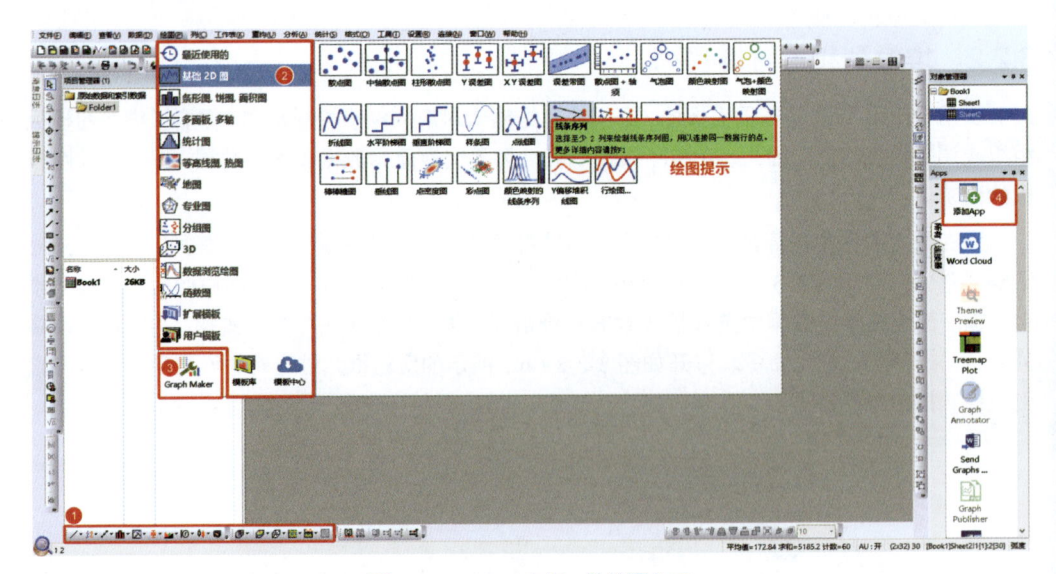

图 3-3-1 Origin 中的 4 处绘图入口

3.3.1 工具栏绘图

底部的工具栏中收集了 Origin 能够绘制的大部分系统模板，分为 "2D 图" "3D 和等高线图" 两个按钮组。"2D 图" 按钮组中从左到右依次为 "折线图" "散点图" "点线图" "柱状图" "2Ys Y-Y" "箱线图" "面积图" "极坐标 θ(X)r(Y)图" "K 线图" "模板库" 等按钮，"3D 和等高线图" 按钮组中从左到右依次为 "XYY 3D 条状图" "3D 颜色映射曲面图" "3D 散点图" "等高线图-颜色填充" "等高图剖面" "图像绘图" 等按钮。此处绘图类型的组织方式和 "绘图" 菜单中绘图类型的组织方式有些差异，大概知道使用各按钮能绘制哪些图表即可。

3.3.2 "绘图"菜单绘图

使用菜单栏中的"绘图"菜单（激活工作簿或矩阵可见），可以绘制 Origin 支持的最全面的绘图类型。该菜单中不仅包含使用由工具栏绘制的所有绘图类型，还包含一些由基础图表组合而来的复杂图表。

1. 系统模板、扩展模板和用户模板

使用工作簿的"绘图"菜单能够绘制的图表有基础 2D 图（27 种）、"条形图，饼图，面积图"（28 种）、"多面板，多轴"（18 种）、统计图（47 种）、"等高线图，热图"（15 种）、地图（5 种）、专业图（37 种）、分组图（32 种）、3D 图（33 种）、数据浏览绘图（5 种）、函数图（4 种）共 11 类 251 种，这 11 类图表被称为系统模板。移动鼠标指针到某种系统模板上，会弹出提示标签，提示该系统模板对应的数据要求，用户可以根据该提示准备数据，快速绘图。

需要注意的是，上述系统模板中有些模板大同小异，如水平阶梯图和垂直阶梯图，还有些模板是分别使用原始数据和索引数据实现的，如多因子分组箱线图分别使用索引数据和原始数据实现。因此，并非使用 Origin 的系统模板恰好能绘制 251 种图表。

如果使用矩阵绘图，那么使用 Origin 的"绘图"菜单能够绘制的图表有统计图（1 种）、等高线图（12 种）、专业图（3 种）、3D 图（20 种）共 4 类 36 种，其中大多数图表也可以在工作簿中绘制。

Origin 每个正式版中的系统模板都会有比较大的变动，主要是新增系统模板及调整分类。在系统模板下面，Origin 新增了扩展模板，里面新增了 7 种模板（如果用户自行下载过模板中心的模板，那么不止新增了 7 种扩展模板）；用户模板则已被合并到模板库中。

2. 模板库

模板库（见图 3-3-2）用于把系统模板、扩展模板和用户模板收集起来统一管理，并提供各模板对应的预览图，以及部分模板对应的示例。选择数据，打开模板库，选择菜单栏中的"绘图"菜单下面的相关命令快速绘图，其效果和选择"绘图"菜单中的某些模板绘图的效果是一样的。单击"绘图设置"按钮，即可打开"图表绘制：选择数据来绘制新图"对话框，进行引导式绘图。"打开"按钮和"创建原型"按钮是针对可克隆模板而使用的按钮。

在模板库中选择某个模板的预览图，单击"打开例子"按钮，如果该模板存在绘图示例，那么会打开绘图示例对应的项目文件；如果该模板不存在绘图示例，那么会跳转到 Learning Center 中。

例如，在模板库中选择"边际直方图"选项，单击"打开例子"按钮，即可打开软件自带的该图表的绘图示例，该绘图示例中有原始数据、处理过程、简单的绘图步骤描述，以及绘制出来的图表的最终效果，以供用户学习绘图过程，如图 3-3-3 所示。

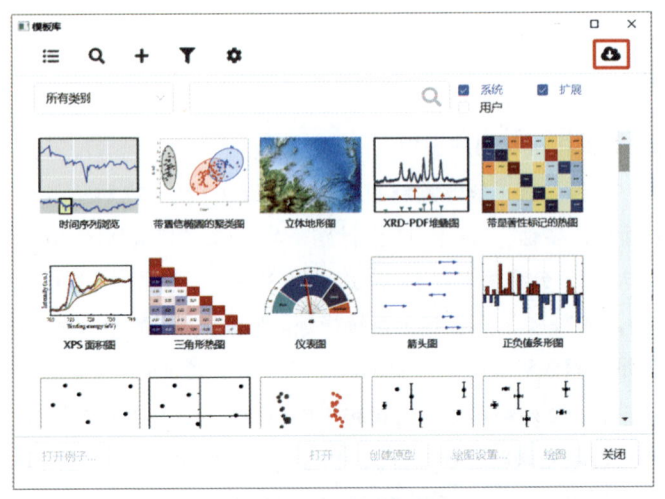

图 3-3-2　模板库

（a）　　　　　　　　　　　　　（b）

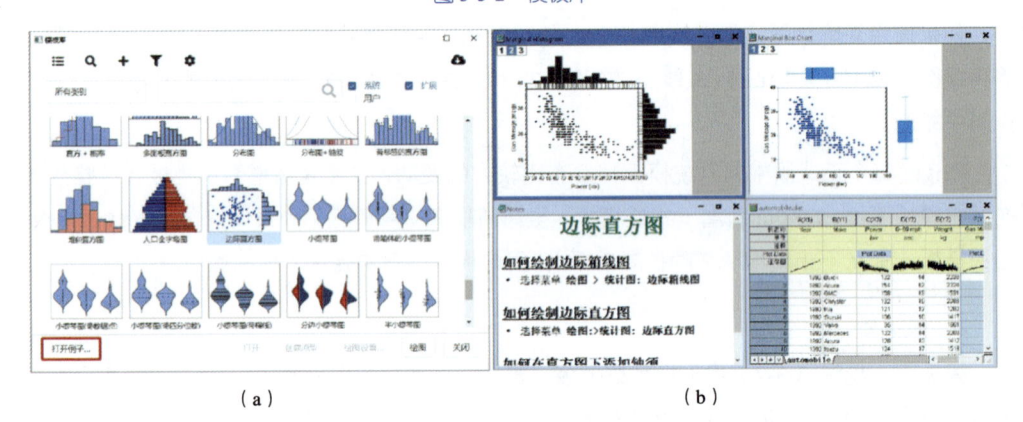

图 3-3-3　模板库绘图

3. 模板中心

用户可以单击模板库右上方的"打开模板中心"按钮，也可以选择 Origin 的菜单栏中的"绘图"→"模板中心"命令，或选择菜单栏中的"工具"→"模板中心"命令，在打开的如图 3-3-4 所示的"模板中心"窗口中，下载更多的扩展模板进行绘图。这些模板的应用范围和频率不如系统模板，是对系统模板的重要补充。

4. Learning Center

在模板库中选择某个没有配置绘图示例的绘图模板，单击"打开例子"按钮，打开 Learning Center；选择 Origin 菜单栏中的"帮助"→"Learning Center"命令也会打开 Learning Center，如图 3-3-5 所示。Learning Center 中列出了大量绘图示例，与系统模板的绘图示例不同，这里的绘图示例更复杂、个性化更强，而作为模板的通用性相对较差。

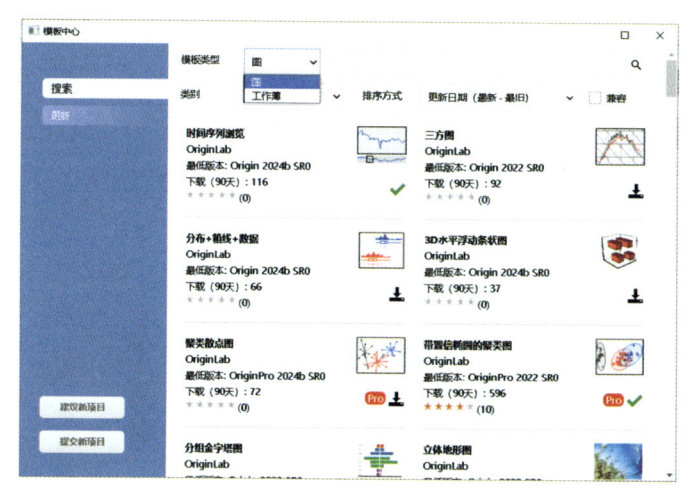

图 3-3-4 模板中心

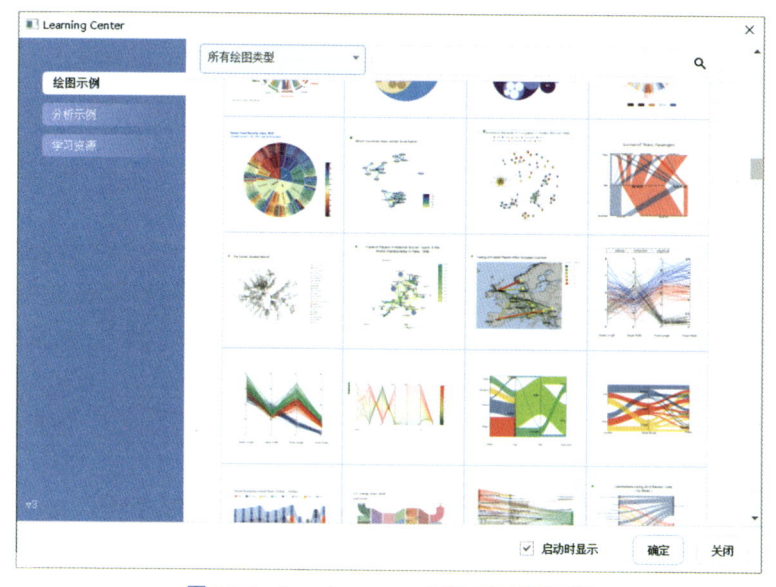

图 3-3-5 Learning Center 中列出的绘图示例

Learning Center 中列出了 3D 条状图共 20 类 390 种绘制示例，可以作为深入学习如何使用 Origin 绘图的重要资料，以及绘图模板。此外，Learning Center 中收集了分析示例和学习资源等内容。

3.3.3 Graph Maker 绘图

Graph Maker 是 Origin 内置的拖动式绘图 App，如图 3-3-6 所示，将左侧的数据列拖动到中间部分的合适位置后，可以在上方选择绘图类型，在右侧快速预览各种图表的绘制效果。

Graph Maker 虽然不能用于绘制复杂的自定义图表，但在绘图类型不确定的情况下可以用于快速探索和预览，尤其在进行数据拟合时使用起来比较方便。

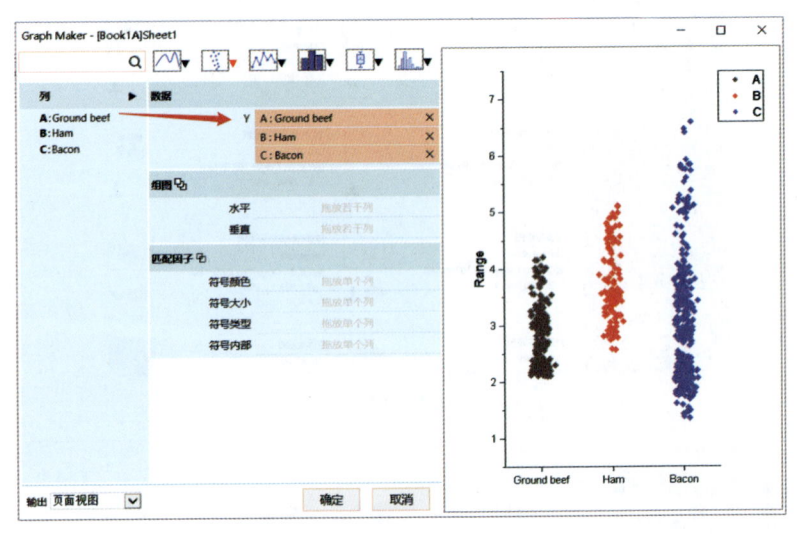

图 3-3-6　Graph Maker

3.3.4　"添加 App"按钮绘图

使用"添加 App"按钮旨在解决专业而小众的问题。Origin 2025 目前支持的 App 有 307 个，其中用于绘图的 App 有 76 个。在右侧的 Apps 区域中单击"添加 App"按钮（也可以选择菜单栏中的"工具"→"App Center"命令），打开"App Center"窗口，如图 3-3-7 所示。

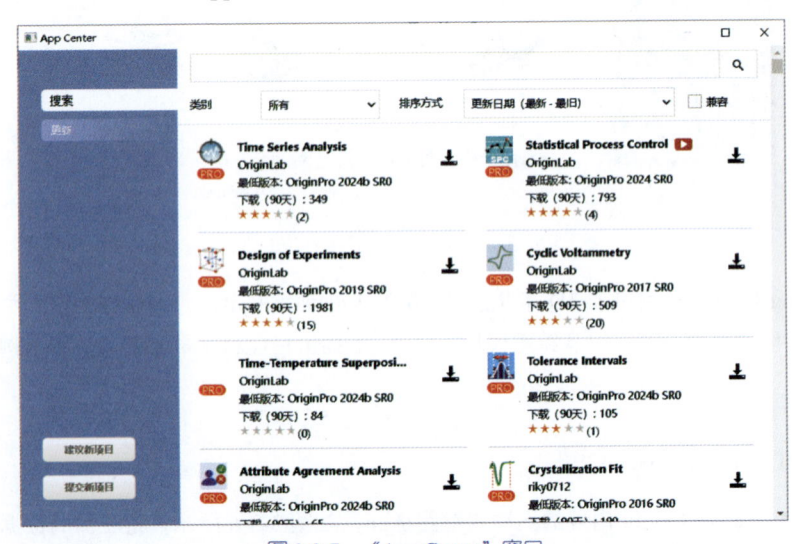

图 3-3-7　"App Center"窗口

综上所述，在 Origin 中快速绘图一般通过上述 4 处绘图入口，选择使用系统模板、扩展模板、Learning Center 和 Apps 区域 4 种方式来绘图。其通用性由高到低依次为：系统模板、扩展模板、Learning Center、Apps 区域，其中 Learning Center 和 Apps 区域的通用性接近，适合绘制专业、小众的图表，而绘图的复杂程度相反。另外，要绘制复杂图表需要自行构建或编写 App。具体示例见 4.1.4 节介绍的使用"Volcano Plot" App 绘制火山图的相关知识。

3.4 常规绘图方式

3.4.1 引导式绘图

激活工作簿或矩阵但不选择数据（一个有经验的做法是在元数据区选择一个空白单元格），从底部的工具栏中单击所需的工具按钮，或在"绘图"菜单中选择所需的绘图模板，因 Origin 不知道需要使用哪些数据绘图，故会打开"图表绘制：选择数据来绘制新图"对话框，引导用户绘图，如图 3-4-1 所示。

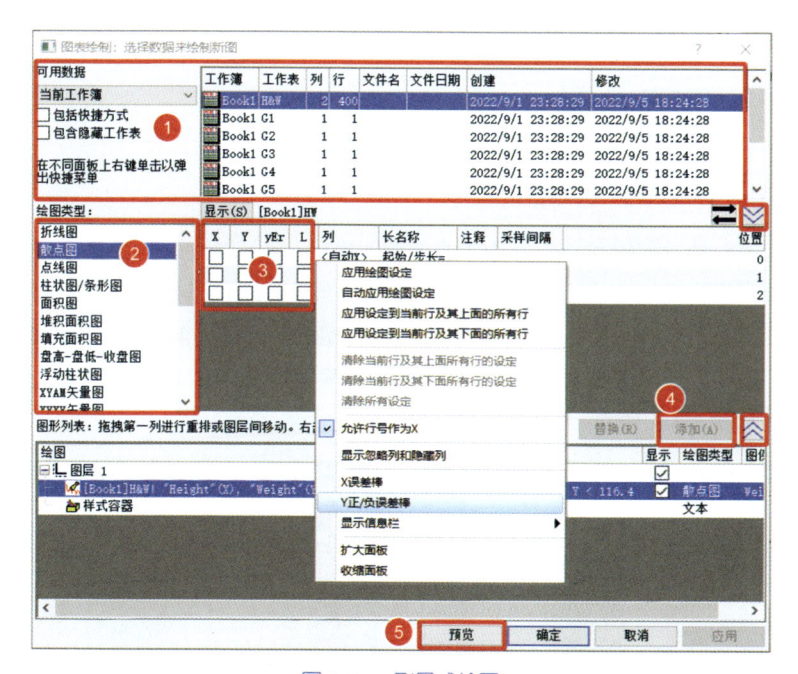

图 3-4-1 引导式绘图

其具体操作如下：①在"图表绘制：选择数据来绘制新图"对话框中选择绘图数据，此处如果被折叠，那么在该对话框右侧单击"显示可用数据"按钮 ⌄ 展开。在大多数情况下这一步是省略的，这是因为激活的工作簿或矩阵一般就是需要绘图的数据，但在已有图表上进行另外的绘制时，往往需要不同的数据。②选择绘图类型。③在中间的显示框中安排各列数据的"身份"。工作表中设置的误差默认是正负相等的，不能单独设置误差，此处单击鼠标右键，在弹出的快捷菜单中选择"Y 正/负误差棒"命令，可以分别指定正负误差列。④将设置好"身份"的数据添加到最下方的图形列表中，此处如果被折叠，那么需要在右侧单击"显示绘图列表"按钮 ⌄ 展开。⑤单击"预览"按钮，预览最终生成的图表是否准确，若不准确，则更改相应的数据和各列的"身份"。

3.4.2 模板绘图

再次强调，Origin 中进行的所有绘图都基于模板，3.3.3 节介绍的 Graph Maker 绘图和 3.4.1 节介绍的引导式绘图本质上都是 Origin 引导用户选择合适的模板。如果明确知道使用哪种数据格式来绘制目标图表，对数据列设置准确的"身份"后，从底部的工具栏中单击所需的工具按钮或在"绘图"菜单中选择所需的绘图模板，即可跳过引导式绘图的步骤，直接绘图。如果对 Origin 的绘图模板不是那么了解，那么通过在"绘图"菜单中选择所需的绘图模板时，可将鼠标指针在模板缩略图上停留，通过提示标签来查看各绘图模板对数据格式的要求。

3.5 绘图细节设置

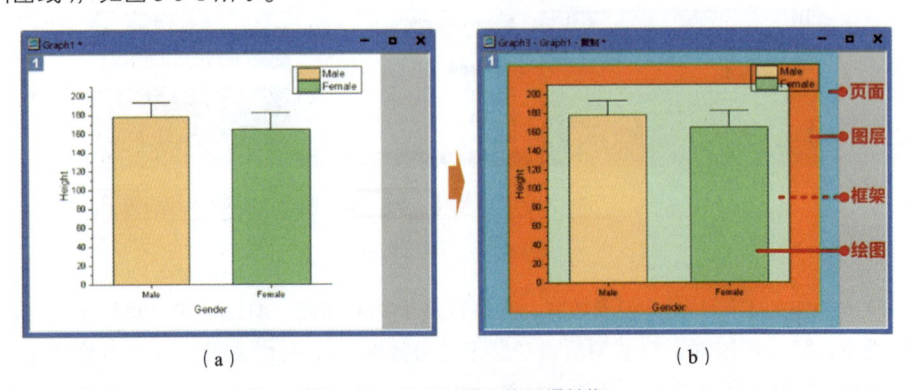

3.5.1 Origin 图表的层级结构

虽然在大多数情况下使用 Origin 中丰富的绘图模板，就可以快速得到令人满意的图表，但是在绘制某些图表时可能会出现没有绘图模板的情况或不喜欢自带绘图模板的风格，这时就需要自行设置细节，甚至创造性地展示数据。在进行绘图细节设置之前，需要了解 Origin 图表的层级结构，了解可以从哪些方面调整图表。Origin 图表可以分为 3 个层级：页面、图层及绘图（也叫图线），如图 3-5-1 所示。

(a)   (b)

图 3-5-1　Origin 图表的层级结构

1. 页面

每个图表均包含一个页面，类似于图像处理软件中的画布（即使被设置成透明的，页面同样存在）。Origin 中绘图相关设置和展示都在页面中进行，可以通过为页面设置具体的大小来适应各种需求，具体见 8.5.2 节。可以双击页面中的空白处，进入"绘图细节-页面属性"对话框，进行相关设置。

2. 图层

图层是页面中用来组织图表相关元素的层级，类似于图像处理软件中的图层或文件夹。一个完整的图表的图层内容包括坐标轴、刻度线、刻度线标签、坐标轴标题、图题、绘图、框架、数据标签、图例，以及其他可能的标注，此外还可能包括网格、特殊刻度线、参照线、端点，以及轴须等辅助元素。

在 Origin 中，一个标准的图层刚好可以把图层中的相关元素包括进来。如图 3-5-1（b）所示，如果给系统默认绘制的图表的图层添加背景颜色，那么可以看到图层刚好包括右上方的图例和下方的坐标轴标题。当然，如果自行调整了图例的位置，那么即便添加了背景颜色，图例也可能会在背景颜色外。此外，在"合并图层"功能中图层不包括刻度线标签和坐标轴标题。可以双击图层中的空白处（框架内除绘图以外的空白区域），进入"绘图细节-图层属性"对话框，进行相关设置。

3. 绘图

绘图是数据及其统计特征的图形化展示。散点图、折线图、柱状图、箱线图，以及附加的统计符号、数据标签等内容，是绘图展示的主体。可以双击绘图，进入"绘图细节-绘图属性"对话框，进行相关设置，也可以单击绘图，在悬浮窗口中进行相关设置，包括线条、符号、分组、颜色映射等。绘图还可以成组和解散，在图层和绘图之间形成"组"的层级，组内的绘图可以用"独立"或"从属"的编辑模式进行编辑，对于绘图比较多的图层的属性编辑，成组会更加方便。

3.5.2 Origin 图表设置和美化的 3 个方面

Origin 图表的层级结构分为页面、图层和绘图 3 个，对 Origin 图表的设置和美化也是从这 3 个层级开始进行的，以图层和绘图为主。根据操作习惯，图表协调和美化可以从绘图细节、坐标轴和标注 3 个方面进行。

1. 绘图细节设置和美化

将页面、框架、框架背景和绘图等归为一组，在"绘图细节"对话框中以页面、图层和绘图 3 个层级的形式进行调整。需要注意的是，框架、框架背景和绘图也被称为"图层"，但跟层级意义上的"图层"相比，这个"图层"是不包括坐标轴、坐标轴标题、刻度线标签等内容的，往往用在"合并图层"功能中。打开"绘图细节"对话框的比较便捷的方式是，在除了坐标轴、刻度线、刻度线标签、图题和图例的空白处双击：①在页面的空白处双击，打开"绘图细节-页面属性"对话框；②在框架的空白处双击，打开"绘图细节-图层属性"对话框，如图 3-5-2 所示；③在绘图上双击，打开"绘图细节-绘图属性"对话框，三者归属于同一个对话框的不同层级。

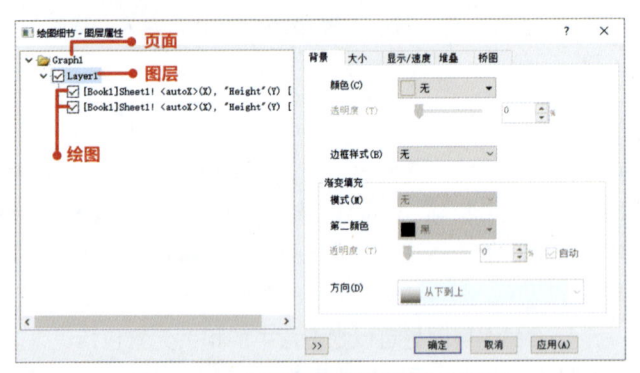

图 3-5-2　"绘图细节-图层属性"对话框

2. 坐标轴设置和美化

将坐标轴、刻度线、刻度线标签、坐标轴标题、图题、网格、参照线等以坐标轴为核心的元素归为一组，在坐标轴设置对话框中进行调整，如图 3-5-3 所示。打开坐标轴设置对话框的比较便捷的方式是，双击坐标轴、刻度线或刻度线标签；也可以在激活图形窗口的情况下，选择菜单栏中的"格式"→"轴"命令、"坐标轴刻度线与标签"命令或"坐标轴标题"等。容易和其他绘图软件混淆的是，网格、参照线等元素看起来和绘图一样属于工作区，但在 Origin 中不能在工作区中通过双击打开对应对话框进行设置。

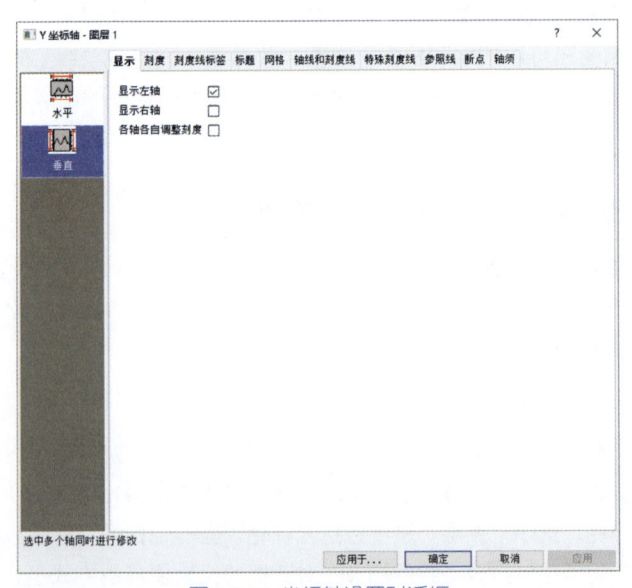

图 3-5-3　坐标轴设置对话框

3．标注设置和美化

将图例和其他标注归为一组，虽然可以在"绘图细节-页面属性"对话框的"图例"选项卡中对图例进行一些设置，但多数用户在设置图例时还是习惯和设置标注一样，在左侧工具栏中、在图表上单击鼠标右键，或在悬浮窗口中进行设置。

图 3-5-4（a）是经过简单设置和美化后的箱线图，t 检验发现两组数据存在极显著性差异。为了给两组数据标记显著性差异标识，通过设置刻度范围，在箱线图上方留出了足够的空间。激活图形窗口，单击左侧工具栏中的"添加星号括号"按钮，会自动在图表正中间添加星号和方括号的显著性差异标识。

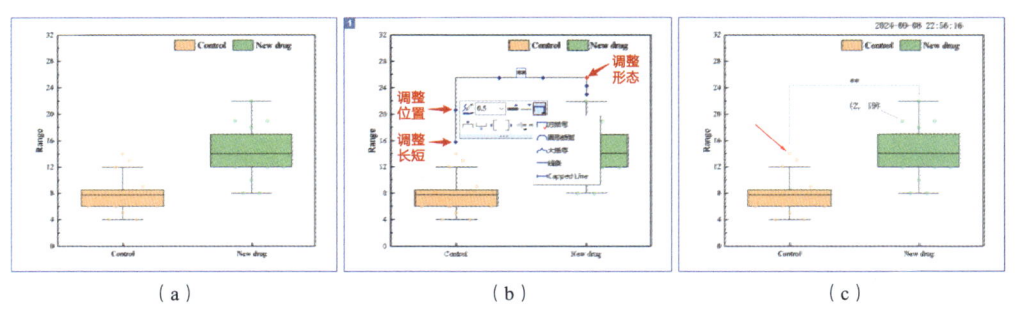

(a)　　　　　　　　　(b)　　　　　　　　　(c)

图 3-5-4　添加标注

如图 3-5-4（b）所示，选择该标识，蓝色节点用于调整长短和位置，红色节点用于调整形态，选择标识的非节点的直线部分，按住鼠标左键可以拖动整个标识的位置。将该标识拖动到两个箱线图上方，选择两端的蓝色节点调整长短，选择中间的蓝色节点调整位置，双击星号变成输入状态，添加一个星号，即可完成显著性差异标识的设置。也可以在选择该标识后浮现出悬浮按钮组，在该按钮组中更改显著性差异标识的外观属性。

除了可以添加显著性差异标识，还可以添加一些其他标注。单击左侧工具栏中的"日期&时间"按钮，可以添加时间标签；单击左侧工具栏中的"箭头"按钮，可以添加指示箭头；单击左侧工具栏中的"标注"按钮，可以读取某个点的坐标，如图 3-5-4（c）所示。此外，还可以单击左侧工具栏中常用的"颜色标尺"按钮（具体见 4.1.8 节）、"气泡标尺"按钮、"重构图例"按钮等，进行相应的设置。

不同绘图类型的绘图细节的设置不同，对应的进行上述 3 个方面的设置使用的对话框的相关设置也不相同。本书把绘图细节结合到具体示例中，散布在后面相关章节中，大致索引如下。

（1）工作表设置："F(x)="行设置见 4.1.4 节；列排序、工作表排序见 4.1.8 节；工作表嵌套排序见 5.1.2 节；填充列和设置列值见 2.5.1 节；原始数据和索引数据见 4.1.3 节和 5.2.1 节；堆叠列和拆分堆叠列见 5.2.4 节。

（2）绘图细节设置和美化：绘图细节设置和修饰见 4.1.1～4.1.5 节；自定义连续型配色方

案见 4.1.10 节；自定义离散型配色方案见 8.3.1 节；"按点""按曲线"应用颜色的各种方式见 4.1.3 节；编辑颜色列表见 4.1.4 节；颜色映射、添加颜色标尺见 4.1.8 节；等高线图-颜色填充见 4.1.27 节；取消分组见 4.1.3 节；绘图堆叠设置见 4.1.18 节和 4.1.19 节；"分格"选项卡设置和应用见 8.2.3 节。

（3）坐标轴设置和美化：极坐标系设置见 4.1.10 节；三元坐标系介绍见 4.1.11 节；点线图设置见 4.1.12 节；非线性刻度设置和特殊标签设置见 4.1.19 节；刻度线标签设置见 5.1.1 节；表格式刻度标签设置见 5.1.11 节；关联坐标轴刻度设置见 5.1.13 节。

（4）标注设置和美化：多图层图例合并设置见 5.1.13 节。

3.5.3　本书绘图源文件的说明

限于篇幅，本书大量图表及其衍生图无法详细描述绘制方法和过程，因此在随书提供的源文件中将所有图表整理成如图 3-5-5 所示的形式，使用按顺序排列、重命名的工作表/矩阵、图形窗口来表示绘图过程，并让总窗口尽量少于 12 个。左侧项目管理器中的文件夹及窗口列表，有助于理解整个绘图过程。

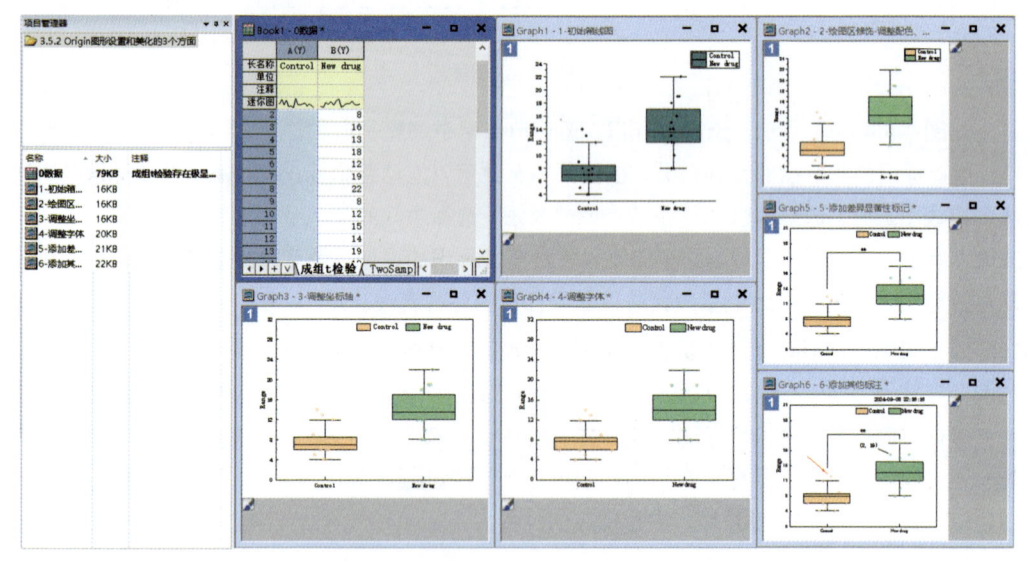

图 3-5-5　随书提供的源文件的形式

第 4 章

关系型图表

本书图表先按照点、线、面、体的形态演变,即顺序为散点图→点线图/折线图→面积图→曲面图,然后每一大类图表内部又按照直角坐标系、3D 坐标系、极坐标系和三元坐标系的顺序递进,这种编排顺序在本章中体现得尤为明显。本章将介绍相关关系、流向关系和函数关系三大类关系型图表。由于本章属于实际绘图的第 1 章,因此前面出现的图表绘制过程的描述较为详细,而后面则逐渐倾向于简要点出重点步骤。同时,对于极坐标系、三元坐标系等比较专业的坐标系,本章中也会有相应的介绍,建议初学者按顺序跟进。

4.1 相关关系型图表

4.1.1 散点图和轴须散点图

散点图是科研绘图中常见的图表之一。散点图中的每个点的位置都由 X 值和 Y 值决定,最终在 2D 空间中形成点的集合。这些点的 X 值、Y 值的数据关系和分布特征,是要从散点图中获取的主要信息。散点图既可以展示数据关系,如图 4-1-1(a)所示;又可以展示分布特征,如图 4-1-1(b)所示;还可以同时展示数据关系和分布特征。

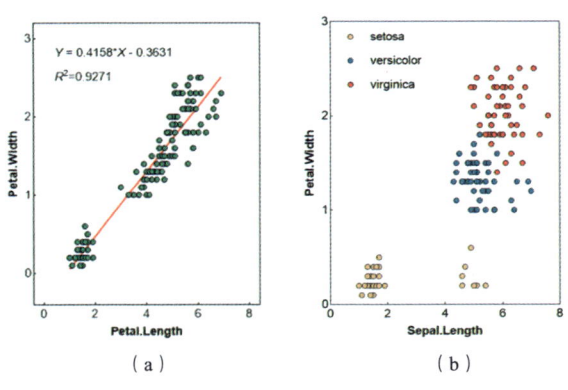

图 4-1-1 展示数据关系和分布特征的散点图

下面使用某地 400 人的身高和体重的数据来绘制散点图，展示这 400 人的身高和体重的关系。将数据输入工作表，如图 4-1-2（a）所示。先选择数据，再选择菜单栏中的"绘图"→"基础 2D 图"→"散点图"命令，或单击下方工具栏中的"散点图"按钮 ，快速绘制散点图，如图 4-1-2（b）所示。

（a）　　　　　　　　　　　　　　（b）

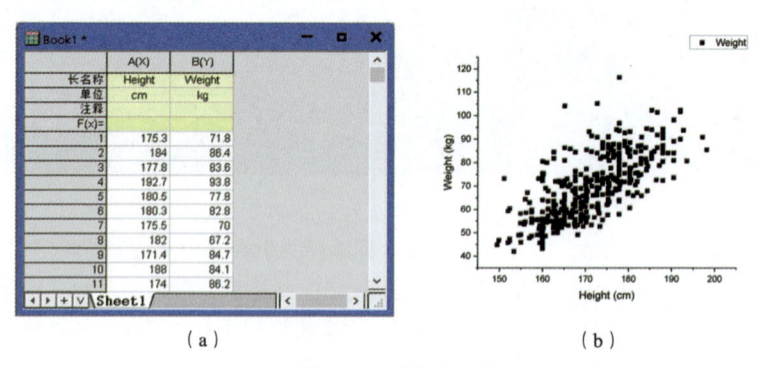

图 4-1-2　绘制散点图

Origin 默认绘制的图表具备基础的可视化特征，如会自动调整坐标轴范围、主次刻度，以及字号；会将工作表中的长名称和单位作为坐标轴标题，以及将注释作为图例（若无注释，则使用长名称）。但在大多数情况下，还需要进一步设置和美化，以达到更好的展示效果。下面基于该散点图介绍图表设置和美化的 3 个方面：绘图细节、坐标轴和标注。

1. 设置绘图细节

在散点、框架或页面的空白处双击，打开"绘图细节-绘图属性"对话框，设置散点图符号的基础属性。

"绘图细节-页面属性"对话框、"绘图细节-图层属性"对话框、"绘图细节-绘图属性"对话框都归属于"绘图细节"对话框，且在大多数情况下，在进行细节设置时，上述对话框的使用频率为："绘图细节-绘图属性"对话框高于"绘图细节-图层属性"对话框，"绘图细节-图层属性"对话框高于"绘图细节-页面属性"对话框。

（1）如图 4-1-3（a）所示，打开"绘图细节-绘图属性"对话框。

（2）如果需要更改绘图类型，那么可以在"绘图类型"下拉列表中进行选择，此处保持默认选项不变。

（3）打开"符号"选项卡。不同类型的图形对应的选项卡不同，此处散点图对应的是"符号"选项卡。柱状图对应的是"图案"选项卡，折线图对应的是"线条"选项卡，它们都是调节图表外观的核心选项卡。

（4）将"符号类型"更改为○。系统自带了大量符号，能满足大多数需求。注意，更改了符号类型之后，选项卡中能够设置的内容也会发生变化。

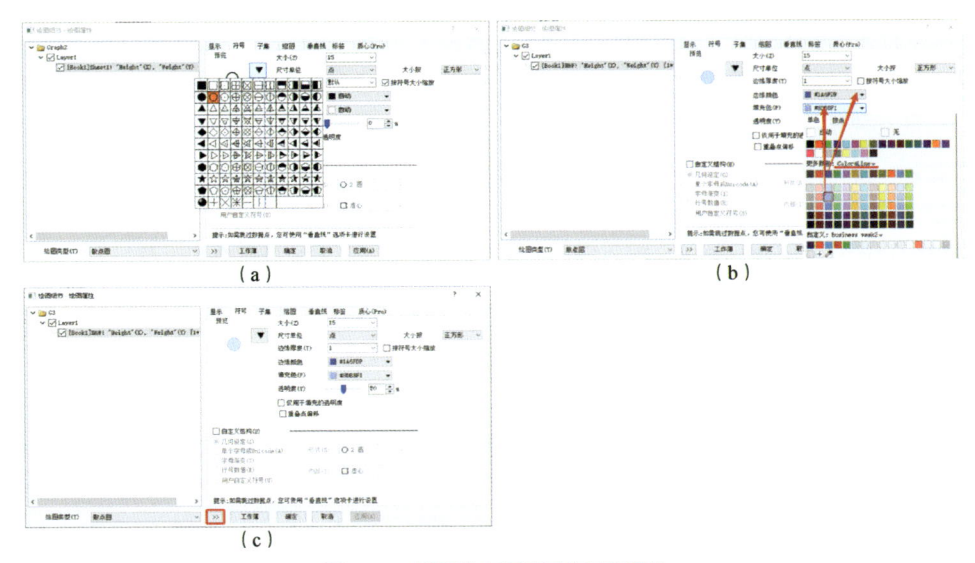

图 4-1-3 设置散点图符号的基础属性

（5）在"符号"选项卡中，设置"大小"为"15"，默认尺寸单位是"点"，一般不需要更改。除此之外，"尺寸单位"下拉列表中还有"X 刻度""Y 刻度"两个选项可供选择，即以坐标轴刻度为单位。例如，把图表拉宽，表示 X 轴上代表 15 的刻度也会跟着变宽，此时符号也会跟着变大。"大小按"下拉列表中有"正方形""直径""面积"3 个选项可供选择，分别用于按照符号的外切正方形的边长、符号的外切圆的直径，以及符号的面积来设置符号大小，同等尺寸下其大小排序为"正方形>直径>面积"。"大小按"下拉列表需要和"大小"下拉列表配合使用达到满意的视觉效果。

（6）如图 4-1-3（b）所示，在"边缘颜色"下拉列表或"填充色"下拉列表中选择"单色"选项卡，在该选项卡中为符号选择一种颜色，这是基本的使用颜色的方法。

该选项卡最上方两排配色方案（LabTalk 颜色）是软件默认的；中间的"更多颜色"选项中的配色方案是软件自带或用户自定义的，且软件自动为该配色方案生成 5 排明度和饱和度渐变的衍生配色方案；接下来是"自定义"选项，用于加载自定义配色方案，或在软件中实时吸取产生的配色方案，但不会产生衍生色；最下方为最近使用过的颜色，软件会自动记录使用过的颜色，以供用户快速重复使用。

（7）选择"更多颜色"为"Color4Line"。

（8）选择该配色方案中的第 3 个（蓝色）作为符号的边缘颜色，选择该配色方案衍生配色方案中的第 2 排第 3 个（蓝色）作为符号的填充颜色。这种颜色设置采用的是同色系搭配的技巧，即为符号填充比较浅的颜色，而为符号边缘使用比较深的同色系颜色，其颜色统一、效果耐看，在科研绘图中经常用到。

（9）如图 4-1-3（c）所示，将"透明度"设置为"50%"。对于下方的"仅用于填充的透明度"复选框和"重叠点偏移"复选框,读者可以根据需要自行尝试勾选。设置透明度为"50%"主要是为了显示被遮盖的重叠点,重叠点越多,颜色叠加后会越深,能更好地展示数据分布情况,这是一种非常实用的处理图形重叠的技巧。

此外,在"符号"选项卡中可以勾选"自定义结构"复选框。自定义结构,即自定义非系统自带的符号,由于在大多数情况下使用系统自带的符号即可满足需求,因此"自定义结构"复选框的勾选频率不高。单击底部的折叠按钮 >> ,可以将左侧的导航窗格隐藏起来,以调小对话框。导航窗格非常好用,但本书限于篇幅,在后面介绍相关的选项卡时可能会折叠该窗格,特此说明。

2. 设置坐标轴

设置绘图细节之后,散点图将显示为如图 4-1-4(a)所示的效果,接下来可以对坐标轴进行设置。图 4-1-4(a)~图 4-1-4(h)尽可能多地展示了对绘图细节、坐标轴和标注 3 个方面的设置,实际绘图可能并不需要设置这么多内容,绘制成如图 4-1-4(i)所示的效果即可。

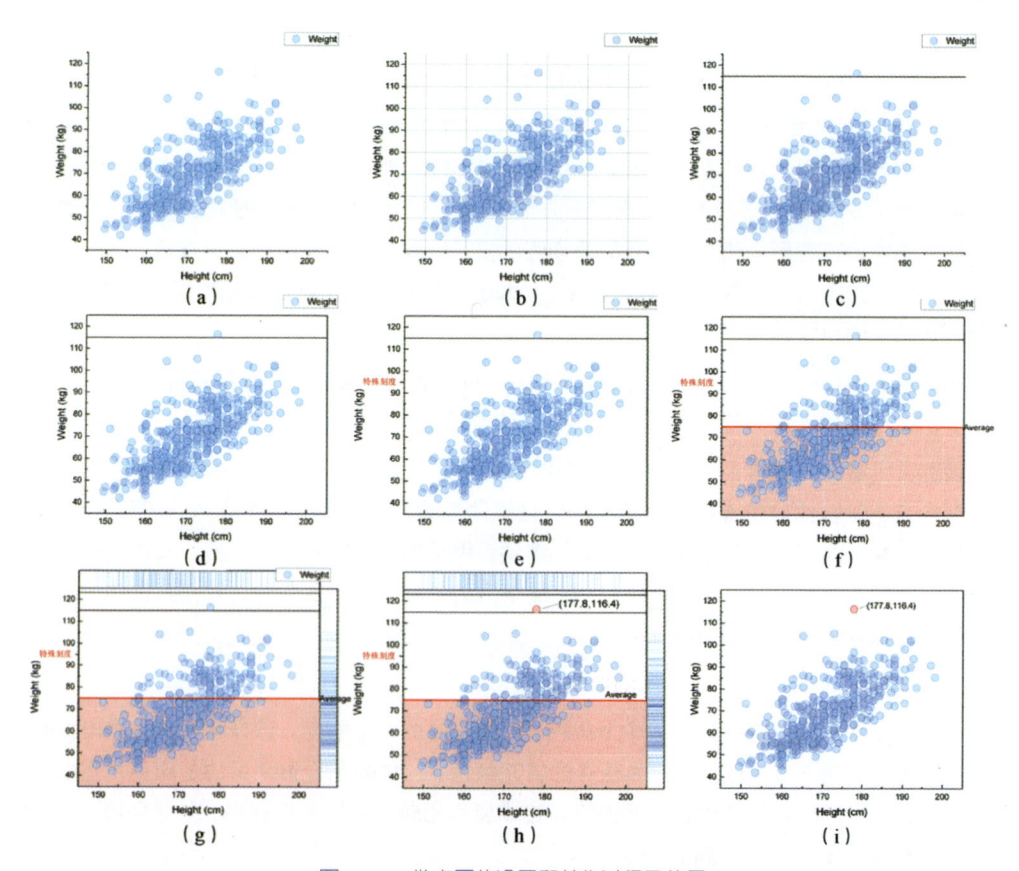

图 4-1-4 散点图的设置和美化过程及效果

打开坐标轴设置对话框。限于篇幅，下面介绍的大多数选项卡的设置没有截图，请读者自行尝试。

（1）"显示"选项卡：选择是否显示左轴、右轴、上轴和下轴，这里默认显示左轴和下轴。如果勾选某复选框，那么会显示对应坐标轴的轴线、刻度线、刻度线标签和坐标轴标题等内容。除非确保所有坐标轴元素都需要显示，否则一般保持默认设置。

（2）"刻度"选项卡：Origin 默认对刻度的自动调节功能强大，一般能够满足需求。如果需要进一步设置主次刻度、刻度翻转、坐标轴非线性显示等内容，那么可以在此选项卡中实现。

（3）"刻度线标签"选项卡：对刻度线标签的显示格式进行调节。如果需要调整刻度线标签的显示格式，那么可以在此选项卡中实现。对于简单的图形，一般保持默认设置即可。对于字体、字号等，更多在上方第 2 处工具栏或悬浮按钮组中快速设置。

（4）"标题"选项卡：对坐标轴标题进行设置，可以自行输入，也可以引用工作表中的元数据，一般保持默认设置即可。

（5）"网格"选项卡：设置网格。如图 4-1-5（a）所示，设置显示垂直方向的主网格线和次网格线，使用同样的方法设置显示水平方向的主网格线和次网格线，最终获得如图 4-1-4（b）所示的效果。如果认为默认的网格线的颜色过深，影响数据展示，那么调整颜色，并设置在垂直方向上添加 Y=115 的附加线，如图 4-1-5（b）所示，最终获得如图 4-1-4（c）所示的效果。该散点图中的附加线类似于后面介绍的参照线，它的真正作用是为柱状图指定非 0 起点（见5.1.7 节），没有进一步的属性设置。

（a）　　　　　　　　　　　　　　　（b）

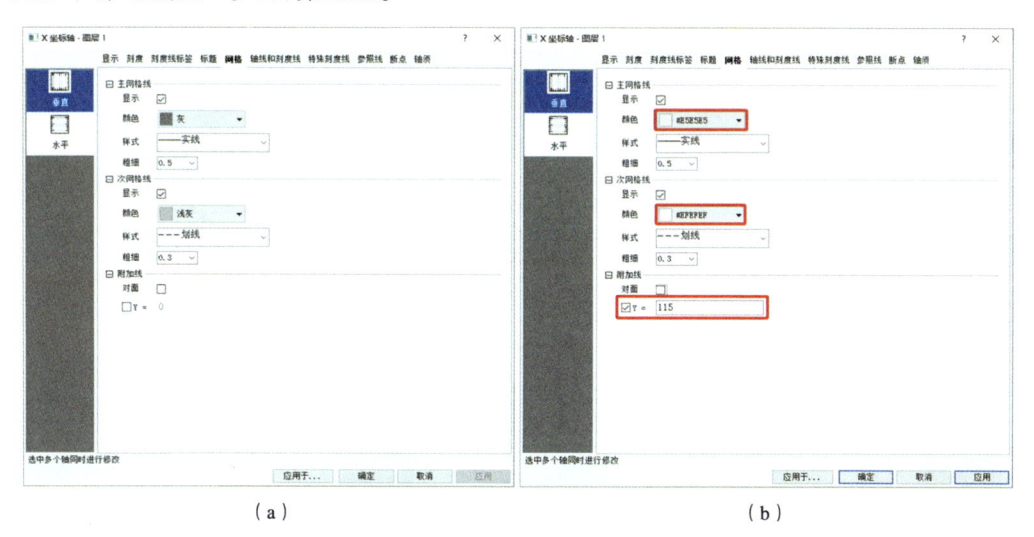

图 4-1-5　网格设置

（6）"轴线和刻度线"选项卡：设置轴线和刻度线。如图 4-1-6（a）所示，设置下轴的主刻度和次刻度均朝内显示，使用同样的方法设置左轴的主刻度和次刻度的"样式"均为"朝内"；

如图 4-1-6（b）所示，设置显示上轴的主刻度和次刻度的"样式"均为"无"，即显示轴线，但是不显示刻度线，使用同样的方法对下轴进行设置，最终获得如图 4-1-4（d）所示的效果。

(a)

(b)

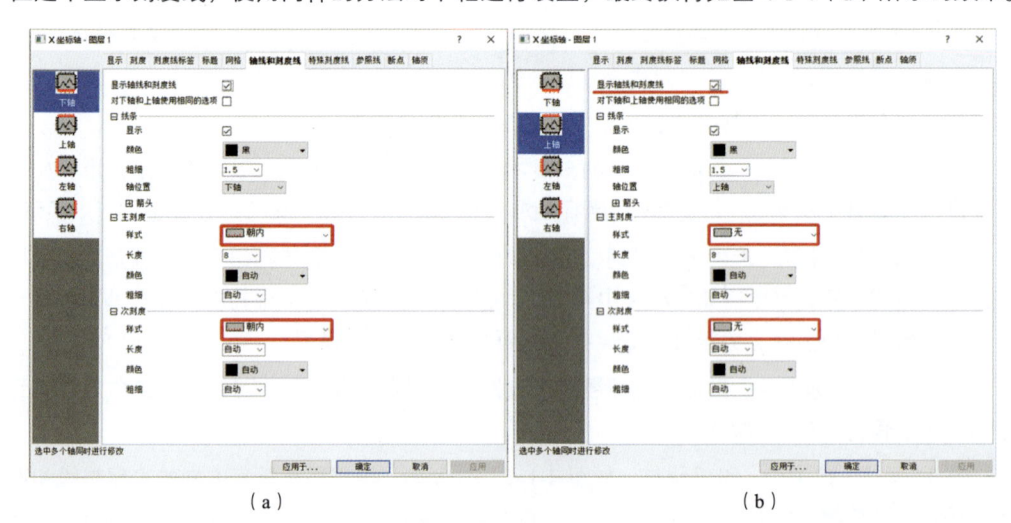

图 4-1-6　轴线和刻度线设置

（7）"特殊刻度线"选项卡：添加特殊刻度线。如图 4-1-7（a）所示，在左侧选择需要添加特殊刻度线的坐标轴，并以轴刻度来添加位置、显示标签。也可以单击"细节"按钮，打开如图 4-1-7（b）所示的对话框，进一步设置刻度线和标签的格式，最终获得如图 4-1-4（e）所示的效果。

(a)

(b)

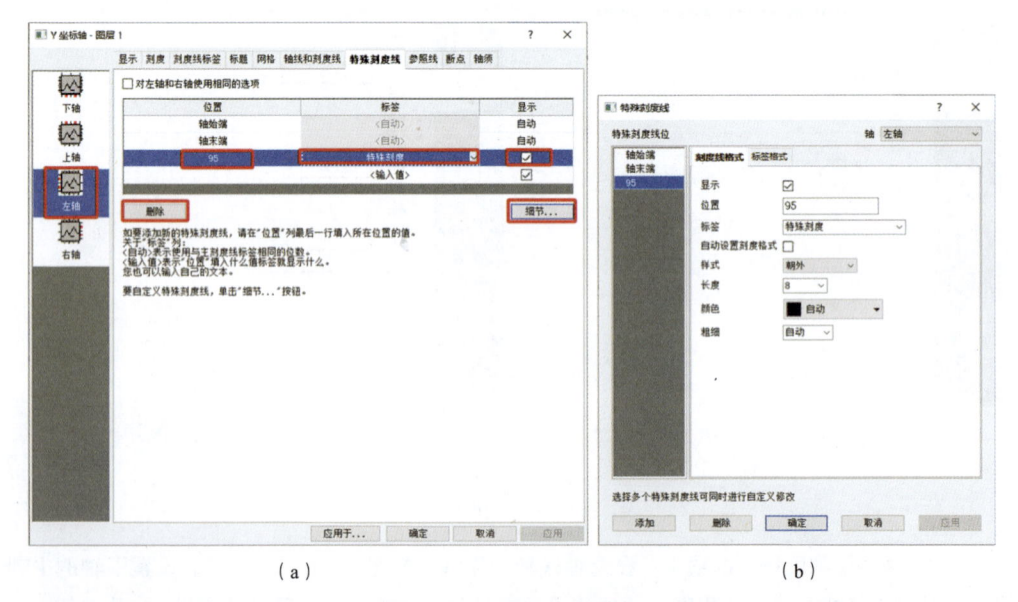

图 4-1-7　特殊刻度线设置

（8）"参照线"选项卡：添加参照线。如图4-1-8（a）所示，在左侧选择需要添加参照线的方向，并以轴刻度来添加位置、填充颜色、显示标签等。也可以单击"细节"按钮，打开如图4-1-8（b）所示的对话框，进一步设置参照线的格式。"参照线"选项卡不仅可以添加用于参照的直线，还可以在直线与坐标轴的始端和末端之间、多条参照线之间填充颜色，从而达到对数据进行分区展示的效果。此处在水平方向上设置一条 Y 值为 75 的红色参照线，并假设该参照线为体重的均值，设置标签的"文本"为"Average"，且为该参照线与 Y 轴始端之间填充浅红色，最终获得如图4-1-4（f）所示的效果。

（a）

（b）

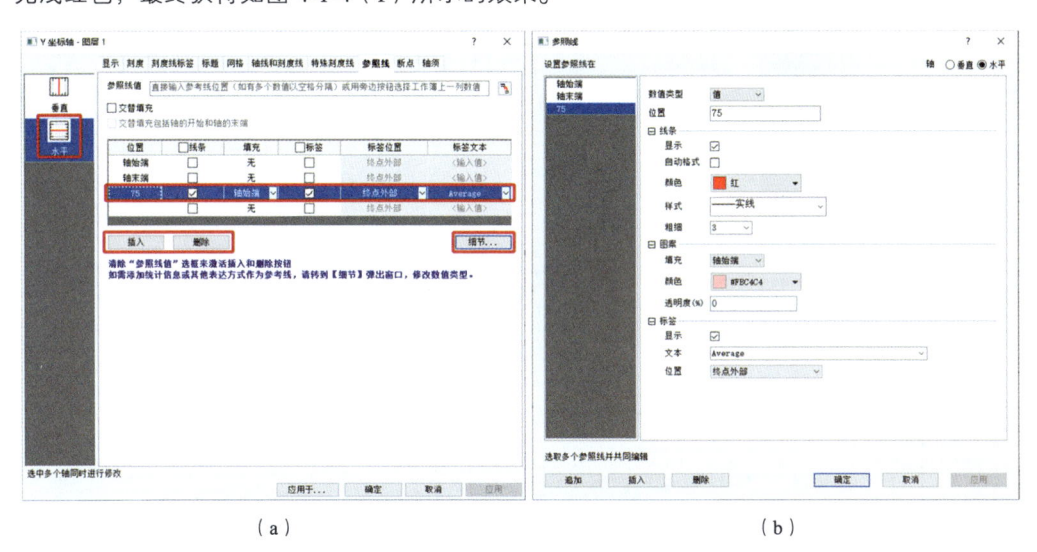

图4-1-8　参照线设置

（9）"断点"选项卡：设置坐标轴的截断效果，一般用在柱状图和折线图中，详见5.1.6节。

（10）"轴须"选项卡：设置显示轴须散点图的效果。轴须散点图用于显示 X 轴和 Y 轴的数据分布情况。一般为了不干扰下轴和左轴的刻度与刻度线标签的显示效果，可以将轴须散点图显示在上轴和右轴上。对显示的轴须属性进行如图4-1-9所示的设置，最终获得4-1-4（g）所示的效果。

此外，Origin 内置了轴须散点图的模板，使用该模板可以快速绘制轴须散点图。先选择身高与体重，再选择菜单栏中的"绘图"→"基础2D图"→"散点图+轴须"命令，获得如图4-1-10（a）所示的效果，简单修饰之后，获得如图4-1-10（b）所示的效果。轴须散点图属于一种边际图，兼具关系型图表和分布型图表的特点，详见7.1.9节。

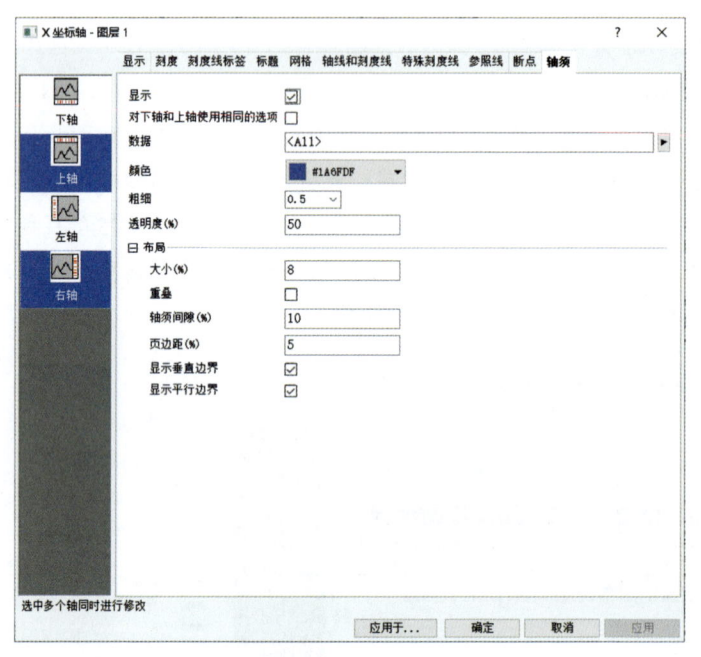

图 4-1-9 轴须设置

(a)　　　　　　　　　　　　(b)

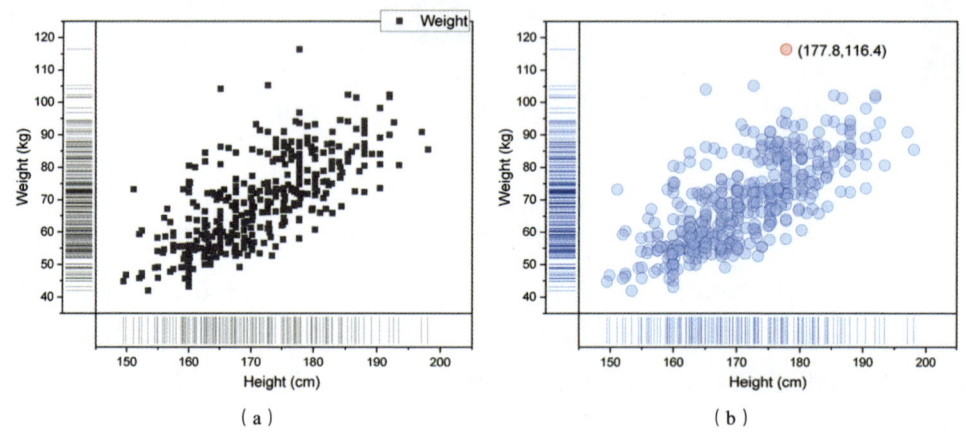

图 4-1-10 绘制轴须散点图

3. 设置标注

在本示例中图例没有实际意义，可以直接删除。假设散点图中最上面的一个点具有特殊意义，需要标注出来，则可以单独对该点进行设置。按住 Ctrl 键的同时单击该点（也可以双击该点，主要看当前激活的是页面、图层和绘图中的哪个层级），该点将被突出显示且其他点将被屏蔽。此外，可以在悬浮按钮组中进行快速设置，也可以在该点上单击鼠标右键，在弹出的快捷菜单中选择"编辑点"命令，打开"绘图细节-绘图属性"对话框，在"绘图细节-绘图属性"对话框中单独对该点进行设置。

如图4-1-11（a）所示，"绘图细节-绘图属性"对话框左侧的绘图下面出现了符号"124"，表示这是工作表中第124行形成的点，在右侧可以单独设置该点，这里更改其"边缘颜色"为"红色"，且设置其"透明度"为"0%"。

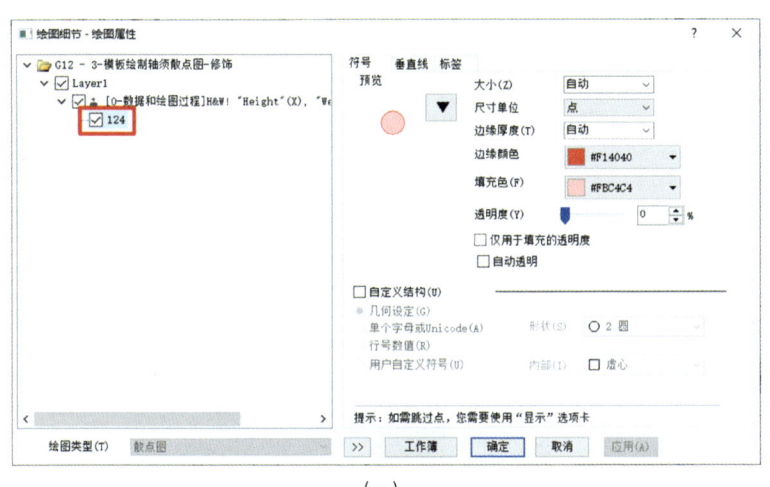

（a）

（b）

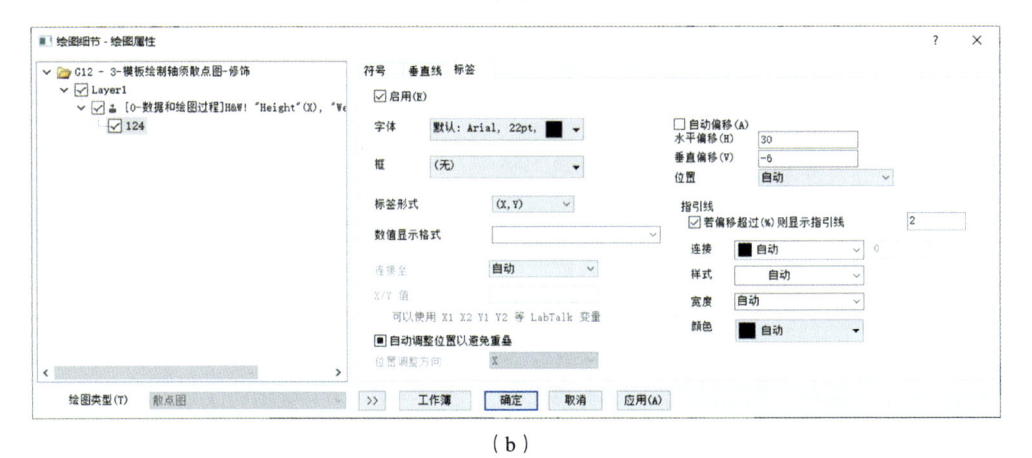

图4-1-11 设置标注

如图4-1-11（b）所示，切换为"标签"选项卡，勾选"启用"复选框，将"标签形式"改为"（X,Y）"，勾选"指引线"选项组中的"若偏移超过（%）则显示指引线"复选框，单击"确定"按钮，在图形窗口中将该点的标注拖动到合适的位置。将"Average"拖动到参考线上方的空白处，最终获得如图4-1-4（h）所示的效果。

4.1.2 中轴散点图

有时需要对散点图进行区间或象限的划分，以便更好地观察数据分布特征。前文有介绍可以通过添加参照线来进行分区，在 Origin 中还可以通过移动坐标轴来进行分区。

如图 4-1-12（a）所示，直接在图形窗口中选择坐标轴，按住鼠标左键并拖动鼠标，即可移动坐标轴。移动坐标轴以后，双击坐标轴，进入坐标轴设置对话框，此时在"轴线和刻度线"选项卡中新增"轴位置"选项和"百分比/值"选项，如图 4-1-12（b）所示。

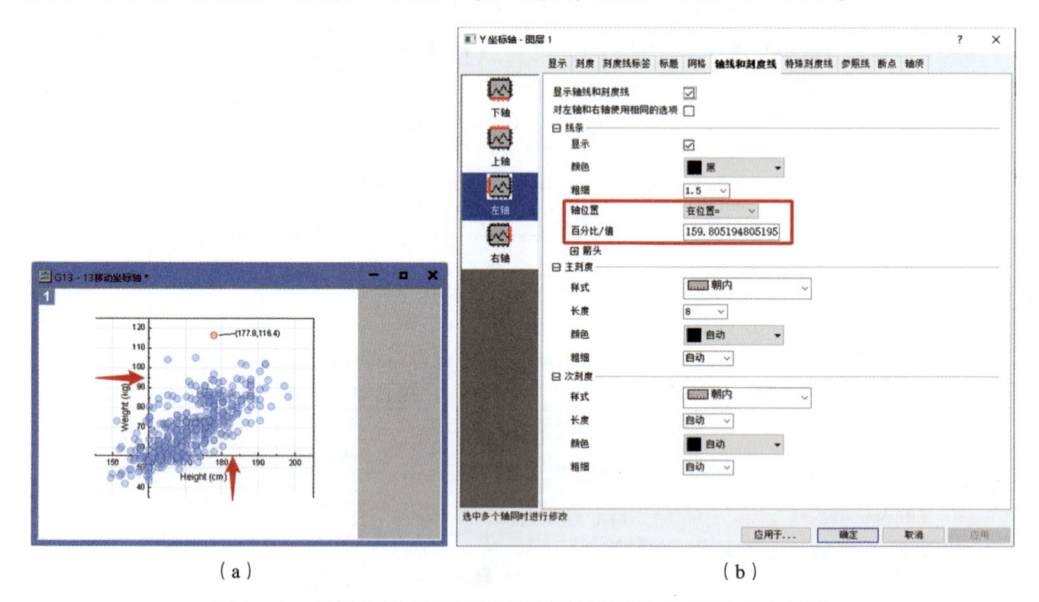

（a） （b）

图 4-1-12　移动坐标轴后新增"轴位置"选项和"百分比/值"选项

直接移动坐标轴，在"轴线和刻度线"选项卡中设置坐标轴的精确位置，其操作自由度高，但在大多数情况下用不到这种设置。选择散点图的图层框架，图层框架的边缘高亮显示，单击弹出的悬浮按钮组的第 1 排第 3 个"轴排列设置"下拉按钮，在弹出的下拉列表中会看到如图 4-1-13（a）所示的常见的轴排列预设选项，如常见的"居中""左侧中央""底部中央"，分别选择上述 3 个选项，可以获得如图 4-1-13（b）~图 4-1-13（d）所示的效果。

需要注意的是，此时用到的坐标轴只有两个，与 4.1.1 节中获得的效果相比，另外两个坐标轴围成的框架消失了，且无法使用同样的方法围成框架。这时可以单击如图 4-1-14（a）所示的悬浮按钮组的第 1 排第 2 个"图层框架"按钮，即可显示框架（除了使用坐标轴围成框架，在 Origin 中还单独定义了图层框架），这是常见的显示图层框架的操作。如果以坐标轴居中排列的方式显示图层框架，那么获得如图 4-1-14（b）所示的效果，其被称为中轴散点图（Scatter Central）。

(a) (b)

(c) (d)

图 4-1-13 轴排列设置及效果

(a) (b)

图 4-1-14 框架设置

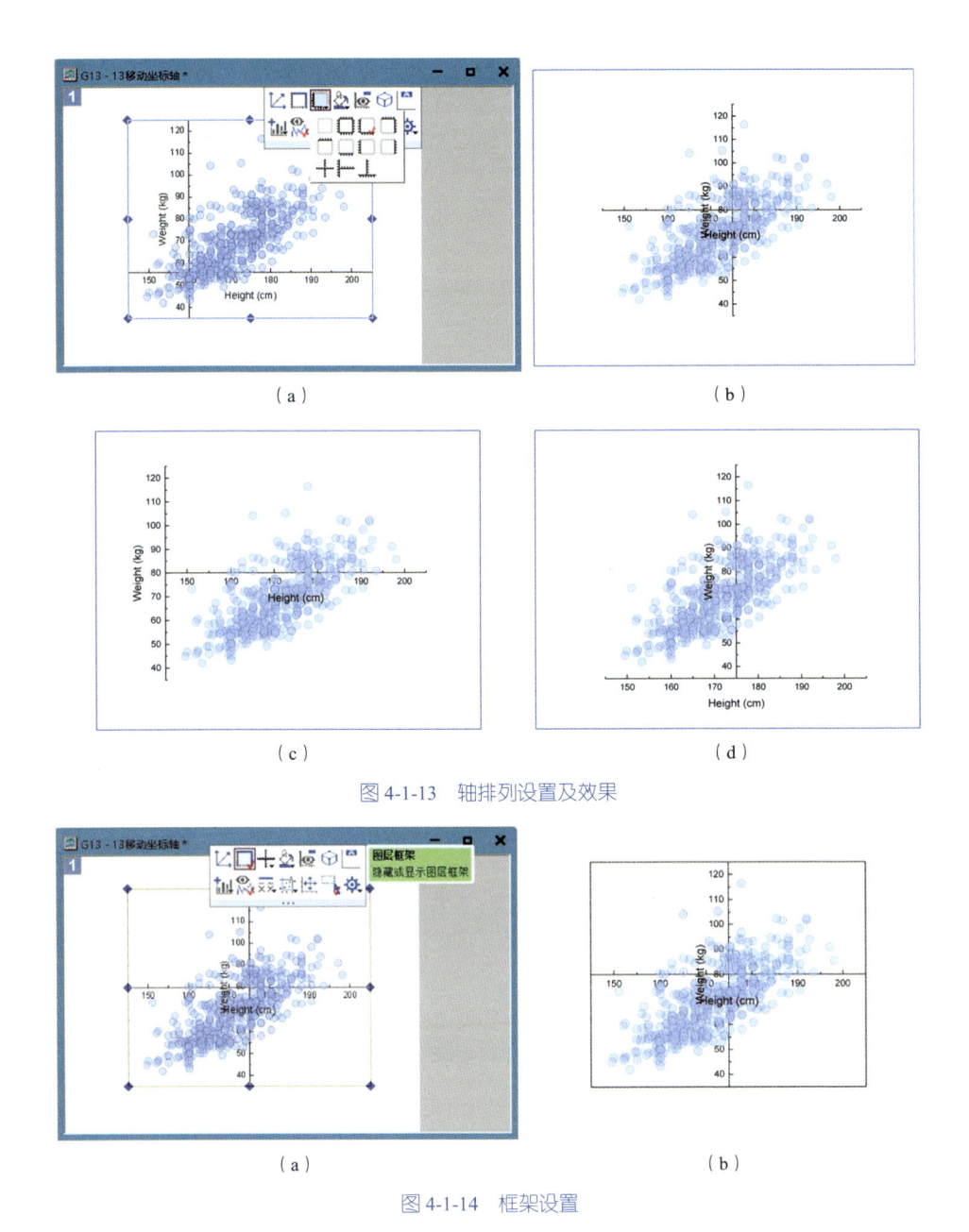

此时的中轴散点图的坐标轴被散点掩盖，双击图层框架的空白处（框架内除绘图以外的空白区域），打开"绘图细节-图层属性"对话框，在如图 4-1-15（a）所示的"显示/速度"选项卡中，取消勾选"数据在坐标轴前面"复选框，将坐标轴标题移动到左侧和上方，最终获得如图 4-1-15（b）所示的效果。

（a） （b）

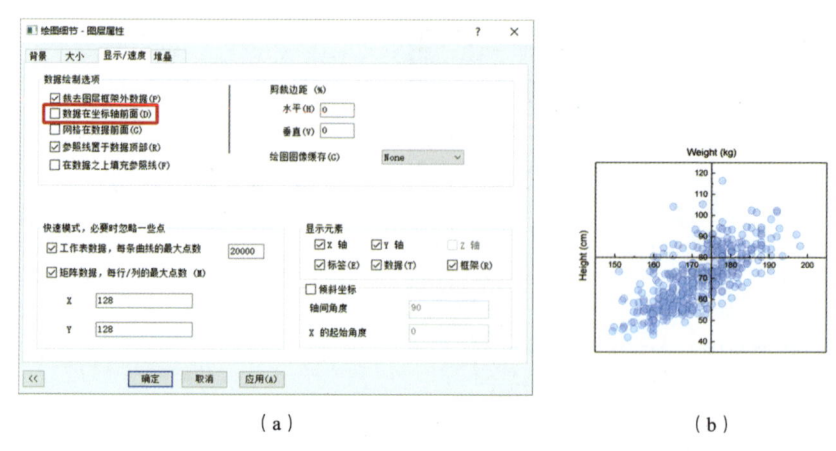

图 4-1-15　数据显示设置

Origin 内置了中轴散点图的绘图模板，先选择身高与体重，再选择菜单栏中的"绘图"→"基础 2D 图"→"中轴散点图"命令，即可直接绘制如图 4-1-16（a）所示的中轴散点图，简单修饰之后，获得如图 4-1-16（b）所示的效果。在此基础上可以单击图层，使用悬浮按钮组的第 1 排第 4 个按钮为框架设置背景颜色，如图 4-1-16（c）所示。至此，完成了对轴排列设置、框架设置及数据显示设置等内容的介绍。有了这些基础，读者便可以仿制很多其他软件的绘图风格，如 ggplot2、MATLAB、Python 等。

（a） （b）

（c）

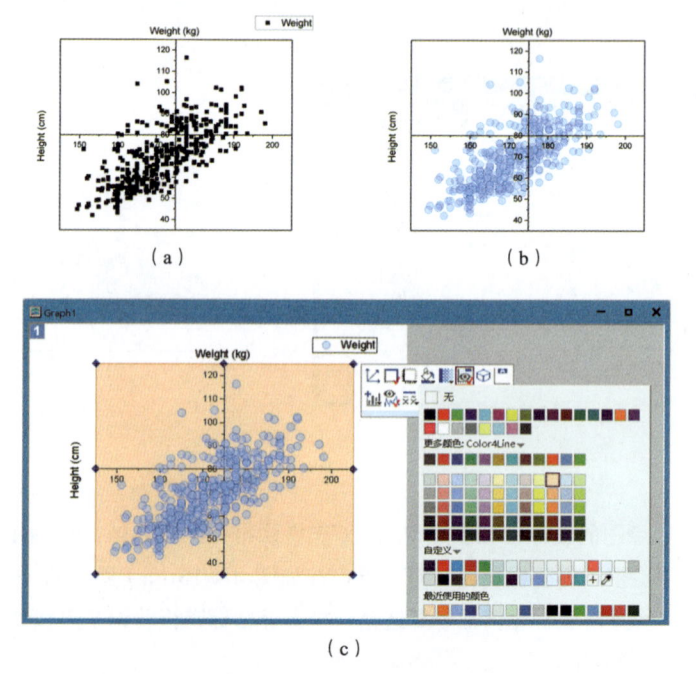

图 4-1-16　绘制中轴散点图

如果数据范围允许，合理设置坐标轴刻度之后，如设置 X 轴表示平均体重、Y 轴表示平均身高，划分的 4 个区间将具有更明确的实际意义。此外，也可以使坐标轴交点与原点重合，以达到常见的象限划分效果。

4.1.3 散点图分组

1. 对使用原始数据和索引数据绘制的分组散点图设置绘图属性

如果需要对坐标系中的双变量数据进行进一步探究，如对体检人群按照性别进行分组，查看男性和女性在身高与体重上的分布是否存在差异，那么需要引入分组变量。对数据进行分组，可以按照如图 4-1-17（a）所示的原始数据的格式或如图 4-1-17（b）所示的索引数据的格式进行组织。原始数据和索引数据的介绍见 3.2.1 节。使用这两种格式的数据都可以绘制出散点图。此处使用原始数据绘图可以一步到位：图例正确、分组散点有颜色区分，而使用索引数据绘图需要在设置绘图细节时将分组信息映射到绘图属性上。需要注意的是，这里的散点图分组是对关系型散点图内部进行的区分，和比较型散点图是不一样的，读者可以自行在"分组图"下拉菜单中尝试相应的设置。

(a)

(b)

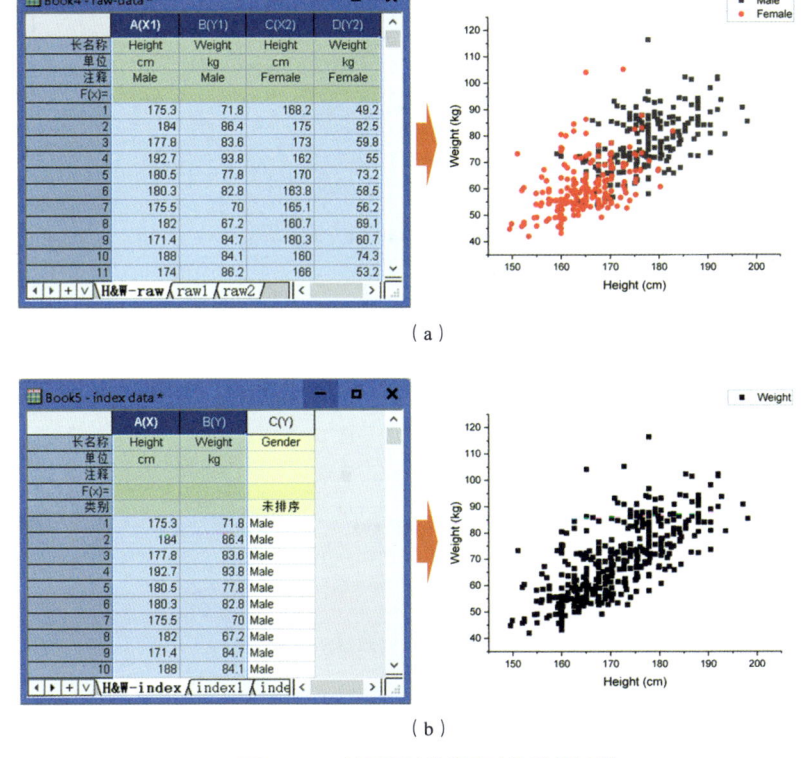

图 4-1-17 使用原始数据和索引数据绘图

原始数据和索引数据在组织结构上截然不同，依据它们绘制的图表结构也不相同。双击工作区，分别进入使用原始数据和索引数据绘图的"绘图细节-绘图属性"对话框。图 4-1-18（a）是使用原始数据绘图的"绘图细节-绘图属性"对话框，左侧总共有两个绘图，分别对应男性数据和女性数据，这和原始数据以变量为单元独立组织的特点相对应。此外，该对话框中多出了一个"组"选项卡，默认的"编辑模式"是"从属"，表示第 2 个及以后的绘图的编辑都跟随第 1 个绘图变化。如果同时查看对象管理器，那么会发现表示男性的黑点和表示女性的红点被归为一组"g1"，这反映了原始数据独立组织的特点。图 4-1-18（b）是使用索引数据绘图的"绘图细节-绘图属性"对话框，没有"组"选项卡，对象管理器中也只有一个绘图，没有分组。

（a）

（b）

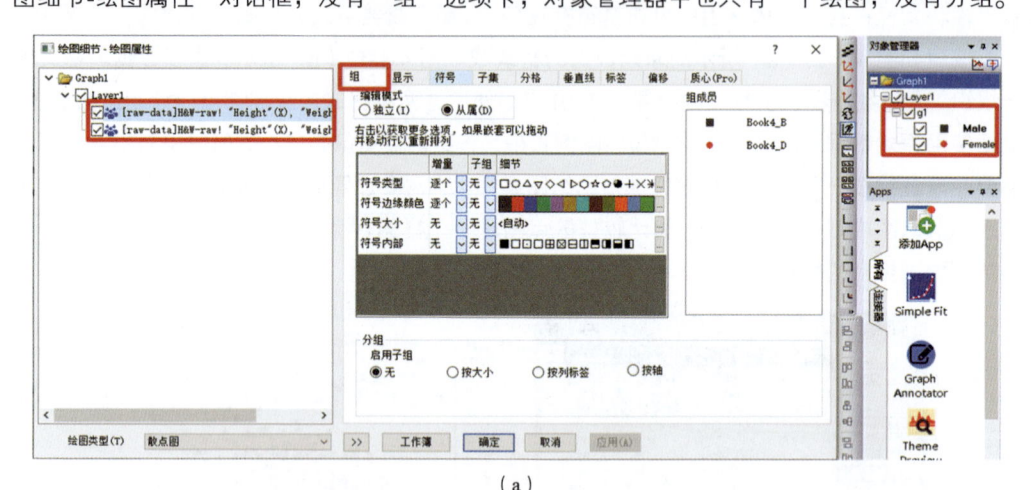

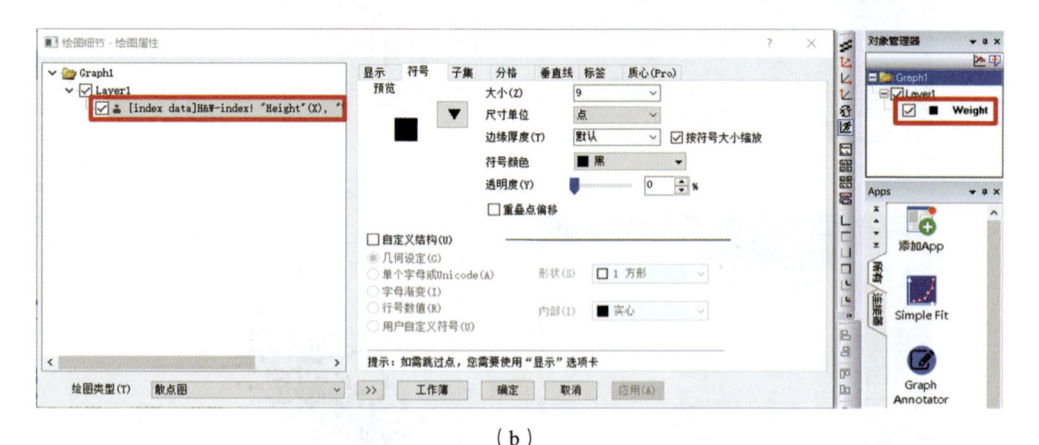

图 4-1-18　原始数据和索引数据绘图的绘图属性

将如图 4-1-18（a）所示的"组"选项卡从"从属"编辑模式切换为"独立"编辑模式，可以使男性和女性的绘图能够单独编辑，但不会更改实际分组，即对象管理器中的组织结构不变且"绘图细节-绘图属性"对话框中保留"组"选项卡。

要取消男性和女性的分组，应进行如图 4-1-19 所示的操作。①在图形窗口左上方的图层序号标识上双击，或选择菜单栏中的"图"→"图层内容"命令，打开"图层内容：绘图的添加，删除，成组，排序"对话框，该对话框的作用是对绘图进行管理；②选择要取消分组的绘图；③单击"解散组"按钮；④对象管理器中的分组"g1"消失，表示男性和女性的绘图直接位于图层 Layer1 内。此时如果再次打开"绘图细节-绘图属性"对话框，那么"组"选项卡消失，同时能够单独编辑男性和女性的绘图。

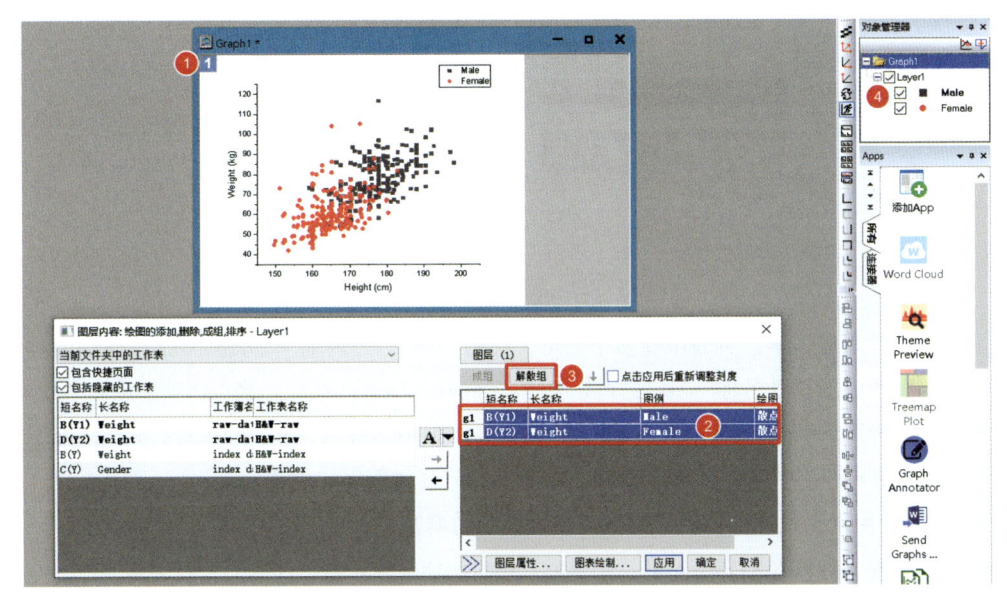

图 4-1-19　取消分组

下面对使用原始数据和索引数据绘制的分组散点图分别设置绘图属性，达到所需的效果，注意体会二者的区别。

1）对使用原始数据绘制的分组散点图设置绘图属性

在"图层内容：绘图的添加，删除，成组，排序"对话框中，对上面的男性和女性的绘图再次分组，进行以下操作。由于 Origin 默认生成的散点图选择的是实心符号，没有边缘和内部填充的区别，因此在如图 4-1-18（a）所示的"组"选项卡中看不到填充颜色的设置，只有符号边缘颜色的设置。在对使用原始数据绘制的分组散点图进行组的设置之前，应先设置"符号类型"为〇、"大小"为"15"、"透明度"为"50%"。

如图 4-1-20（a）所示，切换为"组"选项卡：①选择"符号边缘颜色"右侧"细节"区域中的配色，在"增量列表"下拉列表中选择"Bold1"配色方案；②在"符号填充颜色"右侧的"增量"下拉列表中选择"逐个"选项；③将"符号填充颜色"右侧"细节"区域中的配色方案改为"Bold1"配色方案中最浅的衍生色。应用设置之后，即可获得如图 4-1-20（b）所示的效果。

（a）　　　　　　　　　　　　　　　　（b）

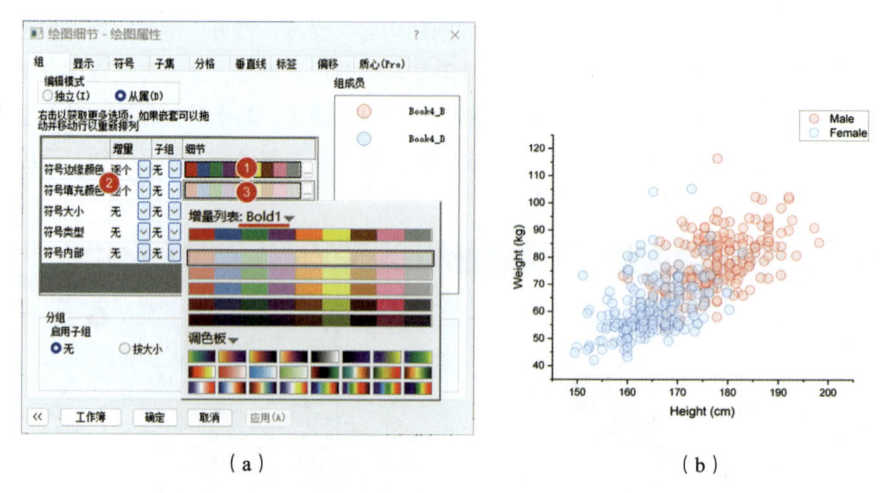

图 4-1-20　绘图属性设置及效果

这里的"增量"下拉列表中有多个选项，包括"逐个""内插""分格""工作簿长名称""工作簿名称""工作表名称""长名称""单位""注释""采样间隔"，这些选项都是对"细节"区域中颜色样式的安排方式。其中"逐个"选项的使用频率最高，用于按照列表从左到右逐个选择颜色，如此处选择第 1 个红色和第 2 个蓝色作为符号的配色方案。

2）对使用索引数据绘制的分组散点图设置绘图属性

对使用索引数据绘制的分组散点图没有"组"选项卡要设置，这看似相对简单，但实际操作未必简单。这种数据格式是通过专门的列来进行分组标记的，在绘图属性设置过程中需要把该列和符号样式关联起来。

设置"符号类型"为〇、"大小"为"15"、"透明度"为"50%"。边缘颜色的设置比较简单。如图 4-1-21（a）所示：①在"边缘颜色"下拉列表中选择"按点"选项卡；②在"颜色列表"中选择"Bold1"配色方案；③在"颜色选项"中选择"索引"→"Col(C)-'Gender'"选项。这表示将按照 Col(C)-'Gender' 这列来逐个安排"Bold1"配色方案中的颜色。

稍微麻烦一点的是，将符号的"填充色"设置为"Bold1"配色方案中的衍生色。如图 4-1-21（b）~图 4-1-21（d）所示：①在"填充色"下拉列表中选择"按点"选项卡；②在"颜色列表"中选择"Bold1"配色方案；③在"颜色选项"中选择"颜色映射"选项，在其下拉列表中，随便选一列作为映射对象；④再次在"填充色"下拉列表中选择"按点"选项卡；⑤在"颜色列表"中选择"Bold1"配色方案；⑥选择最浅的衍生色；⑦再次在"填充色"下拉列表中选择"按点"选项卡；⑧在"颜色选项"中选择"索引"→"Col(C)-'Gender'"选项。

(a)　　　　　　　　　　　　　　　　(b)

(c)　　　　　　　　　　　　　　　　(d)

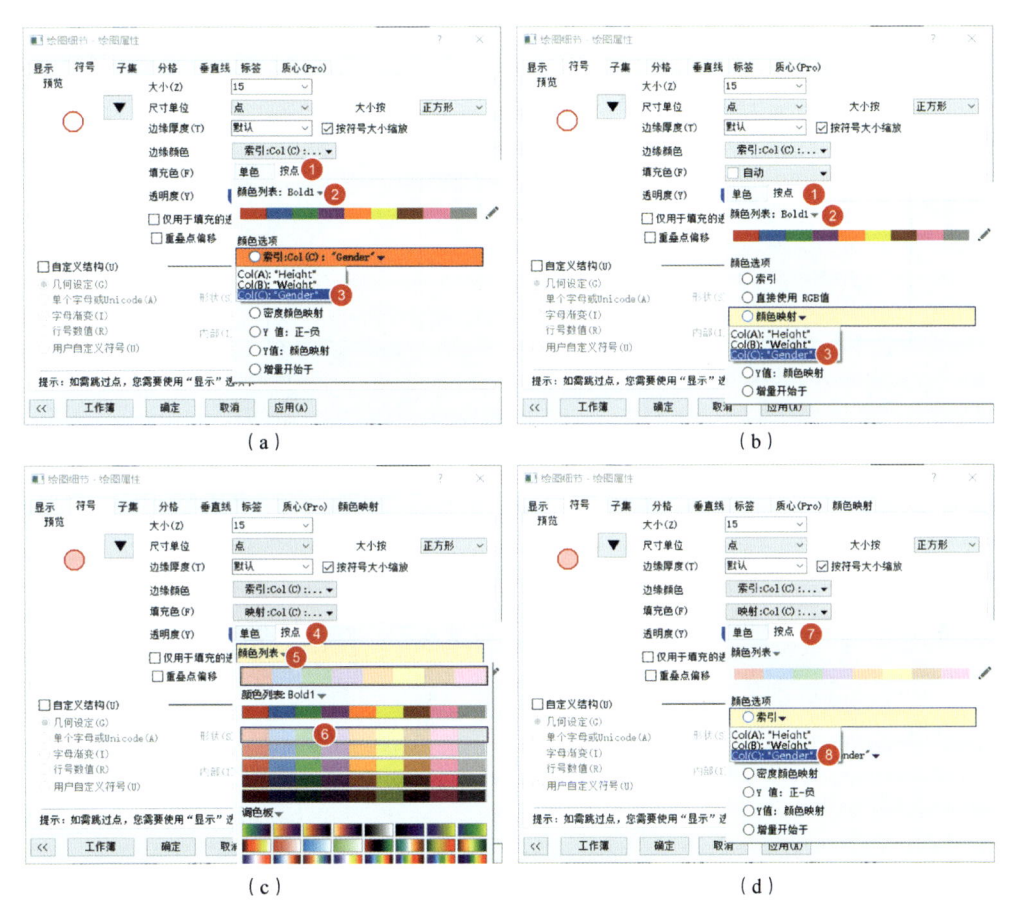

图 4-1-21　绘图符号设置

之所以步骤如此多，是因为 Origin 2025 中没有"组"选项卡，在"颜色列表"中只能选配色方案，不能选配色方案的衍生色，但在"颜色选项"中可以选择"颜色映射"选项，进而选择衍生色，所以这里先配置衍生色。如果"绘图细节-绘图属性"对话框中有"组"选项卡，如上面介绍的使用原始数据绘制分组散点图，那么颜色的选择除"单色""按点"两种方式之外，还有"按曲线"方式，可以直接选择配色方案的衍生色。

对绘图符号进行上述设置之后，可以获得如图 4-1-22（a）所示的效果；单击左侧工具栏中的"重构图例"按钮，对图例进行校正，可以获得如图 4-1-22（b）所示的效果；继续进行网格、轴线、刻度和背景颜色等的设置，可以获得如图 4-1-22（c）和图 4-1-22（d）所示的效果。

如果对中轴散点图通过应用分组来设置不同的颜色（见图 4-1-23），或其他符号属性，那么中轴散点图的应用范围将更广泛。

(a)

(b)

(c)

(d)

图 4-1-22　设置效果

(a)

(b)

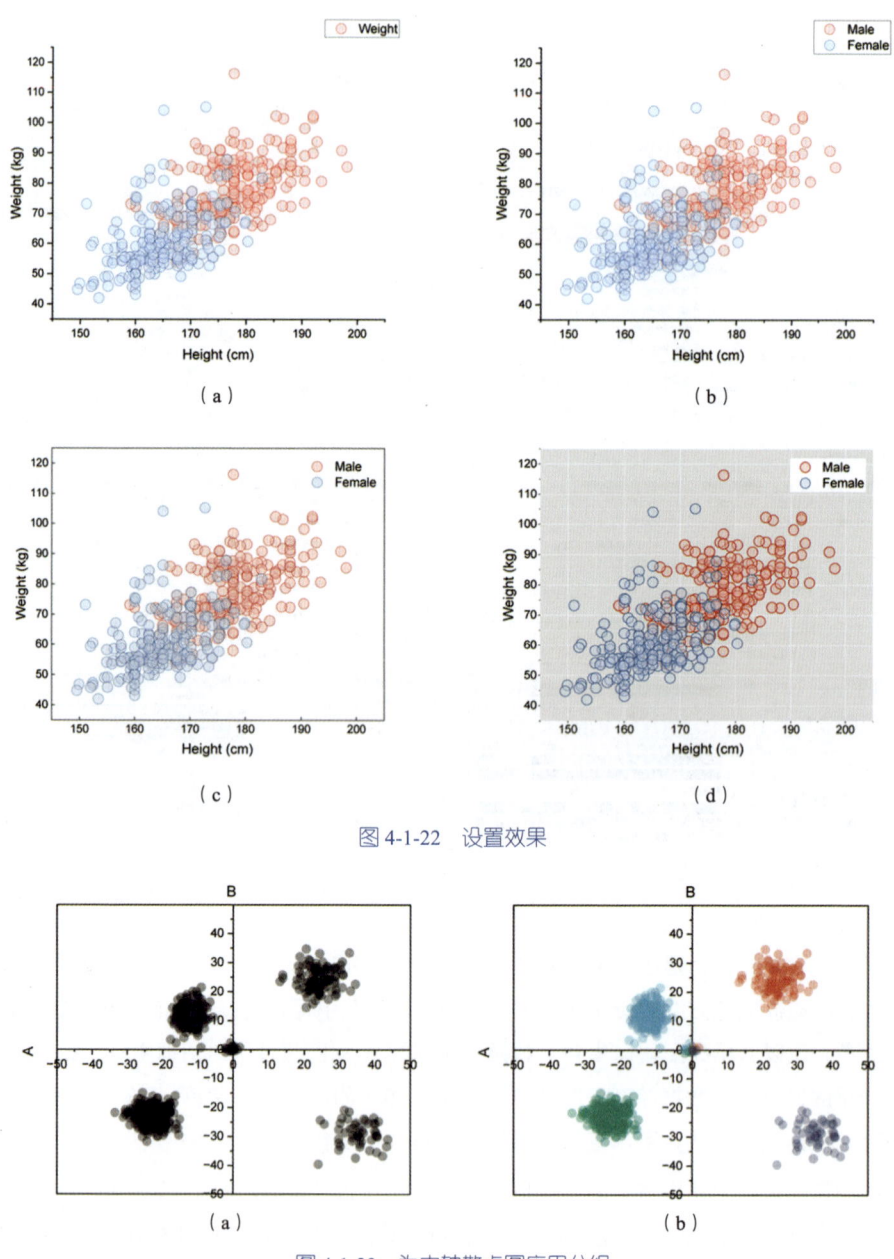

图 4-1-23　为中轴散点图应用分组

2. "按点"应用颜色

与"单色"选项卡用于对绘图使用一种颜色不同,"按点"选项卡用于对绘图按每个点(注意这个点不是指具体的形状点,而是指绘图中的数据点)都使用颜色,Origin 有 7 个按点使用颜色的选项，前3个选项对各图表通用，其他选项往往只针对特定的图表。

（1）索引：通过关联整数或文本字符串（类别值）给列表的不同颜色分配点的颜色。

（2）直接使用RGB值：通过获取列的RGB值分配颜色。

（3）颜色映射：在2D图的Y值或3D图的Z值与颜色列表或调色板中的颜色之间创建映射关系，根据2D图的Y值或3D图的Z值将颜色分配给相关数据点。

（4）密度颜色映射：仅用于点密度图，Origin根据重叠点的数量自动计算因子，进行映射。

（5）Y值：正–负：根据相应的Y值为正、负或总计的条件使用不同的颜色来填充列，适用于数据可以被起点所在线分组的瀑布图等。

（6）Y值：颜色映射：当图表中有多个Y值绘图时，可以使用此选项来基于Y值设置颜色，此选项仅适用于有相关编辑模式的2D图。

（7）增量开始于：对绘图中的点按顺序逐个使用"颜色列表"中的配色方案，颜色应用模式固定，无法与分组标识关联，适用于柱状图或条形图。

3. "按曲线"应用颜色

如果想为一系列绘图分配不同的颜色，那么可以使用"按曲线"应用颜色。一系列绘图通常会被组合为绘图组，在绘图组中，绘图属性可以按类型（颜色、线型、符号形状等）被逐一分配。

4.1.4 火山图

火山图（Volcano Plot）本质上是散点图分组，其因外观像喷发的火山而得名。火山图通常用于生命科学领域的RNA（核糖核酸）表达谱和芯片数据分析中，用来展示所有基因中的差异基因。火山图及其分组如图4-1-24（a）和图4-1-24（b）所示。

火山图的横坐标为$\log_2$(Fold Change)，即差异倍数的对数值；纵坐标为$-\log_{10}$(P-value)，即校正后的P的对数值。如果需要绘制火山图，那么基本的数据就是这两列，但RNA转录组数据或芯片数据给出的往往是校正后的P-value，需要对原始数据进行简单换算。

火山图中的数据一般可以分为3个部分：①显著下调；②显著上调；③不存在显著性差异的点，如图4-1-24（c）所示。显著上调和显著下调的点统称为差异基因，一般是指P小于0.05，差异倍数大于或等于2(|$\log_2$(Fold Change)|=1)，这是人为划定的一个标准。如果筛选到的差异基因比较多，那么可以把这个标准设定得更严格一点。如果筛选到的差异基因比较少，那么会在P大于或等于0.05、差异倍数小于2的区间中寻找，这时数据被分为6个部分：①$P<0.05$，且$\log_2$(Fold Change)≤-1；②$P<0.05$，且$-1<\log_2$(Fold Change)<1；③$P<0.05$，且$\log_2$(Fold Change)≥1；④$P\geq0.05$，且$\log_2$(Fold Change)≤-1；⑤$P\geq0.05$，且$-1<\log_2$(Fold

Change)<1；⑥$P \geqslant 0.05$，且 $\log_2$(Fold Change)$\geqslant 1$，如图 4-1-24（d）所示。

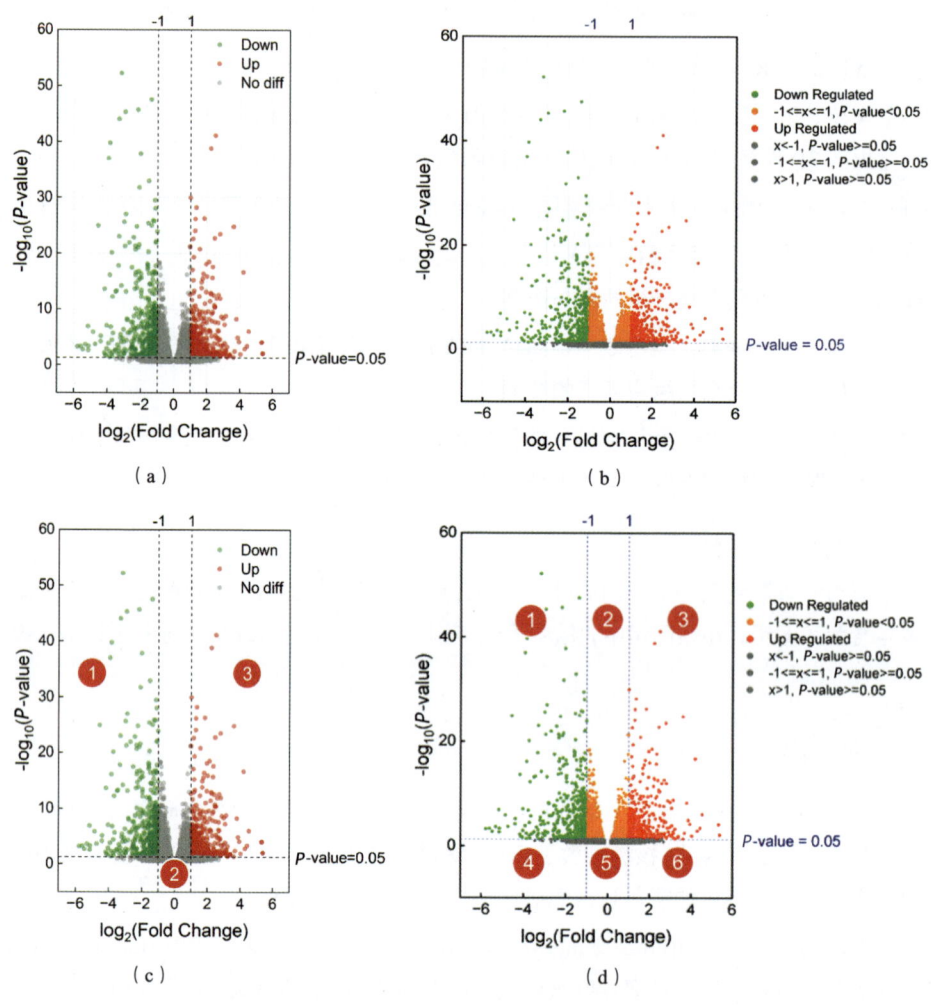

图 4-1-24　火山图及其分组

下面先介绍如何使用 Origin 手动绘制火山图，以使读者进一步掌握使用 Origin 绘制火山图的一般过程；然后介绍如何使用 App 快速绘制火山图，以使读者了解使用 App 绘制小众图表的便捷性。

1. 使用 Origin 手动绘制火山图

1）数据输入

使用原始数据绘图固然有一些优点，但原始数据格式复杂，整理起来比较烦琐，这里使用索引数据绘图。注意元数据的设置、对原始数据的计算，以及分组标识等操作，相关操作如

图 4-1-25 所示。

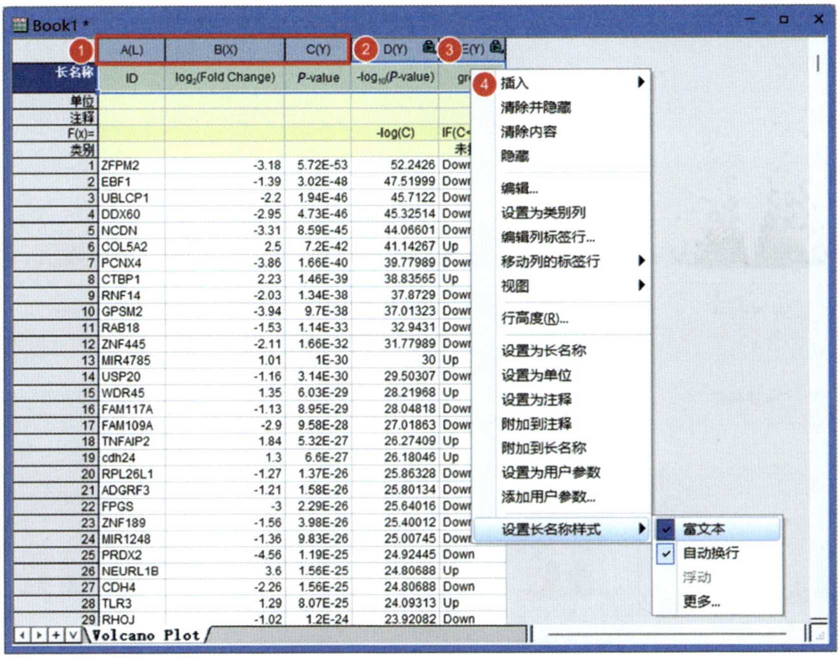

图 4-1-25　数据输入

（1）将数据复制并粘贴到工作表中，将前 3 列分别设置为 L 列（标签列）、X 列和 Y 列。

（2）添加 Y 列 "$-\log_{10}(P\text{-value})$"，在表头的 "F(x)=" 行中输入 "$-\log(C)$"，对 C 列数据进行换算，得到 $-\log_{10}(P\text{-value})$。

（3）添加 Y 列 "group"，在表头的 "F(x)=" 行中输入 "IF(C<=0.05&&B>=1,"Up",IF(C<=0.05&&B<=-1,"Down","No diff"))"（注意代码是在英文输入法下输入的），对数据进行分组标识。

这里用到了 Origin 中的 IF 函数，其用法和结构与 Excel 中的 IF 函数的用法和结构相同。IF 函数的结构为 "IF（判别式，若判别式的返回结果为真则输出此处的值，若判别式的返回结果为假则输出此处的值）"，可以在内部继续套用 IF 函数。由此可知，上述代码的意思是，如果 C 列的 P-value≤0.05，且 B 列的 $\log_2(\text{Fold Change})$≥1，那么输出 "Up"；如果 C 列的 P-value≤0.05，且 B 列的 $\log_2(\text{Fold Chang})$≤-1，那么输出 "Down"，否则输出 "No diff"。"套娃" 式的 IF 函数非常适合用于数据分组标识，请读者注意理解、掌握。

（4）选择 "长名称" 行并单击鼠标右键，在弹出的快捷菜单中选择 "富文本" 命令，将 "长名称" 行设置成 "富文本"，只有这样才可以输入上标、下标和斜体，这一步操作也可以在一开始就执行。

2）绘图

选择 C 列和 D 列，绘制散点图，获得如图 4-1-26（a）所示的效果。

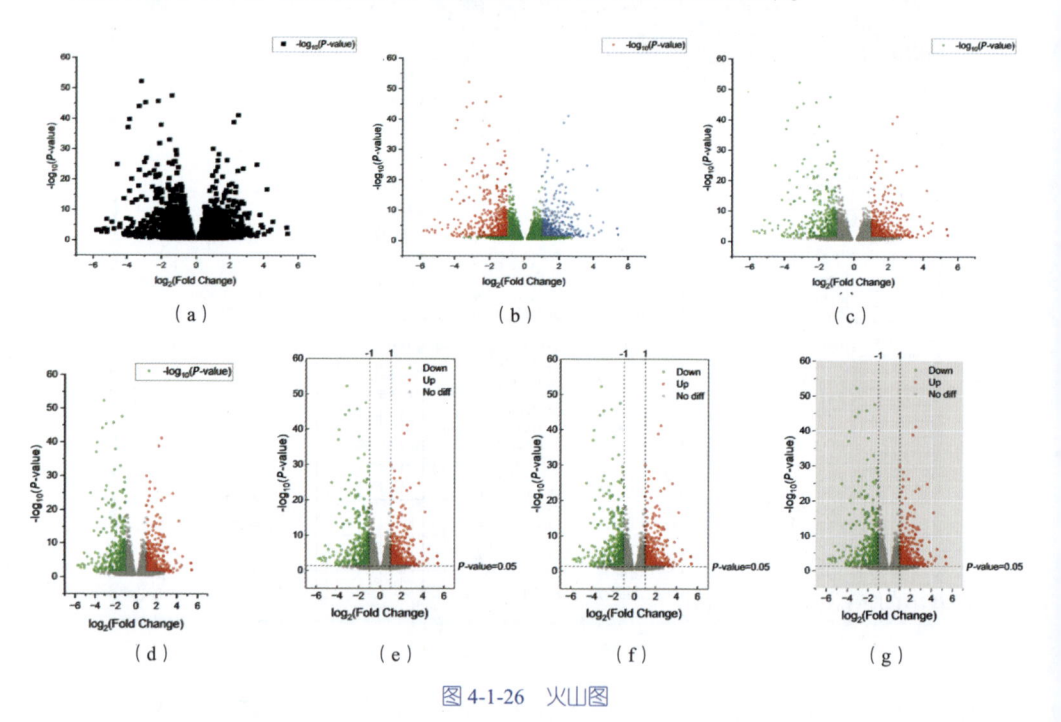

（a） （b） （c）

（d） （e） （f） （g）

图 4-1-26　火山图

3）设置绘图细节

双击某个散点符号，打开"绘图细节-绘图属性"对话框，在如图 4-1-27（a）所示的"符号"选项卡中，设置"符号类型"为●、"大小"为"5"、"透明度"为"50%"。在"符号颜色"下拉列表中选择"按点"选项卡；在"颜色列表"中选择"Bold1"配色方案；在"颜色选项"中选择"索引"→"Col(E):'group'"选项。此时获得如图 4-1-26（b）所示的效果。显著下降、显著上升及没有明显变化的数据分为 3 个部分，分别以"Bold1"配色方案默认的颜色按红色、蓝色和绿色的顺序表示。之所以是这个顺序，是因为在工作表的 group 列中进行分组标识时，先后标注了"Down""Up""No diff"，如果工作表中的数据顺序不同且分组标识顺序不同，那么对应的颜色也会跟着变化。

火山图习惯上会将显著上升的点以暖色（红色等）表示，把显著下降的点以冷色（绿色等）表示，而把没有显著变化的点以灰色表示。因此，需要对"Bold1"配色方案默认的颜色顺序进行调整。

完成上述步骤后，单击"颜色列表"右侧的编辑按钮 ✎，打开如图 4-1-27（b）所示的"创建颜色"对话框。使用该对话框可以增减颜色种类、新建或替换其他颜色种类，以及对已有颜色顺序进行调整。在该对话框左侧的"颜色列表"列中，选择需要调整顺序的颜色，单击"颜色列表"列右上方的用于调整的相关按钮（"翻转"按钮、"移到顶端"按钮、"上移"按钮、"下移"按钮、"移到底端"按钮），将绿色、红色和灰色依次调整到"颜色列表"列的前3位，其余颜色位置不变。"颜色列表"列右侧有"类别"列用于指示，以便与颜色对应。如果没有"类别"列，那么需要按照工作表中分组标识出现的先后顺序对应颜色。对于调整后的配色方案，如果需要下次复用，那么单击"保存"按钮，将其存储为自定义配色方案；如果只是单次使用，那么单击"确定"按钮。调整颜色顺序之后，可以获得如图 4-1-26（c）所示的效果。

（a）　　　　　　　　　　　　　　　　　　（b）

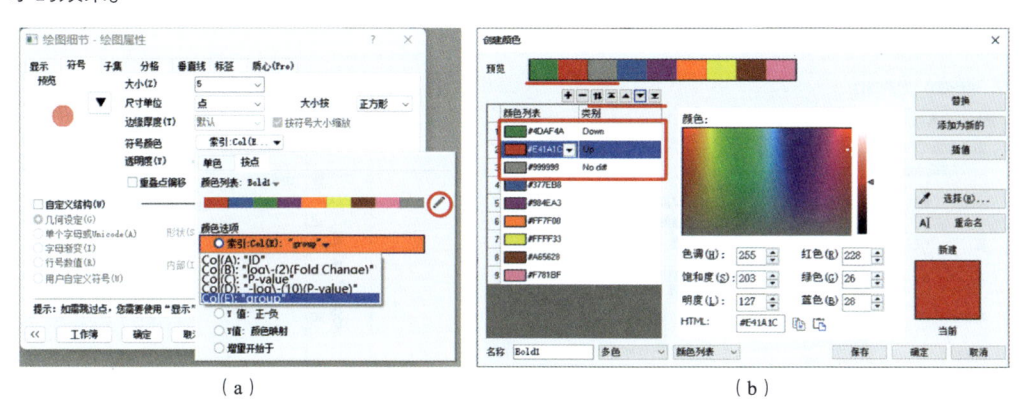

图 4-1-27　配色设置和调整

如图 4-1-28 所示，单击火山图工作区的空白处，显示出框架，按住鼠标左键拖动框架，使其变窄，以使绘图的宽高比大约为 2∶3。在页面的空白处单击鼠标右键，在弹出的快捷菜单中选择"调整页面至图层大小"命令，在弹出的对话框中将四周留白的"边框宽度"设置为"5"，可以获得如图 4-1-26（d）所示的效果。

（a）　　　　　　　　　　　　　　　　　　（b）

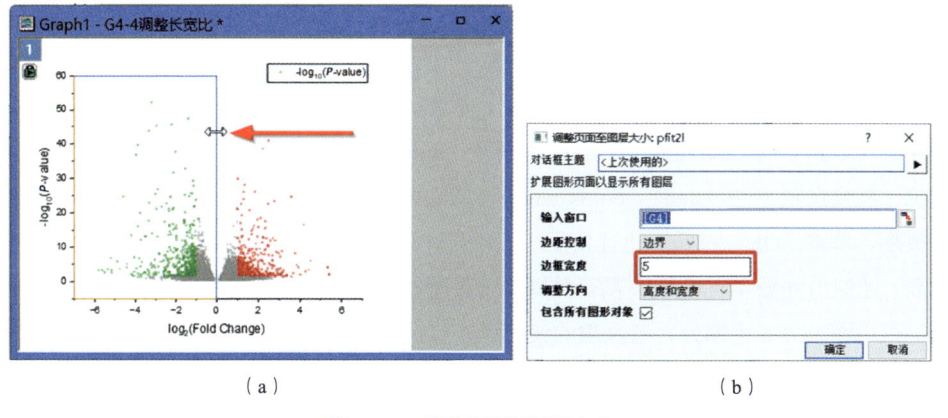

图 4-1-28　调整页面至图层大小

4）设置框架、参照线、网格等

如前所述，设置框架、参照线、网格等，获得如图 4-1-26（e）~图 4-1-26（g）所示的效果。在绘图过程中显示已启用水印的快速模式时，不用理会，该水印只起提示作用，在复制或导出时将消失；也可以单击右侧工具栏中的"启用/禁用快速模式"按钮 ，关闭快速模式。

如果有感兴趣的点需要标注，除如 4.1.1 节所述可以直接从绘图中选择点进行标注之外，还可以在工作表中新建一列，即 tag 列，在感兴趣的行中输入标注，其余行空着。在如图 4-1-29（a）所示的"绘图细节-绘图属性"对话框中，勾选"启用"复选框，将"标签形式"改为"Col(F):'tag'"，相应点的标签会显示出来，效果如图 4-1-29（b）所示。

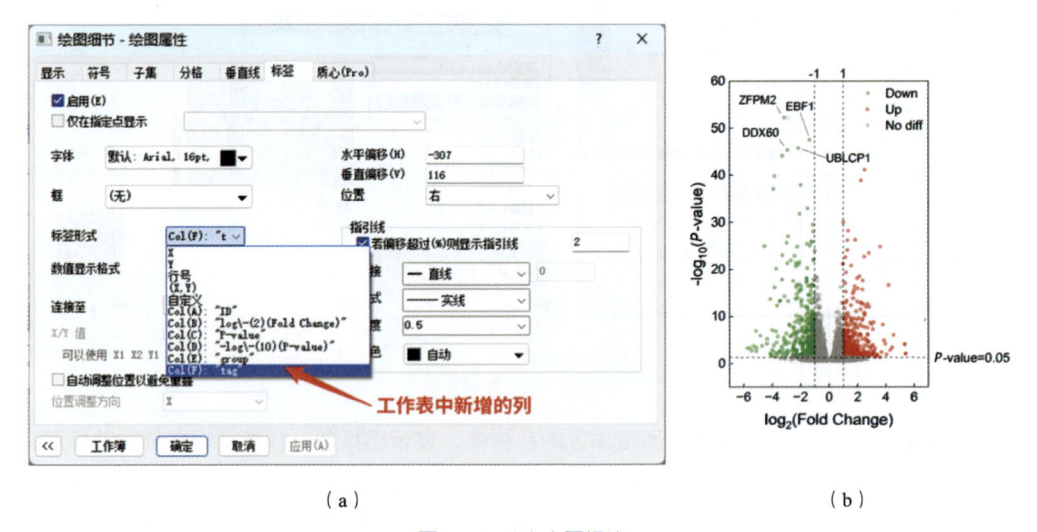

（a）　　　　　　　　　　　　（b）

图 4-1-29　火山图标注

2. 使用 App 快速绘制火山图

在 Apps 区域中添加"Volcano Plot"App，具体操作见 2.2.6 节。

准备如图 4-1-30（a）所示的火山图数据，单击 Apps 区域中的"Volcano Plot"按钮，弹出如图 4-1-30（b）所示的数据设置对话框，展开"Input Data"折叠菜单，设置好 X 列数据和 Y 列数据，其余选项（"P-value""Fold Change""Show Reference Lines"等）保持默认设置，设置完成后，单击"OK"按钮，迅速使用原工作表计算出绘图所需的如图 4-1-30（c）所示的新工作表，绘制出如图 4-1-30（d）所示的效果。对原始数据进行换算后的数据为原始数据格式，绘制的火山图分为 6 个部分，感兴趣的读者可以自行琢磨该"Volcano Plot"App 的运行过程。使用 App 绘图可以把绘图过程和相应操作整合在一起，快速绘制一些小众而专业的图表。

（a）　　　　　　　　　　　　　　　　　（b）

（c）　　　　　　　　　　　　　　　　　（d）

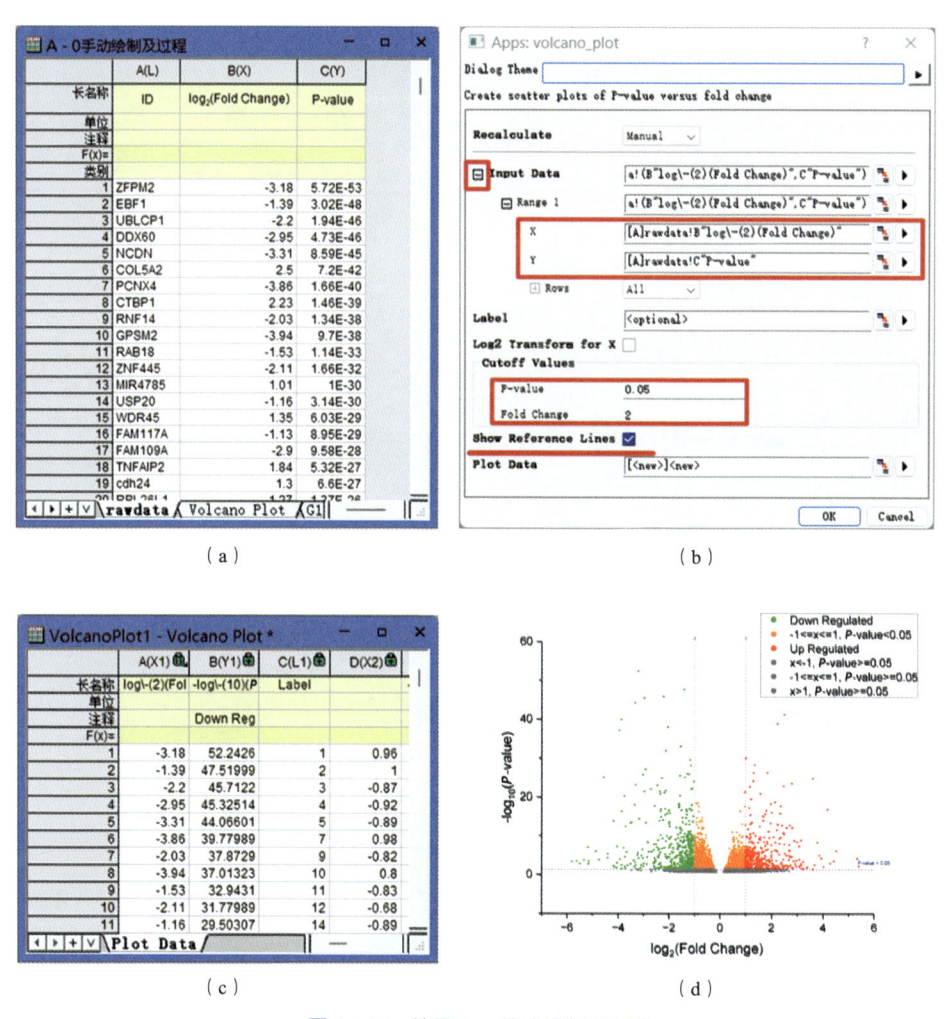

图 4-1-30　使用 App 快速绘制火山图

4.1.5　九象限散点图

火山图是一个以 P-value 和 log₂(Fold Change)为参照线，同时被分割为 6 个象限的散点图，其参照线具有参照意义，这使得不同象限呈现出特定的研究意义。这种散点图结合参照线分区的方式在学术图表中比较常见，如在多组学术图表的研究中常用的九象限散点图，如图 4-1-31 所示。九象限散点图用于呈现转录组和蛋白质组数据的关联情况，转录组的结果展示了样本中基因的转录情况，蛋白质组的结果展示了样本中基因的翻译情况，而用于呈现二者数据关联情况的九象限散点图则展示了基因转录与翻译的调控关系。

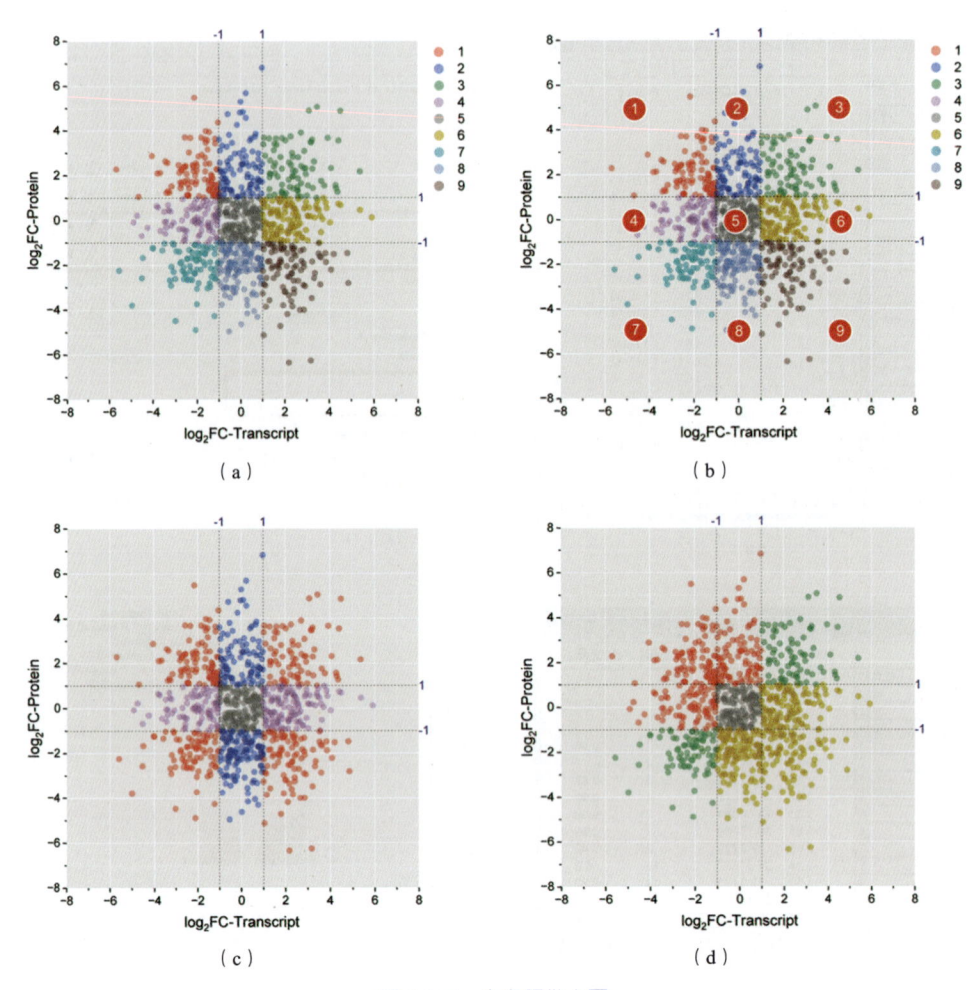

图 4-1-31　九象限散点图

如图 4-1-31（a）所示，九象限散点图的横坐标和纵坐标分别为转录组与蛋白组的 $\log_2$(Fold Change)，通过各自设定的阈值线划分为 9 个象限，其象限顺序如图 4-1-31（b）所示。根据横坐标和纵坐标理解各象限的内容。例如，若第 1 象限表示转录的 mRNA 的丰度低，而翻译的蛋白质的丰度高，则该象限中的基因在转录并翻译成蛋白质的过程中可能存在使蛋白质含量增多的相关调控因素；如果从第 1 象限向左下和右上扩展，那么第 1、2、4 象限都表示蛋白质的丰度比 mRNA 的丰度高；而第 6、8、9 象限则刚好相反。又如，若第 3 象限和第 7 象限转录的 mRNA 的丰度和翻译的蛋白质的丰度相同，那么这两个象限中的基因在转录并翻译成蛋白质的过程中可能不受调控或受调控较少；其他象限依次分析，可以展示转录本和蛋白质之间的更多信息。由于各象限信息存在关联性，分析角度可以合并，如第 1 象限和第 9 象限、第 3 象限和第 7 象限，因此在对象限添加颜色时，可以把相关联的象限合并，进而获得如图 4-1-31（c）和图 4-1-31（d）所示的效果。

4.1.6 彩点图

要使用索引数据快速绘制散点图分组，可以先选择工作表中的 B 列、C 列、D 列数据，再选择菜单栏中的"绘图"→"基础 2D 图"→"彩点图"命令，默认为黑底，并带有连续的颜色标尺，效果如图 4-1-32（a）所示。简单修饰之后，获得如图 4-1-32（b）所示的效果。其和前文所述的散点图分组没有本质区别，只是默认对分组列数据在"颜色选项"中选择了"颜色映射"选项（便于分组列数据是连续型数值时使用），激活了"颜色映射"选项卡，如图 4-1-32（c）所示。"颜色映射"选项卡的设置见 4.1.8 节。同时，彩点图适用于大型散点数据集，密集的散点如同位图像素，默认启用位图缓存来进行快速重绘。

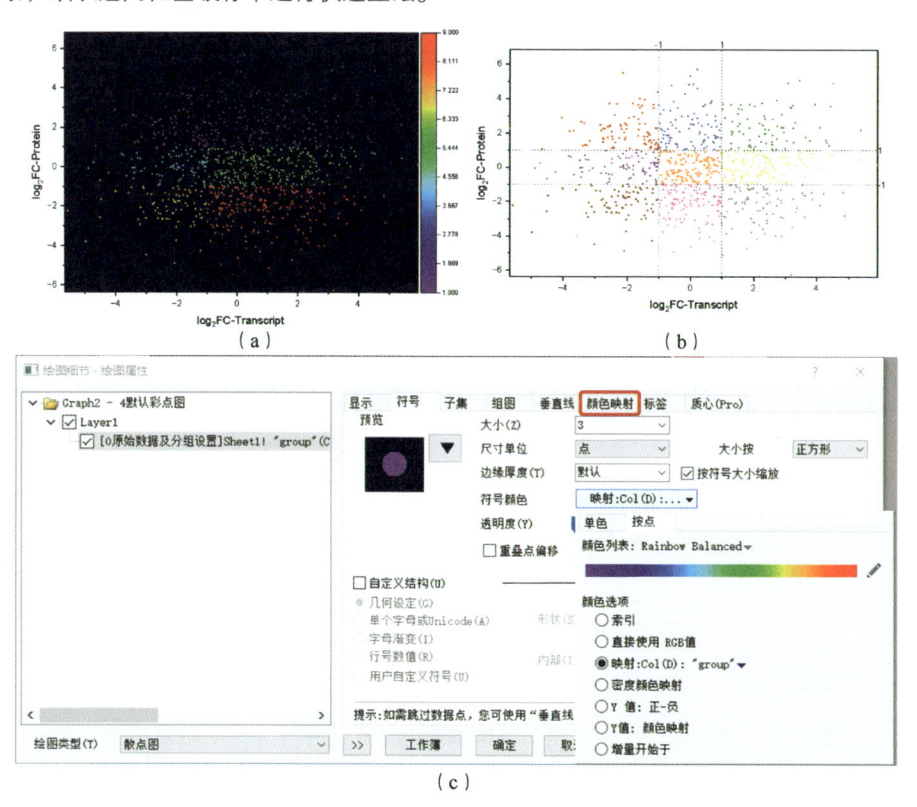

图 4-1-32　绘制彩点图

4.1.7 点密度图

点密度图使用散点图显示数据密度。和彩点图一样，点密度图也是为大型散点数据集设计的，默认启用位图缓存。选择 B、C 两列数据即可绘制，Origin 会自动统计数据密度，并为密度和颜色建立映射关系，效果如图 4-1-33（a）所示。简单修饰之后，获得如图 4-1-33（b）所示的效果。其默认在"颜色选项"中选择了"密度颜色映射"选项，并激活了"颜色映射"选项卡，如图 4-1-33（c）所示。"颜色映射"选项卡的设置见 4.1.8 节。

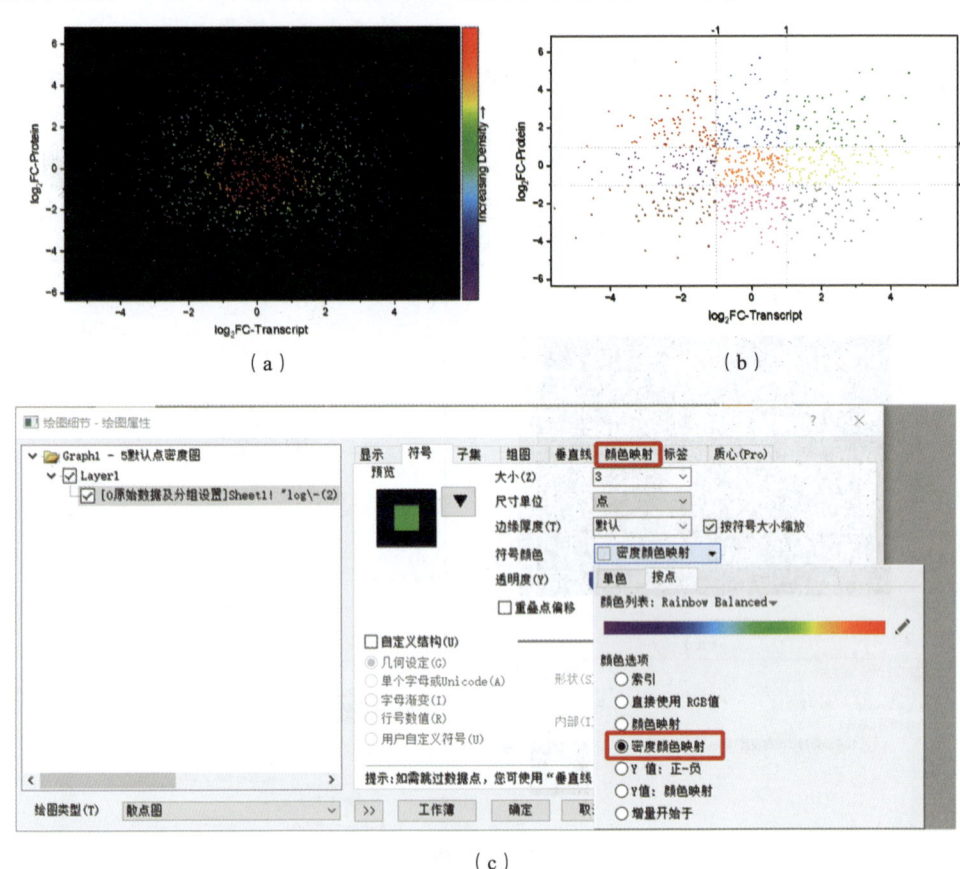

图 4-1-33　绘制点密度图

4.1.8　气泡图

从散点图到散点图分组，严格来说，数据变量从 2 个变成了 3 个，散点图分组引入了分组变量，但分组变量并不连续。若要展示 3 个、4 个甚至 5 个及以上的变量，则可以使用气泡图（Bubble Plot）。气泡图可以被看作散点图的升级版，其基本用法是使用 X 值和 Y 值展示前 2 个变量，而使用气泡面积展示第 3 个变量。理论上来说，还可以使用气泡颜色、边缘厚度等属性来展示数据的第 4 个、第 5 个变量，甚至更多变量，但实际上在 2D 空间中通过符号属性来展示多个变量会使视觉杂乱、可视化效果下降。因此，气泡图通常用于展示 3 个或 4 个变量。同样，由于肉眼对颜色分级和大小跨度的分辨能力有限，因此气泡图展示的数据不宜过多，一般建议在 20 个以内。

Origin 默认支持的气泡图有 3 种：气泡图、颜色映射图、气泡+颜色映射图，气泡图、颜色映射图用于展示 3 个变量，气泡+颜色映射图用于展示 4 个变量。图 4-1-34 所示的气泡图通过 X 值、Y 值、气泡颜色和气泡大小展示了 11 个数据的 4 个变量，其中 Y 轴展示的变量是非连续的文本。

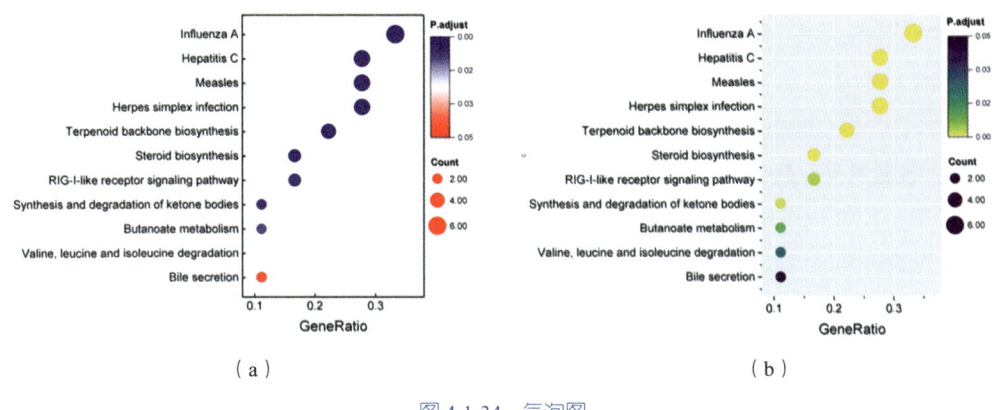

图 4-1-34　气泡图

下面以图 4-1-34 为例介绍气泡图的绘制方法。

1. 输入数据和初始绘图

输入如图 4-1-35（a）所示的数据，因为 A 列中的 ID 在绘图中用不到，所以可以选择 A 列并单击鼠标右键，在弹出的快捷菜单中选择"设置为"→"忽略"命令，将 B 列设置为 X 列，将其余列设置为 Y 列。因 Y 值用到的是 C 列，故选择 C 列并单击鼠标右键，在弹出的快捷菜单中选择"设置为类别列"命令。图 4-1-35（b）中的 Influenza A 位于 Y 轴最上端，但现在 Influenza A 位于工作表的第 1 行，使用 Origin 绘图会按照工作表从上到下的顺序沿着 Y 轴从小到大进行。由于 Influenza A 所在行中的数据会被绘制在 Y 轴的最底端，因此需要把整个工作表中的数据翻转排序。

观察数据会发现，B 列或 E 列是降序排列。可以选择 B 列或 E 列并单击鼠标右键，在弹出的快捷菜单中选择"工作表排序"→"升序"命令。这里要注意，鼠标右键菜单中还有"列排序"命令。其与"工作表排序"命令的区别在于，"工作表排序"命令用于以某列为基准扩展到整行进行排序，而"列排序"命令则用于为所选列排序，前者类似于 Excel 中的"扩展选定区域"命令，而后者类似于 Excel 中的"以当前选定区域排序"命令。设置好数据之后，先选择 B、C、D、E 共 4 列，再选择菜单栏中的"绘图"→"基础 2D 图"→"气泡+颜色映射图"命令，即可绘制如图 4-1-35（b）所示的效果。

124 | Origin 学术图表

(a)

(b)

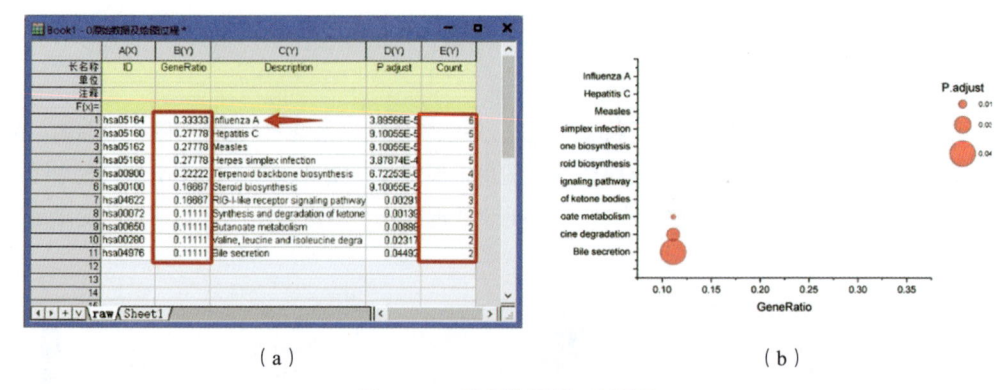

图 4-1-35　输入数据和初始绘图

2. 设置符号及颜色映射

如图 4-1-36（a）所示，双击符号，打开"绘图细节-绘图属性"对话框，在"符号"选项卡中，设置符号的"大小"为"Col(E):'Count'"、"缩放因子"为"10"，"大小按"为"面积"。

(a)

(b)

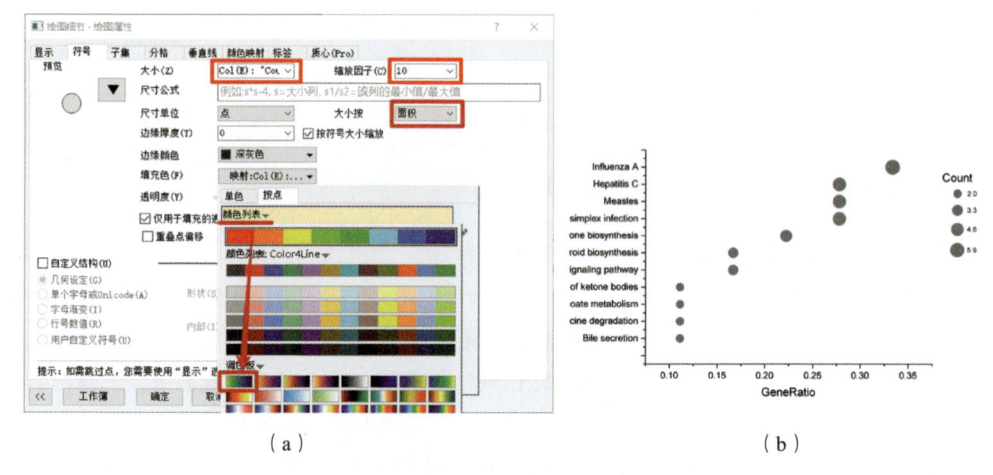

图 4-1-36　设置符号

注意：（1）因为符号的"大小"选项在"填充色"选项之前设置，所以默认"大小"选项会对应工作表中的 D 列，"填充色"选项会对应工作表中的 E 列。然而，观察原始数据会发现，P.adjust 值在数据量级上相差悬殊，如果用"大小"来表示该值，那么会导致气泡大小相差悬殊，因此这里修改默认的对应关系（也可以调整工作表中 D 列和 E 列的先后顺序）。（2）基于气泡图映射的是气泡的面积，设置"大小按"为其他选项虽然也能绘制出类似于气泡图的外观，但这样的设置并不正确。

将"填充色"映射给 D 列的 P.adjust。需要注意的是，P.adjust 是连续变量，不应选择"颜色列表"中的离散型配色方案，而应选择"调色板"中的连续型配色方案。"调色板"中有双色渐变配色方案和多色渐变配色方案，此处选择如图 4-1-36 所示的"Viridis"配色方案。当然，也可以根据学科惯例选择其他渐变配色方案，或根据颜色含义修改渐变方向。例如，"Viridis"配色方案默认从暖色渐变到冷色，而 P.adjust 数据是从小到大排列的，可以翻转"Viridis"配色方案的顺序，使其从冷色渐变到暖色，此处不再详述该操作，读者可以自行尝试。

应用配色方案之后，可以获得如图 4-1-36（b）所示的效果，刚才选择的配色方案并未呈现出来。这是因为在一开始绘图时默认使用了 E 列数据来映射颜色变化情况，Count 为 2～6，远大于 P.adjust 的范围，还需要对颜色映射范围进行校正。

如图 4-1-37（a）所示，打开"颜色映射"选项卡，单击左侧的"级别"按钮，在弹出的"设置级别"对话框中，单击"查找最小值/最大值"按钮，Origin 会自动查找 P.adjust 的最小值和最大值，将"类型"保持默认设置"线性"即可，设置"次级别数"为"10"。设置主级别数、次级别数是为了对颜色进行细分，以达到顺滑渐变的效果，建议主级别数、次级别数的乘积在 50～200 范围内。应用设置之后，可以获得如图 4-1-37（b）所示的效果。

（a）　　　　　　　　　　　　　　　　（b）

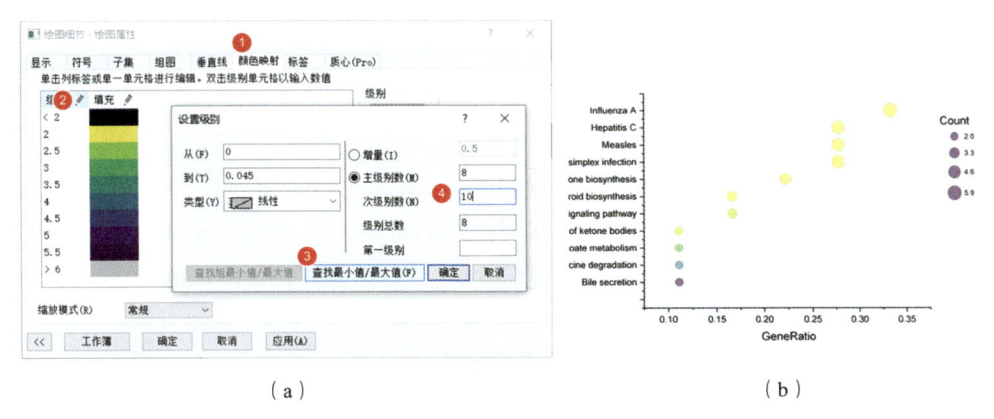

图 4-1-37　设置颜色映射

3. 设置图例

前面虽然设置了 P.adjust 和颜色之间的映射，但气泡图中还缺少一个颜色标尺。在左侧工具栏中单击"颜色标尺"按钮，添加颜色标尺。如图 4-1-38（a）所示，选择颜色标尺，在悬浮按钮组中对颜色标尺进行相应的设置。①单击"显示头尾级别"按钮，隐藏头尾颜色，这是默认添加的颜色，并非设置所需；②连续单击"主级别减 1"按钮，减少主级别，保留主级别为 3～4 级即可；③单击"显示标题"按钮，显示标题 P.adjust；④单击"小数位数"下拉按钮，在弹出的下拉列表中选择小数位数为"2"。拉动颜色标尺的定界框，调整其高度。对 Count 图例进行类似设置，并将两个图例（颜色标尺和 Count 图例）拖动到右侧合适的位置，即可获得如图 4-1-38（b）所示的效果。进一步调整相关细节，可以获得如图 4-1-34 所示的效果。

(a)　　　　　　　　　　　　　　　　　(b)

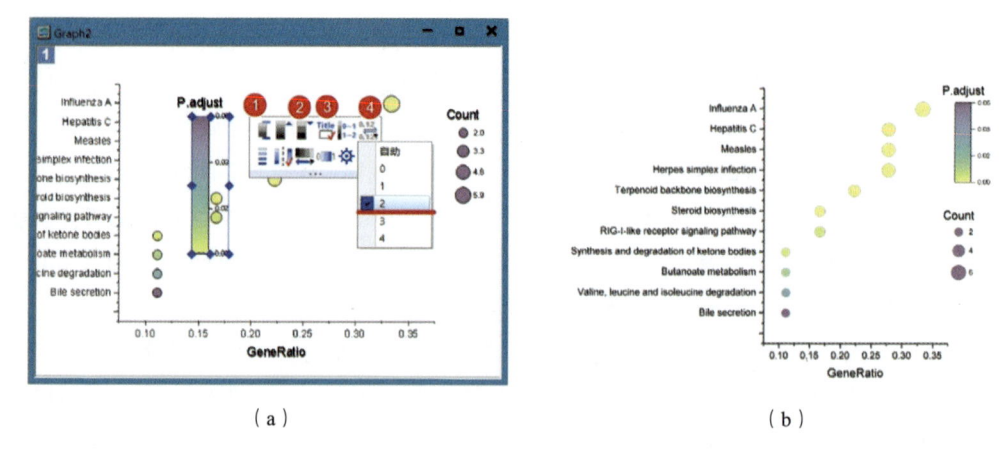

图 4-1-38　设置图例

4.1.9　3D 散点图

除了气泡图这种图表用于展示多个变量，另一种用于展示多个变量的图表是 3D 散点图。把散点图的 2D 坐标系扩充为 3D 坐标系，并在此基础上如同气泡图一样，使用符号本身属性展示多个变量。

下面以系统自带的一个示例介绍如何绘制 3D 散点图。在 Learning Center 中搜索 "3D Scatter with Colormap"，双击打开第 1 个 3D 散点图示例。图 4-1-39（a）所示为该 3D 散点图的工作表，A～E 共 5 列数据表示汽车的 5 个变量的观测值。①0-60 mph：汽车从 0mph 加速到 60mph 所需的时间，单位为 sec（秒）；②Gas Mileage：每英里耗油量，单位为 mpg（英里每加仑）；③Power：发动机功率，单位为 kW（千瓦）；④Weight：汽车重量，单位为 kg（千克）；⑤Engine Displacement：发动机排量，单位为 cc（立方厘米，毫升），其中将 C 列设置为 Z 列。

(a)　　　　　　　　　　　　　　　　　(b)

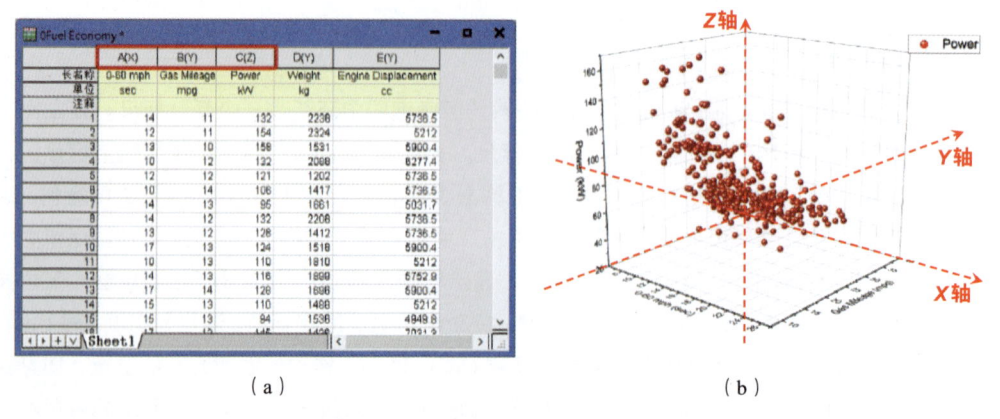

图 4-1-39　3D 散点图的工作表及效果

先选择 C 列数据，再选择菜单栏中的"绘图"→"3D 图"→"3D 散点图"命令，默认获得如图 4-1-39（b）所示的 3D 散点图，其坐标系及方向以红色虚线进行标注，坐标轴的方向可以在坐标轴设置对话框的"刻度"选项卡中进行修改。

3D 散点图可以通过两种方式进行旋转，寻找合适的角度，清楚地展示数据之间的关系。一种是在英文输入法状态下，按住 R 键，当鼠标指针变为 ↻ 时，按住鼠标左键并拖动 3D 散点图围绕 X 轴自由旋转；另一种是使用如图 4-1-40 所示的 3D 旋转工具栏中的按钮进行有限的、常见角度的旋转，以及透视设置，其操作简单、自由度小。

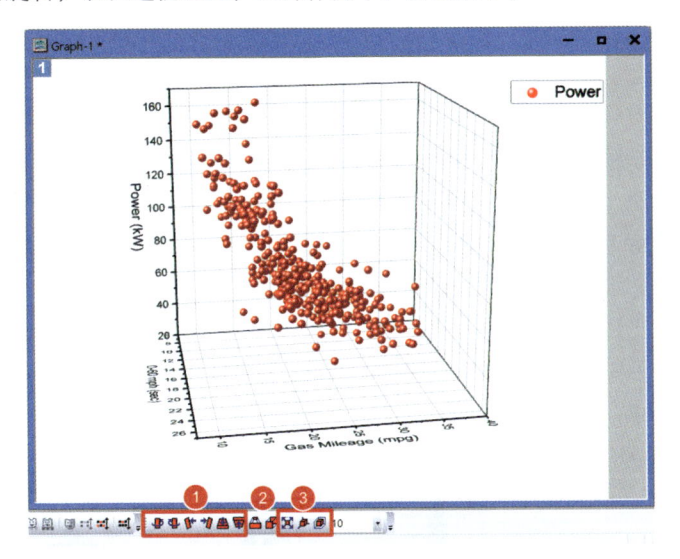

图 4-1-40　3D 旋转工具栏

上述工具栏在 3D 散点图的展示过程中非常重要。①"逆时针旋转"按钮 和"顺时针旋转"按钮 ：围绕 Z 轴、以俯视平面分别进行逆时针旋转和顺时针旋转；"向左旋转"按钮 和"向右旋转"按钮 ：围绕垂直屏幕的 Y 轴或沿着屏幕所在平面分别向左旋转和向右旋转；"向下旋转"按钮 和"向上旋转"按钮 ：围绕 X 轴或垂直于屏幕所在平面分别向下旋转和向上旋转。②"增加透视"按钮 和"减少透视"按钮 。③"适应框架到图层"按钮 、"重置旋转"按钮 、"重置"按钮 。旋转到如图 4-1-40 所示的角度，可以清楚地看出 Gas Mileage 和 Power 呈负相关。

3D 散点图除了可以通过旋转和透视设置来清晰地展示两个维度之间的关系，还可以直接在各 2D 平面上添加投影。如图 4-1-41（a）所示，双击某个散点符号，打开"绘图细节-绘图属性"对话框，在左侧勾选坐标交叉形成的 2D 平面投影复选框，即可获得如图 4-1-41（b）所示的效果。

(a)　　　　　　　　　　　　　　　　　　(b)

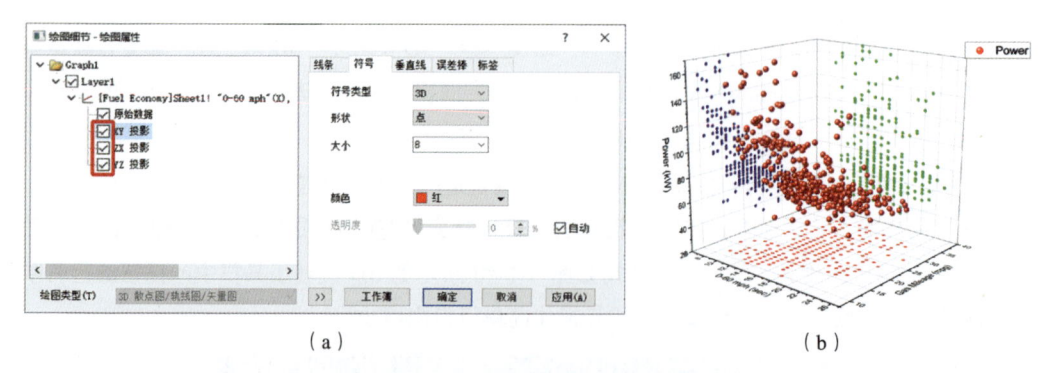

图 4-1-41　3D 散点图的投影设置及效果

无论是由原始数据表示的散点还是各 2D 平面的投影符号，均可以在"绘图细节-绘图属性"对话框的"符号"选项卡中进行符号类型、形状、大小、颜色的设置，其中还可以将符号大小和颜色映射到其他列上，使符号展示出更多的信息。图 4-1-42（a）展示了将散点大小映射到 Weight 上、将散点颜色映射到 Engine Displacement 上，共 5 个变量。3D 图或 2D 图同时展示 5 个变量基本上已达到视觉极限，虽然理论上还可以使用符号的其他属性展示 6 个及以上变量，但其可视化效果会下降。例如，这里展示的 5 个变量的 3D 散点图无论怎么旋转，个别散点都会被遮挡，且部分投影也会被遮挡，只是占比较低，还能够接受。Origin 允许使用很多技巧来达到更好的展示效果，前面提到的旋转和透视设置就属于基本的提升展示效果的技巧。

(a)　　　　　　　　　　　　　　　　　　(b)

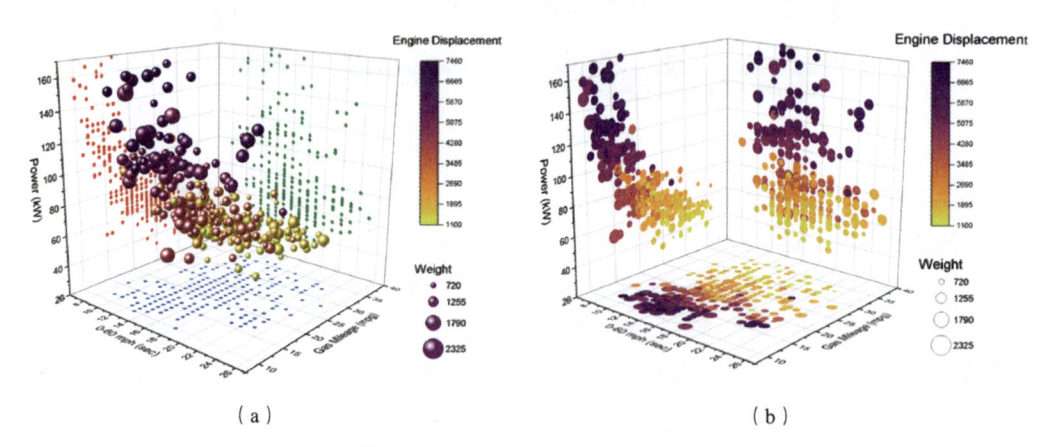

图 4-1-42　3D 散点图及其投影的映射

图 4-1-42（b）展示了把散点在各 2D 平面上的投影的大小、颜色分别映射到 Weigh 和 Engine Displacement 上（大小、缩放因子和映射的颜色要相同，否则不能共用图例），并把绘图隐藏，最终效果相当于绘制了 3 个具有 4 个变量的气泡图，且把 5 个变量的数据降维成了 4 个变量的数据。

如图 4-1-43（a）所示，原始数据、XY 投影、ZX 投影和 YZ 投影属于一个绘图层级（又称原始绘图层级），这种关系类似于多个绘图成组，但此处整个 3D 散点图只有一个绘图，无法解散。在该绘图层级中只有一个选项卡，即"设置控制"选项卡，其控制着原始数据、XY 投影、ZX 投影和 YZ 投影的依赖关系，默认选中"完全独立"单选按钮，表示原始数据和 3 个投影分别独立设置。而另外的"同时设置"单选按钮和"原始数据独立于投影"单选按钮分别用于对 3 个投影和原始数据进行同步设置，以及对 3 个投影成组独立于原始设置进行设置。此外，还有一个"按刻度范围的比例在 Z 轴移动，0=底部，100=顶部"复选框，用于控制 3D 散点图沿着 Z 轴的位移，如 3D 散点图移动"20"，获得如图 4-1-43（b）所示的效果，更好地展示了数据点，这也是一种提升具有多个变量的 3D 散点图展示效果的技巧。

（a）　　　　　　　　　　　　　　　　（b）

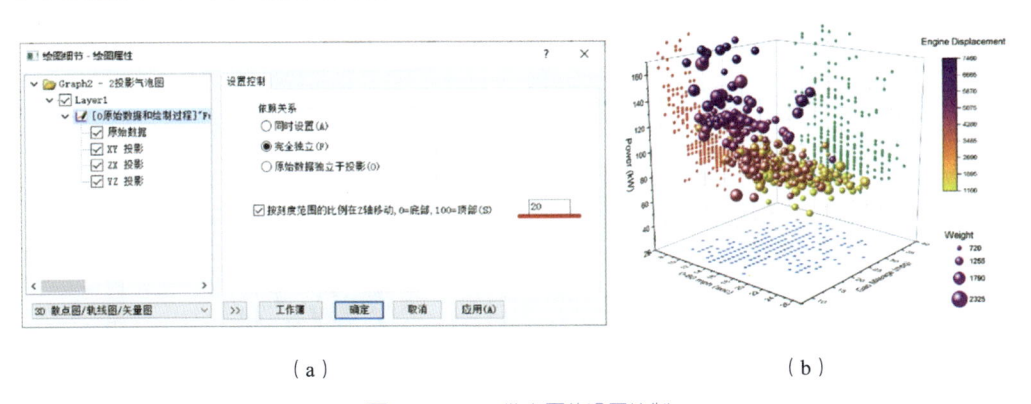

图 4-1-43　3D 散点图的设置控制

绘图层级往上是图层层级。如图 4-1-44（a）所示，"绘图细节-图层属性"对话框中多出来 3 个选项卡，即"坐标轴"选项卡、"平面"选项卡、"光照"选项卡。其中，"坐标轴"选项卡用于设定坐标轴的长度、旋转角度等，配合坐标轴标题的旋转，可以获得更好的展示效果。3D 散点图默认标签、标题和刻度与各自轴平面平行。设置"标签&标题&刻度的方向"为"全在屏幕平面"，获得如图 4-1-44（b）所示的效果，即标签、标题和刻度变成了便于阅读、面向屏幕（纸张）的形式。此时，打开如图 4-1-44（c）所示的坐标轴设置对话框，在"标题"选项卡中，对 3 个坐标轴标题分别进行旋转设置（坐标轴标题的旋转角度是和 3D 散点图的轴旋转情况相关联的，没有固定的数值可以参考，多试几次找一个比较合理的角度即可），最终获得如图 4-1-44（d）所示的效果。

"平面"选项卡用于设置 3 个投影面，包括是否展示网格线和填充颜色、是否展示 3D 空间所在的立方体，以及是否隐藏平面的边框等内容，如图 4-1-45（a）所示。图 4-1-45（b）所示为隐藏平面边框的效果；图 4-1-44（c）所示为展示整个立方体的效果；图 4-1-45（d）所示为将 YZ 投影面向外平移 60%距离并添加填充颜色的效果，这可以使该平面上的投影展示得更全面。平移投影面也是一种展示多个变量的数据的技巧。

Origin 学术图表

(a) (b)

(c) (d)

图 4-1-44　标签、标题与刻度的方向设置

(a) (b)

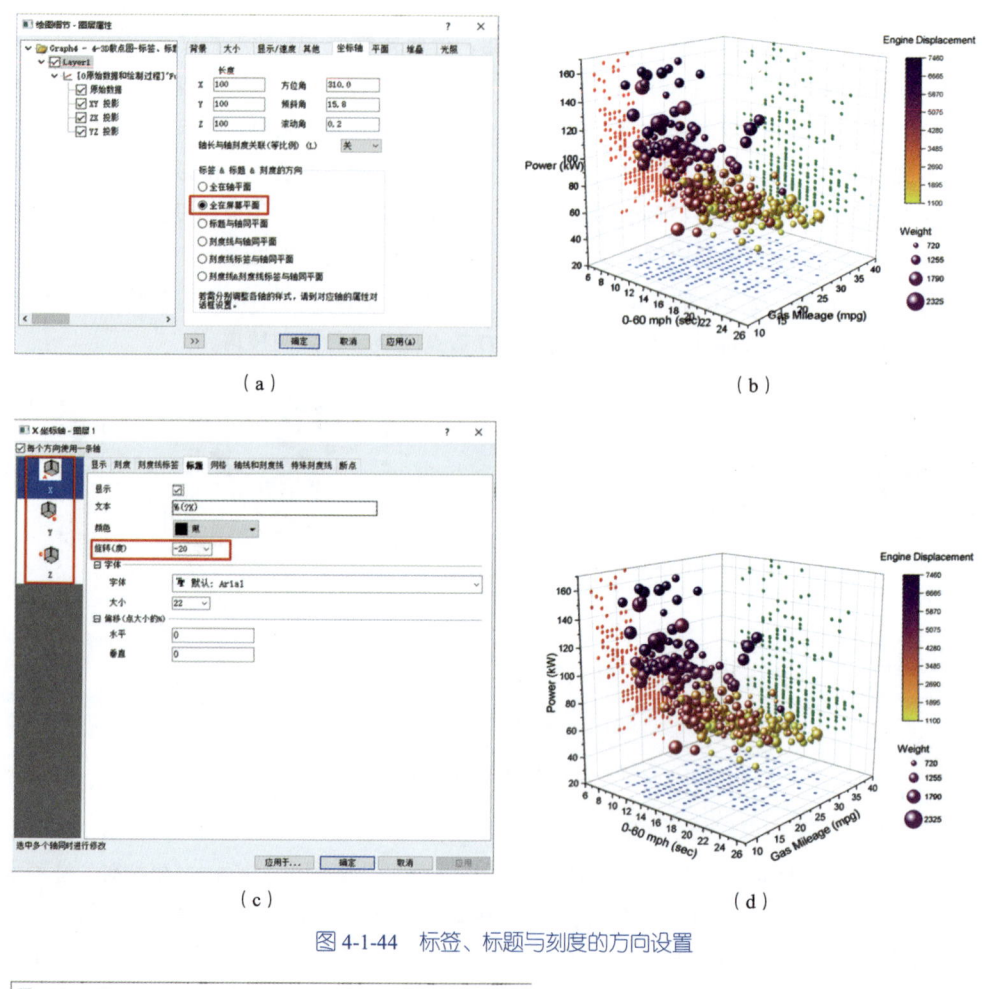

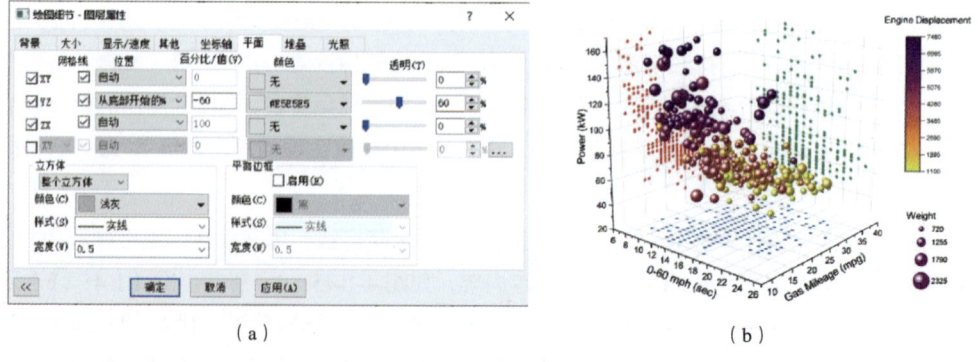

图 4-1-45　3D 散点图的平面设置

(c)　　　　　　　　　　　　　　　　(d)

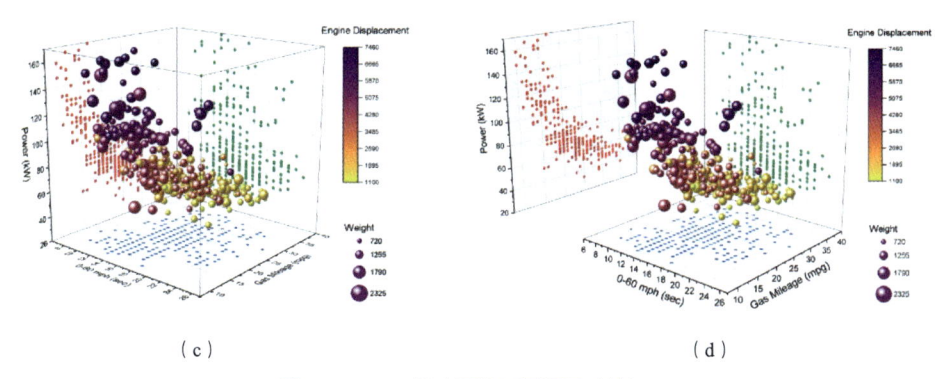

图 4-1-45　3D 散点图的平面设置（续）

"光照"选项卡用于设置模拟照射在物体表面的光线，达到很好的 3D 效果。3D 散点图默认没有额外的光照效果，只有内设的高光阴影的 3D 效果。"光照"选项卡提供了"定向光"模式，如图 4-1-46（a）所示。与聚光灯和点光源相比，定向光是最简单的光。定向光的光线都是平行的，这意味着任何接近物体的光线在角度上总是相同的。对于受定向光影响的平面，整个表面的阴影程度也相同。定向光的光照方向由水平平面和垂直平面上的角度来定义，设置定向光后的效果如图 4-1-46（b）所示。

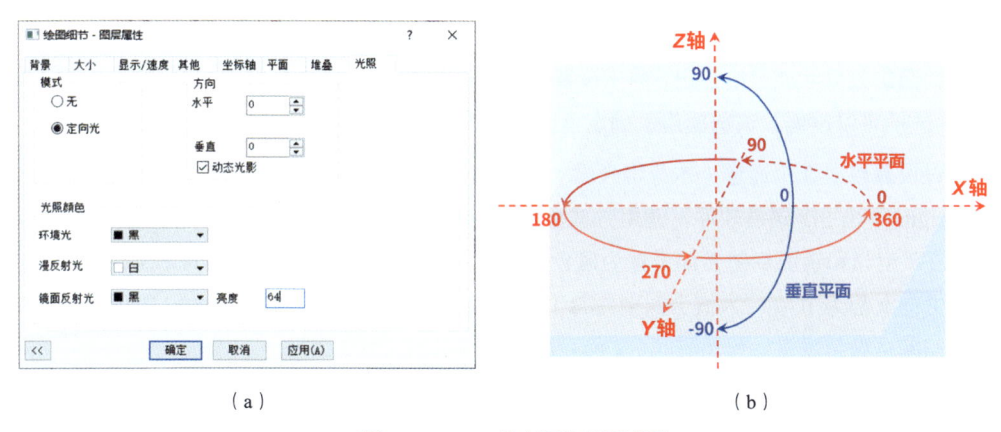

(a)　　　　　　　　　　　　　　　　(b)

图 4-1-46　3D 散点图的光照设置

在水平平面上，0 度表示光源从东向西（上北下南左西右东）照射，随着从 0 度增加到 360 度，光源沿逆时针方向旋转。例如，90 度表示将光源置于未旋转表面的北方。在垂直平面上，0 度表示将光源置于地平线上并沿水平方向照射，90 度表示将光源直接置于物体顶部并向下照射，–90 度则相反。勾选"动态光影"复选框，可以使光源按照指定的水平方向和垂直方向固定，不随物体旋转而旋转。相反，如果未勾选"动态光影"复选框，那么光源相对于物体是固定的。如果物体旋转，光照效果也随之旋转。此外，如果将鼠标指针移动到 3D 散点图上时按 S 键，那么鼠标指针变成 ☼，拖动鼠标或按箭头键即可更改光照方向。

"光照"选项卡中的"光照颜色"选项组用于对光照颜色进行设置，共有 3 个通道可以设置。

（1）环境光：环境光是指被环境多次散射并均匀分布的光。环境光的强度较弱，没有明确的方向性，通常用于为整个区域中的图形均匀设置颜色和提升亮度。Origin 缺乏对环境光的精细控制，可以使用深灰色提亮所有图形。一般不建议使用明亮的正色，因为会破坏原有图形的颜色和对比度，容易给人一种粗糙、廉价的感觉。环境光难以把控，默认颜色为黑色，这意味着默认环境光通道是关闭的。

（2）漫反射光（Origin 2023 之前的中文版翻译为散射光）：理想的漫反射表面把光向所有方向均匀散射，这样的表面在所有观察者看来亮度都一样。漫反射光强调的是光照射到物体表面的角度（在定向光的入射角度都一样的情况下，直接由物体表面的粗糙程度来决定）对物体亮度的影响，有角度倾向性，可以体现物体表面材质，比环境光的提亮效果更柔和。漫反射光的默认颜色为白色，较为刺眼，会极大地提升颜色的鲜艳度，可以使用浅灰色、灰色模拟柔和的光照效果。

（3）镜面反射光：镜面反射意味着光以类似于镜子的方式从物体表面完美地反射回来，光来自单一的入射方向并被反射到单一的出射方向。镜面反射光强调角度对反射光的影响，会产生强烈的阴影效果和明显的亮斑，用于设置光照方向的高光效果和增强对比度。镜面反射光有"亮度"选项可以设置，该选项用于确定镜面反射光的强度，取值范围为 0~128。

通过设置以上 3 个通道（本身带亮度）可以控制光照颜色，进而影响图形的颜色和亮度。不过 Origin 不是 3D 建模软件，使用方式相对比较粗糙。图 4-1-47（a）所示为把定向光的环境光、漫反射光和镜面反射光都设置为黑色的效果，相当于未开启定向光；但光照在水平方向和垂直方向上都为 0 度，大概会照射在每个气泡的右下方（不是 3D 空间中），为后面设置不同的光照颜色做好准备。

图 4-1-47（b）所示为将环境光设置为红色、将漫反射光和镜面反射光设置为黑色的效果，相当于在原来图形的各角度都包裹了一层红色，干扰了其本身的整体颜色，红色的亮度也破坏了图形原来的对比度，使图形显得扁平、粗糙。图 4-1-47（c）所示为将漫反射光设置为浅灰色、将环境光和镜面反射光设置为黑色的效果，对光照部位进行了柔和提亮，但保留原来的对比度。如果将漫反射光设置为其他颜色，那么也会在光照部位添加比较柔和的颜色。图 4-1-47（d）所示为将镜面反射光设置为绿色、将环境光和漫反射光设置为黑色的效果，对光照部位添加了绿色的高光效果。如果绘图中涉及了颜色映射，那么为了均匀、客观地反映

图形本来的颜色，一般不能为这些通道设置颜色，但可以使用黑色、白色、灰色调整亮度，以达到更好的显示效果。

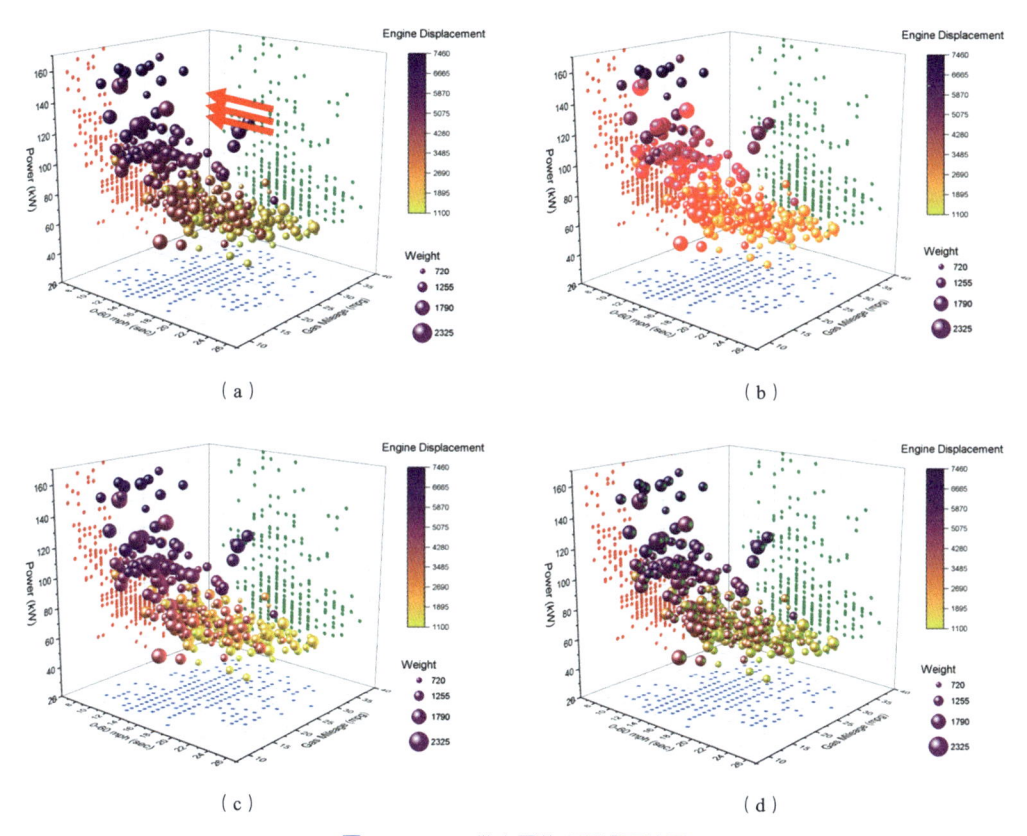

图 4-1-47　3D 散点图的光照设置效果

4.1.10　极坐标点图

在直角坐标系中，任意一点 P 的位置都可以用 (x,y) 的形式来表示。如图 4-1-48（a）所示，连接 P 点和直角坐标系的原点并从 P 点向 X 轴引垂线，如果将 P 点和原点之间的距离定义为 r，将 P 点、原点和 X 轴围成的夹角定义为 θ，那么根据简单的三角函数关系，很容易得到 r 和 θ，而 P 点的位置也可以用如图 4-1-48（b）所示的 (r,θ) 来表示。使用这种方式表示的坐标系就是极坐标系。简单来说，极坐标系就是使用径向距离和角度描述位置的坐标系，θ 的范围为 0～360 度，尤其适用于具有周期性的数据展示。在极坐标系中，各点均由两个值确定：径向距离（也称半径、极径或 r）和角度（也称极角或 θ，通常以弧度或度为单位）。

（a）

（b）

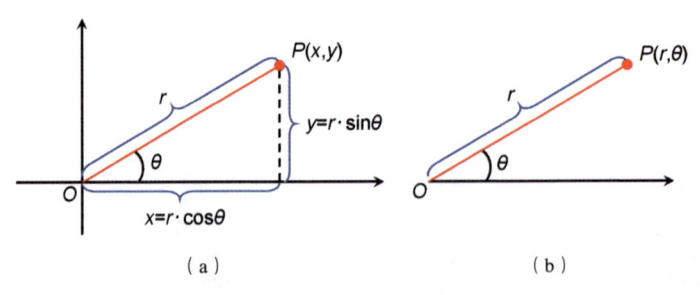

图4-1-48 直角坐标系和极坐标系

若读者初次接触 Origin 的极坐标系，则可能会对该极坐标系中设置的内容不了解。图4-1-49（a）所示为一个在极坐标系中展示的带误差线的折线图，为了和如图4-1-49（b）所示的坐标轴设置对话框对应，这里特意对坐标轴和网格使用彩色展示。其中，径向-外轴和径向-内轴是径向轴，径向-外轴是从中心点到角度-外轴的刻度线和轴线，但是移动到了极坐标图外，径向-内轴则是从中心点到角度-外轴的刻度线和轴线，这组坐标轴在本质上没有区别，视情况选择显示。角度-外轴和角度-内轴是角度轴，角度-外轴是极坐标系最外面的一个圆形，默认刻度为从右侧开始的逆时针方向的 0~360 度，角度-内轴是最靠近中心点的圆形，这组坐标轴在本质上也没有区别，视情况选择显示。如果不显示角度-内轴，那么就变成了一个中心点。角度-网格和径向-网格是网格组，角度-网格是大小不同的同心圆，而径向-网格是从中心点往外辐射的射线。

（a）

（b）

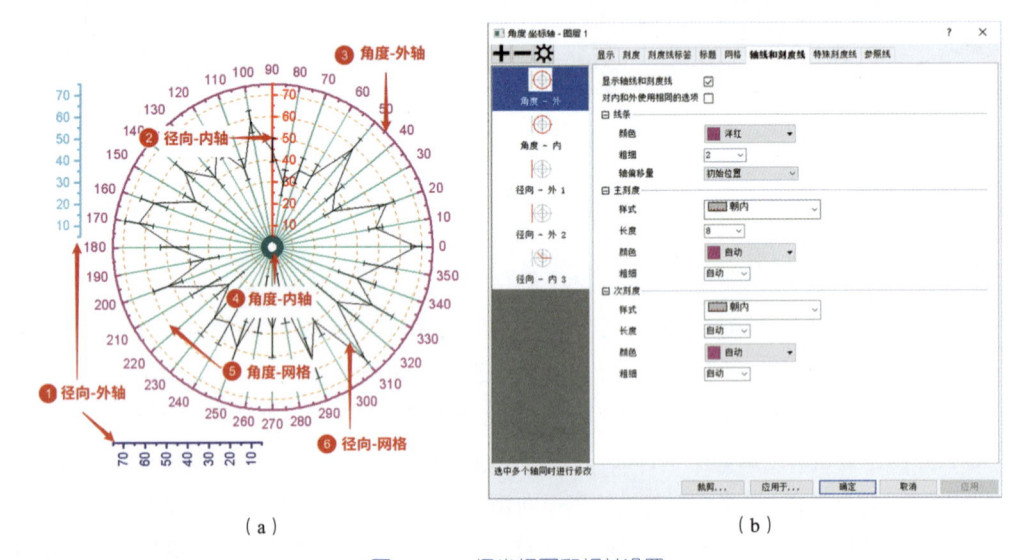

图4-1-49 极坐标图和相关设置

Origin 中有两种极坐标等高线图：θ(X)r(Y)和 r(X)θ(Y)。前者以 X 为极角（单位为度），以 Y 为极径；后者以 X 为极径，以 Y 为极角（单位为度）。

打开工作表，该工作表中显示的为某地 12 年的月平均温度数据。先选择 C 列数据，再选择菜单栏中的"绘图"→"专业"→"极坐标点图 θ,r"命令，获得如图 4-1-50（a）所示的效果，将数据集在极坐标系上按 12 圈放置。

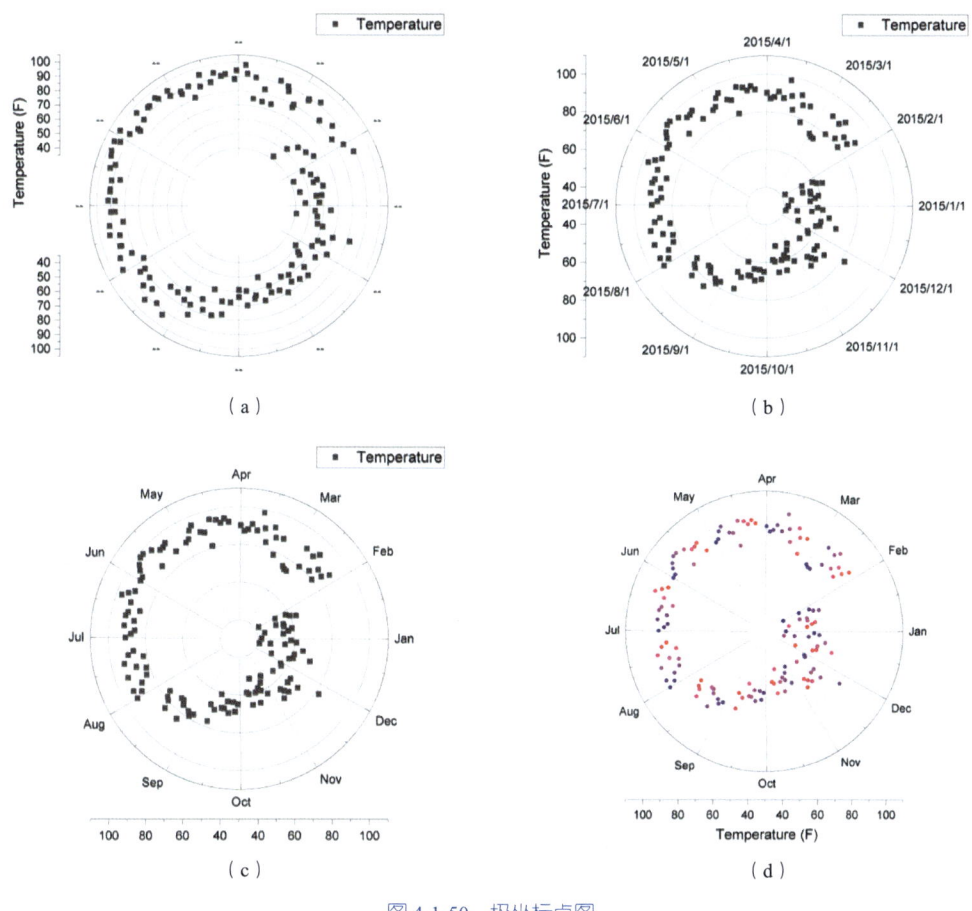

图 4-1-50　极坐标点图

双击坐标轴，打开坐标轴设置对话框，在"刻度"选项卡中，按照图 4-1-51（a）进行设置，注意其中的③处应与④处相同；按照图 4-1-51（b）进行设置，注意其中的①处应取消勾选"中心位于（%）"复选框。设置完成后，获得如图 4-1-50（b）所示的效果。

切换为"显示"选项卡，按照图 4-1-52（a）进行设置，注意两个径向-外轴的位置分别为左下方和右下方；切换为"刻度线标签"选项卡，按照图 4-1-52（b）设置角度-外轴的刻度线标签的显示格式；按照图 4-1-52（c）设置两个径向-外轴的刻度线标签不旋转；切换为"网格"选项卡，按照图 4-1-52（d）进行设置。设置完成后，获得如图 4-1-50（c）所示的效果。至此，极坐标点图的坐标轴设置完成，极坐标点图基本成型。

（a） （b）

图 4-1-51　刻度设置

（a） （b）

（c） （d）

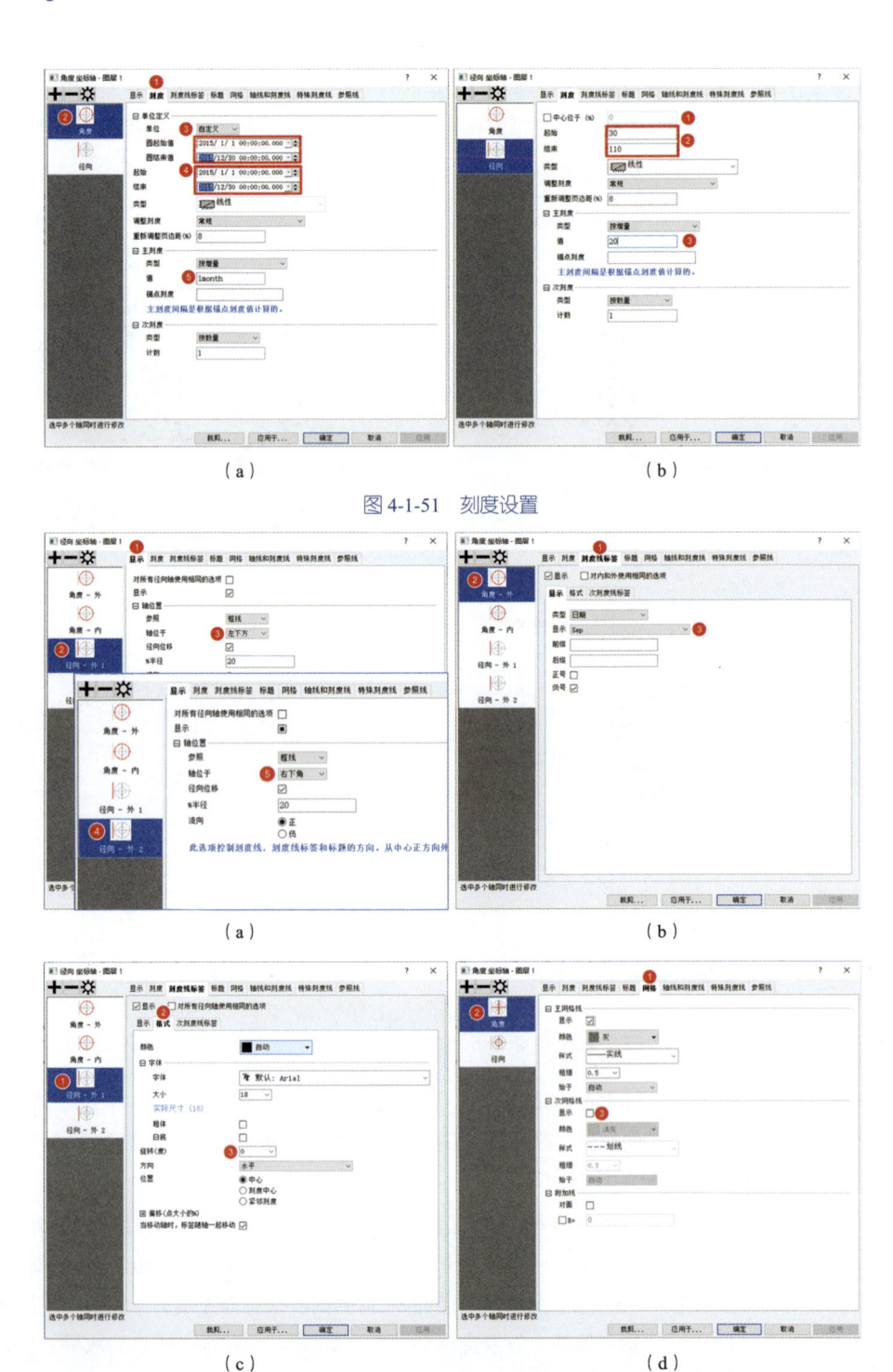

图 4-1-52　显示、刻度线标签和网格设置

下面对极坐标点图进行进一步美化，并介绍一种自定义连续型配色方案。打开"绘图细节-绘图属性"对话框，在"符号"选项卡中，按照图 4-1-53（a）进行设置，注意将颜色映射到 Year 列上是为了便于后续颜色的设置。

(a)

(b)

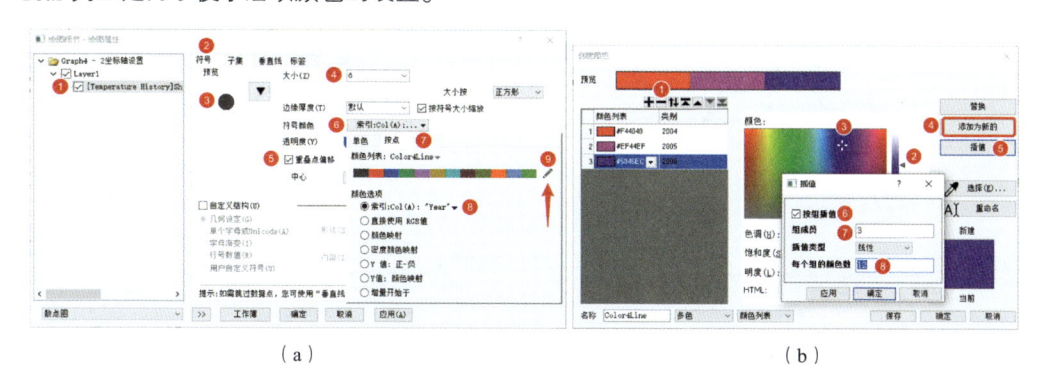

图 4-1-53　颜色设置

单击"颜色列表"右侧的编辑按钮，打开如图 4-1-53（b）所示的"创建颜色"对话框。①选择原来的所有颜色并删除；②将颜色明度设置得稍高一点，这样后面生成的颜色会比较明艳；③在"颜色"列表框中选择感兴趣的颜色；④单击"添加为新的"按钮，添加颜色，这里添加了红色、紫色和蓝色 3 种邻近色；⑤单击"插值"按钮，打开"插值"对话框，用于基于上面 3 种颜色生成更多颜色；⑥勾选"按组插值"复选框；⑦在"组成员"文本框中输入"3"，对应前面 3 种邻近色；⑧在"每个组的颜色数"文本框中输入"12"，表示该组以 3 种颜色为中心共生成 12 种颜色。设置完成后，获得如图 4-1-50（d）所示的效果，结果表示该地每年 2—8 月的温度较高。

4.1.11　三元图

三元图也称为三元相图（Ternary Plot），是一种有 3 个坐标轴的图表，用于展示 3 个变量之间的关系。3 个坐标轴通常在 1 个等边三角形中相交，每个坐标轴都代表 1 个变量，且 3 个变量的总和（常见的为 1 或 100%）保持恒定。三元图主要用于表示 3 种成分或比例的相互关系，常见于物理学、化学、遗传学、生态学，以及高通量测序分析等领域。

打开工作表，先选择 A 列、B 列、C 列数据，再选择菜单栏中的"绘图"→"专业图"→"三元图"命令，获得如图 4-1-54（a）所示的效果。同样地，还可以通过选择相应的模板来绘制如图 4-1-54（b）所示的三元点线图和如图 4-1-54（c）所示的三元折线图。当然，也可以在三元图的基础上，通过在"绘图细节-绘图属性"对话框中更改绘图类型来获得三元点线图和三元折线图。如果需要绘制如图 4-1-54（d）所示的多数据系列的三元图，那么应将各三元工作表打开，选择 Z 列数据，当鼠标指针变为时，向图形窗口中拖动数据以添加新的三元图，并对各三元图进行颜色的区分。

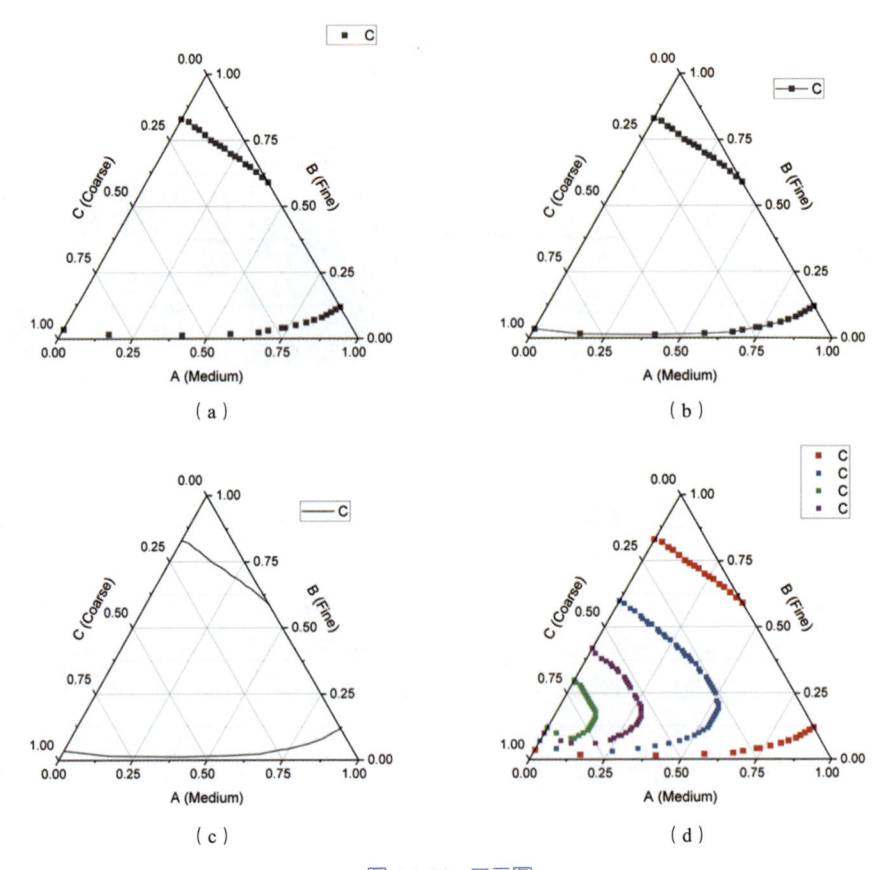

图 4-1-54　三元图

直角三角形三元图也是采用类似方法绘制的。三元图的 3 个坐标轴在特定语境下可以被视为一种特殊的、用于表示 3 个变量之间关系的独立坐标系。这里所说的"独立"并非指其与传统的笛卡儿坐标系（2D 或 3D 直角坐标系）在数学原理上完全独立，而是指其在表示特定类型数据（3 个变量的比例或分布情况的数据）时，提供了一种独特的视角和方式。因此，在三元坐标系中，同样可以将其他图表扩展过来，如三元矢量图、三元等高线图等。

4.1.12　点线图及其衍生图

点线图用于将具有某种关联的散点用线条连接起来，如将不同时间点的观测值用线条连接起来。在相同的时间范围内，点线图除了可以用于展示自身的变化趋势，还可以用于在不同数据系列之间进行比较，如比较两地某月平均温度、某地一周两条地铁线的客运量等，如图 4-1-55（a）和图 4-1-55（b）所示。

在 Origin 中绘制点线图非常简单，采用原始数据，每个 Y 列数据均代表一条曲线，先选择数据，再选择菜单栏中的"绘图"→"基础 2D 图"→"点线图"命令，获得点线图。其绘图属性主要由"线条"选项卡和"符号"选项卡控制。通过对点线图绘图属性的设置，可以衍生出折线图、阶梯图、样条图、样条连接图、2 点线段图，以及如图 4-1-55（c）所示的 3 点线段图等。也可以直接使用 Origin 为这些图表设定的系统模板来绘制这些图表。配合子集设定，还可以达成类似的分组效果，如图 4-1-55（d）所示。而对于点线图内部的颜色，可以采用不同的方式进行映射。例如，映射到具体的点上，让每个点都和紧随其后的线条具有不同的颜色，如图 4-1-55（e）所示。又如，在工作表中新增一列，对感兴趣的部分点进行分组标注，并将颜色映射到分组标签上，使感兴趣的部分点具有颜色标注，如图 4-1-55（f）所示。

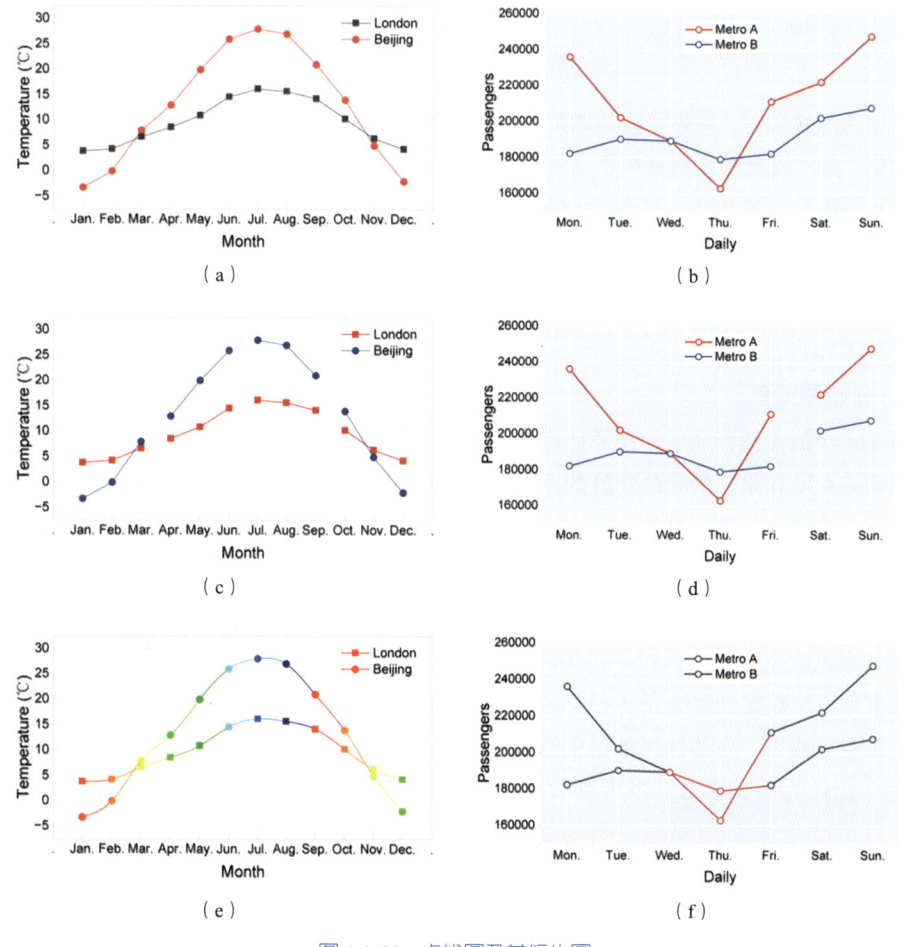

图 4-1-55　点线图及其衍生图

有时点线图围绕某个值上下波动，需要以该值为界设置不同的颜色，如图 4-1-56 所示。此时，需要在普通点线图的基础上进行操作。①在"绘图细节-绘图属性"对话框的"线条"选项卡中，设置线条颜色按照"Y 值：正-负"进行映射；②在坐标轴设置对话框的"网格"选项卡中，选择左侧的"垂直"选项，设置附加线为波动中心值。

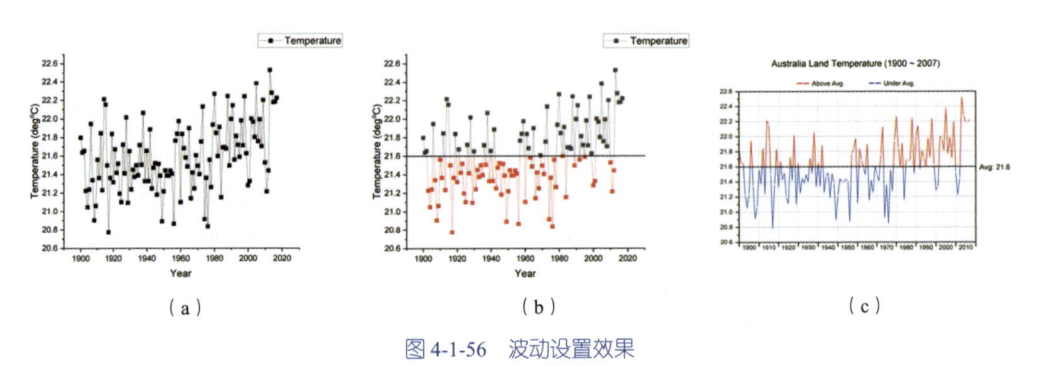

(a)　　　　　　　　　(b)　　　　　　　　　(c)

图 4-1-56　波动设置效果

在使用点线图时，首先要能够清楚地区分数据线和坐标轴，一般可以通过使用彩色来突出展示数据；其次同一个坐标系中不建议绘制过多的点线图，以免造成视觉混乱；最后要避免刻意扭曲点线图反映的趋势，如将坐标轴跨度设置得过大，使以直线连接点的散点图被拉平，或将坐标轴跨度设置得极小，刻意夸大其波动。

4.1.13　点线图分组及其衍生图

1. 原始数据型

Origin 中的点线图通常使用原始数据来绘制，每列均代表一条线。下面以某次使用 MTT 法检测细胞存活和生长情况的实验数据为例，绘制以直线连接的多次重复测量的多数据系列散点图。假设要测定某诱导剂的 3 种不同剂量（3%、6%、9%）对细胞生长的诱导作用，加上 Control 组，总共 4 组；0～84 小时每隔 12 小时测量一次 562 nm 处的吸光度，总共 8 个时间点，重复 3 次实验。

（1）原始数据如图 4-1-57（a）所示。其中，4 个分组在表头的"注释"行中标注（为了清晰地演示，为数据分组填充了不同的颜色），每行均代表一个时间点对分组进行的 3 次重复实验。先选择数据，再选择菜单栏中的"绘图"→"基础 2D 图"→"点线图"命令，获得如图 4-1-57（b）所示的多数据系列点线图，这种多数据系列点线图也被称为细面图（Spaghetti Plot）。

（2）双击其中某个点线图，打开如图 4-1-57（c）所示的"绘图细节-绘图属性"对话框，在"组"选项卡的"分组"选项组中选中"按列标签"单选按钮，并设置"列标签"为"注释"，分别在"线条颜色"和"符号类型"右侧的"增量"下拉列表中选择"逐个"选项，并在对应的"子组"下拉列表中选择"子组之间"选项。设置完成之后，重构图例，并将图例移动到左上方，获得如图 4-1-57（d）所示的效果。采用不同的颜色和符号表示分组，若在同一个分组内颜色和符号一致，则表示重复测量。

(a)

(b)

(c)

(d)

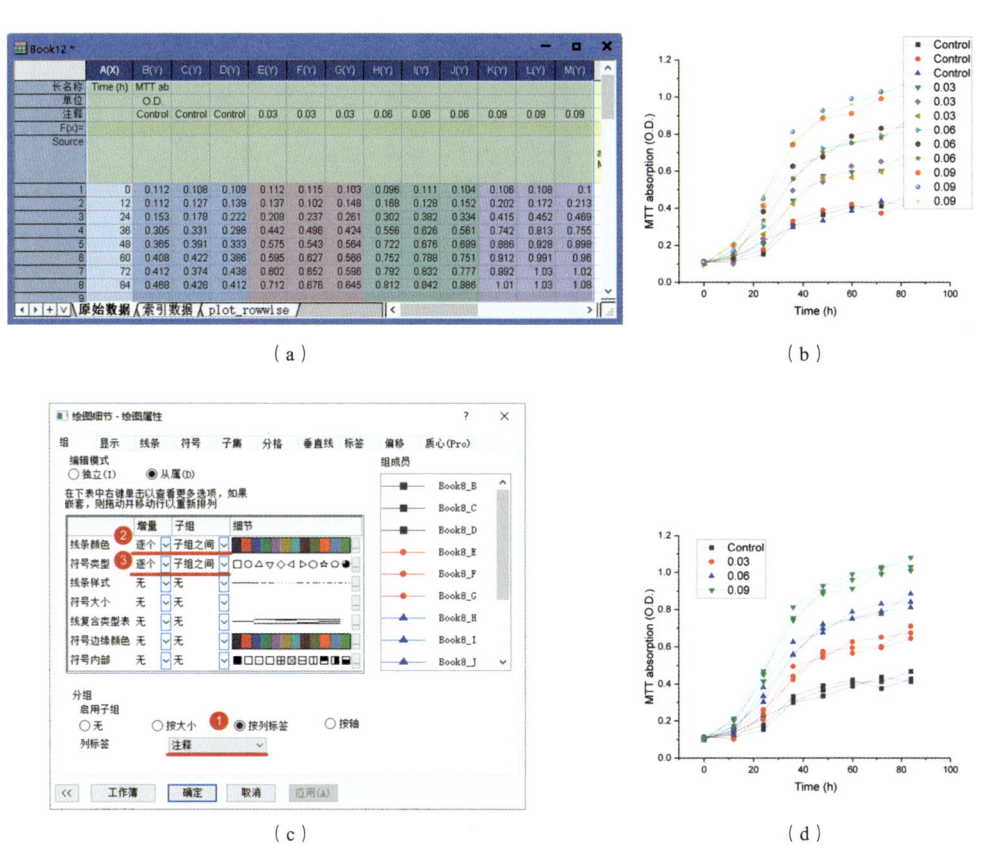

图 4-1-57　使用原始数据绘制点线图

除了展示重复测量的原始数据，在学术图表中更多的是展示重复测量的均值与标准差等数据。选择 B~M 共 12 列并单击鼠标右键，在弹出的快捷菜单中选择"行统计"→"打开对话框"命令，打开如图 4-1-58（a）所示的"行统计"对话框，设置"组"为"注释"，计算后获得如图 4-1-58（b）所示的数据。选择如图 4-1-58（b）所示的列，绘制点线图，获得如图 4-1-58（c）所示的效果，进行相应的设置后，获得如图 4-1-58（d）和图 4-1-58（e）所示的效果。

如果需要将误差线显示为误差带，那么需要在图 4-1-58（c）的基础上，对每条误差线都进行如图 4-1-59（a）所示的设置。①选择需要修改的误差线；②切换为"误差棒"选项卡；③设置"连接"为"样条曲线"；④设置"宽度"为"0"；⑤勾选"填充曲线之下的区域"复选框。设置完成后，获得如图 4-1-59（b）所示的效果。

图 4-1-58　带误差线的点线图的绘制及效果

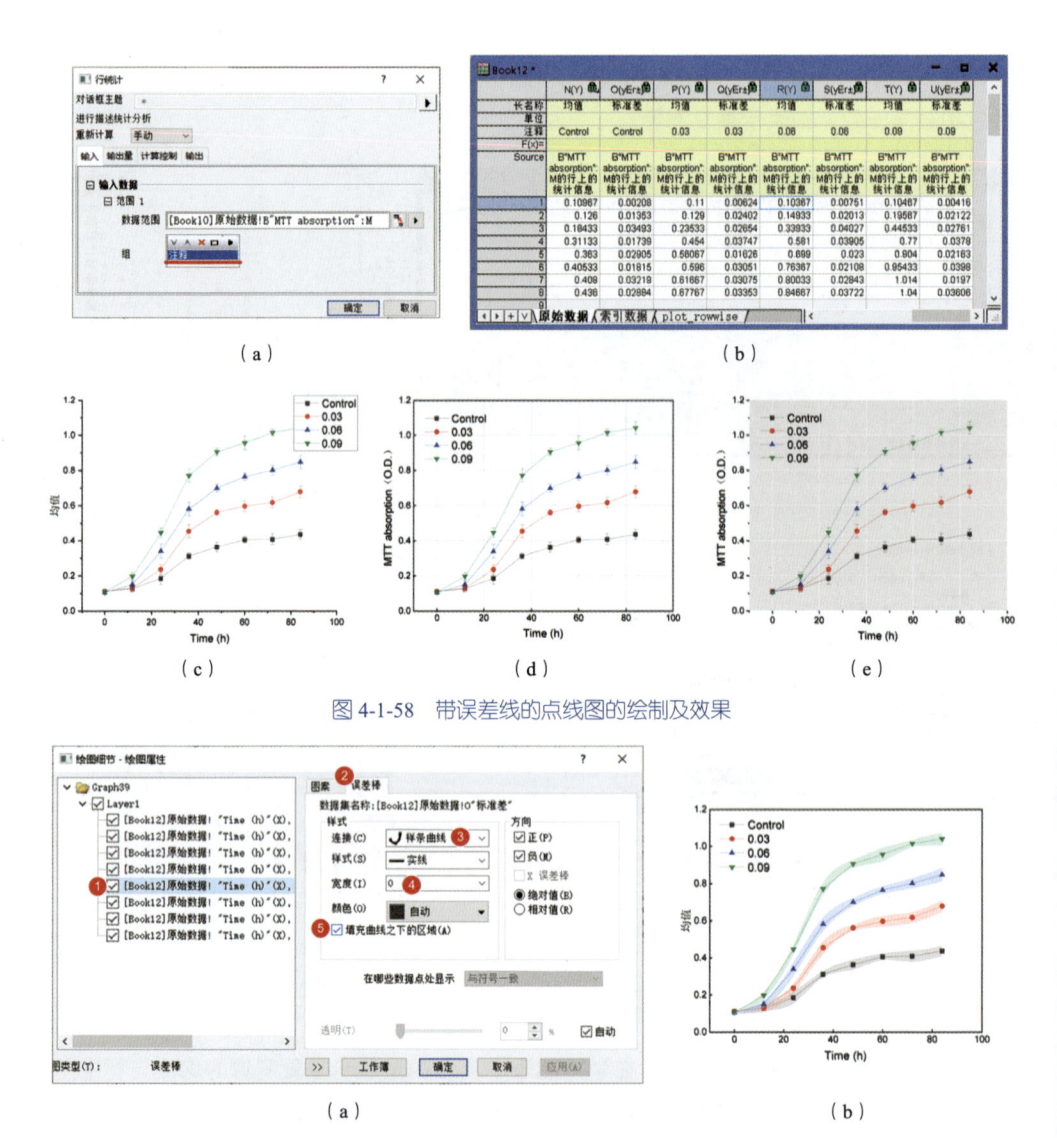

图 4-1-59　绘制带误差带的点线图

2. 索引数据型

Origin 可以使用索引数据绘制点线图。将如图 4-1-57（a）所示的原始数据转换为如图 4-1-60（a）所示的索引数据，每列均代表一个时间点，以长名称进行区分，专门新建一列，即 I 列，在该列中输入文本，进行分组标注。

先选择 A～H 列数据，再选择菜单栏中的"绘图"→"基础 2D 图"→"行绘图"命令，打开如图 4-1-60（b）所示的"行绘图"对话框，进行相应的设置。在绘图的同时，还会新生成一个工作表，该工作表中的数据和如图 4-1-57（a）所示的工作表中的原始数据相同。可见，

Origin 是先把索引数据转换为原始数据，再进行绘图的。

（a）

（b）

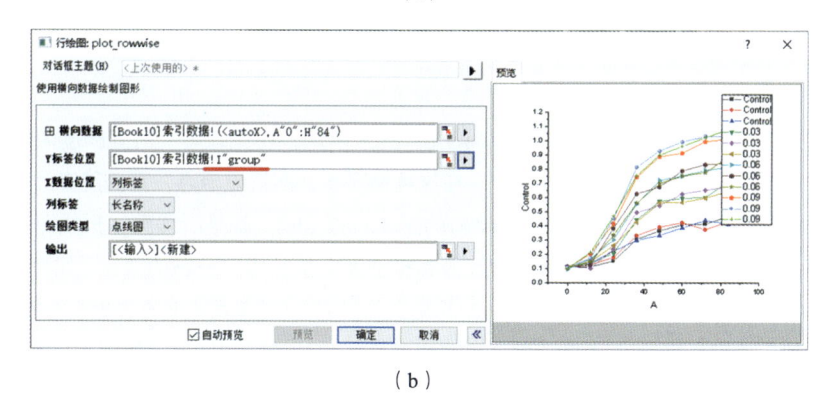

图 4-1-60　使用索引数据绘制点线图

在使用索引数据绘制的点线图的基础上，可以在"绘图细节-绘图属性"对话框中将其切换成折线图、散点图及柱状图等。但是如果需要在重复数据上进行统计分析，那么使用原始数据更方便。

4.1.14　3D 点线图

点线图也可以在 3D 空间中呈现，前提是确实有必要，且每个点的 3D 坐标都能够代表其在 3D 空间中的轨迹。

打开工作表，先选择数据，再选择菜单栏中的"绘图"→"3D 图"→"3D 线图"命令，获得如图 4-1-61（a）所示的使用直线连接的 3D 线图。在"绘图细节-绘图属性"对话框的"线条"选项卡中，设置"样式"为"样条线"，在"符号"选项卡中设置"大小"为"15"，获得如图 4-1-61（b）所示的 3D 点线图。如果将数据向 3D 坐标系中拖动两次，那么获得 3 条 3D 线图，设置第 1 条 3D 线图用于显示球体，第 2 条 3D 线图用于显示连接的直线，第 3 条 3D 线图用于显示样条线和箭头，设置完成后，获得如图 4-1-61（c）所示的效果。

(a)　　　　　　　　　　　(b)　　　　　　　　　　　(c)

图 4-1-61　3D 点线图

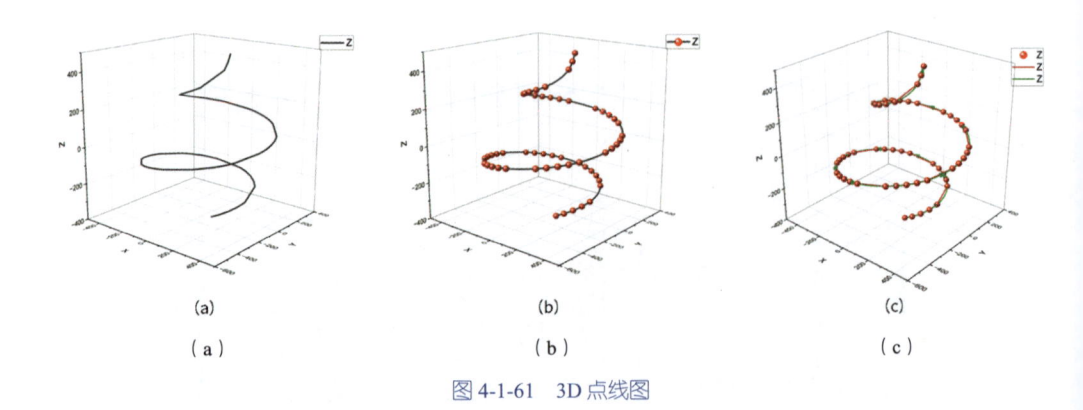

4.1.15　折线图和阶梯图

1. 折线图

点线图适用于数据不多的情况。如图 4-1-62（a）所示，在比较短的时间跨度内数据开始变多，此时点对图形的展示反而会造成干扰。在这种情况下，不宜显示点，宜只用直线连接，如展示 2020 年上半年人民币对美元汇率变化趋势的图 4-1-62（b），就是折线图。折线图适用于显示在相同时间间隔下数据的变化趋势，尤其是分类标签为文本且均匀分布的数据，如月、季度或年度数据等。在 Origin 中可以通过在点线图的基础上将"符号"选项卡中的"大小"设置为"0"来绘制折线图；也可以通过先选择数据，再选择菜单栏中的"绘图"→"基础 2D 图"→"折线图"命令来绘制折线图。使用这种方式绘制的折线图的绘图属性设置中没有"符号"选项卡。

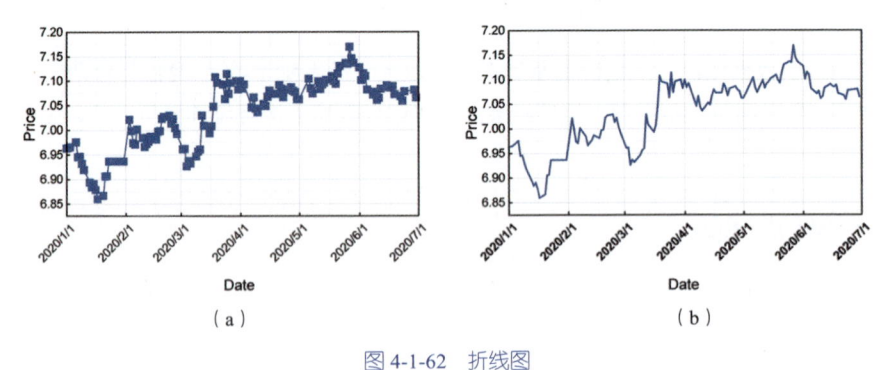

（a）　　　　　　　　　　　　　　　（b）

图 4-1-62　折线图

2. 阶梯图

折线图中有一种特殊的图表，即阶梯图。阶梯图尤其适用于展示离散数据的变化情况，如某公司每月净利润，如图 4-1-63（a）所示。阶梯图将每两个数据点用水平直线或垂直直线连接起来。将起始两点用水平直线连接的图表为水平阶梯图，如图 4-1-63（b）所示；将起始两点用垂直直线连接的图表为垂直阶梯图，如图 4-1-63（c）所示。注意，阶梯图的颜色通过索引映射到了工作表中的 A 列上，一是为了使水平阶梯图和垂直阶梯图更明显区分，二是提示折线图可以对不同数据点之间的直线进行颜色映射。此外，在阶梯图的基础上可以设置阶梯线为水平中心阶梯线或垂直中心阶梯线。

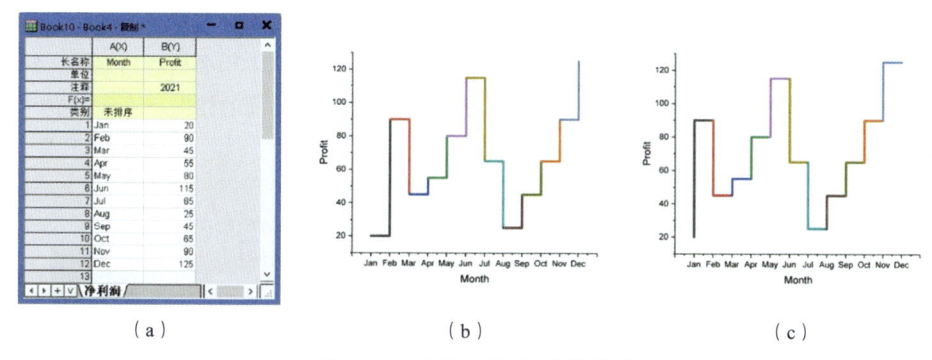

（a） （b） （c）

图 4-1-63　工作表和对应的阶梯图

阶梯图所具备的阶梯特性，用作标记或标准会是不错的创意。图 4-1-64 结合了柱状图和阶梯图的优点，将 2022 年各月的净利润与 2021 年各月的净利润进行对比，"红线"作用明显，比堆叠柱状图、交错柱状图更能体现参照作用。注意，只有一个图层，在调整绘图顺序时使用的是对象管理器，而 8.1.2 节介绍的绘制 3Y 轴图时使用的是"图层管理"对话框。

（a） （b）

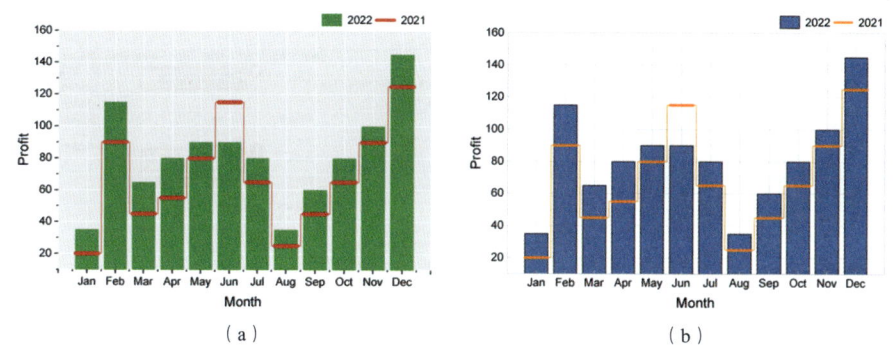

图 4-1-64　阶梯图和柱状图组合应用效果

阶梯图和柱状图的组合的绘制方法如下。

（1）在图 4-1-63（a）中增加一列，即 C 列，表示 2022 年的净利润，原来的 B 列表示 2021 年的净利润。选择 3 列数据，绘制水平阶梯图，在对象管理器中，或双击图形窗口左上方的图层序号标识，打开"图层内容：绘图的添加，删除，成组，排序"对话框，为两个绘图解散组，以便能够自由编辑，获得如图 4-1-65（a）所示的效果。

（2）如图 4-1-65（b）所示，将表示 2022 年净利润的水平阶梯图改为柱状图/条形图，将新的柱状图的边框颜色设置为无色，将填充颜色设置为绿色，获得如图 4-1-65（c）所示的效果。

（3）如图 4-1-65（d）所示，将表示 2021 年净利润的水平阶梯图改为点线图，将新的点线图的连接线改为水平中心阶梯线，将颜色改为红色，获得如图 4-1-65（e）所示的效果。

（4）如图 4-1-65（f）所示，将符号类型改为短线，将大小和边缘厚度均改为"35"，设置完成后，对象管理器将表示 2022 年净利润的绘图顺序向上提。对象管理器默认的绘图顺序是"按绘图顺序查看"，跟显示顺序是相反的，即先绘制 B 列表示 2021 年净利润的绘图，处于图层底层、对象管理器的上层，在对象管理器中将表示 2022 年净利润的绘图顺序向上提，表示将该图层放到底层。

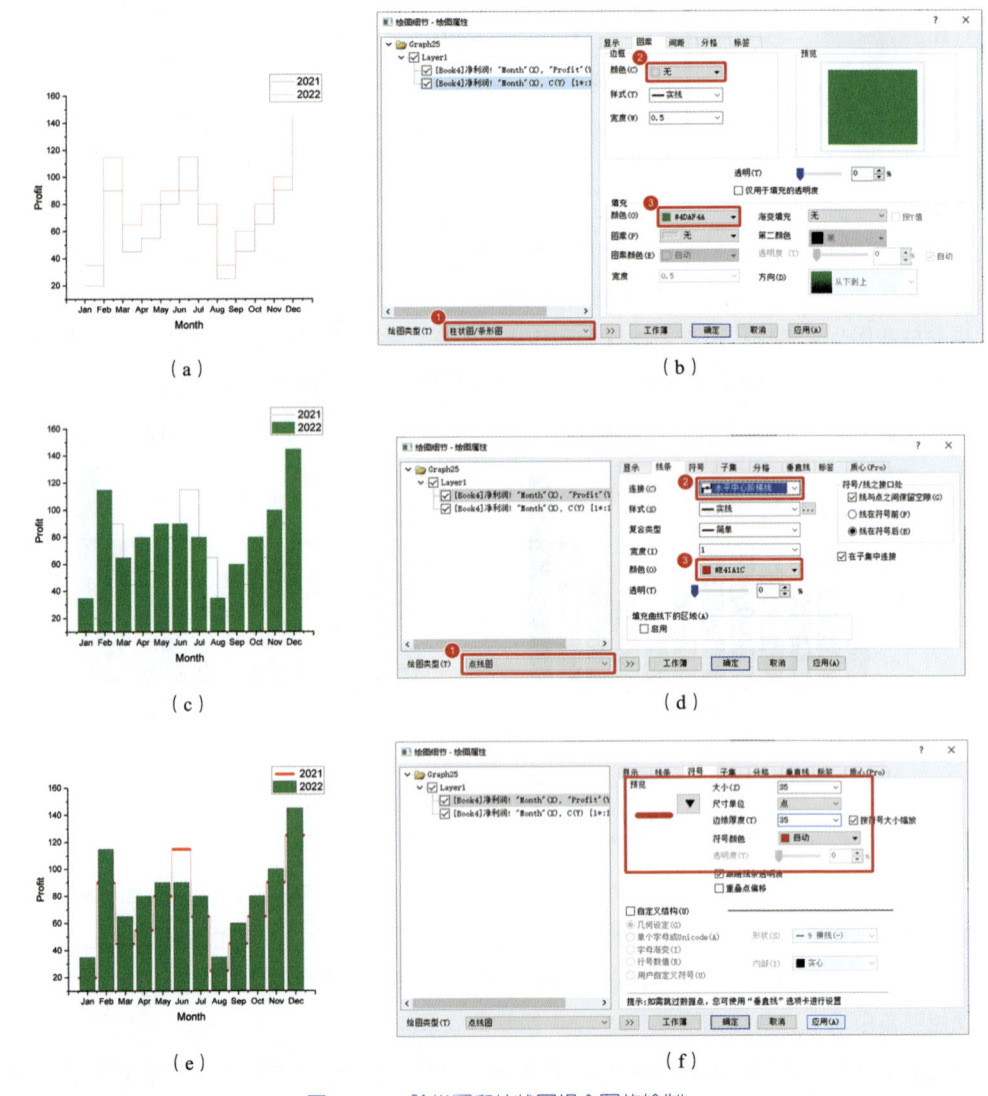

图 4-1-65　阶梯图和柱状图组合图的绘制

4.1.16 样条图和样条连接图

在折线图的基础上，如果数据点进一步增多，那么折线将逐渐趋于平滑形成曲线，形成曲线图，如图 4-1-66（a）和图 4-1-66（b）所示。但由于条件限制，实际获得的数据点往往有限，不足以形成曲线。此时希望通过这些有限的数据点来构造一个能够近似反映数据真实变化规律的函数，其构造方法有插值和拟合两种。插值要求近似函数的曲线完全经过所有数据点，而拟合则要求得到最小二乘法意义上最接近原数据点的结果，强调最小方差的概念，曲线未必会经过所有数据点。因此，即使少数几个数据点使用插值也可以绘制平滑的曲线图。

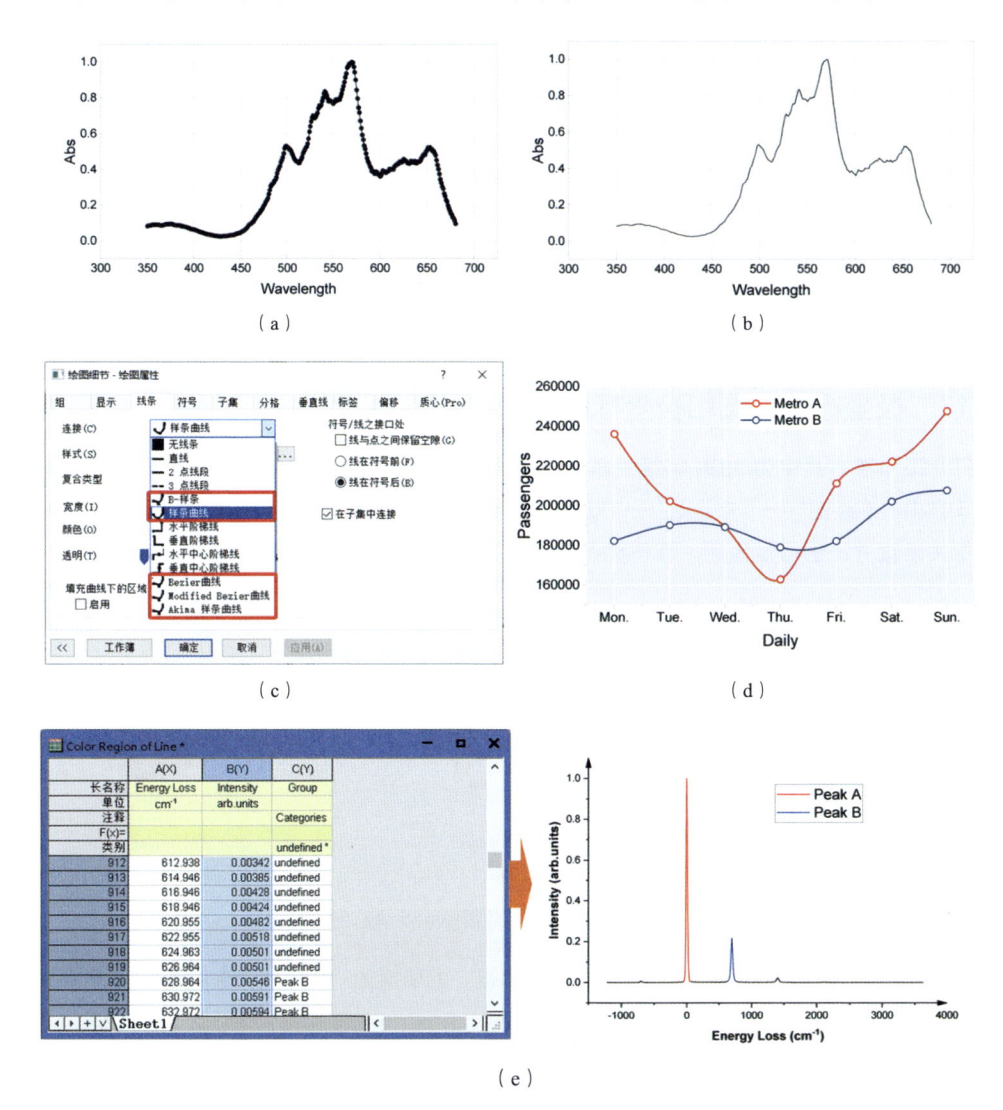

图 4-1-66 样条图和样条连接图的绘制

先选择数据,再选择菜单栏中的"绘图"→"基础 2D 图"→"样条图"命令,获得样条图,这使用的是插值的方法,且无"符号"选项卡可以设置。绘制成点线图或折线图之后,如图 4-1-66(c)所示,在"线条"选项卡中更改线条类型,在"符号"选项卡中将符号大小改为 0,隐藏符号,可以获得更多绘制曲线图的方法。其中保留数据对应符号的样条图被称为样条连接图,如图 4-1-66(d)所示。也可以先选择数据,再选择菜单栏中的"绘图"→"基础 2D 图"→"样条连接图"命令直接绘制样条连接图。

如果需要对感兴趣的曲线内部波峰、波谷进行颜色区分,那么可以在工作表后面添加一列,对感兴趣的部分点进行分组标注,并将颜色映射到分组列上,如图 4-1-66(e)所示。

在 Origin 中,以点线图为基础,通过"线条"选项卡和"符号"选项卡的设置,可以将其和折线图及曲线图交换。简单来说,数据点被表示为符号且由直线连接的图表被叫作点线图,数据点不被表示为符号但只由直线连接的图表被叫作折线图,数据点不被表示为符号但由曲线连接的图表被叫作曲线图。点线图和折线图适用于精准展示数据变化情况,尤其是在数据点不多的情况下,锋利的转折能够展现出变化的急剧与凌厉,从而让人忽略时间的潜移默化,有一种急迫与严峻之感。如果需要从整体上展示变化情况,感受时间对变化的细微影响,那么可以使用曲线图,曲线图整体较为柔和,对变化情况的展示比较温和,能够给人一种愉悦感。

4.1.17 极坐标点线图和极坐标面积图

打开工作表,其中为 2020 年第 1 季度人民币对美元汇率的模拟数据。先选择数据,再选择菜单栏中的"绘图"→"专业图"→"极坐标点线图 θ,r"命令,绘制出初始图表,参照 4.1.10 节的相关设置方法进行设置后,获得如图 4-1-67(a)所示的效果。

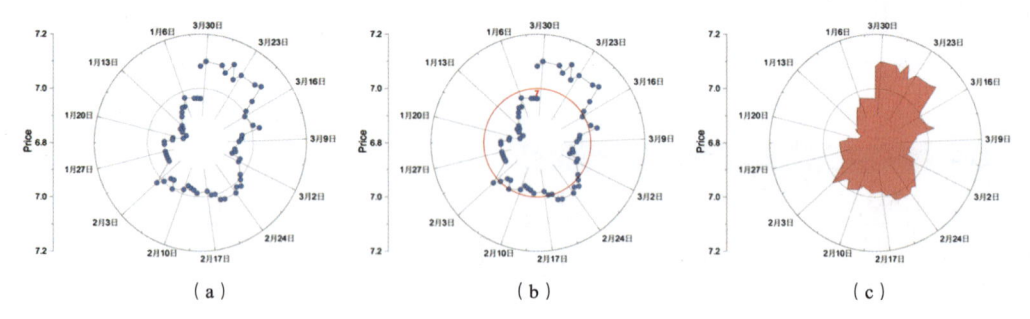

图 4-1-67 极坐标点线图和极坐标面积图

打开如图 4-1-68(a)所示的坐标轴设置对话框。①切换为"参照线"选项卡;②选择左侧的"径向"选项;③单击"细节"按钮,打开如图 4-1-68(b)所示的"参照线"对话框。①选中"角度"单选按钮;②单击"追加"按钮;③设置"位置"为"7";④设置"颜色"为"红";⑤勾选"显示"复选框。设置完成后,将标签文本的颜色改为红色,获得如图 4-1-67(b)所示的效果，其中的参照线用于指示汇率波动中心，以更好地展示数据变化情况。

（a）

（b）

图 4-1-68　设置参照线

打开如图 4-1-69 所示的"绘图细节-绘图属性"对话框。①将"绘图类型"改为"折线图"；②在"线条"选项卡中勾选"连接起点和终点"复选框；③在"填充曲线下的区域"选项组中勾选"启用"复选框；④取消勾选"显示边线"复选框。设置完成后，获得如图 4-1-67（c）所示的效果。后文在介绍面积图时，将不再介绍往极坐标方向的扩展。

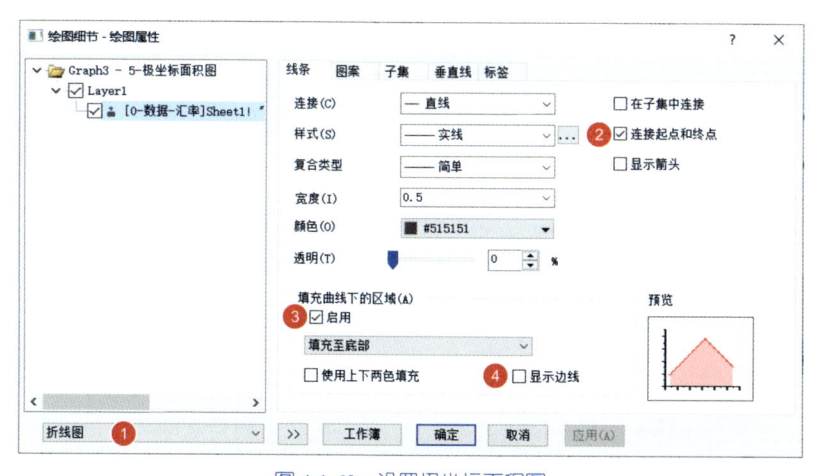

图 4-1-69　设置极坐标面积图

4.1.18　2D 瀑布图：Y 偏移堆积线图

学术图表中的瀑布图与 Excel 中绘制的瀑布图并不相同，可以将瀑布图的绘制方法看作绘制线图的一种技巧,即绘图平移。这种平移可以是在 2D 坐标系中沿着 Y 轴的移动,如 Y 偏移堆积线图;也可以是将分组映射到 Z 轴上,如后面介绍的 3D 瀑布图和颜色映射的线条序列图。

在光谱图中经常会遇到多条曲线重叠在一起的情况,其辨识效果差。图 4-1-70(a)所示为不同浓度物质的吸收曲线图(通过折线图绘制),曲线重叠,可视化效果较差。如果对 Y 轴刻度指示的值的大小并不太关注,只是从宏观上比较各数据形态,那么图 4-1-70(b)将曲线在 Y 轴上平移,等距离错开,展示效果无疑要好得多。这种瀑布图形式的拉曼光谱、红外光谱等也是学术期刊中所允许的。

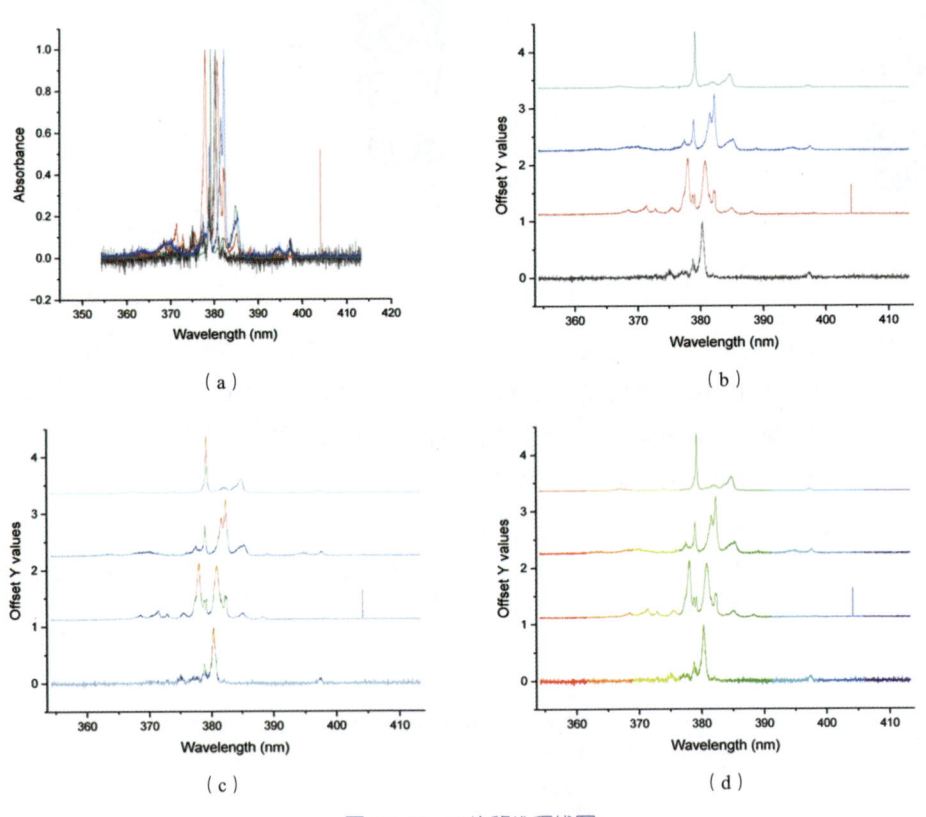

图 4-1-70 Y 偏移堆积线图

需要注意的是,沿着 Y 轴平移,相当于为每个图表的 Y 值都增加了平移的数值,会造成 Y 轴范围扩大,原来的 Y 轴刻度指示的值就不准确了,一般仅做相对高度的指示或不再显示 Y 轴刻度。此外,构成 Y 偏移堆积线图的线图可以被映射为不同的颜色。例如,在 Y 轴方向上通过"Y 值:颜色映射"选项赋予不同 Y 值区间不同的颜色,如图 4-1-70(c)所示。又如,将 X 值映射成不同的颜色,如图 4-1-70(d)所示。尤其在光谱图中,将波长映射成彩虹色,具有重要的象征意义。

Y 偏移堆积线图是一种 2D 瀑布图，可以通过两种方法绘制。一种方法是先绘制常规折线图，然后在如图 4-1-71 所示的"绘图细节-图层属性"对话框的"堆叠"选项卡中选中"自动"单选按钮，并设置合理的间距，曲线将自动堆积；也可以使用常量，自行设置偏移距离。另一种方法是先选择数据，再选择菜单栏中的"绘图"→"基础 2D 图"→"Y 偏移堆积线图"命令，获得 Y 偏移堆积线图。

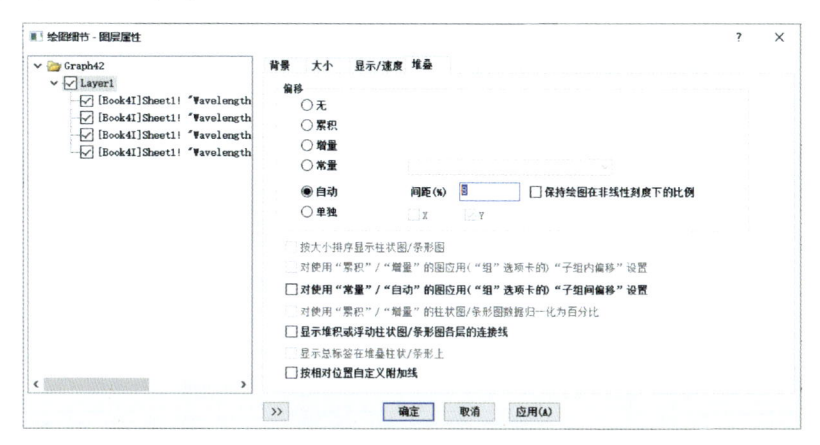

图 4-1-71　Y 偏移堆积线图设置

4.1.19　2D 瀑布图：分组堆积线图

分组堆积线图是在 Y 偏移堆积线图的基础上进行分组获得的，与 5.2.3 节介绍的分组堆积柱状图类似，是图形堆叠的一种应用。如图 4-1-72（a）所示的工作表中的数据为 Learning Center 中的示例，为原始数据，按工作表注释分组：B 列和 C 列的激发波长范围为"600+"，D 列和 E 列的激发波长范围为"700+"，F 列和 G 列的激发波长范围为"800+"，需要将具有相同激发波长范围的图形绘制在一起，并堆叠起来，效果如图 4-1-72（b）所示。

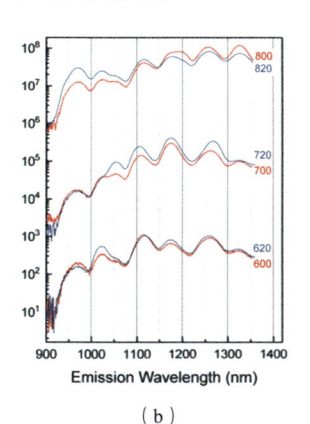

(a)　　　　　　　　　　　　　　(b)

图 4-1-72　分组堆积线图

下面介绍分组堆积线图的绘制过程，如图 4-1-73 所示。请注意非线性刻度设置和特殊标签设置的相关知识。

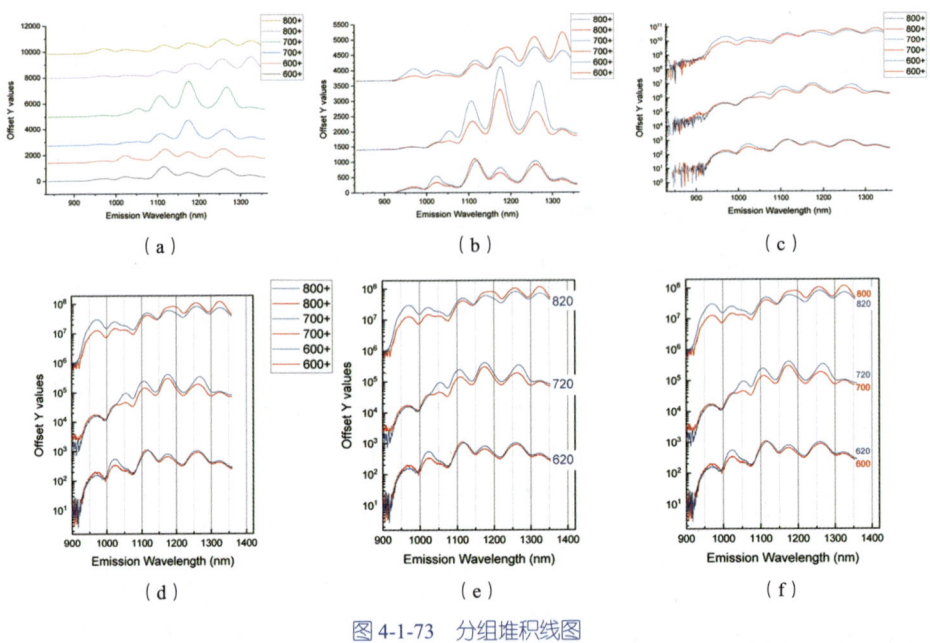

图 4-1-73　分组堆积线图

1. 分组和堆叠设置

绘制如图 4-1-73（a）所示的 Y 偏移堆积线图。如图 4-1-74（a）所示，在"绘图细节-绘图属性"对话框的"组"选项卡的"分组"选项组中，选中"按列标签"单选按钮，并设置"列标签"为"注释"，在"线条颜色"右侧的"增量"下拉列表中选择"逐个"选项，在对应的"子组"下拉列表中选择"在子组内"选项，并选择"Candy"配色方案，也可以使用其他对比强烈的配色方案。

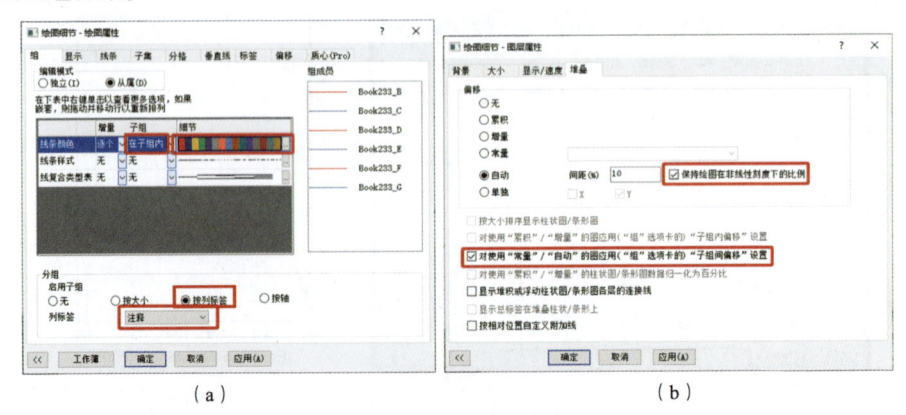

图 4-1-74　分组和堆叠设置

如图 4-1-74（b）所示，在"绘图细节-图层属性"对话框的"堆叠"选项卡中，勾选"对使用'常量'/'自动'的图应用（'组'选项卡的）'子组间偏移'设置"复选框和"保持绘图在非线性刻度下的比例"复选框，绘制分组堆积线图，获得如图 4-1-73（b）所示的效果。

2. 坐标轴设置

打开坐标轴设置对话框，在如图 4-1-75（a）所示的"刻度"选项卡中，选择左侧的"垂直"选项，将"类型"设置为"Log10"；在如图 4-1-75（b）所示的"刻度线标签"选项卡中，将"显示"设置为"科学记数法 10^3"；在"轴线和刻度线"选项卡中，设置所有刻度均朝内显示。设置完成后，单击右侧工具栏中的"调整刻度"按钮 ，Origin 将自动调整 X 轴和 Y 轴的刻度范围，获得如图 4-1-73（c）所示的效果。

（a）

（b）

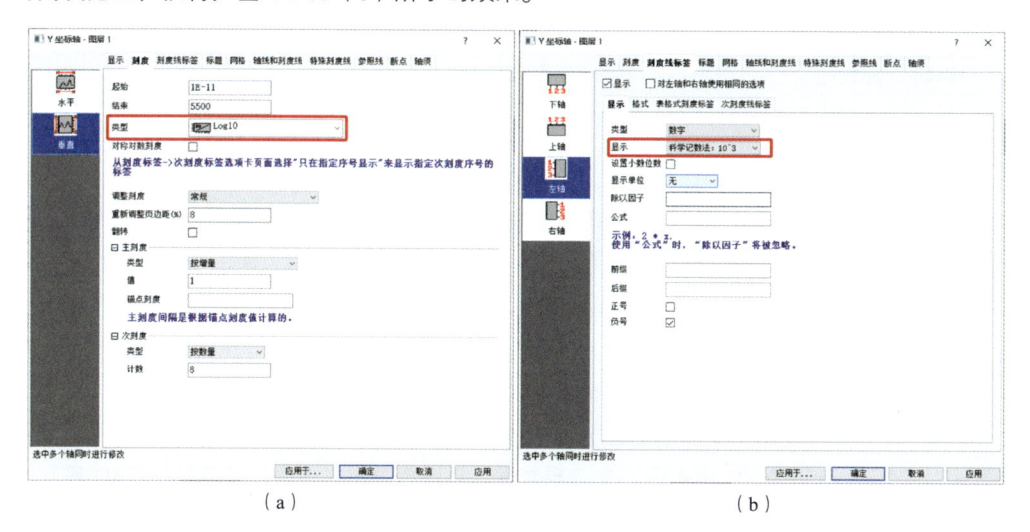

图 4-1-75 坐标轴设置

请注意图 4-1-73（c）中 X 轴和 Y 轴的刻度范围。再次打开坐标轴设置对话框，将 X 轴的刻度范围调整为"900～1420"，并设置显示垂直方向上的主网格线和次网格线。设置完成后，单击右侧工具栏中的"重新标度 Y"按钮 ，Origin 将自动调整 Y 轴的刻度范围，获得如图 4-1-73（d）所示的效果。此时，不再显示 X 值小于 900 的图形，而会以间距为 10%自动调整在 Y 轴上的堆叠情况。因此，图 4-1-73（c）和图 4-1-73（d）中 Y 轴的刻度范围不同。

3. 标签设置

如图 4-1-76 所示，在"绘图细节-绘图属性"对话框左侧选择第 1 条曲线，在"标签"选项卡中勾选"启用"复选框和"仅在指定点显示"复选框，并设置指定点为"0"，这表示不显示具体某个点的标签而以绘图为整体来显示标签；将字体颜色设置为"自动"，这将使标签颜色跟随曲线颜色的变化而变化；设置框架为"框"、边框颜色为"无"、填充颜色为"白"，这将使标签具有白色底色，可以遮挡来自网格线的干扰；将"标签形式"设置为"自定义"；将

"字符串格式"设置为"%(?,@LL)",用于显示当前列的长名称。

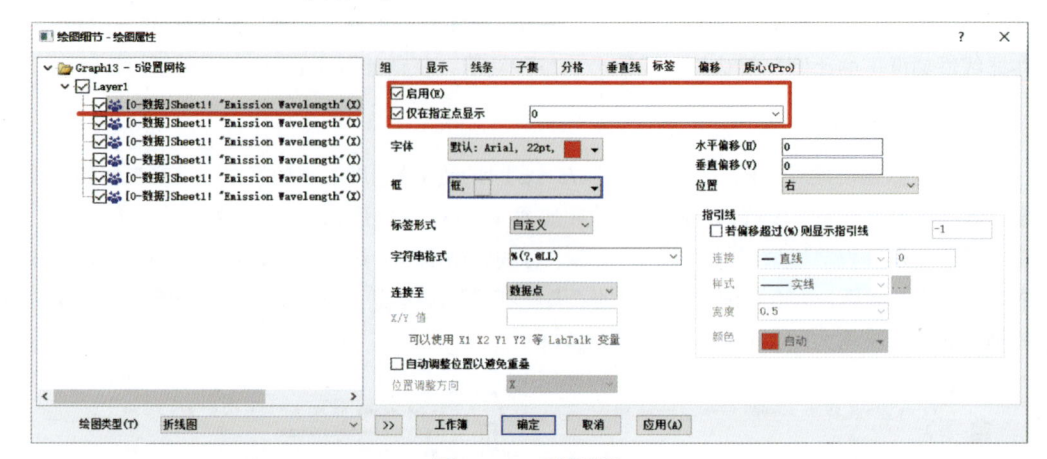

图 4-1-76 标签设置

设置完成后,获得如图 4-1-73(e)所示的效果,此时只能看到蓝色曲线的标签,这是因为同组内曲线的标签重叠,挡住了后面红色曲线的标签。按住 Ctrl 键的同时选择蓝色曲线的标签,将其移动到合适的位置,使两种标签分别和曲线对应,调整字号,使用方向键进行位置的微调,最终获得如图 4-1-73(f)所示的效果。

4.1.20 3D 瀑布图

Y 偏移堆积线图是将多条曲线沿着 Y 轴偏移,如果曲线同时还沿着 X 轴偏移,那么会获得如图 4-1-77(a)所示的 3D 瀑布图。先选择数据,再选择菜单栏中的"绘图"→"3D 图"→"3D 瀑布图"命令,获得 3D 瀑布图。3D 瀑布图以表头的某行数据作为 Z 轴,将曲线绘制在 3D 空间中,天然地对曲线进行视觉区分。需要注意的是,3D 瀑布图和常规的 3D 图默认的坐标轴方向不同,常规的 3D 图默认的坐标系的 Z 轴沿纸面朝上,但 3D 瀑布图的 Z 轴垂直于纸面朝里,保留了 2D 瀑布图的 X 轴、Y 轴方向,更好地体现了绘图平移的特征。由于不存在曲线堆叠的情况,因此 3D 瀑布图的 Y 轴的指示作用保留了单一曲线的精确性。

为了更好地起到指示作用,可以设置刻度线标签"就近显示"。在坐标轴设置对话框左上方取消勾选"每个方向使用一条轴"复选框,对 6 条坐标轴的刻度线标签的格式进行合理设置,同时在如图 4-1-78(a)所示的"绘图细节-图层属性"对话框的"其他"选项卡中勾选"启用斜切"复选框,并设置"X 偏移"为"-55"、"Y 偏移"为"-54",获得如图 4-1-77(b)所示的效果。还可以在如图 4-1-78(b)所示的"绘图细节-图层属性"对话框的"平面"选项卡中进行相应的设置,以划分空间,获得如图 4-1-77(c)所示的效果。

对于 3D 瀑布图,同样可以在"绘图细节-绘图属性"对话框的"图案"选项卡中,将不同曲线与颜色进行映射,以展示第 4 个变量。例如,将曲线的颜色"按点"进行"颜色映射",

将彩虹色映射到 X 轴上，获得如图 4-1-77（d）所示的效果；将曲线的颜色"按点"进行"Y 值：颜色映射"，获得如图 4-1-77（e）所示的效果；将曲线的颜色"按曲线"进行"Z 值：颜色映射"，获得如图 4-1-77（f）所示的效果。后面两种颜色映射的方式在 Origin 中有模板，可以通过先选择数据，再选择菜单栏中的"绘图"→"3D 图"→"Y 数据颜色映射 3D 瀑布图"命令或"Z 数据颜色映射 3D 瀑布图"命令直接绘制对应的 3D 瀑布图。

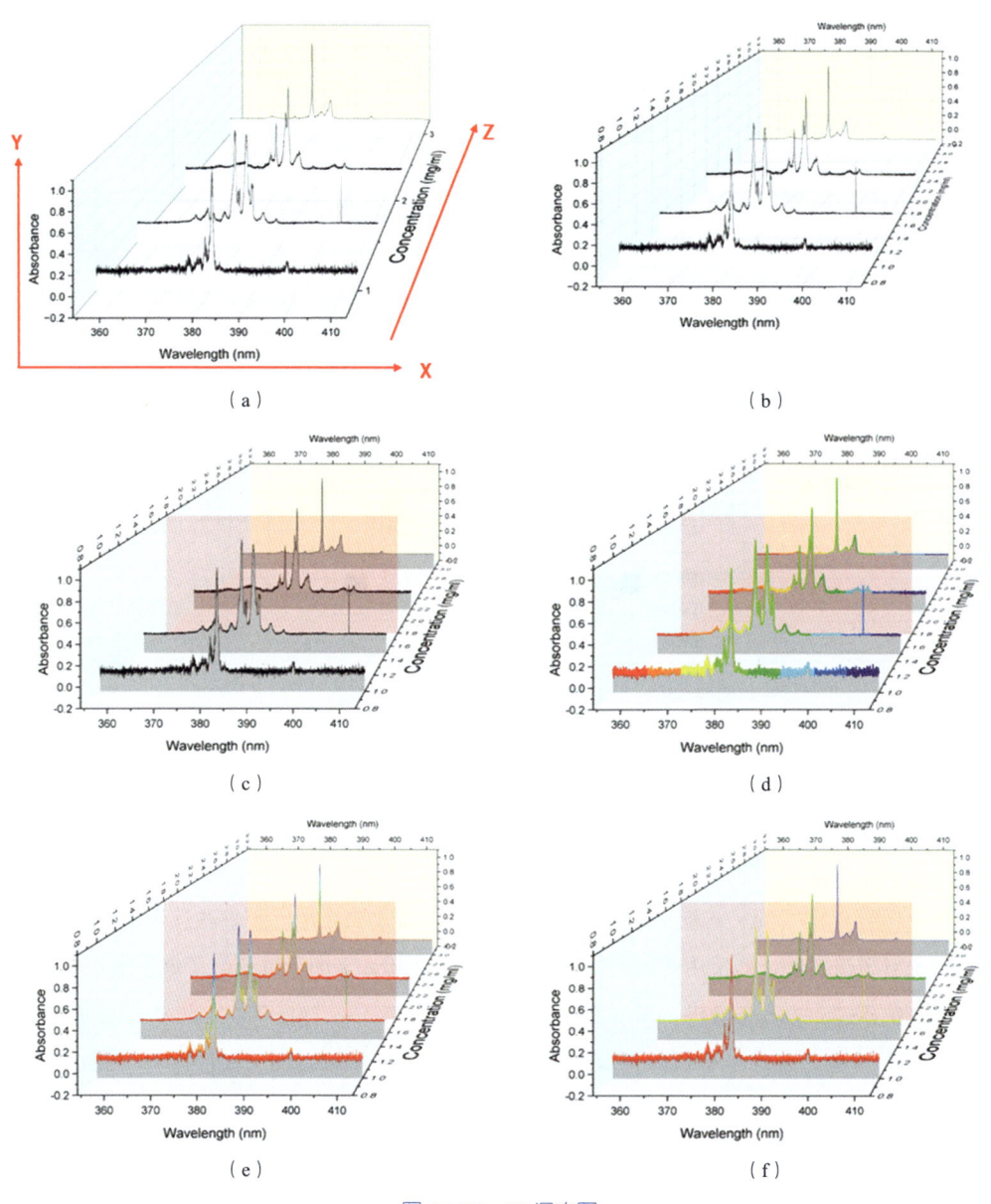

图 4-1-77　3D 瀑布图

(a)

(b)

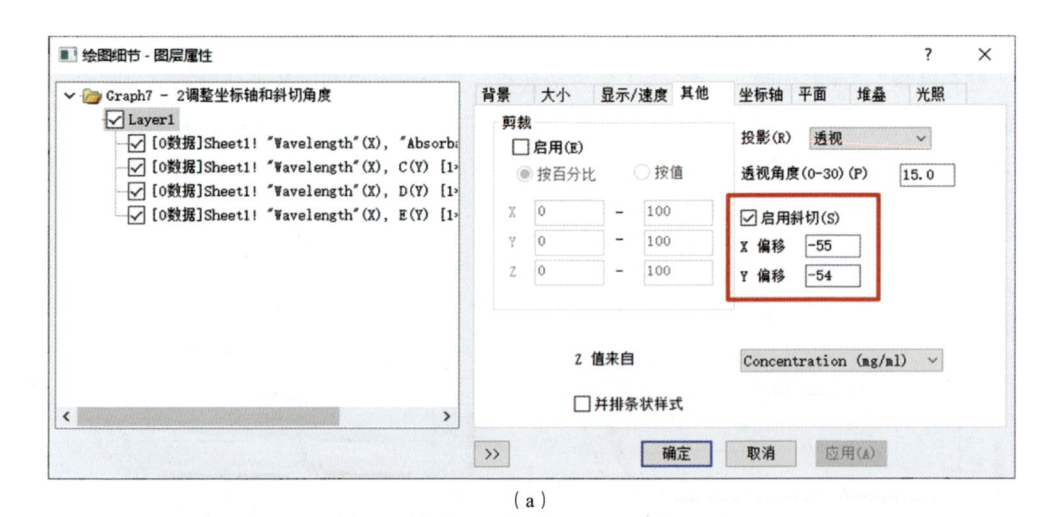

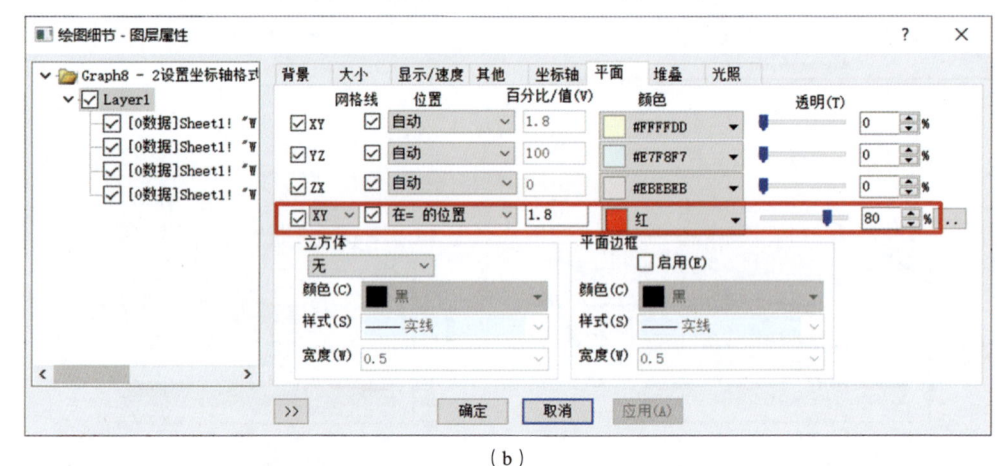

图 4-1-78 3D 瀑布图设置

4.1.21 展平瀑布图

如果将图 4-1-77（e）沿着 Y 轴方向朝着 XZ 平面投影，每条曲线都将被压平，但 Y 轴方向的颜色映射将被保留，即使用不同的颜色来表示 Y 值，那么该图表就变成了展平瀑布图。

打开工作表，先选择数据，再选择菜单栏中的"绘图"→"3D 图"→"Y 数据颜色映射 3D 瀑布图"命令，获得 Y 数据颜色映射 3D 瀑布图。在如图 4-1-79（a）所示的"绘图细节-图层属性"对话框的"平面"选项卡中设置只保留 ZX 平面，获得如图 4-1-80（a）所示的效果。在如图 4-1-79（b）所示的"绘图细节-图层属性"对话框的"平面"选项卡中设置方位角、倾斜角和滚动角，获得如图 4-1-80（b）所示的效果。在如图 4-1-79（c）所示的"绘图细节-图层属性"对话框的"其他"选项卡中勾选"启用"复选框,将"投影"设置为"正交",取消勾选"启用斜切"复选框,获得如图 4-1-80(c)所示的效果。

在"绘图细节-绘图属性"对话框的"图案"选项卡中将边框颜色"按点"设置为"Maple",并更改边框宽度,另外设置坐标轴标签显示对象和坐标轴标题内容、角度,获得如图 4-1-80(d)所示的效果。添加颜色标尺并进行细节设置,获得如图 4-1-80(e)和图 4-1-80(f)所示的效果。

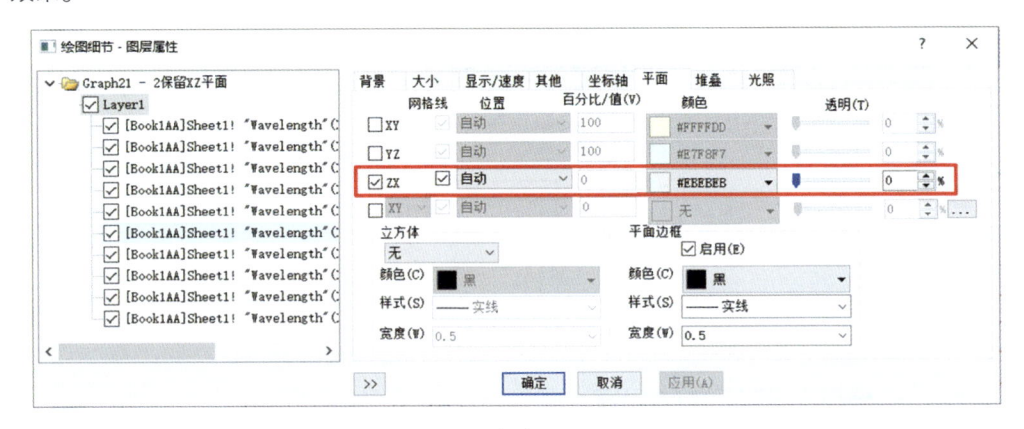

(a)

(b)

(c)

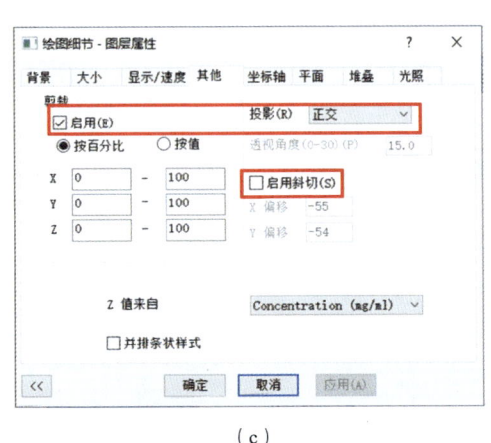

图 4-1-79　展平瀑布图设置

(a)　　　　　　　　　　(b)　　　　　　　　　　(c)

(d)　　　　　　　　　　(e)　　　　　　　　　　(f)

图 4-1-80　展平瀑布图

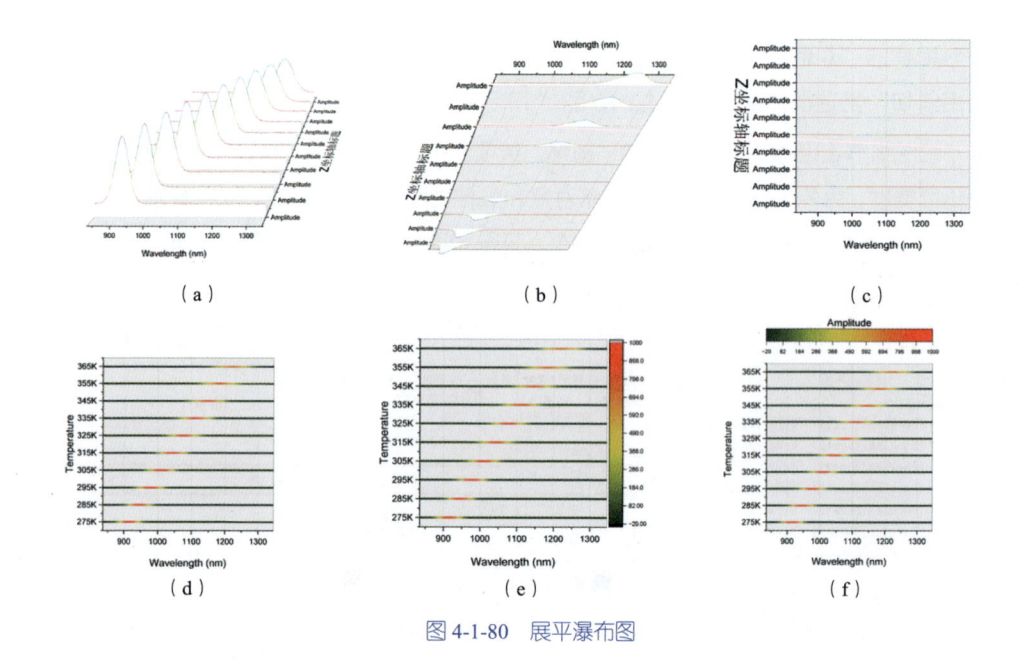

4.1.22　颜色映射的线条序列图

如果将图 4-1-77（f）沿着 Z 轴方向朝着 XY 平面投影，将图形变回 2D 图，保留各曲线的颜色，那么图形就变成了颜色映射的线条序列图。注意，此处的颜色映射的线条序列图和 5.1.4 节介绍的线条序列图不同。打开工作表，先选择数据，再选择菜单栏中的"绘图"→"3D 图"→"Z 数据颜色映射 3D 瀑布图"命令，获得 Z 数据颜色映射 3D 瀑布图。在如图 4-1-81（a）所示的"绘图细节-图层属性"对话框的"平面"选项卡中保留 XY 平面，启用平面边框，获得如图 4-1-82（a）所示的效果。在如图 4-1-81（b）所示的"绘图细节-图层属性"对话框的"其他"选项卡中将"投影"设置为"正交"，取消勾选"启用斜切"复选框，获得如图 4-1-82（b）所示的效果。添加颜色标尺并进行细节设置，获得如图 4-1-82（c）和图 4-1-82（d）所示的效果。

(a)　　　　　　　　　　　　　　　　(b)

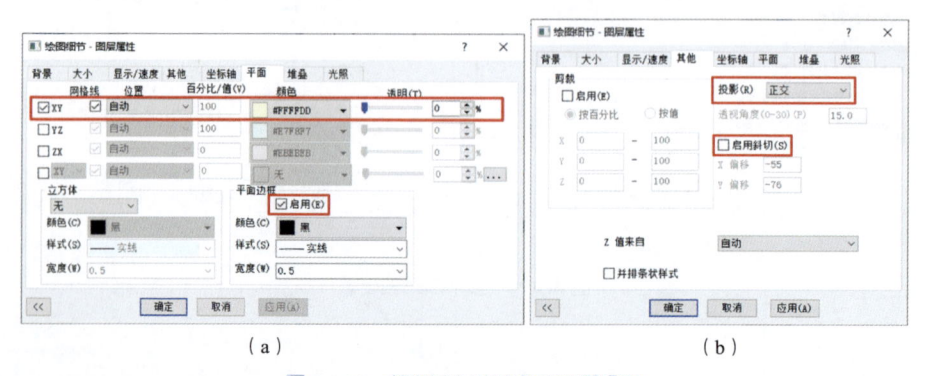

图 4-1-81　颜色映射的线条序列图设置

(a) (b)

(c) (d)

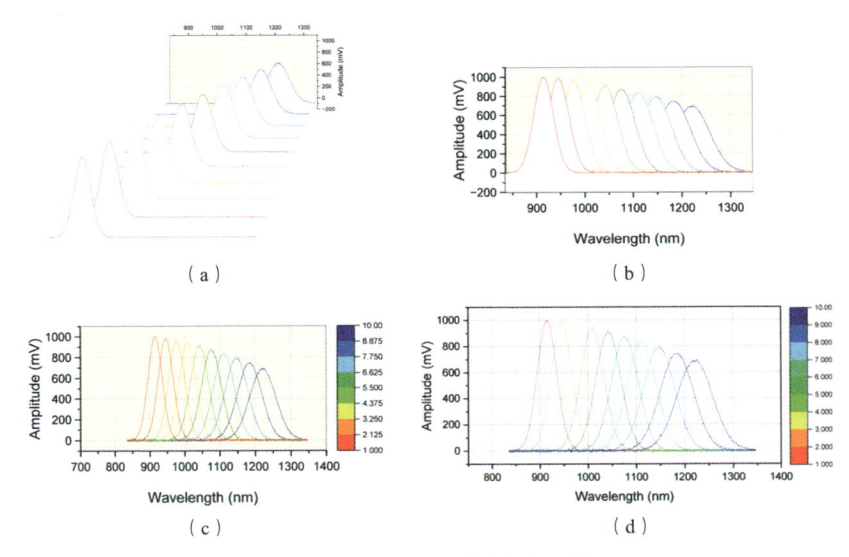

图 4-1-82　颜色映射的线条序列图

Origin 中有颜色映射的线条序列图的模板。先选择数据，再选择菜单栏中的"绘图"→"基础 2D 图"→"颜色映射的线条序列图"命令，获得如图 4-1-82（d）所示的效果。在"其他"选项卡中可以设置 Z 值来源。通过在该选项卡中勾选"启用斜切"复选框，设置"X 偏移"选项、"Y 偏移"选项和在"平面"选项卡中设置平面，又可以将 2D 图变回到 3D 瀑布图。

4.1.23　3D 带状图

平移效果也可以通过 3D 带状图来呈现。打开工作表，先选择数据，再选择菜单栏中的"绘图"→"3D 图"→"3D 带状图"命令，获得如图 4-1-83（a）所示的效果。将其旋转一定的角度，删除图案边框，并将带状宽度调整为 50%，修饰完成后，获得如图 4-1-83（b）所示的效果。3D 带状图本质上是 3D 折线图。

(a) (b)

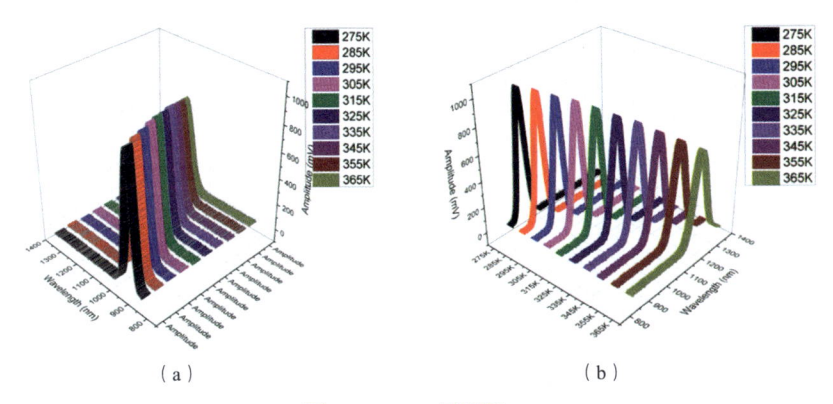

图 4-1-83　3D 带状图

4.1.24 平行坐标图

平行坐标图是折线图的进阶版，其外观和 4.2.8 节介绍的平行集图的外观相似。为了克服传统的笛卡儿坐标系容易耗尽空间、难以表达 3D 及以上维度数据的问题，使用多条平行的垂直轴展示数据集的各个维度，各数据点在这些垂直轴上的位置反映了其在对应维度上的值。这种表示方法使在多维空间中直接观察数据点成为可能，尤其适用于探索性数据分析。

选择 Origin 的菜单栏中的"绘图"→"分组图"命令，在弹出的下拉菜单中用于绘制平行坐标图的命令有两种，即"平行索引图"命令和"平行坐标图"命令。平行索引图和平行坐标图都是高度定制的图表，可以设置的地方不多。使用"平行索引图"命令将以工作表最右侧一列作为分类变量，自动将颜色映射到该列上，如使用鸢尾花数据集绘制的图 4-1-84（a）。使用"平行坐标图"命令会将颜色映射到最左侧一列上，如使用鸢尾花数据集绘制的图 4-1-84（b），为最后一列增加了一个 Y 轴。

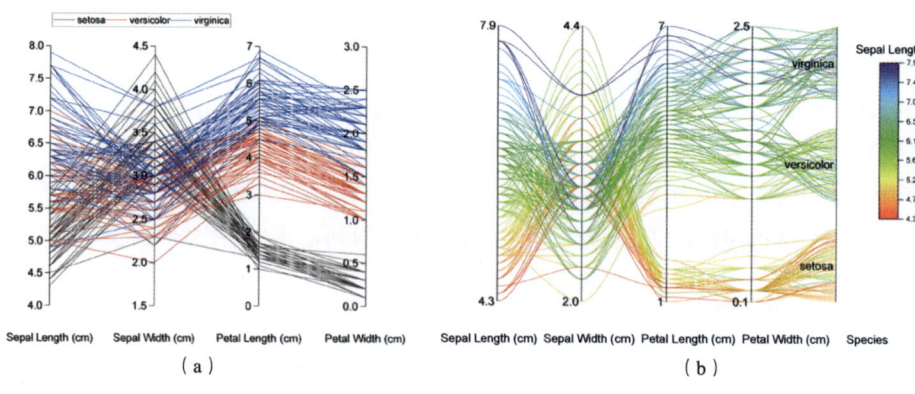

图 4-1-84　平行坐标图

平行坐标图可以在表示分类的轴之间清晰地展示变量之间的关系。从图 4-1-84（a）中可见，setosa 这种鸢尾花的 Sepal Length（萼片长度）和 Sepal Width（萼片宽度）呈正相关，而另外两种鸢尾花的 Sepal Length 和 Sepal Width 呈负相关，由此可以大致推断出萼片的形态。3 种鸢尾花的 Petal Length 和 Petal Width 都呈负相关。

4.1.25 面积图、堆积面积图和填充面积图

为由折线图和 X 轴围成的区域填充颜色后就形成了面积图；当面积图的横坐标表示离散数据时，就形成了直方图或柱状图。因此，面积图同时具备折线图和柱状图的优点。在连续数据中，面积图不仅能反映变化趋势，还能用线下面积在多系列数据中进行比较。此外，相比于折线图，面积图中大面积的颜色填充，会使所要表达的数据更显眼。

打开工作表，先选择 B 列或 B、C 两列数据，再选择菜单栏中的"绘图"→"条形图，饼

图，面积图"→"面积图"命令，获得如图 4-1-85（a）或图 4-1-85（b）所示的效果。面积图图例一般被保留，用于表示面积的图例，删除"之下"两个文字，获得如图 4-1-85（c）所示的效果。

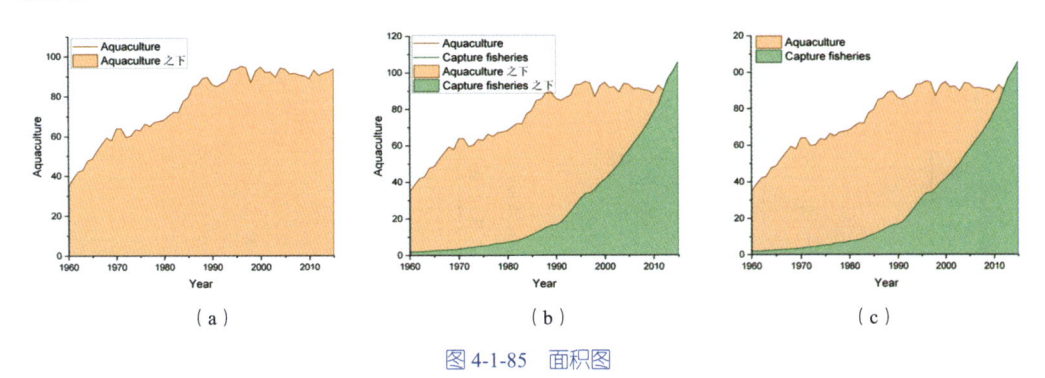

(a)　　　　　　　　　　　(b)　　　　　　　　　　　(c)

图 4-1-85　面积图

如果选择菜单栏中的"绘图"→"条形图，饼图，面积图"→"堆积面积图"命令，那么获得如图 4-1-86（a）所示的效果，此时代表 Capture fisheries 的绿色面积图被堆叠在代表 Aquaculture 的黄色面积图上方，实际上绿色折线表示的是 Capture fisheries 和 Aquaculture 对应值之和。对绿色折线图的图例进行修改后，获得如图 4-1-86（b）所示的效果。对于堆积面积图，在"绘图细节-图层属性"对话框的"堆叠"选项卡的"偏移"选项组中选中"累积"单选按钮。堆积面积图主要用于展示累计总量和最下方的面积图的变化情况，若堆积面积图多或变化情况复杂，则上方的面积图对变化情况展示的效果会变差。

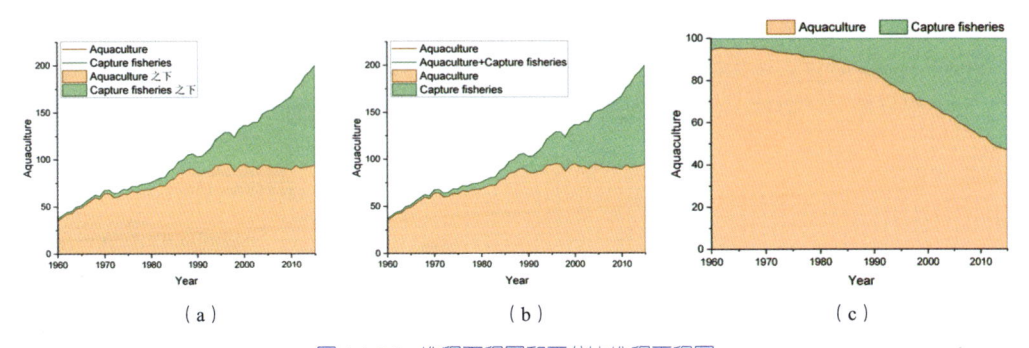

(a)　　　　　　　　　　　(b)　　　　　　　　　　　(c)

图 4-1-86　堆积面积图和百分比堆积面积图

如果需要展示各指标的比例变化情况，那么可以先选择数据，再选择菜单栏中的"绘图"→"条形图，饼图，面积图"→"百分比堆积面积图"命令，获得如图 4-1-86（c）所示的百分比堆积面积图。可见，每年水产养殖渔获物的占比越来越高。百分比堆积面积图是通过在堆积面积图的基础上，在"绘图细节-图层属性"对话框"堆叠"选项卡中勾选"对使用'累积'/'增量'的柱状图/条形图数据归一化为百分比"复选框来获得的。

如果需要展示各指标的差值关系变化情况，那么可以先选择数据，再选择菜单栏中的"绘图"→"条形图，饼图，面积图"→"填充面积图"命令或"双色填充图"命令，获得如图 4-1-87（a）或图 4-1-87（b）所示的效果。其中，填充面积表示二者的差值，且双色填充图更能表示差值的正负情况，实际上用于展示曲线的高低。

（a）　　　　　　　　　　　　　　（b）

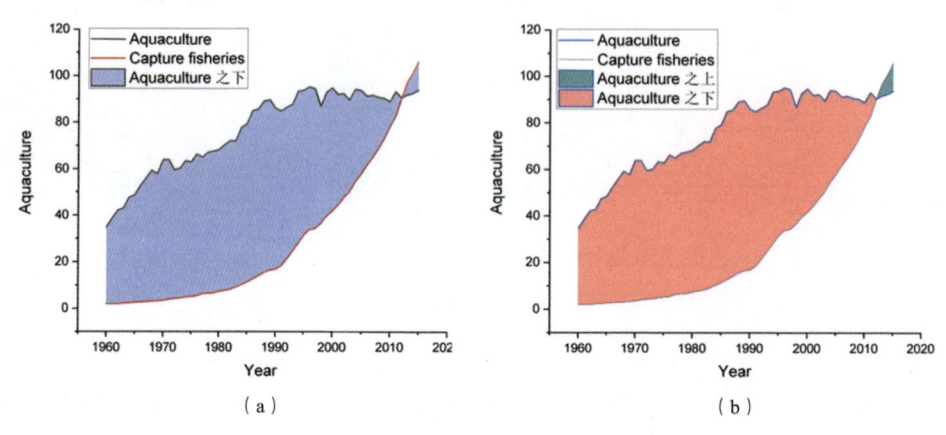

图 4-1-87　填充面积图和双色填充图

4.1.26　3D 墙形图、3D 堆积墙形图、3D 百分比堆积墙形图

面积图被绘制到 3D 空间中就变成了 3D 墙形图。先选择 B、C 两列数据，再选择菜单栏中的"绘图"→"3D 图"→"3D 墙形图"命令、"3D 堆积墙形图"命令或"3D 百分比堆积墙形图"命令，获得对应的图表，简单修饰之后，获得如图 4-1-88 所示的 3D 墙形图、3D 堆积墙形图和 3D 百分比堆积墙形图。在 3D 墙形图、3D 堆积墙形图和 3D 百分比堆积墙形图中，为了很好地展示数据，仍然需要注意设置合适的旋转角度和透明度等参数。

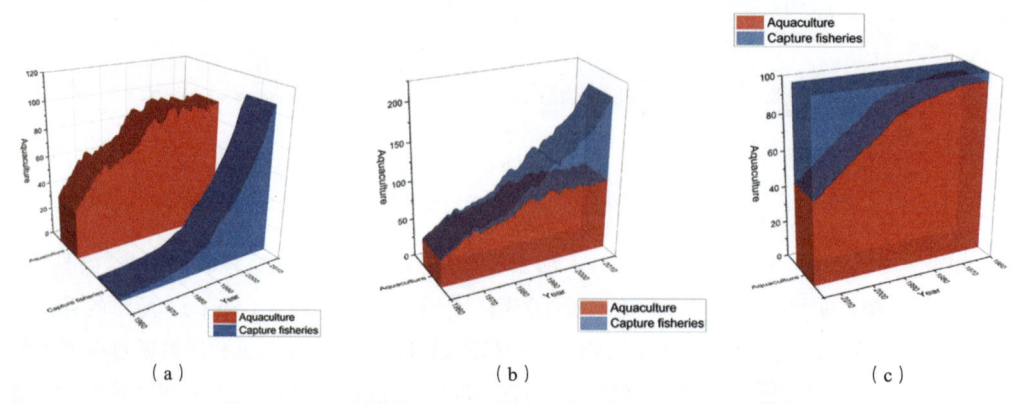

（a）　　　　　　　　　（b）　　　　　　　　　（c）

图 4-1-88　3D 墙形图、3D 堆积墙形图和 3D 百分比堆积墙形图

4.1.27 等高线图-颜色填充

多数人都会对地理等高线图有一些印象，这是一种使用等高线表示地面起伏和高度状况的地图。把等高线的数据一般化，如改为降水量、温度、大气压强等数据，并对离散数据进行拟合，就形成了等高线图（Contour Map）。等高线图在形式上是在 2D 平面上展示 3 个变量的图表，前 2 个变量由 X 值、Y 值表示，第 3 个变量由颜色表示。等高线图就像被压扁的 3D 散点图，在形式上类似于点密度图。Origin 中的等高线图的绘图模板有等高线图-颜色填充、等高线-黑白线条+标签、灰度映射图、(带标签)热图、极坐标等高线图、三元等高线相图等。等高线图一般采用 XYZ 型工作表、矩阵表来绘制。

1. 采用 XYZ 型工作表绘制等高线图-颜色填充

新建工作表，打开"C:\Program Files\OriginLab\Origin 2025\Samples\Matrix Conversion and Gridding"目录中的 XYZ Random Gaussian.dat 文件，将 Y 列设置为 Z 列，构成 XYZ 数据。先选择数据，再选择菜单栏中的"绘图"→"等高线图，热图"→"等高线图-颜色填充"命令，获得如图 4-1-89（a）所示的效果。打开如图 4-1-89（b）所示的"绘图细节-绘图属性"对话框，在"颜色映射/等高线"选项卡中，勾选"显示网格线"复选框和"显示数据点"复选框，设置完成后，获得如图 4-1-89（c）所示的效果

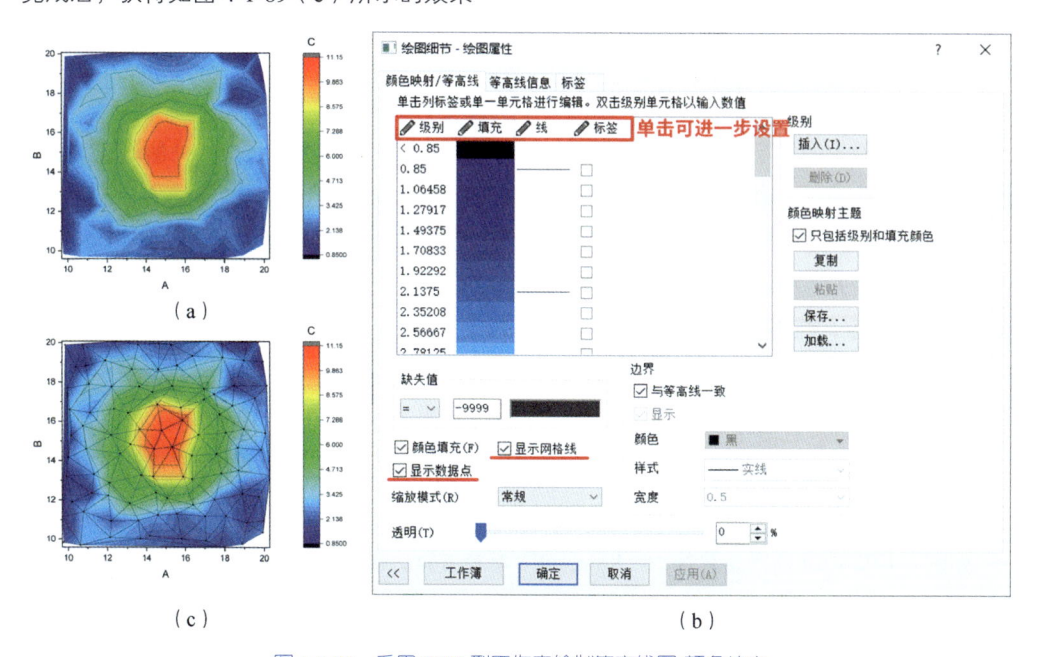

图 4-1-89　采用 XYZ 型工作表绘制等高线图-颜色填充

在"颜色映射/等高线"选项卡中，单击"级别"按钮可以设置颜色级别，单击"填充"按

钮可以设置颜色填充方式和配色方案，单击"线"按钮可以设置等高线属性或等高线显示与否，单击"标签"按钮可以设置标签显示与否（标签属性在"标签"选项卡中设置）。"等高线信息"选项卡用于设置等高线的边界。

2. 采用矩阵表绘制等高线图-颜色填充

新建空白矩阵表，选择菜单栏中的"矩阵"→"行列数/标签设置"命令，或单击左上方行列坐标交界处的浅灰色空白单元格，或按快捷键 Ctrl+A 全选整个矩阵表并单击鼠标右键，在弹出的快捷菜单中选择"设置矩阵的行列数和标签"命令，打开如图 4-1-90（a）所示的"矩阵的行列数和标签"对话框，设置矩阵的列数和行数均为"101"，并在"xy 映射"选项卡中设置"映射列到 x""映射列到 y"均为"从 0 到 10"。

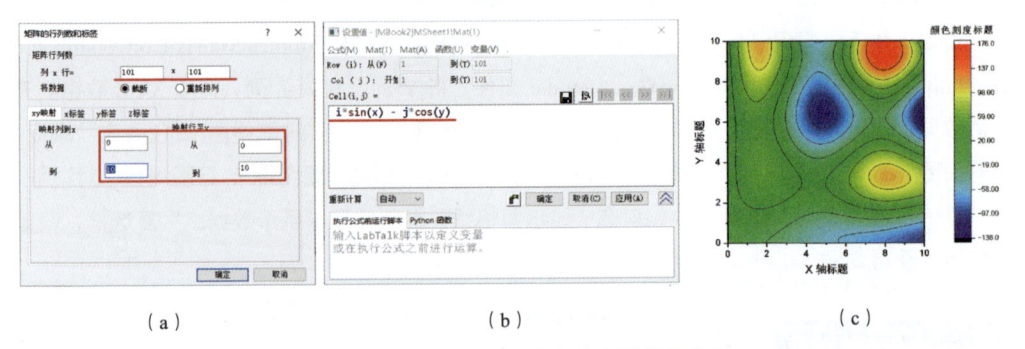

（a）　　　　　　　　　（b）　　　　　　　　　（c）

图 4-1-90　采用矩阵表绘制等高线图-颜色填充

选择菜单栏中的"矩阵"→"设置值"命令，或单击左上方行列坐标交界处的浅灰色空白单元格，或按快捷键 Ctrl+A 全选整个矩阵表并单击鼠标右键，在弹出的快捷菜单中选择"设置矩阵值"命令，打开如图 4-1-90（b）所示的"设置值"对话框，输入"i*sin(x) – j*cos(y)"，自行构建数据。先选择数据，再选择菜单栏中的"绘图"→"等高线图，热图"→"等高线图-颜色填充"命令，获得如图 4-1-90（c）所示的效果。

下面对等高线图-颜色填充的细节进行设置。如图 4-1-91（a）所示，设置颜色平滑程度。①在工作区单击，等待悬浮按钮组显示；②由于默认绘制的图形的颜色分级较少，颜色过渡之间有断层，因此单击"设置级别"按钮 ；③在"设置级别"对话框中将"次级别数"设置为"32"；④颜色过渡在视觉上已足够平滑。

如图 4-1-91（b）所示，更换为"Rainbow"配色方案，在以前的学术图表中，彩虹色的使用频率比较高，这种高饱和配色方案的视觉吸引力强，按照 7 色排列具有连续性和变化性的暗示。但这种配色方案的审美意味不高，非均匀的颜色变化对数据映射可能有扭曲的作用，对视觉缺陷者也不太友好，近些年来这种配色方案的使用频率逐渐降低。

有时候需要在等高线图中突出显示指定等高线。单击需要突出显示的等高线，显示数据点，此时可能其他数值相等的等高线也会一同被选择，再次单击显示悬浮按钮组。这两次单击要注意把握好频率，若太快则变成了双击。在悬浮按钮组中进行如图4-1-91（c）所示的设置：①显示数据标签；②将宽度设置为3；③将线条颜色设置为荧光绿。

如图4-1-91（d）所示，将图例拖近一点，单击图例，在悬浮按钮组中取消选择"显示头尾级别"按钮，这是因为并没有使用头尾颜色默认定义的黑色和白色。

（a）

（b）

（c）

（d）

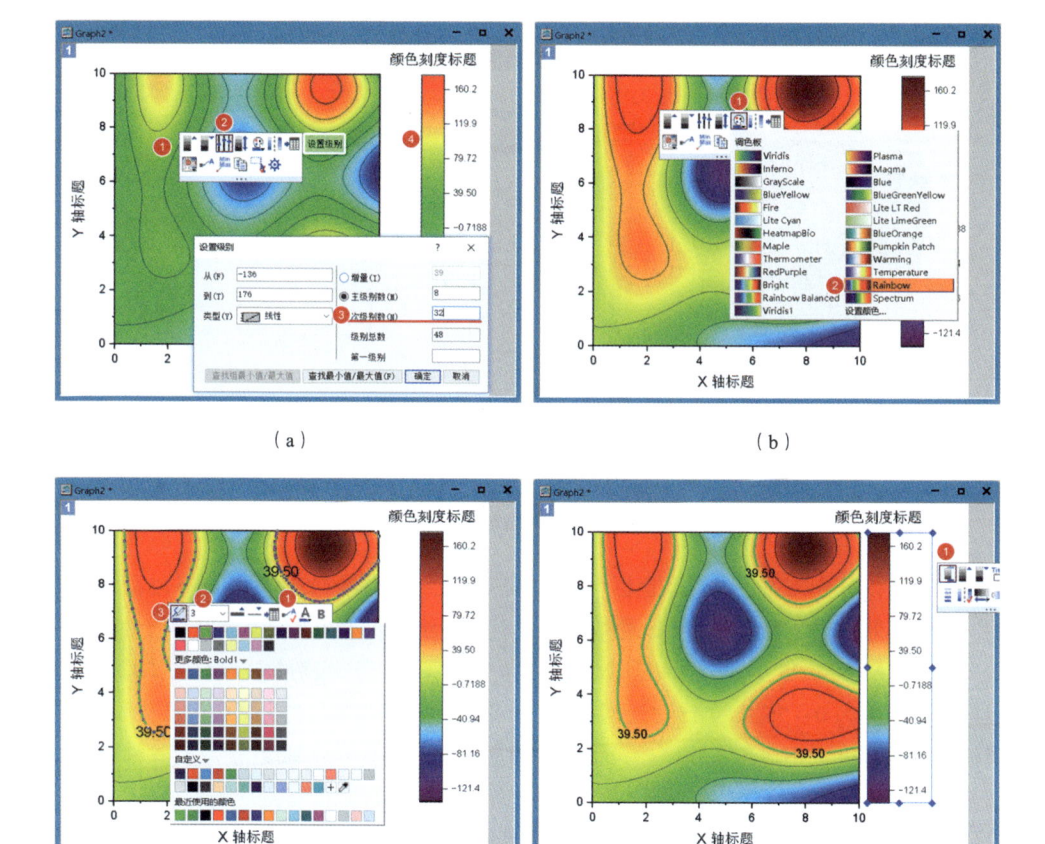

图 4-1-91　等高线图-颜色填充细节设置

以上在悬浮按钮组中进行的设置都可以通过双击绘图，打开"绘图细节-绘图属性"对话框，在该对话框中实现，请读者自行探索。

3. 等高线图-颜色填充边界设置

如常见的海拔等高线图、降水量等高线图等，在等高线下面还会叠加地图，这个地图相当于给等高线设置了一个边界。只要有等高线图对应的边界坐标值，Origin 中就能很方便地设置等高线的边界。

打开工作表，先选择 B、C、D 共 3 列数据，再选择菜单栏中的"绘图"→"等高线图、热图"→"等高线图-颜色填充"命令，获得如图 4-1-92（a）所示的效果。打开"绘图细节-绘图属性"对话框，在"等高线信息"选项卡中选中"自定义边界"单选按钮，将"X 边界数据"设置成"Col(E)"，将"Y 边界数据"设置成"Col(F)"，将"平滑参数"设置成"0.05"，如图 4-1-92（b）所示；在"颜色映射/等高线"选项卡的"边界"选项组中取消勾选"与等高线一致"复选框，自行设置边界属性，获得本例源文件中"2 设置边界"所示的效果。

（a）
（b）

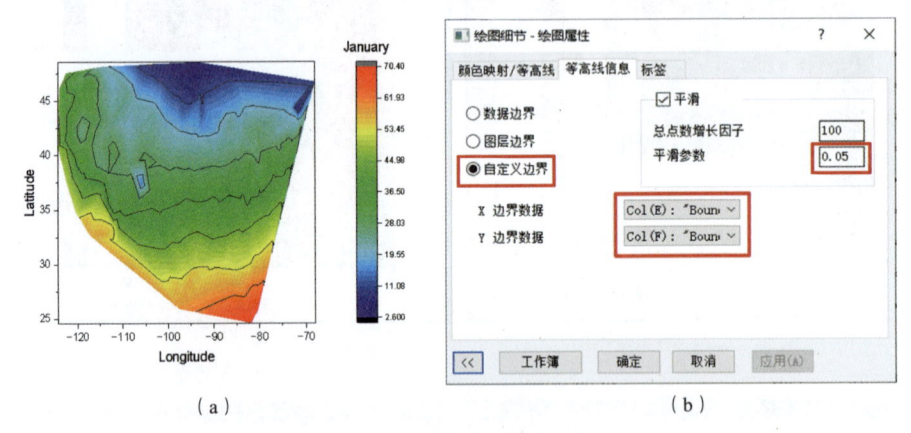

图 4-1-92　等高线图-颜色填充边界设置

接下来更改配色方案、设置颜色标尺的样式等，最终获得本例源文件中"5 地图边界等高线图"所示的效果。注意，在绘图过程中可能会有两个难点。①在"设置级别"对话框中需要设置范围为"从 0 到 75"，将"主级别数"设置为"15"，将"次级别数"设置为"4"，以显示颜色标尺的范围为 0～75 且为 15 个主级别刻度；②在"色阶控制"对话框中需要先设置级别，以显示所有主刻度，不显示次刻度，再设置"填充"为"仅显示主刻度"。只有这样才能获得本例源文件中"5 地图边界等高线图"所示的不连续的颜色标尺。

4.1.28　带标签热图、分条热图和聚类热图

热图（Heatmap）可以看成等高线图的变种。等高线图用于描述大量连续数据，热图则用于描述少量离散数据，类似于等高线图局部放大出现像素之后截图的某个矩形。热图用色彩深度和种类变化来反映 2D 矩阵中数据的大小，往往和谱系图搭配使用。

1. 带标签热图

使用鸢尾花数据集中的 Sepal Length、Sepal Width、Petal Length、Petal Width 计算 Pearson

相关系数（Pearson Correlation Coefficient）矩阵，该矩阵是一个 XYYY 型工作表。先选择数据，再选择菜单栏中的"绘图"→"等高线图，热图"→"带标签热图"命令，在虚拟矩阵对话框中保持默认设置，获得如图 4-1-93（a）所示的初始热图。热图在用于表示相关系数时，也被称为相关系数图，且除了可以使用颜色+等大小正方形表示相关系数，还可以使用颜色+气泡大小、颜色+椭圆圆度、颜色+方块大小表示相关系数，但目前 Origin 只支持使用颜色+等大小正方形表示相关系数。

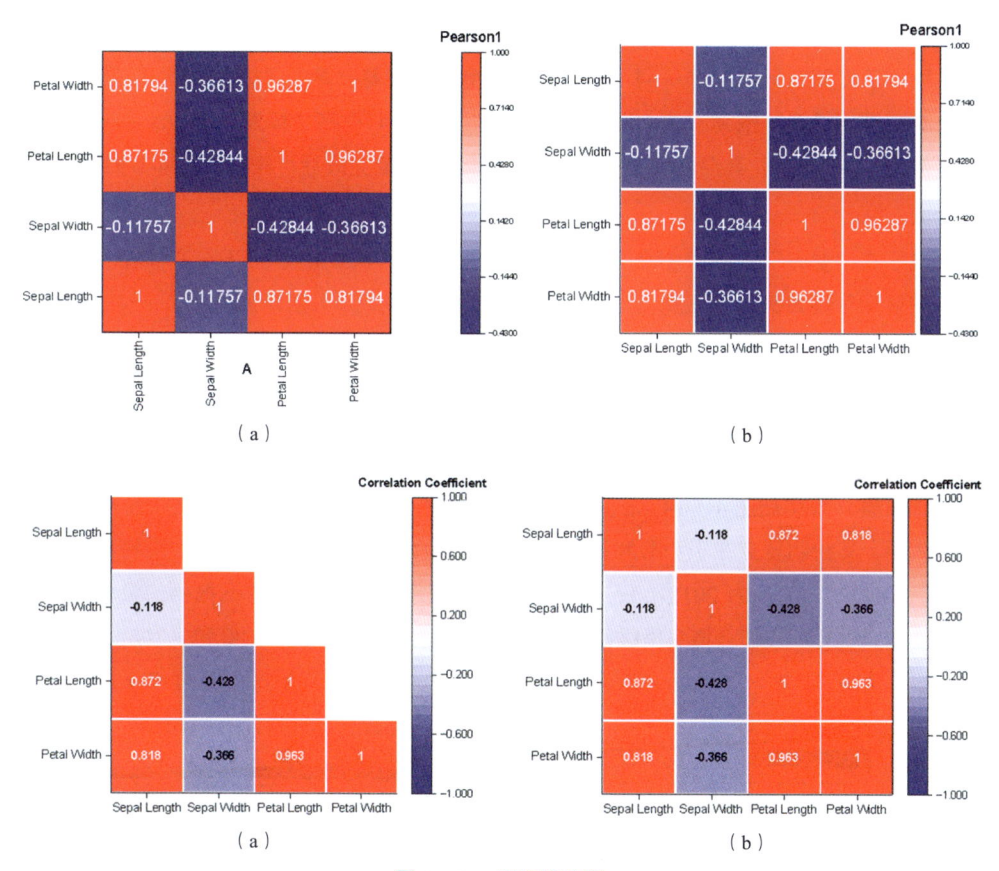

图 4-1-93 带标签热图

打开坐标轴设置对话框，在"刻度"选项卡中，选择左侧的"垂直"选项，勾选"翻转"复选框，整个坐标系将在垂直方向上发生镜像翻转，将左轴对应的刻度线标签顺序和 Pearson 相关系数矩阵中的顺序保持一致。在"刻度线标签"选项卡中，先选择左侧的"上轴"选项，并勾选"显示"复选框，再选择左侧的"下轴"选项，并取消勾选"显示"复选框，结果将使下轴显示坐标轴刻度线标签，这是因为上一步在垂直方向上设置了翻转。同理，在"轴线和刻度线"选项卡中，设置上轴显示轴线和刻度线。在"网格"选项卡中保持绘图模板的默认设置，本示例绘制的热图不需要该附加线。将颜色标尺靠近热图，并在空白处单击鼠标右键，在弹出的快捷菜单中选择"设置页面至图层大小"命令，删除坐标轴标题，获得如图4-1-93（b）所示的效果。

打开"绘图细节-绘图属性"对话框，在"显示"选项卡中将"X方向单元格的间隔（%）""Y方向单元格的间隔（%）"都设置为"4"，将"填充显示"设置为"下三角"。在"绘图细节-绘图属性"对话框的"颜色映射"选项卡中单击"填充"按钮，打开"填充"对话框，选择"3色有限混合"选项，将头尾颜色分别设置为较深的蓝色和较深的红色，并将中间色设置为白色，这是为了使颜色标尺刚好从–1到1、从蓝色到红色对称；单击"级别"按钮，打开"设置级别"对话框，设置范围为"从–1到1"、"增量"为"0.4"；在"标签"选项卡中将"标签显示"设置为"下三角"，其余选项根据需要自行设置。设置完成后，获得如图4-1-93（c）所示的效果。

如果不在"显示"选项卡中将"填充显示"设置为"下三角"，且不在"标签"选项卡中将"标签显示"设置为"下三角"，那么将获得如图4-1-93（d）所示的效果。

2. 分条热图

打开工作表，其中的数据为奥尔巴尼（Albany）2010—2017年每天的温度。先选择数据，再选择菜单栏中的"绘图"→"等高线图，热图"→"分条热图"命令，在虚拟矩阵对话框中保持默认设置，获得如图4-1-94（a）所示的初始热图。简单修饰之后，获得如图4-1-94（b）所示的效果。其绘制要点在于：①为了使X轴最右侧的刻度线标签为"Dec"，应将坐标轴范围的最大值2017-12-31改为2018-1-1；②应在"绘图细节-绘图属性"对话框的"颜色映射"选项卡中单击"填充"按钮，将头尾级别分别设置为较深的蓝色和较深的红色，以对极值进行强调显示。

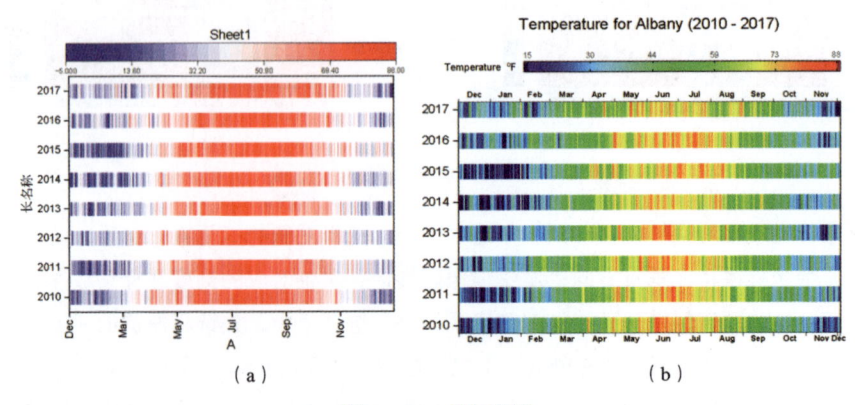

图4-1-94　分条热图

3. 聚类热图

聚类热图结合了谱系图与热图的优势，能够直观地揭示数据集中样本或特征之间的相似性和差异性。在聚类热图中，首先对数据通过聚类算法（K-means、层次聚类等）分组，使相似的样本或特征聚集在一起，其次将这些分组结果通过颜色的深浅或不同的颜色在热图上进行表示，其中颜色的变化反映了数据的大小或类别归属的强弱。

要在 Origin 中绘制聚类热图，应先对数据进行聚类分析，获得谱系图，再根据谱系图调整矩阵绘制热图，最后通过合并图层的方式把谱系图和热图结合起来，这样操作相对比较麻烦。Origin 提供了"Heat Map with Dendrogram"按钮和"Polar Heatmap with Dendrogram"按钮，用于绘制层次聚类分析下的聚类热图，这样操作比较简单。

打开如图 4-1-95（a）所示的工作表，其中的数据为某实验条件下差异基因在对照组（C）和实验组（T）中的表达矩阵。在 Apps 区域中，单击"Heat Map with Dendrogram"按钮，打开如图 4-1-95（b）所示的对话框。①设置"列标签位于"为"长名称"；②设置"行标签位于"为"第一行"；③设置"聚类列"选项组中的"聚类方法"为"最长距离"；④设置"聚类行"选项组中的"聚类方法"为"最长距离"（需要按照具体数据特点和分析目标来选择），获得如图 4-1-95（c）所示的效果。

在"绘图细节-绘图属性"对话框的"颜色映射"选项卡中单击"填充"按钮，打开"填充"对话框，选择"3 色有限混合"选项，将头尾级别分别设置为较深的蓝色和较深的红色，并将中间色设置为白色；单击"级别"按钮，打开"设置级别"对话框，设置"主级别数"为"8"、"次级别数"为"5"。设置完成后，获得如图 4-1-95（d）所示的效果。

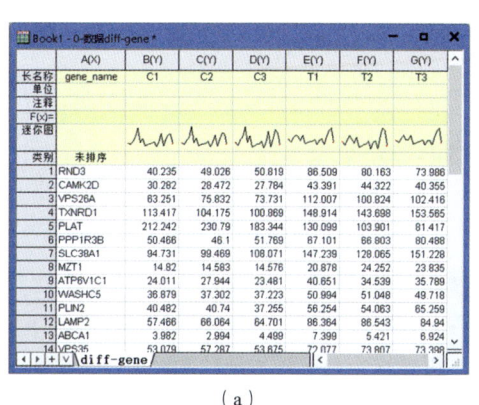

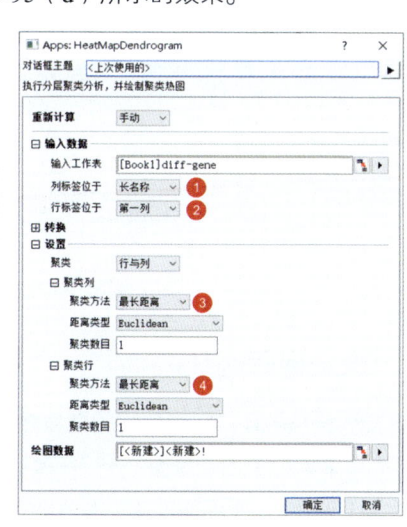

（a）　　　　　　　　　　　　　　　（b）

图 4-1-95　绘制聚类热图

（c） （d）

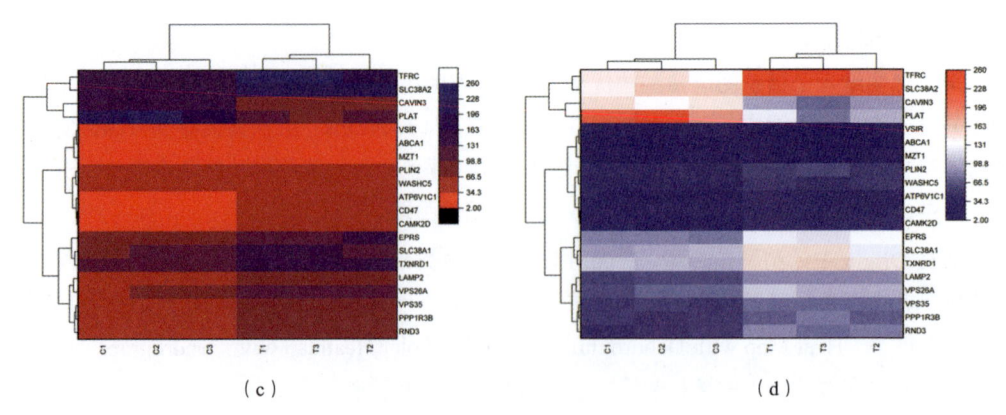

图 4-1-95 绘制聚类热图（续）

"Polar Heatmap with Dendrogram"按钮用于绘制极坐标聚类热图。打开工作表，在 Apps 区域中单击"Polar Heatmap with Dendrogram"按钮，打开如图 4-1-96（a）所示的对话框，设置相关选项，设置完成后，获得如图 4-1-96（b）所示的效果。

（a） （b）

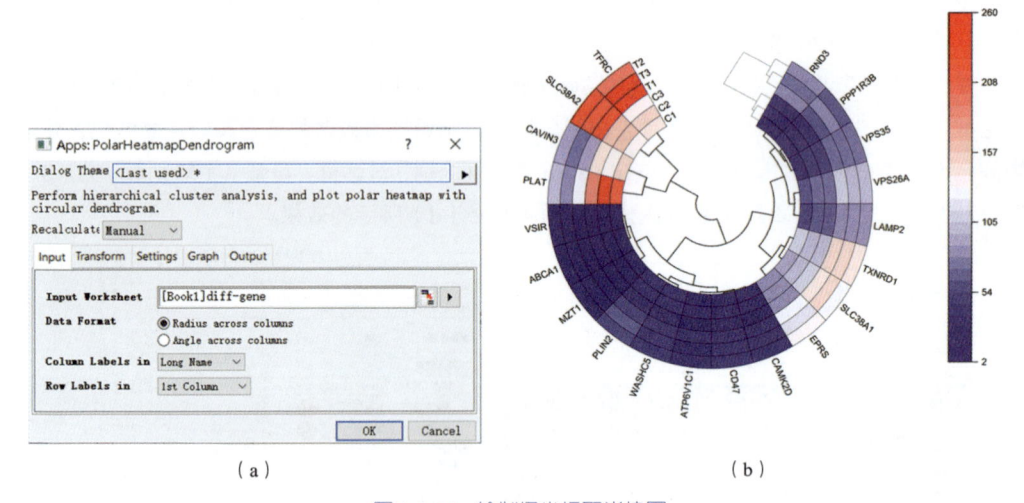

图 4-1-96 绘制极坐标聚类热图

4.1.29 极坐标等高线图

打开工作表 Sheet1，X 列数据为角度轴数据，Y 列的 0~7.5 为径向轴数据。先选择 Z 列数据，再选择菜单栏中的"绘图"→"等高线图，热图"→"极坐标等高线图 θ(X)r(Y)"命令，获得如图 4-1-97（a）所示的效果。现在要求该极坐标的角度轴与地球的经度、径向轴与地球的纬度相关联，对应的经度和纬度数据在工作表 Sheet2 中。

第 4 章　关系型图表

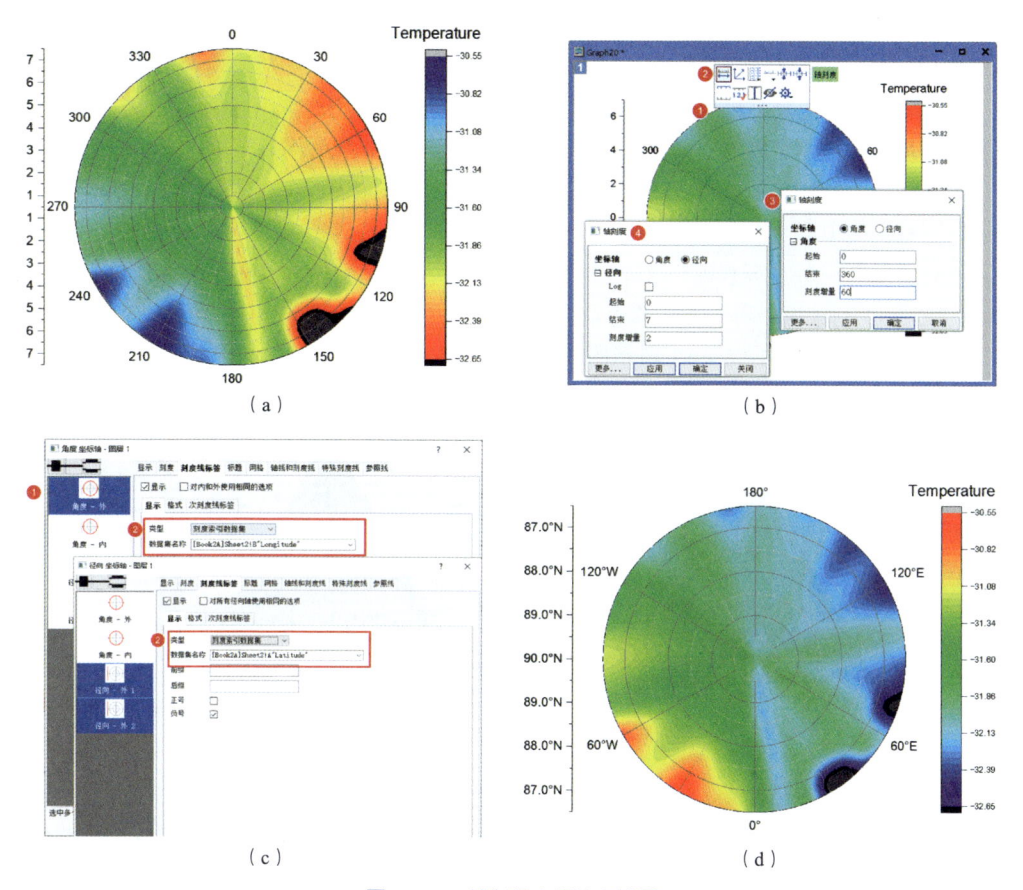

(a)　(b)　(c)　(d)

图 4-1-97　绘制极坐标等高线图

单击极坐标等高线图，在出现的悬浮按钮组中单击"翻转颜色映射"按钮，这是为了使冷色对应低温、暖色对应高温，使实际温度和颜色心理感受对应。此步不影响结果的展示。

下面设置角度轴和径向轴的主刻度，以使其与提供的经度和纬度数据对应。如图 4-1-97（b）所示：①单击角度-外轴；②在出现的悬浮按钮组中单击"轴刻度"按钮；③在弹出的"轴刻度"对话框的"坐标轴"选项组中选中"角度"单选按钮，在"角度"选项组中设置"刻度增量"为"60"；④在"坐标轴"选项组中选中"径向"单选按钮，在"径向"选项组中设置"起始"为"0"、"结束"为"7"，并设置"刻度增量"为"2"。

下面将极坐标与经度、纬度相关联。打开坐标轴设置对话框，切换为"刻度线标签"选项卡，如图 4-1-97（c）所示：①设置角度-外轴的显示类型为"刻度索引数据集"，找到存放经度的数据列；②设置两个径向-外轴的显示类型均为"刻度索引数据集"，找到存放纬度的数据列。设置完成后，获得如图 4-1-97（d）所示的效果。

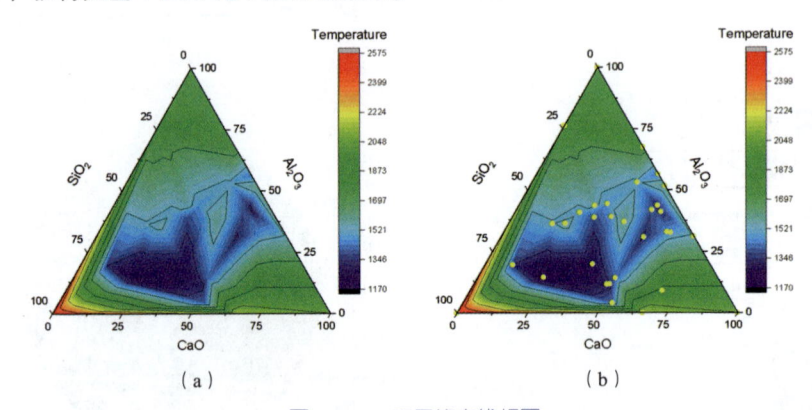

4.1.30 三元等高线相图

三元等高线相图是一种用于表示三元系统中各相之间平衡状态及相变规律的图表，通常使用等边三角形表示 3 个独立组元的成分比例（三元图），而等高线则用于展示某个物理量（温度、溶解度等）在等值区域中的分布情况。通过三元等高线相图，可以直观地观察到不同成分和条件下合金的相变行为，以及各相之间的平衡关系。

打开工作表，前 3 列数据为 3 个组的分配比（3 者之和为 100），第 4 列为温度。先选择 X、Y、Z 共 3 列数据，再选择菜单栏中的"绘图"→"等高线图，热图"→"三元等高线相图"命令，获得如图 4-1-98（a）所示的效果。

图 4-1-98　三元等高线相图

选择 Z 列数据，当鼠标指针变为 时，将其拖入三元等高线相图，这将使该列数据作为散点图加入三元等高线相图（也可以通过选择菜单栏中的"图"→"图层内容"命令来操作），获得如图 4-1-98（b）所示的效果，以便更直观地显示数据点的分布情况。

4.1.31 基础 3D 曲面图

一个曲线在 3D 空间中运动的轨迹就是 3D 曲面图，如半圆弧线绕轴一周就是球面。如果曲线在运动过程中同时发生变化，那么形成的曲面将十分复杂。Origin 有"3D 颜色填充曲面图""3D 定 X 基线图""3D 颜色映射曲面图"等多种 3D 曲面图的绘图模板，其都在"绘图"→"3D 图"下拉菜单中。除使用这些绘图模板可以绘制 3D 曲面图外，使用下方工具栏中的相应按钮也可以绘制 3D 曲面图。

打开工作表，其中的数据用于展示不同时刻下某物质的光吸收情况。其中，如图 4-1-99（a）所示的"XYZ 数据"工作表中的数据最容易理解；如图 4-1-99（b）所示的"虚拟矩阵"工作表中的数据用于表示行为时刻点，列为波长，交点为吸收值；而如图 4-1-99（c）所示的矩阵数据（"输出矩阵"工作表中的数据）是通过先选择"XYZ 数据"工作表中的数据，再选择菜单栏中的"工作表"→"转换为矩阵"→"XYZ 网格化"命令转换而来的。使用这 3 种数据都可以绘制 3D 曲面图，其中使用矩阵数据能够绘制的 3D 曲面图的种类最多，相关选项设置最完整，使用"虚拟矩阵"工作表中的数据次之，使用"XYZ 数据"工作表中的数据排最后，但对于直观理解来说可能刚好相反。

图 4-1-99　绘制 3D 曲面图的 3 种数据

先任意选择一种数据，再选择菜单栏中的"绘图"→"3D 图"→"3D 颜色填充曲面图"命令，获得如图 4-1-100（a）所示的 3D 颜色填充曲面图。

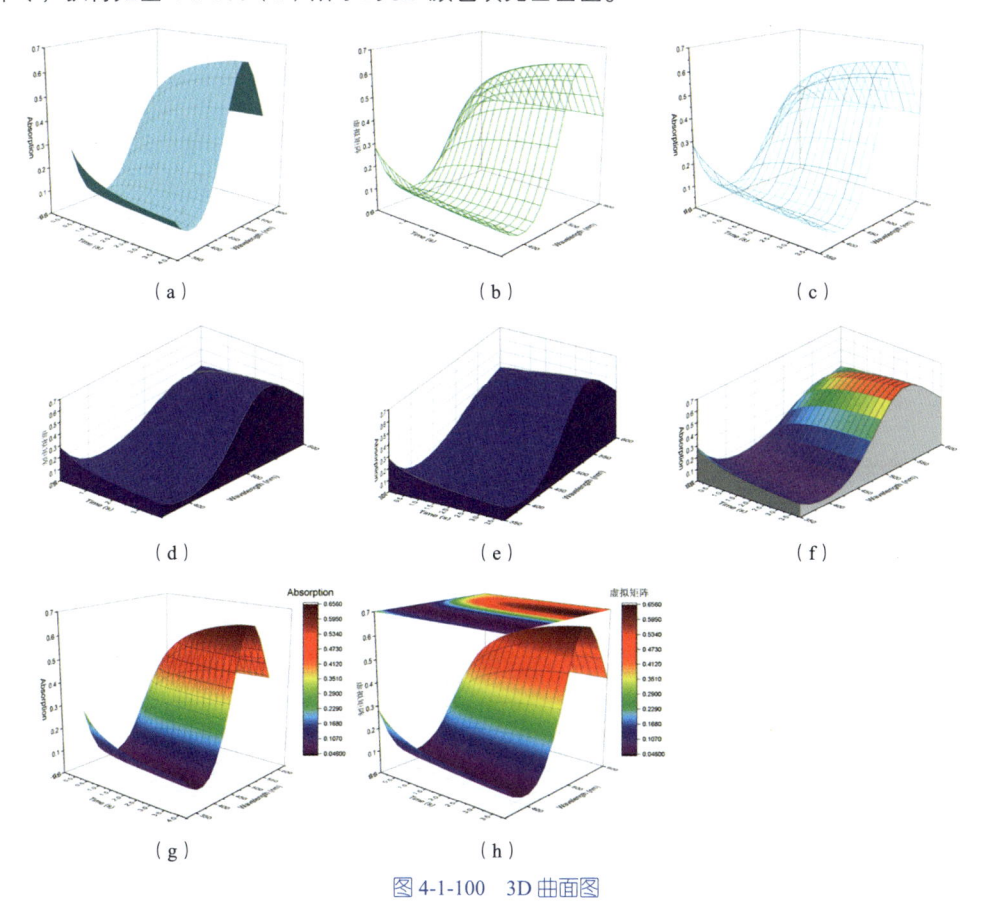

图 4-1-100　3D 曲面图

先选择"虚拟矩阵"工作表中的数据或矩阵数据，再选择菜单栏中的"绘图"→"3D 图"→"3D 线框图"命令或"3D 线框曲面图"命令，获得如图 4-1-100（b）或图 4-1-100（c）所示的 3D 线框图或 3D 线框曲面图。此处不建议使用"XYZ 数据"工作表中的数据，否则获得的 3D 线框图和 3D 线框曲面图除了默认颜色不同，其他没有区别，且不能在"网格"选项卡中设置主网格线和次网格线。而使用"虚拟矩阵"工作表中的数据或矩阵数据绘制的 3D 线框曲面图默认显示主网格线和次网格线，3D 线框图默认显示主网格线，二者都可以在"网格"选项卡中设置主网格线和次网格线。

先选择矩阵数据，再选择菜单栏中的"绘图"→"3D 图"→"3D 定 X 基线图"命令或"3D 定 Y 基线图"命令，获得如图 4-1-100（d）或图 4-1-100（e）所示的 3D 定 X 基线图或 3D 定 Y 基线图。3D 定 X 基线图是由不同的 X 值确定的平行于 YZ 平面的一系列墙形图，3D 定 Y 基线图是由不同的 Y 值确定的平行于 XZ 平面的一系列墙形图，默认颜色为蓝色。3D 定 X 基线图和 3D 定 Y 基线图都只能使用"虚拟矩阵"工作表中的数据或矩阵数据绘制，但使用"虚拟矩阵"工作表中的数据绘制的图形不能在"填充"选项卡的"逐块填充"中设置"按点"映射颜色，而使用矩阵数据绘制的图形能，如映射到彩虹色，设置完成后，获得如图 4-1-100（f）所示的效果。

先任意选择一种数据，再选择菜单栏中的"绘图"→"3D 图"→"3D 颜色映射曲面图"命令，获得如图 4-1-100（g）或图 4-1-100（h）所示的效果。使用"XYZ 数据"工作表中的数据绘制的图形的网格有斜线，而使用"虚拟矩阵"工作表中的数据和矩阵数据绘制的图形的网格为矩形。3D 颜色映射曲面图相当于两次使用数据绘制的 3D 曲面图，其中一个 3D 曲面图在 XY 平面上展平为等高线图。其也可以在绘制 3D 颜色映射曲面图后，选择菜单栏中的"图"→"图层内容"命令，打开"图层内容：绘图的添加，删除，成组，排序"对话框，使用绘图数据再次绘图，并在"绘图细节-图层属性"对话框的"曲面"选项卡中勾选"展平"复选框。

4.1.32　带误差棒的 3D 曲面图

带误差棒的 3D 曲面图只能通过矩阵数据来绘制，且需要两个位置重叠的矩阵，使用前一个矩阵绘制 3D 曲面图，使用后一个矩阵展示误差棒。建议在矩阵中单击鼠标右键，在弹出的快捷菜单中选择"显示图像缩略图"命令，以图像缩略图的形式来显示如图 4-1-101（a）所示的矩阵数据，单击图像缩略图可以切换矩阵，使用鼠标右键菜单可以对矩阵的位置进行操作。

1. 带误差棒的 3D 颜色填充曲面图

打开矩阵，先选择第 1 个矩阵的图像缩略图，再选择菜单栏中的"绘图"→"3D 图"→"带误差棒的 3D 颜色填充曲面图"命令，获得如图 4-1-101（b）所示的效果。打开"绘图细节-绘图属性"对话框，在"填充"选项卡中，选中"正曲面"选项组中的"来源矩阵的等高线填充数据"单选按钮。如果不勾选"自动"复选框,那么会获得如图 4-1-101(c)所示的效果,此时将使用误差矩阵数据映射填充颜色,且填充颜色是按照增量的形式进行有限混合映射的;如果勾选"自动"复选框,那么会获得如图 4-1-101(d)所示的效果,此时将使用曲面矩阵数据映射填充颜色。

2. 带误差棒的 3D 颜色映射曲面图

如果在图 4-1-101(d)的基础上,继续在"颜色映射/等高线"选项卡中设置颜色映射的主级别数、次级别数和调用调色板,那么会获得如图 4-1-101(e)所示的效果,此时图形变成了带误差棒的 3D 颜色映射曲面图。也可以先选择曲面矩阵数据,再选择菜单栏中的"绘图"→"3D 图"→"带误差棒的 3D 颜色映射曲面图"命令,获得如图 4-1-101(f)所示的效果。

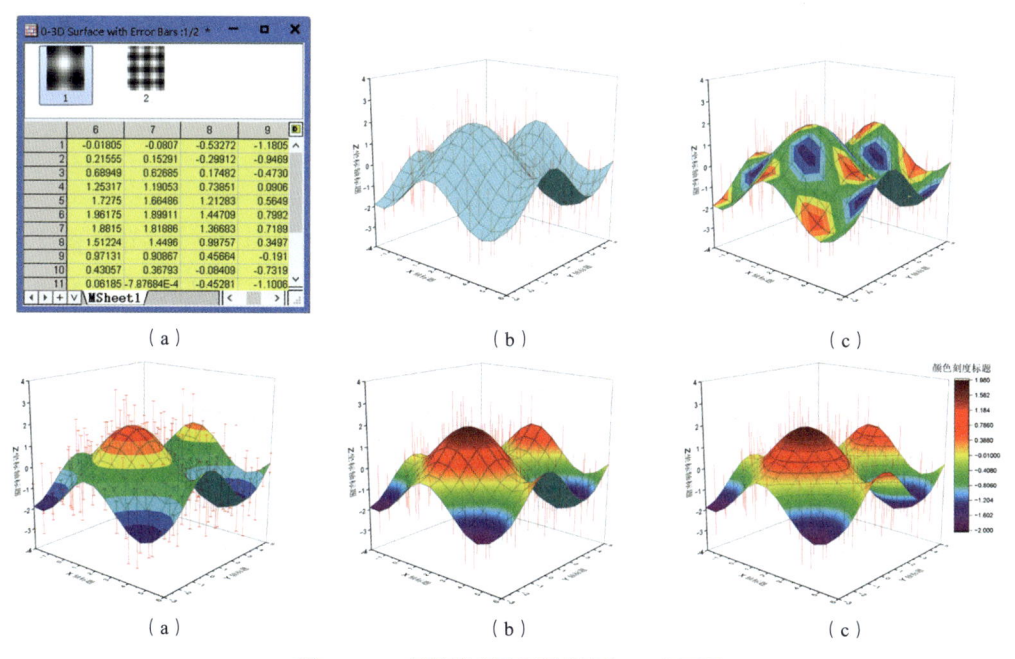

图 4-1-101 矩阵数据及带误差棒的 3D 曲面图

4.1.33 多个颜色映射曲面图

如果矩阵中的多个矩阵数据都是曲面数据,那么可以绘制多个颜色映射曲面图。例如,矩阵中有地貌数据和水位高程数据,先选择数据,再选择菜单栏中的"绘图"→"3D 图"→"多个颜色映射曲面图"命令,获得如图 4-1-102(a)所示的效果。对细节进行设置后,最终获得如图 4-1-102(f)所示的效果。

(a)　　　　　　　　　　　　(b)　　　　　　　　　　　　(c)

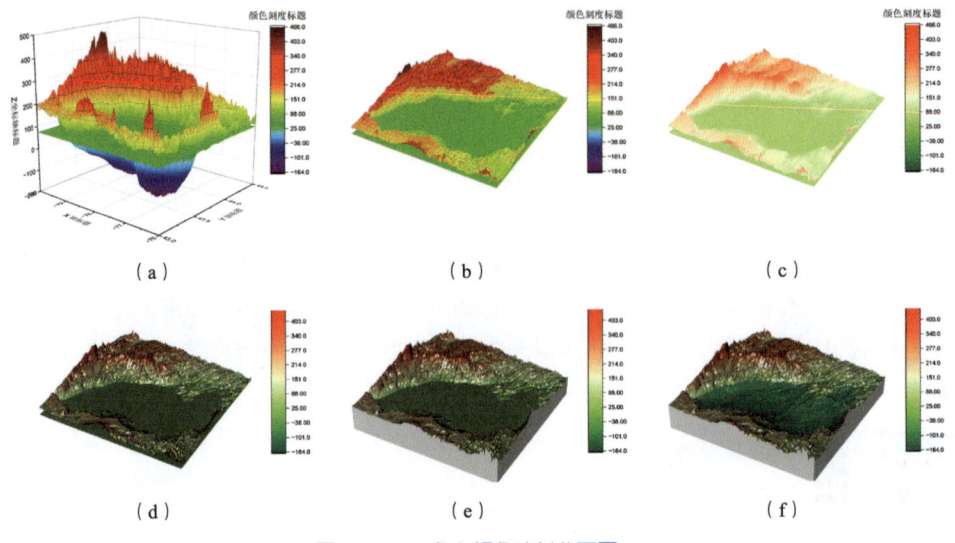

(d)　　　　　　　　　　　　(e)　　　　　　　　　　　　(f)

图 4-1-102　多个颜色映射曲面图

1. 调整坐标轴和平面

在如图 4-1-103 所示的"绘图细节-图层属性"对话框的"坐标轴"选项卡中设置 Z 轴长度，以及整个坐标系的角度；在"平面"选项卡中取消勾选所有平面的复选框，获得如图 4-1-102（b）所示的效果。

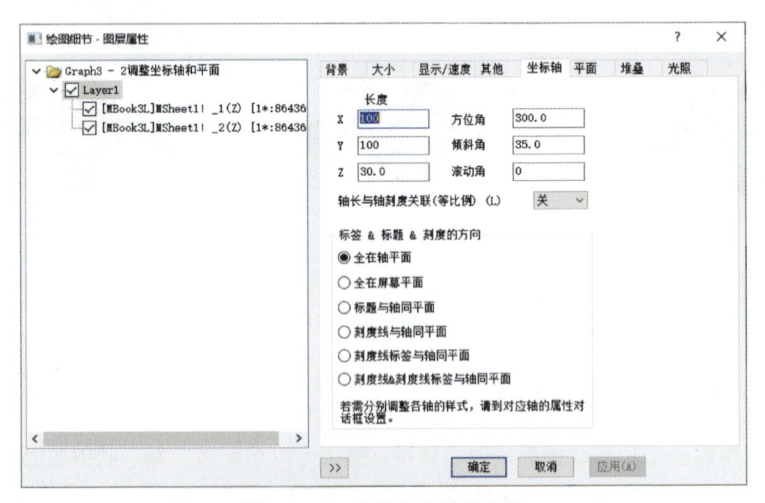

图 4-1-103　调整坐标轴和平面

2. 设置颜色并隐藏网格线和等高线

在如图 4-1-104 所示的"绘图细节-绘图属性"对话框的"颜色映射/等高线"选项卡中单击"填充"按钮，将填充颜色更改为"加载调色板"→"Watermelon"，如果 Watermelon 不在默认的调色板清单中，那么单击"更多调色板"按钮添加 Watermelon；单击"线"按钮，隐藏所有等高线；在"网格"选项卡中取消勾选"启用"复选框，隐藏网格线。注意，两个绘图都要如此设置，最终获得如图 4-1-102（c）所示的效果。

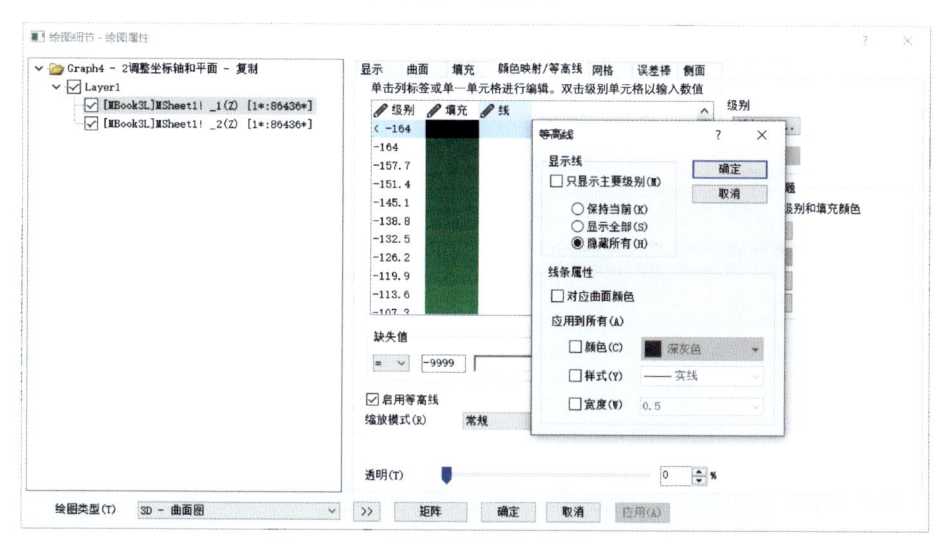

图 4-1-104　设置颜色并隐藏网络线和等高线

3．调整光照

在如图 4-1-105 所示的"绘图细节-图层属性"对话框的"光照"选项卡中选中"定向光"单选按钮，勾选"动态光影"复选框，并设置光照颜色，获得如图 4-1-102（d）所示的效果。

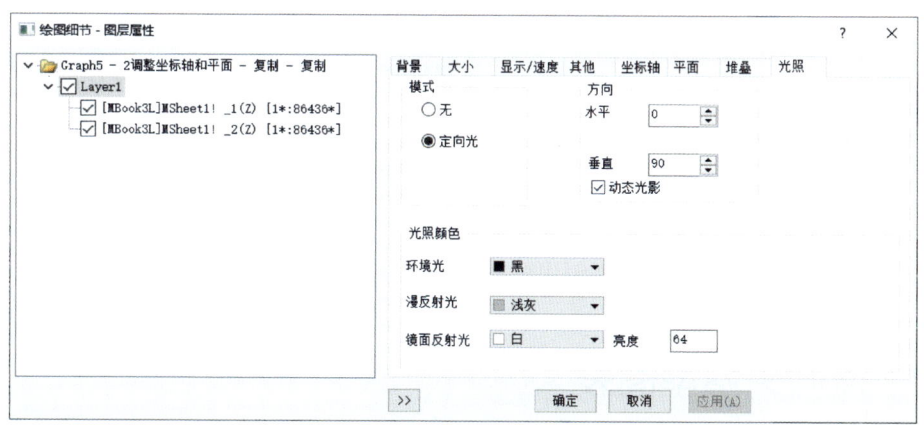

图 4-1-105　调整光照

4．调整侧面和湖水颜色

在用于绘制地貌的如图 4-1-106（a）所示的"绘图细节-绘图属性"对话框的"侧面"选

项卡中勾选"启用"复选框,并设置 X 轴、Y 轴侧面的颜色分别为浅灰色和灰色,获得如图 4-1-102(e)所示的效果。

在用于绘制水位高度的如图 4-1-106(b)所示的"绘图细节-绘图属性"对话框的"填充"选项卡中取消勾选"自动"复选框,并设置透明度为 50%,获得如图 4-1-102(f)所示的效果。注意,单击"逐块填充"单选按钮右侧的下拉按钮,在弹出的下拉列表中也可以选择其他颜色,如蓝色、青色等,以模拟湖水颜色。

(a)

(b)

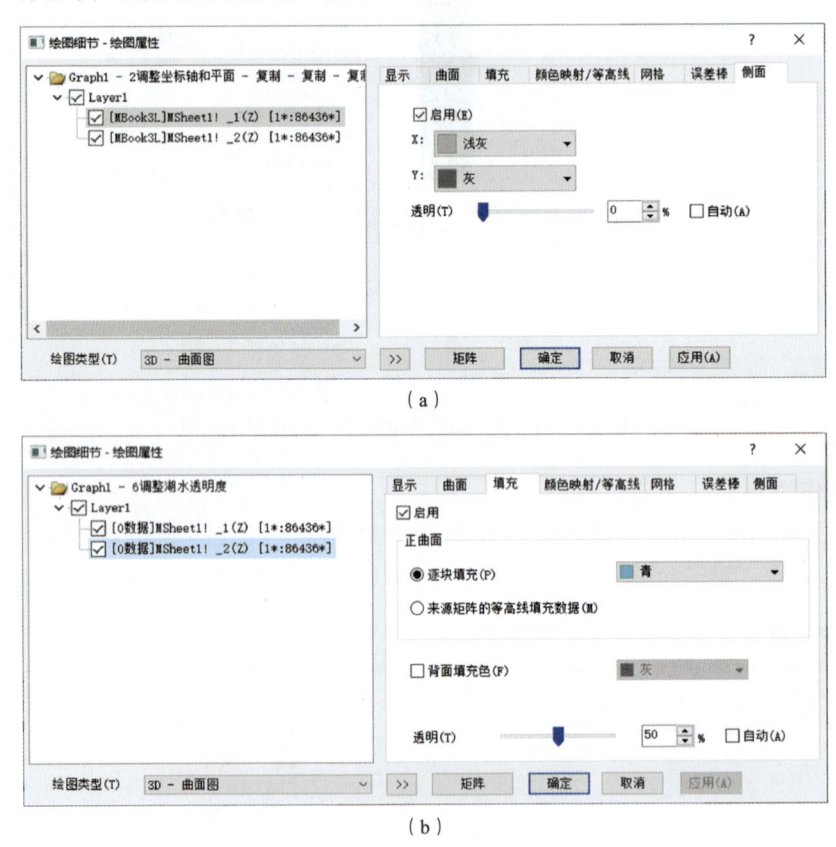

图 4-1-106 调整侧面和湖水颜色

4.2 流向关系型图表

4.2.1 XYAM 矢量图

矢量图在 Origin 中主要用于表示具有方向和长度的数据的流动方向与强度,对于理解复杂物理场或流体动力学等非常有帮助。

第 4 章 关系型图表 | 179

在 Origin 中，2D 矢量图有 XYAM 矢量图和 XYXY 矢量图两种。XYAM 矢量图所用的数据格式为 XYYY 型，分别表示矢量图的起点位置、方向（角度）和大小（量纲、长度、幅度等），方向和大小这对数据一般表示极坐标系中点的位置。确定了起点和终点，就可以绘制各行数据对应的矢量图。

打开工作表，其中的数据为河水流过塔标周围的紊流和层流情况。先选择数据，再选择菜单栏中的"绘图"→"专业图"→"XYAM 矢量图"命令，获得如图 4-2-1（a）所示的效果。

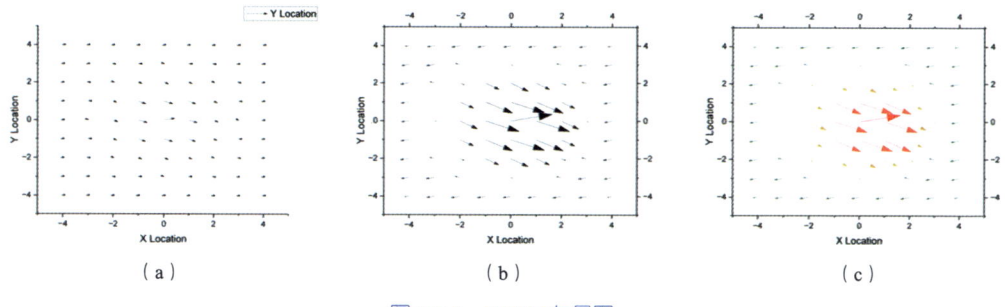

（a） （b） （c）

图 4-2-1　XYAM 矢量图

打开"绘图细节-绘图属性"对话框，在如图 4-2-2 所示的"矢量"选项卡中进行 XYAM 矢量图的相关设置。可以从长度和角度两个维度来设置矢量箭头的形状，一般保持默认设置；也可以设置"刻度的长度和幅度"为"线性"或"对数"，将矢量箭头的长度映射到该箭头的形状上，效果如图 4-2-1（b）所示。此外，还可以在此基础上设置颜色映射，如将颜色映射到强度上，将"乘数"设置为"90"，最终获得如图 4-2-1（c）所示的效果。

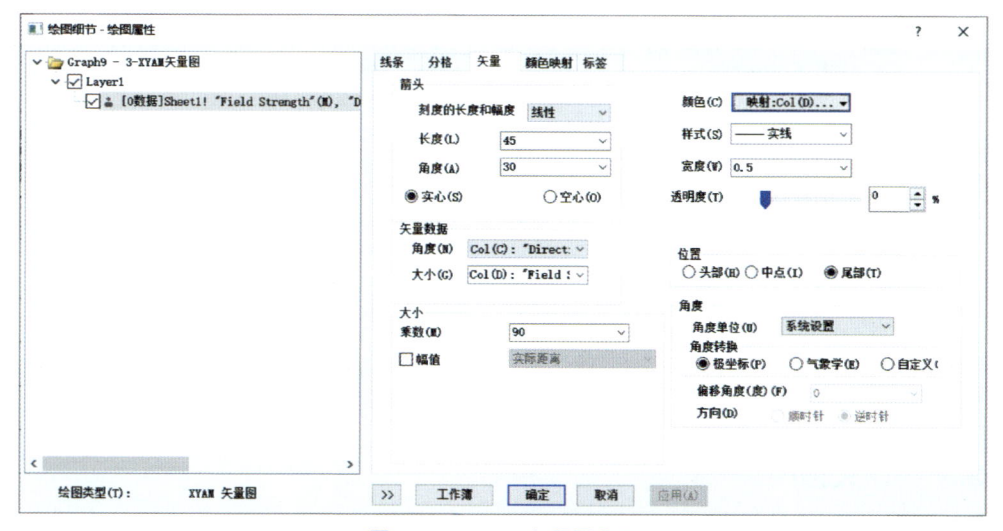

图 4-2-2　XYAM 矢量图设置

4.2.2 XYXY 矢量图

XYXY 矢量图更简单，前后两组 XY 值用于定义矢量箭头的起点和终点在直角坐标系中的坐标。打开如图 4-2-3（a）所示的工作表，先选择数据，再选择菜单栏中的"绘图"→"专业图"→"XYXY 矢量图"命令，获得如图 4-2-3（b）所示的效果。XYXY 矢量图的"绘图细节-绘图属性"对话框的"矢量"选项卡中的设置也非常简单，这里参照图 4-2-3（c）。

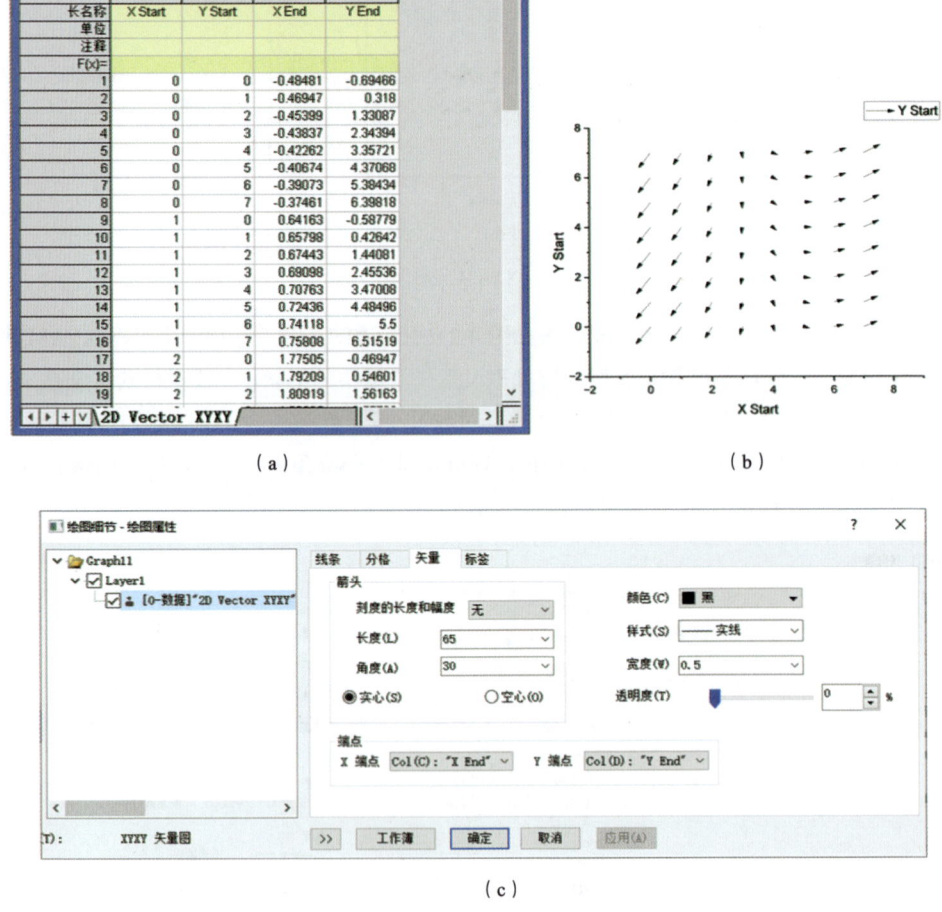

（a）

（b）

（c）

图 4-2-3　绘制 XYXY 矢量图

4.2.3　3D 矢量图

把矢量图扩展到 3D 坐标系，同样有两种数据，效果如图 4-2-4 所示。一种是 XYZ XYZ 型，前后两组 XYZ 值用于定义起点和终点在 3D 空间中的坐标；另一种是 XYZ dXdYdZ 型，

XYZ 值用于定义起点坐标，dXdYdZ 值用于定义矢量。对应的绘图模板在"绘图"→"3D 图"下拉菜单中。

（a） （b）

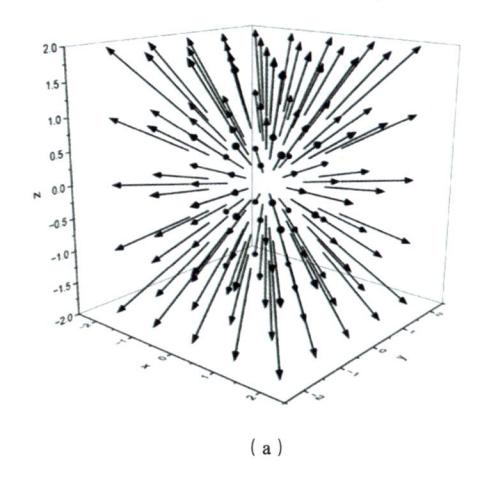

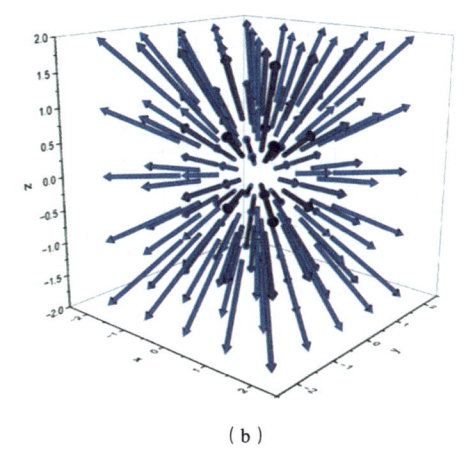

图 4-2-4　3D 矢量图

4.2.4　极坐标矢量图

把矢量图扩展到极坐标系，目前 Origin 还只有以 XYXY 格式表示的 θrθr 极坐标矢量图。打开工作表，其中的数据为某时刻北半球风向和风速数据。先选择前 4 列数据，再选择菜单栏中的"绘图"→"专业图"→"θrθr 极坐标矢量图"命令，获得如图 4-2-5（a）所示的效果。

在坐标轴设置对话框的"刻度"选项卡中，对角度轴设置"单位"为"自定义"，设置起始刻度为"–180"、结束刻度为"180"，并设置主刻度增量为"30"；对径向轴勾选"中心位于（%）"复选框，设置起始刻度为"0"、结束刻度为"90"，并设置主刻度增量为"30"；在"显示"选项卡中，设置"方向"为"逆时针"、"轴的起始角度（度）"为"90"。设置完成后，获得如图 4-2-5（b）所示的效果。

在"绘图细节-绘图属性"对话框的"矢量"选项卡中，设置"颜色"为"映射：Col(E)"。在"颜色映射"选项卡中，单击"填充"按钮，打开"填充"对话框，选择"3 色有限混合"选项，将头尾颜色分别设置为较深的蓝色和较深的红色，并将中间色设置为白色；单击"级别"按钮，打开"设置级别"对话框，设置范围为"从 0 到 24"、"增量"为"2"。设置完成后，获得如图 4-2-5（c）所示的效果。在左侧工具栏中单击"颜色标尺"按钮，添加颜色标尺，并进行细节调整。设置完成后，获得如图 4-2-5（d）所示的效果。

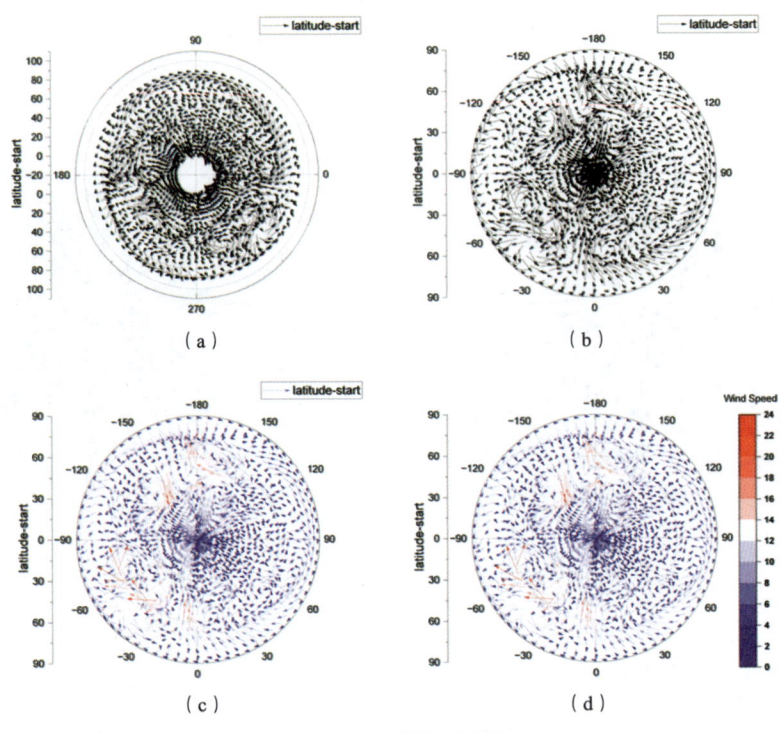

图 4-2-5 极坐标矢量图

4.2.5 罗盘图

  罗盘图是一种特殊的极坐标矢量图，所有矢量箭头都通过从中心指向周围来表示方向，类似于 6.14 节介绍的风向玫瑰图。打开某日风向风速工作表，先选择数据，再选择菜单栏中的"绘图"→"专业图"→"罗盘图"命令，获得如图 4-2-6（a）所示的效果。旋转 90 度后，按照上北下南左西右东的惯例顺时针设置坐标轴标签。设置完成后，获得如图 4-2-6（b）所示的效果。

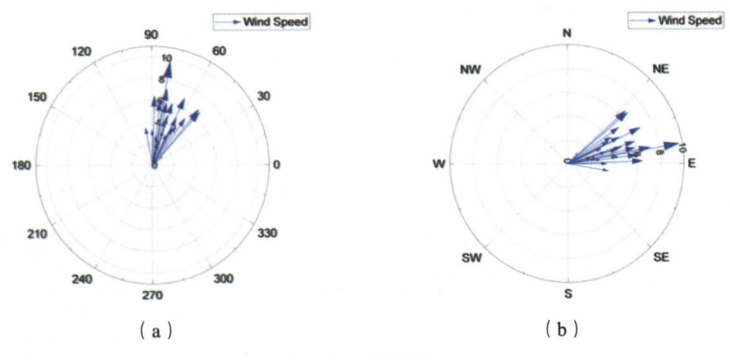

图 4-2-6 罗盘图

4.2.6 三元矢量图

把矢量图扩展到三元坐标系，数据按 XYZXYZ 排列，第 1 组 XYZ 值用于定义矢量图的起点坐标，第 2 组 XYZ 值用于定义矢量图的终点坐标。先选择数据，再选择菜单栏中的"绘图"→"专业图""三元矢量图"命令，获得如图 4-2-7（a）所示的效果，简单修饰之后，获得如图 4-2-7（b）所示的效果。

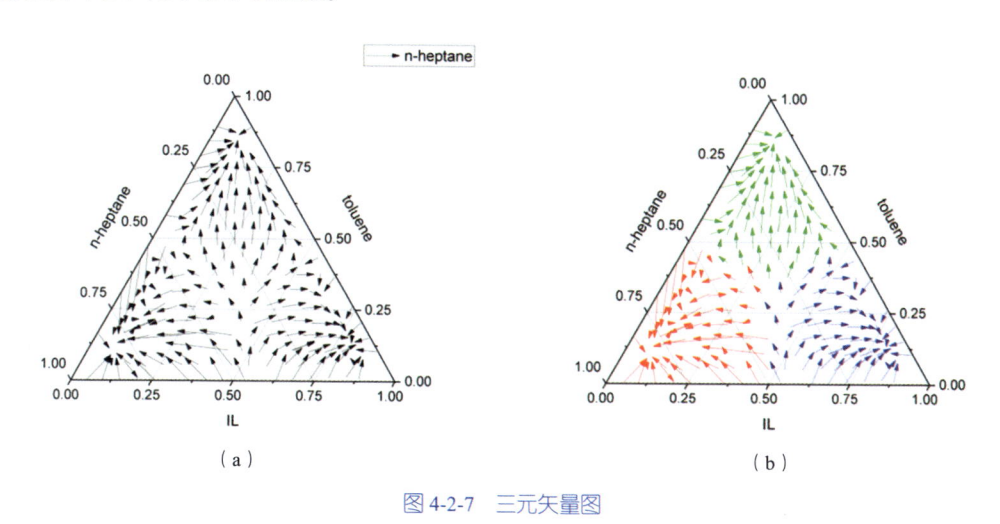

图 4-2-7 三元矢量图

4.2.7 带状图和百分比带状图

带状图和 3D 带状图的名称相似，但二者不具有承接关系。带状图本质上是堆积柱状图，而 3D 带状图是折线图的 3D 版本。带状图是通过在堆积柱状图的基础上进行两个方面的设置来获得的，一方面是对堆叠的矩形进行排序，另一方面是对同一组矩形使用线条连接引导。带状图使用带曲率的条带或曲线展示变量内部的流变关系，以及同一个节点上的组成关系，可以理解为带有宽度的曲线图，起始流变和结束流变总量不需要相等，适用于展示多个时间序列数据的变化趋势和相互关系。

打开工作表，其中的数据用于表示 2018 年第 1 季度到 2020 年第 4 季度（2018Q1—2020Q4）全球各大品牌手机销量的变化情况。先选择数据，再选择菜单栏中的"绘图"→"条形图，饼图，面积图"→"堆积柱状图"命令，获得如图 4-2-8（a）所示的效果。在如图 4-2-9（a）所示的"绘图细节-图层属性"对话框的"堆叠"选项卡中勾选"按大小排序显示柱状图/条形图"复选框，并选择其后下拉列表中的"升序"选项，勾选"显示堆积或浮动柱状图/条形图各层的连接线"复选框。设置完成后，获得如图 4-2-8（b）所示的效果。

(a)   (b)

(c)   (d)

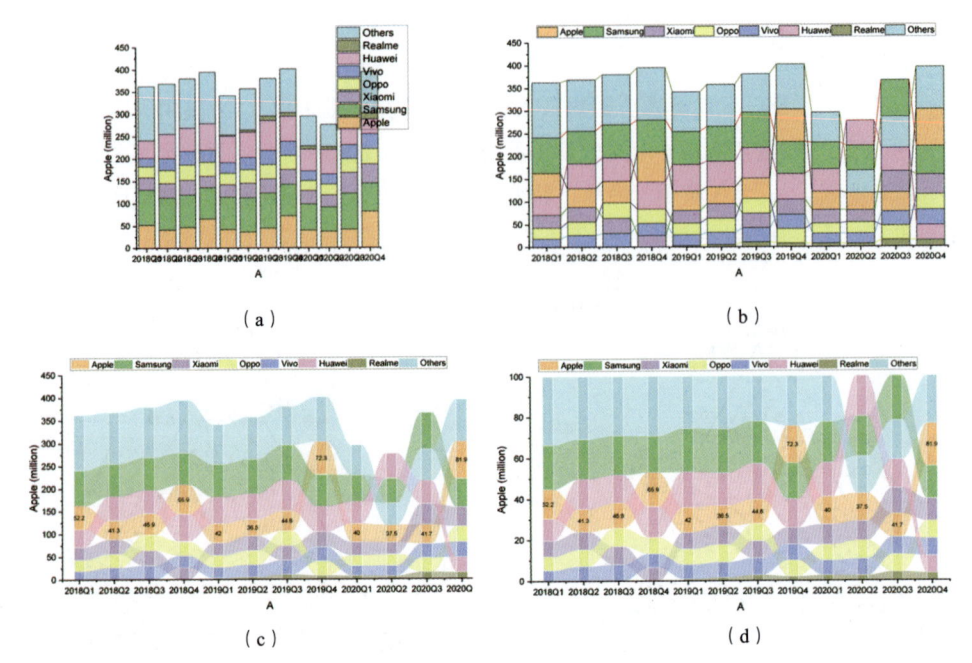

图 4-2-8   从堆积柱状图绘制带状图

(a)   (b)

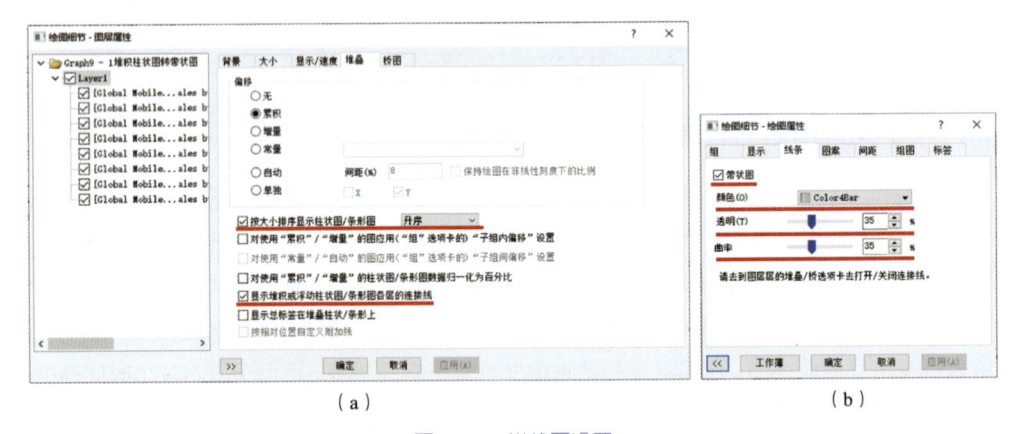

图 4-2-9   带状图设置

在如图 4-2-9（b）所示的"绘图细节-绘图属性"对话框的"线条"选项卡中勾选"带状图"复选框，设置"颜色"选项、"透明"选项和"曲率"选项；在"图案"选项卡中将边框设置为白色，取消勾选"跟随线条透明度"复选框；设置标签等细节。设置完成后，获得如图 4-2-8（c）所示的带状图。如果在"绘图细节-图层属性"对话框的"堆叠"选项卡中勾选"对使用'累积'/'增量'的柱状图/条形图数据归一化为百分比"复选框，那么可以获得如图 4-2-8（d）所示的百分比带状图。

Origin 中有带状图与百分比带状图的绘图模板用于绘制带状图和百分比带状图。先选择数据，再选择菜单栏中的"绘图"→"分组图"→"带状图"命令或"百分比带状图"命令，获得初始带状图或百分比带状图，简单修饰之后，获得如图 4-2-10 所示的带状图和百分比带状图。可见，整个手机市场在 2020 年第 1 季度和 2020 年第 2 季度整体低迷。由于带状图中对数据进行了升序排列，因此相同颜色的条带可以直观展示数据的升降情况。

（a） （b）

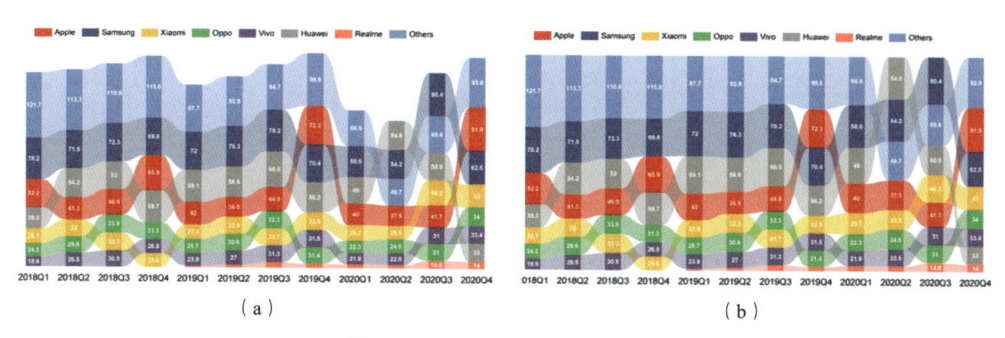

图 4-2-10 带状图和百分比带状图

4.2.8 平行集图

平行集图专门用于展示多个分类变量之间的复杂交互关系。Origin 中的平行集图由一系列平行的纵轴组成，每个纵轴都表示一个分类变量，而各分类变量的不同类别则通过直线或条带在纵轴上表示；而使用其他软件绘制的平行集图可能由一系列平行的横轴组成。平行集图通过直线的排列和组合，展示不同分类变量之间如何相互关联和变化。这种图表尤其适用于处理多维分类数据，如生物信息学中的基因表达数据、市场分析中的消费者行为数据等。平行集图的优势在于，它能够以直观的方式揭示数据中的隐藏模式和结构，帮助用户发现不同分类变量之间的潜在联系。

打开如图 4-2-11（a）所示的工作表，其中的数据为泰坦尼克号人员的部分原始数据，包括了 Class（舱级）、Sex（性别）、Age（年龄段）和 Survived（生存状况）等。先选择数据，再选择菜单栏中的"绘图"→"分组图"→"平行集图"命令，获得如图 4-2-11（c）所示的效果。如果采用如图 4-2-11（b）所示的数据，那么先选择数据，再选择菜单栏中的"绘图"→"分组图"→"带权重的平行集图"命令，也可以获得如图 4-2-11（c）所示的效果。平行集图和带权重的平行集图都是高度定制的，可以设置的地方不多。打开"绘图细节-绘图属性"对话框，只有"线条"选项卡可以对曲线进行基本属性设置。双击坐标轴标签，可以对坐标轴进行设置。

观察图 4-2-11（c）可知，儿童人数不多，但存活率高于成人；女性存活率较高；一、二等舱人员的存活率较高；船员大多数是男性，虽然存活人数是最多的，但是死亡人数也是最多的。

186 | Origin 学术图表

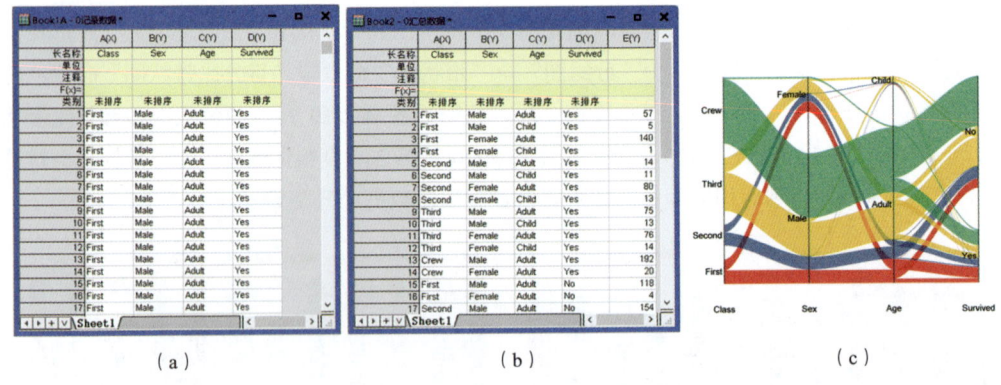

（a） （b） （c）

图 4-2-11 工作表和平行集图

4.2.9 冲积图

冲积图是平行集图的一个变种，更易于展示事件之间的关联和流动变化情况。同样可以使用 4.2.8 节介绍的两种数据，但 Origin 中只有一个绘图模板用于兼容这两种数据。先选择数据，再选择菜单栏中的"绘图"→"分组图"→"冲积图"命令，获得如图 4-2-12（a）所示的效果。相对于平行集图，冲积图取消了传统绘图的坐标轴，将坐标轴变成了节点，并默认使用白色矩形表示，便于显示标签，其数据排序和平行集图相反。

（a） （b）

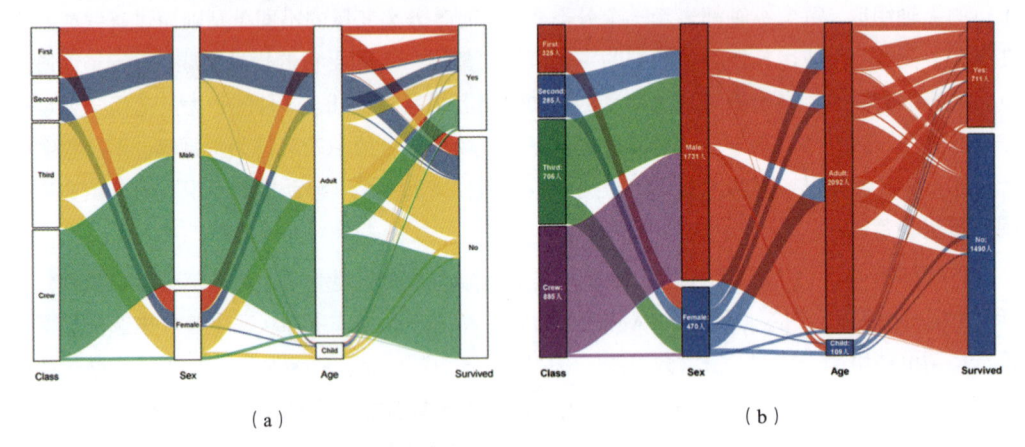

图 4-2-12 冲积图

打开"绘图细节-绘图属性"对话框，可以在"节点"选项卡、"连接线"选项卡和"标签"选项卡中设置绘图属性。图 4-2-12（b）所示的效果是对节点填充颜色按点使用了 Bold1 配色方案，即进行了如图 4-2-13（a）所示的设置；并将连接线的填充颜色设置为了"使用源节点的颜色"，即进行了如图 4-2-13（b）所示的设置；还显示了节点标签的"总数值"，以及添加了后缀"人"，即进行了如图 4-2-13（c）所示的设置。

(a)　　　　　　　　　　　　(b)　　　　　　　　　　　　(c)

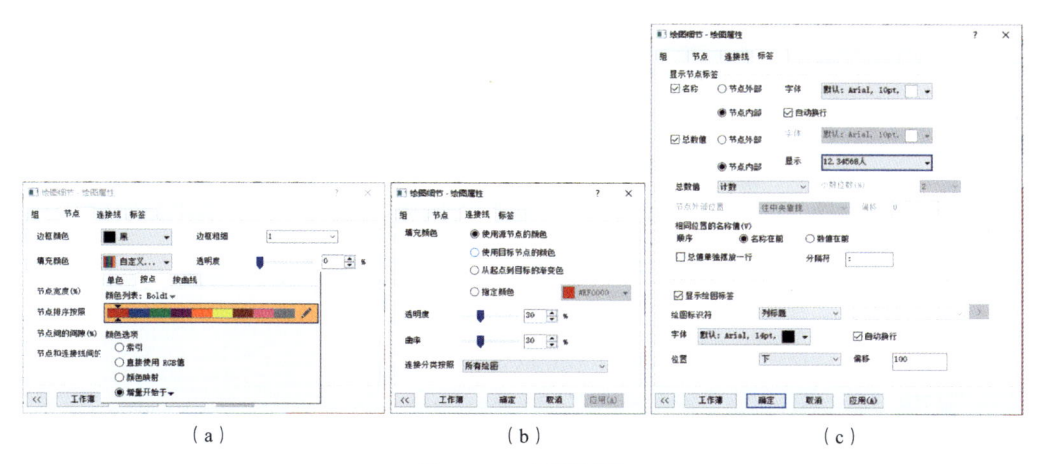

图 4-2-13　冲积图设置

平行集图和冲积图在设置上完全不同，但显示效果大同小异，都可以看作桑基图的简化子类。平行集图的数据格式符合一般记录习惯，易于理解，但要求数据格式方正和完整，不支持对数据进行流向箭头的指示和位置的自由调整。

4.2.10　桑基图

桑基图（Sankey Diagram）是一种特定类型的流程图，也叫桑基能量平衡图，用于描述一组值到另一组值的流向。1898 年，Matthew Henry Phineas Riall Sankey 在土木工程师学会会报纪要的一篇关于蒸汽机能源效率的文章中首次提出了第 1 个能量流动图，此后便以其名字将该图命名为 Sankey 图，中文音译为桑基图。桑基图比较明显的特征就是，始端与末端的分支宽度总和相等，即所有主支宽度的总和与所有分支宽度的总和相等，用于保持能量平衡。

图 4-2-14（a）所示为一个具有明显流向的数据集，简化模拟了某年中国、印度和其他国家留学生留学去向和学成去向数据，除了可以表达为左侧的表格格式（虚拟矩阵），还可以表达为右侧的 source-target-value 格式，这种数据格式正是桑基图所要求的输入数据的基本格式。

先选择留学去向数据，再选择菜单栏中的"绘图"→"分组图"→"桑基图"命令，获得如图 4-2-14（b）所示的效果。桑基图在绘图属性设置上，和冲积图一样都使用"节点"选项卡、"连接线"选项卡和"标签"选项卡实现，但桑基图可以设置的内容比冲积图丰富，如可以设置节点外观为箭头（表示流向），每个节点都可以自由拖动位置（默认只能沿着垂直方向拖动）等。

如果追踪这批留学生的学成去向，将其记录为 source-target-value 格式的数据，使用留学去向和学成去向数据绘制桑基图，那么简单修饰之后，可以获得如图 4-2-14（c）所示的效果。可见，多级桑基图的绘图基础仍然是 source-target-value 格式的数据，只是数据中容纳的流向关系更复杂了。

(a) (b) (c)

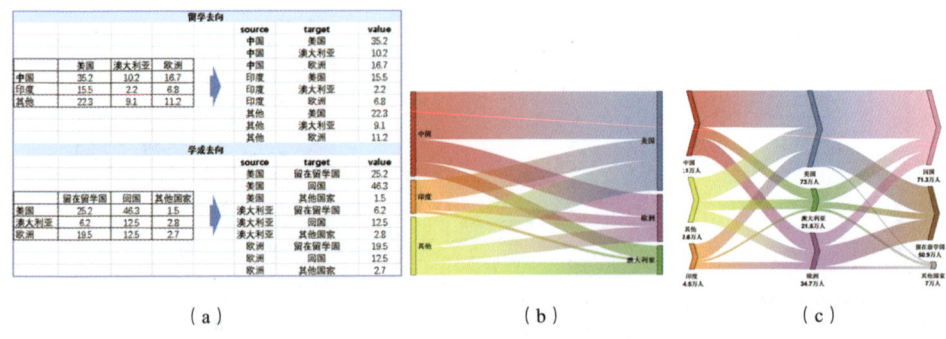

图 4-2-14 使用 3 列数据绘制桑基图

此外，桑基图还可以使用 4 列数据进行绘制，此时可以在第 4 列的基础上添加如图 4-2-15（a）所示的第 5 列，映射成其他名称，即修改节点名称，同时还可以对节点颜色进行自定义。使用 4 列数据绘制的桑基图，在如图 4-2-15（b）所示的"绘图细节-绘图属性"对话框的"标签"选项卡中多了一个"显示名称"选项，在如图 4-2-15（c）所示的"节点"选项卡的"填充颜色"下拉列表的"按点"选项卡中多了几个颜色选项。使用 4 列数据绘制的桑基图如图 4-2-15（d）所示。

(a) (b)

(c) (d)

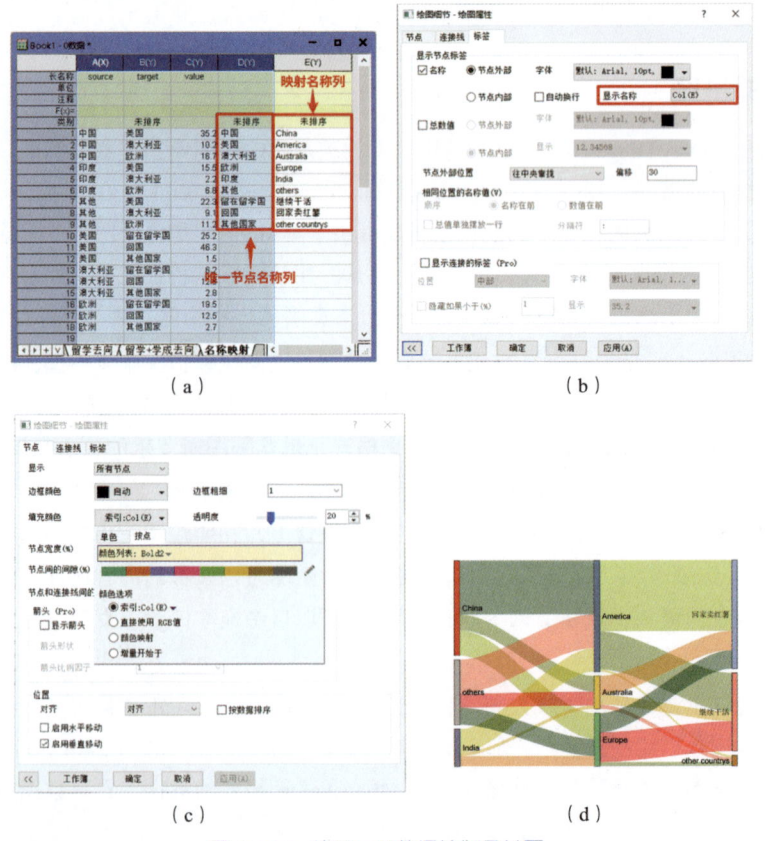

图 4-2-15 使用 4 列数据绘制桑基图

桑基图的流向并不总是像图 4-2-14（c）一样规整的，每个数据流都经过同样级数的节点。例如，Learning Center 中的美国 2018 年能量流向的桑基图。使用数据绘制的初始桑基图如图 4-2-16（a）所示。其各节点之间的流向看起来有一些不必要的缠绕。拖动节点，将这种缠绕关系厘清，并在"节点"选项卡中勾选"显示箭头"复选框，设置箭头显示位置为"起点&终点"，获得如图 4-2-16（b）所示的效果。可见，有些数据越过了某些级别的节点直达下一级节点。在图 4-2-16（b）的基础上，对指定节点设置旋转角度和调整位置，以及进行其他细节设置，最终获得如图 4-2-16（c）所示的效果。这个图形看起来有点复杂，需要先找到表示数据流起点的节点箭头，然后依次朝表示数据流终点的节点箭头看。也可以先找到如图 4-2-16（c）所示的红色箭头指示的完整汇聚来向的流量和完整发出去向的流量的两个节点，然后对数据流进行解读。

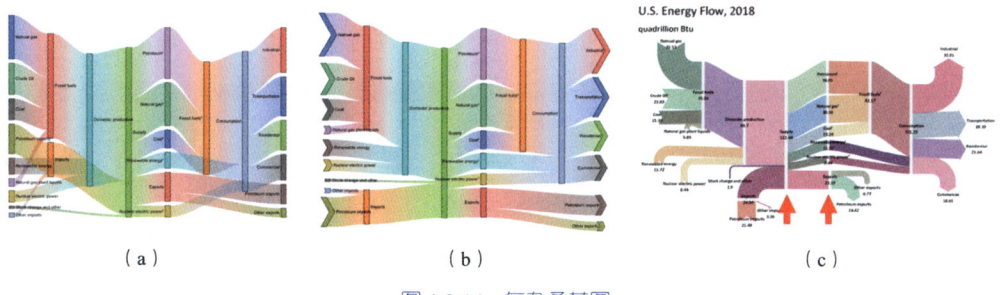

（a）　　　　　　　　　　　（b）　　　　　　　　　　（c）

图 4-2-16　复杂桑基图

在 Origin 中绘制桑基图十分方便，其调整起来十分简单，麻烦的是把常规记录的多分类数据转换为二分类数据。在数据较少的情况下可以根据汇总数据格式人工堆叠求和，而在数据较多的情况下则可能需要通过编程来实现。下面以 4.2.8 节中使用过的泰坦尼克号人员的部分原始数据为示范，手动将其改造成桑基图数据，使其适用于大多数场景下的桑基图的绘制。

如图 4-2-17（a）所示，在泰坦尼克号人员的部分原始数据最后添加一列数据，即 E 列数据，并在"F(x)"行中输入"1"，为每行数据均输入"1"，以为每行均确定一个流量。如果不是人员类的计数记录，那么这个值需要视情况而定。

选择菜单栏中的"重构"→"数据透视表"命令，打开如图 4-2-17（b）所示的"数据透视表"对话框，在"透视表行数据"文本框中输入前面用于表示分类的 4 列数据，在"透视表列数据"文本框中输入新增的 1 列数据，获得如图 4-2-17（c）所示的汇总数据。如果本身使用的数据就是汇总数据，那么前面的操作可以省略。

复制图 4-2-17（c）中用蓝色选中的连续 3 列到新工作表中。

如图 4-2-17（d）所示，从分类列中找到上一级的两个分类列和对应的数据列，对数据进行堆叠。此处的 B 列中有 Male 和 Female 两种数据，C 列中有 Adult 和 Child 两种数据，组合方式有 Male-Adult、Male-Child、Female-Adult 和 Female-Child 共 4 种，将这 4 种组合方式和其对应的 value 值求和，追加到新建的工作表的下方，如图 4-2-17（e）所示。

使用同样的方法，处理 A 列和 B 列，并将组合方式和对应的数据追加到新建工作表的下方，如图 4-2-17（f）所示。这样就获得了桑基图数据，可以用其绘制桑基图。

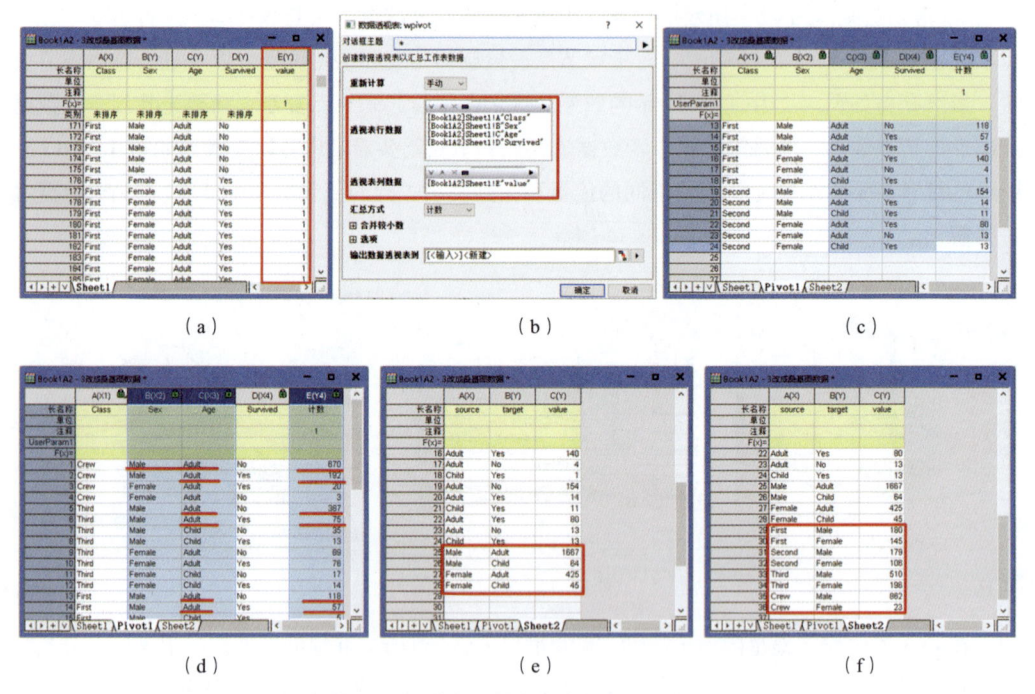

（a）　　　　　　　　　　（b）　　　　　　　　　　（c）

（d）　　　　　　　　　　（e）　　　　　　　　　　（f）

图 4-2-17　将原始数据转换为桑基图数据

4.2.11　弦图和比例弦图

弦图（Chord Diagram）又称和弦图，是一种用于展示数据之间相互关系的图表。在这种图表中，点以圆形的形式呈放射状排列，点与点之间通过带权重的弧线（弦）相连，用以表示数据之间的相关性或存在与否。弦图能够通过颜色和线条粗细来展示不同类型的关系及强度，如相关性、存在与否等。

弦图除可以使用和桑基图一样的 source-target-value 格式的数据外，还可以使用如图 4-2-14（a）所示的虚拟矩阵格式的数据来绘制。先选择留学去向数据，再选择菜单栏中的"绘图"→"分组图"→"桑基图"命令，获得桑基图。打开"绘图细节-绘图属性"对话框，在"布局"选项卡中，将方向改为逆时针，获得如图 4-2-18（a）所示的弦图。

桑基图的默认方向是顺时针，节点从 90 度开始，这里将方向改为逆时针是为了让数据流向符合从左往右的阅读习惯。如果不是流向关系数据，而是相关关系数据，那么使用默认方向即可。另外要注意的是，Origin 中桑基图和极坐标图的 0 度在正右方，90 度是表盘上 12 时的方向。

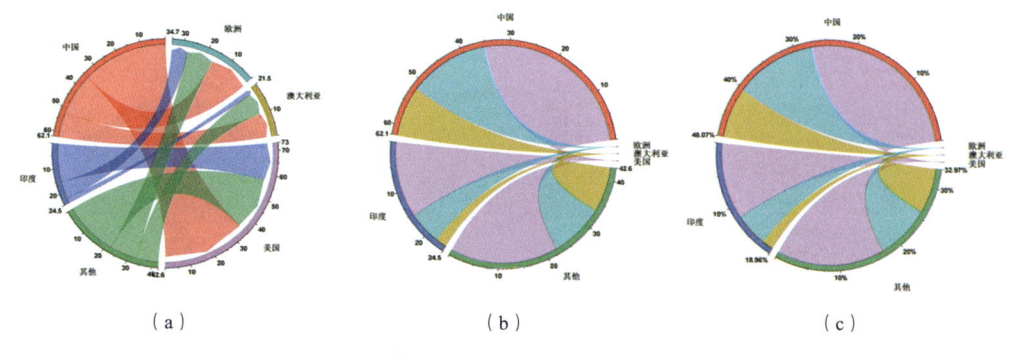

图 4-2-18　弦图和比例弦图

如果在"布局"选项卡中勾选"比例布局"复选框，那么可以获得如图 4-2-18（b）所示的比例弦图。先选择数据，再选择菜单栏中的"绘图"→"分组图"→"比例弦图"命令也可以获得比例弦图。比例布局有"事前模式"和"事后模式"两种，事前模式的比例弦图如图 4-2-18（b）所示，其会尽量展示起始节点，将结束节点压缩成点；事后模式的比例弦图则相反。

弦图和比例弦图大部分的属性设置与前面介绍的桑基图的属性设置相似，在"连接线"选项卡中可以通过设置弦图终点显示箭头与否来展示数据之间的流向关系或相关关系（比例弦图不能设置箭头），读者可自行探索。

弦图按各节点值占所有节点总值的比例分配各节点在整个圆形上的长度，并将这些长度绘制成坐标轴。因此，可以通过刻度线标签来查看各节点的大小，也可以在"标签"选项卡中设置将刻度线标签显示为百分比，效果如图 4-2-18（c）所示。此时，弦图上各节点的最大百分比相加为 100%。

还可以在"布局"选项卡中设置节点顺序和连接顺序。如图 4-2-19（a）所示，选中"方向"选项组中的"逆时针"单选按钮，设置"节点顺序按"为"总值""降序"，此时在圆形上节点将按照中国、其他和印度逆时针排序；而设置"连接顺序按"为"升序值"，此时在每个节点组内，将按升序逆时针排列，如中国去往澳大利亚留学的学生人数最少，会在中国节点组内排在第一；"连接线绘图顺序"选项用于设置连接线的上下重叠关系，在大多数情况下无须修改，保持默认设置即可。

弦图只适用于展示成对数据之间的关系。如果有多级数据，那么虽然将其整理成 source-target-value 格式，也能用其绘制如图 4-2-19（b）所示的弦图的中间部分，但是这样做的可视化效果并不好，主要是因为中间节点数据有进有出，干扰观察，同时层级关系不明显。因此，对于多级数据，建议使用前面介绍的冲积图、桑基图等展示。

（a）　　　　　　　　　　　　　　　　（b）

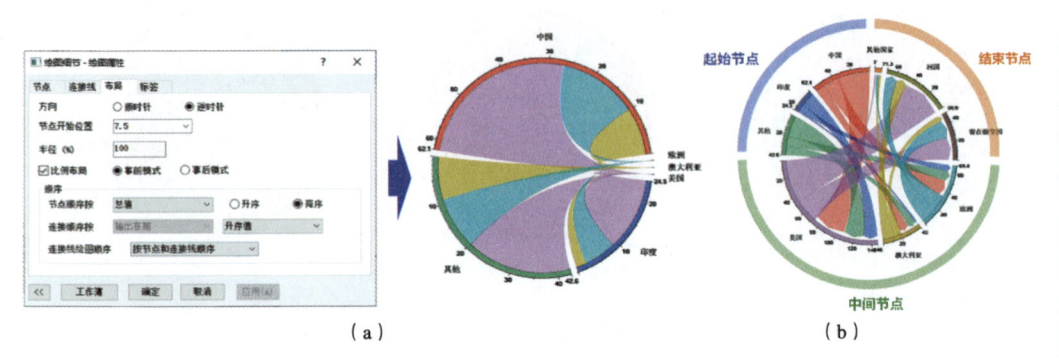

图 4-2-19　弦图布局设置和二级弦图

4.3　函数关系型图表

Origin 提供了 4 种函数绘图模板（用于绘制函数关系型图表）：2D 函数图、2D 参数函数图、3D 函数图和 3D 参数函数图。可以使用系统内置的强大的函数库中的函数绘图，也可以通过追加自定义函数绘图。在 Origin 中进行函数绘图有多处入口：①激活工作表，选择菜单栏中的"绘图"→"函数图"命令；②选择菜单栏中的"文件"→"新建"→"函数图"命令；③单击标准工具栏中的"新建 2D 函数图"下拉按钮；④在窗口管理器中单击鼠标右键，在弹出的快捷菜单中选择"新建窗口"→"函数图"命令；⑤在工作区中单击鼠标右键，在弹出的快捷菜单中选择"文件"→"新建"→"函数图"命令；⑥打开图形窗口，选择菜单栏中的"插入"→"函数图"命令。

4.3.1　2D 函数图

1. 使用系统内置函数绘图

新建工作表，选择菜单栏中的"绘图"→"函数图"→"2D 图"命令，打开如图 4-3-1 所示的"创建 2D 函数图"对话框。单击"Y(x)="文本框右侧的▶按钮，在弹出的下拉列表中选择"三角/双曲"→"sin(x)"选项，函数将被自动填入"Y(x)="文本框。设置完成后，将自动新建图形窗口，生成相应的函数图。其他复杂的内置函数也使用类似方式调用。

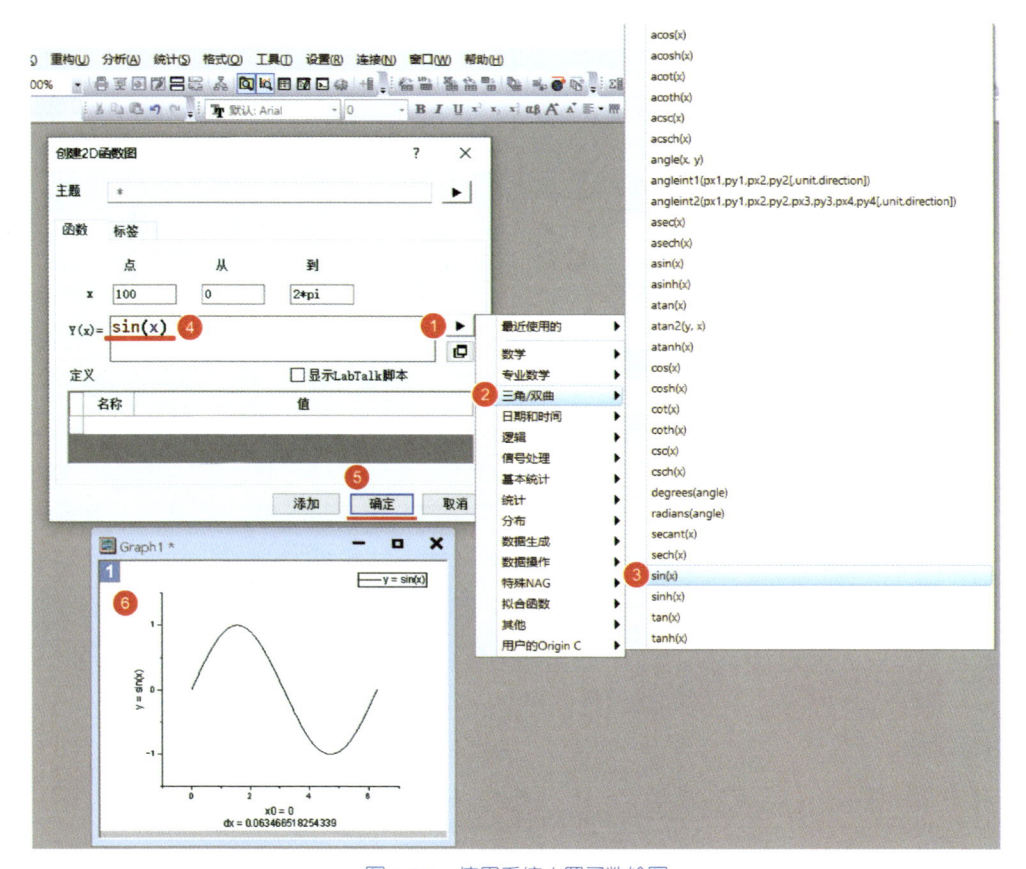

图 4-3-1　使用系统内置函数绘图

2. 追加自定义函数绘图

单击上面操作绘制的图形窗口，使之成为当前窗口（窗口周围由浅蓝色变成深蓝色），单击标准工具栏中的"新建 2D 函数图"按钮，打开如图 4-3-2（a）所示的"创建 2D 函数图"对话框，切换为英文输入法，在"Y(x)="文本框中输入"sin(x)+log(x)+1"；取消勾选"自动"复选框，将"x"的范围改为"从 1 到 7"；相比不激活图形窗口，注意此处出现了下拉列表，默认选择"加入当前图"选项；单击"显示在单独的窗口"按钮，弹出如图 4-3-2（c）所示的"Y(x)="对话框。该对话框右侧的窗口可以用于观察自定义函数生成的数据是否合理，也可以先选择数据再按快捷键 Ctrl+C 将数据复制到剪切板中。

此时，将向原图形窗口中添加一个函数图，由于新定义的函数值大于原来的函数值，会超出原函数图的 Y 轴的刻度范围，因此可以双击坐标轴，打开坐标轴设置对话框，在"刻度"选项卡中修改 Y 轴的刻度范围，也可以单击右侧工具栏中的"重新标度 Y"按钮，Origin 会自动适配合适的 Y 轴的刻度范围。设置完成后，获得如图 4-3-2（b）所示的效果。

(a)

(b)

(c)

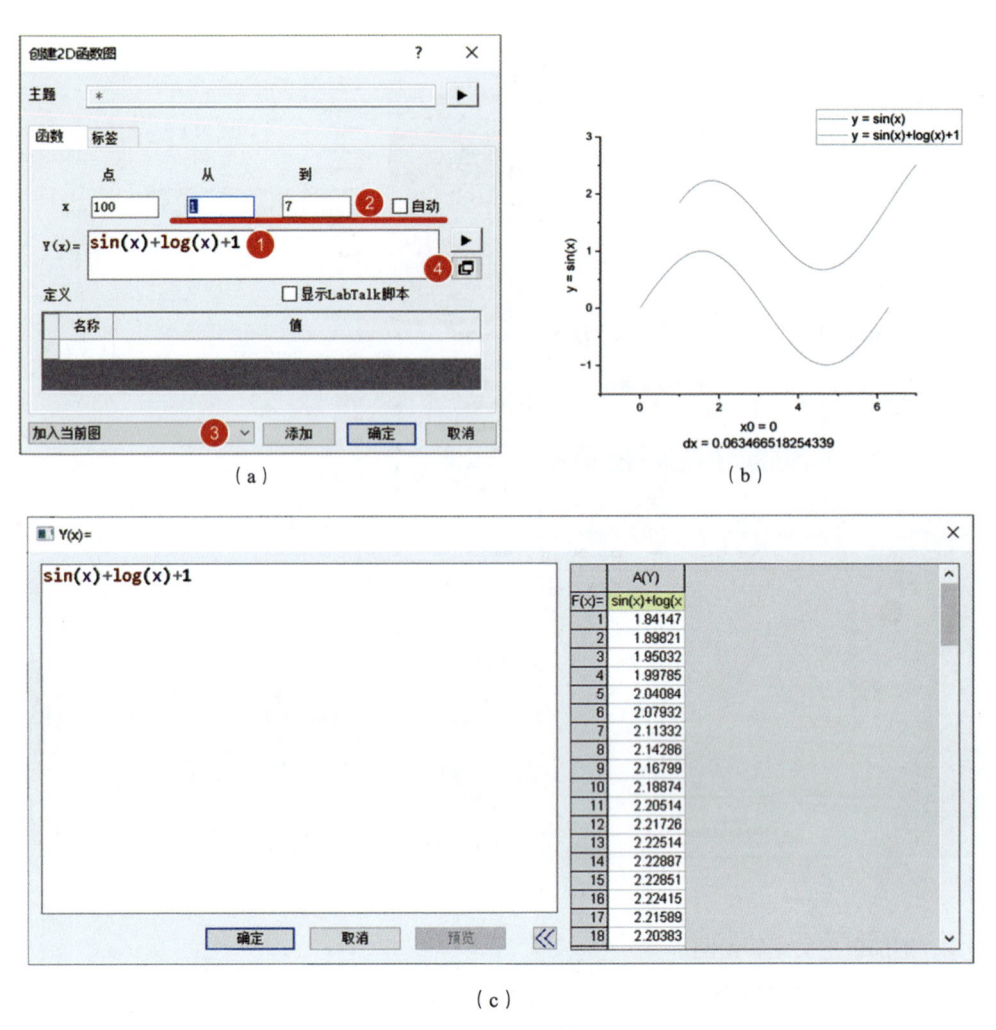

图 4-3-2　追加自定义函数图

3. 新建函数图对应数据的工作簿

虽然可以在如图 4-3-2（c）所示的"Y(x)="对话框中通过复制来获取函数图对应的数据，但如果已绘制函数图，那么此时再去寻找对应的数据就不能这么操作了。在如图 4-3-3（a）所示的"绘图细节-绘图属性"对话框的"函数"选项卡中，单击"Y(x)="文本框右侧的 > 按钮，可以打开内置函数库；单击"Y(x)="文本框右侧的 … 按钮，可以打开如图 4-3-2（c）所示的"Y(x)="对话框；单击"工作簿"按钮，会将所选函数图对应的数据以新建如图 4-3-3（b）所示的工作簿的形式打开。如果使用的是由前文给定数据绘制的图形，那么单击该按钮会使绘图数据所在工作簿成为当前工作簿。

(a)

(b)

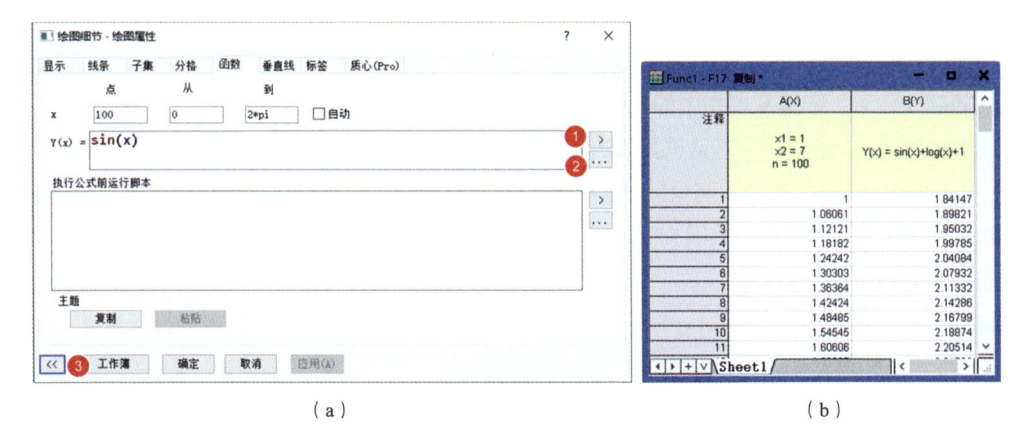

图 4-3-3　新建函数图对应数据工作簿

4.3.2　2D 参数函数图

参数函数是在函数定义中引入了包含一个或多个参数（也称自由变量或控制变量）的函数，参数的变化影响函数的输出。参数函数可以看作某类函数的集合，其中每个具体的函数都对应参数取特定值的情况。参数函数可以用于描述十分复杂的变量关系，或通过调整参数来适应不同的情况。例如，在统计学中，回归模型就是一种参数函数，它通过调整模型参数来拟合数据；在物理学中，许多自然现象的规律也可以通过参数函数来描述。

新建工作表，选择菜单栏中的"绘图"→"函数图"→"2D 参数函数图"命令，打开如图 4-3-4（a）所示的"创建 2D 参数函数图"对话框，切换为英文输入法，在"X(t)="文本框中输入"16*(sin(t))^3"，在"Y(t)="文本框中输入"13*cos(t)−5*cos(2*t)−2*cos(3*t)−cos(4*t)"，其余选项保持默认设置。设置完成后，获得如图 4-3-4（b）所示的效果，简单修饰之后，获得如图 4-3-4（c）所示的效果。

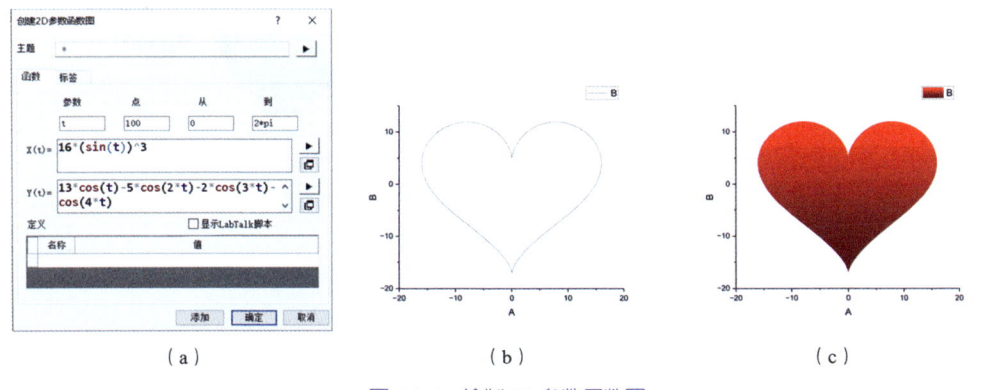

（a）　　　　　　　　　　（b）　　　　　　　　　　（c）

图 4-3-4　绘制 2D 参数函数图

4.3.3　3D 函数图

新建工作表，选择菜单栏中的"绘图"→"函数图"→"3D 图"命令，打开如图 4-3-5（a）所示的"创建 3D 函数图"对话框，单击"主题"选项右侧的 ▶ 按钮，在打开的下拉列表中选择"Saddle(System)"选项，将自动填入函数。设置完成后，获得如图 4-3-5（b）所示的效果。在如图 4-3-5（c）所示的"绘图细节-绘图属性"对话框的"填充"选项卡中选中"来源矩阵的等高线填充数据"单选按钮；在"颜色映射/等高线"选项卡中进行颜色映射/等高线的设置。设置完成后，获得如图 4-3-5（d）所示的效果。其他选项卡中的设置请读者自行探索。

（a）

（b）

（c）

（d）

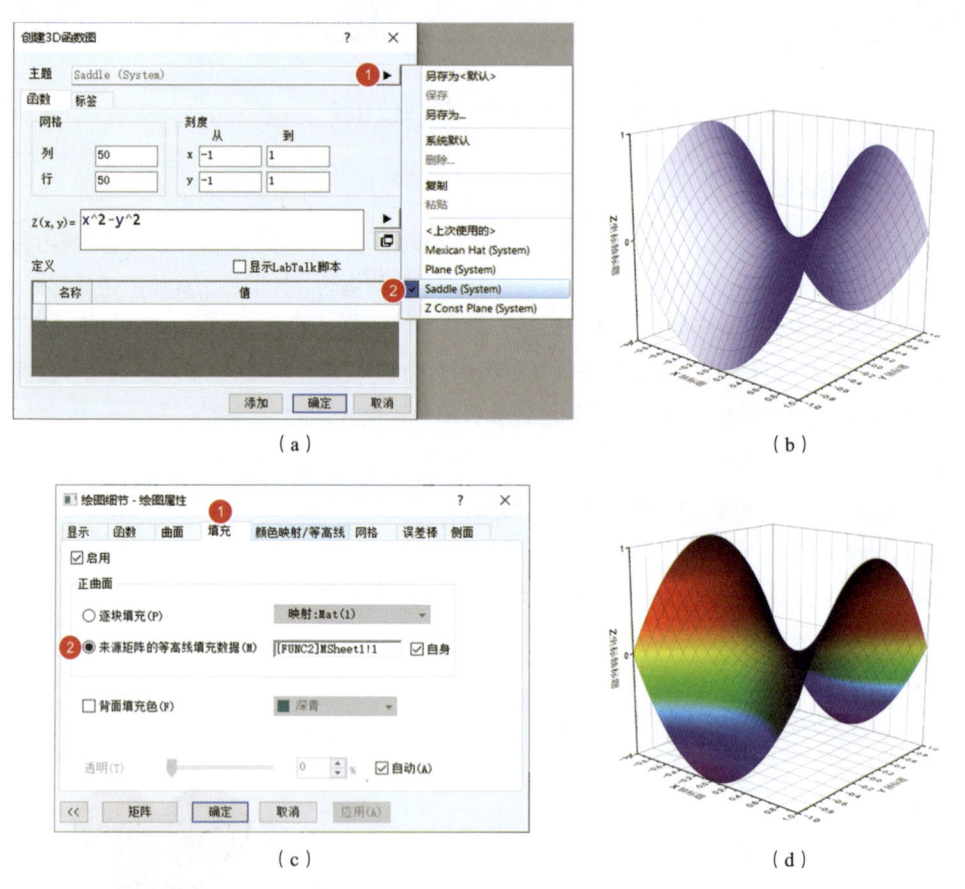

图 4-3-5　绘制 3D 函数图

4.3.4　3D 参数函数图

新建工作表，选择菜单栏中的"绘图"→"函数图"→"3D 参数函数图"命令，打开如图 4-3-6（a）所示的"创建 3D 参数函数图"对话框，输入函数并进行相关设置。设置完成后，获得如图 4-3-6（b）所示的效果，简单修饰之后，获得如图 4-3-6（c）所示的效果。

（a）

（b）

（c）

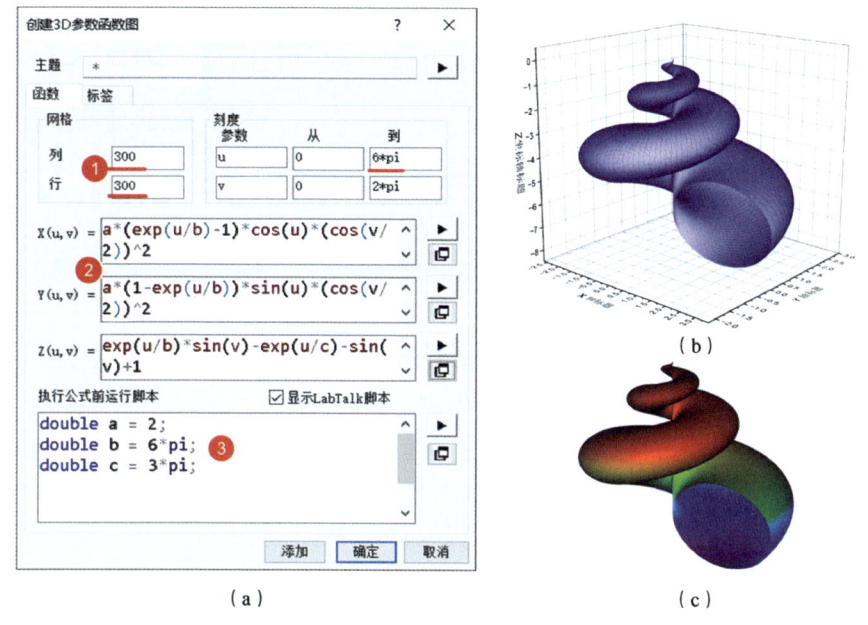

图 4-3-6　绘制 3D 参数函数图

第 5 章

比较型图表

比较型图表是一种分布比较广的图表。只要图表有分组需求，就存在比较。因此，比较型图表容易与其他类型的图表交叠，能够归入这种类型的图表非常多。本章将以柱状图和条形图为核心，介绍基础比较型图表和复合比较型图表的绘制方法，并介绍复合比较型图表的 4 种关系：交错、分隔、堆积和堆叠。本章在布局上同样遵循点、线、面、体的形态演变，以及直角坐标系、3D 坐标系、极坐标系和三元坐标系的坐标体系递进逻辑。

5.1 基础比较型图表

5.1.1 克利夫兰点图、垂线图、棒棒糖图和箭头图

分类比较的点图比较简单，是以普通散点图为基础绘制成的，其中比较基本的是克利夫兰点图。克利夫兰点图常用来展示分类数据，其展示的分类数据没有时序要求，可以自行排序，如按从大到小或分组从 A 到 Z 排序之后展示数据。出于数据可视化的要求，分类条目下最好显示主网格线，以起到视觉引导作用。克利夫兰点图因外观像圆珠在网格线上滑动，故也称滑珠散点图。其绘制方法同普通散点图一样：先选择 X 列、Y 列数据，再选择菜单栏中的"绘图"→"基础 2D 图"→"散点图"命令。图 5-1-1（a）所示为使用部分国家某年的 GDP 数据绘制的克利夫兰点图。

如果不使用网格线，而直接从散点向坐标轴引垂线，那么绘制的图表在单组数据展示中效果更好，这种图表叫作垂线图，效果如图 5-1-1（b）所示。垂线图的绘制方法是，在普通散点图的基础上，打开"绘图细节-绘图属性"对话框，在"垂线"选项卡中进行垂线的设置；也可以选择"绘图"→"基础 2D 图"命令，在弹出的下拉菜单中选择相应的垂线图模板，绘制垂线图，默认把"垂线"选项卡设置好。同样地，也可以根据需要对克利夫兰点图中的散点的符号类型、大小和颜色进行映射（相关设置方法见 4.1.1 节），获得如图 5-1-1（c）和图 5-1-1（d）所示的效果。

第 5 章　比较型图表　| 199

(a)

(b)

(c)

(d)

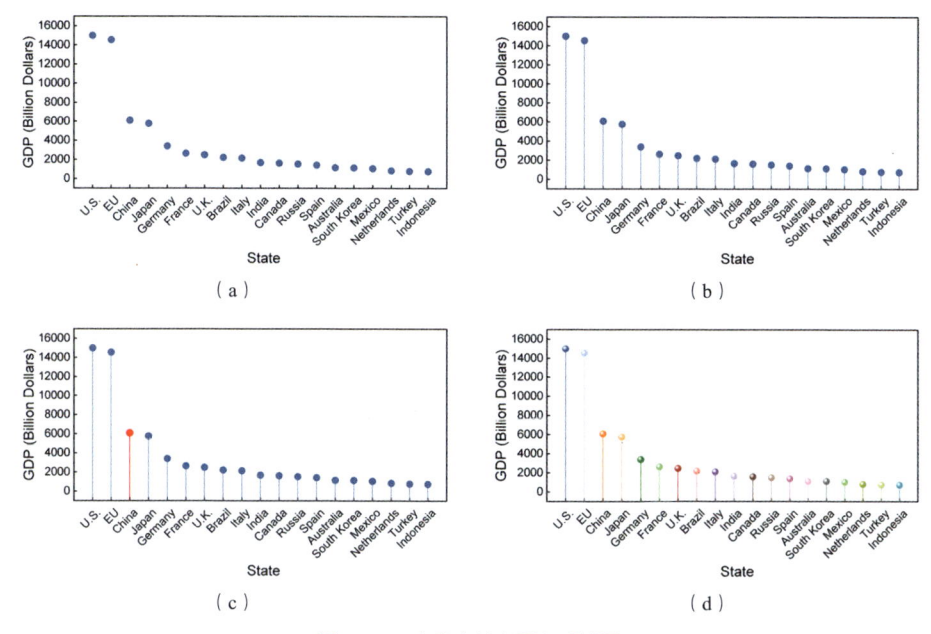

图 5-1-1　克利夫兰点图和垂线图

注意，刻度线标签的两种常用设置技巧。对于纵轴数据，在"刻度线标签"选项卡中设置了"除以因子"为"10^9"，如图 5-1-2（a）所示，这是因为纵轴数据的量级单位是 Billion，这种处理方法有时比使用科学记数法更便于传递信息。另外，由于横轴上的刻度线标签为文本型，具有较大的宽度，因此需要为其设置如图 5-1-2（b）所示的旋转角度，只有这样才能避免相互堆叠。

(a)

(b)

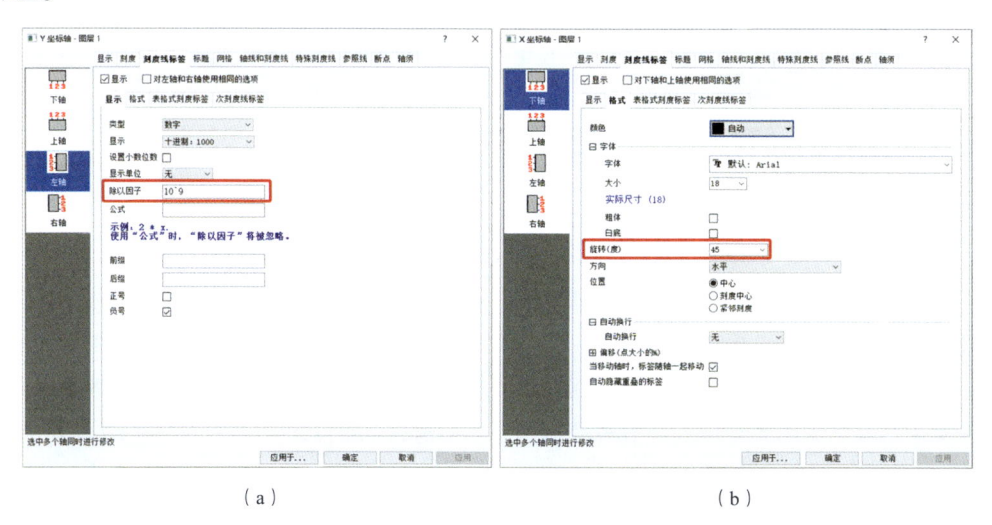

图 5-1-2　刻度线标签设置

如果文本型的分类刻度线标签过多、过长，那么可以考虑将其安排在 Y 列。如果是 XY 数据，那么可以先在工作表中直接将文本列设置为 Y 列、将数据列设置为 X 列，然后绘图；也可以先将文本列设置为 X 列、将数据列设置为 Y 列，然后绘图，最后通过在右侧工具栏中单击"交换坐标轴"按钮 来交换 X 轴和 Y 轴。如果是 XY（n）数据，那么只能先将文本列设置为 X 列、将多个数据列都设置为 Y 列，然后绘图，最后通过在右侧工具栏中单击"交换坐标轴"按钮 来交换 X 轴和 Y 轴。

另外，人们习惯于从左到右、从上到下读取信息，建议在水平型的绘图中把数值最大的分类安排在最左侧，在垂直型的绘图中把数值最大的分类安排在顶部，在这个过程中需要注意工作表中的数据排序或坐标轴的相关设置。

使用克利夫兰点图也可以展示双数据系列。打开如图 5-1-3（a）所示的工作表，选择 B 列、C 列数据，绘制散点图并交换坐标轴，简单修饰之后，获得如图 5-1-3（b）所示的效果。图 5-1-3（b）在水平线上的散点成对展示了对应职业中美两国的人数，但整体看起来比较散乱。

（a）　　　　　　　　　　　（b）

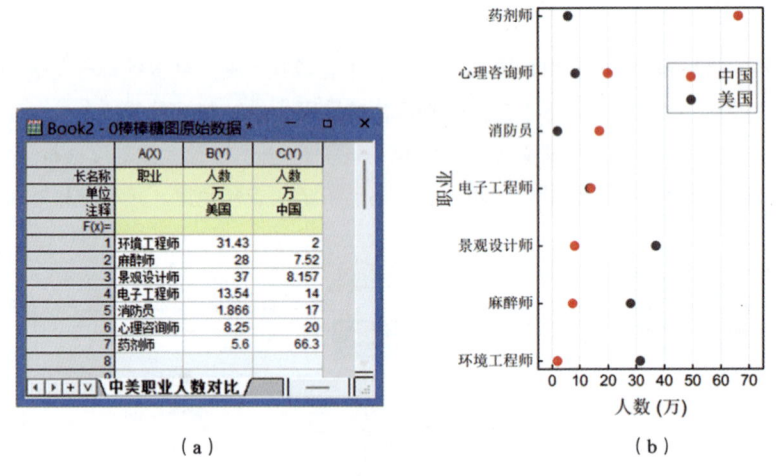

图 5-1-3　展示双数据系列的克利夫兰点图

在"垂直线"选项卡中勾选"垂直"复选框，并选择"下一个数据绘图"选项，如图 5-1-4（a）所示；或先选择数据，再选择菜单栏中的"绘图"→"基础 2D 图"→"棒棒糖图"命令，获得如图 5-1-4（b）所示的棒棒糖图。图 5-1-4（b）中的连线使成对散点之间的关系更紧密，在视觉上明显优于图 5-1-3（b）。在棒棒糖图中添加箭头，即可变成如图 5-1-4（c）所示的箭头图。

（a） （b） （c）

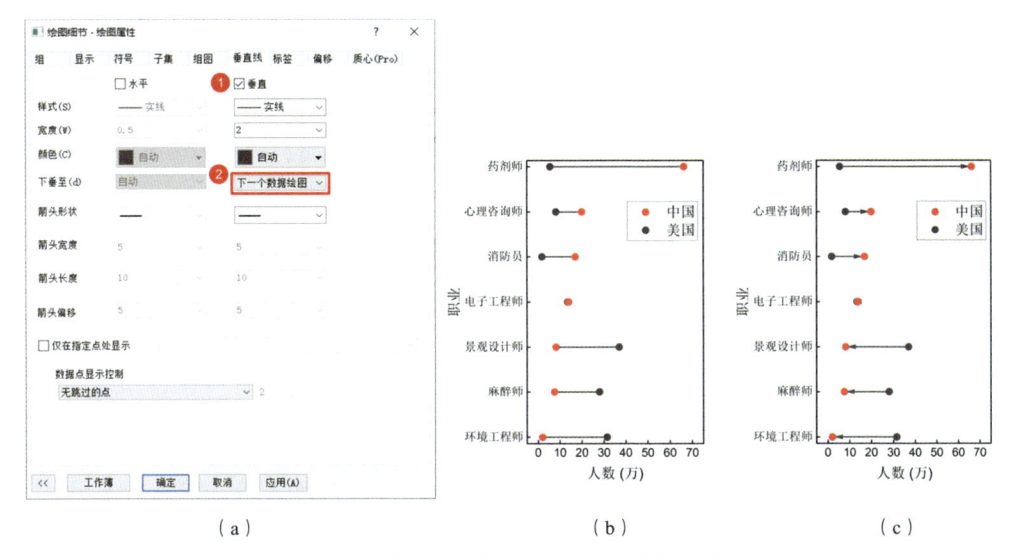

图 5-1-4 "绘图细节-绘图属性"对话框、棒棒糖图和箭头图

5.1.2 点图分组

除在数据维度上增加变量数外，对数据内部进行分组研究和展示也是数据可视化的基本问题。同 4.1.3 节介绍的散点图分组类似，点图主要是通过对符号属性映射来分组。

打开如图 5-1-5（a）所示的工作表，先选择 A、B 两列数据，再选择菜单栏中的"绘图"→"基础 2D 图"→"垂线图"命令，单击右侧工具栏中的"交换坐标轴"按钮 $\mathcal{X}$，交换 X 轴和 Y 轴，简单修饰之后，获得如图 5-1-5（b）所示的效果。将符号改为 12 号实心圆，选择"Bold1"配色方案，并设置以"索引"的方式映射到 C 列上，获得如图 5-1-5（c）所示的效果，使用颜色对点图进行分组。接下来还可以对工作表中的数据进行嵌套排序，添加图例、添加数据标签、设置背景颜色、设置网格等，最终获得如图 5-1-5（d）所示的效果。

水平垂线图从上到下最好按照数据从大到小的顺序排列，以便先捕捉到重要信息。因此，需要在工作表中对数据进行排序。由于本示例中存在分组，因此不能直接对如图 5-1-5（a）所示的工作表中的 B 列数据进行排序，而需要进行嵌套排序，即在各分类内部排序。

选择 B 列数据并单击鼠标右键，在弹出的快捷菜单中选择"工作表排序"→"自定义"命令，打开如图 5-1-6 所示的"嵌套排序"对话框，先在左侧的"所选列:"列表框中选择 C 列，将其作为"类别"添加到右侧的"嵌套排序标准:"列表框中，再在左侧的"所选列:"列表框中选择 B 列，将其以升序的方式添加到右侧的"嵌套排序标准:"列表框中，最后单击"确定"按钮，即可完成嵌套排序，获得如图 5-1-5（d）所示的效果。这里位于上方的列为父节点，位于下方的列将在其内部进行嵌套排序。

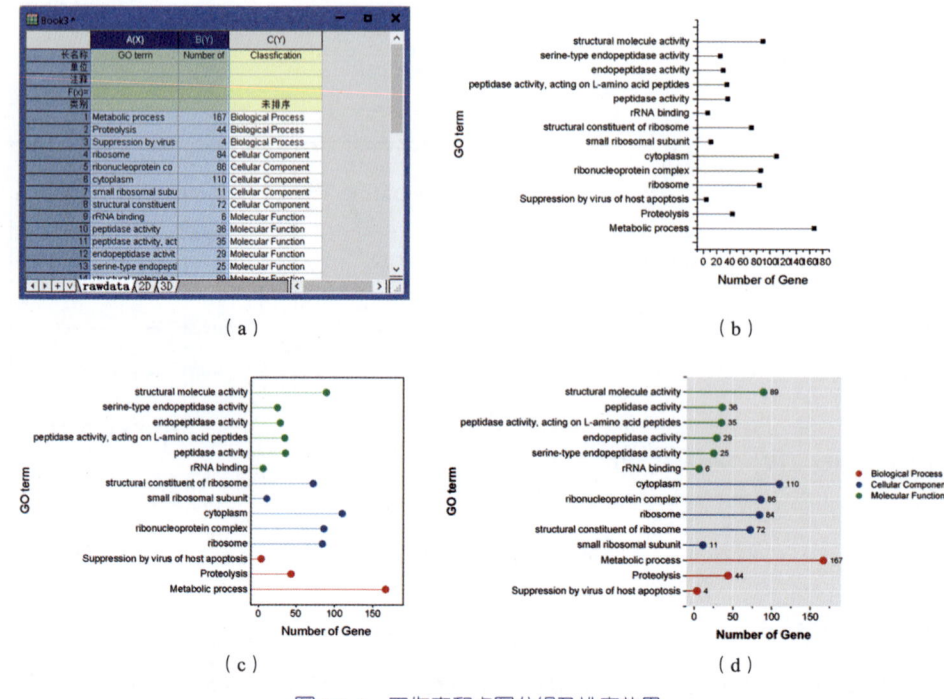

图 5-1-5　工作表和点图分组及排序效果

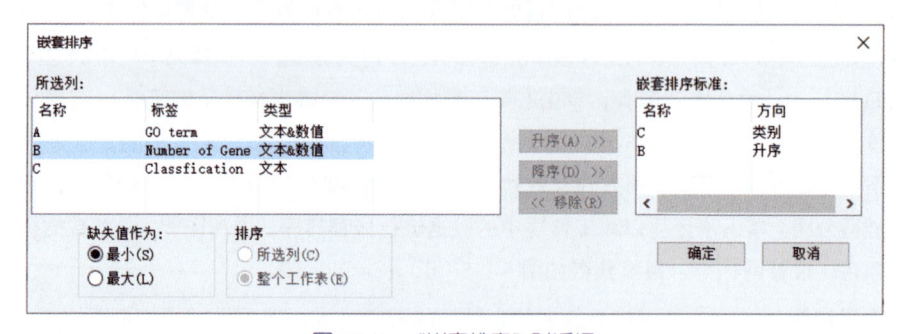

图 5-1-6　"嵌套排序"对话框

5.1.3　3D 垂线图

当数据有 3 个以上维度或变量时,其可以作为 3D 垂线图展示在 3D 空间中,点图也不例外。以 5.1.2 节使用的数据为例,将表示原来分组的 Classfication 列设置为 Y 列,将 Number of 列设置为 Z 列,如图 5-1-7(a)所示。先选择数据,再选择菜单栏中的"绘图"→"3D 图"→"3D 散点图"命令,将符号属性设置为球体、18 号,将颜色按照"Col(B):'Classfication'"所在列逐个安排,添加垂线、数据标签和图例,获得如图 5-1-7(b)所示的效果。3D 垂线图的细节设置与 3D 散点图基本相同,具体见 4.1.9 节。

(a)　　　　　　　　　　　　　　　　　　(b)

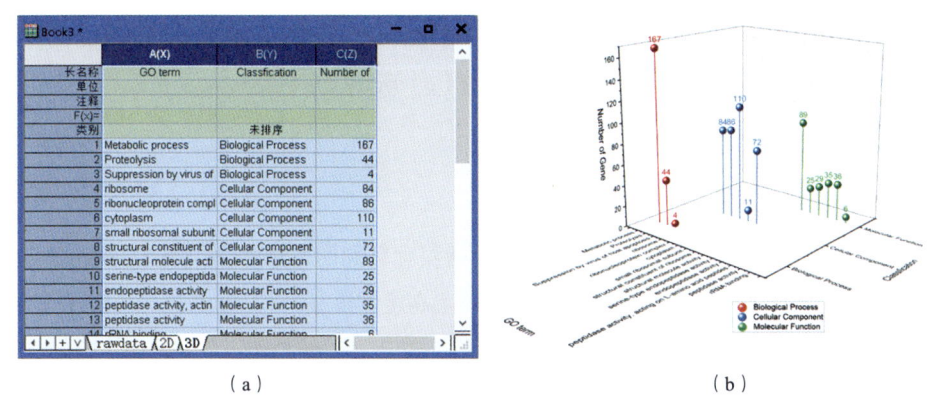

图 5-1-7　工作表及 3D 垂线图

5.1.4　前后对比图和线条序列图

点线图中有两种特殊的图表：前后对比图和线条序列图，这两种特殊的图表在形式上是点线图，展示的是具有横向关联的分组对比情况，在 Origin 中属于箱线图（本书把箱线图放在了第 7 章分布型图表中介绍）的变种，只显示符号并使用线条连接。这两种特殊的图表除展示横向关联的分组对比情况外，还展示各组数据的分布情况。

打开工作表，其中的数据为从某遗传病区测量的 12 名患者患病前后的血磷值（LP）。先选择数据，再选择菜单栏中的"绘图"→"基础 2D 图"→"前后对比图"命令，获得如图 5-1-8（a）所示的效果。注意，血磷值为配对关系，同样的观测对象在患病前后两次测量，前后对比图的点和连线可以表达这种关系，并分组展示前后测量值的分布特征。

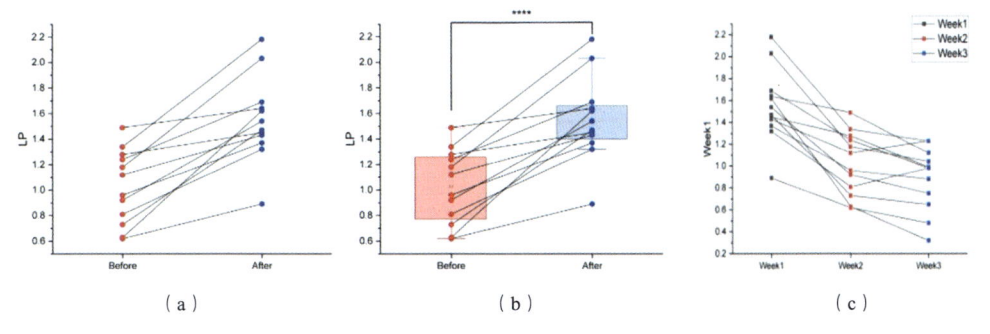

(a)　　　　　　　　　　(b)　　　　　　　　　　(c)

图 5-1-8　前后对比图和线条序列图

在此基础上，还可以进行配对样本 t 检验，对比在患病前后是否存在显著性差异。如图 5-1-8（b）所示，以点表示各个体的血磷值，以箱线图表示患病前后血磷值的分布特征，以连线表示同一个体患病前后的变化情况，并标注统计差异标识（****）。

线条序列图是前后对比图的多数据系列版，前后对比图只可以表示两组数据的对比情况，而线条序列图则可以表示具有横向关联的更多组数据的对比情况，如患者群体使用某种药物之后，第 1~3 周某个指标的变化情况，如图 5-1-8（c）所示。可以搭配重复测量单因素分析来绘制相关学术图表。

5.1.5　2D 柱状图和 2D 条形图

简单的 2D 柱状图本质上与垂线图相同，二者只在外观上存在差异。2D 柱状图以一定高度的矩形来表示数据大小，而垂线图以"散点+一定高度的垂线"来表示数据大小。2D 柱状图的绘制方法为，先选择数据，再选择菜单栏中的"绘图"→"条形图，饼图，面积图"→"柱状图"命令。由于 2D 柱状图本身的宽度往往大于垂线图的垂线宽度，因此 2D 柱状图的数据容量略低于垂线图的数据容量。

2D 柱状图和 2D 条形图表达的数据含义相同，2D 柱状图为纵向图表，而 2D 条形图为横向图表，如图 5-1-9 所示。在 Origin 中，2D 柱状图和 2D 条形图依据的数据格式（XYn 型）完全相同，即 2D 条形图会自动识别类别列，用于 Y 轴绘图，可以看作同一种图形，还可以通过单击"交换坐标轴"按钮 很方便地进行 X 轴和 Y 轴的交换。但当维度分类较多，且维度字段名较长时，应选择横向布局的 2D 条形图，以便展示较长维度的字段名。

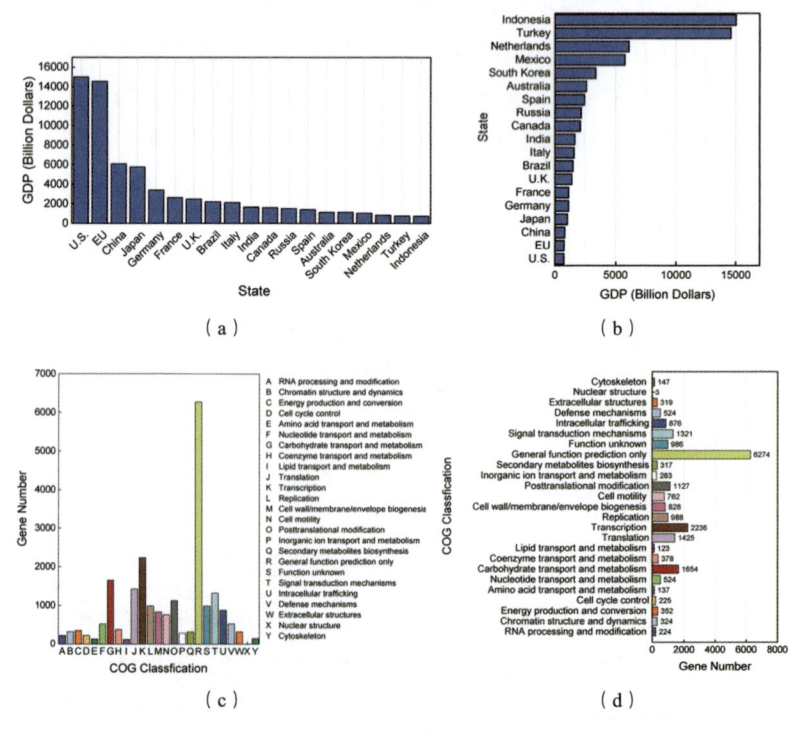

图 5-1-9　2D 柱状图和 2D 条形图

5.1.6 截断柱状图

如图 5-1-9（c）和图 5-1-9（d）所示，如果展示的数据大小相差较大，那么往往会出现某组数据"一枝独秀"的现象，导致 Y 轴跨度较大，一些较小的数据被压缩，辨识度降低。这时最好进行截断处理，在视觉上缩短 Y 轴的跨度，以便展示较小的数据。此外，将 Y 轴进行 Log 变换也是一种处理方式。

在 Origin 中对坐标轴进行截断处理比较简单，打开坐标轴设置对话框，在"断点"选项卡中进行设置即可。如图 5-1-10 所示，启用垂直坐标轴截断功能，且设置"断点数"为"1"，在 Origin 中，一旦启用了截断功能，那么断点之前的坐标轴刻度和刻度线标签仍然在"刻度"选项卡与"刻度线标签"选项卡中设置，而断点之后的坐标轴刻度和刻度线标签则通过在"断点"选项卡中单击"细节"按钮，在弹出的对话框中设置。

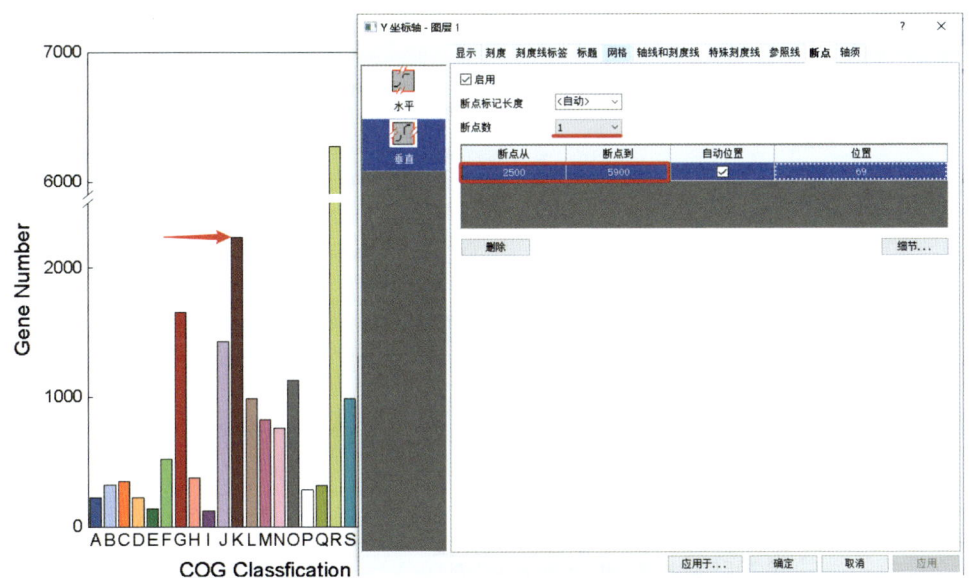

图 5-1-10　启用垂直坐标轴截断功能且设置"断点数"为"1"

截断的原则是从较高矩形的中间截断，但不能把其他较低矩形的顶端截去。因此，要设置截断次数和起止范围，应先观察最大的几个数据。例如，图 5-1-9（c）中造成 Y 轴跨度大的原因是矩形 R 远远高于矩形 K，基于此，可以在矩形 R 上、高于矩形 K 的区间中截去一段。同样的道理，如果再次进行截断，也就是截断为 3 段，那么在矩形 K 和矩形 R 上、高于矩形 G 的共同区间中截去一段。经过对这些数据的观察和分析可以发现，如果启用两个断点，那么可以截去两个区间：2500～5900 和 1700～2100。在"断点"选项卡中将"断点数"改为"2"，且分别将这两个区间填入对应的位置。

设置好断点的坐标轴节点之后，需要根据实际情况对各坐标轴刻度进行设置，以及在断点的两侧分别进行刻度标注。这是因为截断坐标轴之后仍会保留原来的刻度和刻度线标签的设置，这可能不再适用新图表的数值指示。

在"断点"选项卡中单击"细节"按钮，打开如图 5-1-11 所示的"断点细节设置"对话框，选择左侧的"断点 1"选项，设置"轴断点后的刻度"选项卡中的"位置（轴长%）"为"70"，并取消勾选"自动"复选框，这表示断点 1 到 X 轴的长度占据整个轴长的 70%。轴长需要根据实际情况来判断，本示例中断点 1 之后只有两个数据需要展示，无须占据过多的 Y 轴空间，故如此设置轴长。此外，取消勾选"自动缩放"复选框，设置主刻度的"类型"为"按增量"、"值"为"300"，设置次刻度的"类型"为"按数量"，并将"计数"改为"1"，完成对中间一段坐标轴的刻度标识。选择左侧的"断点 2"选项，取消勾选"自动缩放"复选框，设置次刻度的"类型"为"按数量"，并将"计数"改为"0"，这是为了防止断点 1 之前的坐标轴在设置刻度时发生变化。

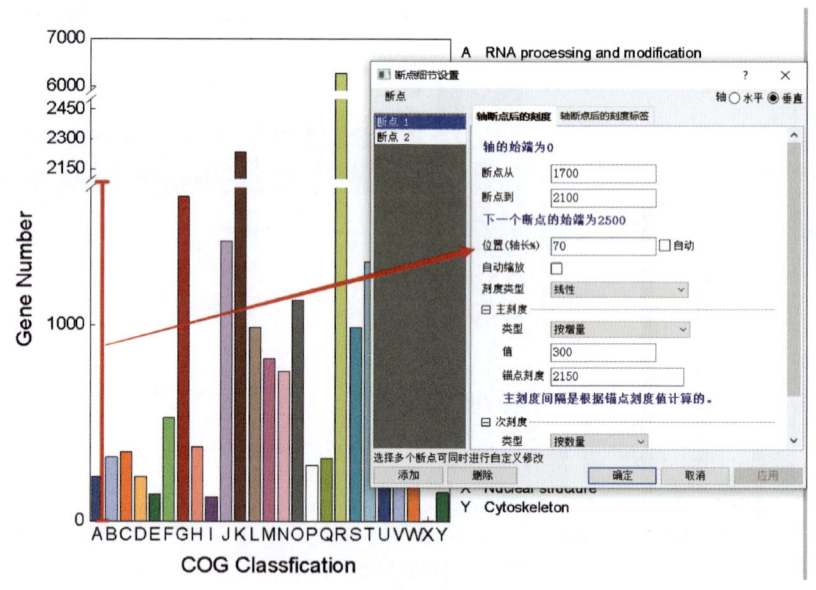

图 5-1-11　断点细节设置

设置完断点细节之后，在如图 5-1-12 所示的"刻度"选项卡中，选择左侧的"垂直"选项，设置主刻度的"类型"为"按增量"、"值"为"1000"。添加一个次刻度，并在"刻度线标签"选项卡中，选择左侧的"左轴"选项，在右侧设置显示各次刻度线标签。至此，完成全部设置。

截断柱状图的原理实际上是对坐标轴刻度进行重新分配。跟均匀分配相比，截断柱状图是对个别大数据的大跨度用截断符号表示，空出来的空间分配给大多数小数据，从而使小数据得到更多的展示空间。原始柱状图与截断柱状图如图 5-1-13 所示。

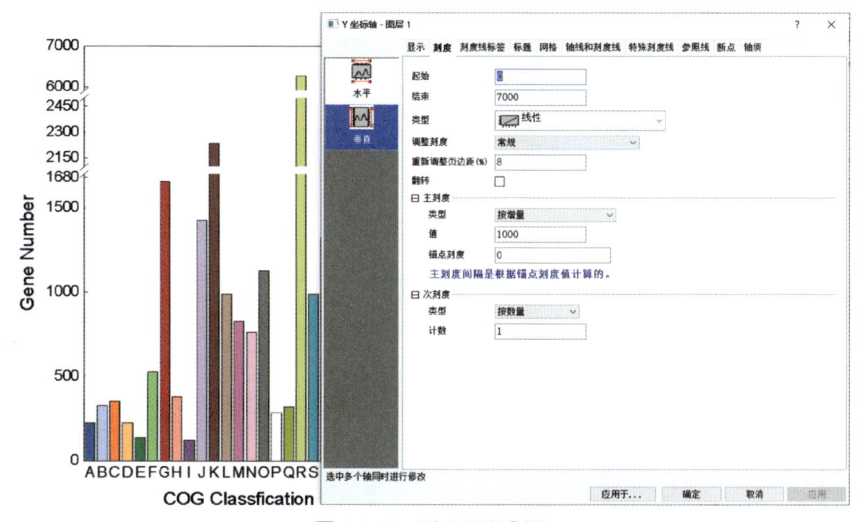

图 5-1-12　断点刻度设置

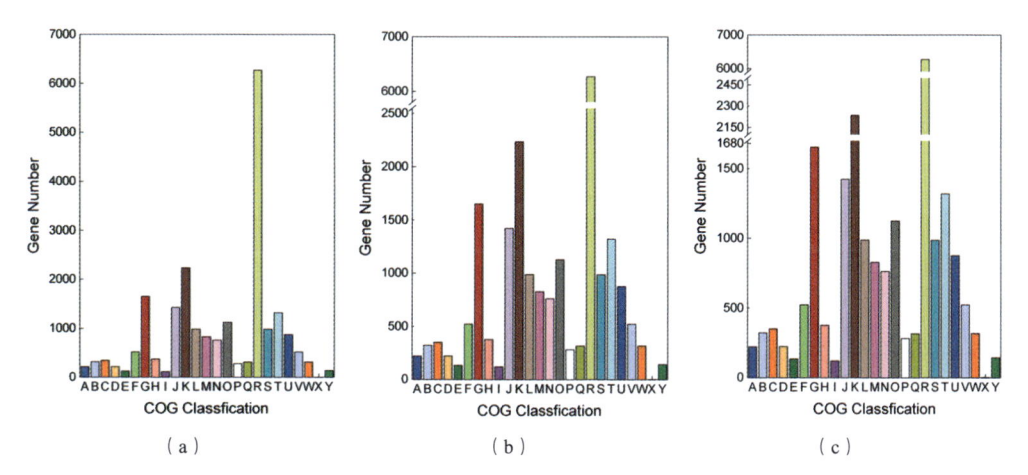

（a）　　　　　　　　　　　　（b）　　　　　　　　　　　　（c）

图 5-1-13　原始柱状图与截断柱状图

5.1.7　非 0 起点柱状图

　　如果绘制柱状图的数据中带有负值，绘制的柱状图的数据会默认起点为 0，即代表负值的矩形会自发向下或向左绘制，而相应的坐标轴会保留在原位，效果如图 5-1-14（a）所示。

　　如果刚好有数据为 0，那么会使柱状图产生一个"缺口"。要消弭这个缺口，可以通过附加线设置非 0 起点来实现。在坐标轴设置对话框的"网格"选项卡中，设置垂直方向上附加线的值为–1，获得如图 5-1-14（b）所示的效果，相当于所有矩形都向负方向偏移了一个刻度单位。这种情况往往需要配合特殊刻度线和数据标签来展示，否则容易误读。

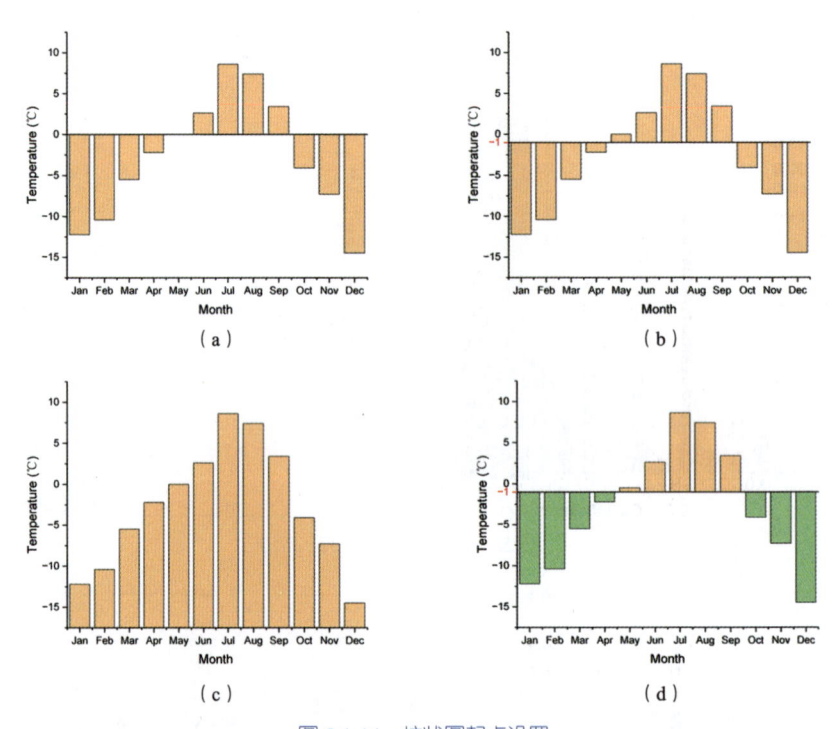

图 5-1-14　柱状图起点设置

如果需要将所有数据都展示在坐标轴上，那么需要设置附加线的值为最小值，获得如图 5-1-14（c）所示的效果。如果设置了表示非 0 起点的附加线，那么在进行颜色映射时，"Y值：正-负"选项表示的不再是正值和负值，而是附加线上的数据和附加线下的数据。如图 5-1-14（d）所示，设置了垂直方向上附加线的值为–1。打开"绘图细节-绘图属性"对话框的"图案"选项卡，在"填充色"下拉列表中选择"按点"选项卡，在"颜色选项"中选择"Y值：正-负"选项后，附加线上和附加线下各为一种颜色，而不再按照正值和负值进行设置。

此外，可以在模板中心下载正负值条形图模板，快速绘制正负值条形图，并自动为正值和负值映射不同的颜色，效果如图 5-1-15 所示。

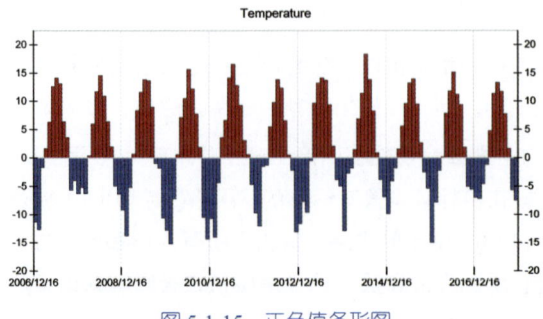

图 5-1-15　正负值条形图

5.1.8 螺旋条形图

螺旋条形图是将常规条形图基于阿基米德螺旋线坐标系来排列的，常使用随时间变化的数据从螺旋中心开始向外绘制。基于构造特点，螺旋图尤其适用于展示大量数据变化趋势，以及数据的周期性变化情况。

打开工作表，其中的数据为美国 1973—1978 年各月煤炭产量数据。先选择 C 列数据，再选择菜单栏中的"绘图"→"条形图, 饼图, 面积图"→"螺旋条形图"命令, 获得如图 5-1-16（a）所示的效果。

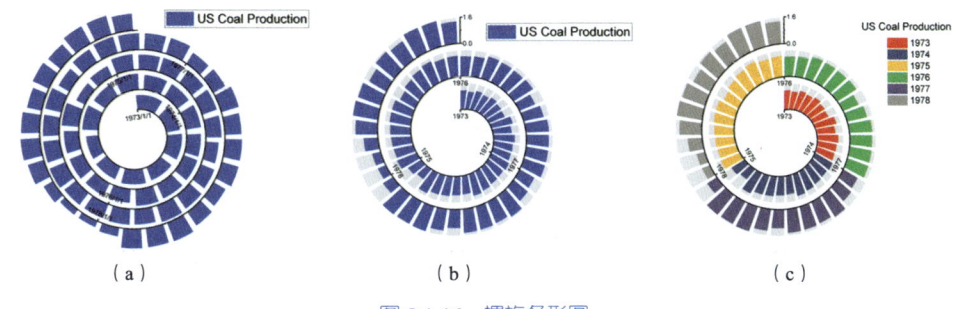

图 5-1-16　螺旋条形图

Origin 中的螺旋条形图是一种高度定制的图表。打开"绘图细节-绘图属性"对话框，可以完成对该图表的所有设置。在"螺旋"选项卡中，设置"布局"为"按周期""3year"、"绘图大小"为"0.8"，勾选"显示阴影条带"复选框，并设置"Y="为"1.6"；在"标签"选项卡中，将刻度线标签的"显示"设置为"按年度显示"，勾选"显示 Y 轴"复选框，并取消勾选"自动"复选框，设置"最小值"为"0"、"最大值"为"1.6"，设置完成后，获得如图 5-1-16（b）所示的效果；在"图案"选项卡中，将填充颜色设置为"索引: Col(B):'Years'"，选择合适的颜色，重构图例，设置完成后，获得如图 5-1-16（c）所示的效果。

5.1.9　3D 条状图

1. XYZ 型（索引数据型）

对于具有 3 个及 3 个以上变量的数据集，可以使用其绘制 3D 条状图。打开工作表，其中的数据为不同药物对血脂的影响，包括脂质种类、分组及脂质浓度 3 个变量。分别使用 X 列、Y 列、Z 列安排这 3 个变量，先选择前 3 列数据，再选择菜单栏中的"绘图"→"3D 图"→"3D 条状图"命令，获得如图 5-1-17（a）所示的效果。

3D 条状图的绘图属性设置主要包括，在"图案"选项卡中设置颜色、形状, 如图 5-1-17（b）所示；在"轮廓"选项卡中设置粗细、与底面的距离；在"误差棒"选项卡中设置哪列作为误差棒及其显示方式；在"标签"选项卡中设置是否显示数据标签。

（a）

（b）

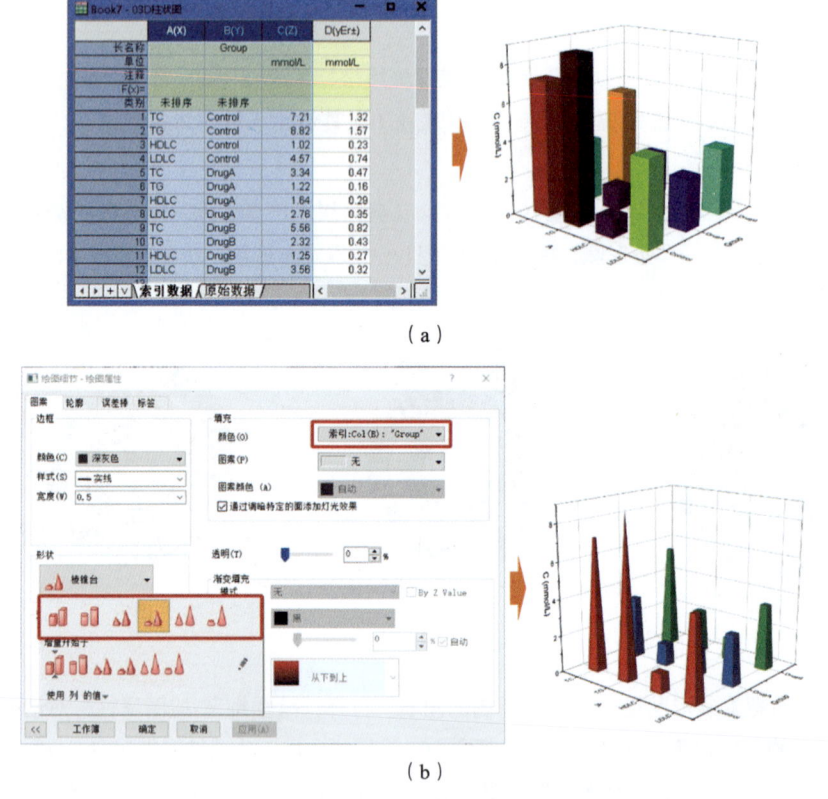

图 5-1-17　绘制 3D 条状图

除基本属性设置外，3D 条状图的调整还有一个重要原则，即尽可能不要被遮挡。将"Bold1"配色方案映射到 4 种脂质上，设置显示正误差棒，修改形状分别为棱柱、圆柱、圆锥，调整到合适的角度后，得到如图 5-1-18 所示的效果。从显示效果上来看，如图 5-1-18（c）所示的圆锥顶端被遮挡的最少，这对误差棒的显示最为有利，但其尖端在一定程度上弱化了高度对数值的展示。

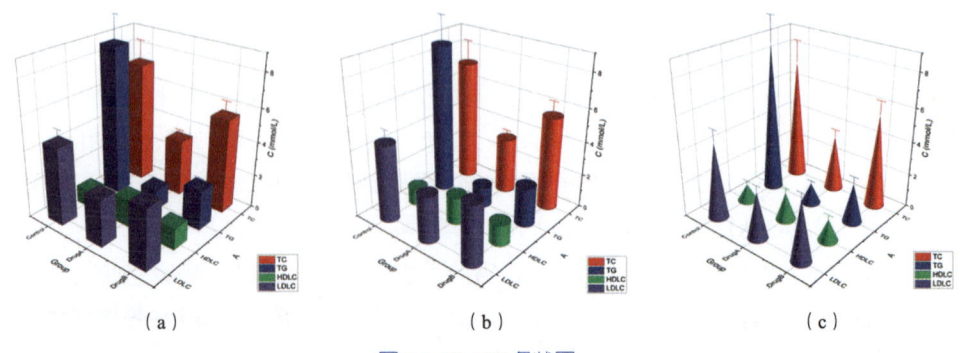

（a）　　　　　　　　　　　（b）　　　　　　　　　　　（c）

图 5-1-18　3D 条状图

2. XYY 型（原始数据型）

如图 5-1-17（a）所示的 A 列和 B 列都用于安排分组变量，也可以将其中一列分组变量安排到表头，变成原始数据格式，此时不设置 Z 列（表头的分组相当于 Z 列）也可以绘制 3D 条状图。先选择如图 5-1-19（a）所示的原始数据，再选择菜单栏中的"绘图"→"3D 图"→"XYY 3D 条状图"命令，获得如图 5-1-19（b）所示的效果，图形自发按照列分为 3 组。此时，需要注意两点：①垂直方向上的坐标轴是 Y 轴，右侧分组的坐标轴是 Z 轴；②因为坐标轴标题是按照表头自动生成的，而表头用于分组标记，所以需要根据实际情况进行修改。

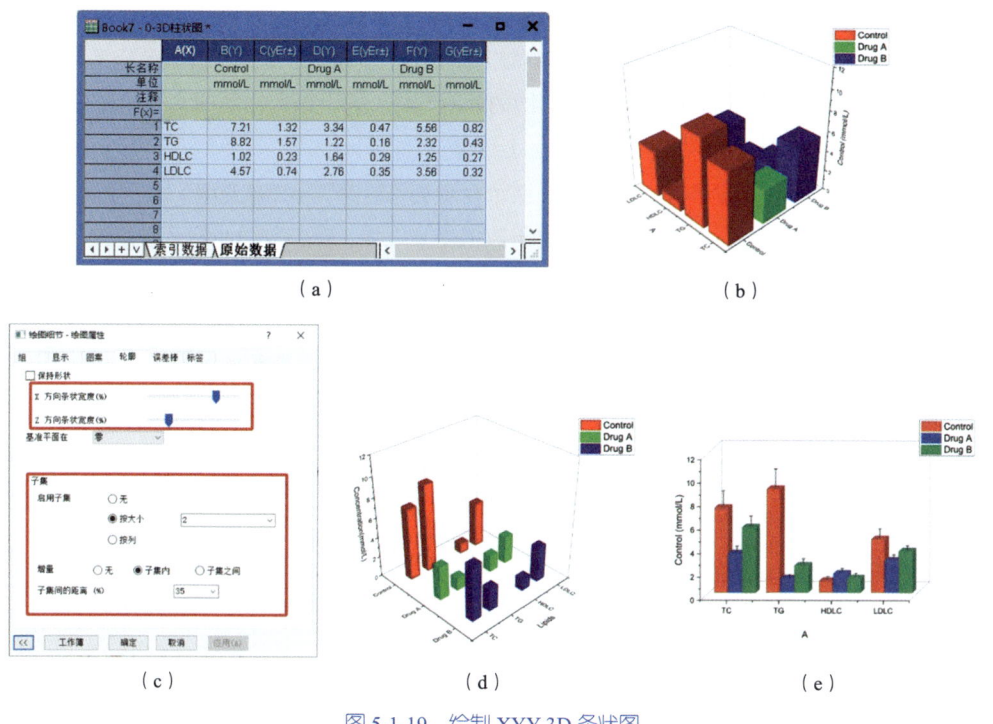

图 5-1-19　绘制 XYY 3D 条状图

此外，与一般的 XYZ 3D 条状图相比，XYY 3D 条状图的"轮廓"选项卡的设置更丰富，可以分别设置 3D 条状图的长度、宽度，并对 3D 条状图内部设置子集，具体位置如图 5-1-19（c）所示。设置完成后，获得如图 5-1-19（d）所示的效果。

再次先选择该数据，再选择菜单栏中的"绘图"→"3D 图"→"XYY 3D 并排条状图"命令，获得如图 5-1-19（e）所示的效果。XYY 3D 并排条状图其实是平面上交错柱状图的 3D 表现形式。

3D 条状图虽然使用 3D 空间展示数据，但是呈现在纸面上或屏幕上时仍然是 2D 图，故需要不断调整 3D 角度，尽可能获得一个最好的截面以准确、全面地展示数据。此外，还需要使用形状揖让（用于避免遮挡）、颜色映射（用于强调分组）等技巧。这就造成了如果 3D 条状图需要展示的属性或分组过多，那么可视化效果可能反而不好。因此，虽然 3D 条状图的外观比 2D 条形图的外观炫酷，但是在讲究严谨平实的学术图表中，能够使用 2D 条形图合理展示数据的，一般都不会使用 3D 条状图。换句话来说，学术图表的科学性永远要大于美观性，只有先把数据如实展示出来，才追求将图表设置得更美观。

5.1.10　径向条形图和南丁格尔玫瑰图

径向条形图（Radial Bar Chart）也被称为雷达条形图、极坐标条形图，用于展示多个类别或维度之间的比较情况。与传统的条形图不同，径向条形图把条形图绘制在极坐标系中，以呈现数据分布情况和关系。其外观与螺旋条形图的外观相似。关于极坐标系的介绍和在 Origin 中对应的设置见 4.1.10 节。

打开工作表，先选择 C 列数据，再选择菜单栏中的"绘图"→"专业图"→"径向条形图"命令，获得如图 5-1-20（a）所示的效果。由于数据差异很大，较小数据的展示效果欠佳，因此对 Y 轴进行处理。在坐标轴设置对话框的"刻度"选项卡中，将径向轴的起始刻度设置为"1"，将"类型"设置为"Log10"；在"显示"选项卡中，将角度-内轴的"方向"设置为"顺时针"，并将"轴的起始角度（度）"设置为"90"，获得如图 5-1-20（b）所示的效果。

打开"绘图细节-绘图属性"对话框，在"图案"选项卡的"边框"选项组中将颜色设置为灰色，在"填充"选项组中选择"颜色"下拉列表的"按点"选项卡的"颜色选项"中的"映射：'Col(C):Case'"选项，并选择"颜色列表"中的"Rainbow"配色方案；在"颜色映射"选项卡中单击"级别"按钮，打开"设置级别"对话框，设置级别从 1 开始，并设置"类型"为"Log10"、"主级别数"为"60"；在"间距"选项卡中将"柱状/条形间距（%）"设置为"0"。设置完成后，获得如图 5-1-20（c）所示的效果。

选择 C 列数据，当鼠标指针变为 时，向图形窗口拖动数据以添加一条折线，在弹出的提示窗口中单击"否"按钮，获得如图 5-1-20（d）所示的效果，相当于在径向条形图的基础上使用数据添加了一条折线。不需要显示这条折线，只需要显示其数据标签，作为径向条形图的标签即可。因此，在"线条"选项卡中将"连接"设置为"无"；在"标签"选项卡中勾选"启用"复选框，设置"径向偏移"为"−50"、"位置"为"角度内"、"标签形式"为"Y"即可。设置完成后，获得如图 5-1-20（e）所示的效果。简单修饰之后，获得如图 5-1-20（f）所示的效果。

在 Origin 中，径向条形图的定制化程度比较高，只适用于 XY 数据，可以变换的地方不多。在径向条形图的基础上，更改绘图类型，可以获得如图 5-1-21（a）所示的径向点线图和如图 5-1-21（b）所示的径向面积图。通过拖动鼠标添加新图表的方式，可以绘制如图 5-1-20（c）所示的多数据系列的径向点线图。

第 5 章 比较型图表 | 213

图 5-1-20 径向条形图

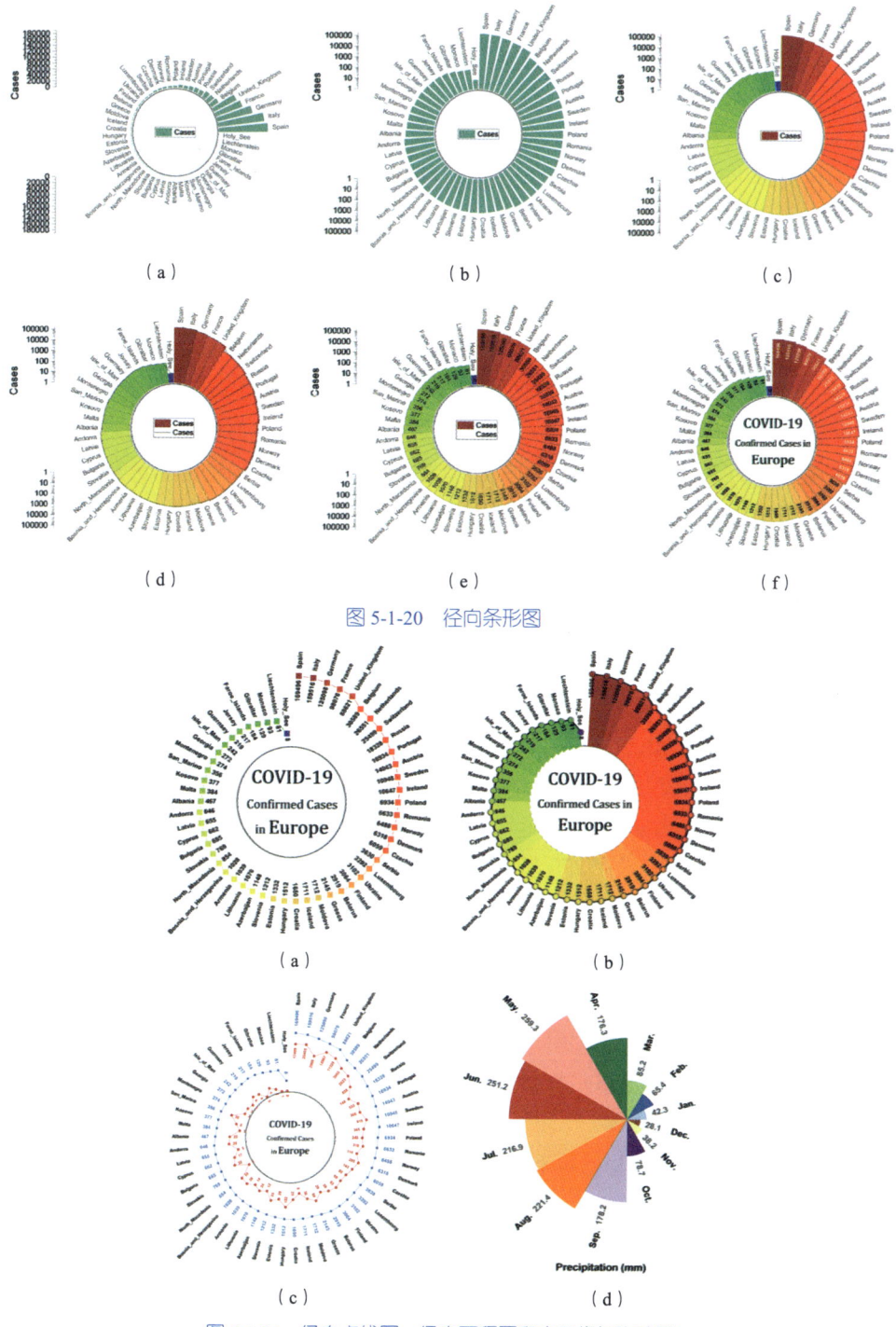

图 5-1-21 径向点线图、径向面积图和南丁格尔玫瑰图

Origin 中的径向条形图其实是由南丁格尔玫瑰图修饰而来的。南丁格尔玫瑰图又名鸡冠花图、极坐标区域图，是南丁格尔在克里米亚战争期间提交的一份关于士兵死伤的报告时发明的一种图表。一般南丁格尔玫瑰图的中心不留空白，如图 5-1-21（d）所示。其外观类似于多半径饼图（在一般情况下，多半径饼图的圆心角度不相等，除非另外设置辅助列），需要在坐标轴设置对话框的"刻度"选项卡中，取消勾选径向轴的"中心位于（%）"复选框。

由于半径和面积是平方的关系，因此南丁格尔玫瑰图最终着色的扇形在视觉上会将数据夸大，尤其适用于对比大小相近的数据。同时，由于圆形具有周期性，因此南丁格尔玫瑰图也适用于展示一个周期（一段时间）内的数据。

5.1.11 浮动柱状图/条形图与分组浮动柱状图/条形图

与 Origin 中的棒棒糖图、前后对比图类似，使用简单柱状图或简单条形图也可以表示双变量和多变量数据，展示数据的直线变化情况，这种图表又被称为浮动柱状图/条形图。图 5-1-22 所示为用于展示某地每月最低温度与最低温度的浮动柱状图/条形图，虽然一共有两列 Y 值，但这两列 Y 值被关联成一列使用，只能绘制出一个图表。

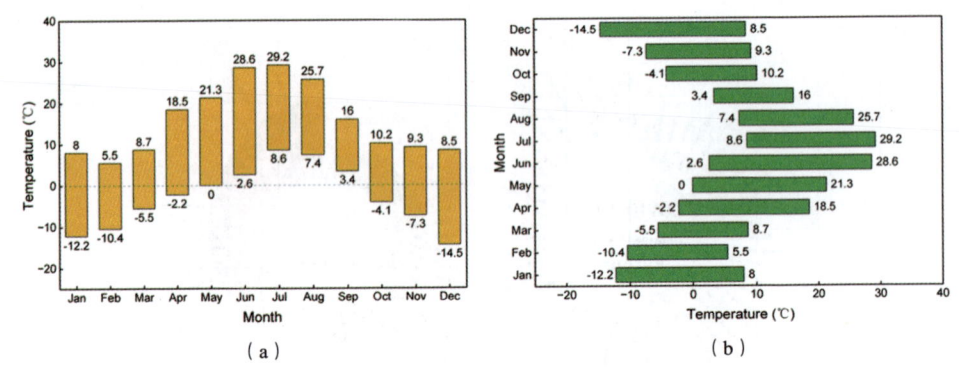

图 5-1-22 浮动柱状图和浮动条形图

由于浮动柱状图/条形图的矩形不能像散点图一样采用不同颜色的散点来表示数据的起点与终点，也无法使用箭头来指示方向，因此浮动柱状图/条形图一般用于展示范围型数据，并以数据标签作为指示，不能用于展示数据的往返变化情况。从这点来讲，浮动柱状图/条形图具有部分箱线图的特征。

浮动柱状图/条形图在绘制过程中对数据标签的标注还不算便利。下面介绍浮动柱状图的绘制方法、标签叠加技巧，以及如何设置表格式刻度标签。

先选择如图 5-1-23（a）所示的某地每月最低温度、平均温度和最高温度数据，再选择菜单栏中的"绘图"→"条形图，饼图，面积图"→"浮动柱状图"命令，获得浮动柱状图。打开"绘图细节-绘图属性"对话框，在"标签"选项卡中勾选"启用"复选框启用标签，将文字颜色设置为黑色，设置"标签形式"为 D 列的最高温度，并设置"位置"为"外部顶端"。设置完成后，获得如图 5-1-23（b）所示的效果。

（a）

（b）

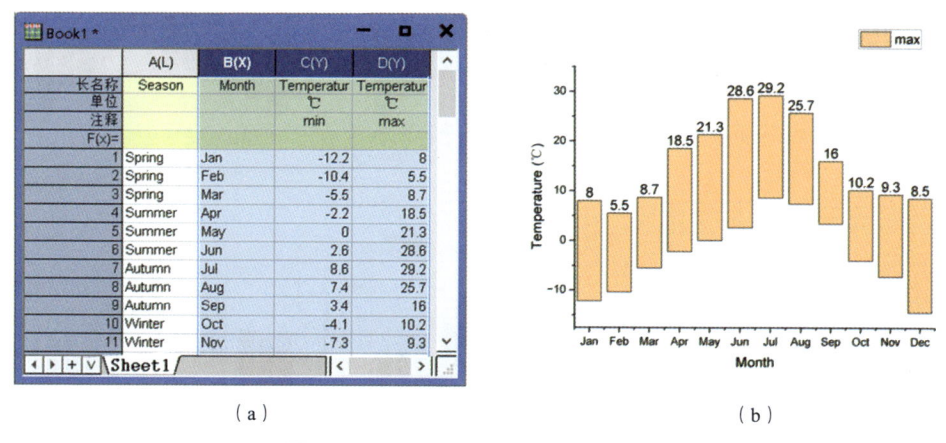

图 5-1-23 工作表和浮动柱状图初步设置效果

浮动柱状图的数据标签只能设置一个，选择了最大值就不能选择最小值。这里需要再添加一个最小值的数据标签。选择 C 列、D 列数据，当鼠标指针变为 时，向图形窗口添加一个浮动柱状图（也可以通过选择菜单栏中的"图"→"图层内容"命令来操作）。此时，可以在左侧导航窗格中看到图层 Layer1 中多出来一个绘图。

再次打开"绘图细节-绘图属性"对话框，在如图 5-1-24 所示的"标签"选项卡，选择该绘图，勾选"启用"复选框启用标签，设置"标签形式"为 C 列的最低温度，并设置"位置"为"内部底端"、"垂直偏移"为"-100"。为了和原来的浮动柱状图区分，这里将新绘制的浮动柱状图的填充颜色设置为深蓝色。设置完成后，获得如图 5-1-25（a）所示的效果。

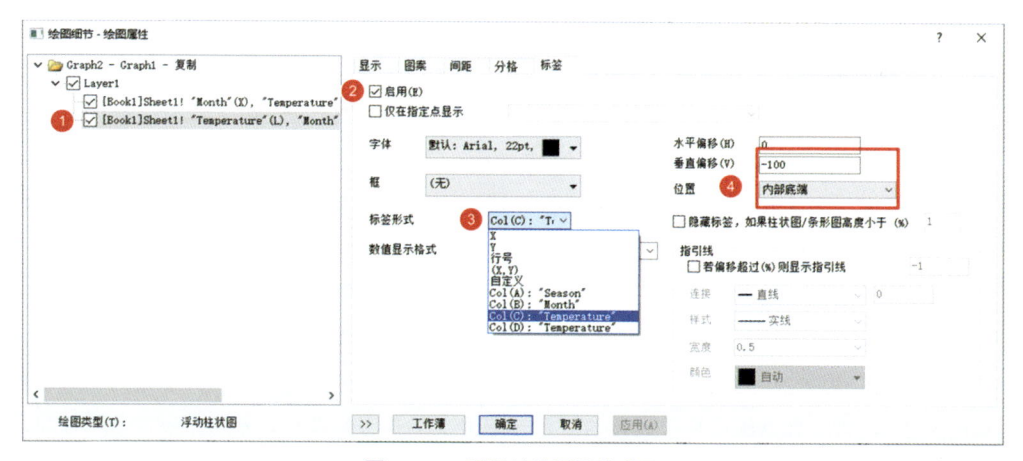

图 5-1-24 浮动柱状图标签设置

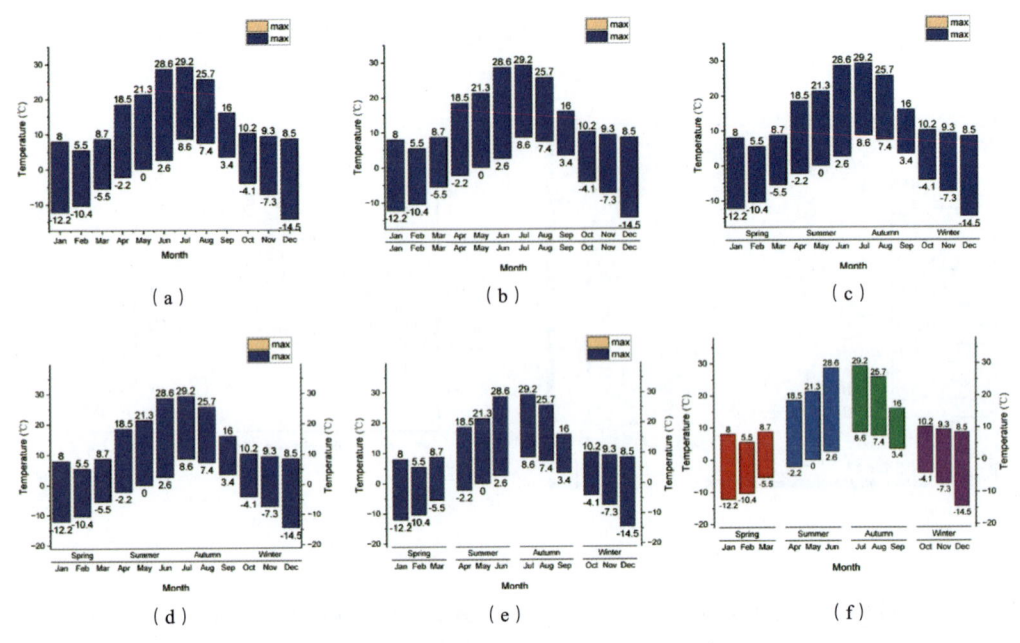

图 5-1-25　浮动柱状图表格式分组标签设置过程

上面绘制的第 1 个浮动柱状图用于显示最高温度的数据标签，第 2 个浮动柱状图用于显示最低温度的数据标签。由于两个浮动柱状图使用的数据相同，因此绘图完全重叠，上层绘图会覆盖下层绘图。图 5-1-25（a）右上方的图例用于指示具有两个图层。在此过程中，还可以设置其中一个绘图的填充颜色和边框颜色均为"无"，完全隐藏该绘图主体，而借用部分元素，这样在后续操作中可能更方便。这种多层叠加、部分借用的绘图方式可以扩展 Origin 中绘图的范围。

接下来进行表格式刻度标签设置。在坐标轴设置对话框的"刻度线标签"选项卡中，选择左侧的"下轴"选项，在右侧的"表格式刻度标签"选项卡中，勾选"启用"复选框，将"行数"设置为"2"，此时"下轴"变为如图 5-1-26（a）所示的"下 1"和"下 2"，在"表格布局"选项组中选择"合并标签"为"在子组/子集中"（这是为了使后面的每 3 次季节分类只显示 1 次），勾选"显示近端平行边界"复选框（用于设置表格边框样式）和"子组/子集之间显示间隔"复选框（为了后面对浮动柱状图分子集时同步分组坐标轴），单击"应用于"按钮，获得如图 5-1-25（b）所示的效果，此时横坐标上的刻度线标签变为两行。

如图 5-1-26（b）所示，在坐标轴设置对话框的左侧选择"下 2"选项，这是设置了刻度线标签的"行数"为"2"后出现的，在其右侧的"显示"选项卡中将"类型"设置为"来自数据集的文本"，将"数据集名称"设置为表示一级分类的季节列数据，单击"应用于"按钮，获得如图 5-1-25（c）所示的效果。至此，表格式刻度标签设置完成。

(a)　　　　　　　　　　　　　　　　(b)

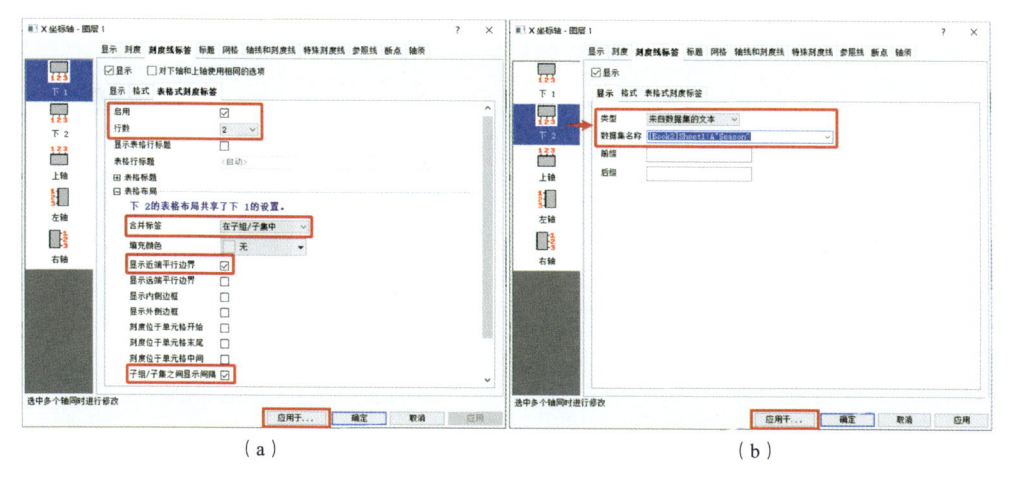

图 5-1-26　浮动柱状图表格式刻度标签设置

为了便于右侧浮动柱状图数据的展示，还可以在"显示"选项卡中勾选"显示右轴"复选框，单击"应用于"按钮，对刻度线朝向进行调整，调整完成后，获得如图 5-1-25（d）所示的效果。

下面对浮动柱状图设置子集和对子集之间设置间距。在"绘图细节-绘图属性"对话框的"间距"选项卡的"子集"选项组中，设置"按大小"为"3"启用子集，并将"子集间的距离（%）"设置为"15"，使子集之间分隔开，单击"应用"按钮，获得如图 5-1-25（e）所示的效果。调整颜色映射、坐标轴范围、字号等细节后，获得如图 5-1-25（f）所示的效果。

5.1.12　正负双向柱状图和非 0 起点双向柱状图

1. 正负双向柱状图

双向柱状图是一种特殊的柱状图，用于展示包含相反含义的数据的对比情况，在用于展示二分类数据时非常方便。其中的一个坐标轴用于显示比较类别，而另一个坐标轴用于显示对应的刻度。常见的双向柱状图是正负双向柱状图，如每月的收支状况图，如图 5-1-27 所示。观察图 5-1-27，可以很明确地看出收入和支出的对比情况，并能够通过各组数据分析收入和支出的波动情况。正负双向柱状图本质上是一种简单的堆积柱状图，通过先选择数据，再选择菜单栏中的"绘图"→"条形图，饼图，面积图"→"堆积柱状图"命令来获得，其双向效果是由堆积的数据本身的正负带来的。

如果数据中没有负值，那么在绘图时可以将其写成负值，当在坐标轴上显示时取消负号即可。如图 5-1-28（a）所示，在 B 列的"F(x)="行中输入"−B"，先选择 3 列数据，再选择菜单栏中的"绘图"→"条形图，饼图，面积图"→"堆积条形图"命令，调整坐标轴刻度和配色方案后，获得如图 5-1-28（b）所示的效果。在设置下轴的刻度线标签时，取消勾选最下方的"负号"复选框，即可实现下轴上的数字均为正值。

（a）

（b）

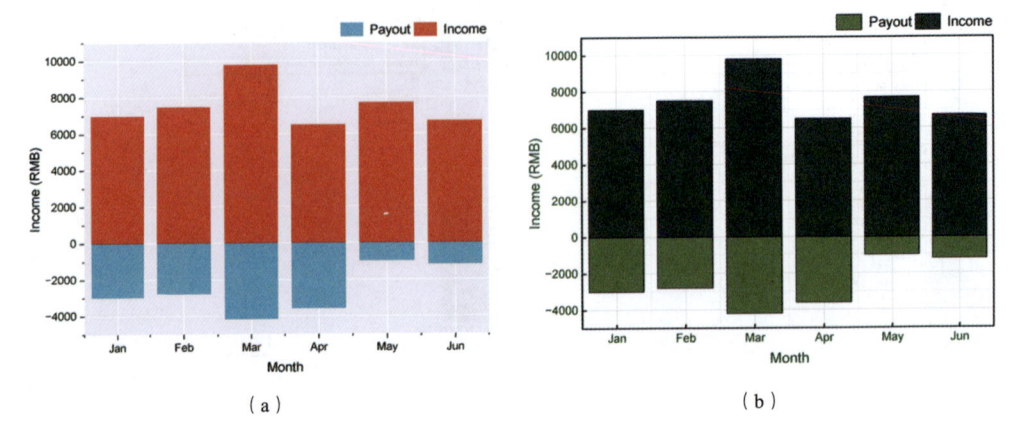

图 5-1-27 正负双向柱状图

（a）

（b）

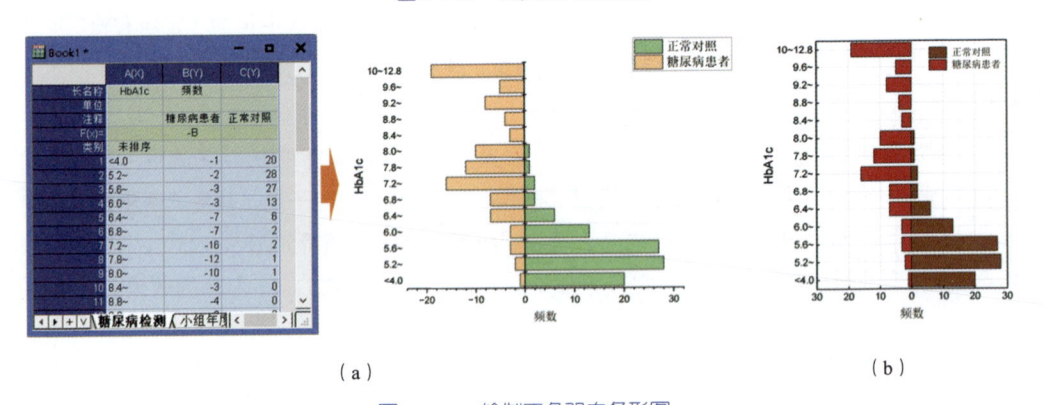

图 5-1-28 绘制正负双向条形图

2. 非 0 起点双向柱状图

上面的正负双向柱状图围绕 0 进行比较，如果中心值不是 0，那么绘制正负双向柱状图的方法至少有两种。一种是先通过数据换算将需要展示的数值减去中心值，获得如图 5-1-29（a）所示的数值，利用这些数值绘制如图 5-1-29（b）所示的效果；然后在如图 5-1-29（c）所示的"刻度线标签"选项卡中设置"公式"为坐标轴刻度加上这个中心值，对坐标系进行平移；最后在"轴线和刻度线"选项卡中将下轴的"轴位置"设置为"下轴"，获得如图 5-1-29（d）和图 5-1-29（e）所示的效果。

另一种方法是利用二段式浮动柱状图来绘制。如图 5-1-30（a）所示，先在对比的两列数据中加入一列中心值，标注好长名称和注释，再选择菜单栏中的"绘图"→"条形图，饼图，面积图"→"浮动柱状图"命令，获得如图 5-1-30（b）所示的效果。

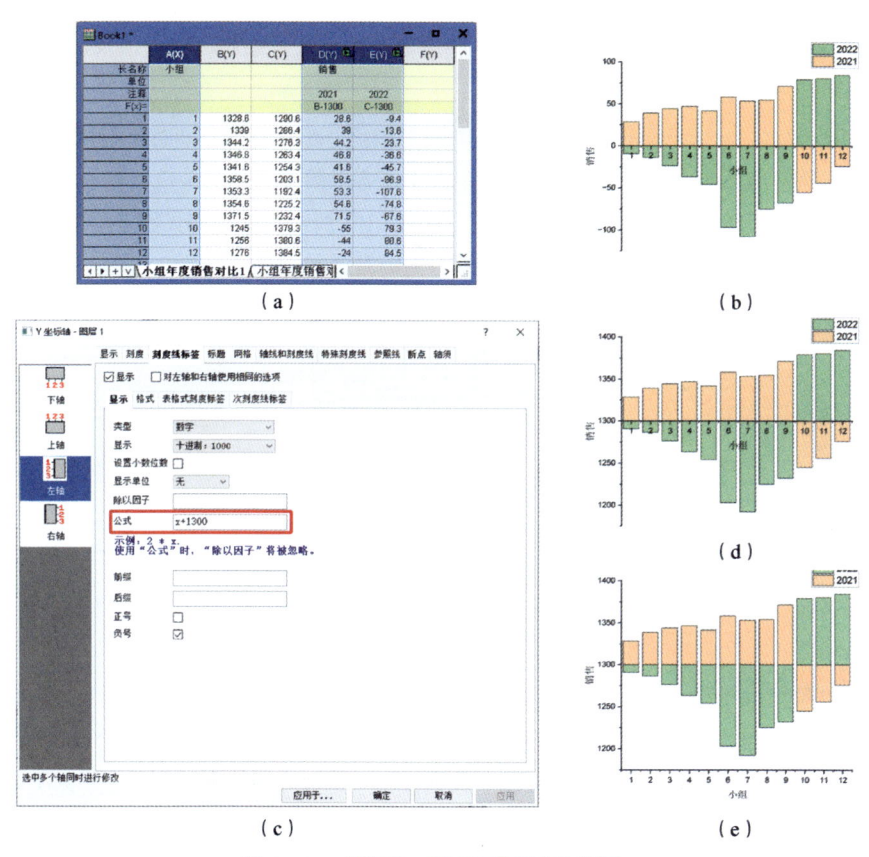

图 5-1-29　绘制非 0 起点正负双向柱状图 1

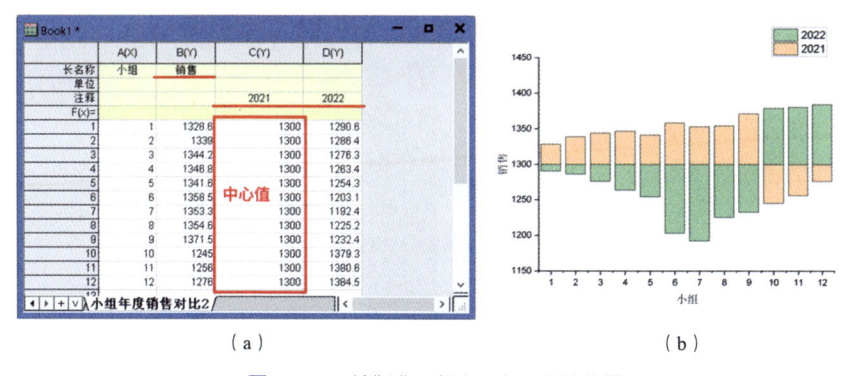

图 5-1-30　绘制非 0 起点正负双向柱状图 2

5.1.13　人口金字塔图

使用上述添加负号辅助绘制正负双向柱状图的方法，还可以绘制人口金字塔图，这些内容属于堆积柱状图的延伸应用。此外，在 Origin 中另有绘制人口金字塔图的方法和模板，下面详细介绍在 Origin 中绘制人口金字塔图的过程，读者应重点注意绘制过程中涉及的坐标轴关联、多图层绘图的内容。

（1）图 5-1-31（a）所示为人口金字塔图的绘制数据，A 列数据表示各年龄段分组，B 列和 C 列数据分别表示男性（Male）和女性（Female）在各年龄段所占的人口比例。分别使用男性和女性在各年龄段所占的人口比例绘制如图 5-1-31（b）所示的效果和如图 5-1-31（c）所示的效果，图 5-1-31（b）和图 5-1-31（c）拼接在一起就是人口金字塔图。

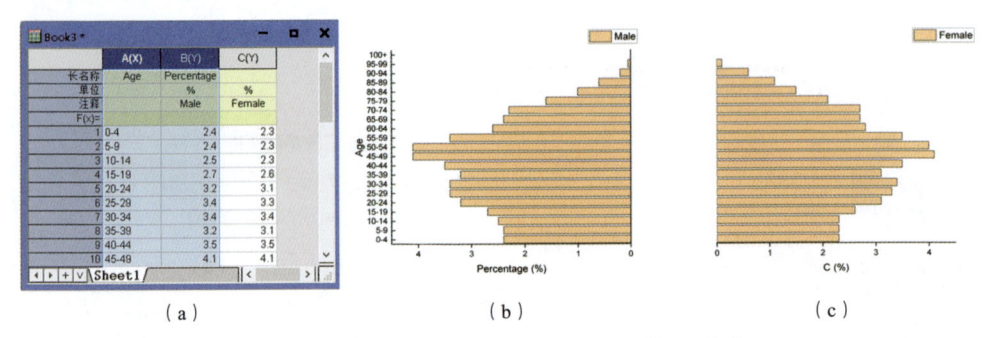

(a)　　　　　　　　　　(b)　　　　　　　　　　(c)

图 5-1-31　工作表及绘制的人口金字塔图的两个部分

在绘制图 5-1-31（b）时应注意，在如图 5-1-32（a）所示的"刻度"选项卡中选择左侧的"水平"选项，勾选"翻转"复选框，使 X 轴的原点被置于右侧；同时在如图 5-1-32（b）所示的"显示"选项卡中分别勾选"显示右轴"复选框和"显示下轴"复选框。由于刻度翻转，因此显示的轴名也刚好相反，这里只有勾选"显示右轴"复选框才能获得如图 5-1-31（b）所示的效果，即将 Y 轴、刻度线和刻度线标签在左侧显示。

(a)　　　　　　　　　　　　　　　　　　(b)

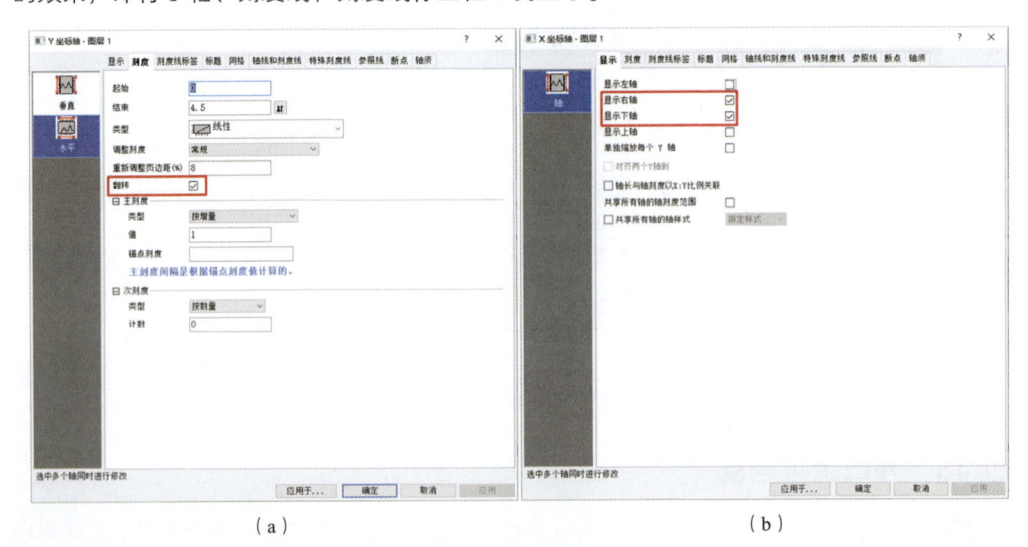

图 5-1-32　翻转轴刻度设置

（2）选择菜单栏中的"图"→"合并图表"→"打开对话框"命令，或单击右侧工具栏中的"合并"按钮，打开如图 5-1-33（a）所示的"合并图表"对话框。在该对话框中勾选"自动预览"复选框：①单击"图"列表框中的 ▶ 按钮，并选择需要拼接的图形窗口，默认会自动选择当前文件夹内的所有图形窗口，一般只需删除不需要的图形窗口即可；②勾选"重新调整布局"复选框；③在"排列设置"选项组中设置"行数"为"1"、"列数"为"2"；④勾选"将每个源图窗口作为一个整体进行操作"复选框。

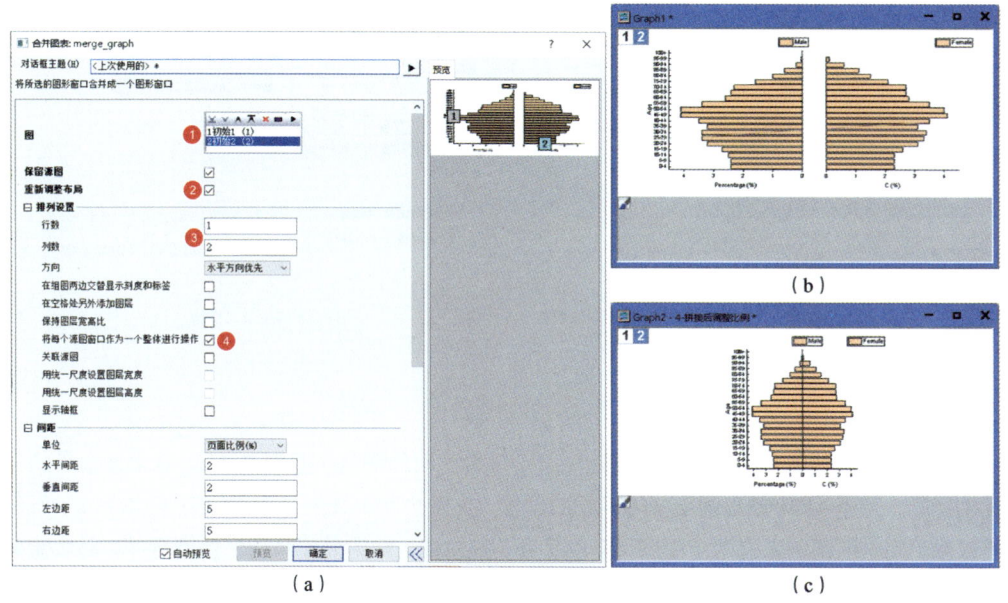

图 5-1-33 合并图层

（3）设置完成后，获得如图 5-1-33（b）所示的新的图形窗口，该图形窗口中有两个图层，左上方的数字表示图层顺序。下面将通过关联坐标轴和调节大小来完成精确对齐，对齐后调整宽度，设置完成后，获得如图 5-1-33（c）所示的效果。

（4）如图 5-1-34（a）所示，打开图层 Layer2 的"绘图细节-图层选项"对话框：①切换为"关联坐标轴刻度"选项卡；②设置"关联到"为"Layer1"。该操作表示为图层 Layer2 和图层 Layer1 建立关联。在"绘图细节-图层属性"对话框的"大小"选项卡中将出现"关联图层比例（%）"选项。由于两个条形图的坐标轴刻度一致，因此不需要其他特别设置。

（5）如图 5-1-34（b）所示，打开"绘图细节-图层属性"对话框：①切换为"大小"选项卡；②将"单位"设置为"关联图层比例（%）"，该选项只有第（4）步中进行了关联坐标轴刻度操作才会出现；③通过设置"左边""上边""宽度""高度"这 4 个选项来精确设置图层 Layer2 的大小和位置。由于默认绘制的 Female 条形图和 Male 条形图左右对称、大小相等，因此这里将其"宽度"和"高度"都设置为"100"，将"左边"设置为"100"（Female 条形图在水平方向上紧贴 Male 条形图，Male 条形图的宽度占比为 100%），将"上边"设置为"0"（Female 条形图和 Male 条形图顶边对齐，正值表示 Female 条形图按照 Male 条形图高度的百分比从 Male 条形图的顶边所在位置下移，负值则表示 Female 条形图按照 Male 条形图高度的百分比从 Male 条形图的顶边所在位置上移）；④勾选"拖动图层位置时，父图层也会相应移动"复选框，以保证在后续使用鼠标调整大小和位置时，将拼接而来的图形作为一个整体被调整。设置完成后，两个条形图紧密相连，将宽度缩窄，获得如图 5-1-33（c）所示的效果。

（a）

（b）

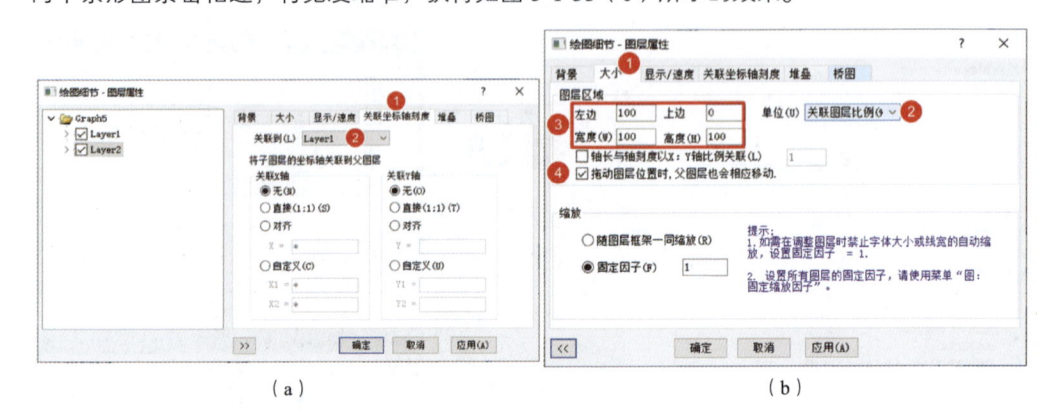

图 5-1-34　坐标轴刻度关联和大小设置

（6）为获得的人口金字塔图中的矩形分别设置不同的颜色，删除 Female 条形图自带的坐标轴标题，调整 Male 条形图坐标轴标题的位置，为两个图层共用，获得如图 5-1-35（a）所示的效果，此时的图例来自两个图层，可以单独调整位置。如果需要将两个图例合并，那么需要先在"绘图细节-页面属性"对话框的"图例/标题"选项卡中，勾选"生成图例时包含所有图层的数据组"复选框，然后重构图例，获得如图 5-1-35（b）所示的效果。删除多余图例，调整大小和位置等后，获得如图 5-1-35（c）所示的效果。

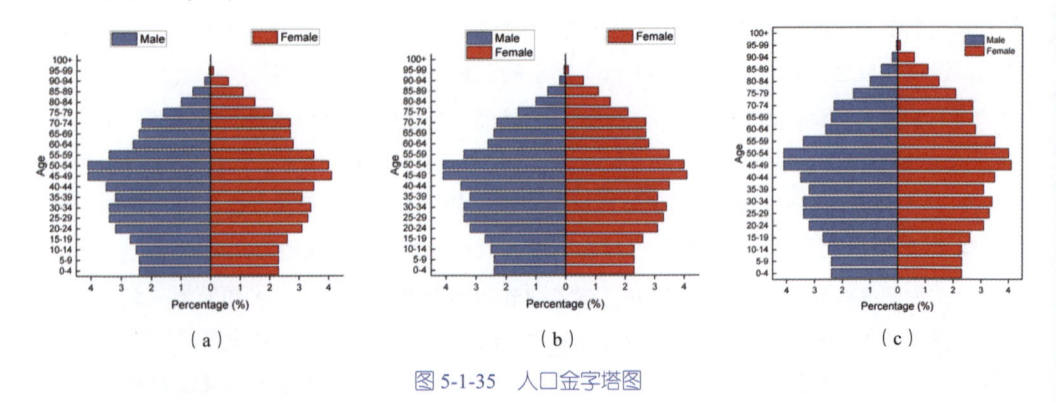

（a）

（b）

（c）

图 5-1-35　人口金字塔图

Origin 内置了人口金字塔图模板，先选择数据，再选择菜单栏中的"绘图"→"统计图"→

"人口金字塔图"命令即可绘制人口金字塔图。上述过程用到的关联坐标轴和多图层绘图的技巧可以用于自行设计绘图模板或绘制专业性强的小众图表,以扩展 Origin 的应用范围。

5.2 复合比较型图表

5.2.1 柱状图分组:交错柱状图和分隔柱状图

1. 交错柱状图(原始数据型)

使用原始数据格式组织数据并绘制交错柱状图具有初始绘图迅速、数据交错呈现的特点。将 66 名高血脂患者随机分成 3 组(22 人/组):对照组(Control 组)、服用药物 A 组(Drug A 组)、服用药物 B 组(Drug B 组),7 天后检测各组患者的总胆固醇(TC)、甘油三酯(TG)、高密度脂蛋白胆固醇(HDLC)和低密度脂蛋白胆固醇(LDLC)数据。

检测数据可以使用原始数据格式组织,能快速获得按行列分组的绘图效果。相同颜色的矩形在工作表中属于同一列(矩形上方的误差棒由匹配的误差列绘制)、同一组。例如,图 5-2-1(a)右侧的图形中的橙色矩形和绿色矩形分别代表 Control 组和 Drug A 组中 4 种脂质的数据。相同颜色的一组矩形又按照行分组被分配到 X 轴上,和不同颜色的其他组形成矩形簇。例如,图 5-2-1(a)右侧的图形中 X 轴上的 TC 和 TG 表示 Control 组、Drug A 组和 Drug B 组中的 TC 数据和 TG 数据。

(a)

(b)

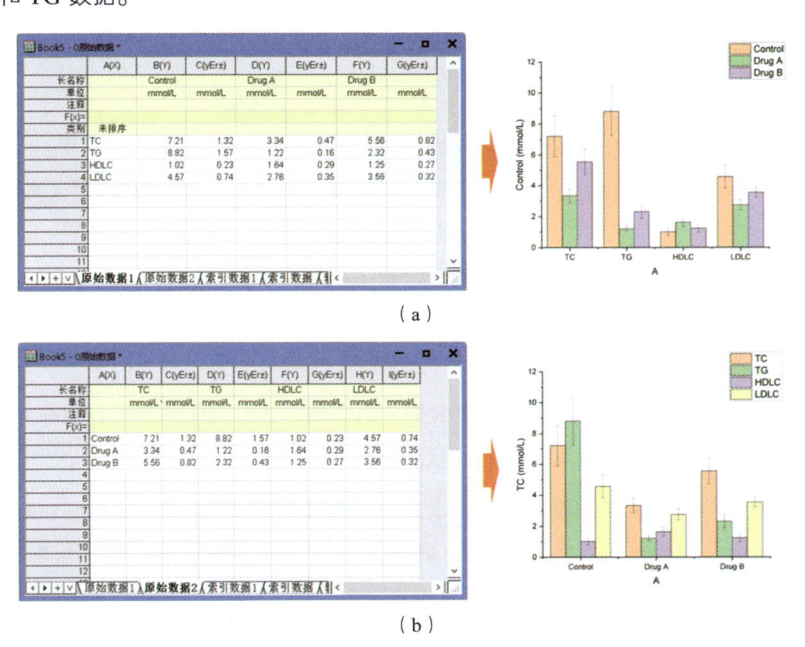

图 5-2-1 使用原始数据格式组织数据并绘制交错柱状图

这种原始数据格式按照行列分组，使最终矩形在行列分组中交错出现，形成的图表叫作交错柱状图。交错柱状图也属于多数据系列柱状图，即 X 轴上同一个分组标签下有多个代表数据的矩形。

这种原始数据格式还可以利用表头表现多级分组，如果在工作表中增加一个性别分组，那么只需要在 Control 组的内部设置分别容纳不同性别的数据列，并在"注释"行中标注性别，更多分组层级可能需要自定义表头来处理。

2. 分隔柱状图（索引数据型）

使用如图 5-2-2 左侧工作表中的索引数据格式组织数据并绘制分隔柱状图（注意左侧工作表中的 A 列是标签列），可以通过设置分组之间的间隔和颜色来进行分组；还可以把分组进行映射和叠加，形成表格式刻度标签，以应对更多分组。

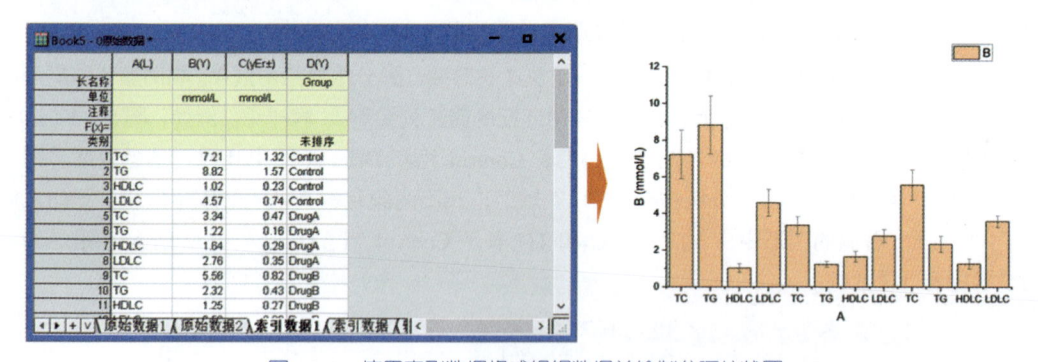

图 5-2-2　使用索引数据格式组织数据并绘制分隔柱状图

在如图 5-2-3（a）所示的"绘图细节-绘图属性"对话框的"间距"选项卡中，设置"按大小"为"4"启用子集（这表示每个子集均为 4 个矩形），并将"子集间的距离（%）"设置为"15"使子集之间分隔开，单击"应用"按钮，获得如图 5-2-3（b）所示的效果。这是利用间距对子集进行划分，也是一种分组的表现方式。

在如图 5-2-3（c）所示的"绘图细节-绘图属性"对话框的"图案"选项卡中，将填充颜色映射到工作表中表示分组的 D 列上，使不同分组标签表示的矩形有不同的颜色，在颜色上将矩形分为 3 组，获得如图 5-2-3（d）所示的效果。由于图 5-2-3（d）呈现的分组在间距和颜色上已分隔，因此图 5-2-3（d）也叫作分隔柱状图。

交错柱状图和分隔柱状图在基础柱状图上引入了更多分组变量，并分别用原始数据的表头和索引数据的分组列来表现分组变量，这是 Origin 在工作表中组织数据的两种基本格式，也是使用模板绘图的基础，相关内容见 3.2.1 节。

第 5 章 比较型图表 | 225

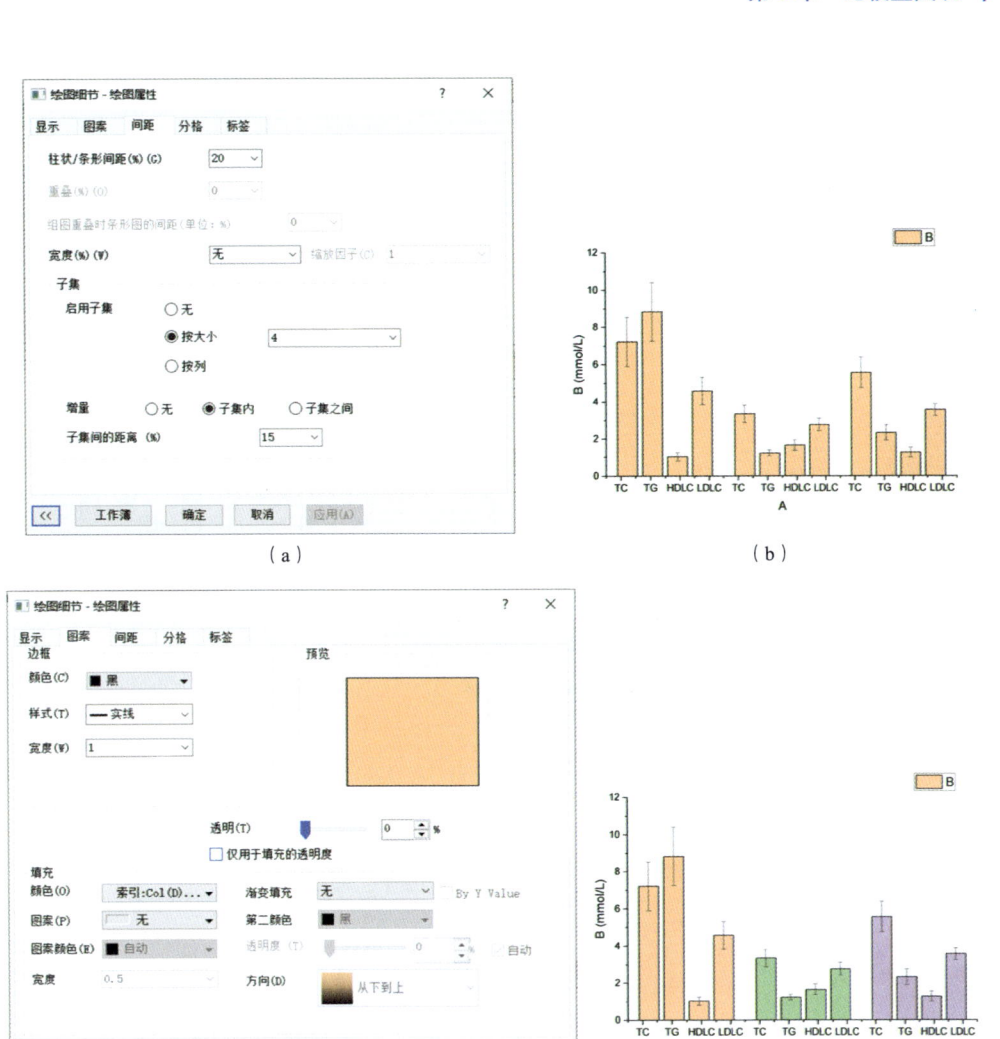

（a） （b） （c） （d）

图 5-2-3 使用索引数据绘制矩形在间距和颜色上表现分组

3. 表格式刻度标签

表格式刻度标签能够表现绘图中更多分组的层级关系。在坐标轴设置对话框的"刻度线标签"选项卡中，选择左侧的"下轴"选项，在右侧的"表格式刻度标签"选项卡中，勾选"启用"复选框，将"行数"设置为"2"，此时"下轴"变为图 5-2-4（a）中的"下 1"和"下 2"，这里的标签按照从下到上的顺序编号，在"表格布局"选项组中设置"合并标签"为"在子组/子集中"（这是为了使后面的每 4 次脂质数据归属的实验分组标签只显示 1 次），单击"应用于"按钮，获得如图 5-2-4（b）所示的效果。

226 | Origin 学术图表

(a)

(b)

(c)

(b)

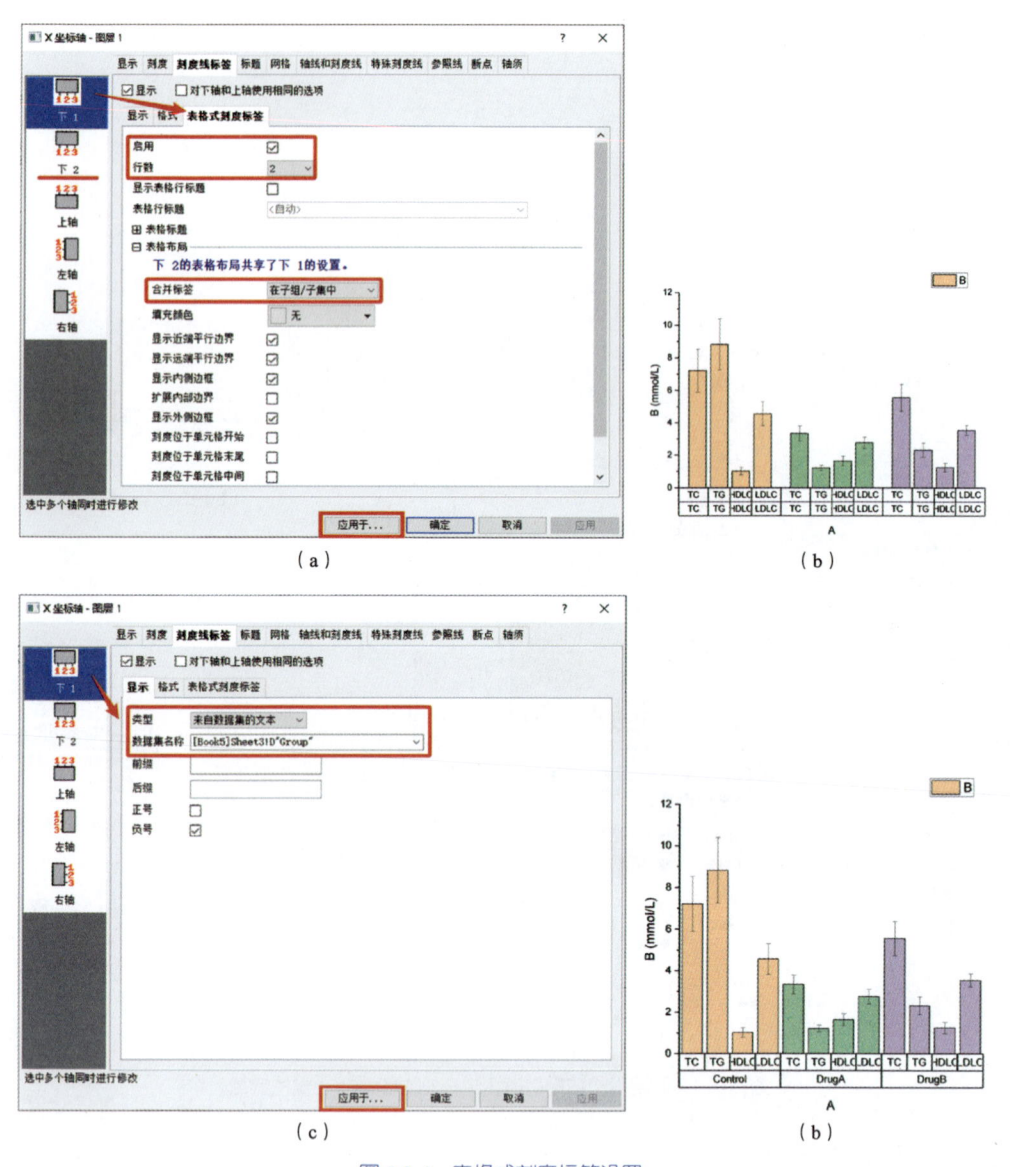

图 5-2-4　表格式刻度标签设置

如图 5-2-4（c）所示，在坐标轴设置对话框左侧选择"下 1"选项，在其右侧的"显示"选项卡中将"类型"设置为"来自数据集的文本"，将"数据集名称"设置为表示一级分类的分组数据，单击"应用于"按钮，获得如图 5-2-4（d）所示的效果。如果还有更多分组方式，那么使用更多层的表格式刻度标签来进行标注，如在 Learning Center 中绘制一个从上到下具有 7 层标签的示例图形，如图 5-2-5 所示。

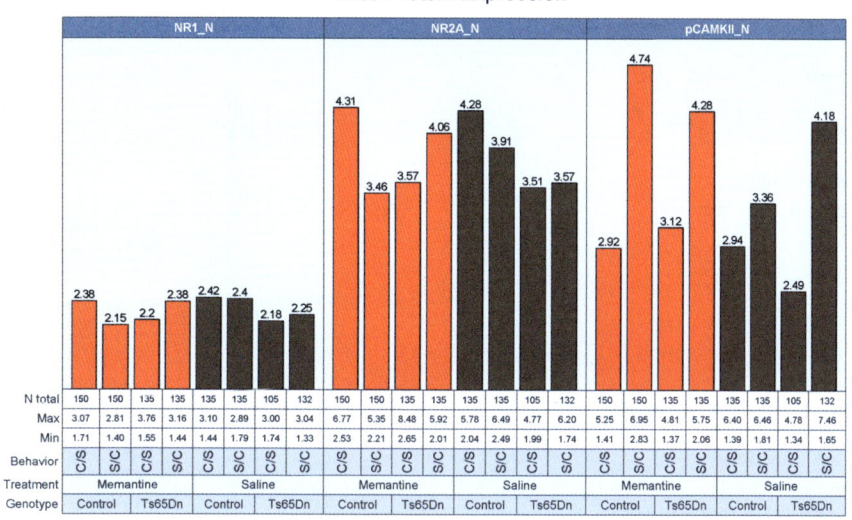

图 5-2-5　从上到下具有 7 层标签的示例图形

使用索引数据，可以通过 Origin 的系统模板来快速绘制交错柱状图。先选择图 5-2-2 左侧工作表中的 B、C 两列索引数据，再选择菜单栏中的"绘图"→"分组图"→"分组柱状图"命令，弹出如图 5-2-6 所示的对话框，在"子组列"列表框中添加 A 列（脂质分类）和 D 列（实验设计分组）。

在"子组列"列表框中可以对列进行上下移动，不同的顺序对应的绘图不同。图 5-2-6（a）中是 Group 列数据在上，4 种脂质（TC、TG、HDLC 和 LDLC）数据在下，反映到绘图中是基于 Group 分组之后二级分组；图 5-2-6（b）中是 4 种脂质（TC、TG、HDLC 和 LDLC）数据在上，Group 列数据在下，反映到绘图中是基于 4 种脂质分组之后继续按 Group 分组。此处的子组列的上下关系和表格式刻度标签的上下呈现效果刚好相反。这是因为默认读取数据的逻辑为从上往下读取，而绘图逻辑则为从下往上绘制。

4. 数据缺失绘图

在绘制柱状图的过程中存在数据缺失的情况，可以留下空位置也可以删除缺失值所在的位置。图 5-2-7（a）展示的是原始数据的 TG 中缺失了 Control 组的数据，绘制的柱状图分组正常，但缺失值处留下缺口。图 5-2-7（b）展示的是使用索引数据格式绘制的图形，直接把缺失值所在行删除之后绘制柱状图，按分组列划分子集并映射不同的颜色，没有缺失值留下的缺口。图 5-2-7（c）展示的是使用索引数据绘制的图形，同样不会留下缺口。如果不删除缺失值所在行，那么也会和图 5-2-7（a）一样留下缺口。

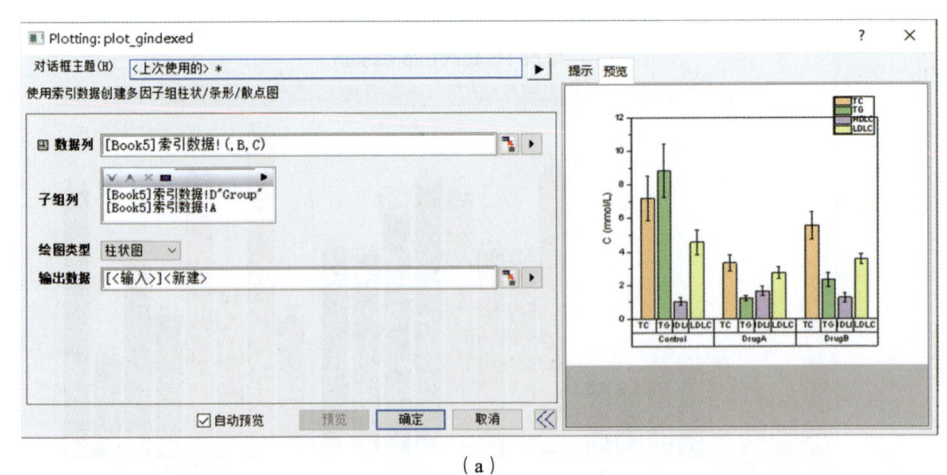

（a）

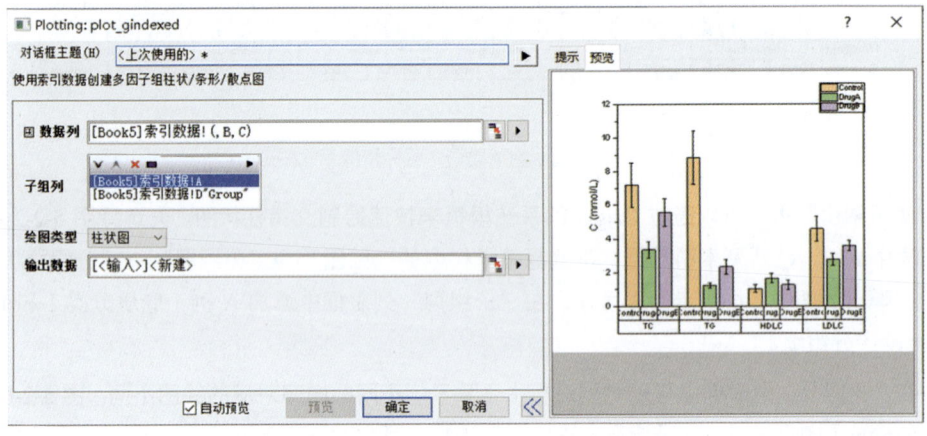

（b）

图 5-2-6　绘制多因子分组（交错）柱状图

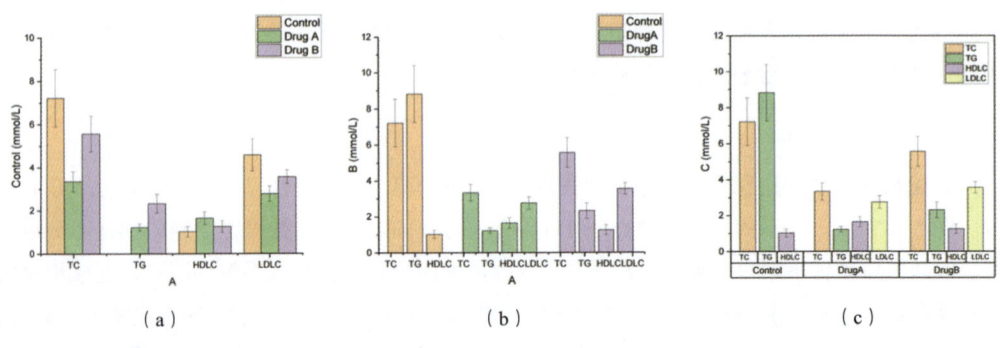

（a）　　　　　　　　　　　（b）　　　　　　　　　　　（c）

图 5-2-7　数据缺失绘图

5.2.2 堆积柱状图/条形图

堆积柱状图/条形图相当于是把交错柱状图 X 轴上的各组内的矩形按顺序堆积在一起，拉近了组与组之间的距离，这样不仅便于在 X 轴上排布更多组，还便于组与组之间进行比较。如果将 X 轴上的各组看作某个分类的整体，将组内矩形看作部分，那么堆积柱状图/条形图就类似于将多个环形图拉直，堆积柱状图/条形图天然具有构成型图表的用途，详见第 6 章。这种图表的优点是可以展示各分类的总量，以及该分类下各级分类的值及占比情况，尤其适用于处理部分与整体的关系；缺点是各组堆积的柱状图不能过多，以不超过 5 个为宜。

打开如图 5-2-8（a）所示的工作表，其中的数据用于展示 A～H 共 8 种不同治疗方案对某种疾病的治疗效果，效果分为 4 级：临床治愈、显效、有效和无效。先选择数据，再选择菜单栏中的"绘图"→"条形图，饼图，面积图"→"堆积柱状图"命令，获得如图 5-2-8（b）所示的效果。

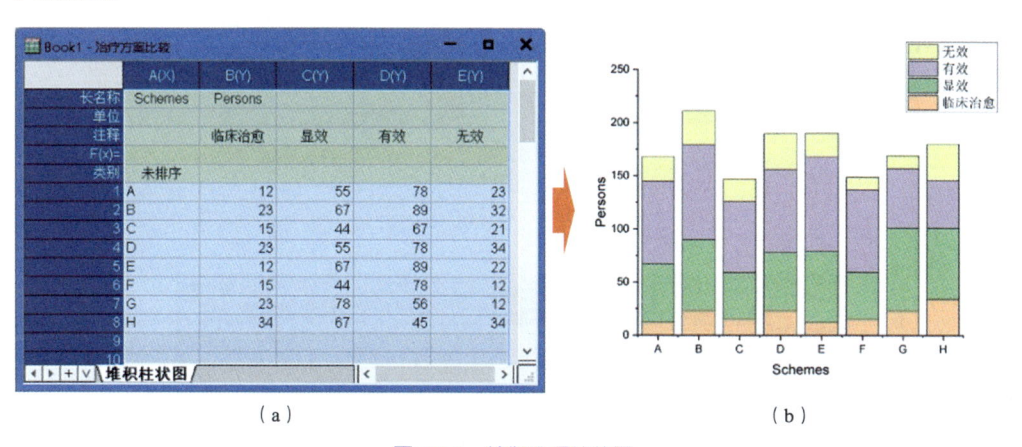

图 5-2-8　绘制堆积柱状图

对绘制完成的堆积柱状图进行配色方案、比例、字号等的修改，修改完成后，获得如图 5-2-9（a）所示的效果。使用同样的方法可以绘制如图 5-2-9（b）所示的百分比堆积柱状图、如图 5-2-9（c）所示的堆积条形图和如图 5-2-9（d）所示的百分比堆积条形图。

在百分比堆积柱状图和百分比堆积条形图中，同色矩形之间以直线连接，强调同色矩形代表的数据之间的比较和变化情况。如果强调同组内部数据的流变关系，那么绘制带状图，详见 4.2.7 节。

如果如图 5-2-10（a）所示的数据带有误差值，那么也可以使用同样的方法绘制如图 5-2-10（b）所示的堆积柱状图，这往往需要通过调整误差线展示方向以避免干扰，效果如图 5-2-10（c）所示。

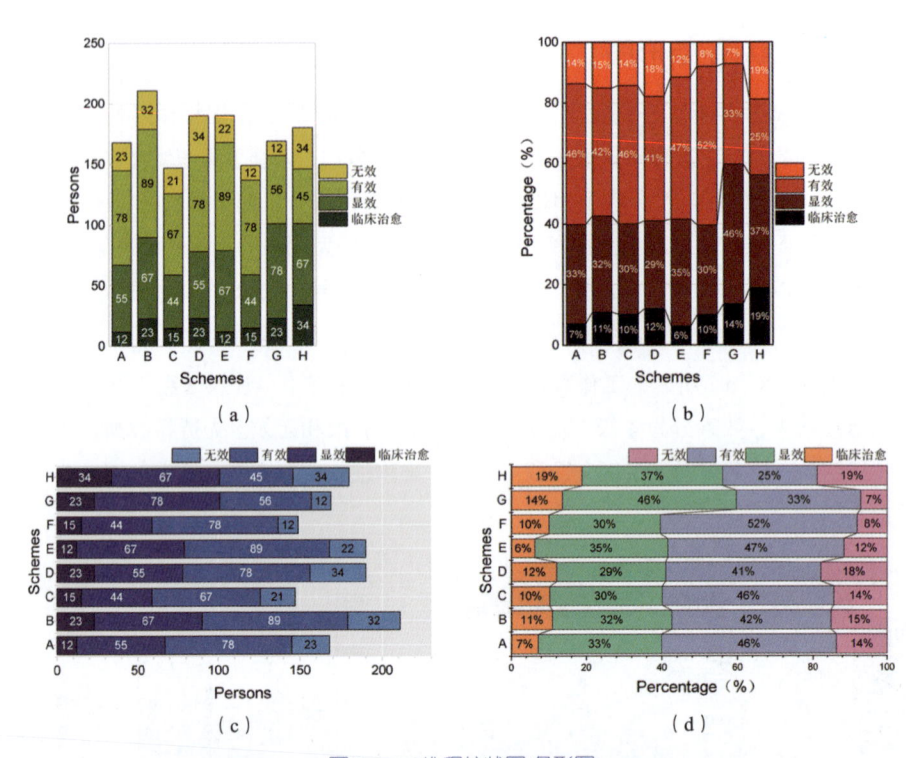

图 5-2-9　堆积柱状图/条形图

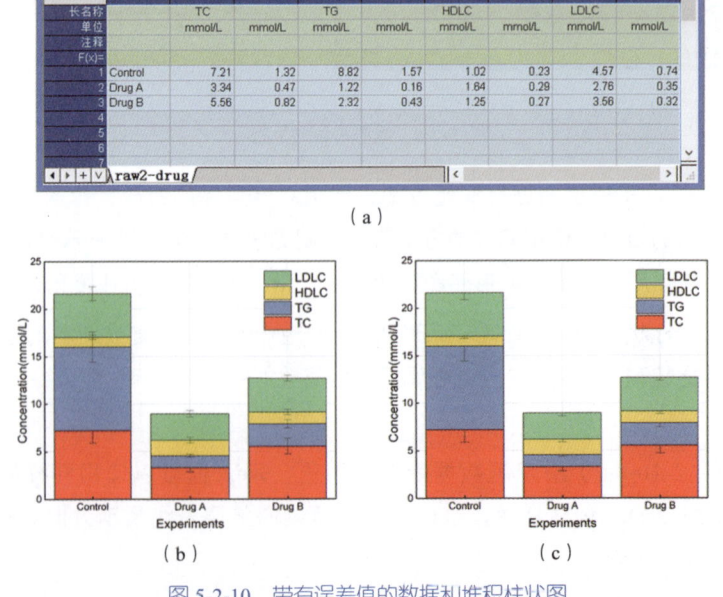

图 5-2-10　带有误差值的数据礼堆积柱状图

5.2.3　分组堆积柱状图

如果 5.2.2 节介绍的堆积柱状图的患者还分性别,那么需要绘制分组堆积柱状图,该怎么操作呢? Origin 目前还没有分组堆积柱状图的绘图模板,下面介绍如何绘制分组堆积柱状图。

(1)将分组数据输入工作表,如图 5-2-11(a)所示。以长名称标注性别分组,以淡橙色和淡绿色表示分组,绘制分组堆积柱状图。

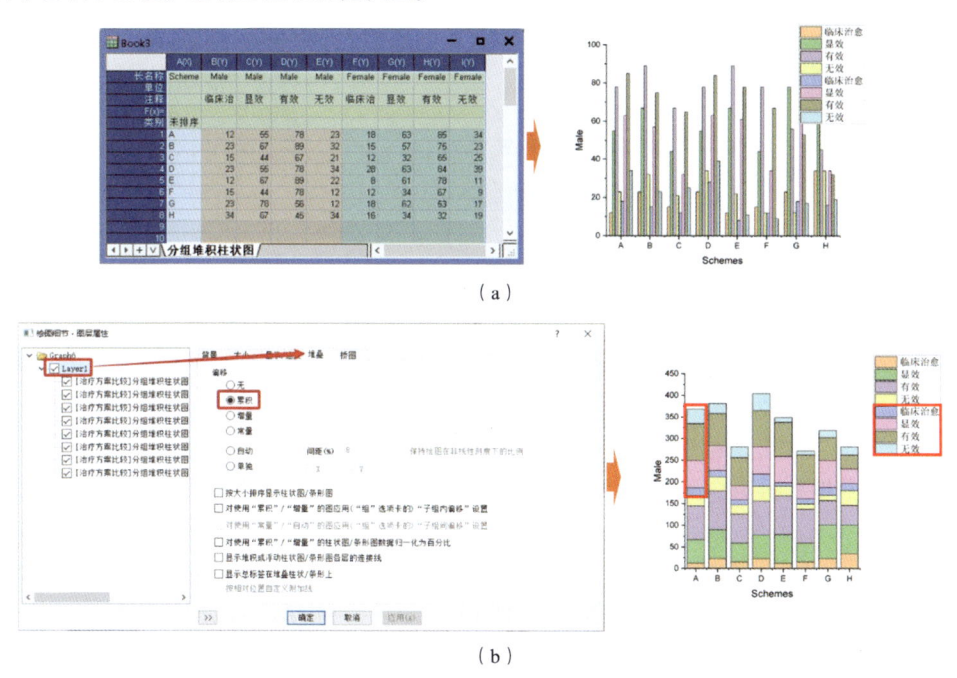

图 5-2-11　绘制分组堆积柱状图

(2)在"绘图细节-图层属性"对话框的"堆叠"选项卡的"偏移"选项组中,选中"累积"单选按钮,单击"应用"按钮,获得如图 5-2-11(b)右侧所示的效果,A~H 共 8 种治疗方案对应的男性、女性共 8 种疗效的矩形依次堆积在一起。下面把上半部分代表女性疗效的 4 个矩形偏移到一侧,使其与下半部分代表男性疗效的 4 个矩形并列。

以上两步用于展示不用绘图模板是如何绘制分组堆积柱状图的,熟悉之后可以省略,直接使用堆积柱状图的绘图模板绘制分组堆积柱状图。

(3)选择左侧的第 1 个绘图,在"组"选项卡中选中"按大小"单选按钮,设置"子组大小"为"4",启用子组,如图 5-2-12(a)所示,该步将每种治疗方案对应的男性、女性共 8 种疗效分为两组,每组都对应不同性别的 4 种疗效。

(4)在"绘图细节-图层属性"对话框的"堆叠"选项卡中,勾选"对使用'累积'/'增量'的图应用('组'选项卡的)'子组内偏移'设置"复选框,单击"应用"按钮,即可将代表女性疗效的 4 个矩形成组偏移到一侧,与代表男性疗效的 4 个矩形并列,最终效果如

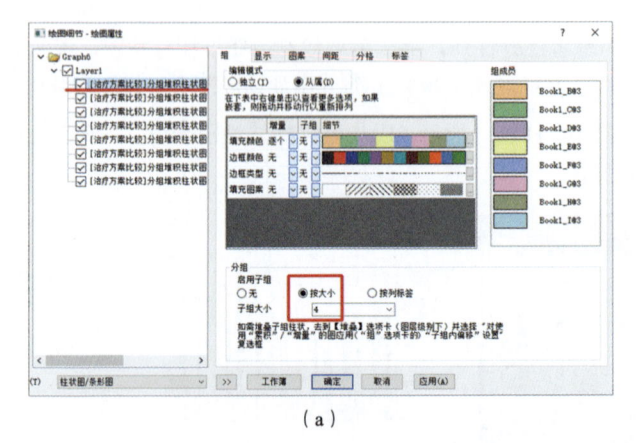

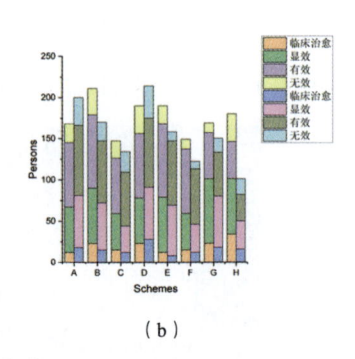

图 5-2-12（b）所示。

(a)　　　　　　　　　　　　　　　(b)

图 5-2-12　分组堆积柱状图按子组偏移

（5）由于按性别分的两个子组疗效的顺序相同，子组的组成部分之间既有区别又有紧密联系，因此可以使用颜色深浅表示性别差异，以同种颜色表示同种疗效。在第 1 个绘图的"组"选项卡中，选择"填充颜色"右侧"细节"区域中的"Paired Color"配色方案，修改该配色方案中浅色与深色交替出现的前 8 种颜色为 4 种浅色和 4 种对应的深色，如图 5-2-13（a）所示。修改完成后，获得如图 5-2-14（a）所示的效果。子组之间为同色系且用颜色深浅区分性别分组。

（6）如图 5-2-14（a）所示，图例虽然有颜色深浅之分，但是分组并不明确。选择图例并单击鼠标右键，在弹出的快捷菜单中选择"属性"命令，打开如图 5-2-13（b）所示的对话框，在中间的列表框中的最前面输入"Male"，在第 4 行（不包括 Male 行）后换行空出一行，之后输入"Female"。设置完成后，获得如图 5-2-14（b）所示的效果。

（7）在"绘图细节-图层属性"对话框的"堆叠"选项卡中，勾选"对使用'累积'/'增量'的柱状图/条形图数据归一化为百分比"复选框，单击"应用"按钮，获得如图 5-2-14（c）所示的效果。

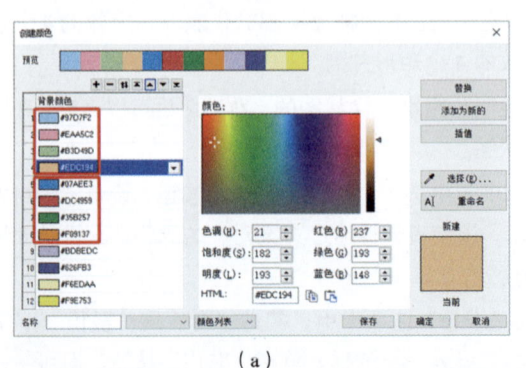

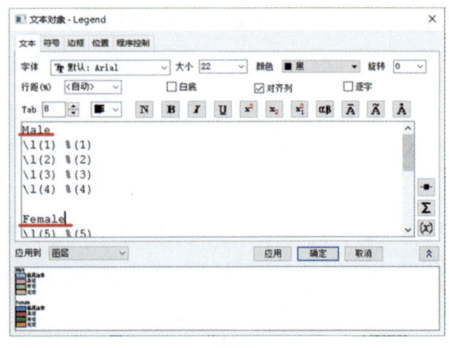

(a)　　　　　　　　　　　　　　　(b)

图 5-2-13　修改配色方案和图例

图 5-2-14 分组堆积柱状图

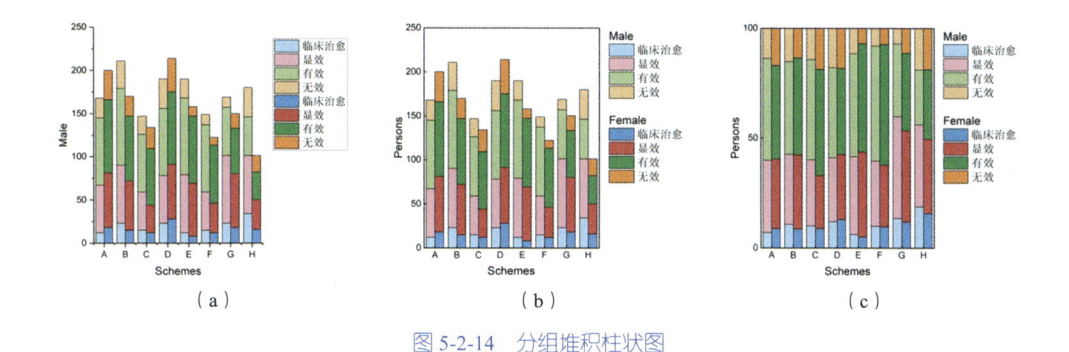

5.2.4 3D 堆积条状图

1. XYY 型（原始数据型）

打开工作表，其中的数据与图 5-2-11（a）左侧工作表中的数据相同。先选择数据，再选择菜单栏中的"绘图"→"3D 图"→"XYY 3D 堆积条状图"命令，获得如图 5-2-15（a）所示的效果，分组偏移之后，获得如图 5-2-15（b）所示的效果。在"绘图细节-图层属性"对话框的"堆叠"选项卡中，勾选"对使用'累积'/'增量'的柱状图/条形图数据归一化为百分比"复选框。也可以先选择数据，再选择菜单栏中的"绘图"→"3D 图"→"XYY 3D 百分比堆积条状图"命令，获得如图 5-2-15（c）所示的效果，分组偏移之后，获得如图 5-2-15（d）所示的效果。

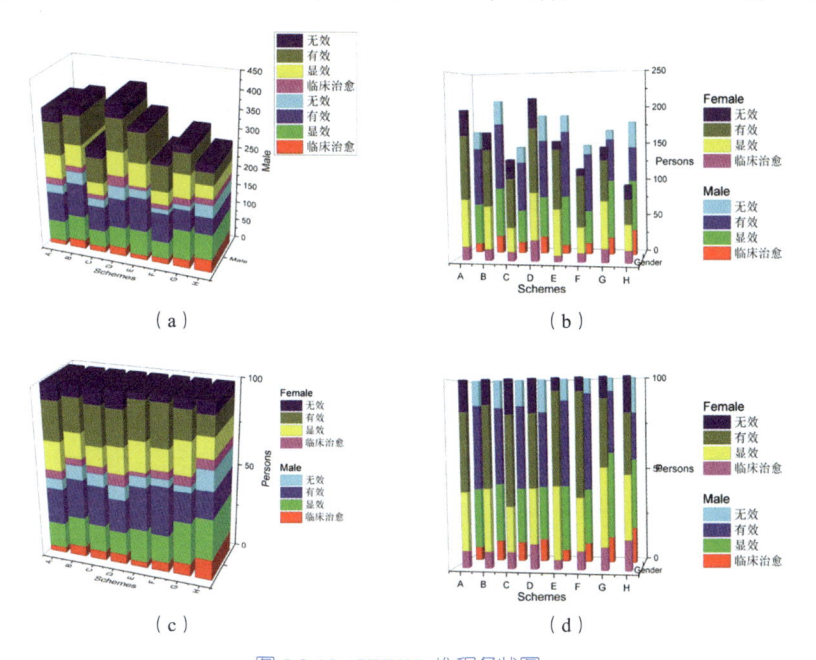

图 5-2-15　XYY3D 堆积条状图

2. XYZ 型（索引数据型）

如果改造成包含 Z 列的索引数据，那么也可以绘制 3D 堆积条状图。下面以 5.2.3 节介绍的分组堆积柱状图使用的数据绘制 3D 堆积条状图，其重点不在于 3D 堆积条状图的绘制方法，而在于原始数据和索引数据的互换。

（1）图 5-2-16（a）为 5.2.3 节介绍的分组堆积柱状图使用的数据，3 个分组变量分别以 X 列数据、长名称和注释表示。先选择工作表中的 B～I 列数据，再选择菜单栏中的"重构"→"堆叠列"→"打开对话框"命令，打开如图 5-2-17 所示的对话框，需要已选好堆叠的列，在"组标识"选项组中设置"组别行"为"长名称"和"注释"，在"选项"选项组中勾选"包括其他列"复选框，且选择 A 列作为其他列。

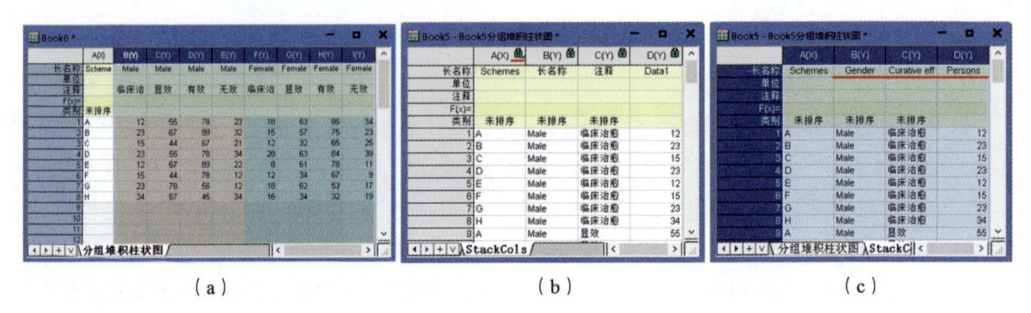

图 5-2-16　堆叠列过程

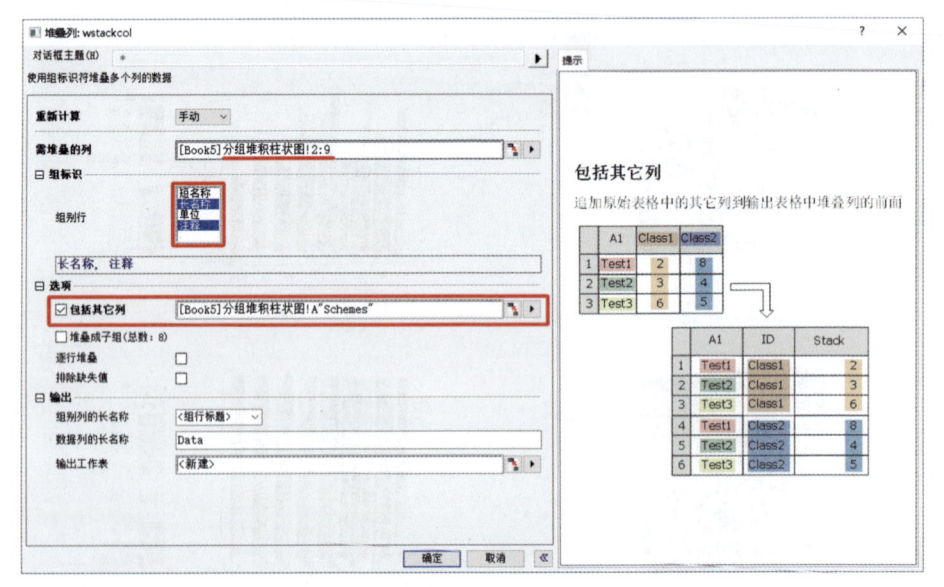

图 5-2-17　堆叠列设置[①]

---

① 图中"其它"的正确写法为"其他"。

（2）设置完成后，该数据被转换为如图 5-2-16（b）所示的工作表中的索引数据格式。在该工作表的各列标题上都有 按钮，这是重新计算的设置按钮，如果在图 5-2-17 中将"重新计算"设置为"无"，那么就不会出现该按钮。单击任意一个该按钮，在弹出的下拉列表中选择"重新计算模式：关"选项，即可停止数据的自动计算。整理数据的长名称，如图 5-2-16（c）所示。此时，该索引数据还不能用于绘制 3D 堆积条状图，需要继续将该索引数据按照性别拆分成两列，使其转换为原始数据（或部分原始数据）格式。

（3）先选择如图 5-2-16（c）所示的数据，再选择菜单栏中的"重构"→"拆分堆叠列"→"打开对话框"命令，打开如图 5-2-18 所示的对话框，将"重新计算"设置为"无"，将"组别列"设置为 B 列，即 Gender 列。

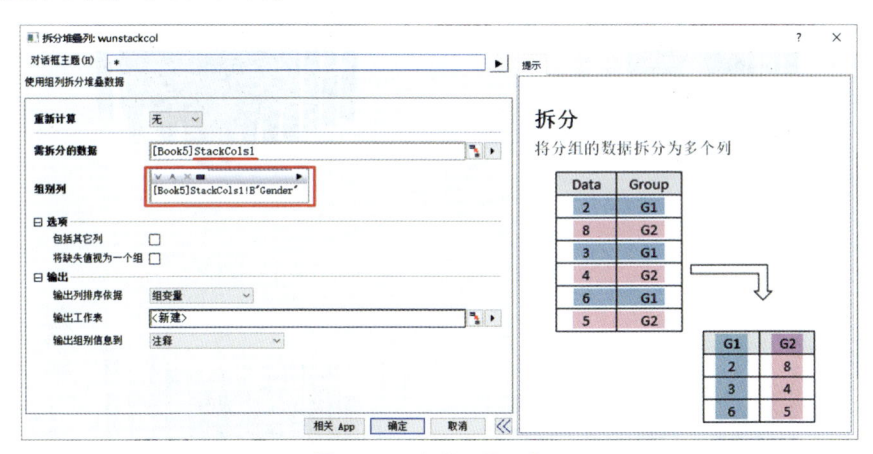

图 5-2-18　拆分堆叠列设置

（4）设置完成后，将原来堆叠的数据按照性别一分为二，获得如图 5-2-19（a）所示的数据，该数据又变成了原始数据格式，以注释标注分组。选择并删除 B、E、F、G 共 4 列冗余信息列数据，整理表头，将新工作表中的 Persons-Male 和 Persons-Female 设置为 Z 列，获得如图 5-2-19（b）所示的效果。

（a）　　　　　　　　　　　　　　　　　（b）

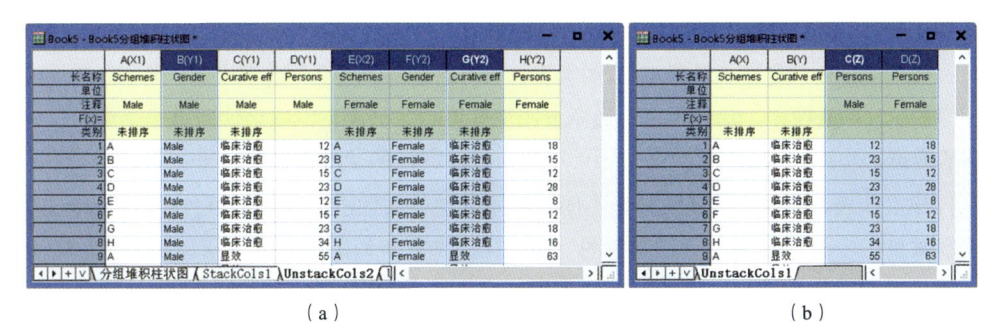

图 5-2-19　拆分堆叠列过程

（5）先选择图 5-2-19（b）中的 C 列和 D 列数据，再选择菜单栏中的"绘图"→"3D 图"→"3D 堆积条状图"命令，获得如图 5-2-20（a）所示的效果；若选择菜单栏中的"绘图"→"3D 图"→"3D 百分比堆积条状图"命令，则获得如图 5-2-20（b）所示的效果。在"绘图细节-绘图属性"对话框的"组"选项卡中，将"编辑模式"改为"独立"，将 Male 和 Female 对应的图形分别设置成不同的形状，并将颜色映射到疗效分组上，获得如图 5-2-20（c）和图 5-2-20（d）所示的效果。

（a） （b）

（c） （d）

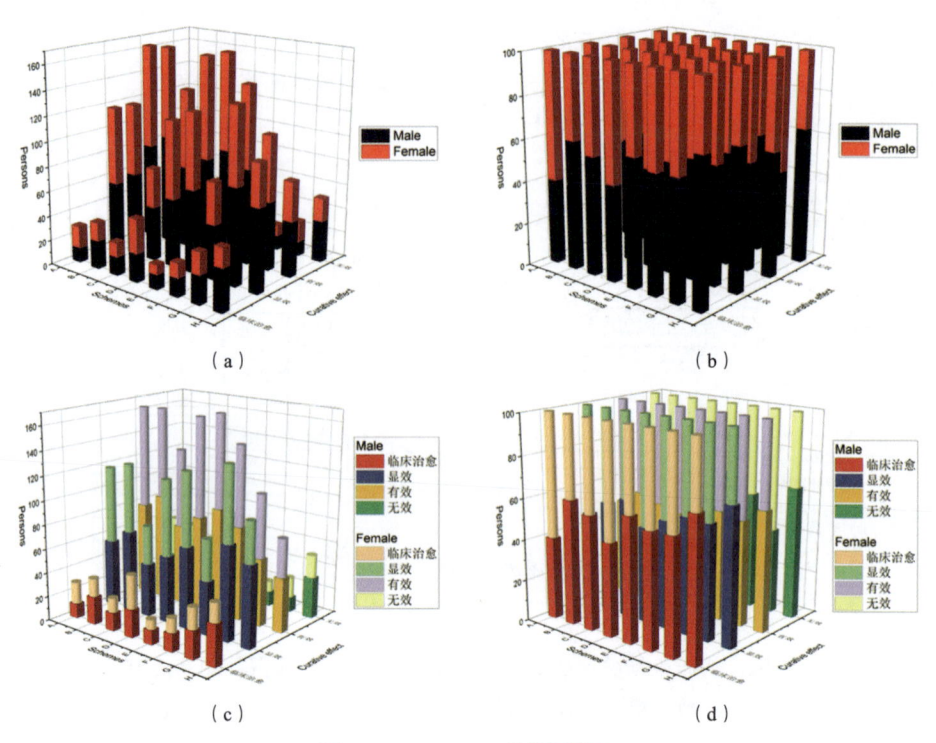

图 5-2-20　XYZ 3D 堆积条状图

5.2.5　径向堆积条形图

一般来说，只需要在"绘图细节-图层属性"对话框的"堆叠"选项卡的"偏移"选项组中选中"累积"单选按钮，就可以将普通条形图变成堆积条形图。但由于径向堆积条形图只适用于 XY 数据，不能识别 XYY 数据，因此不能通过绘制径向条形图堆叠而来。

打开工作表，其中的数据为某地不同年龄段男性与女性占总人口的百分比。先选择数据，再选择菜单栏中的"绘图"→"专业图"→"径向堆积条形图"命令，获得如图 5-2-21（a）所示的效果。虽然不能由径向条形图堆叠成径向堆积条形图，但可以通过先选择数据，再选择菜单栏中的"绘图"→"专业图"→"径向堆积条形图"命令来获得径向堆积条形图，效果如图 5-2-21（b）所示。此外，还可以在图 5-2-21（a）的基础上取消堆叠，并排显示由多数据系列绘制的径向条形图，效果如图 5-2-21（c）所示。

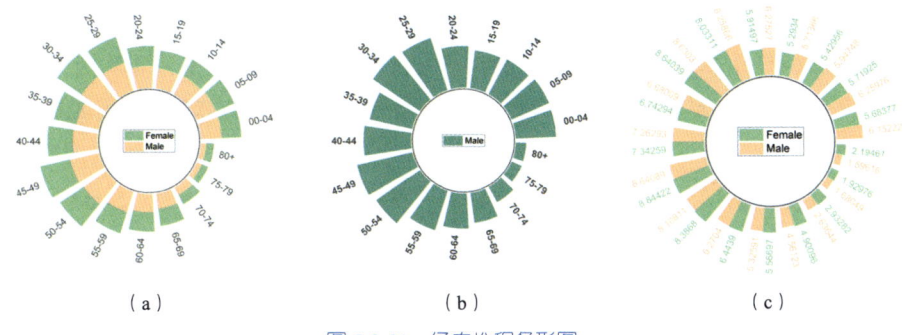

（a） （b） （c）

图 5-2-21　径向堆积条形图

5.2.6　堆积径向图

打开工作表，先选择数据，再选择菜单栏中的"绘图"→"专业图"→"堆积径向图"命令，获得如图 5-2-22（a）所示的堆积径向图。图 5-2-22（a）也是一个进行了径向偏移的极坐标面积图。堆积径向图的兼容相对较好，可以通过更改绘图类型，变成如图 5-2-22（b）所示的径向偏移点线图和如图 5-2-22（c）所示的径向偏移柱状图。此外，可以在"绘图细节-图层属性"对话框的"堆叠"选项卡的"偏移"选项组中选中"无"单选按钮，获得如图 5-2-22（d）所示的径向交错条形图；还可以通过在"偏移"选项组中选中"累积"单选按钮，获得如图 5-2-22（e）所示的径向堆积条形图；也可以只使用 X 列、Y 列数据，获得如图 5-2-22（f）所示的径向条形图，并进一步设置隐藏坐标轴和标签。

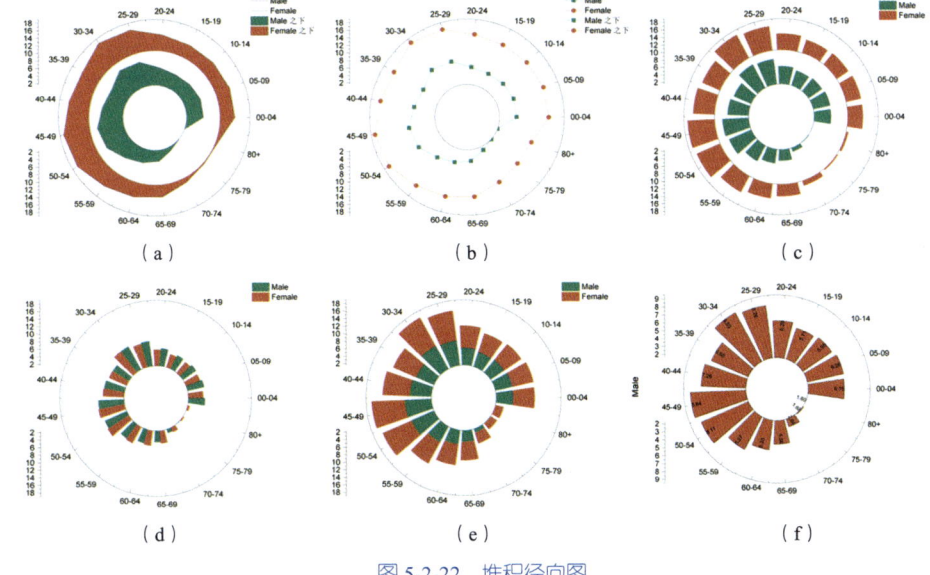

（a） （b） （c）

（d） （e） （f）

图 5-2-22　堆积径向图

5.2.7　堆叠柱状图/条形图

堆叠（Superimposed）柱状图与堆积柱状图类似，不同的是，堆叠柱状图把矩形按照大小排序后从坐标轴开始和书页一样前后堆叠在一起，而堆积柱状图则通过首尾相连来累积。Origin 中没有堆叠柱状图的绘图模板，需要用户自行绘制，其绘制方法类似于前面介绍的堆积柱状图的绘制方法。

绘制普通柱状图之后，在如图 5-2-23（a）所示的"绘图细节-图层属性"对话框的"堆叠"选项卡的"偏移"选项组中选中"增量"单选按钮，即可绘制堆叠柱状图，且矩形从前到后自行按从小到大排列，效果如图 5-2-23（b）所示。Origin 中这种堆叠方式有点奇怪，在数值大小上是从红色线条标注的坐标轴开始读数的，矩形前后堆叠，但实际上采用的是矩形堆积的形式，也就是被挡住的矩形只有一截，无法错位展示或分别调整大小。

（a）

（b）

（c）

（d）

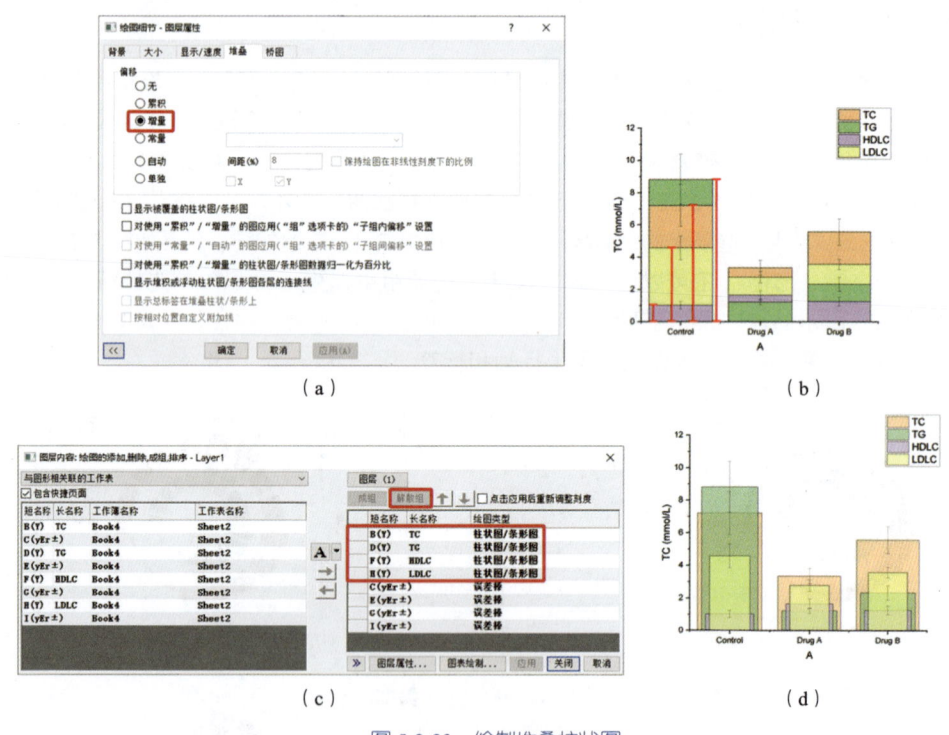

图 5-2-23　绘制堆叠柱状图

选择菜单栏中的"图"→"图层内容"命令，弹出如图 5-2-23（c）所示的"图层内容：绘图的添加，删除，成组，排序"对话框，在该对话框或对象管理器中解散组，矩形将从坐标轴开始，且可以分别调整宽度和透明度，效果如图 5-2-23（d）所示。

与 5.2.3 节介绍的分组堆积柱状图类似，绘制堆叠柱状图之后，先在"绘图细节-绘图属性"对话框的"组"选项卡中设置子组，然后在"堆叠"选项卡中勾选"对使用'累积'/'增量'

的图应用('组'选项卡的)'子组内偏移'设置"复选框,单击"应用"按钮,即可获得分组堆叠柱状图。这种柱状图的意义不大,因为每个子组内的矩形都会自动排序,与旁边的子组不会对应在同一个位置。

5.2.8 子弹图和归一化子弹图

子弹图(Bullet Chart、Bullet Graph)是一种用于展示数据目标和实际进展的图表。其外观类似于子弹射出后带出的轨道。子弹图在数据可视化领域中被广泛应用,特别是在销售、报表等场景中。子弹图在 Origin 中是一种高度定制的图表,本质上是一种堆叠柱状图。

打开工作表,先选择数据,再选择菜单栏中的"绘图"→"条形图,饼图,面积图"→"子弹图"命令,打开如图 5-2-24(a)所示的对话框,保持默认设置,单击"确定"按钮,获得如图 5-2-24(b)所示的效果,简单修饰之后,获得如图 5-2-24(c)所示的效果。

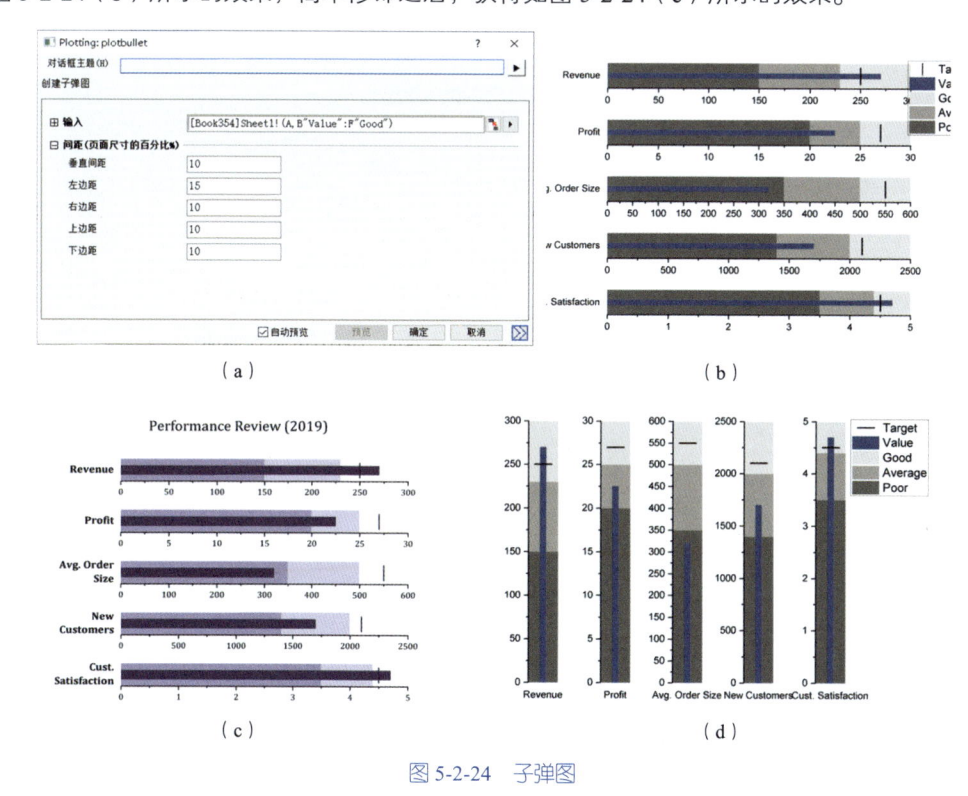

图 5-2-24 子弹图

以图 5-2-24(c)最下面的一行为例,中间的深色矩形表示实际达成的顾客满意度,短竖线为目标值,显然该项已达标;颜色深浅不一的矩形表示性能级别,颜色较浅的矩形表示优秀标准,颜色居中的矩形表示均值,颜色较深的矩形表示较差标准。子弹图尤其适用于目标达成效果的可视化展示。

由于高度定制，子弹图修改起来不是很方便，为此 Origin 提供了如图 5-2-24（d）所示的竖向子弹图模板和如图 5-2-25（a）所示的归一化子弹图模板。图 5-2-25（a）显示了挪威 9 种食物的蛋白质消耗量。它揭示了与其他欧洲国家相比，挪威人的饮食倾向，使用绘图模板会自动根据最大值进行归一化计算，最终所有绘图共用一个横坐标。图 5-2-25（b）中的图例是由一个竖向子弹图构造的，增强了可视化效果。

（a）

（b）

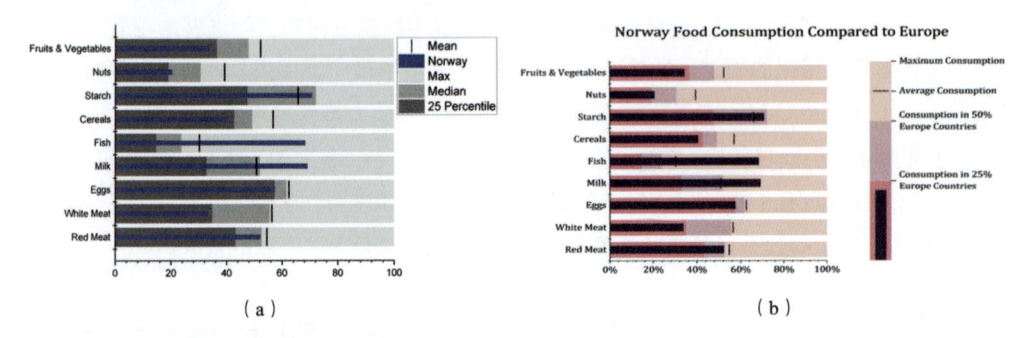

图 5-2-25　归一化子弹图

第 6 章

构成型图表

构成型图表主要用于展示不同组成部分在整体中的比例、分布情况及层级关系，有助于读者快速理解复杂的数据格式，识别关键元素及其相互作用的模式。构成型图表的核心在于清晰地展示"部分与整体"的关系。常见的构成型图表包括饼图、环形图、堆积图（在其他章中介绍）等。本章中的图表在布局上同样遵循点、线、面、体的形态演变，以及直角坐标系、3D 坐标系、极坐标系和三元坐标系的坐标体系递进逻辑。

6.1　2D 饼图

在饼图（Pie Chart）中，将一个圆形按照分类的占比划分成为多个扇形切片（在 Origin 中将饼图的扇形切片和环形图的环形切片统称为楔子），整个圆形的面积代表样本整体，各楔子面积代表对应分类占整体的比例。要求没有 0 或负值，并确保各分类占比总和为 100%。饼图能够快速展示各分类的占比，但是可以展示的分类并不多，当分类超过 5 个时，部分楔子占比常常难以区分，可以把较小或不重要的数据合并展示。此外，同一个饼图内部楔子代表的数据相近、不同饼图的楔子之间比较起来不直观，往往很难比较出各分类的占比，需要添加数据标签作为指示。

由于大多数人在视觉上习惯沿顺时针方向，按照自上而下的顺序观看，因此在绘制饼图时，建议从 12 时开始沿顺时针方向，按照从大到小的顺序排列数据，以很好地强调重要数据。具体在 Origin 的工作表中将数据按照从大到小的顺序排列，默认绘制的饼图会从 12 时开始沿顺时针方向排列数据。

Origin 中有丰富的饼图设置选项卡，在"绘图细节-绘图属性"对话框中有"图案""饼图构型""楔子""标签"共 4 个选项卡，如图 6-1-1 所示。如果饼图中显示指引线，那么还会出现"线条"选项卡。通过选项卡的设置，可以绘制各种外观的饼图，满足大多数情况的需要。

(a)　　　　　　　　　　　　　　　(b)

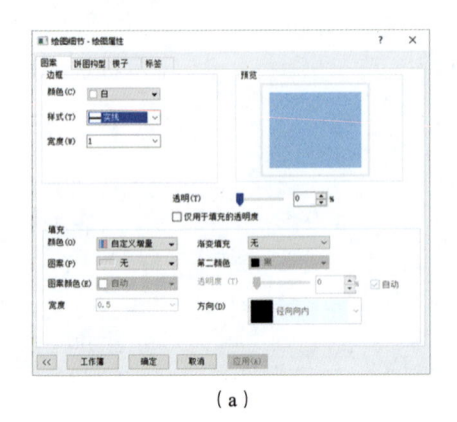

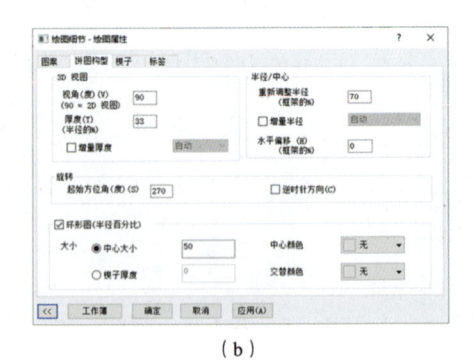

(c)　　　　　　　　　　　　　　　(d)

图 6-1-1　饼图设置选项卡

打开工作表，其中的数据为一些国家某矿产某年的开采量。先选择数据，再选择菜单栏中的"绘图"→"条形图，饼图，面积图"→"2D 饼图"命令，获得 2D 饼图。将图案的填充颜色更改为"按点""Paired Color""索引:Col(A)"，获得如图 6-1-2（a）所示的效果。如果数据标签有遮挡，那么可以选择该数据标签后拖动，当数据标签离开饼图超过 5%时会自动显示指引线。

在"标签"选项卡的"格式"选项组中，勾选"数值"复选框、"百分比"复选框、"类别"复选框，此时图例的作用被替代，删除图例，获得如图 6-1-2（b）所示的效果。

由于饼图的基本构成部件是楔子，因此通过对楔子进行设置可以获得各种饼图的衍生效果。在"楔子"选项卡的列表框中，若勾选目标楔子对应的"分解"复选框，则获得如图 6-1-2（c）所示的效果；若勾选多个"分解"复选框，则有多个楔子分离，获得如图 6-1-2（d）所示的效果；若勾选相邻楔了各自的"组合分解楔子"复选框，则获得如图 6-1-2（e）所示的效果；若勾选目标楔子对应的"组合"复选框，则会使所选楔子合并成新的楔子，获得如图 6-1-2（f）所示的效果。

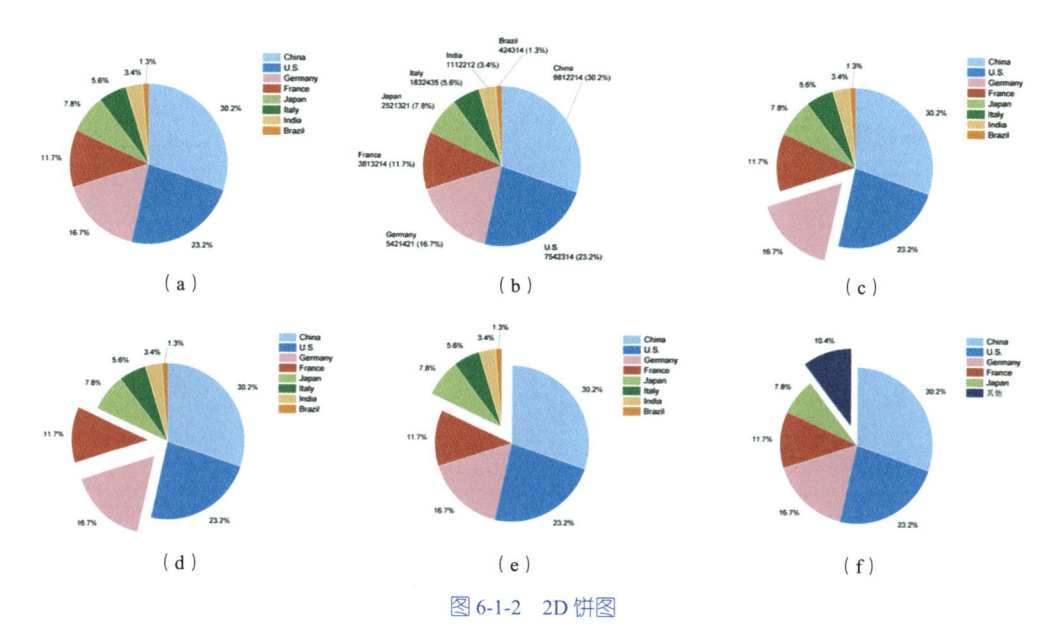

图 6-1-2　2D 饼图

6.2　3D 饼图

在 2D 饼图的"饼图构型"选项卡中，"视角（度）"默认是"90"，将其改为其他角度即可将该 2D 饼图变为 3D 饼图。先选择数据，再选择菜单栏中的"绘图"→"条形图，饼图，面积图"→"3D 饼图"命令，也可以获得 3D 饼图。在 3D 饼图中，同样通过对图案、楔子、标签进行设置，可以获得如图 6-2-1 所示的效果。其中，图 6-2-1（c）将饼图的厚度增量映射到了数据列上，使得不同的楔子具有相应的厚度或高度。

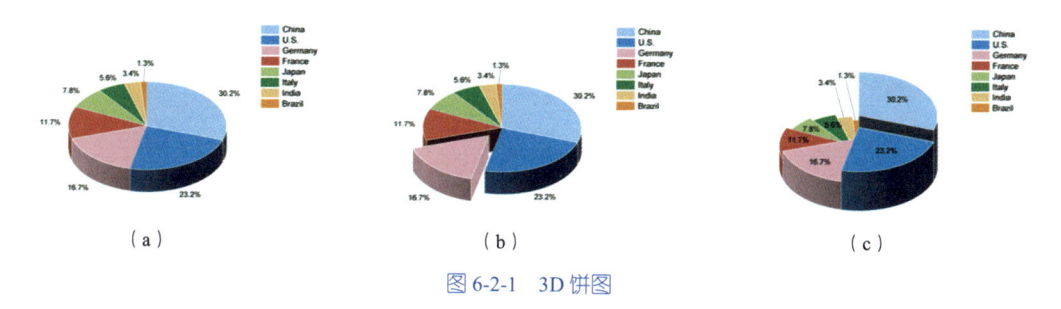

图 6-2-1　3D 饼图

6.3 复合饼图

在组合楔子的情况下，在"楔子"选项卡中设置"组合楔子按"为"自定义"，并勾选"显示组合为"复选框，选择不同的展示组合楔子的形式，当组合楔子以复合图的形式再次展示时，即可获得如图 6-3-1 所示的 3 种复合饼图。

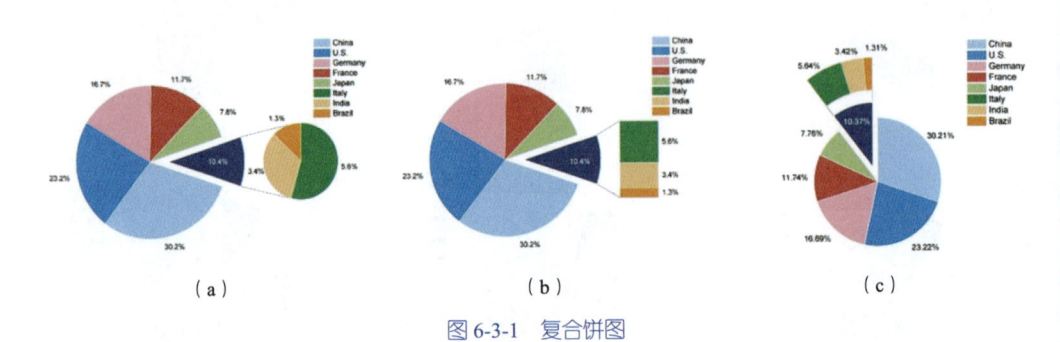

图 6-3-1　复合饼图

6.4 环形图和复合环形图

在"饼图构型"选项卡中勾选"环形图（半径百分比）"复选框，即可将饼图转变为环形图（Donut Chart）。先选择数据，再选择菜单栏中的"绘图"→"条形图，饼图，面积图"→"环形图"命令，也可以获得环形图。环形图是在饼图的基础上挖掉了中间区域，对不同饼图的楔子之间难以比较大小的问题有了较大的改善，毕竟在环形图中比较楔子内边缘的长度更方便。在环形图中，同样通过对图案、楔子、标签进行设置，可以获得如图 6-4-1 所示的效果。

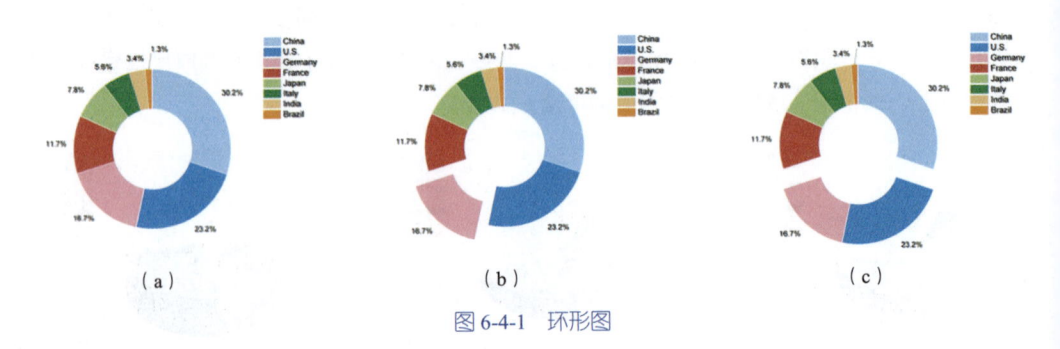

图 6-4-1　环形图

当环形图的组合楔子以复合图的形式再次展示时，即可获得如图 6-4-2 所示的 3 种复合环形图。

(a) (b) (c)

图 6-4-2 复合环形图

6.5 多层环形图

先选择数据，再选择菜单栏中的"绘图"→"条形图，饼图，面积图"→"环形图"命令，获得环形图，此处的环形图可以有更多层级、更高的设置灵活度。

下面以某产品 12 个月的销量绘制双层环形图，注意同色系的设置。

输入如图 6-5-1（a）所示的数据，其中前两列用于分类，均被设置为类别列，第 3 列用于存放销量。先选择数据，再选择菜单栏中的"绘图"→"条形图，饼图，面积图"→"环形图"命令，获得如图 6-5-1（b）所示的效果。默认双层环形使用相同的配色方案，达成二级分类指示的效果，但这里要求更高一些，需要获得如图 6-5-1（c）所示的同色系的效果。

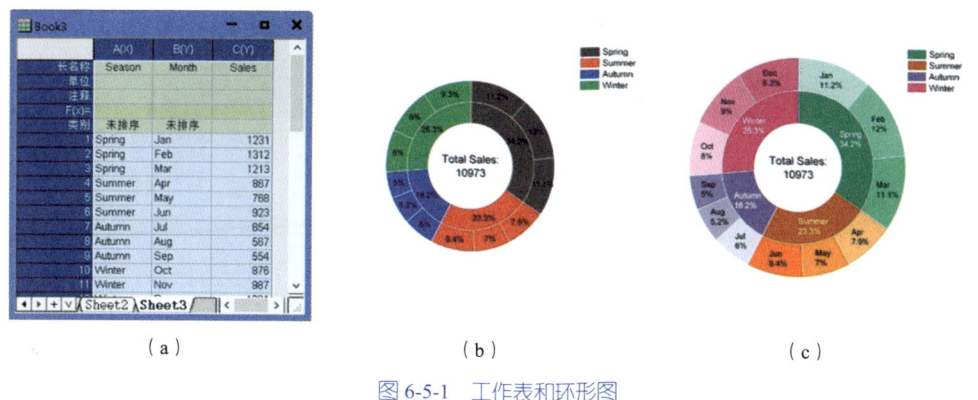

(a) (b) (c)

图 6-5-1 工作表和环形图

（1）在"绘图细节-绘图属性"对话框的"组"选项卡中，将"编辑模式"改为"独立"。如图 6-5-2（a）所示，将表示季度的绘图（左侧含有 Season 的一行）的图案的填充颜色更改为"按点""Bold2""索引：Col(A):'Season'"；将表示月份的绘图的图案的填充颜色更改为"按点""Bold2""索引：Col(B):'Month'"，获得如图 6-5-2（b）所示的效果。

（a） （b）

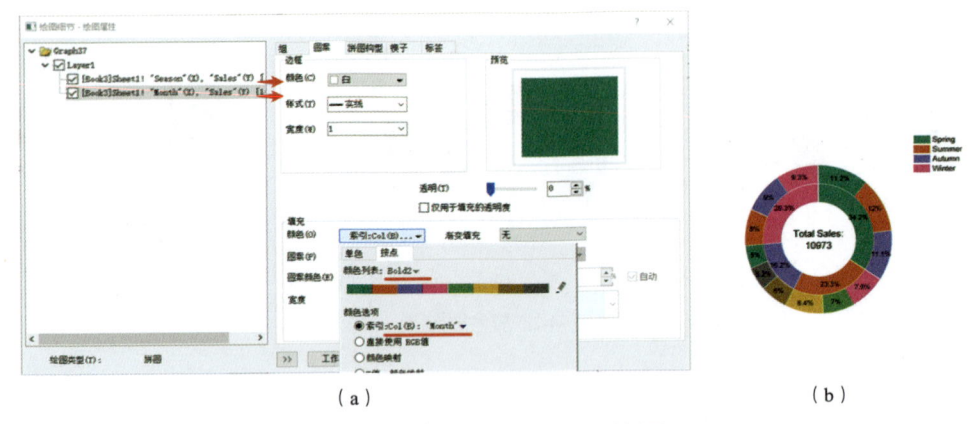

图 6-5-2　设置多层环形图的初始颜色

（2）在图 6-5-2（a）的基础上，单击"颜色列表"右侧的编辑按钮 ✏，打开如图 6-5-3（a）所示的"创建颜色"对话框，选中表示 Jan 的青绿色（也是 Spring 的颜色），在右侧调色板中调高明度，获得较浅的青绿色，单击"添加为新的"按钮，新增一个较浅的青绿色。此时自动选中新增的较浅的青绿色，在此基础上再次调高明度，获得更浅的青绿色，重复该操作，最终总共新增 3 个明度递减的青绿色。调整颜色顺序，将新增的 3 个青绿色按明度从高到低分别与 Jan、Feb 和 Mar 对应，将原始的青绿色删除。

（a） （b）

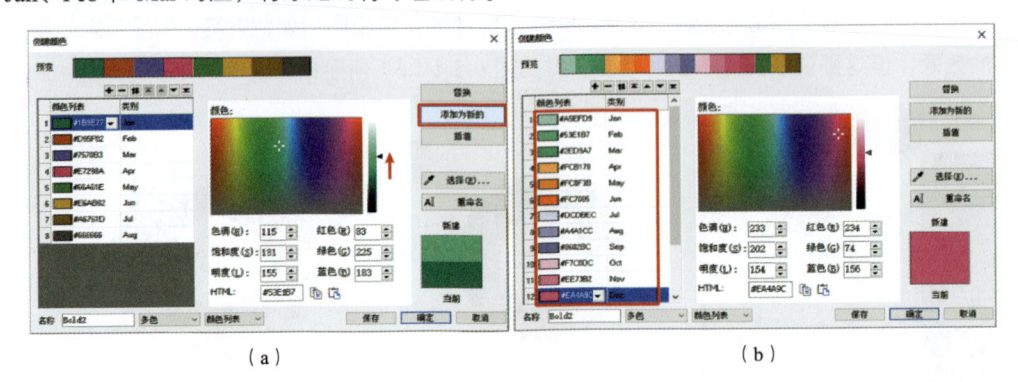

图 6-5-3　创建颜色

对于原来表示 Feb/Summer 的橙色、表示 Mar/Autumn 的紫色、表示 April/Winter 的洋红色，同样使用上述方法处理，最终获得如图 6-5-3（b）所示的对应 12 个月的原始色的同色系，这些原始色衍生出来的同色系每 3 个为一组，且均比原始色浅。

（3）至此，月份的颜色修改完成，获得如图 6-5-4（a）所示的效果。将表示季度和月份的两个绘图的标签的颜色均改为"自动"，并设置显示类别，获得如图 6-5-4（b）所示的效果。将颜色改为"自动"是一个非常实用的技巧，Origin 会根据内嵌的规则对颜色进行调整，如对较深底色使用白色，反之亦然，以提高与背景的对比度。如果需要将标签与图形分离，那么使用与图形一致的颜色。

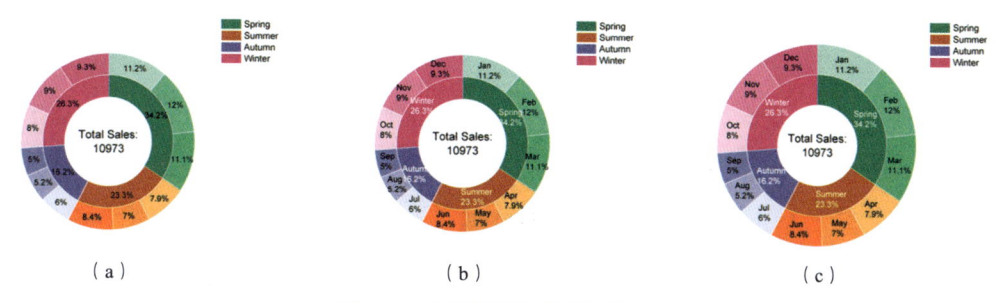

图 6-5-4 环形图细节设置效果变化

（4）在"饼图构型"选项卡中，将表示月份的外环绘图的"重新调整半径（框架的%）"设置为"80"；将表示季度的内环绘图的"重新调整半径（框架的%）"设置为"80"，将环形图的"中心大小"设置为"40"（此时外环的中心大小也被同步为 40，这是因为环形图模板中的默认绘图是分组的）。设置完成后，获得如图 6-5-4（c）所示的效果。

如图 6-5-5（a）所示，把季节所在环形置于外层，在组织工作表时要注意 X 列的顺序。如果多层环形图缺少某个数据，那么数据所在层的楔子会消失，剩余楔子会重新调整所占比例，但整体上仍保持完整的环形。例如，图 6-5-5（b）中缺少 Jan 对应的数据。

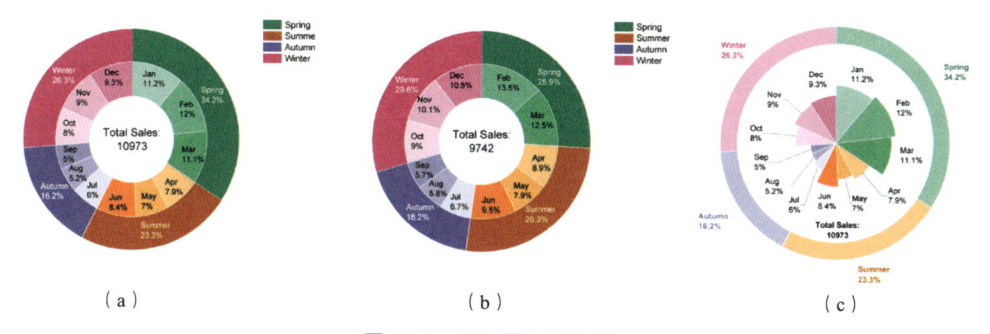

图 6-5-5 环形图的其他变化

由于环形图模板中的绘图存在分组关联，因此在修改其中一个环形的中心大小时，另一个环形也会跟着变化，在对象管理器中取消分组后可以取消这种关联，两个环形可以更加自由地设置半径和中心大小，比如把环形图内部的环形设置为多半径饼图，即把数据映射到饼图的增量半径上，详见 6.7 节，效果如图 6-5-5（c）所示。

6.6 半图

如果在"楔子"选项卡中设置"楔子总数"为"百分比""50"，在"饼图构型"选项卡的

"旋转"选项组中设置"起始方位角(度)"为"180",则获得如图 6-6-1 所示的效果。在半图中,同样可以对图案、楔子、标签进行设置,且在数据较少的情况下,使用半图更节省空间,其中类似于仪表盘的半图最美观,应用相对较多。

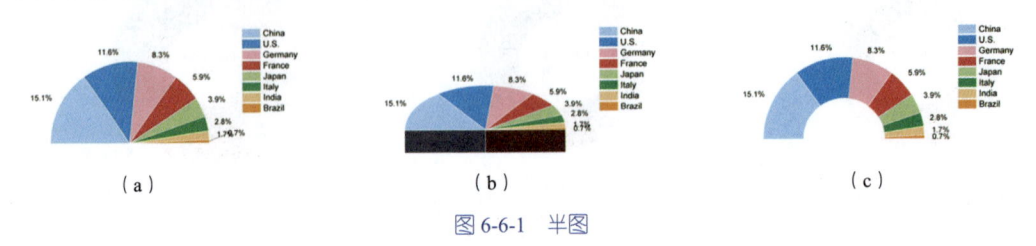

(a)　　　　　　　　　(b)　　　　　　　　　(c)

图 6-6-1　半图

6.7　多半径饼图和多半径环形图

在"饼图构型"选项卡中可以重新调整饼图半径,也可以将增量半径映射到具体的数据列上,使半径长度表示数值大小,如此设置后,获得多半径饼图,效果如图 6-7-1(a)所示。对环形图也可以进行同样的处理,获得如图 6-7-1(b)所示的多半径环形图。基于楔子面积和半径的二次方关系,将数值映射到半径上,会使原本相差不大的数值在面积上的差距拉大(强调视觉上的差异),这一点多半径饼图和南丁格尔玫瑰图一样。多半径饼图和南丁格尔玫瑰图的外观十分相似,且通过设置辅助列使多半径饼图的圆心角相等的方式也可以绘制南丁格尔玫瑰图,要注意区分。

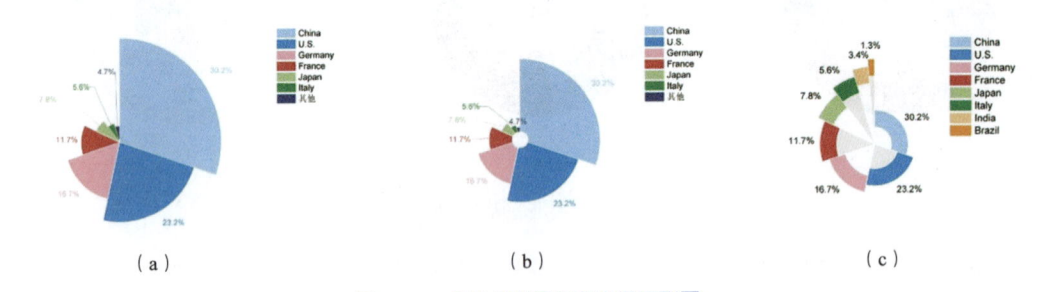

(a)　　　　　　　　　(b)　　　　　　　　　(c)

图 6-7-1　多半径饼图和多半径环形图

需要注意的是,饼图和环形图通过楔子的弧长或圆心角来展示数值大小。多半径饼图和多半径环形图是在这个基础上,把半径映射到了具体的数据列上,让半径也可以进行比较。图 6-7-1(c)的半径的映射方式为"自动",这时通过看弧度来区分大小。图 6-7-2 所示为 Learning Center 中的多半径饼图和多半径环形图示例,将半径长度映射到年度上,而楔子的圆心角对应相应的数值大小,此时楔子的装饰意义大于实用意义,因此需要通过数据标签和图例将具体的数值表现出来。

第 6 章　构成型图表 | 249

(a)

(b)

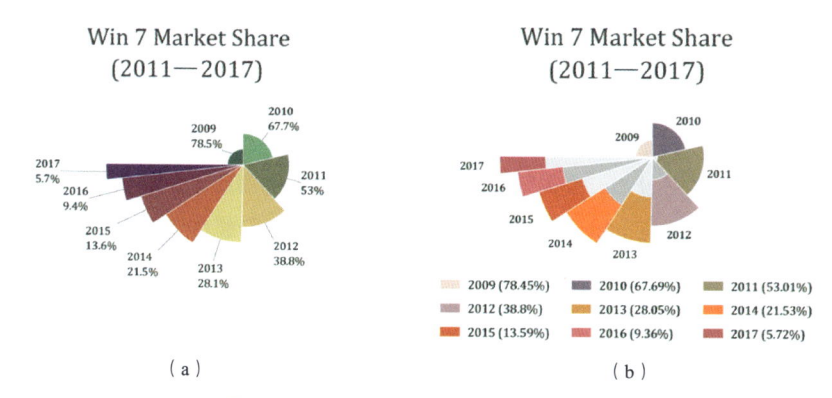

图 6-7-2　多半径饼图和多半径环形图示例

除了可以通过修改饼图来获得多半径饼图或多半径环形图，还可以通过先选择数据，再选择菜单栏中的"绘图"→"条形图，饼图，面积图"→"多半径饼图"命令或"多半径环形图"命令来获得多半径饼图或多半径环形图。

6.8　切片图

把环形图沿着某条分界线剪开后拉直，就变成了如图 6-8-1（a）和图 6-8-1（b）所示的水平切片图。与环形图相比，切片图不同切片之间的比较更直观。将水平切片图旋转 90 度，就变成了如图 6-8-1（c）和图 6-8-1（d）所示的垂直切片图。要在 Origin 中绘制切片图，需要先使用原始数据绘制堆积柱状图，然后隐藏坐标轴。

(a)

(b)

(a)

(b)

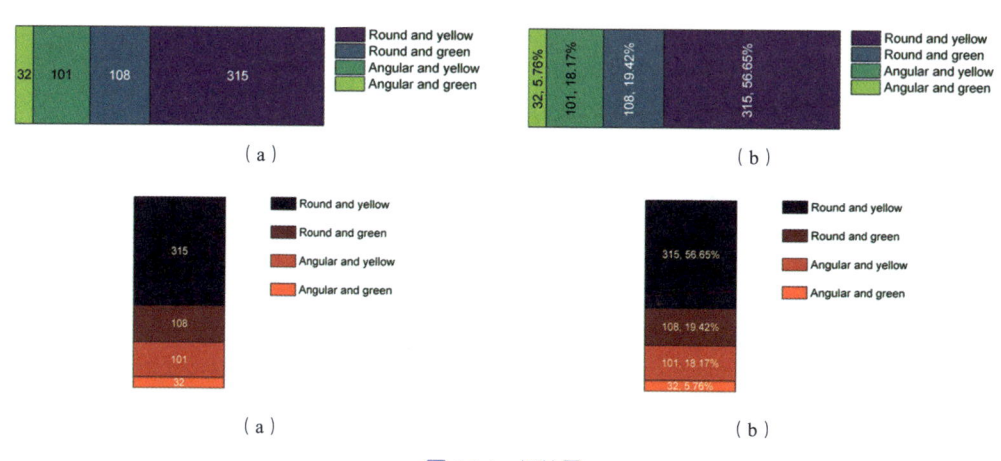

图 6-8-1　切片图

6.9 旭日图

旭日图也称太阳图，是一种环形镶接图。在旭日图中，每个层级的数据都通过一个环形表示，距原点越近表示层级越高，最内层的环形表示层级结构的顶级。随着层级的增加，环形逐渐向外扩展，分类越来越细。旭日图既能像饼图一样表现局部和整体的占比，又能像树状图一样表现层级关系，尤其适用于展示具有父子层级结构的数据，如展示按年份、季度、月份和周细分的销售数据。

先选择数据，再选择菜单栏中的"绘图"→"分组图"→"旭日图"命令，获得如图 6-9-1 所示的效果。与多层环形图类似，旭日图也使用多层绘图表现层级关系，每层在工作表中均使用一个 X 列表示。多层环形图的每层都一直保持完整环形，而旭日图则根据数据是否有足够的分级可以表现出缺口；多层环形图的层级关系可以从外到内，而旭日图的层级关系是从内到外的，内环是外环的父节点，从中心的根节点往外推移，表现在工作表中是多个 X 列之间具有从父级到子级的关系。

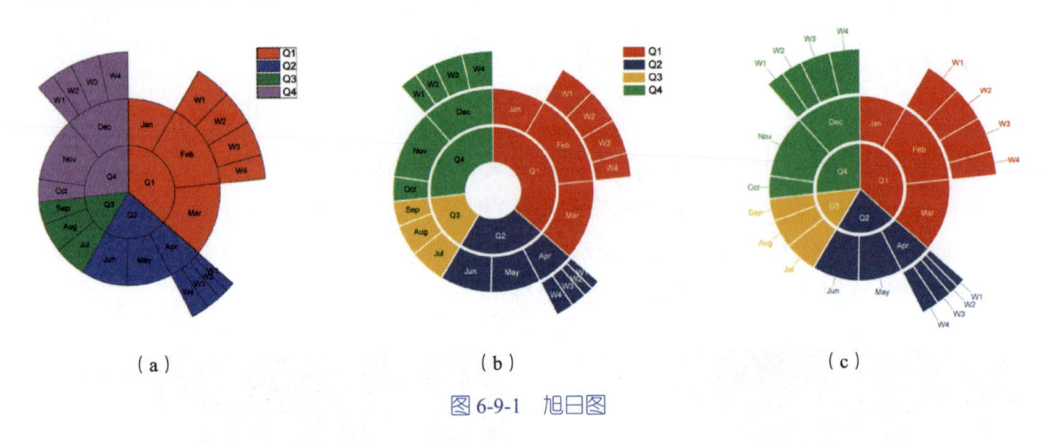

（a）　　　　　　　　　（b）　　　　　　　　　（c）

图 6-9-1　旭日图

6.10 同心圆弧图

同心圆弧图以从 12 时方向开始的顺时针同心圆弧展示数据的百分比构成情况，一个完整的环形为 100%，每段圆弧对应的原始数据都被换算成对应的百分数。同心圆弧图可以看作百分比柱状图的圆形化。先选择数据，再选择菜单栏中的"绘图"→"条形图，饼图，面积图"→"同心圆弧图"命令，即可获得同心圆弧图。

（1）如果所有要展示的数据均小于 100，每个数据本身均是圆弧百分数，剩余不足 100 的空间以如图 6-10-1（a）所示的灰色楔子补满，也可以在"楔子"选项卡中取消勾选"将剩余绘制为楔子"复选框,将剩余部分展示为空白,获得如图 6-10-1(b)所示的效果。此时,同心圆弧图用于表示任务完成度比较直观。

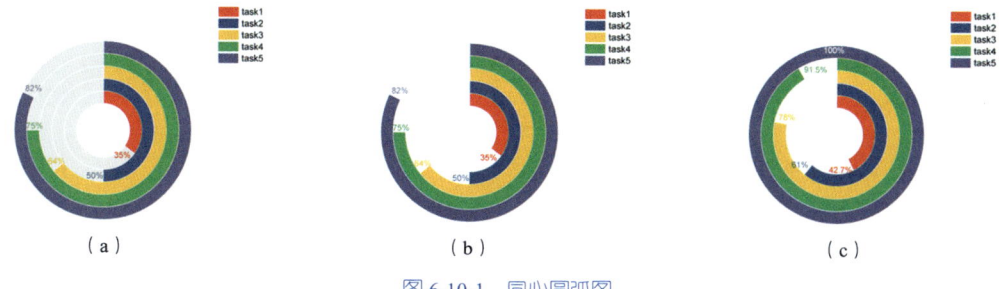

(a)　　　　　　　　　　(b)　　　　　　　　　　(c)

图 6-10-1　同心圆弧图

(2)如果所要展示的数据有大于 100 的,那么以最大值进行归一化处理,将所有数据换算出百分数,最大值为 100%。

(3)如果所要展示的数据都不大于 100,但需要以其中最大值作为标杆换算到 100%,那么在"楔子"选项卡中设置"楔子总数"为"值",并设置该值为最大值。例如,如果图 6-10-1(a)中的最大值为 82,那么设置"楔子总数"为"值",并设置该值为"82"之后,其他数据自动进行百分比换算,换算完成后,获得如图 6-10-1(c)所示的效果。

6.11　雷达图系列

雷达图(Radar Chart)是一种表现多个变量构成关系的图表。每个变量的值都分别使用一个坐标轴来展示大小,这些坐标轴起始于共同的圆心,并以相同的刻度沿着径向排列。将各坐标轴上的点用线连接起来就形成了一个多边形,成为标准的雷达图。由于当显示连接各坐标轴刻度的网格线时,雷达图就如同蜘蛛网,因此雷达图又名蜘蛛网图。雷达图用于查看哪些变量具有相似的值,以及各变量中的最大值和最小值,是性能表现的理想图表。

Origin 设置了绘制雷达图的模板。先选择数据,再选择菜单栏中的"绘图"→"专业图"→"雷达图"命令,获得如图 6-11-1(a)所示的单数据系列雷达图,可以直观地展示员工 A 工作能力各方面的评价。可以使用 Origin 中的专业图模板直接绘制如图 6-11-1(b)所示的雷达线内填充图、如图 6-11-(c)所示的雷达线图和如图 6-11-1(d)所示的雷达点图;也可以在雷达图的基础上通过修改绘图类型、线条和符号来绘制雷达线内填充图、雷达线图和雷达点图。

双数据系列雷达图便于对比,如对比员工 A 和员工 B 的工作能力,如图 6-11-1(e)所示。但如果展示的对比对象较多,那么图形会变得混乱,图形的可视性会急剧下降,如图 6-11-1(f)所示。

图 6-11-1 雷达图系列

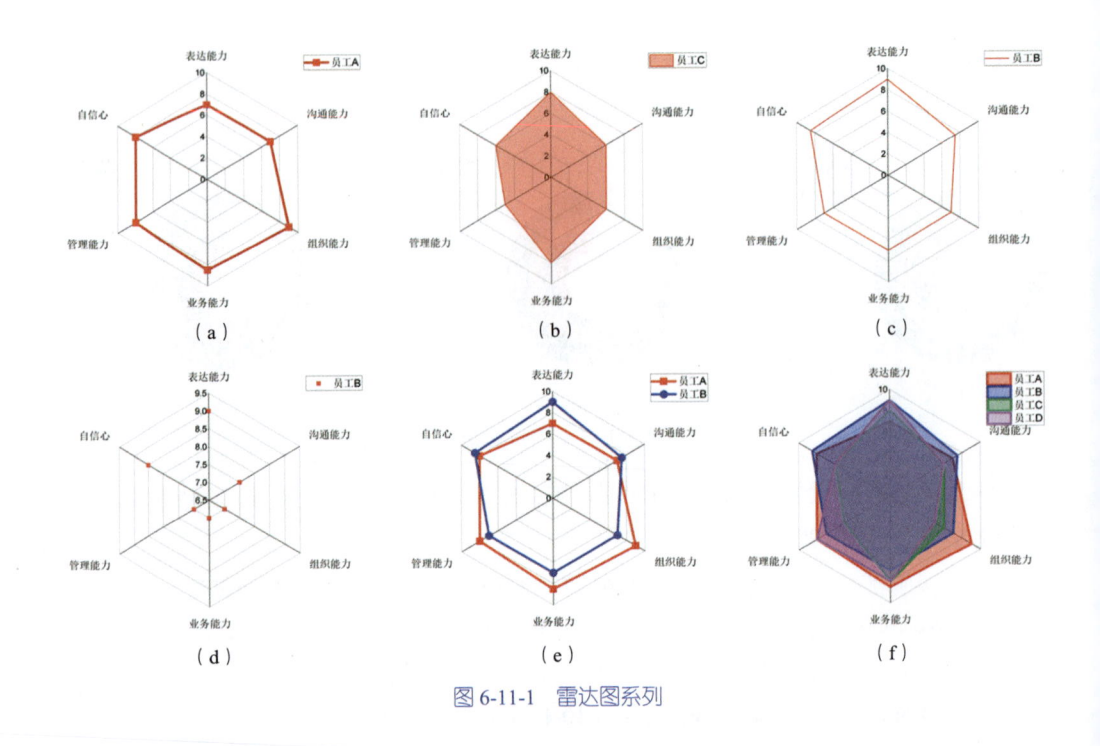

6.12 圆形嵌套图

前面介绍的多层环形图和旭日图都可以表示多个层级关系，还可以将具有多个层级的数据绘制成圆形嵌套图。圆形嵌套图的圆形面积或半径也可以表示数值大小，但大小关系并不明显，更多的是用来展示数据的层级关系。数据相差较大时建议使用圆形半径，数据相差不大时建议使用圆形面积，这是因为半径与面积的关系为 $S=\pi r^2$，面积可以放大差异。先选择数据，再选择菜单栏中的"绘图"→"专业图"→"圆形嵌套图"命令，获得圆形嵌套图。

圆形嵌套图要求分类变量从大到小具有层级关系。比如，图 6-12-1（a）展示了某商品一年四季 12 个月的销售额。如果数据比较复杂，那么需要对标签、配色方案进行合理设置。图 6-12-1（b）所示为使用某次主流浏览器市场份额数据绘制的圆形嵌套图，单击绘图，在浮动按钮组中单击"按值给圆排序"按钮，选择"升序"选项，在如图 6-12-1（c）所示的"绘图细节-绘图属性"对话框的"标签"选项卡中，勾选"仅在指定点显示"复选框，并选择其右侧下拉列表中的"<L2>"选项，勾选"如果百分比小于给定值（%）则隐藏标签"复选框，并在其右侧的文本框中输入"1"，获得如图 6-12-1（d）所示的效果。如果此时标签颜色和配色方案的对比度不高，那么可以更改配色方案，获得如图 6-12-1（e）和图 6-12-1（f）所示的效果。

（a）　　　　　　　　　　　（b）　　　　　　　　　　　（c）

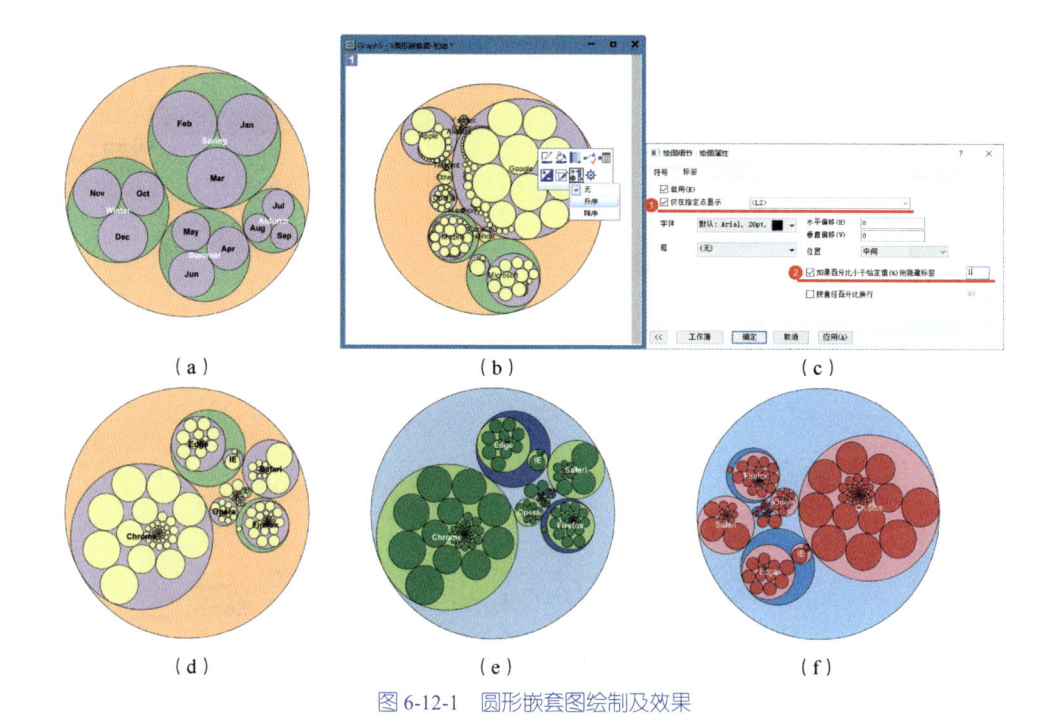

（d）　　　　　　　　　　　（e）　　　　　　　　　　　（f）

图 6-12-1　圆形嵌套图绘制及效果

6.13　瀑布图系列

瀑布图又称桥图（Bridge Chart）（注意区分数据平移形成的瀑布图），是一种直观展示数据变化过程的图表，尤其适用于展示从一个初值开始，经过一系列增减变化后，达到某个终值的过程。瀑布图通过垂直排列的矩形展示各步的数值变化，其因外观类似于瀑布的流动而得名。每个矩形都表示一个阶段的数据变化量，可以是增加（通常向上延伸，Origin 默认用表示生机的绿色展示），也可以是减少（向下延伸，Origin 默认用表示警示的红色展示），清晰地展示了数据流动的全貌和最终结果。瀑布图在财务分析、项目管理中的成本预算跟踪，以及任何需要展现数据累积变化过程的场景中尤为实用。

打开工作表，先选择数据，再选择菜单栏中的"绘图"→"统计图"→"桥图"命令，获得瀑布图，简单修饰之后，获得如图 6-13-1（a）所示的垂直瀑布图，可以一目了然地看到收支流向和最终利润。同样地，还可以绘制如图 6-13-1（b）所示的水平瀑布图。如果将数据扩展，那么可以绘制如图 6-13-1（c）所示的堆叠瀑布图和如图 6-13-1（d）所示的堆叠总瀑布图。堆叠瀑布图中先将多个系列的数据累积在一个大矩形中，再对内部按数据系列进行细分，此时建议使用同色系配色方案（使用颜色深浅）区分数据系列。堆叠总瀑布图是对除首个数据外的

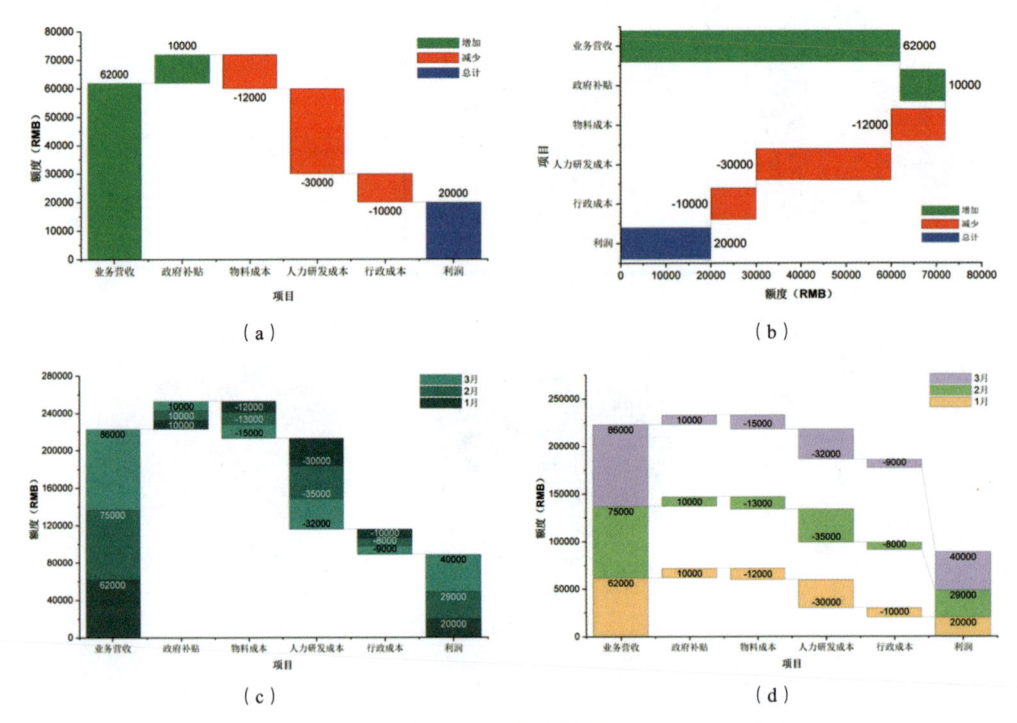

多个系列的数据进行拆分，重点表现各系列数据的流变，可以采用不同的颜色区分。

图 6-13-1 瀑布图系列

6.14 风向玫瑰图

风向玫瑰图（Wind Rose Map）简称风玫瑰图，也称风向频率玫瑰图。它根据某个地区各方向的风速数据，按照方向（一般用 4 个、8 个或 16 个罗盘方位）划分区间并统计该方向风速各区间的频次或频率百分比，将结果在极坐标系中展示出来，因外观酷似玫瑰花而得名。风向玫瑰图是以风向作为基础绘制的图表，适用于城市规划、建筑设计和气候研究等领域。

打开工作表，先选择表示风速的 B 列数据，再选择菜单栏中的"绘图"→"专业图"→"风玫瑰图-原始数据"命令，打开如图 6-14-1 所示的对话框，勾选最下方的"自动预览"复选框：①"方向扇区数量"选项有"4"、"8"或"16"共 3 个值可供选择，用于表示方向区间的划分，默认为"16"，这里保持默认设置；②"方向标签"选项用于给方向进行字母标注，这里选择最下面的一个；③"风速"选项组中的"增量"默认为"2"，风速区间的划分更细腻，这里设置"增量"为"5"；④设置"计算的量"为"计数"，用于统计不同方向不同风速区间出现符合标准的风的次数，也可以是频率百分比，即基于总次数计算不同方向不同风速区间出现符合标准的风的次数所占的百分比。观察图 6-14-1 右侧的预览窗格可知，该地主要风向是正北，且风速 10～15m/s 出现的次数比风速 5～10m/s 多一些，其他方向以此类推。

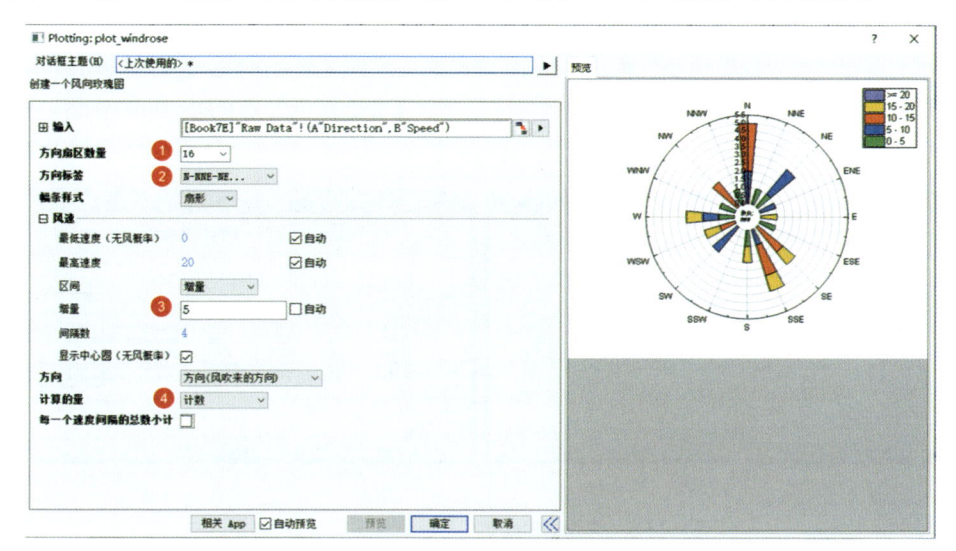

图 6-14-1　风向玫瑰图绘制

6.15　不等宽柱状图和马赛克图

柱状图中默认矩形是等宽的，如果将另外一个数据变量用宽度表示，则可获得不等宽柱状图。不等宽柱状图同样也可以进行堆积，堆积之后的不等宽柱状图又被称为马赛克图，马赛克图的灵感来自芬兰著名的时尚印花公司，马赛克图又称镶嵌图、比例堆积条形图，其比百分比堆积柱状图多一个维度。

不等宽柱状图在 Origin 中没有绘图模板，需要自行绘制。马赛克图在 Origin 中也没有绘图模板，但是可以借助描述统计中的输出选项绘制。下面介绍不等宽柱状图的绘制方法。

（1）如图 6-15-1（a）所示，前 3 列数据是原始数据，展示的是某公司各地区的销售额和净利润，使用这种数据可以很简单地绘制交错柱状图。新增 3 个辅助列，即 D 列、E 列和 F 列。①D 列用于计算加和净利润，得到总利润；②E 列用于计算地区的净利润占比，相当于把净利润归一化为百分比；③F 列用于计算刻度线标签所在的位置，其计算公式如图 6-15-1（b）所示。

图 6-15-1（b）是图 6-15-1（a）开启编辑模式的工作表。选择菜单栏中的"编辑"→"编辑模式"命令，即可开启编辑模式。由于在编辑模式下不利于预览，因此编辑完成后应及时关闭编辑模式。

（2）选择图 6-15-1（a）中的 F 列和 B 列数据绘制柱状图。如图 6-15-2（a）所示，在"绘图细节-绘图属性"对话框的"间距"选项卡中将"宽度（%）"设置为"Col(E):'地区净利润占比'"，将"缩放因子"设置为"0"，以将各矩形的宽度与归一化的净利润占比对应，使不等宽柱状图在宽度上可以表现净利润占比。由于此处宽度只能设置百分数，因此在 Origin 中只能把矩形的宽度设置为相应的百分数，虽然也可以把数据标签设置为净利润，但这样很容易和 Y 轴的销售额产生歧义。

（a）　　　　　　　　　　　　　（b）

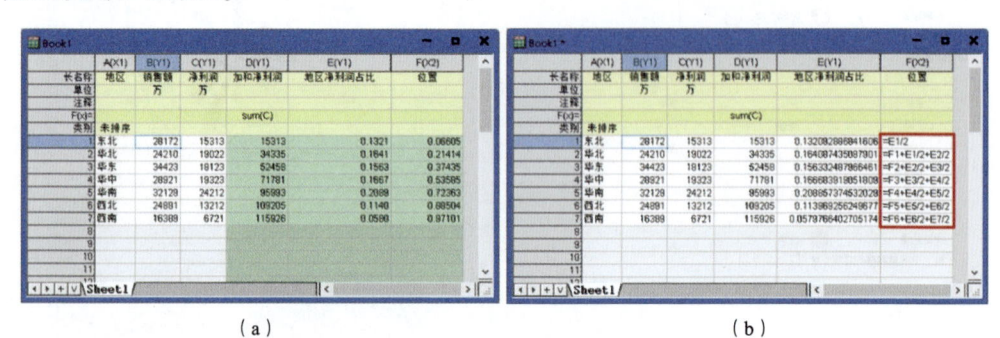

图 6-15-1　关闭编辑模式和开启编辑模式的工作表

（a）

（b）

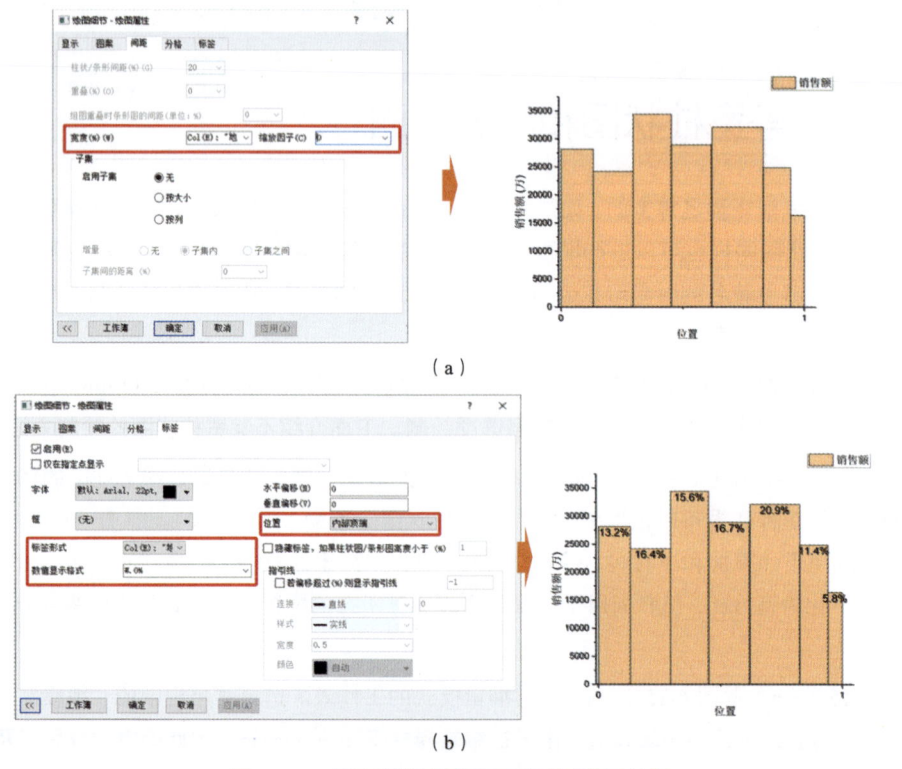

图 6-15-2　不等宽柱状图间距和标签设置及效果

（3）如图6-15-2（b）所示，在"绘图细节-绘图属性"对话框的"标签"选项卡中将"标签形式"设置为"Col(E):'地区净利润占比'"，与上一步的宽度设置对应，将"数值显示格式"设置为"#.0%"，且将"位置"设置为"内部顶端"。

（4）在"图案"选项卡中，选择"Candy"配色方案，设置按点索引到A列中。

（5）如图6-15-3（a）所示，选择左侧的"水平"选项，在右侧将"起始"设置为"0"，将"结束"设置为"1"，将主刻度的"位置"自定义为工作表中计算的辅助列，即F列，将次刻度的"计数"设置为"0"。设置完成后，获得如图6-15-4（a）所示的效果。

（a） （b）

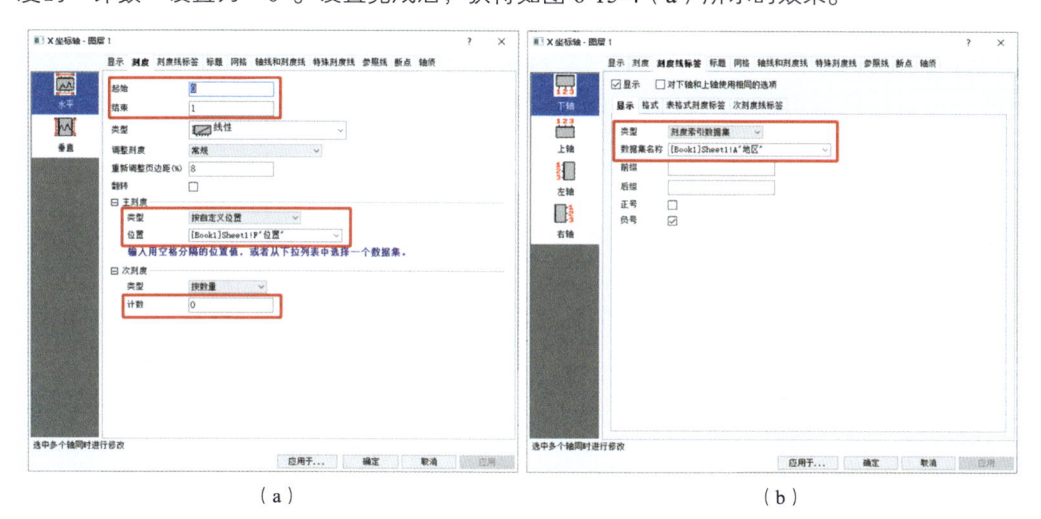

图 6-15-3　不等宽柱状图刻度和刻度线标签设置

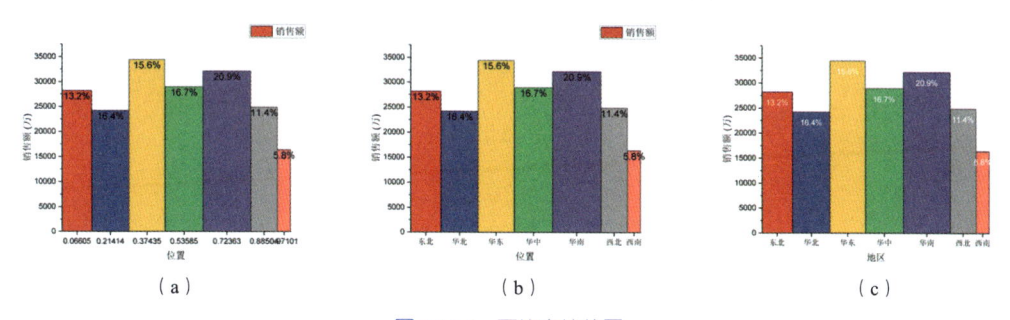

（a） （b） （c）

图 6-15-4　不等宽柱状图

（6）如图6-15-3（b）所示，选择左侧的"下轴"选项，在右侧设置"类型"为"刻度索引数据集"，并设置"数据集名称"为"[Book1]Sheet1!A'地区'"。设置完成后，获得如图6-15-4（b）所示的效果，简单修饰之后，获得如图6-15-4（c）所示的效果。

Learning Center自带了如图6-15-5（a）所示的效果，将其按百分比归一化之后，获得如图6-15-5（b）所示的效果。此外，Learning Center还自带了如图6-15-5（c）所示的效果，用于展示泰坦尼克号的幸存者情况。可以看到，幸存者中男性船员（Crew），以及一等舱和二等舱中的女性乘客居多。

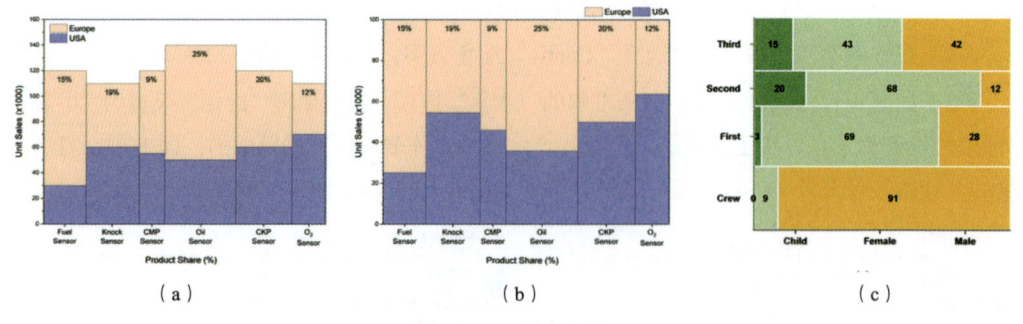

（a） （b） （c）

图 6-15-5　马赛克图

第 7 章

分布型图表

分布型图表是一种用于展示数据分布特征和趋势的图表。这种图表通过不同的视觉元素（条形、点、线等）来呈现数据的离散程度、集中趋势或分布形态，帮助观察者快速理解数据的分布情况。分布型图表分为数据分布图表和统计分布图表两种。本章中的图表在布局上同样遵循点、线、面、体的形态演变，以及直角坐标系、3D 坐标系、极坐标系和三元坐标系的坐标体系递进逻辑。

7.1 数据分布图表

7.1.1 蜂群图、柱状散点图和分组散点图

蜂群图是一种使用原始数据绘制的分组散点图，将散点以蜂群扰动的形式排列，以避免重叠。蜂群图与柱状散点图都具备"箱体+数据图"的特征。相对来说，蜂群图对点形态的设置更是"一步到位"。如果数据格式复杂，那么可以先选择索引数据，再选择"绘图"→"分组图"→"分组散点图"命令，获得分组散点图。

使用这种方式绘制的分组散点图不具备"箱体+数据图"的特征，只能单纯用于比较，不能用于展示其分布上的统计特征。

打开工作表，先选择 A 列和 B 列数据，再选择菜单栏中的"绘图"→"统计图"→"蜂群图"命令，获得如图 7-1-1（a）所示的效果，简单修饰之后，获得如图 7-1-1（b）所示的效果。

在 Origin 中，蜂群图不显示箱体只显示数据。打开"绘图细节-绘图属性"对话框，围绕如图 7-1-2（a）、图 7-1-2（b）所示的"箱体"选项卡和"数据"选项卡对箱体和数据进行设置，可以生成多种图形，如只显示箱体的箱线图，只显示矩形的条形图，以及同时显示由"箱体/条形+数据"形成的各种图形。

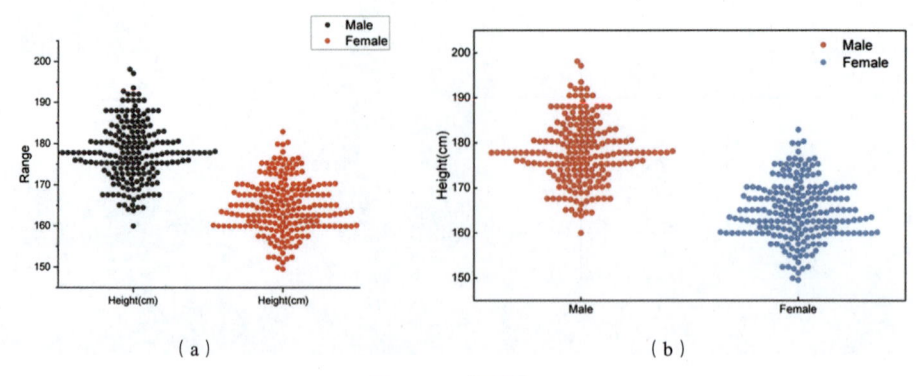

Origin 学术图表

(a)

(b)

图 7-1-1 蜂群图

(a)

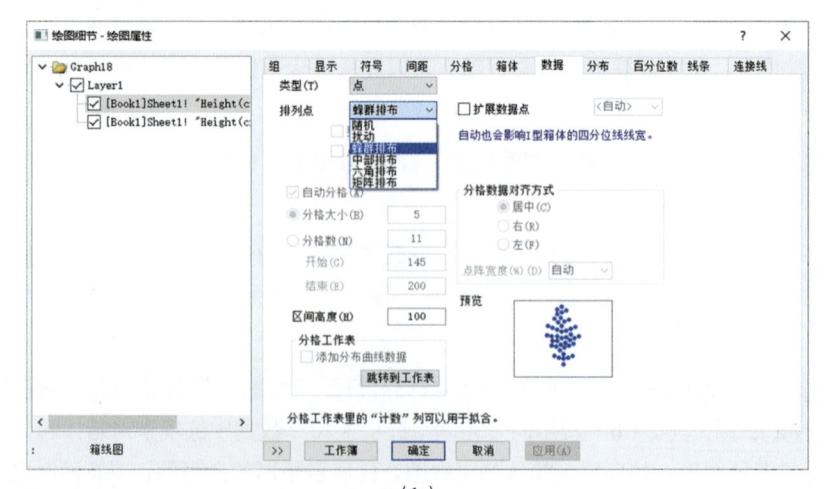

(b)

图 7-1-2 箱体和数据设置

7.1.2 箱线图

箱线图（Box and Whiskers）又称盒须图、盒式图、盒状图或箱形图，是一种用于展示数据的离散分布情况的统计图，因形状如箱子而得名，由美国著名统计学家 John Tukey 于 1977 年发明。

如图 7-1-3（a）所示，箱线图中间的箱体底边为下四分位数（Q1），顶边为上四分位数（Q3），中间的横线表示中位数，这是所有箱线图相同的地方。箱体两端伸出的类似于误差线的线条被称为"须"，为了描述方便，把这两条须称为上边缘和下边缘。

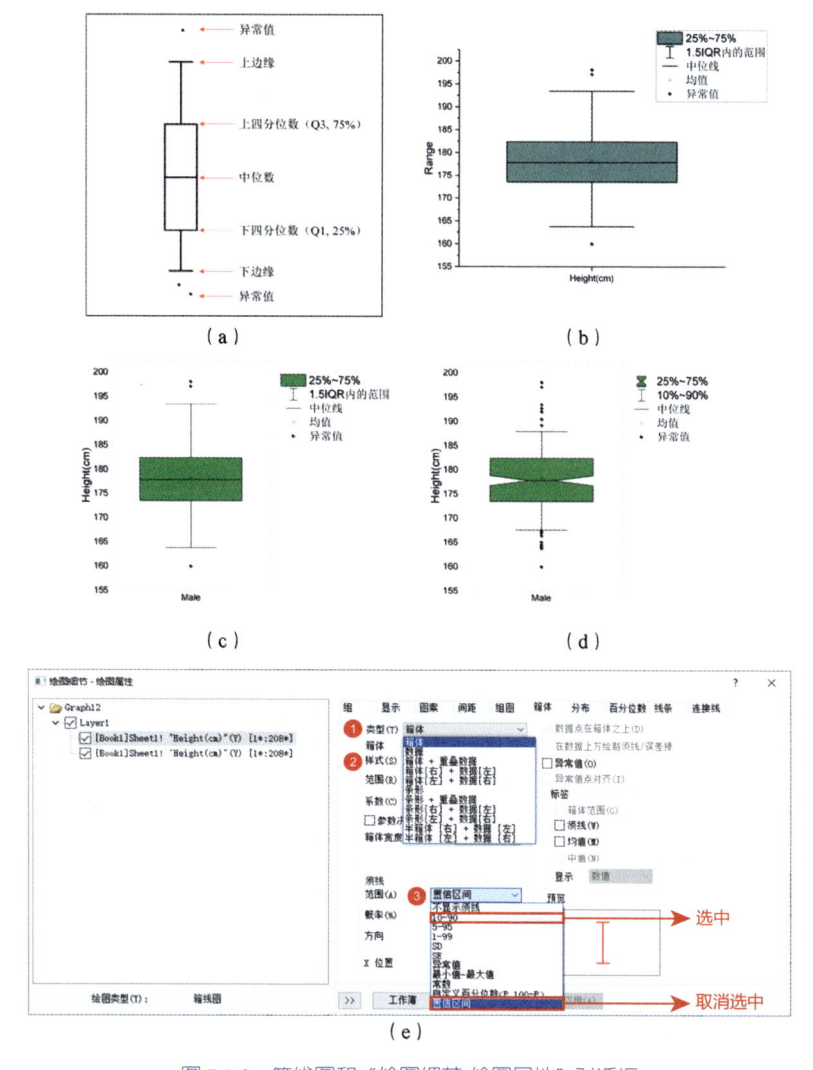

图 7-1-3 箱线图和"绘图细节-绘图属性"对话框

John Tukey 发明的箱线图定义了一个上四分位数和下四分位数之间的差值，即四分位数差（Interquartile Range，IQR），IQR=Q3−Q1，以 Q3+1.5IQR 作为上边缘，如果数值大于上边缘，那么将其用点标示出来作为异常值；以 Q1−1.5IQR 作为下边缘，如果数值小于下边缘，那么也将其用点标示出来作为异常值。至于为什么是 1.5IQR？这个并没有统计学原因，纯粹是 John Tukey 个人制定的。因此，这种箱线图也叫作 Tukey 箱线图。这种箱线图突出的优点就是不受异常值的影响，能够以一种相对稳定的方式描述数据的离散分布情况。

此外，还可以将上边缘定义为最大值、将下边缘定义为最小值，但如此一来就没有表示异常值的点了；也可以把上边缘和下边缘定义为不同的百分数。

打开工作表，先选择数据，再选择菜单栏中的"绘图"→"统计图"→"箱线图"命令，获得如图 7-1-3（b）所示的效果，简单修饰之后，获得如图 7-1-3（c）所示的效果。箱线图可以使用水平网格线作为刻度引导，以便阅读特征值。图 7-1-3（d）是通过在如图 7-1-3（e）所示的"绘图细节-绘图属性"对话框的"箱体"选项卡中将"类型"设置为"箱体"，将"样式"设置为"凹口箱体"，且将须的"范围"设置为"10-90"来实现的。该选项卡中的属性设置非常多，通过不同的设置可以组合出多种箱线图。

7.1.3 箱线图衍生图

7.1.1 节介绍的蜂群图用于以散点形式显示所有数据，7.1.2 节介绍的箱线图用于显示数据的统计量。结合两种图表进行相应的设置，可以形成各种箱线图的变种，这些图表同时具有散点图和柱状图的特点，即可以同时展示本组数据及统计量。此外，多组数据之间还可以进行比较。

打开工作表，先选择数据，再选择菜单栏中的"绘图"→"统计图"→"箱线图+点重叠"命令，获得如图 7-1-4（a）所示的效果，简单修饰之后，获得如图 7-1-4（b）所示的效果。使用类似的操作可以获得如图 7-1-4（c）所示的箱线图+正态曲线，以及如图 7-1-4（d）所示的半箱线图。另外，将"箱体类型/样式、数据、分布"组合起来还可以绘制更多种箱线图，请读者自行尝试。

（a）　　　　　　　　　　　（b）

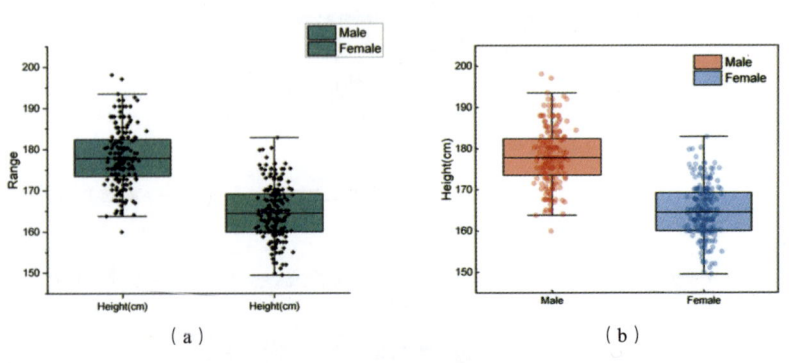

图 7-1-4　箱线图衍生图

(c)　　　　　　　　　　　　　　　　(d)

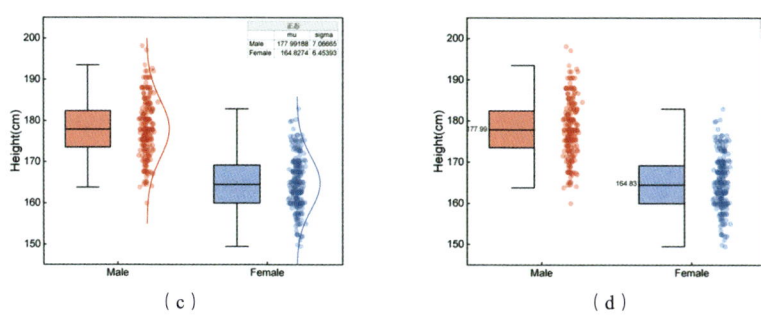

图 7-1-4　箱线图衍生图（续）

如果数据格式复杂，那么先选择索引数据，再选择菜单栏中的"绘图"→"分组图"命令，在弹出的下拉菜单中根据需要选择所需的命令，进行相应的操作即可。

7.1.4　区间图

如果箱线图不显示中间的箱体（将箱体的"样式"设置为"无"），只显示两端的须，那么该箱线图就是区间图，须可以有多种选择，Origin 中的区间图模板默认显示 95% 的置信区间。

打开工作表，先选择 A 列数据，再选择菜单栏中的"绘图"→"统计图"→"区间图"命令，获得如图 7-1-5（a）所示的效果，简单修饰之后，获得如图 7-1-5（b）所示的效果。先选择两列数据，再使用同样的操作，获得如图 7-1-5（c）和图 7-1-5（d）所示的效果。

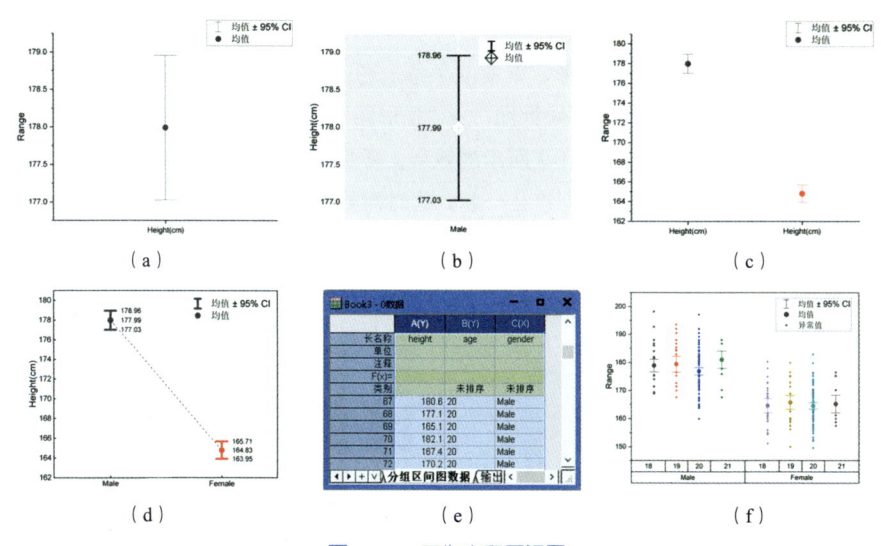

(a)　　　　　　　　　　(b)　　　　　　　　　　(c)

(d)　　　　　　　　　　(e)　　　　　　　　　　(f)

图 7-1-5　工作表和区间图

如果数据格式复杂，如引入如图 7-1-5（e）所示的年龄分组，那么先选择索引数据，再选择菜单栏中的"绘图"→"分组图"命令，在弹出的下拉菜单中根据需要选择所需的命令，获得如图 7-1-5（f）所示的效果。

7.1.5 散点间距图

在区间图的基础上叠加表示数据的散点,就变成了散点间距图,Origin 中的散点间距图模板默认显示均值 ± 1 SE。

打开工作表,先选择 A 列数据,再选择菜单栏中的"绘图"→"统计图"→"散点区间图"命令,获得如图 7-1-6(a)所示的效果。将须改为均值 ± 1.5SD,简单修饰之后,获得如图 7-1-6(b)所示的效果。

(a)　　　　　　　　　　　　　　(b)

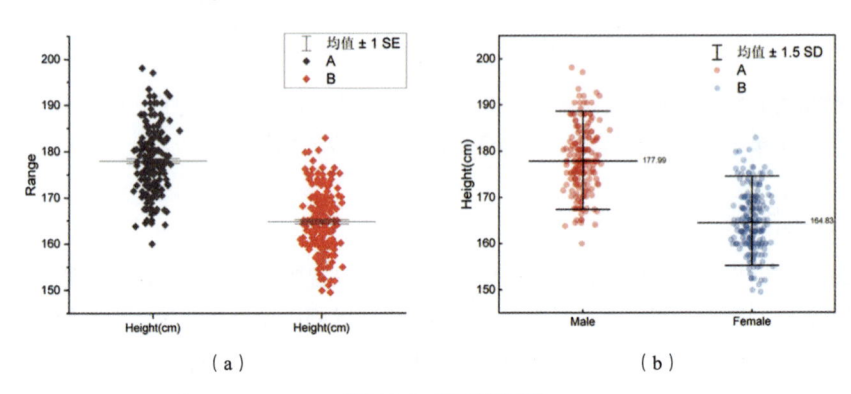

图 7-1-6　散点间距图

7.1.6 条形图及其衍生图

把箱线图的箱体变为常见的条形,就变成了条形图。打开工作表,先选择 A 列和 B 列数据,再选择菜单栏中的"绘图"→"统计图"→"条形图"命令、"条形图+点重叠"命令或"条形图+正态曲线"命令,获得如图 7-1-7 所示的效果。需要注意的是,条形图及其衍生图的 Y 轴默认从 0 开始,会导致叠加的散点拥挤在一起,此时需要对刻度范围、散点大小和透明度进行设置,应注意和条形颜色避让。

(a)　　　　　　　　　　　　　　(b)

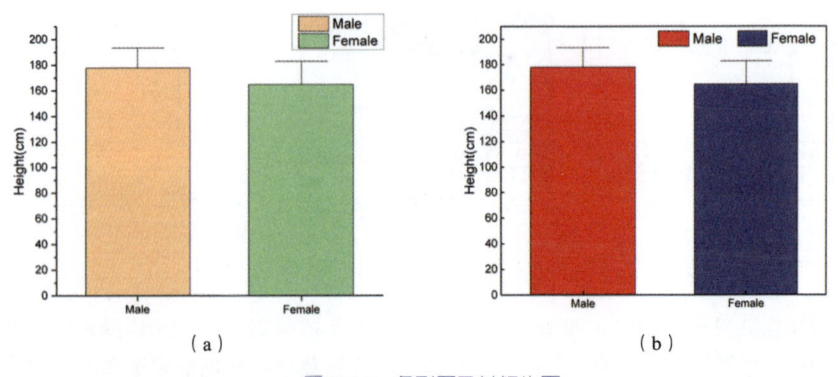

图 7-1-7　条形图及其衍生图

（c） （d）

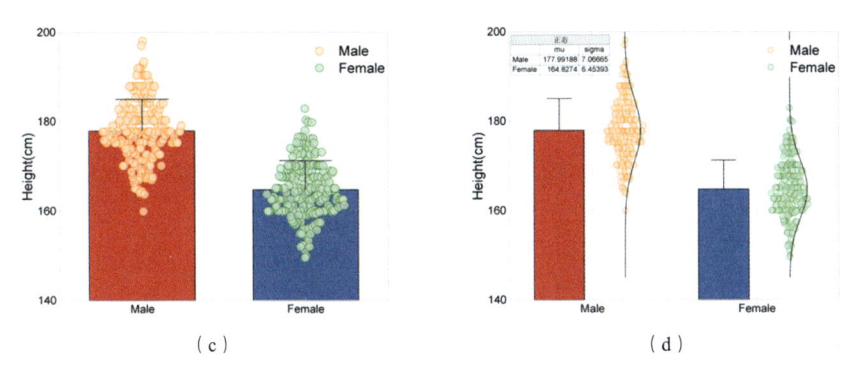

图 7-1-7　条形图及其衍生图（续）

如果数据格式复杂，那么可以先选择索引数据，再选择菜单栏中的"绘图"→"分组图"命令，在弹出的下拉菜单中选择所需的命令，进行相应的操作即可。

7.1.7　小提琴图及其衍生图

小提琴图用于展示数据分布情况及分布密度，也是"箱体+数据图"的一种。小提琴图把数据的核密度估计曲线作为轮廓并对称展示，因外观如小提琴而得名，可以通过叠加数据、箱体来展示数据分布情况。小提琴图结合了箱线图和密度图的特征，其轮廓用于展示数据的分布密度，轮廓越宽表示数据的分布密度越高。

小提琴图可以在 Origin 的"绘图细节-绘图属性"对话框的"箱体"选项卡、"数据"选项卡、"分布"选项卡中进行设置。可以通过相应的设置，将蜂群图、箱线图、区间图、条形图等转换为小提琴图，但建议直接使用绘图模板绘制小提琴图，以减少一些重复步骤和降低难度。

打开工作表，先选择数据，再选择菜单栏中的"绘图"→"统计图"→"小提琴图"命令，获得小提琴图，简单修饰之后，获得如图 7-1-8（a）所示的效果。为了丰富小提琴图的信息，一般会在小提琴图上叠加箱线图，获得如图 7-1-8（b）~图 7-1-8（d）所示的效果。

图 7-1-8（b）由先选择数据，再选择菜单栏中的"绘图"→"统计图"→"带箱体的小提琴图"命令获得，还可以通过进一步添加对应特征统计量的数据标签来丰富信息，图 7-1-8（c）由图 7-1-8（b）简单修改而得。

图 7-1-8（d）由先选择数据，再选择菜单栏中的"绘图"→"统计图"→"小提琴图（带四分位）"命令获得。与带箱体的小提琴图相比，小提琴图（带四分位）更改了箱体样式且隐藏了须。

图 7-1-8（e）由先选择数据，再选择菜单栏中的"绘图"→"统计图"→"小提琴图（带数据点）"命令获得。建议绘制如图 7-1-8（f）所示的小提琴图，将数据点散开排布，尽量不重叠。

图 7-1-8（g）由先选择数据，再选择菜单栏中的"绘图"→"统计图"→"小提琴图（带横线）"命令获得，在小提琴图内部添加了表示分布密度的横线。

图 7-1-8（h）由先选择数据，再选择菜单栏中的"绘图"→"统计图"→"半小提琴图"命令获得，左侧的点图形用于展示数据分布情况，右侧的核密度估计曲线用于表示分布密度。

图 7-1-8（i）由选择索引数据，再选择菜单栏中的"绘图"→"统计图"→"分边小提琴图"命令获得，使用两组数据分别绘制核密度估计曲线。使用分边小提琴图可以较好地展示多点二分类数据的成对比较情况，如多地男生与女生身高的比较情况。

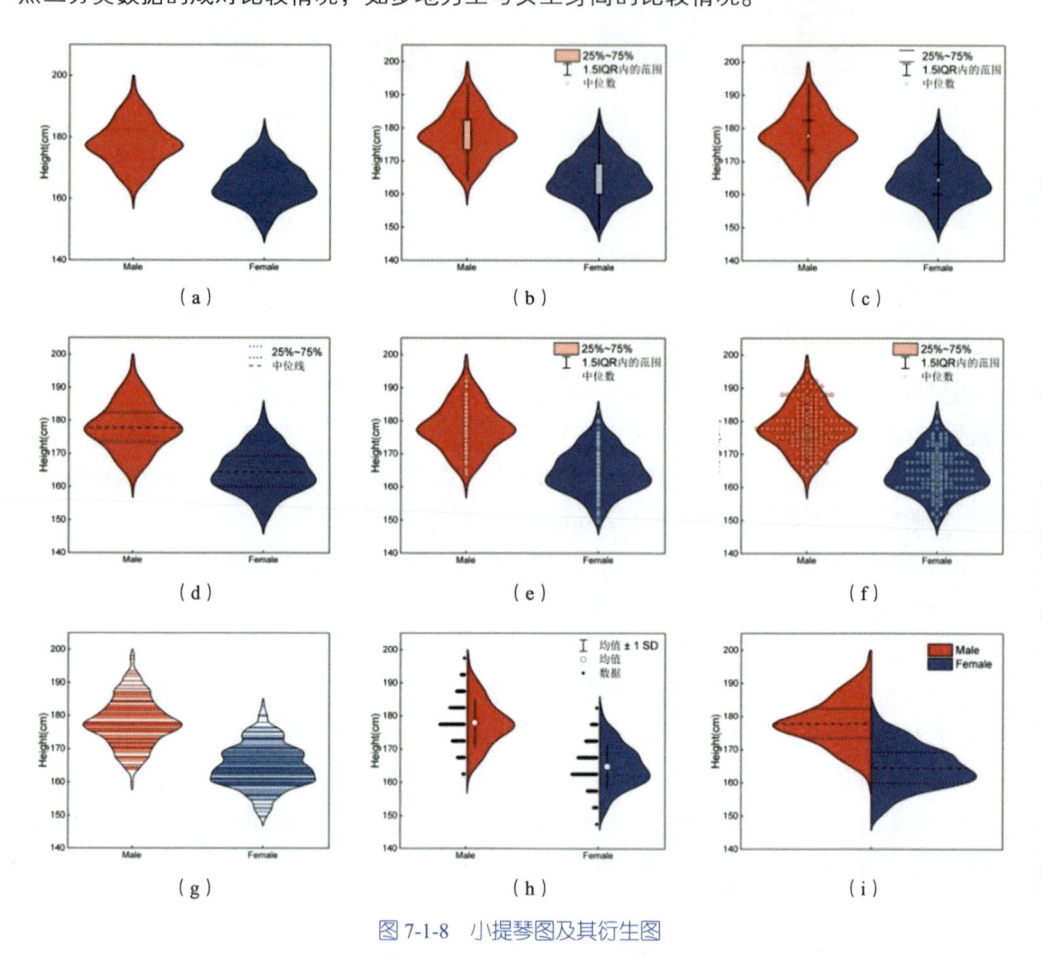

图 7-1-8 小提琴图及其衍生图

如果数据格式复杂，那么可以先选择索引数据，再选择菜单栏中的"绘图"→"分组图"命令，在弹出的下拉菜单中选择所需的命令，进行相应的操作即可。

7.1.8 风筝图

风筝图是一种高度定制的图表，一般用于表示某段距离上的物种或物质分布情况。

打开工作表，其中的数据是某次海岸物种剖面调查数据，先选择数据，再选择菜单栏中的

"绘图"→"条形图，饼图，面积图"→"风筝图"命令，获得如图 7-1-9（a）所示的效果，简单修饰之后，获得如图 7-1-9（b）所示的效果。其中，物种 C（Species C）的分布均匀且广泛，物种 A（Species A）的数量最多，物种 B（Species B）的分布集中且数量最少，物种 D（Species D）靠近海岸，可能更需要水分。

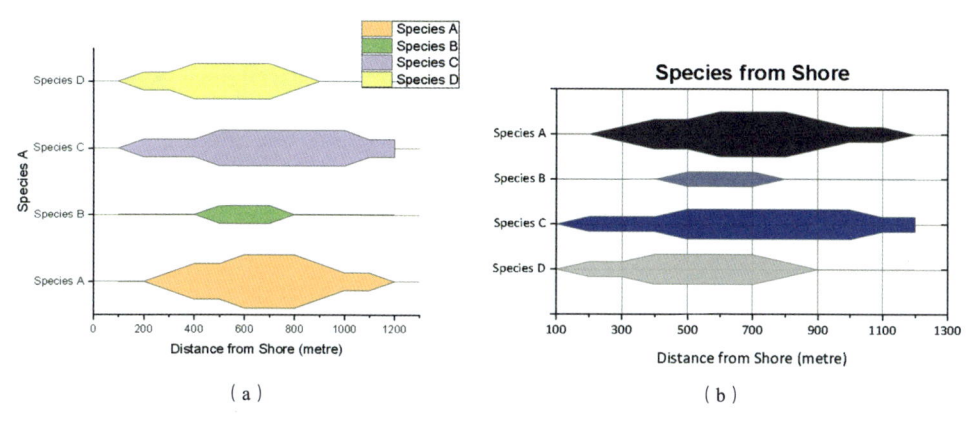

图 7-1-9 风筝图

7.1.9 边际图

边际图用于同时展示两个变量的关系，以及其各自的分布情况。

打开工作表，其中的数据是 1992—1995 年、1996—1999 年和 2000—2004 年的汽车功率和重量数据。先选择数据，再选择菜单栏中的"绘图"→"统计图"→"边际直方图"命令，获得如图 7-1-10（a）所示的效果。先选择数据，再选择菜单栏中的"绘图"→"统计图"→"边际箱线图"命令，获得如图 7-1-10（b）所示的效果。对于更多边际图的组合效果，可以先选择数据，再选择菜单栏中的"绘图"→"统计图"→"组边际图"命令，打开如图 7-1-10（c）所示的对话框，通过设置"主图层""顶部图层""右侧图层"3 个选项来实现。

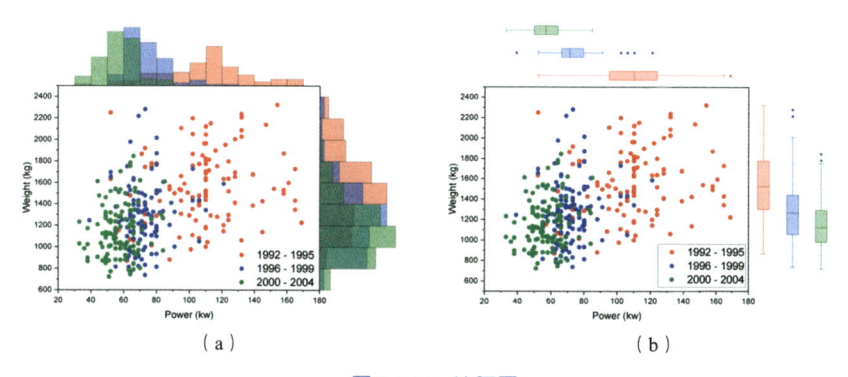

图 7-1-10 边际图

(c)

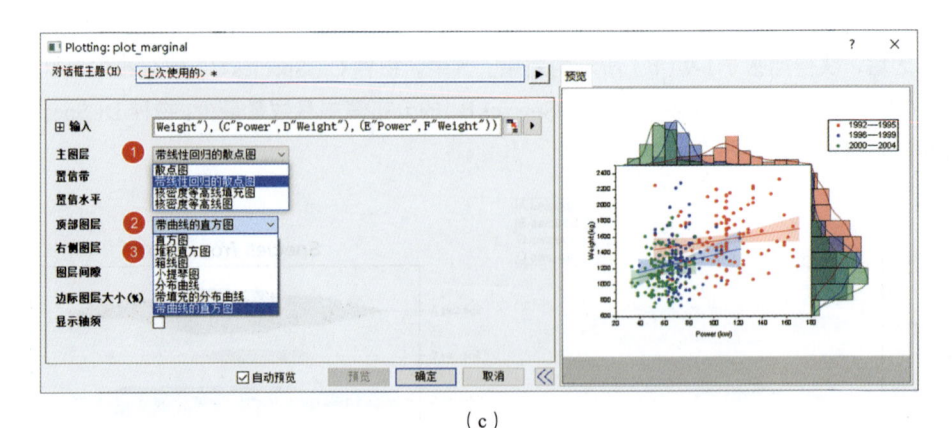

图 7-1-10　边际图（续）

7.1.10　脊线图

脊线图（Ridgeline Chat）也称密度脊线图或脊密度图，因外观与山峰相似又被称为峰峦图，是一种用于展示多个变量或类别下数据分布特征的可视化图表。它通过在单一图表中堆叠多个变量的密度曲线来比较这些变量在数值上的分布情况。脊线图尤其适用于数据集中包含多个组或类别，且需要快速比较这些组或类别在某个连续变量上的分布差异的情况。

打开工作表，其中的数据为美国某年各月各地区的温度。先选择数据，再选择菜单栏中的"绘图"→"统计图"→"脊线图"命令，获得如图 7-1-11（a）所示的效果，其在形式上类似于 Y 偏移堆积线图，但纵轴上显示的不是 Y 值，而是分类变量，以及对应的密度，横轴上显示的是温度。下面为温度映射颜色。

打开"绘图细节-绘图属性"对话框，在"图案"选项卡中，将填充颜色设置为"按点""Viridis""Y 值：颜色映射"如图 7-1-12（a）所示；在"颜色映射"选项卡中，单击"填充"按钮，在打开的如图 7-1-12（b）所示的对话框中，选中"加载调色板"单选按钮，勾选"翻转"复选框；单击"级别"按钮，在打开的如图 7-1-12（c）所示的对话框中将"次级别数"设置为"10"。设置完成后，获得如图 7-1-11（b）所示的效果。添加颜色标尺，对刻度范围、坐标轴标题进行设置后，获得如图 7-1-11（c）所示的效果。

脊线图可以叠加数据和分位数。如图 7-1-12（d）所示，在"绘图细节-绘图属性"对话框的"显示"选项卡中，设置"类型"为"带数据点的分布曲线"，勾选"分位数线"复选框，并在其后的文本框中输入所需的分位数，在新出现的"符号"选项卡中设置数据点的属性。设置完成后，获得如图 7-1-11（d）所示的效果。

第 7 章　分布型图表 | 269

图 7-1-11　脊线图

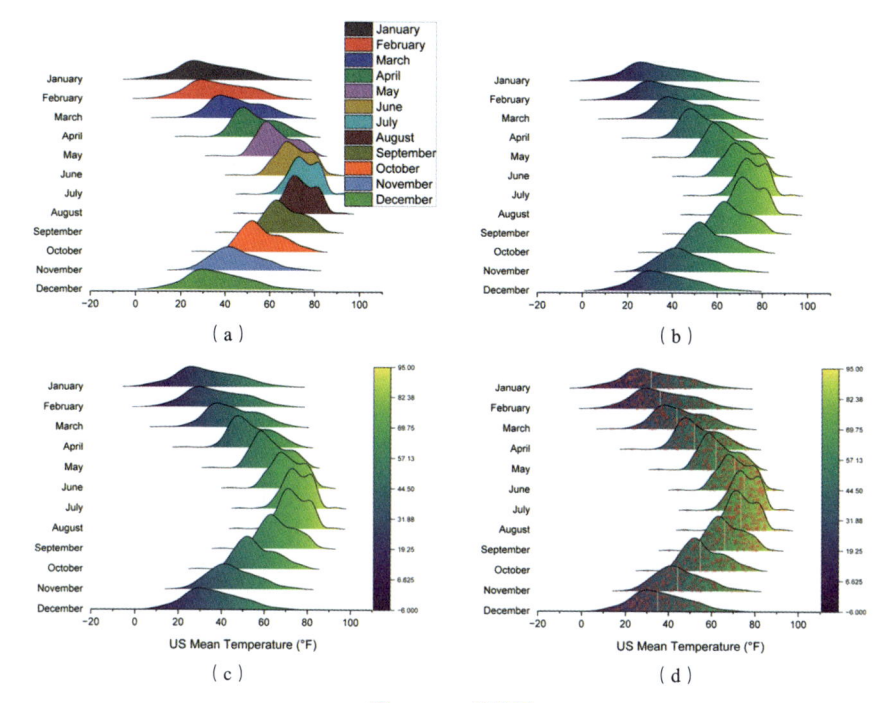

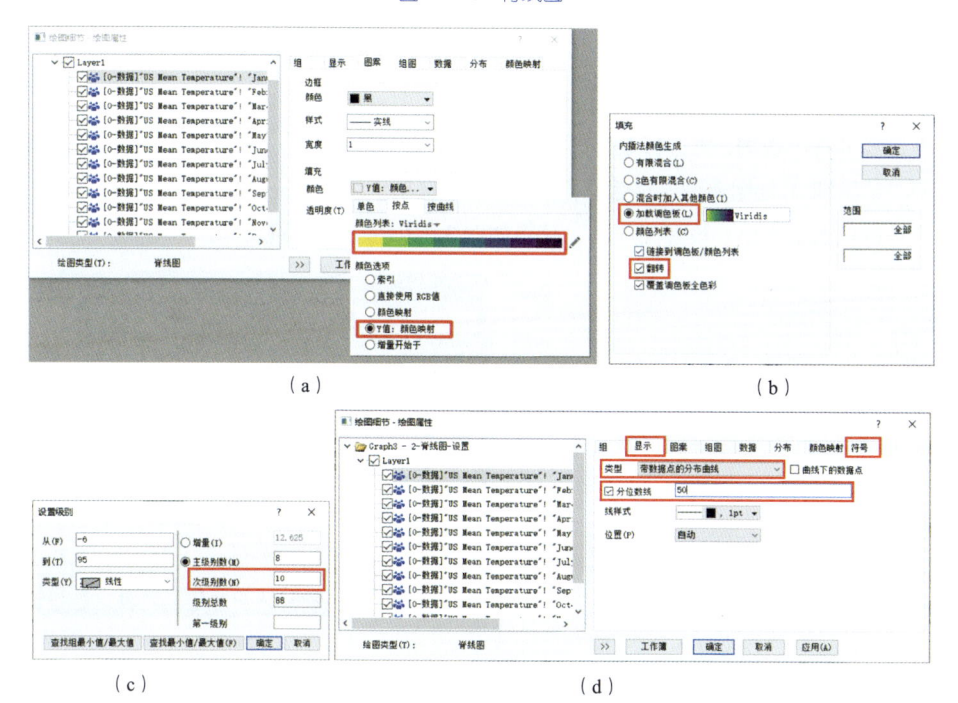

图 7-1-12　脊线图颜色映射设置

7.2 统计分布图表

7.2.1 频数直方图和分布图

频数直方图使用矩形面积表示各组频数，各矩形面积总和代表频数总和。频数直方图主要用于展示连续变量的频数分布情况，其外观和柱状图的外观相似，但存在以下区别。

（1）柱状图横轴上的数据是独立的数值或文本，而直方图横轴上的数据是连续的，是一个范围。

（2）柱状图是使用矩形高度表示分组频数大小的，而频数直方图是使用矩形面积表示频数大小的，矩形面积越大，表示该组数据的频数越大；只有当矩形宽度都相等时，才可以使用矩形高度表示频数大小，此时频数直方图与柱状图最为接近，可以通过绘制柱状图来模拟频数直方图。

（3）在柱状图中，各数据之间是相对独立的，各矩形之间是有空隙的；而在频数直方图中，各矩形对应的是连续范围，相邻矩形之间不重叠、无空隙。

打开工作表，其中的数据为某地成年男性和女性的身高与体重。先选择男性的身高，再选择菜单栏中的"绘图"→"统计图"→"直方图"命令，获得如图 7-2-1（a）所示的效果。Origin 会自动分格，统计区间频数。在频数直方图上单击鼠标右键，在弹出的快捷菜单中选择"跳转到分格工作表"命令，可以打开如图 7-2-1（b）所示的工作表。

先选择同样的数据，再选择菜单栏中的"绘图"→"统计图"→"带标签的直方图"命令，或打开"绘图细节-绘图属性"对话框，在"标签"选项卡中，勾选"启用"复选框，并为标签设置合适的位置和大小。设置完成后，获得如图 7-2-1（c）所示的效果。

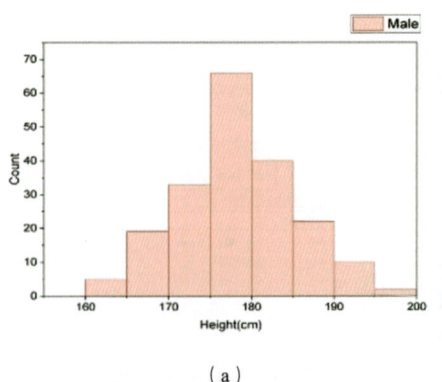

（a）　　　　　　　　　　　　　（b）

图 7-2-1　频数直方图和分布图及工作表

（c） （d）

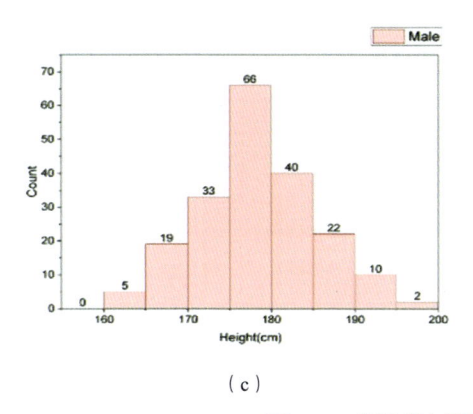

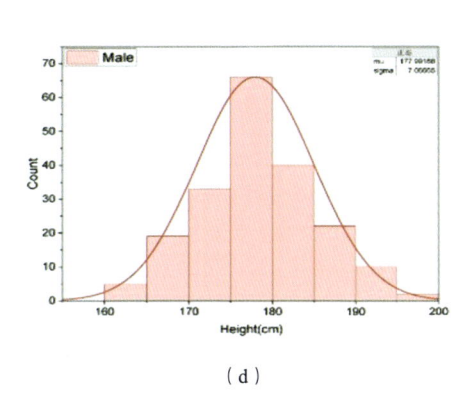

图 7-2-1　频数直方图和分布图及工作表（续）

先选择同样的数据，再选择菜单栏中的"绘图"→"统计图"→"分布图"命令，获得如图 7-2-1（d）所示的效果，同时会自动计算如图 7-2-1（b）所示的工作表中的数据。打开"绘图细节-绘图属性"对话框，在"分布"选项卡中勾选"正态"复选框和"显示参数表"复选框，适当调整图例位置，也可以绘制分布图。

如果只需要曲线而不需要直方图，那么在"图案"选项卡中取消勾选"仅用于填充的透明度"复选框，并把透明度设置为 100% 即可。

7.2.2　分组频数直方图和分布图

如果频数直方图或分布图有两组或两组以上数据，那么先按照 7.2.1 节介绍的方法直接绘制频数直方图或分布图，再取消分组。

打开工作表，先选择 A 列和 B 列数据，再选择菜单栏中的"绘图"→"统计图"→"直方图"命令，获得如图 7-2-2（a）所示的效果，使由两组数据绘制的频数直方图间隔排列。选择菜单栏中的"图"→"图层内容"命令，打开如图 7-2-2（b）所示的"图层内容：绘图的添加，删除，成组，排序"对话框，选择成组的两个绘图，单击"解散组"按钮，获得如图 7-2-2（c）所示的效果。

使用同样的方法绘制分布图并取消分组，可获得如图 7-2-2（d）所示的效果。在分组频数直方图和分布图的基础上，通过设置显示轴须，还可以获得如图 7-2-2（e）和图 7-2-2（f）所示的分组频数轴须直方图和分布图。

(a)　(b)
(c)　(d)
(e)　(f)

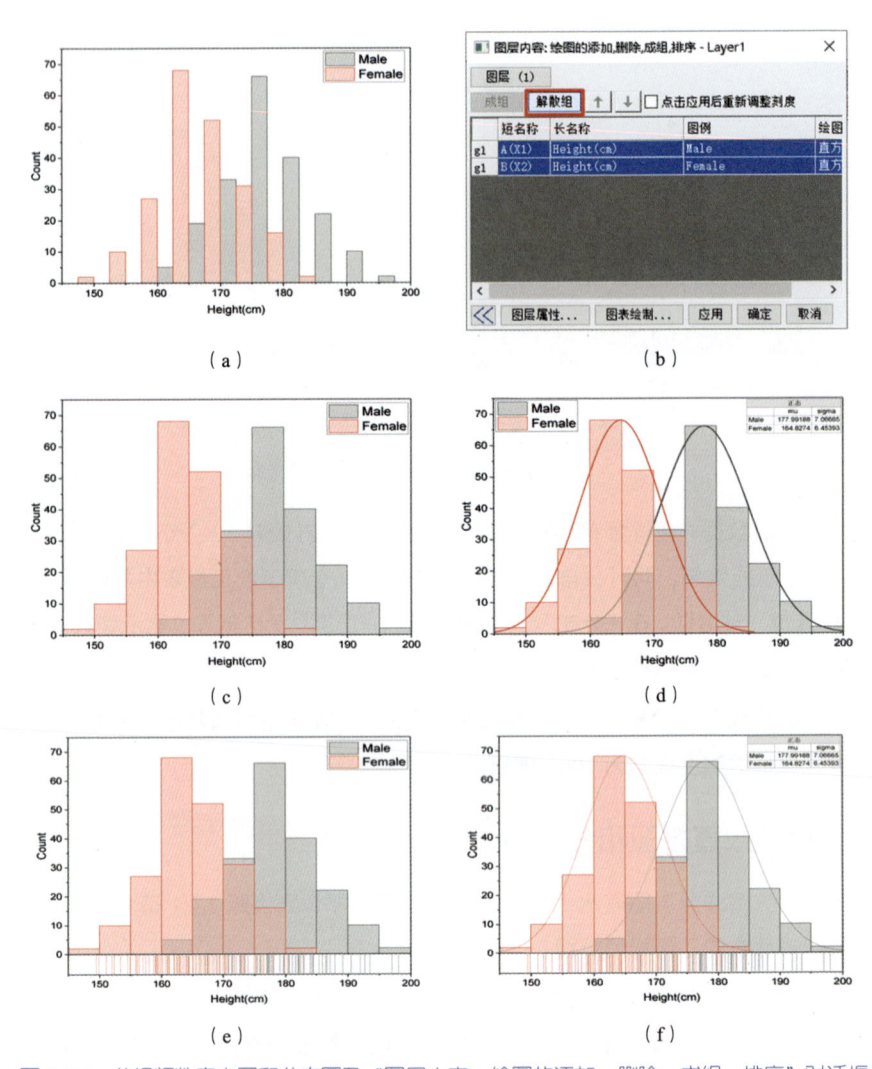

图 7-2-2　分组频数直方图和分布图及"图层内容：绘图的添加，删除，成组，排序"对话框

7.2.3　多面板直方图和分布图

除可以绘制分组频数直方图之外，对于多组数据还可以绘制多面板直方图，可以将多个直方图成列排布，便于比较。需要注意的是，多面板直方图的原理是多图层绘图，有几个直方图就有几个图层。

先选择 A 列和 B 列数据，再选择菜单栏中的"绘图"→"统计图"→"多面板直方图"命令，获得如图 7-2-3（a）所示的效果，按照 7.2.1 节介绍的方法设置后，获得如图 7-2-3（b）所示的效果。

(a)   (b)

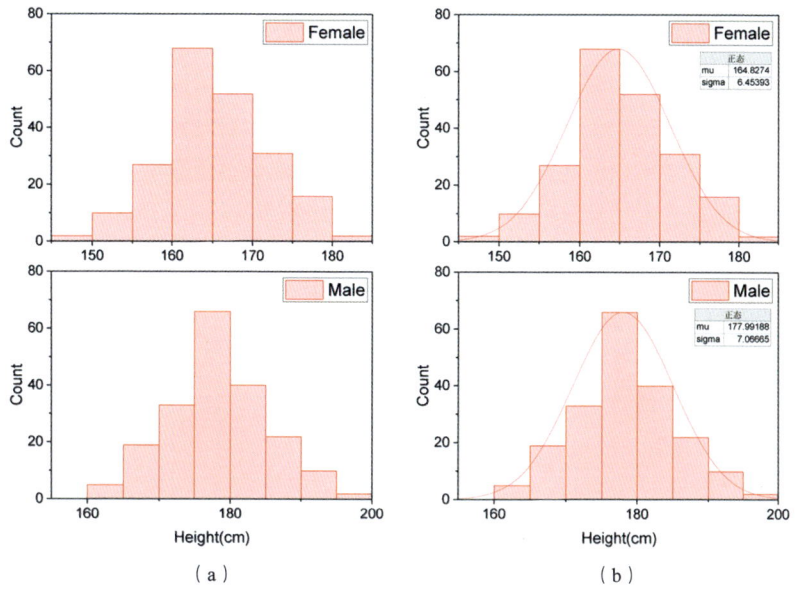

图 7-2-3 多面板直方图和分布图

7.2.4 带轴须的密度直方图和分布图

注意，7.2.1 节、7.2.2 节和 7.2.3 节中图形的纵坐标表示的都是 Count（频数）。

先选择 A 列和 B 列数据，再选择菜单栏中的"绘图"→"统计图"→"直方图+轴须"命令，获得如图 7-2-4（a）所示的效果。先选择 A 列和 B 列数据，再选择菜单栏中的"绘图"→"统计图"→"分布图+轴须"命令，获得如图 7-2-4（b）所示的效果。其纵坐标表示的是 Density（密度）。Origin 中用于绘图的系统模板的名称具有迷惑性，读者在使用时要注意区分。

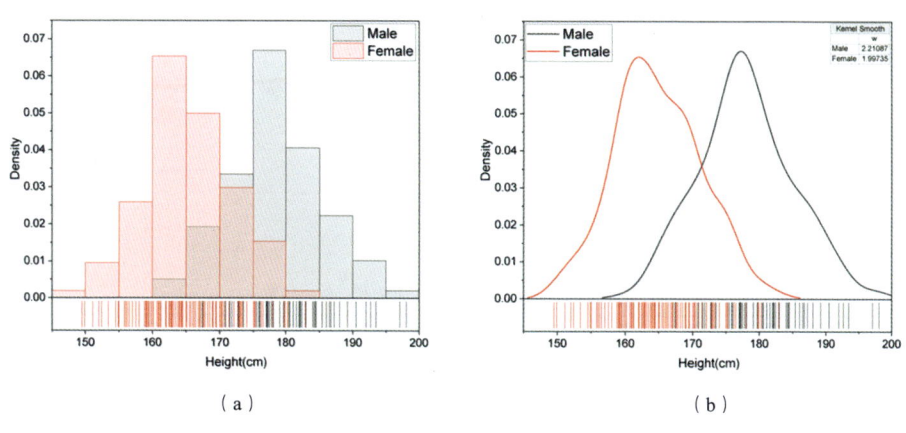

(a)   (b)

图 7-2-4 带轴须的密度直方图和分布图

7.2.5 直方图+概率图

在直方图上面可以添加累积概率曲线。先选择 A 列数据，再选择菜单栏中的"绘图"→"统计图"→"直方+概率"命令，会自动计算如图 7-2-1（b）所示的工作表中的数据，并展示结果日志文件，最终效果如图 7-2-5（a）所示。如果需要绘制多组数据，那么需要自行绘制多个图形，并使用图层合并功能进行排布或叠加，效果如图 7-2-5（b）所示。

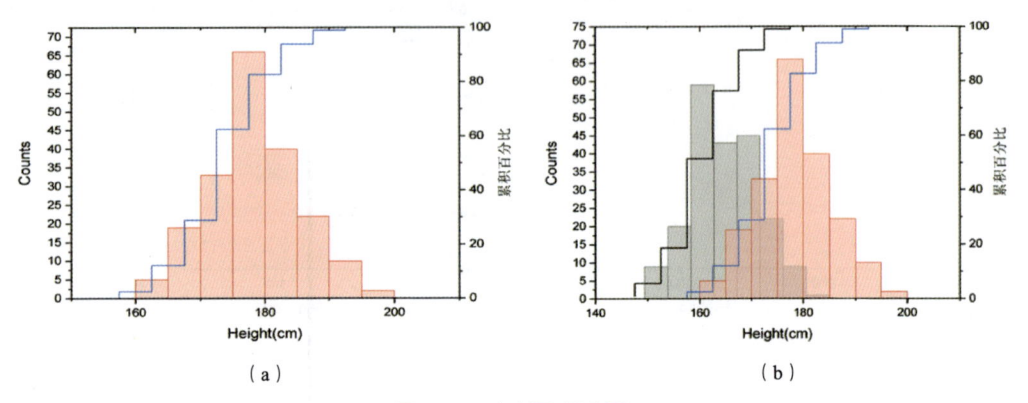

图 7-2-5 直方图+概率图

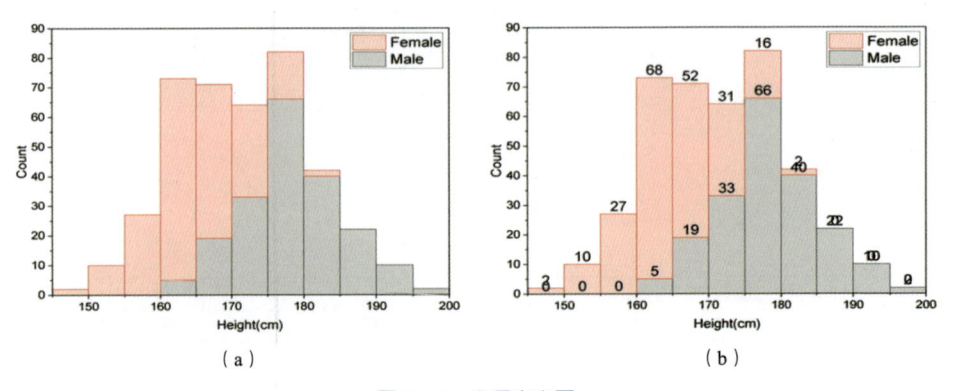

7.2.6 堆积直方图

堆积直方图用于展示将由多组数据绘制的直方图堆积起来，相当于直接绘制直方图之后先取消分组，再在"绘图细节-图层属性"对话框的"堆叠"选项卡的"偏移"选项组中选中"累积"单选按钮。先选择数据，再选择菜单栏中的"绘图"→"统计图"→"堆积直方图"命令，获得如图 7-2-6（a）所示的效果。如果显示数据标签，那么可能会相互堆叠，如图 7-2-6（b）所示。此时，个别数据的位置需要手动优化。

图 7-2-6 堆积直方图

7.2.7 帕累托图

帕累托图（Pareto Chart）是一种将出现的质量问题和质量改进项目按照影响程度依次排列的图表，以意大利经济学家 V.Pareto 的名字命名。

帕累托图是一种双 Y 轴图，左侧纵坐标表示频数，右侧纵坐标表示频率，分析线表示累积频率，横坐标表示影响质量的各因素。按影响程度的大小（出现频数的多少）从左到右排列，通过对排列后绘图的观察分析可以找出影响质量的主要因素。帕累托图主要反映帕累托法则（也称二八原理，即 80%的问题是 20%的原因造成的），在项目管理中主要用于找出产生大多数问题的关键原因，解决大多数问题。

打开工作表，先选择数据，再选择菜单栏中的"绘图"→"统计图"→"帕累托图-分格数据"命令，打开如图 7-2-7（a）所示的对话框，在该对话框中可以设置是否合并较小的值。图 7-2-7（b）所示为按照频数阈值为 2 合并了较小频数的帕累托图。

（a）　　　　　　　　　　　　　　（b）

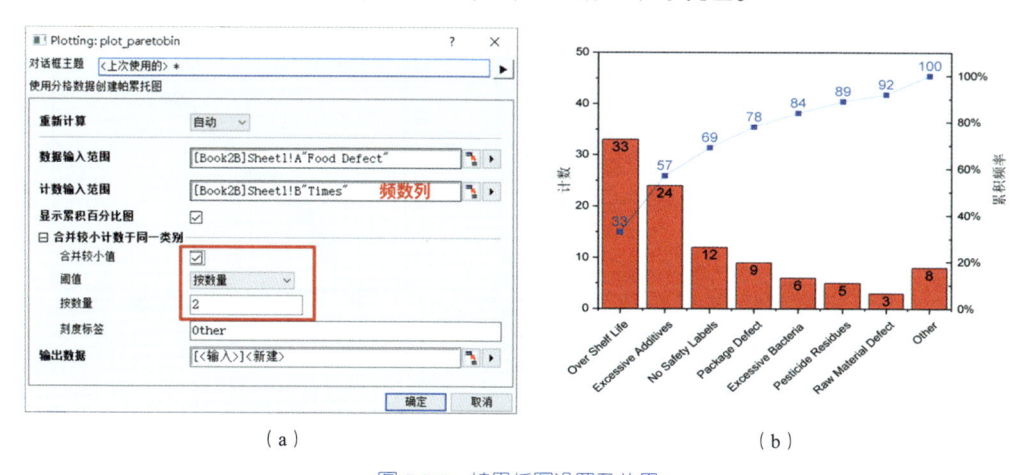

图 7-2-7　帕累托图设置及效果

如果数据只是原始数据，没有频数，那么选择菜单栏中的"绘图"→"统计图"→"帕累托图-原始数据"命令，会在排序之前自动统计频数。

7.2.8 概率图

概率图（Probability-Probability Plot，P-P 图）主要用于检查数据是否遵循特定的理论分布，如正态分布、指数分布等。概率图是一种根据变量的累积概率与指定分布的累积概率的关系所绘制的图表。当数据确实来自该理论分布时，概率图上的点会大致落在一条直线上。如果点集形成一条直线，且该直线与参考线（通常是 45 度线）平行或重合，那么认为数据服从所检验的理论分布。如果点集明显偏离直线，尤其是出现弯曲或成簇的情况，那么表明数据并不完全遵循理论分布。需要特别关注，数据为极端值的表现，因为这些值往往最能揭示数据分布与理论分布的差异。

打开工作表，先选择数据，再选择菜单栏中的"绘图"→"统计图"→"概率图"命令，打开如图 7-2-8（a）所示的对话框，设置需要检测的分布类型，设置完成后，Origin 会自动进行相关计算并获得如图 7-2-8（b）所示的效果。概率图的纵坐标表示百分比，刻度之间不等差，50%处的刻度最密集，这是假设目标分布类型下的理论累积概率。从图 7-2-8（b）中可见，点集基本形成一条直线，且该直线与参考线平行或重合，故认为数据符合正态分布。

（a）

（b）

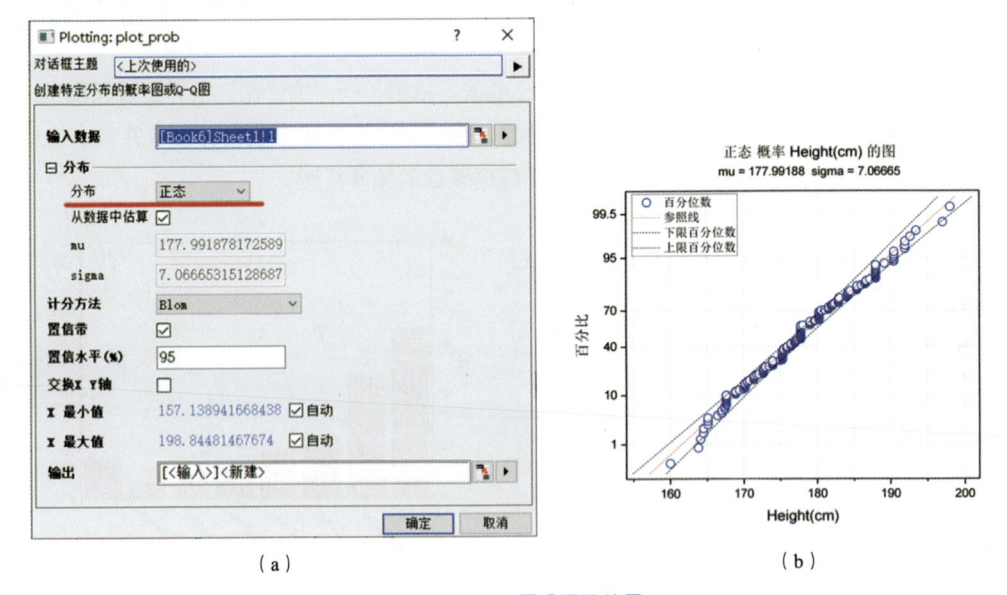

图 7-2-8　概率图设置及效果

7.2.9　Q-Q 图

Q-Q 图用于比较两组数据或数据与其理论分布的相似性。它直接比较了两组数据的分位数，通过绘制第 1 组数据的分位数与第 2 组数据的分位数（或理论分布的分位数）的对应关系图来实现。其绘制方法和概率图的绘制方法基本相同。

打开工作表，先选择数据，再选择菜单栏中的"绘图"→"统计图"→"Q-Q 图"命令，打开如图 7-2-9（a）所示的对话框，设置需要检测的分布类型，设置完成后，Origin 会自动进行相关计算并获得如图 7-2-9（b）所示的效果。Q-Q 图的纵坐标中的身高是假设目标分布类型下的理论期望值。从图 7-2-9（b）中可见，点集基本形成一条直线，且该直线与参考线平行或重合，故认为数据符合正态分布。

(a)

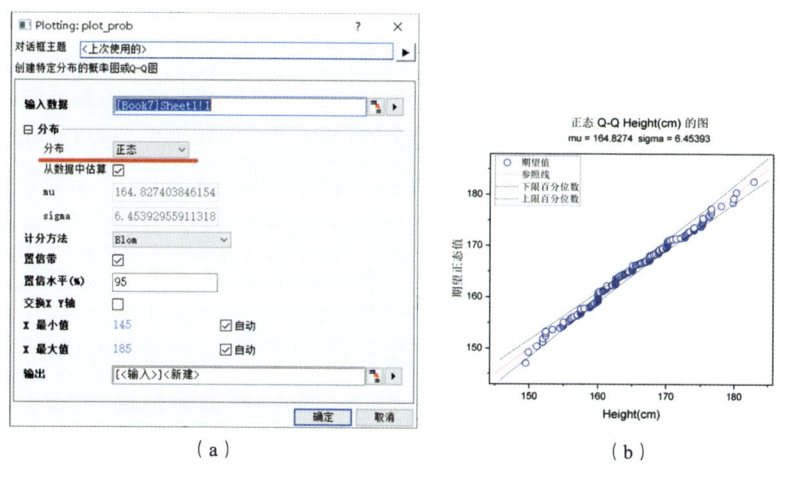

(b)

图 7-2-9　Q-Q 图设置及效果

7.2.10　矩阵散点图

矩阵散点图用于展示多个变量之间的两两关系。它克服了单独绘制多个散点图烦琐的问题，能够直观地呈现多个变量之间的相关性，Origin 对矩阵散点图的排布进行了很好的优化。

打开工作表，其中的数据为鸢尾花数据集，先选择前 4 列数据，再选择菜单栏中的"绘图"→"统计图"→"矩阵散点图"命令，打开如图 7-2-10（a）所示的对话框。在该对话框中进行以下设置。①选择 E 列作为分组列；②设置矩阵散点图的布局方式；③设置 Pearson 相关系数保留两位小数。设置完成后，Origin 会自动进行相关计算并获得如图 7-2-10（b）所示的效果。

(a)

(b)

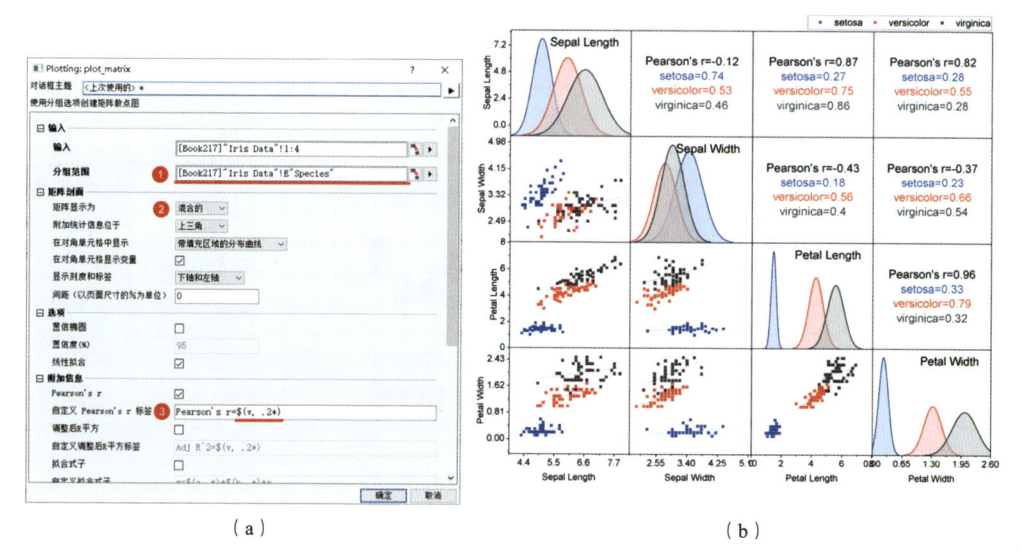

图 7-2-10　矩阵散点图设置及效果

7.2.11 均值极差图

质量控制图是 SPC（Statistical Process Control，统计过程控制）中一种根据假设检验的原理区分正常波动与异常波动功能的统计图，通常以横坐标表示样组编号、以纵坐标表示根据质量特性或其特征值求得的中心线和上、下控制线。均值极差图（X bar-R 图）是常用且基本的 SPC 计量型质量控制图，用于监测和评估生产过程中产品或服务的均值和极差（最大值与最小值之差）的稳定性。使用均值极差图表有助于识别生产过程中的异常变化，这些变化可能表明存在需要解决的问题。

打开工作表，其中的数据为某产品生产过程中 10 次抽样测量所得到的直径，每次抽取 3 个。先选择数据，再选择菜单栏中的"绘图"→"统计图"→"质量控制（均值极差）图"命令，在打开的对话框中输入"3"，设置完成后，生成一个工作簿和一个图形窗口，如图 7-2-11 所示。在 Origin 中绘制的均值极差图有上、下两个，上面一个为均值图，下面一个为极差图。结果显示第 9 批抽样的均值低于 LCL（下控制界限），表明生产过程中可能存在异常，需要进一步调查原因。

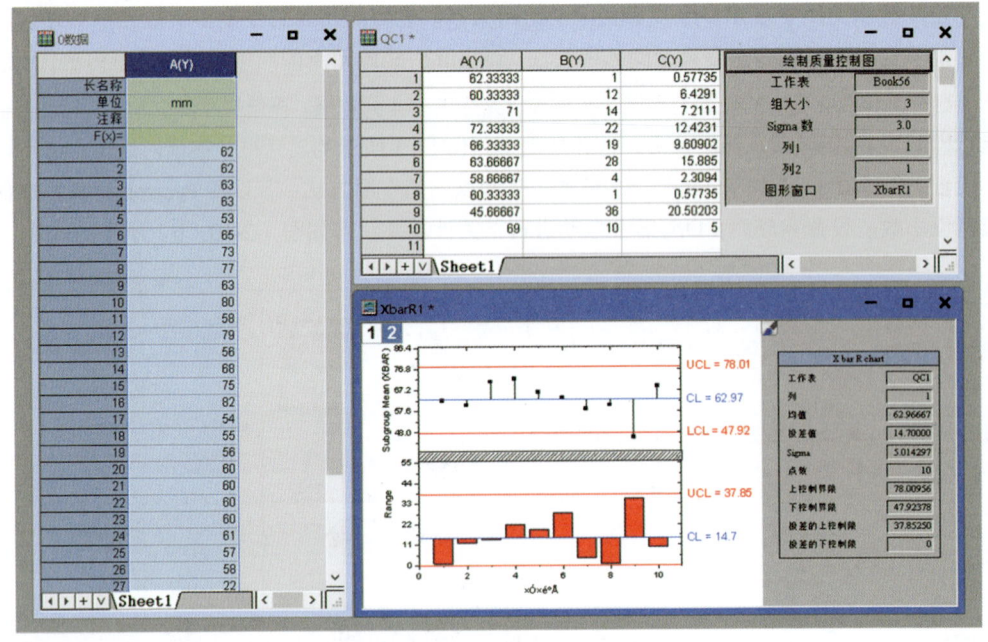

图 7-2-11 工作表和均值极差图

7.2.12 Bland-Altman 图

假设某种方法是目前广泛应用的"金标准"方法，而另一种新方法可能是更经济或更便于应用的方法。通过对这两种方法进行一致性评价，可以回答"这两种方法能否相互替代"这样的问题。评价一致性程度的方法很多，如使用 Kappa 检验，以及本节将要介绍的 Bland-Altman 图。要评价两种方法的准确性，详见 9.7 节介绍的 ROC 曲线。

"Bland-Altman 分析"最初是由 Bland JM 和 AltmanDG 于 1986 年提出的，用于比较两个计量资料之间的一致性。它的基本思想是根据原始数据求出两种方法的均值和差值（或比值等其他形式），横坐标以均值表示，纵坐标以差值表示，绘制散点图。同时计算差值的均值和差值的 95%分布范围，这一范围被称为一致性界限（Limits of Agreement）。

打开工作表，其中的数据为手动测量某品种的水稻某时期穗长数据和图像识别技术自动测量数据。先选择两列数据，再选择菜单栏中的"绘图"→"统计图"→"Bland-Altman 图"命令，打开如图 7-2-12（a）所示的对话框，保持默认设置，获得如图 7-2-12（b）所示的效果，简单修饰之后，获得如图 7-2-12（c）所示的效果。可以发现，两种方法的一致性好，能够通过使用图像识别技术自动测量数据来替代传统的手动测量数据。

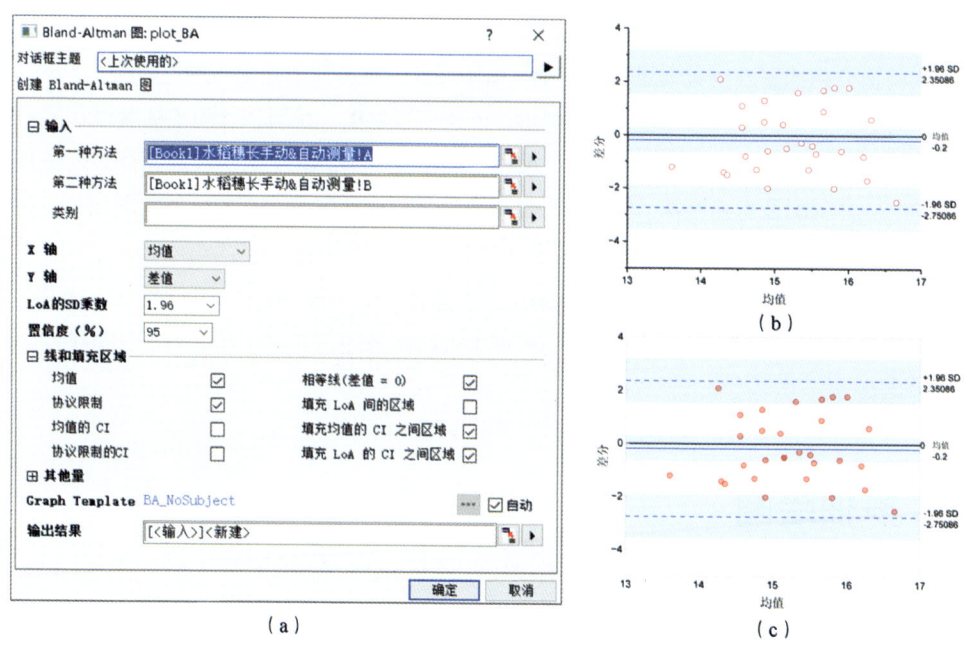

图 7-2-12　Bland-Altman 图设置及效果

第 8 章

Origin 进阶绘图技巧

学术图表中往往存在复杂的数据格式，这种复杂主要表现在两个方面。一方面是观测对象的观测指标（变量）增多，如体检项目有身高、体重、血糖、血脂、酶活性等；另一方面是分类变量增多，分类变量之间形成多级分组，如体检人员内部可以按照年龄、性别等进一步进行分组。在前面介绍的图表的绘制过程中，观测指标增多，可以利用绘图属性（形状、颜色、大小等），或通过将绘图往 3D 空间扩展来展示；分类变量增多，除可以使用绘图属性和空间扩展展示外，也可以使用表格式刻度标签、"堆叠"选项卡展示。对于复杂的数据格式，还有两种展示技巧：多轴和多窗格绘图。多轴绘图适用于展示具有不同量级或单位的观测指标；而多窗格绘图则适用于同时展示多个相关数据集或数据子集。

在熟练使用 Origin 系统模板绘图的基础上，掌握自定义配色方案、主题和模板，对于个性化和高效率绘图具有重要的作用，而根据学术要求进行图形输出和排版组图则更是科研工作者必备的绘图技巧。

8.1 多轴绘图

8.1.1 双 Y 轴图

双 Y 轴图及多 Y 轴图本质上都是一种合并图层的多图层绘图（也可以设置成单图层）。图 8-1-1（a）所示为某公司不同地区销售额和净利润占比，如果使用销售额和净利润占比绘制交错柱状图，那么会导致净利润占比被压缩到看不见，效果如图 8-1-1（b）所示。

如果通过先选择数据，再选择菜单栏中的"绘图"→"多面板，多轴"→"双 Y 轴"命令来获得如图 8-1-2（a）所示的效果，右侧纵坐标表示净利润占比，那么两列量级相差极大的数据都能得到较好的展示。此外，还可以通过同样的方法绘制如图 8-1-2（b）所示的双 Y 轴柱状图和如图 8-1-2（c）所示的双 Y 轴点线柱状图。

图 8-1-1　工作表和交错柱状图

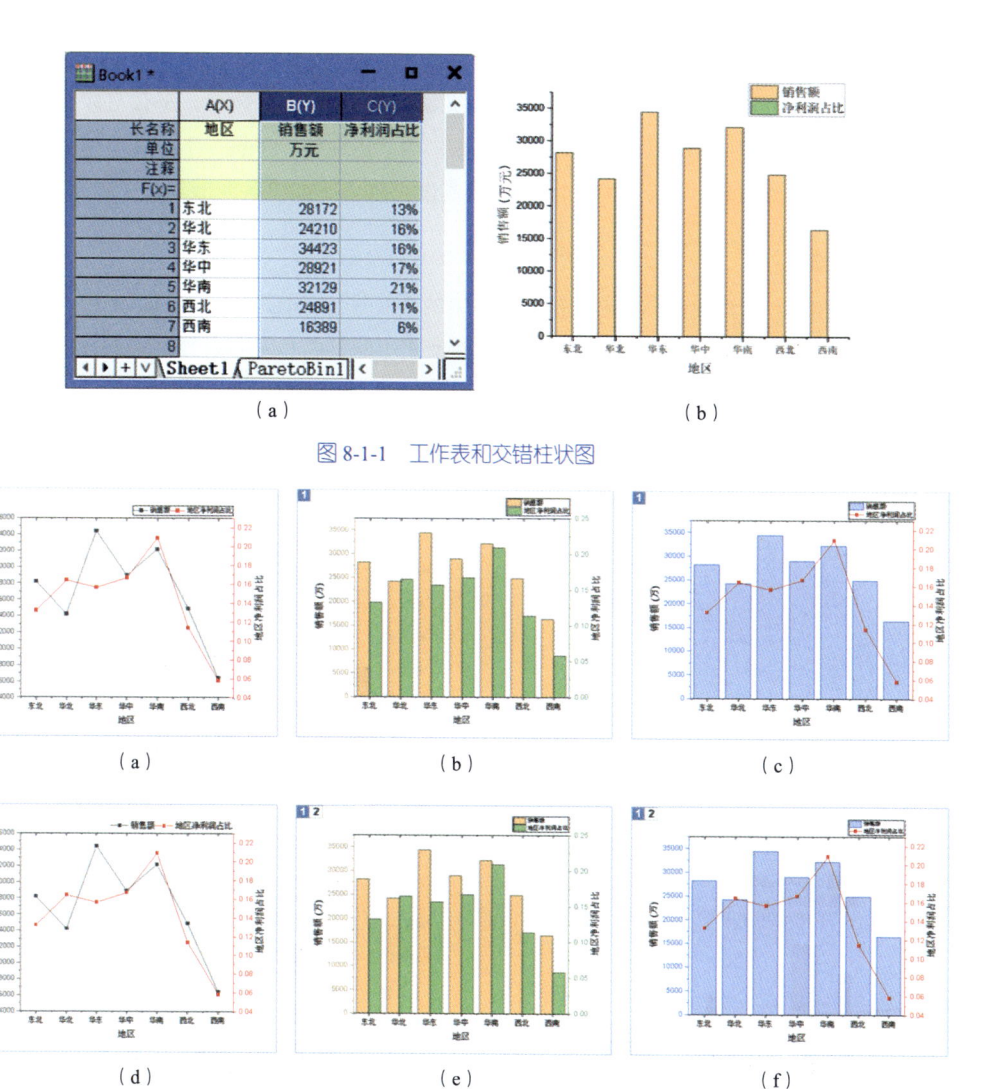

图 8-1-2　双 Y 轴图

双 Y 轴柱状图可以被绘制在相同的图层上，也可以被绘制在不同的图层上。先选择数据，再选择菜单栏中的"绘图"→"多面板,多轴"→"2Ys Y-Y"命令、"2Ys 柱状图"命令或"2Ys 柱状图-点线"命令，获得的双 Y 轴柱状图将被绘制在相同的图层上，效果如图 8-1-2（d）~图 8-1-2（f）所示。如果需要将双 Y 轴柱状图绘制在不同的图层上，那么可以参考 5.1.13 节介绍的人口金字塔图的绘制方法，通过分图层绘制及坐标轴关联来完成。

有双 Y 轴图，那有没有双 X 轴图呢？将双 Y 轴图交换坐标轴，就变成了双 X 轴图。

8.1.2　3Y 轴图、4Y 轴图和多 Y 轴图

基于类似的原理，如果量级相差比较大的变量有 3 个及 3 个以上，那么可以绘制 3Y 轴图、4Y 轴图和多 Y 轴图，绘图模板都在菜单栏中的"多面板，多轴"下拉菜单中。随着变量的增多，增加 Y 轴数量，将导致图形辨识起来越发困难，不如将各图层单独绘制成图形。

1. 3Y 轴图

打开工作表，先选择数据，再选择菜单栏中的"绘图"→"多面板，多轴"→"3Ys Y-YY"命令，获得如图 8-1-3（a）所示的效果。其虽然使用不同的颜色对各自坐标轴进行指引，但是可视化效果并不好，可以修改 3 个变量对应的绘图类型，以提高视觉引导性。

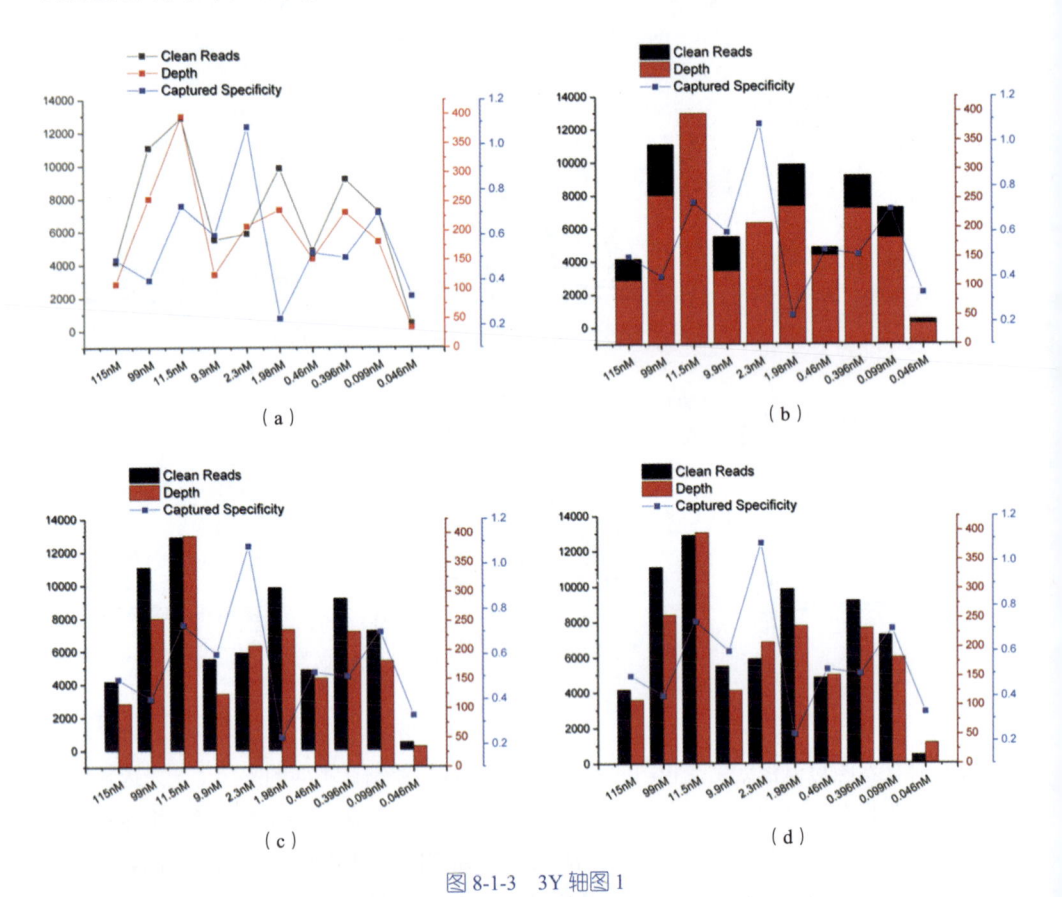

图 8-1-3　3Y 轴图 1

打开如图 8-1-4（a）所示的"绘图细节-绘图属性"对话框，先选择需要更改类型的绘图，再设置"绘图类型"为"柱状图/条形图"，最后修改填充颜色。也可以单击绘图，等待悬浮按

钮组出现后，更改绘图类型。将左、右两个和 X 轴连在一起的 Y 轴对应的绘图类型更改为柱状图/条形图，获得如图 8-1-3（b）所示的效果。此时，两个柱状图以前后堆叠的形式排列。

(a)

(b)

(c)

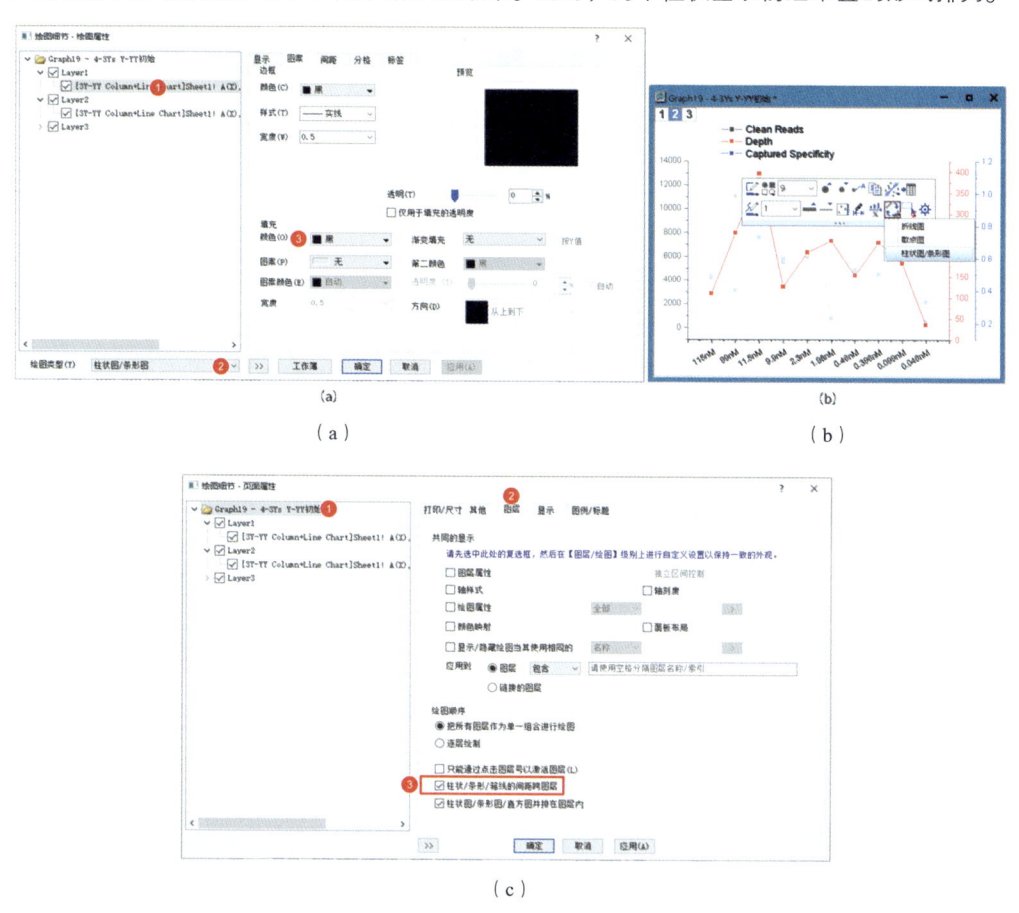

图 8-1-4　绘制 3Y 轴图

如图 8-1-4（c）所示，在"绘图细节-页面属性"对话框左侧切换为"页面属性"层级，在右侧打开"图层"选项卡，勾选"柱状/条形/箱线的间距跨图层"复选框，获得如图 8-1-3（c）所示的效果。此时，两个柱状图以并排的形式展示，但黑色矩形底部悬空，将左侧 Y 轴的起点改为 0，获得如图 8-1-3（d）所示的效果。

3Y 轴图中还有一种如图 8-1-5（a）所示的效果。其与前面介绍的 3Y 轴图的区别只在于 Y 轴的摆放位置，后面介绍的 4Y 轴图和多 Y 轴图也是如此命名和区分的。根据前面介绍的步骤，将左、右两个和 X 轴连接在一起的 Y 轴对应的绘图类型更改为柱状图/条形图，获得如图 8-1-5（b）所示的效果。

284 | Origin 学术图表

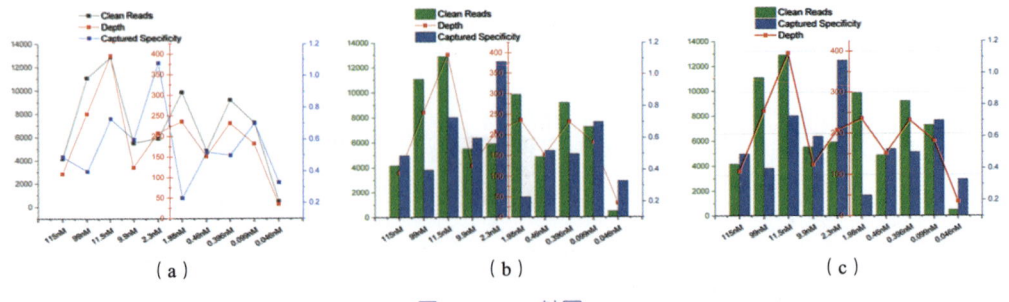

（a） （b） （c）

图 8-1-5　3Y 轴图 2

若要将点线图放在柱状图的上方，则应选择菜单栏中的"图"→"图层管理"命令，打开如图 8-1-6 所示的"图层管理"对话框，观察右侧的预览效果，在左侧找到表示点线图的图层（这里是 Layer2）并选择，单击"将所选图层放到前面"按钮，获得如图 8-1-5（c）所示的效果。

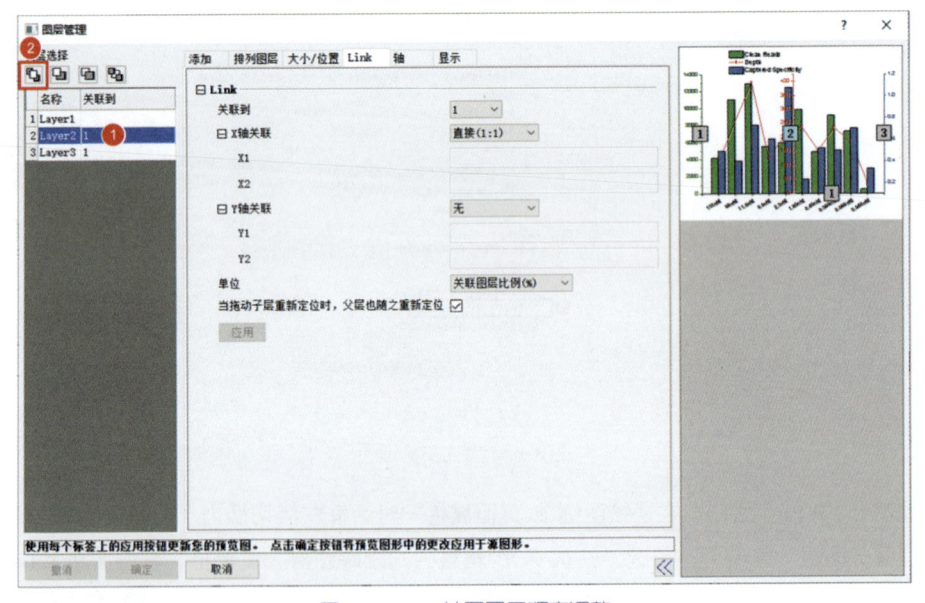

图 8-1-6　3Y 轴图图层顺序调整

2. 4Y 轴图和多 Y 轴图

同样地，在"多面板，多轴"下拉菜单中还有两种 4Y 轴图模板，即 4Ys Y-YYY 和 4Ys YY-YY。使用这两种绘图模板可以分别获得如图 8-1-7（a）所示的效果和如图 8-1-7（b）所示的效果。此外，可以通过如图 8-1-7（c）所示的对话框进行相应的设置，将其变成多 Y 轴图。由于 4Y 轴图的辨识度低，因此其在学术图表中的使用频率并不高。与其绘制 4Y 轴图，不如绘制两个双 Y 轴图。

（a）

（b）

（c）

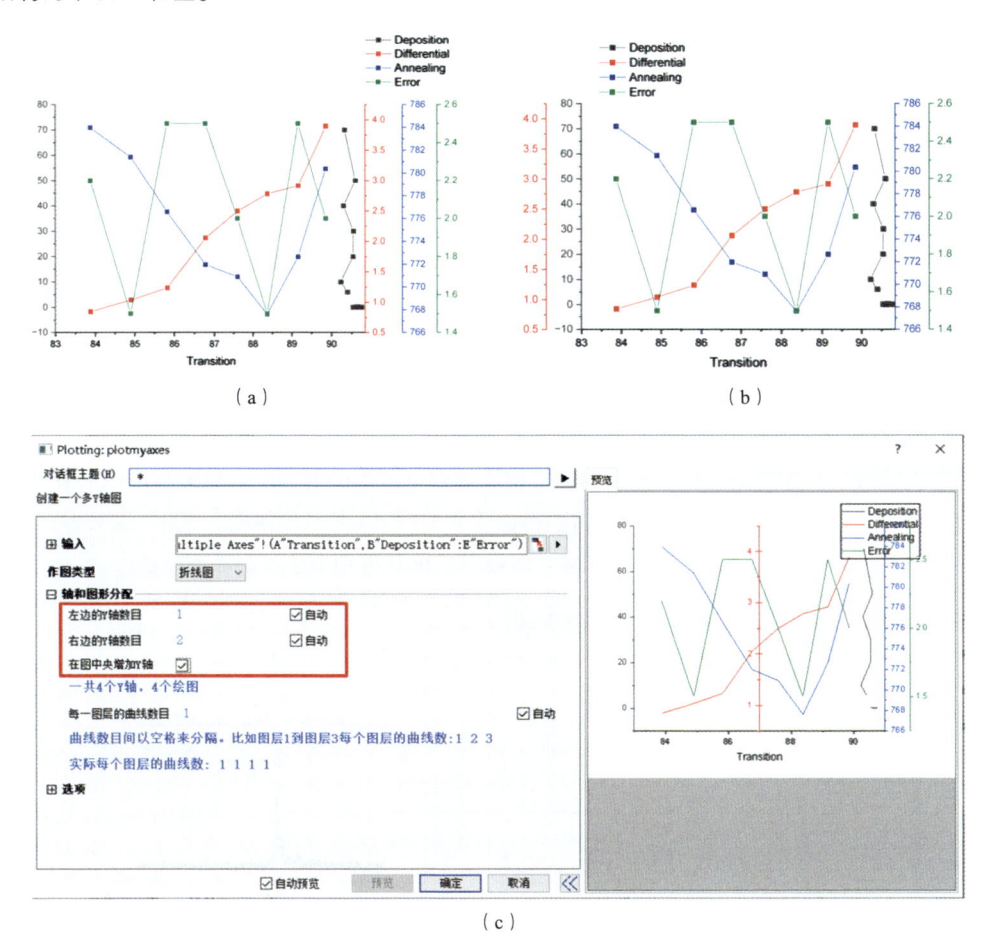

图 8-1-7　4Y 轴图和多 Y 轴图设置

8.2　多窗格绘图

分类变量增多，除了可以使用表格式刻度标签组织多级分类，还可以按照某个分类变量实现多窗格绘图。在多窗格绘图的基础上同样可以使用表格式刻度标签，进一步扩展分类层级。

在 Origin 中有两种多窗格绘图模板。一种是多图层绘图，将绘制的多个图形通过合并图层的方式叠加到一个图形窗口中，具有多个图层，该类绘图模板主要集中在"多面板，多轴"下拉菜单中；另一种是分格绘图，类似于 R 语言的分面，Origin 2025 中文正式版把其翻译为"网格图"，并在"绘图细节-绘图属性"对话框的"分格"选项卡中进行相关设置，其只有一个图层。

8.2.1 多图层绘图：多面板图

1. 基于原始数据格式的多图层绘图

在 4.1.18 节介绍的 2D 瀑布图：Y 偏移堆积线图中，为了避免多条曲线堆叠后相互遮挡，将曲线按照 Y 轴偏移来分开展示。这种绘图方法的弊端是 Y 轴对数值的指示变得困难。如果使用多图层绘图，为每条曲线都单独绘制一个图形，那么可以避免这个问题，但这样绘制的图形没有 Y 偏移堆积线图紧凑。多图层绘图的基本方法可以参考 5.1.13 节介绍的人口金字塔图的第 1 种绘制方法。另外，Origin 也内置了常用的多图层绘图模板，使用这些绘图模板可以快速绘图。

打开工作表，其中的数据为某物质不同浓度的吸收光谱数值，如图 8-2-1（a）所示。先选择 A、B、C 三列数据，再选择菜单栏中的"绘图"→"多面板，多轴"→"上下对开面板图"命令，获得如图 8-2-1（b）所示的效果，图 8-2-1（b）由上、下两个面板组成。如果选择 A、B、C、D 四列数据，那么进行同样的操作后获得如图 8-2-1（c）所示的效果，图 8-2-1（c）同样由上、下两个面板组成，但多出来的图形被添加到了下面的面板中。如果选择 A、B、C、D、E 五列数据，那么进行同样的操作后获得如图 8-2-1（d）所示的效果。注意，图 8-2-1（b）、图 8-2-1（c）和图 8-2-1（d）在上、下两个面板中是被从下到上逐次循环安排的。

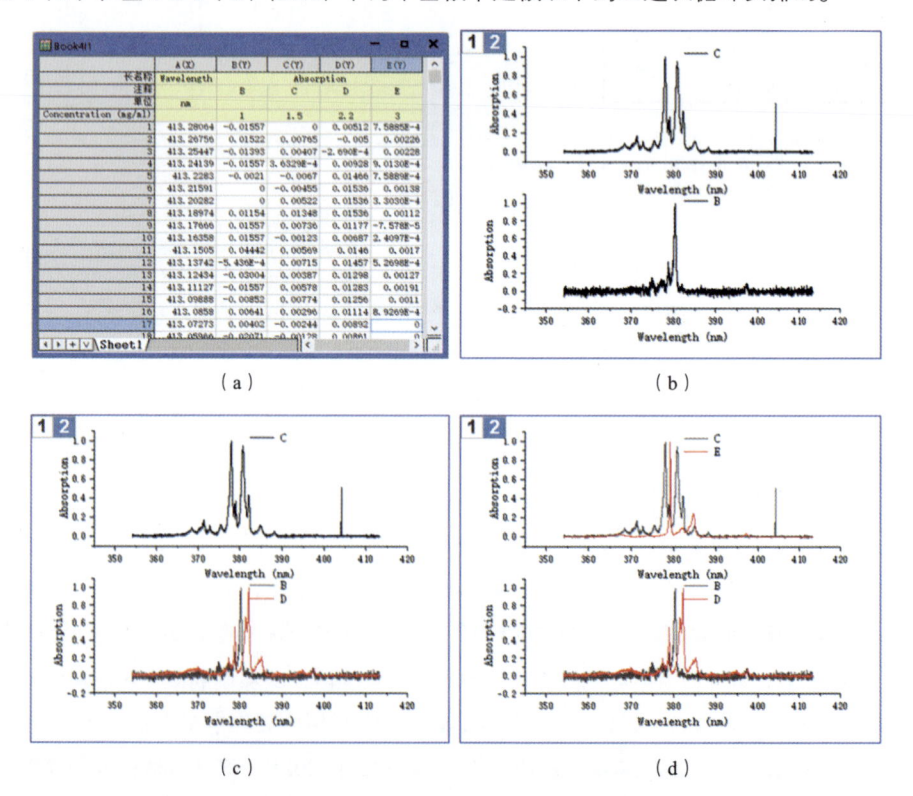

图 8-2-1　工作表和上下对开面板图

使用类似的方法，还可以绘制左右对开面板图、4 面板图等，如图 8-2-2 所示。如果绘图数量超出窗格数，那么要注意循环安排的顺序。

（a）

（b）

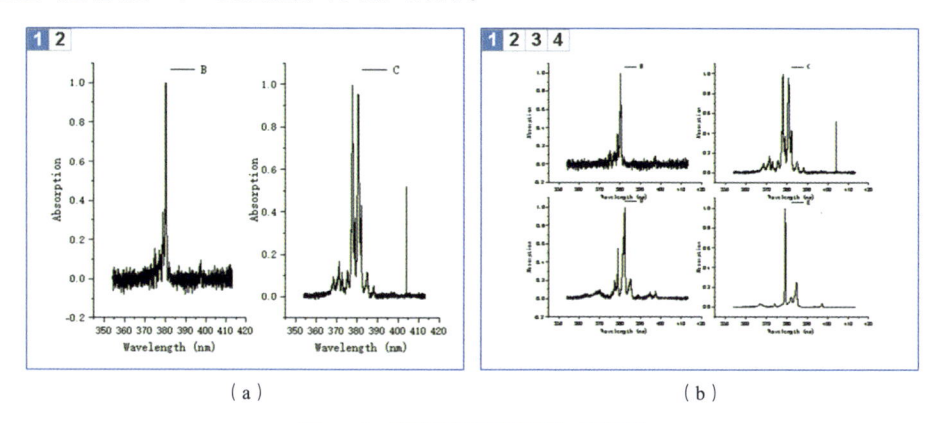

图 8-2-2　左右对开面板图和 4 面板图

除了可以使用 Origin 自带的 2、4、9 面板图模板绘制多面板图，还可以通过堆积图模板绘制更自由的多面板图。先选择 A、B、C、D、E 五列数据，再选择菜单栏中的"绘图"→"多面板，多轴"→"堆积图"命令，打开如图 8-2-3 所示的对话框，设置"整图方向"为"水平"，这会让整个图形窗口以宽矩形的形式呈现，否则以高矩形的形式呈现；设置"堆叠方向"为"垂直"，即在垂直方向上安排图形；设置"图层顺序"为"从上到下"；设置"图例"为"每个图层添加一个图例"；勾选"显示一个 Y 轴标题"复选框，让所有图形共用一个 Y 轴标题；勾选"自动预览"复选框。设置完成后，获得如图 8-2-3 右侧的预览效果，多个图形共用 X 轴的刻度线及刻度线标签。

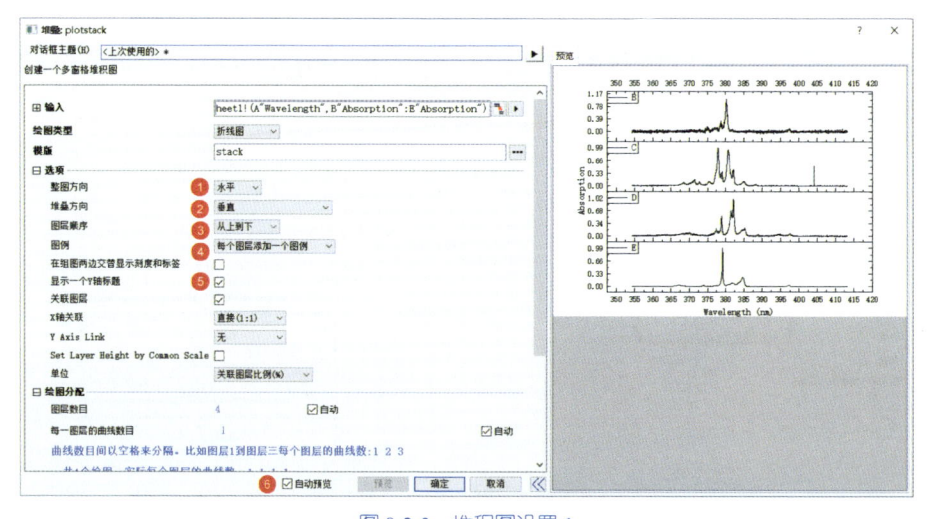

图 8-2-3　堆积图设置 1

在上面设置的基础上设置"图层数目"为"3",并取消勾选"图层数目"文本框右侧的"自动"复选框,将只在 3 个图层上绘制图形;设置"每一图层的曲线数目"为"1 2 1",并取消勾选"每一图层的曲线数目"文本框右侧的"自动"复选框,将在 3 个图层上分别绘制 1、2、1 个图形;③将"垂直间距"设置为"12",将不再共用 X 轴的刻度线及刻度线标签。最终效果将如图 8-2-4 右侧所示,与之前使用 2、4、9 面板图模板进行多面板绘图的效果类似。

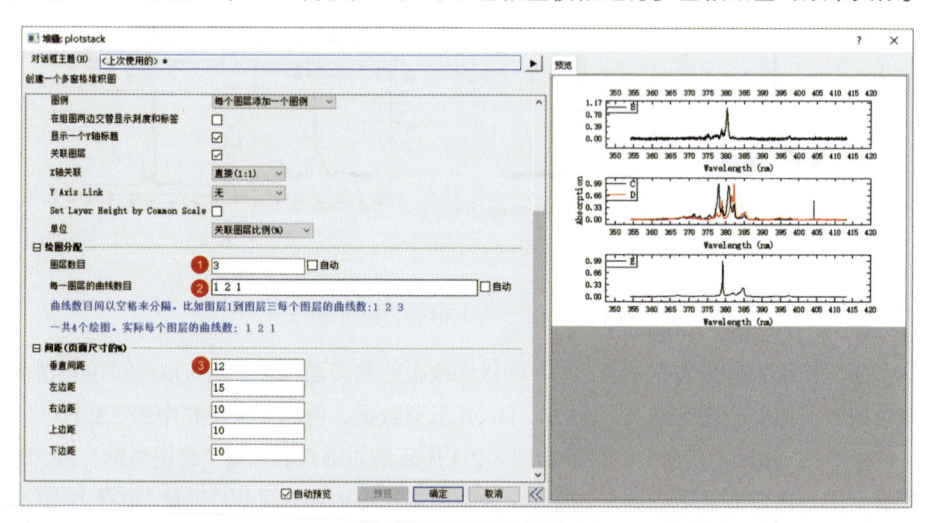

图 8-2-4　堆积图设置 2

多面板图默认使用每个 Y 列数据绘制一个图形。如果数据格式不是这种情况,那么可以通过先选择数据,再选择菜单栏中的"绘图"→"多面板,多轴"→"根据标签绘制多面板图"命令来绘制多面板图。例如,将之前 B、C、D、E 四列的注释分别改为 B、B、C、C,在"根据标签绘制多面板图"对话框中设置"分组按照"为"注释",将只绘制两个图层,如图 8-2-5 右侧所示。也就是说,使用该绘图模板可以从标签中识别分组标记,这进一步扩大了使用原始数据绘制多面板图的适用范围。

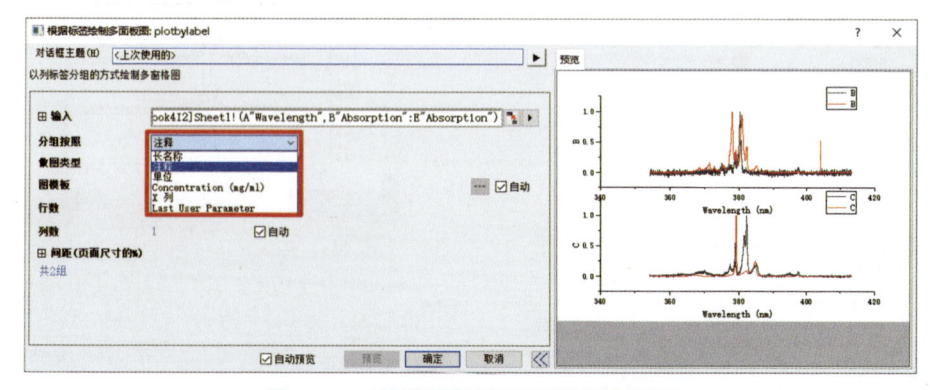

图 8-2-5　"根据标签绘制多面板图"对话框

2. 基于索引数据格式的多图层绘图

以上介绍的多图层绘图均基于原始数据格式绘制，另一种基于索引数据格式的多图层绘图是集群图。将上面的工作表堆叠，其会被转换为如图 8-2-6（a）所示的索引数据格式，但在绘制集群图时其会被转换为如图 8-2-6（b）所示的原始数据格式。

（a） （b）

图 8-2-6　堆积图所用的索引数据和实际绘制集群图时所用的索引数据

先选择如图 8-2-6（a）所示的 C 列数据，再选择菜单栏中的"绘图"→"分组图"→"集群图"命令，打开如图 8-2-7 所示的对话框：①选择绘图数据；②将"绘图类型"改为"折线图"；③将"单独图层的变量-水平"设置为"[Book4I5]StackCols1!B'注释'"；④将"排列图层"设置为"列数"；⑤将"列数"设置为"2"；⑥勾选"均匀的 Y 刻度"复选框，表示各图层所用 Y 轴的刻度范围相同，便于进行比较；⑦将"显示组合信息于"设置为"图层标题栏"，表示在各图层上轴启用表格式刻度标签作为标题栏；⑧勾选"显示轴框架"复选框。

图 8-2-7　集群图设置

设置完成后，获得如图 8-2-8（a）所示的效果，简单修饰之后，获得如图 8-2-8（b）所示的效果。

（a） （b）

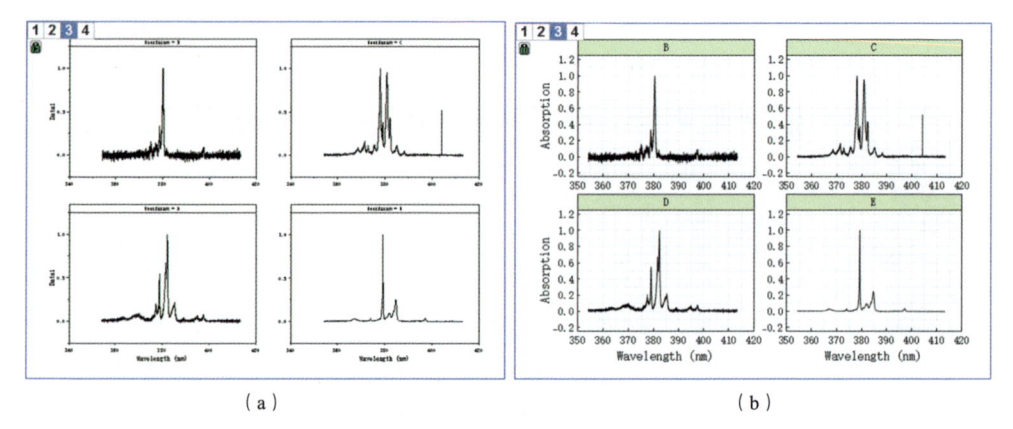

图 8-2-8　集群图

8.2.2　多图层绘图：图中图

掌握了多图层绘图，就很容易理解各种形式的图中图了，其实际上是图层的叠加摆放。缩放图为比较常用的一种图中图，下面简单介绍它的 3 种绘制方法。

第 1 种方法是使用绘图模板绘制缩放图，这是一种绘制缩放图十分简便的方法。打开工作表，先选择 B 列数据，再选择菜单栏中的"绘图"→"多面板，多轴"→"缩放图"命令，获得如图 8-2-9（a）所示的效果。该缩放图由两个图层组成，上面的图层是完整图，下面的图层是局部放大图。上面的图层中黄色矩形可以自由缩放和调整位置，下面的图层根据上面的图层中黄色矩形的范围而变化显示。双击上面的图层中的黄色矩形，可以进行一些属性设置，如修改颜色，设置完成后，效果如图 8-2-9（b）所示。为了准确指向，局部放大图的背景颜色也要被随之设置成相同的颜色。设定了放大区域之后，如果对默认的上下放大排布方式不满意，那么可以自行拖动两个图层，调整其大小和位置，以获得如图 8-2-9（c）所示的效果。

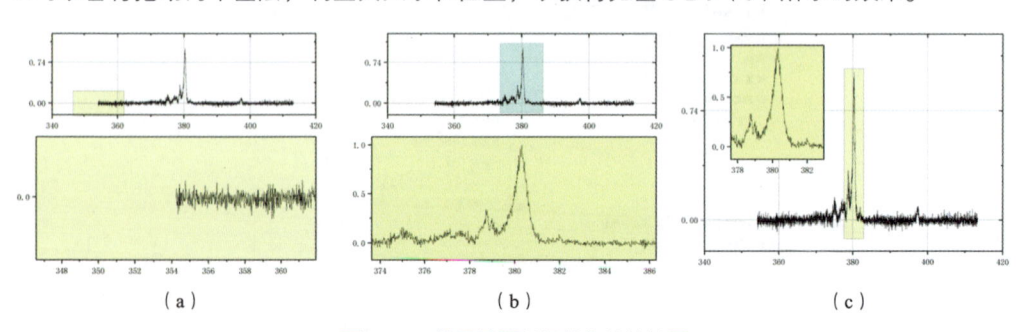

（a） （b） （c）

图 8-2-9　使用绘图模板绘制的缩放图

第 2 种方法是手动绘制缩放图。绘制出如图 8-2-10（a）所示的折线图之后，单击左侧工具栏中的"放大"按钮 🔍，按住 Ctrl 键的同时，按住鼠标左键框选所需放大的区域，框选完成后，松开鼠标左键，获得如图 8-2-10（b）所示的效果，同时选框在原图上被固定成如图 8-2-10（c）所示的红边灰底矩形，该矩形和使用第 1 种方法出现的黄色矩形一样，都可以自由缩放和调整位置。将新绘制的图形复制并粘贴到原来的折线图中，调整大小和位置之后，获得如图 8-2-10（c）所示的效果。在大多数情况下，图中图都可以通过直接复制与粘贴的方法来绘制。这种方法比第 1 种方法的应用更广泛，第 1 种方法只针对折线图，而这种方法针对各种图形。

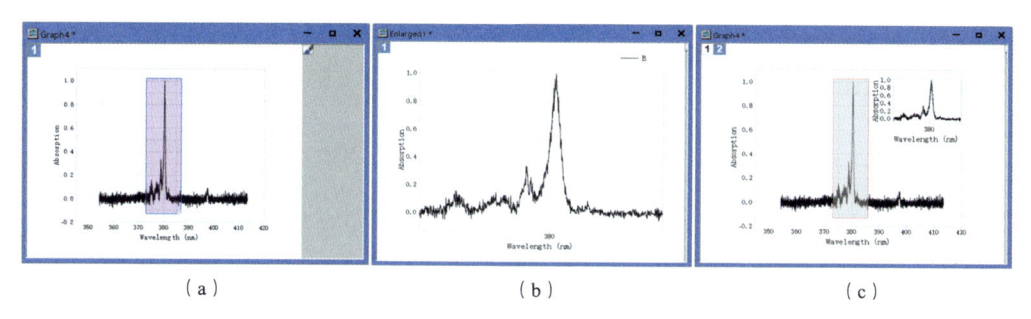

（a）　　　　　　　　　（b）　　　　　　　　　（c）

图 8-2-10　手动绘制的缩放图

第 3 种方法是使用 App 绘制缩放图。安装"Zoomed Inset Plus"App，在使用前单击该 App 图标，鼠标指针变成十字形，在原图上框选合适的区域，将自动生成局部放大图到原图框架的右上方，标注好箭头即可，效果如图 8-2-11 所示。使用这种方法支持选框的二次调整和针对多种图形放大。

（a）　　　　　　　　　　　　　　　（b）

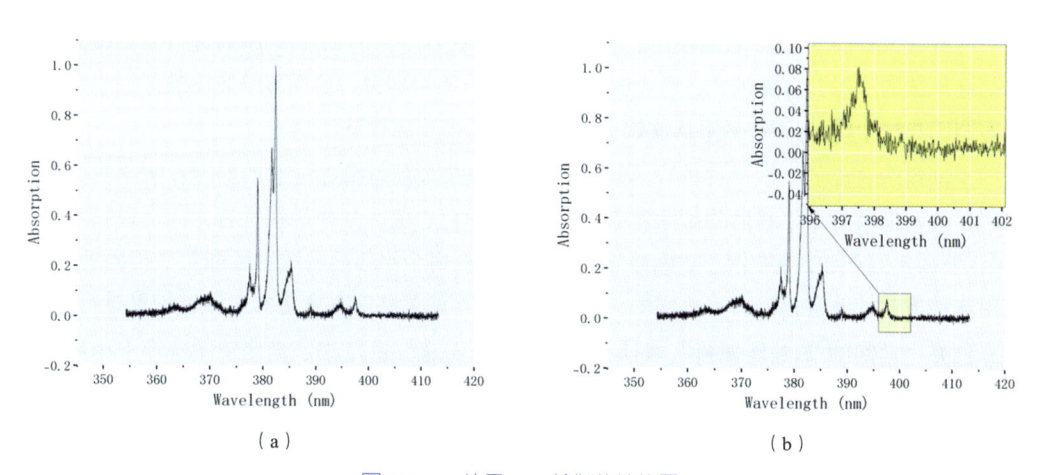

图 8-2-11　使用 App 绘制的缩放图

8.2.3 分格绘图：网格图

1. 模板绘图

分格绘图是在已安排好的分类变量内部"切分"，可以在 X 轴或 Y 轴上"切分"，最终绘制的图形只有一个图层。

先选择如图 8-2-6（a）所示的 C 列数据，再选择菜单栏中的"绘图"→"分组图"→"网格图"命令，在打开的如图 8-2-12 所示的对话框中，勾选"自动预览"复选框：①选择绘图数据；②将"绘图类型"改为"线图"；③将"单独组图内的变量-水平"设置为"[Book4I6]StackCols1!B'注释'"；④将"数据点着色变量"设置为"[Book4I6]StackCols1!B'注释'"。

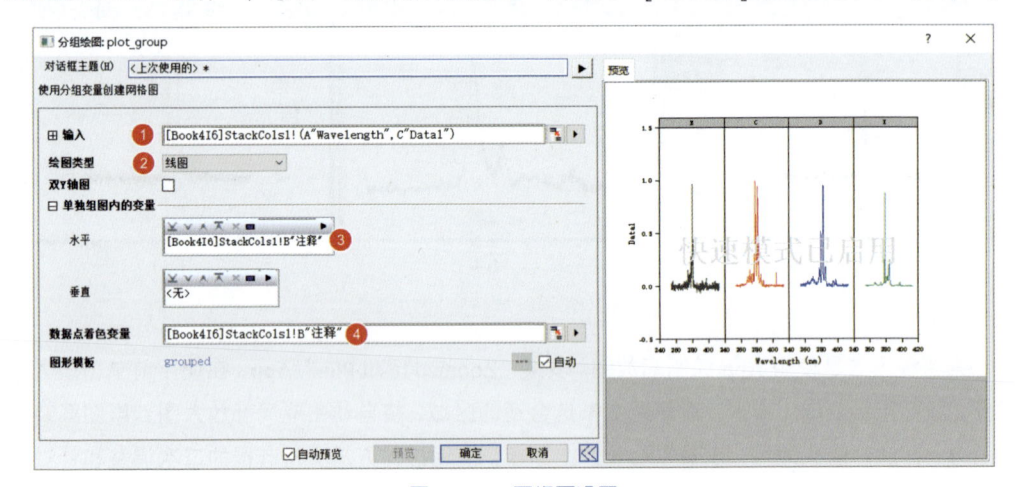

图 8-2-12 网格图设置

预览效果如图 8-2-12 右侧所示，相当于将绘图在水平方向上按照 B 列进行了二级分类，以绘制单独的小图。当显示"已启用快速模式"时，不用理会，这不影响绘图效果；也可以单击右侧工具栏中的"启用/禁用快速模式"按钮 关闭快速模式。

这是绘图内部的二次"切分"，也可以理解为原来前后堆叠在一起的绘图在水平方向上进行了平移，但对每个平移后的绘图重新设置了相同的 X 值。如果是在垂直方向上进行了"切分"，那么类似于 2D 瀑布图：Y 偏移堆积线图，且在每个平移后的绘图上配置了相同的 Y 值。使用这种方式的各窗格会共享相同的 X 轴和 Y 轴，不能单独对各窗格的坐标轴刻度进行设置。

打开"绘图细节-绘图属性"对话框，切换为"分格"选项卡，会发现该选项卡中的水平方向上的绘图已按列启动，这对应图 8-2-12 中第③步的设置。如图 8-2-13（a）所示：①将"分格间隔"设置为"3"，将使绘图窗格之间有间隔；②勾选"分格将换行当行/列数超过"复选框，并设置"分格将换行当行/列数超过"为"2"，将使绘图窗格按照每行两列排列（基于图 8-2-12 中第③步的设置，这里会在按行排列的基础上进一步限定为每行两列）。简单修饰之后，获得如图 8-2-13（b）所示的效果。

（a）

（b）

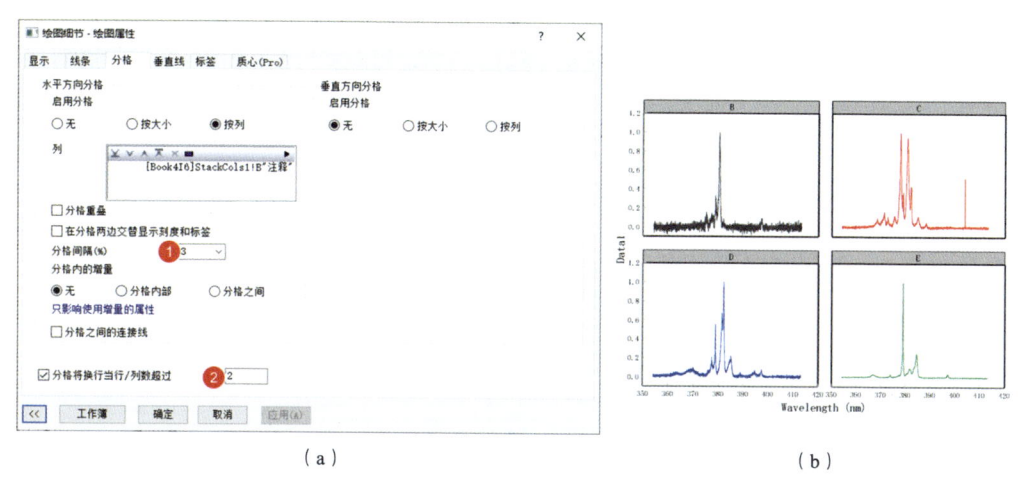

图 8-2-13　网格图窗格拆分和堆积

2. 从头绘图和切分方式安排

因为分格绘图是绘图内部的二次"切分"，所以进行分格绘图之前需要先确定一级分类变量和二级分类变量，只有搞清楚在哪个分类变量内部进行二次"切分"，才能获得满意的绘图效果。如图 8-2-13（b）所示，按照波长和吸收值绘制曲线，并在波长的基础上按照浓度将整个图形"切分"成 B、C、D、E 四个图形，将波长和吸收值分别设置为 X 列和 Y 列数据。这一点和表格式刻度标签的总分关系设定是一样的。

打开如图 8-2-14（a）所示的工作表，其中的数据是不同国家在不同年份出生的男性与女性的预期寿命，虽然存在原始数据（C 列和 D 列数据），但整体为索引数据，可以将其改造成使用纯索引数据用于绘图，也可以直接绘图。先选择 C 列和 D 列数据，再选择菜单栏中的"绘图"→"条形图，饼图，面积图"→"柱状图"命令，获得如图 8-2-14（b）所示的效果，此时只看到 5 组绘图，其原因是其他较矮的绘图被遮挡了。

打开"绘图细节-绘图属性"对话框，在"分格"选项卡中，设置按列启动水平方向分格，将"列"设置为 B 列，将"分格间隔"设置为"3"，勾选"分格将换行当行/列数超过"复选框，并设置"分格将换行当行/列数超过"为"3"，获得如图 8-2-14（c）所示的效果。简单修饰之后，获得如图 8-2-14（d）所示的效果。其中，横坐标（X 列）是 Country Name（国家），用于二次"切分"的是年份（Year）。

如果按照国家二次"切分"，那么应该把横坐标设置为 Year，并对如图 8-2-14（e）所示的工作表中的数据进行排序，把 Country Name 列留出来用于"切分"图形，设置完成后，获得如图 8-2-14（f）所示的效果。

只用表格式刻度标签来绘图，需要有类似的设计。图 8-2-15（a）所示为索引数据格式，注意将 A 列设置为文本列。使用 A、B 两列数据绘制柱状图，将性别映射成不同的颜色，设置表格式刻度标签之后，获得如图 8-2-15（b）所示的效果。可以发现图 8-2-15（b）非常宽，且不能换行，分类比较效果不如图 8-2-14（f）。尤其是如果再次增加分类变量，那么表格式刻度标签层级更复杂，将其中某个或某两个分类变量用于分格绘图能有效提高图形的可读性。

（a）　　　　　　　　　　（b）　　　　　　　　　　（c）

（d）　　　　　　　　　　（e）　　　　　　　　　　（f）

图 8-2-14　网格图绘图数据和效果

（a）　　　　　　　　　　　　　　　　　　（b）

（c）　　　　　　　　　　　　　　　　　　（d）

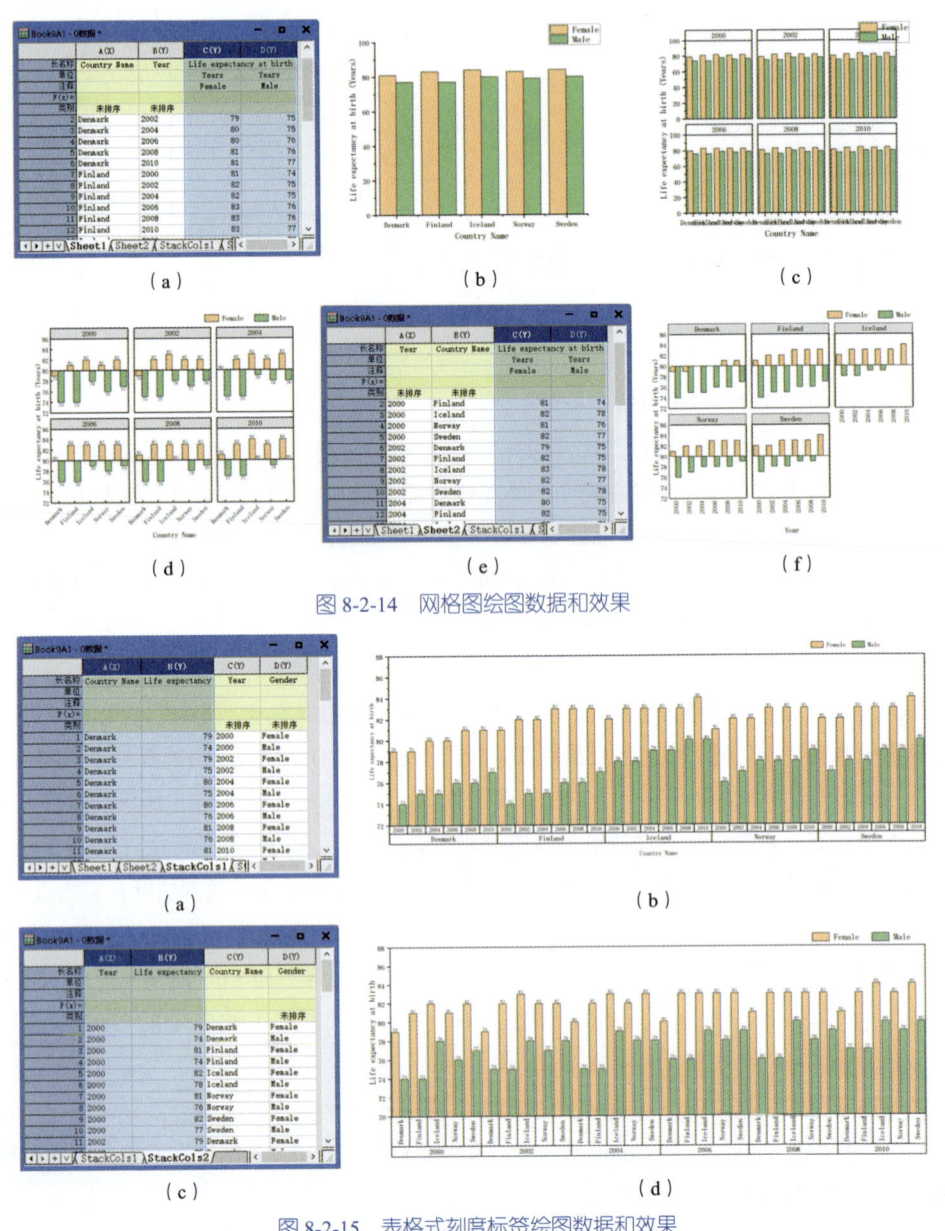

图 8-2-15　表格式刻度标签绘图数据和效果

如果将数据改为如图 8-2-15（c）所示索引数据格式，将 A 列设置为年份（注意将该列设置为文本列），进行类似的操作，可以获得如图 8-2-15（d）所示的效果，其分类比较效果不如图 8-2-14（d）。

网格图不仅可以在水平方向上"切分"，还可以在垂直方向上"切分"、同时在水平和垂直两个方向上"切分"，甚至可以嵌套"切分"。图 8-2-16 所示为 Learning Center 中较为复杂的示例，为同时在水平和垂直两个方向上"切分"并在水平方向上嵌套"切分"，有兴趣的读者可以自行探索。

(a)

(b)

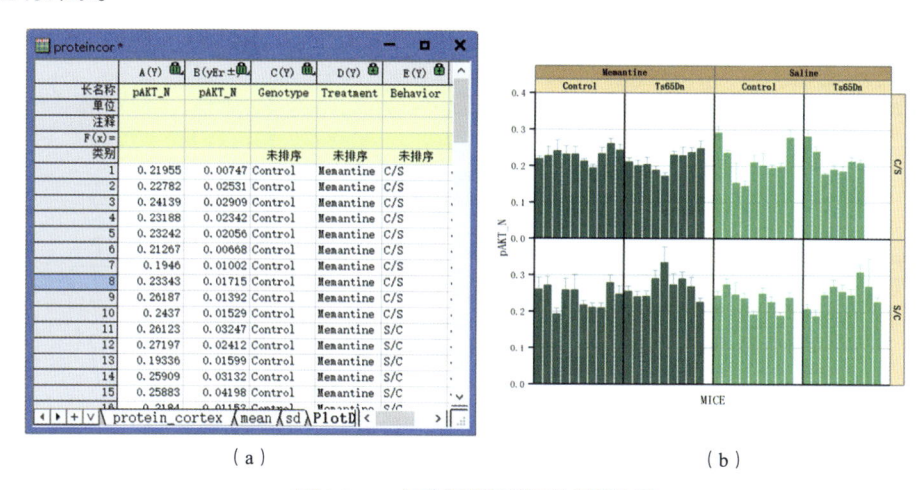

图 8-2-16　复杂网格图绘图数据和效果

8.2.4　分格绘图：双 Y 轴网格图

网格图从内部"切分"，原来的 X 坐标、Y 坐标不变。双 Y 轴网格图相当于是结合了两个 Y 轴的多图层绘图和网格图的分格绘图两种技巧，对于复杂绘图具有很好的借鉴意义。

打开如图 8-2-17（a）所示的工作表，其中的数据是各大洲发达国家和发展中国家在不同年份的人口和 GDP 数据。其中，表示发达国家和发展中国家的分类变量 Developing Index 和 Year 作为在垂直方向和水平方向上"切分"的二级分类变量。

先选择数据，再选择菜单栏中的"绘图"→"分组图"→"双 Y 轴网格图"命令，打开如图 8-2-17（b）所示的对话框。单击"输入 1"文本框右侧的下拉按钮，在弹出的下拉列表中选择一种输入方法，将 D、E 两列数据作为"输入 1"，绘制在左侧 Y 轴上；将"绘图类型 1"设置为"点线图"；将 F、G 两列数据作为"输入 2"，绘制在右侧 Y 轴上；将"绘图类型 2"设置为"点线图"；设置水平方向上使用 C 列"切分"；设置垂直方向上使用 B 列"切分"。设置完成后，获得如图 8-2-18（a）所示的效果。简单修饰之后，获得如图 8-2-18（b）和图 8-2-18（c）所示的效果。在图 8-2-18（c）的基础上，在"绘图细节-绘图属性"对话框的"分格"选项卡中交换水平方向和垂直方向上"切分"时所用的列，获得如图 8-2-18（d）所示的效果。

296 | Origin 学术图表

(a)

(b)

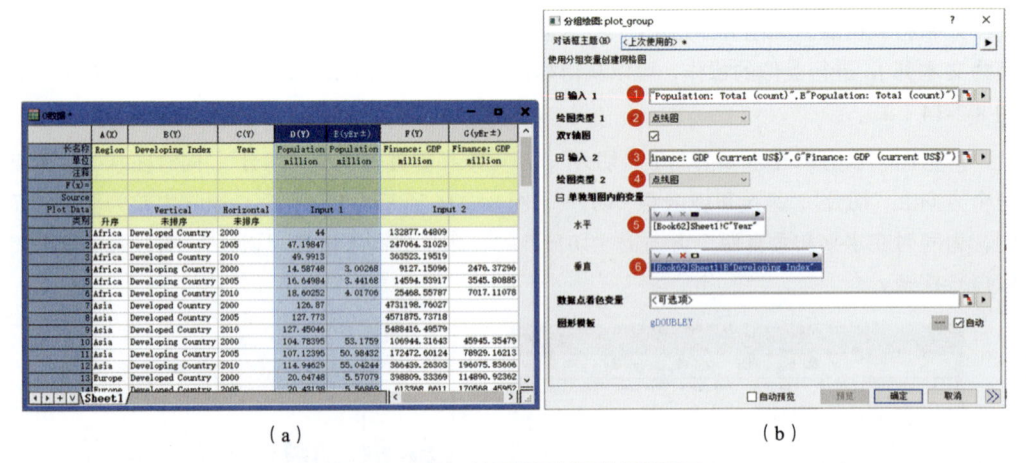

图 8-2-17 双 Y 轴网格图绘图数据和设置

(a)

(b)

(c)

(d)

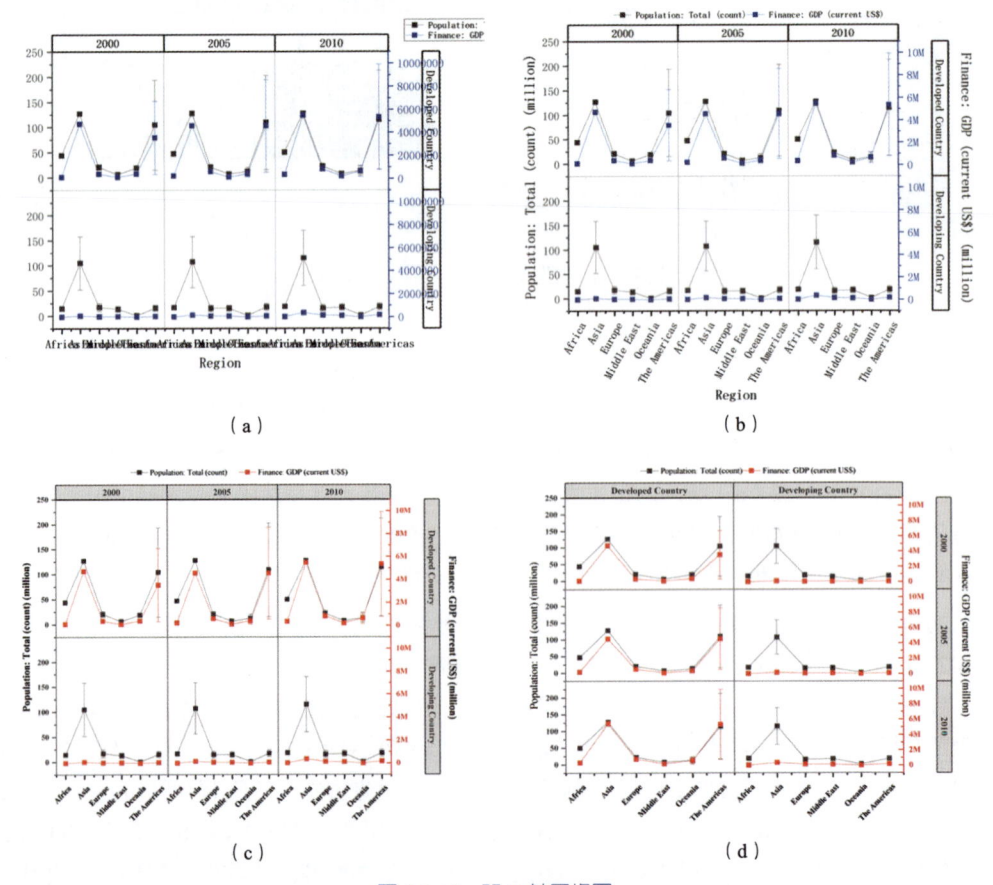

图 8-2-18 双 Y 轴网格图

如果不使用双 Y 轴网格图模板绘制双 Y 轴网格图，那么可以使用简单一些的 2Ys Y-Y 模板从头绘制双 Y 轴网格图。本书附带的对应源文件中有演示示例，有兴趣的读者可以自行尝试，有助于进一步理解坐标轴和刻度线标签的设置。

8.3 自定义配色方案和主题绘图

8.3.1 自定义配色方案

Origin 自带的配色方案足以满足绝大多数应用场景，但若有个性化配色需求，则需要自定义配色方案。自定义连续型配色方案见 4.1.10 节，本节介绍自定义离散型配色方案。

如图 8-3-1 所示，新建一个工作表，将配色方案的图片复制并粘贴到该工作表中。注意，不一定要粘贴到 Origin 中，只要保证在使用 Origin 时配色方案的图片能同时显示在屏幕上即可。

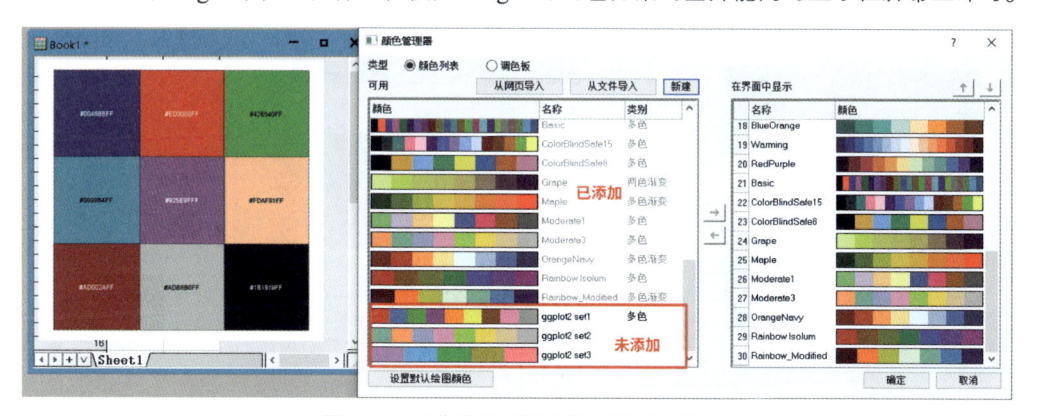

图 8-3-1 工作表和"颜色管理器"对话框

选择菜单栏中的"设置"→"颜色管理器"命令，打开"颜色管理器"对话框。在该对话框中，默认的"类型"为"颜色列表"，表示离散型配色方案，另外的"调色板"则表示连续型配色方案；左侧显示的是"可用"窗格中的配色方案，右侧显示的是"在界面中显示"窗格中的配色方案，左侧的"可用"窗格中的文字为浅色的表示对应的配色方案已被添加到了右侧的"在界面中显示"窗格中，文字颜色为深色的则表示对应的配色方案还未被添加到右侧的"在界面中显示"窗格中。可以使用"在界面中显示"窗格右上方的 ↑ 按钮和 ↓ 按钮调整各配色方案的先后顺序。

单击"新建"按钮，打开"创建颜色"对话框。如图 8-3-2（a）所示：①选择已有的红色；②单击"删除"按钮，删除颜色；③单击"选择"按钮；④在配色方案中通过单击来吸取颜色；⑤单击"添加为新的"按钮，添加颜色。重复第③~⑤步，吸取剩余颜色。读者可以根据需要，通过单击左侧配色方案上方的按钮来对配色方案的顺序进行调整。除了可以通过单击"选择"按钮来吸取颜色，还可以通过在色谱下方输入颜色值来生成颜色。

(a)

(b)

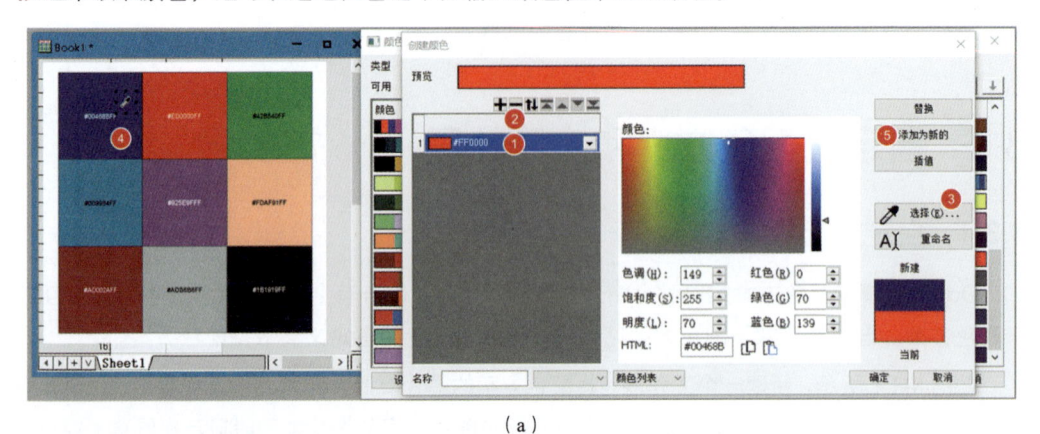

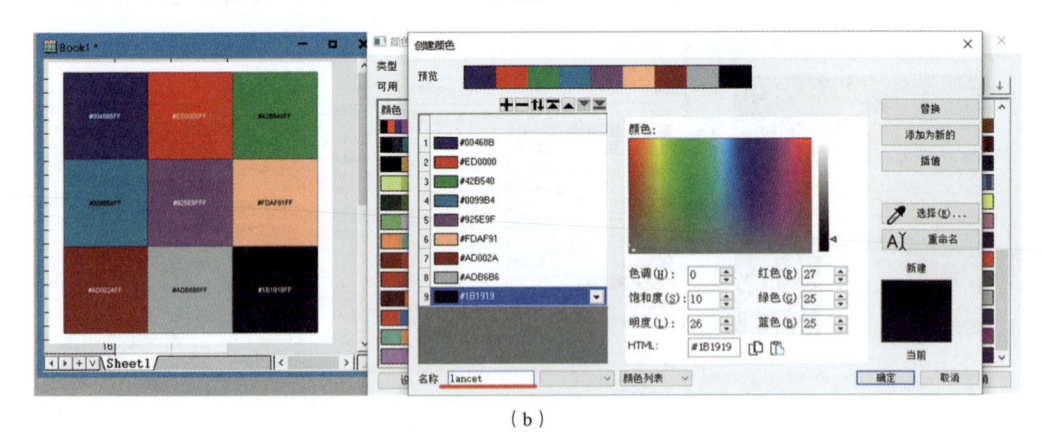

图 8-3-2　设置配色方案

完成配色方案的设置之后，在如图 8-3-2（b）所示的"名称"文本框中对配色方案进行命名，此处输入"lancet"，是因为该配色方案是 ggsci 中总结的 Lancet 期刊的配色方案。结果为同时在"颜色管理器"对话框左侧的"可用"窗格和右侧的"在界面中显示"窗格中添加该配色方案，并在"C:\Users\用户名\Documents\OriginLab\User Files\Themes\Graph"目录中生成 lancet.oth 文件，该文件可以被共享给他人使用。

8.3.2　复制与粘贴格式

精心绘制完成一个图形之后，希望能将其格式也用到其他图形上，这个时候可以通过复制与粘贴格式来实现。

在图形窗口中单击鼠标右键,在弹出的快捷菜单中选择"复制格式"命令,在如图 8-3-3 所示的"复制格式"下拉菜单中,可以选择单项格式命令,包括"页面背景"命令(使用的次数不多,因为基本都默认为白色)、"图例转换模式"命令(使用的次数不多,除非图例有特殊设置)、"背景"命令、"尺寸"命令、"刻度"命令(使用的次数不多,因为不同图形的刻度设置相差较大,一般要避免)、"颜色"命令和"字体"命令;还可以选择组合格式命令,有两个:一个是"所有样式格式"命令,用于设置字体、颜色、符号/线条和填充(是绘图属性,不会改变绘图类型,如不会将柱状图变成折线图)、背景,这个组合格式命令的使用范围比较广;另一个是"所有"命令。

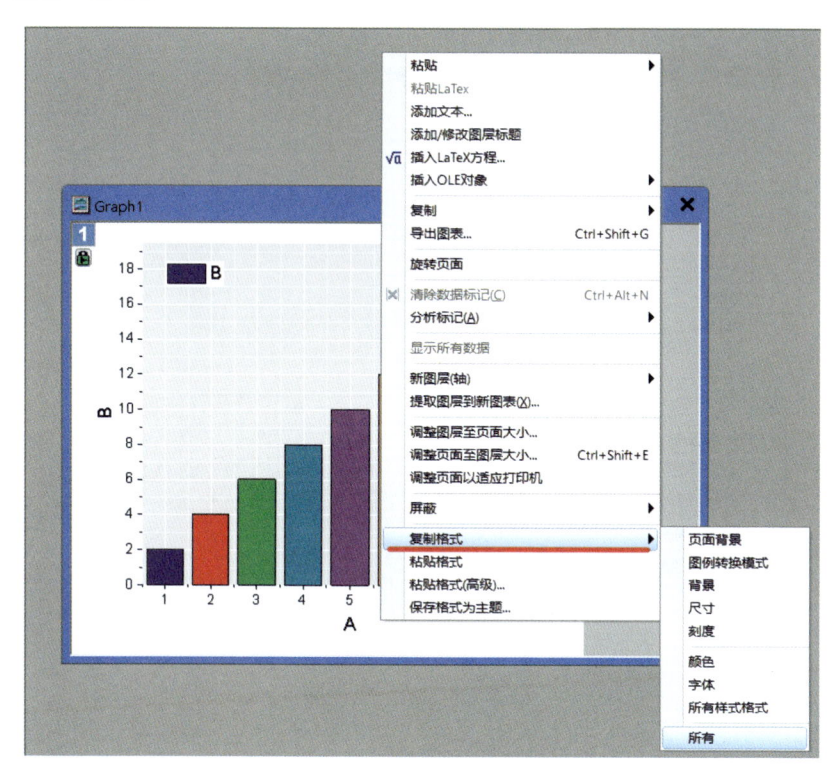

图 8-3-3 "复制格式"下拉菜单

复制所有格式之后,在图形窗口中单击鼠标右键,如果在弹出的快捷菜单中选择使用"粘贴格式"命令,那么可以如实粘贴所有格式;如果在弹出的快捷菜单中选择"粘贴格式(高级)"命令,那么可以在打开的如图 8-3-4(a)所示的"应用格式"对话框中,取消勾选"所有"复选框,根据需要勾选需要粘贴的应用格式复选框即可。

尤其要注意"刻度"复选框和"尺寸"复选框,前者往往不适用于不同的图形,后者根据实际情况决定输出图片的尺寸是否一致。如果复制单项格式或所有格式,那么单击鼠标右键,在弹出的快捷菜单中选择"粘贴格式（高级）"命令，打开如图 8-3-4（b）所示的"应用格式"对话框，在该对话框中对粘贴内容的设置更细。

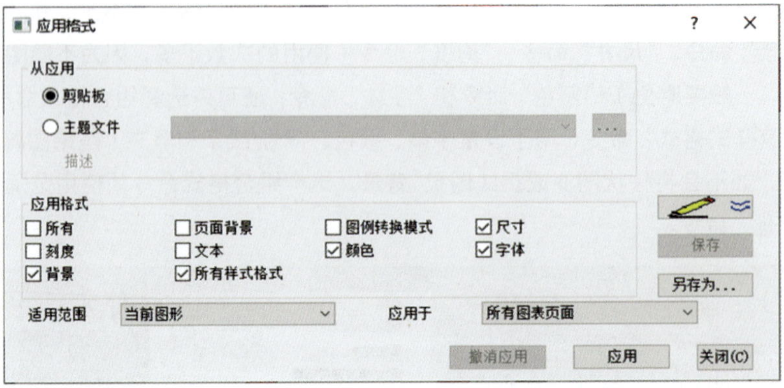

（a）

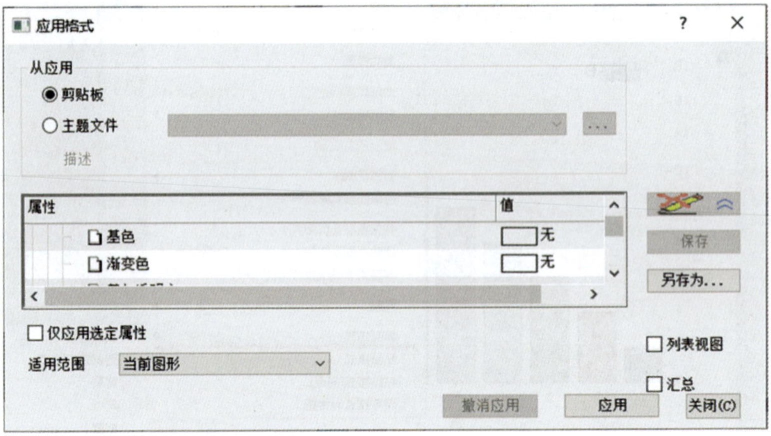

（b）

图 8-3-4 "应用格式"对话框

图 8-3-5（a）所示为已设置好格式的图形。图 8-3-5（b）所示为即将粘贴格式的图形。图 8-3-5（c）所示为已复制与粘贴所有格式的图形，原样继承了图 8-3-5（a）的格式，但导致了坐标轴的刻度范围不适用。图 8-3-5（d）在图 8-3-5（c）的基础上，单击右侧工具栏中的"调整刻度"按钮，对坐标轴的刻度范围进行了自动调整，可以说，是对复制和粘贴所有格式操作的一种优化。图 8-3-5（e）是已在"应用格式"对话框中取消勾选"所有"复选框和"刻度"复选框的图形，排除了坐标轴的刻度范围的干扰，并完美继承了图 8-3-5（a）的格式。图 8-3-5（f）所示为复制与粘贴所有格式，但没有继承尺寸和图例位置设置的图形，基本能满足绘图需求，适用范围比较广。

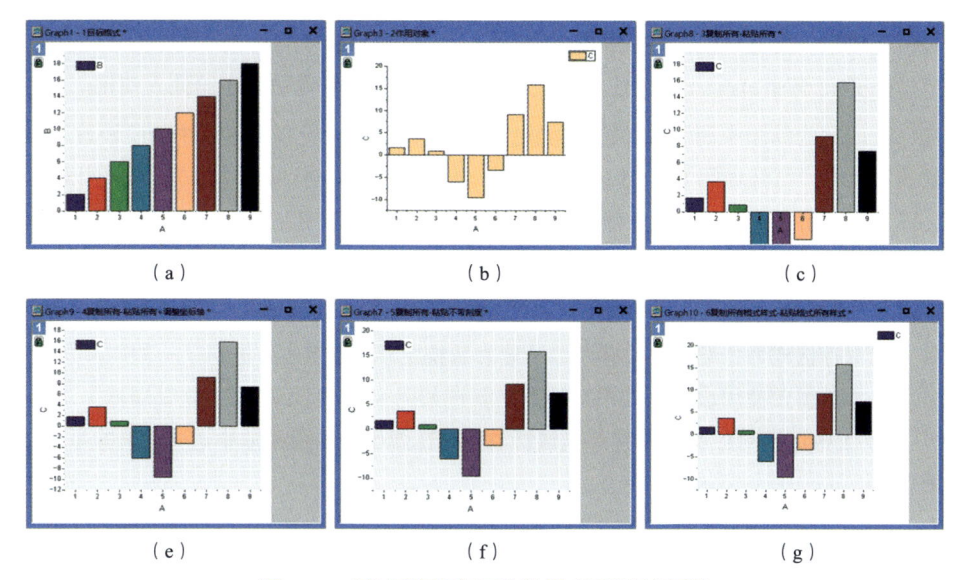

第 8 章　Origin 进阶绘图技巧　｜　301

（a）　　　　　　　　　　　（b）　　　　　　　　　　　（c）

（e）　　　　　　　　　　　（f）　　　　　　　　　　　（g）

图 8-3-5　经过不同复制与粘贴格式后获得的图形

8.3.3　使用图形主题

复制与粘贴格式操作适用于在原图基础上快速修饰少量的对象，要求同时打开原图和对象，利用剪切板来实现格式的转移。如果需要将满意的格式设置成以后每次绘图时都可以通用的格式，那么需要将该格式设置为图形主题。

在图形窗口中单击鼠标右键，在弹出的快捷菜单中选择"保存格式为主题"命令，打开如图 8-3-6（a）所示的"保存格式为主题"对话框。①设置"新主题的名称"为"ggplot2 背景+lancet 配色柱状图"，名称应尽量描述清楚，以免时间久远忘掉主题的具体作用；②如果接下来还需要以同样的格式连续绘图，那么勾选"设置为系统主题"复选框，这样以后的绘图默认都会使用刚才保存的格式；③选择保存格式，一般建议只勾选"所有样式"复选框，带刻度和尺寸等不能通用的格式会影响主题的适用范围。

（a）　　　　　　　　　　　　　　　　　（b）

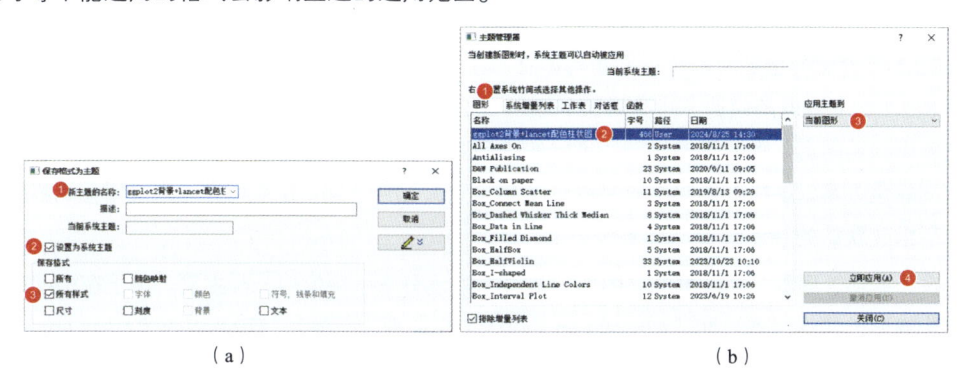

图 8-3-6　"保存格式为主题"对话框和"主题管理器"对话框

设置完成后，会在"C:\Users\用户名\Documents\OriginLab\User Files\Themes\Graph"目录中生成"ggplot2 背景+lancet 配色柱状图.oth"文件，该文件可以被共享给他人使用。

如何在以后的绘图中调用保存的主题呢？激活图形窗口，选择菜单栏中的"设置"→"主题管理器"命令，打开如图 8-3-6（b）所示的"主题管理器"对话框。①切换为"图形"选项卡；②设置"应用主题到"为"当前图形"；③选择主题应用范围；④单击"立即应用"按钮。通过保存"所有样式"设置的主题在面对相同绘图类型的图形应用主题时，会为图形设置同样的配色方案；若面对其他绘图类型的图形则不会应用同样的配色方案，只会应用其他设置。

如果在保存格式为主题时，勾选了"设置为系统主题"复选框，进行了一段时间的同类型绘图之后，不再需要使用该主题绘图，那么需要在如图 8-3-7 所示的"主题管理器"对话框的"图形"选项卡中选择对应的主题并单击鼠标右键，在弹出的快捷菜单中选择"清除系统主题"命令即可。

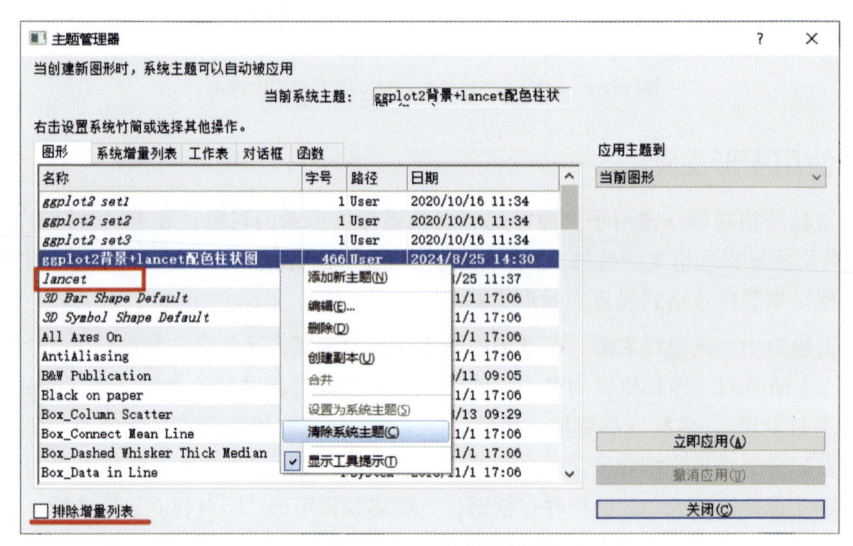

图 8-3-7　清除系统主题

8.3.1 节介绍的自定义配色方案也可以在"主题管理器"对话框的"图形"选项卡中显示。在图 8-3-7 左下方取消勾选"排除增量列表"复选框。自定义配色方案不能像应用主题一样直接被应用到绘图上，默认不予显示，可以在"系统增量列表"选项卡中修改默认的配色方案为自定义配色方案，这样以后绘图时会默认使用自定义配色方案。还可以在"系统增量列表"选项卡中修改默认的绘图符号、线条等。

在"主题管理器"对话框的"图形"选项卡中还有系统预设的一些主题，用于在绘图时完成某些方面的快速设置，如"All Axes on"用于显示所有坐标轴，"Times New Roman Font"用于将字体改为 Times New Roman。

"图形"选项卡中的主题只看名称很难马上明白实际效果，名称是按照字母排序的，关联性不强。Origin 中提供了"Theme Preview"App，用于对主题按照分类进行预览。安装"Theme Preview"App，打开"Theme Preview"对话框，如图 8-3-8 所示。①按需求选择类型；②每种类型均有对应的主题，选择后可以在左侧预览主题应用效果；④找到满意的效果后，单击"Apply"按钮；⑤在"Applied There"列表框中记录该绘图主题，主题可以叠加；⑥单击"Save"按钮，应用所选择的主题。

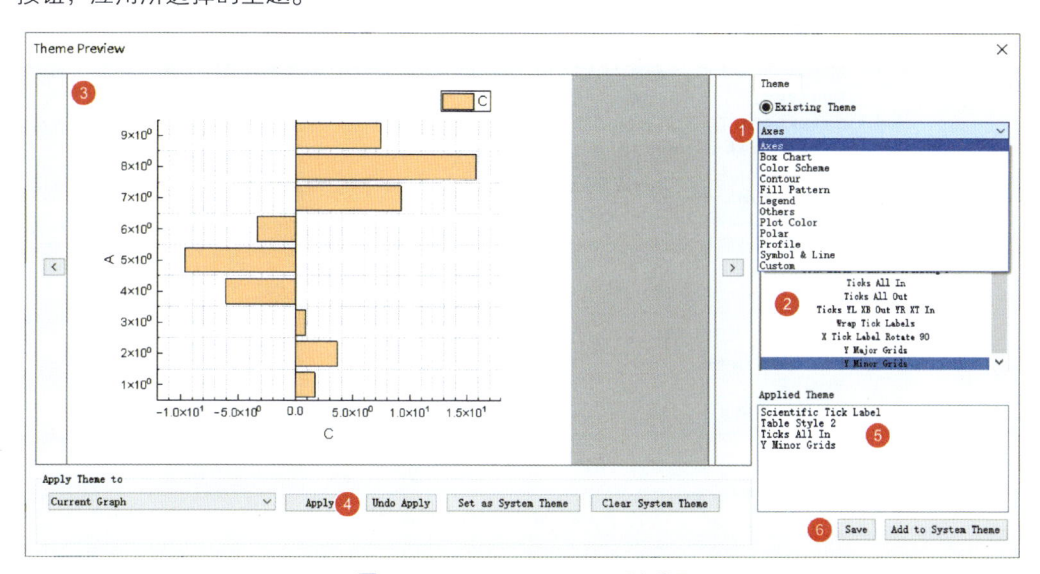

图 8-3-8 "Theme Preview"对话框

从软件自带的主题来看，每个主题都是用于设置某个属性的，并不追求一键更换所有效果，事实上也做不到，比如前面反复提及的"刻度""尺寸"等格式就不可能适用于所有图形，故在自定义主题时要注意主题的通用性。

8.3.4 使用对话框主题

"主题管理器"对话框中的"对话框"选项卡在绘图时非常有用，用于记录绘图或分析过程中所用参数的主题。

7.2.10 节介绍的在绘制矩阵散点图时，对矩阵散点图的布局方式做了比较多的设置（见图 8-3-9），可以把这些设置保存为主题文件。①单击矩阵散点图设置对话框中"对话框主题"选项右侧的下拉按钮；②在弹出的下拉列表中选择"另存为"选项；③在弹出的"主题另存为"对话框中设置"主题名称"为"矩阵散点图优化布局"。设置完成后，会在"C:\Users\用户名\Documents\OriginLab\User Files\Themes\AnalysisAndReportTable"目录中生成"0-plot_matrix-矩阵散点图优化布局.ois"文件，在"主题管理器"对话框的"对话框"选项卡中管理该主题文件。当再次绘制矩阵散点图时，可以单击矩阵散点图设置对话框中的"对话框主题"选项右侧的下拉按钮，在弹出的下拉列表中选择已保存的主题进行调用。

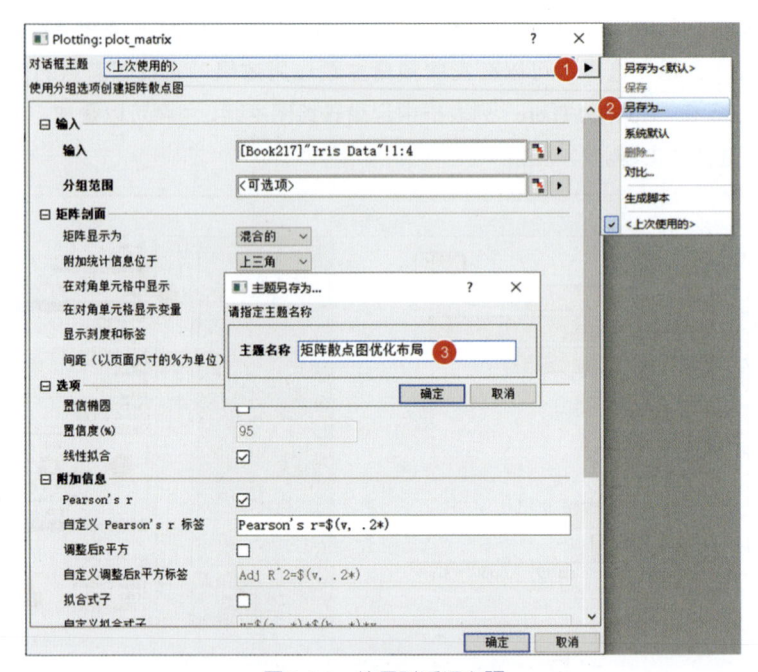

图 8-3-9　使用对话框主题

8.4　自定义模板绘图

整个 Origin 绘图都是基于绘图模板的，用户只需按照要求整理好数据格式，在菜单栏的"绘图"菜单中选择对应类型的命令就可以绘图。如果绘制的图形不在 Origin 提供的系统模板中，或需要快速绘图，那么需要使用自定义模板绘图。

8.4.1　个性化模板绘图

使用系统模板绘制的图形往往还需要被进一步设置和美化，如果在长期使用过程中还有大量同类型的图形需要绘制，那么可以将使用系统模板绘制的图形及其修饰内容一起保存为自定义模板。

1. 绘图模板

图 8-4-1 所示为选择两列数据绘制折线图并对折线图进行修饰。

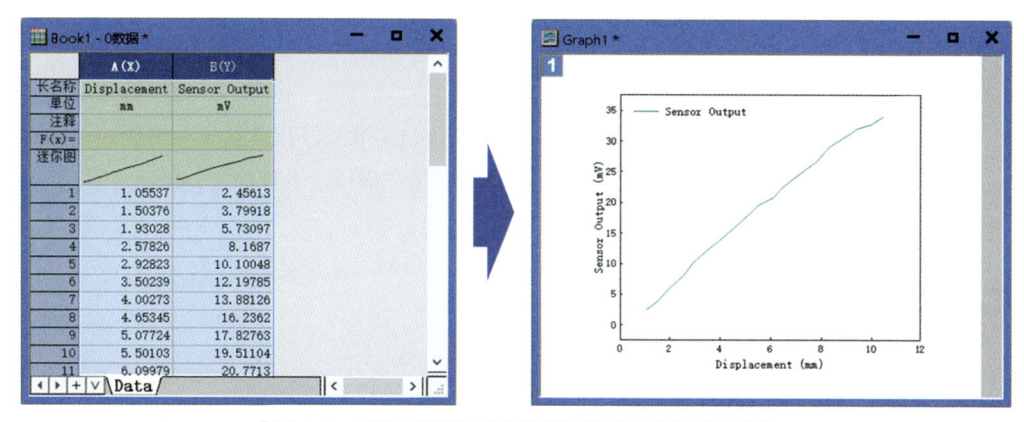

图 8-4-1 选择两列数据绘制折线图并对折线图进行修饰

修饰完成之后，务必要在如图 8-4-2（a）所示的坐标轴设置对话框的"刻度"选项卡中将水平方向和垂直方向上的"调整刻度"均设置为"自动"，这是为了使个性化模板能够适应不同的数据。

（a） （b）

图 8-4-2 升级系统模板设置

在图形窗口的标题栏中单击鼠标右键，在弹出的快捷菜单中选择"保存模板为"命令（建议尽量不选择"保存模板"命令，以免覆盖系统模板），打开如图 8-4-2（b）所示的对话框。①选择模板类别，"类别"下拉列表中有"UserDefined"选项，不用选择这个类别，根据升级的系统模板原来的类别选择即可，结果都会被放到"用户模板"下拉菜单中，这里选择"类别"

为"基础 2D 图";②为模板命名,模板名应尽量简短准确,这里选择"模板名"为"Optimized line";③设置模板描述,模板描述应尽量为一两行文字。

设置完成后,会在"C:\Users\用户名\Documents\OriginLab\User Files"目录中生成 Optimized line.otpu 文件,该文件可以被共享给他人使用。打开"用户模板"下拉菜单,显示刚刚保存的模板,如图 8-4-3(a)所示。

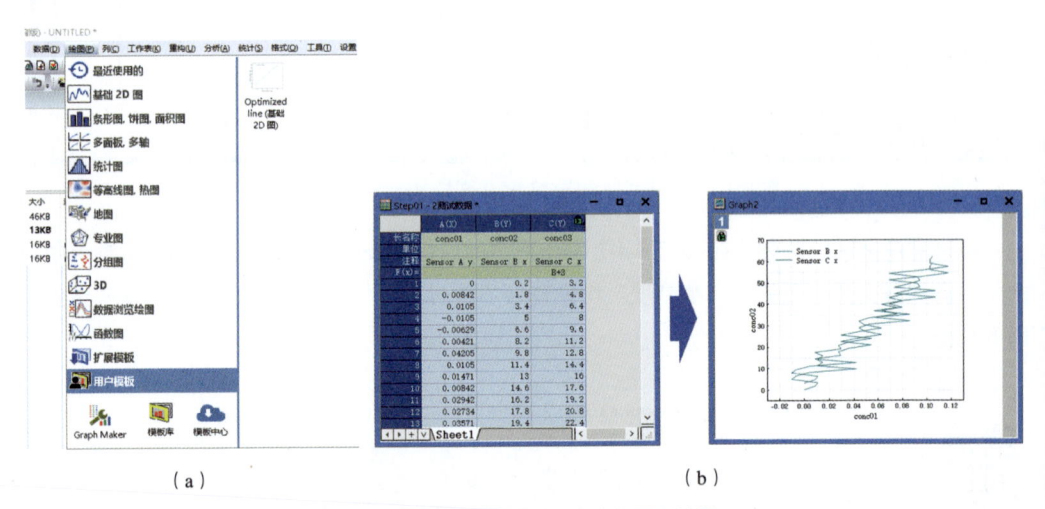

图 8-4-3 升级的系统模板所在位置和使用

升级后的系统模板的调用方法和常规系统模板一样,先选择数据,再选择菜单栏中的"绘图"→"系统模板"命令,在弹出的"系统模板"下拉菜单中选择所需的模板即可完成绘制,效果如图 8-4-3(b)所示。注意,图 8-4-3(a)的"Optimized line(基础 2D 图)"中的"基础 2D 图"是之前保存模板时选择的模板类别。

2. 可克隆模板

在如图 8-4-2(b)所示的对话框中,默认不勾选"标记为克隆模板"复选框。如果勾选该复选框,那么模板变成可克隆模板。使用可克隆模板可以让用户忽略一些数据选择,从底层去理解数据格式,从而可以使用类似数据重复绘制图形。可克隆模板主要用于完美复现复杂图形,如多数据列图形、多数据表图形、拼图后的图形和往现有图形中添加绘图或参考线等。例如,将 4.1.5 节介绍的九象限散点图另存为自定义模板,如果不勾选"标记为克隆模板"复选框,那么再次使用同样的数据时,保存的模板将无法用于绘制九象限散点图,反之则可以。如图 8-4-4 所示,可克隆模板会被标记为一个带克隆羊多莉图形的图标。若该图标为蓝色,则表示所选数据符合要求,可以用于绘图;若该图标为灰色,则表示所选数据不符合要求。

图 8-4-4　标记可克隆模板

8.4.2　高效率模板绘图：批量绘图

批量绘图在项目中直接以图形窗口相关设置和背后的数据格式作为模板，能够大大提高工作效率，适用于需要处理大量类似数据并生成图形的情况。批量绘图可以用在相同工作表的不同列、不同工作表，以及不同工作簿中，但需要将对象文件都在项目中打开。

如图 8-4-5 所示，工作表中的数据展示的是某物质在不同浓度下的光吸收情况，这里根据 B 列数据绘制了折线图并对其进行了修饰，此时对 C 列、D 列、E 列数据可以通过批量绘图快速完成与使用 B 列数据同等质量的绘图。

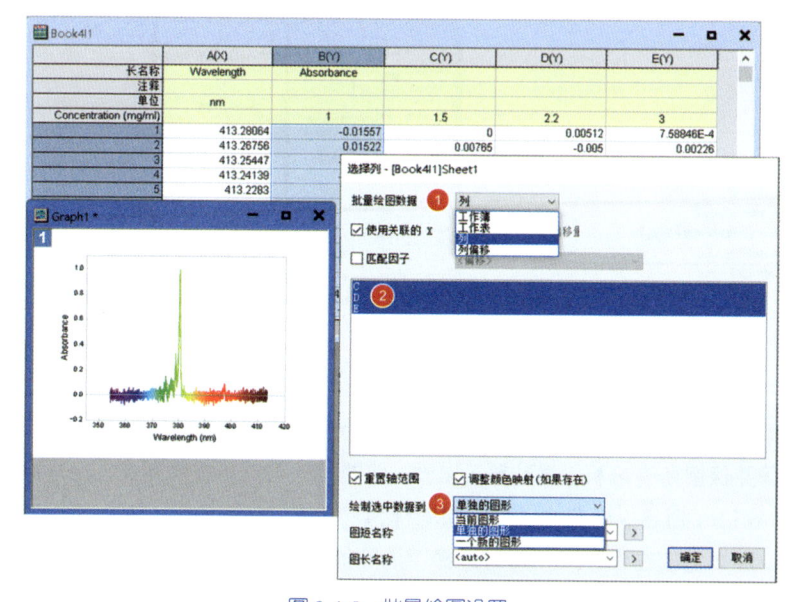

图 8-4-5　批量绘图设置

在 B 列数据对应的图形窗口的标题栏中单击鼠标右键,在弹出的快捷菜单中选择"批量绘图"命令,或选择菜单栏中的"窗口"→"批量绘图"命令,或单击右侧工具栏中"批量绘图"按钮,打开如图 8-4-5 所示的对话框。①设置"批量绘图数据"为"列";②选择需要进行批量绘图的数据,此处全选;③设置"绘制选中数据列"为"单独的图形",表示每列数据均单独绘制一个图形,如果设置"绘制选中数据列"为"当前图形",那么表示将图形全部绘制在当前图形窗口中;如果选择"绘制选中数据列"为"一个新的图形",那么表示将 C 列、D 列、E 列数据对应的图形绘制在一个新图形窗口。单击"确定"按钮,即可按照 B 列数据对应的绘图设置,一次性把剩下 3 列数据对应的折线图绘制出来,而不需要另外单独设置。

在一个工作簿中打开多个数据格式相同的工作表,或在一个项目文件中打开多个数据格式相同的工作簿,也可以通过同样的操作进行批量绘图,只是在图 8-4-5 中应设置"批量绘图数据"为"工作表"或"工作簿"。

8.4.3 高效率模板绘图:工作簿模板批处理

一个工作簿中可以包含多个工作表,一个工作表中既可以包含数据,以及浮动或嵌入的图形窗口、矩阵及备注窗口,又可以包含脚本、变量或其他支持的数据。可以把一个工作簿存为模板,以便进行重复性绘图或分析任务。在通常情况下有 3 种不同的方法可以把工作簿存储为模板。

(1)选择菜单栏中的"文件"→"保存窗口为"命令,会保存工作簿中的所有内容,保存文件的后缀为".ogwu",如图 8-4-6(a)所示。

(a)

(b)

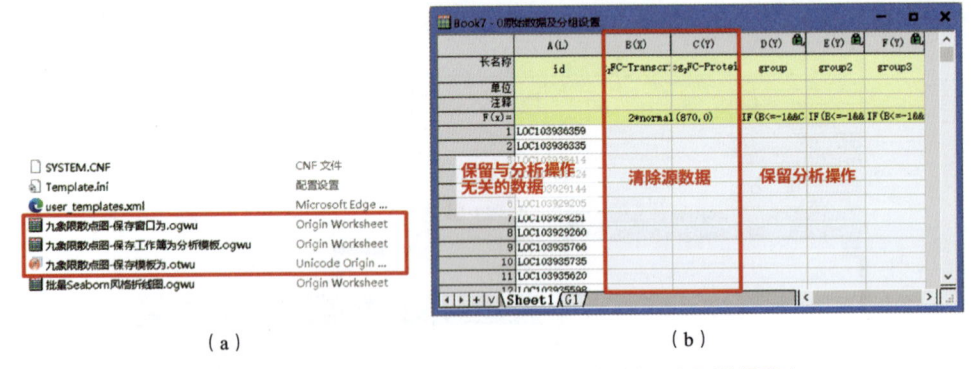

图 8-4-6 工作簿模板文件类型和保存工作簿为分析模板时数据留弃

(2)选择菜单栏中的"文件"→"保存工作簿为分析模板"命令,会清除用于分析、转换操作的源数据并保留所有分析(重计算)操作;即使数据与分析操作无关,这些数据也会被保留,如图 8-4-6(b)所示。保存文件的后缀同样为".ogwu"。如果工作簿中的数据是通过导入方式输入的,那么需要在保存工作簿时选择"清除掉所有导入的数据"命令、"清除当前工作表中的数据"命令或"清除所有数据"命令。

（3）选择菜单栏中的"文件"→"保存模板为"命令，将保留工作簿的结构，以及所有分析操作，但无论数据与分析操作是否有关，数据都会被清除，即图 8-4-6（b）中的 A 列数据会被清除。保存文件的后缀为".otwu"。

下面以使用"保存窗口为"命令为例，展示以工作簿为模板绘图的方法。

打开一个新工作簿，选择菜单栏中的"数据"→"从文件导入"→"导入向导"命令，从"…\Samples\Curve Fitting"目录中导入 Sensor01.dat 文件。选择 B 列数据，绘制一个点线图，并对其进行个性化设置，这里简单模拟了 Seaborn 图表的风格。

双击 X 轴，打开坐标轴设置对话框，在"刻度"选项卡中将水平方向和垂直方向上的"调整刻度"均设置为"自动"。这样刻度会基于数据自动更新。

在工作簿中，双击刚刚导入的工作表名，将其改为 Data，在工作表名上单击鼠标右键，在弹出的快捷菜单中选择"添加图形为新的工作表"命令（见图 8-4-7），选择前面创建的图形，将图形窗口嵌入工作簿。

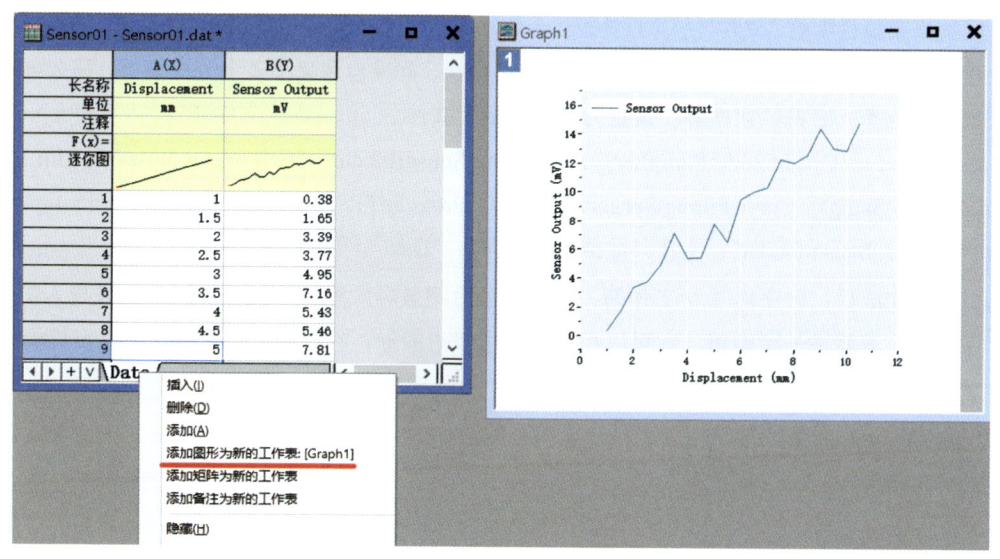

图 8-4-7 将图形窗口嵌入工作簿

选择菜单栏中的"文件"→"保存窗口为"命令，打开如图 8-4-8（a）所示的对话框。①设置"类别"为"基础 2D 图"；②设置"文件名"为"批量 Seaborn 风格折线图"；③设置"窗口注释"为"Seaborn 网格的折线图工作簿（容纳图形窗口）"。设置完成后，会在"C:\Users\用户名\Documents\OriginLab\User Files"目录中生成"批量 Seaborn 风格折线图.ogwu"文件。该文件可以被共享给他人使用，也可以被编辑。

（a）　　　　　　　　　　　　　　　（b）

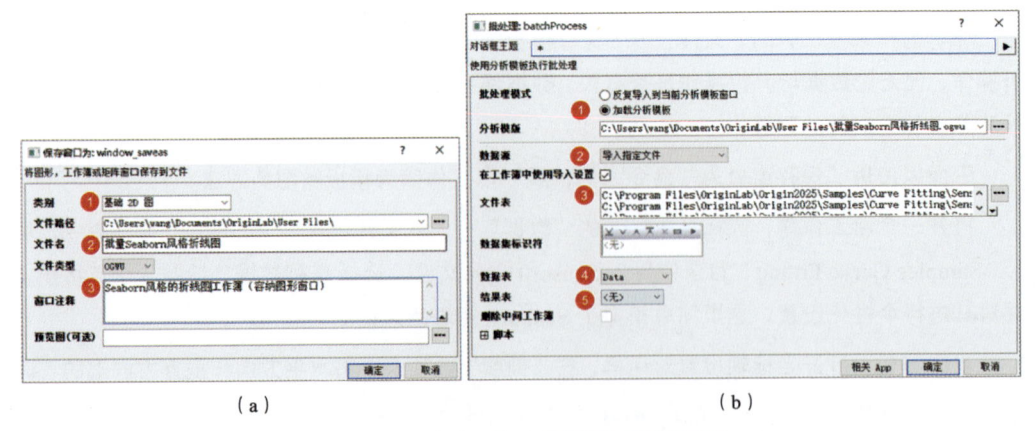

图 8-4-8　保存窗口为模板和批处理模板调用

下面可以调用上述模板批处理文件。如果批处理新建的项目文件，那么只有激活一个工作簿、矩阵或图形窗口才能进行以下操作。

选择菜单栏中的"文件"→"批处理"命令，打开如图 8-4-8（b）所示的对话框。①在"批处理模式"选项组中选中"加载分析模板"单选按钮，如果自定义了多个分析模板，那么可能需要进行选择；②将"数据源"设置为"导入指定文件"；③设置"文件表"为"C:\Program Files\OriginLab\Origin 2025\Samples\Curve Fitting\Sensor02.dat""C:\Program Files\OriginLab\Origin 2025\Samples\Curve Fitting\Sensor03.dat""C:\Program Files\OriginLab\Origin 2025\Samples\Curve Fitting\Sensor04.dat"；④将"数据表"设置为"Data"；⑤将"结果表"设置为"<无>"。

设置完成后，会获得 3 个工作簿，它们中的数据被导入第 1 个工作表，图表被导入第 2 个工作表。若需进一步编辑，则可以在工作表中双击图形，临时跳出工作簿，成为可编辑图形窗口。

这种方法和批量绘图中使用工作簿绘图的方法有相似的地方，但是不需要先打开需要批量绘图的工作簿。

8.4.4　高效率模板绘图：克隆当前项目

项目文件也可以作为执行重复绘图和分析任务的模板，尤其是当绘图和分析任务无法在单个工作簿中完成时。使用本书提供的绘图示例源文件或读者自行设计的源文件，在进行相同情况的绘图时，只需要修改工作表或矩阵中的数据，就会再次生成同类型的图形。

图 8-4-9 所示为频数直方图和分布图项目的工作簿与图形窗口。工作簿会自动对原始数据进行频数计算和绘图，并设置 4 种绘图效果。如果有其他样本，那么只需要手动把工作簿中的原始数据删除，并复制与粘贴其他数据，即可获得新的绘图效果。

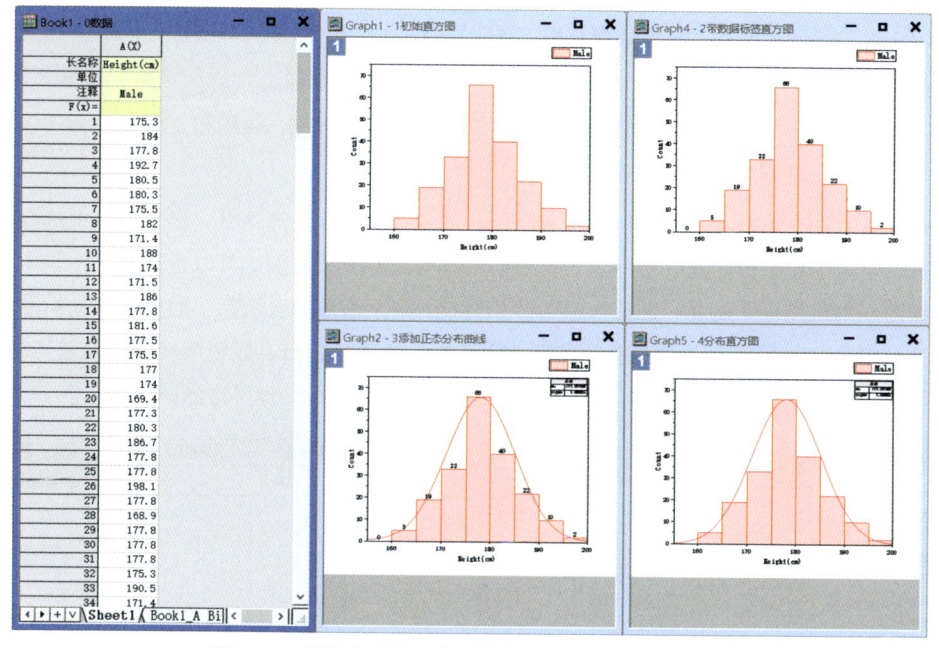

第 8 章 Origin 进阶绘图技巧 | 311

图 8-4-9 频数直方图和分布图项目的工作簿与图形窗口

Origin 的克隆当前项目功能允许用户通过有选择地清除数据和操作来克隆当前项目，同时通过添加数据连接器来保持源项目和克隆项目之间的关联性。通过克隆当前项目生成空白模板，用户可以在不改变源项目的基础上，进行新的实验或分析，这对于需要保留原始数据同时又想尝试不同数据处理方法的情况非常有用。此外，如果把源项目当成大型数据源看待，当克隆当前项目为模板时添加数据连接器，那么使用克隆模板产生的绘图和分析数据会与源项目分开，这有助于减小最终项目文件的大小和保持各自的独立性。

下面创建所需的绘图和分析数据，并保存项目。选择菜单栏中的"文件"→"克隆当前项目"命令，打开如图 8-4-10（a）所示的克隆项目设置对话框，用于设置克隆项目。

（a） （b）

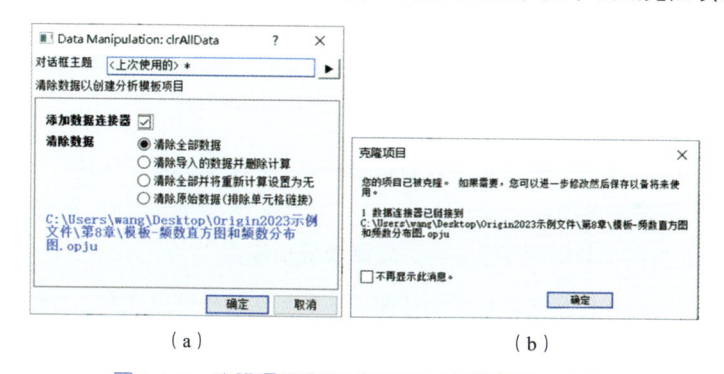

图 8-4-10 克隆项目设置对话框和"克隆项目"对话框

（1）添加数据连接器：勾选此复选框，将在克隆项目和已保存的源项目之间添加数据连接器，每个克隆的工作表都将与已保存的项目中的工作表建立连接。一般建议勾选此复选框。

（2）清除全部数据：选中此单选按钮，将仅清除导入的数据，绘图和分析数据会被保留在克隆项目中。一般建议选中此单选按钮。

设置完成后，会弹出如图 8-4-10（b）所示的"克隆项目"对话框。整个项目中的数据会被清除，但绘图和分析数据会被保留，效果如图 8-4-11 所示。此时，可以直接在工作表中的对应位置复制与粘贴同类数据，进行快速绘图和分析，效果跟源项目删除了数据后手动粘贴的效果一样。但是要对源项目手动改造成模板，需要先对源项目备份，以免后续操作覆盖源项目，而克隆当前项目在操作之前已保存了源项目，后续生成的模板文件不会影响源项目。

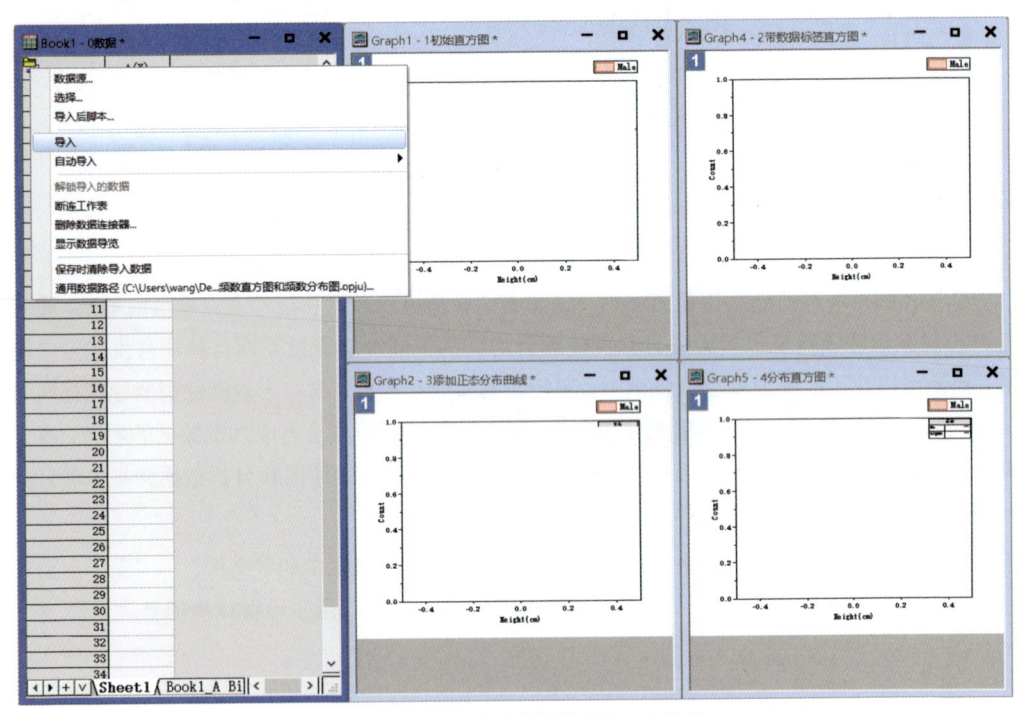

图 8-4-11　克隆当前项目形成的空白模板

单击空白模板左上方的数据连接器按钮，在弹出的下拉列表中选择"导入"选项，可以连接源项目数据，获得和源项目一样的结果；也可以选择"数据源"选项，在打开的如图 8-4-12 所示的对话框中更换同类数据的项目文件，发挥模板功能。

下面简单总结主题绘图和自定义模板绘图。主题绘图用于快速改变已有图形的外观属性，类似于更换"皮肤"，通过调用"主题管理器"命令来管理和使用，形成的自定义主题文件的后缀为".oth"。而自定义模板绘图则通过使用最终图形窗口和对应的工作表，对同类数据从头到尾进行复制，通过用户模板菜单，以及自行设置的工作簿或项目来调用，形成的自定义模板文件的后缀为".ogw（u）"".otw（u）"".opt（u）"等。

图 8-4-12 更换项目文件

8.5 图形输出和排版组图

8.5.1 复制

在科研工作中，经常需要将绘制完成的图形复制到 Office 中来完成论文写作或演示。在图形窗口中单击鼠标右键，在弹出的快捷菜单中选择"复制"命令，有两种复制方式：使用"复制页面（Ctrl+J）"命令和使用"复制图为图片（Ctrl+Alt+J）"命令。"复制页面（Ctrl+J）"命令用于使用 OLE（Object Linking and Embedding，对象连接与嵌入）技术复制图形，将图形粘贴到 Word 或 PPT 中之后，其作为嵌入对象存在，和 Origin 继续保持关联，可以通过双击编辑或直接在 Office 中就地编辑。使用这种方式有助于后续工作中图形的实时编辑，对应的 Office 文件偏大。"复制图为图片（Ctrl+Alt+J）"命令则用于将图形复制为图片或图元文件，使用这种方式对应的 Office 文件较小，但图形不能继续实时编辑。

1. 使用"复制页面（Ctrl+J）"命令

如图 8-5-1（a）和图 8-5-1（b）所示，在 Origin 的默认设置下，使用"复制页面（Ctrl+J）"命令将图形粘贴到 Word 或 PPT 中之后，通过双击图形，在弹出的快捷菜单中选择"对象"/"Graph 对象"→"Edit"命令/"Open"命令，均可以在 Origin 中重新打开图形。Origin 中重新打开的图形如果缺少工作表，那么可以选择绘图并单击鼠标右键，在弹出的如图 8-5-1（c）所示的快捷菜单中选择"创建工作表"命令，重新创建工作表。

(a) (b) (c)

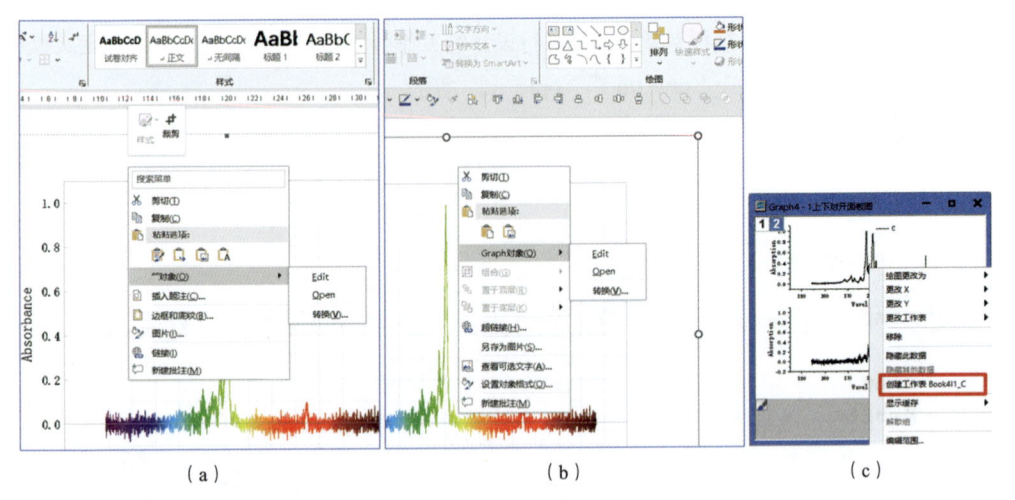

图 8-5-1　在 Word 和 PPT 中继续编辑 OLE 对象

如果选择菜单栏中的"设置"→"选项"命令，在打开的"选项"对话框的"图形"选项卡中勾选"启用 OLE 就地编辑"复选框（见图 8-5-2），那么在 Word 或 PPT 中，双击图形，在弹出的快捷菜单中选择"对象"/"Graph 对象"→"Edit"命令，会进入就地编辑模式，如图 8-5-3 所示。在该模式下可以通过双击图形来设置绘图属性、坐标轴等，编辑完成之后，在空白区域中单击即可返回 Word 或 PPT。就地编辑模式对计算机配置的要求比较高，若计算机配置过低则计算机容易卡顿。而选择图形并单击鼠标右键，在弹出的快捷菜单中选择"对象"/"Graph 对象"→"Open"命令，会在 Origin 中打开图形。

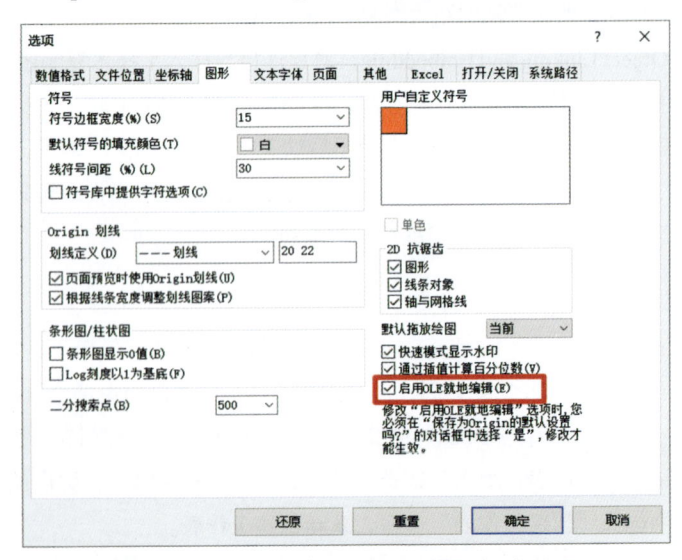

图 8-5-2　勾选"启用 OLE 就地编辑模式"复选框

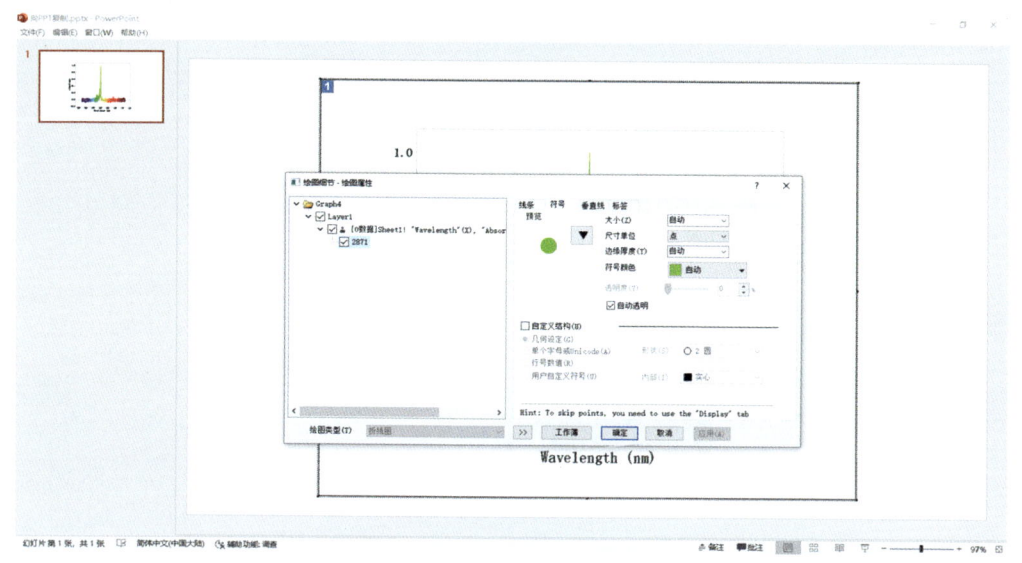

图 8-5-3　进入就地编辑模式

2. 使用"复制图为图片（Ctrl+Alt+J）"命令

选择"复制图为图片（Ctrl+Alt+J）"命令，会弹出如图 8-5-4 所示的"复制图为图像"对话框，在该对话框中可以进行相应的设置。

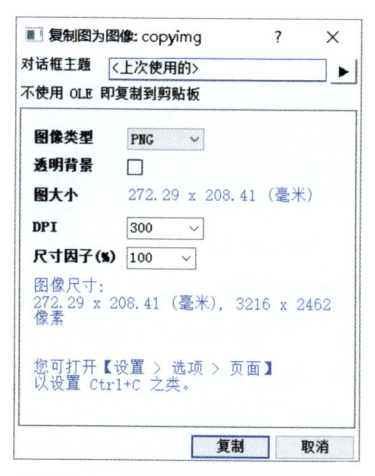

图 8-5-4　"复制图为图像"对话框

3. 快捷复制

多数用户可能更习惯使用快捷键 Ctrl+C 进行复制，在 Origin 的菜单栏中选择"设置"→"选项"命令，在打开如图 8-5-5 所示的"选项"对话框的"页面"选项卡中可以指定快捷键 Ctrl+C 对应上面哪种复制方式。选择"复制图为图片（上次使用的）"选项，可以直接使用上次使用的属性。

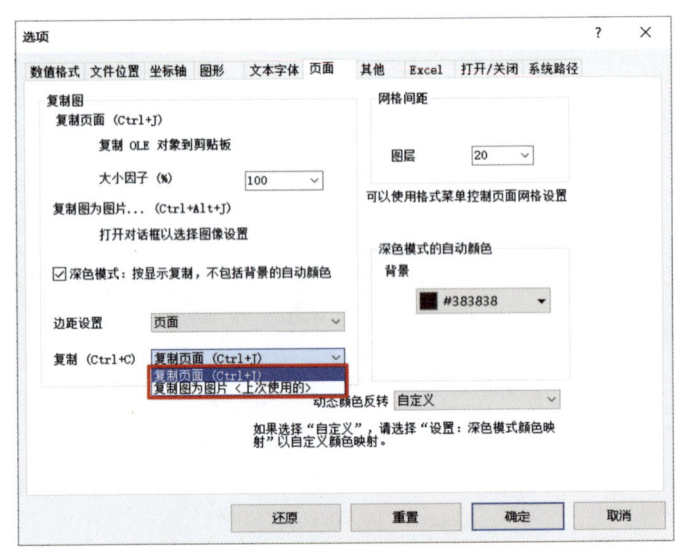

图 8-5-5 "选项"对话框的"页面"选项卡

8.5.2 图形输出规范流程

直接复制图形到 Word 或 PPT 中后,页面大小、字体、字号往往是不符合要求的,通过在如图 8-5-4 所示的对话框中对图形属性进行设置也不是很方便,这时一般需要先设置图形输出格式。本节介绍的图形输出格式设置的步骤是一套行之有效的完整流程,符合学术制图的一般规范。

1. 固定缩放因子

确保在 Origin 中绘制的图形"所见即所得"。选择菜单栏中的"图"→"固定缩放因子"命令,在打开的对话框中将"固定缩放因子"设置为"1";选择菜单栏中的"设置"→"选项"命令,在打开的"选项"对话框中将复制页面的"大小因子(%)"设置为"100"。这两个参数在 Origin 2021 及更高的版本中默认如此设置,而在较低的版本中未必如此设置,建议在设置图形输出格式之前检查一遍。

2. 设置页面大小

图形输出格式主要是指页面大小、字体、字号等属性。学术期刊除对页面大小、字体、字号等属性设置有要求外,还对轴线、刻度线、网格线粗细等属性设置有要求,限于篇幅,此处不予讨论,读者可根据实际情况自行设置。页面大小取决于图形的使用场合。例如,要求准备投稿的期刊为 1.5 栏组合图,其宽度≤114 mm,若有 4 个图形,计划按 2×2 矩阵式排布,则要求图形宽度×2≤114 mm，此时将图形宽度设置为 57 mm 可能比较合适。在"绘图细节-页面属性"对话框的"打印/尺寸"选项卡中，设置"宽度"为"57"、"单位"为"毫米"，如图 8-5-6 所示。

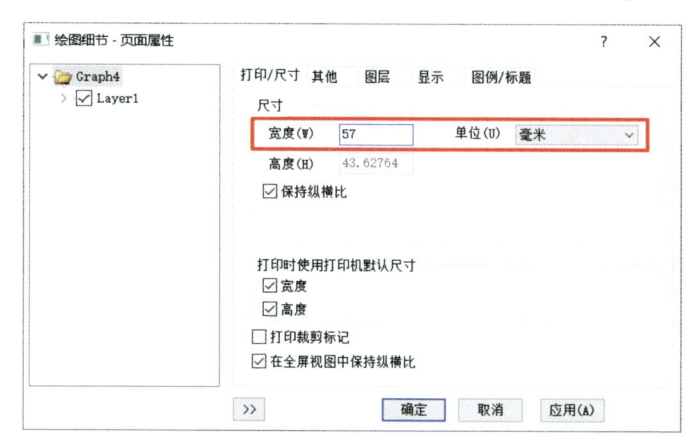

图 8-5-6　设置页面大小

3. 设置字体、字号

设置页面大小后，原来绘图所用的默认字号可能会随之发生变化，如图 8-5-7（a）所示。这种变化不一定符合学术期刊的要求，需要根据学术期刊的要求继续设置。图 8-5-7（b）在图 8-5-7（a）的基础上，按照学术期刊的要求将刻度线标签的字号设置为 5 磅，将坐标轴标题的字号设置为 6 磅，将字体改为 Times New Roman。

此时检查图形按照学术期刊的要求设置的字号相对于整个图形是否合适。如果字号过大，那么说明开始设计的在 1.5 栏组合图中安排 4 个图形不合适，可以考虑每排安排更少的图形或使用双栏图；如果字号过小，那么说明图形过大，要考虑每排安排更多的图形或使用单栏图。为各图形设置多宽的尺寸才能清晰地展示内容并没有具体的标准，主要看图形的复杂程度：如果是简单的两组比较的柱状图，那么对于 1.5 栏图每排安排 6~8 个图形都可以接受，而本示例中横坐标跨度大的折线图中每排只能安排 1 个或 2 个图形。

4. 优化图层大小

如果绘制的图形需要被进一步组合成组合图，那么图层应该尽量大一点，即边框宽度不宜过大。在图 8-5-7（b）中单击鼠标右键，在弹出的快捷菜单中选择"调整图层至页面大小"命令，在打开的如图 8-5-8（a）所示的对话框中设置"边框宽度（页面大小百分比，比如 2 或 5）"为"2"，获得如图 8-5-7（c）所示的效果。注意，此处调整的是图层大小而不是页面大小，这是因为在前面的设计中已固定页面宽度。

如果对图形的宽高比不满意，那么可以先通过拖动来调整图形高度，再选择图形并单击鼠标右键，在弹出的快捷菜单中选择"调整页面至图层大小"命令，在弹出来的如图 8-5-8（b）所示的对话框中设置"边框宽度"为"2"、"调整方向"为"只对高度"，获得如图 8-5-7（d）所示的效果。注意，此处不能调整页面宽度，这是因为在前面的设计中已固定页面宽度。

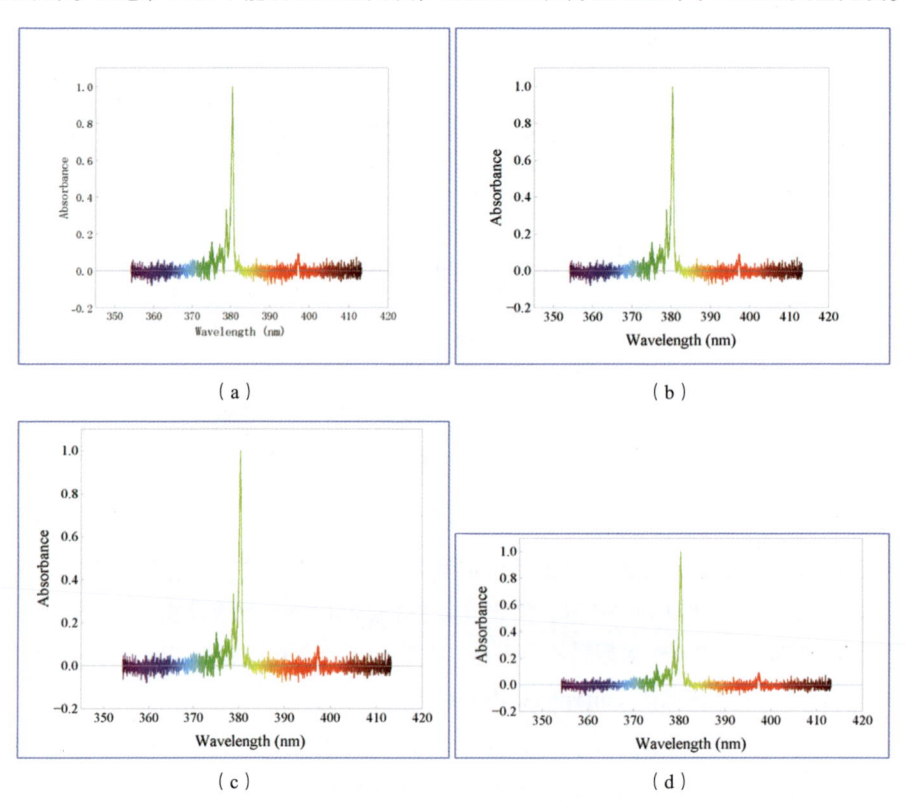

图 8-5-7　固定页面宽度后的效果

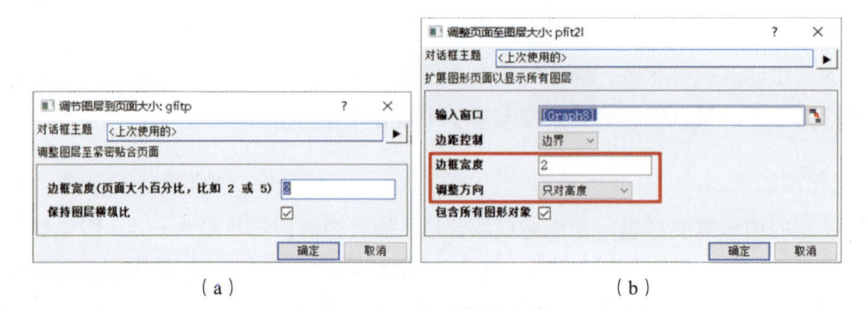

图 8-5-8　调整图层和页面大小

5. 复制到 Office 软件中

如图 8-5-9 所示，将设置完成的图形复制到 Word 或 PPT 中，经过上面的设置，图形的绝对宽度（56.97 mm）远小于 Word 或 PPT 默认的宽度，图形缩放为 100%，表示没有缩放，图形中的字号被如实展示为 5 磅（和 Word 或 PPT 中的字号相等）。这就是本节开头所说的"所见即所得"，即 Origin 中设置的字号和 Word 通用，这可以满足对图形字号有严格要求的文档写作。

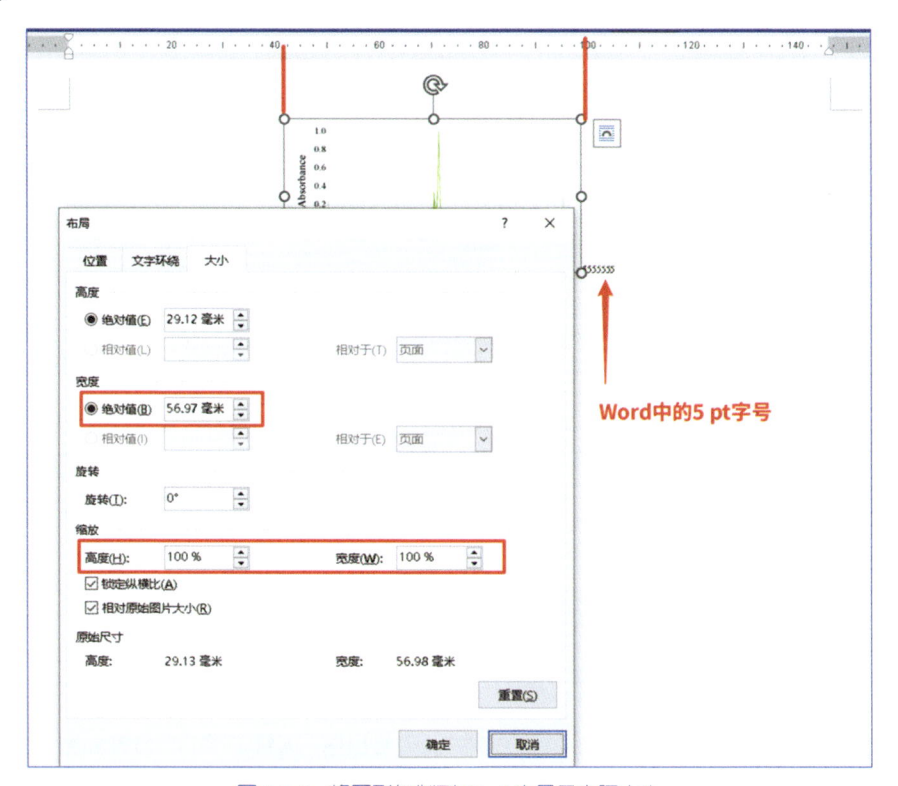

图 8-5-9　将图形复制到 Word 中显示实际大小

学术期刊对图形宽度和字号的设置按照上述流程进行。此外，A4 纸的页面宽度为 21 cm，Word 默认的常规左、右页边距为 3.18cm、210−31.8−31.8=146.4 mm，因此在常规 Word 学术图文写作中，在 Origin 中使用的图形的页面宽度不应超过该值，否则会对图形进行缩放，影响图形中字号的展示。毕业论文如果对页边距和图形字号有严格要求，那么可以按照这种方法计算 Origin 中图形页面的最大宽度。当然，在大多数情况下，学术期刊或毕业论文不会有如此严格的要求。

6. 图形导出

除了可以将图形复制到 Office 中，学术制图中在更多时候会要求将图形单独导出为图片，并在 Adobe Photoshop、Adobe Illustrator 等软件中将导出的图片和其他图片进一步组合，以制作出组合图。使用 Origin 本身也能一站式地完成制作组合图的操作，但是便利性稍差。

Origin 有两种图形导出方式。一种是简单导出，选择菜单栏中的"文件"→"导出图"命令，或在图形窗口中单击鼠标右键，在弹出的快捷菜单中选择"导出图形为图像（Ctrl+Shift+G）"命令，会打开如图 8-5-10（a）所示的对话框，可以选择常见的位图或矢量图类型，设置文件路径、尺寸因子等。如果根据上述流程制图，那么使用如图 8-5-10（a）所示的对话框进行设置基本够用。

(a)

(b)

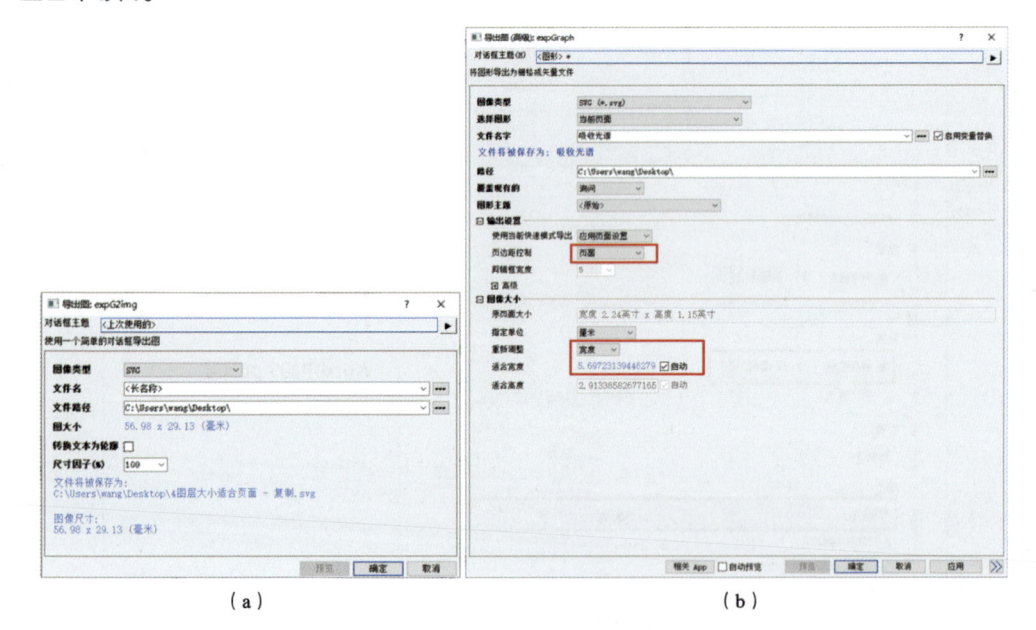

图 8-5-10　图形导出

另一种是高级导出，选择菜单栏中的"文件"→"导出图（高级）"命令，打开如图 8-5-10（b）所示的对话框。如果在图形窗口中单击鼠标右键，在弹出的快捷菜单中选择"导出图（高级）<上次使用>"命令，那么只能按照上次参数设置快速导出，无法打开如图 8-5-10（b）所示的对话框。不同位图或矢量图类型对应的可以设置的选项不同。

学术制图中一般使用 TIFF 格式的位图和 SVG、EPS 格式的矢量图，PDF 格式也比较常用。矢量图建议优先选择使用 SVG 格式，使用 EPS 格式进行二次编辑稍微麻烦一些。在导出图形时要注意将"页边距控制"改为"页面"（默认为"自动"，也会自动按照页面来导出）以防万一，以及观察图形是否为原来设置的宽度，如图 8-5-10（b）所示。

7. 多图表合并导出

合并图表方法用于绘制复杂图形。但论文的组合图是由多个图形组成的，也可以使用这种方法来排版组图，虽不正式，但能达成目标。

按照前面介绍的流程对图形页面、字体、字号进行设置，完成另外 3 个图形的绘制。下面将基于这 4 个图形完成 114 mm 宽、按 2×2 矩阵式排布的 1.5 栏组合图的制作。组合图形之前，建议先在如图 8-5-11 所示的"绘图细节-图层属性"对话框的"大小"选项卡中查看图层大小，作为后续参考，且注意此处图层的宽度和高度是指绘图中的框架大小，并不包括刻度线、刻度线标签和坐标轴标题等。这是因为前面的流程是用于输出单个图片，基于页面大小进行设置的，而使用合并图表方法，以及 8.5.4 节介绍的使用布局窗口进行排版组图却是基于图层大小进行排布的。

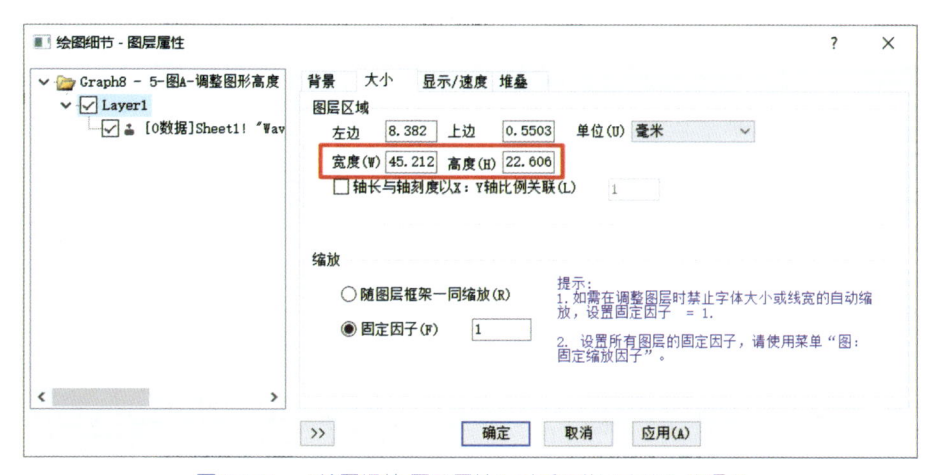

图 8-5-11 "绘图细节-图层属性"对话框的"大小"选项卡

选择菜单栏中的"图"→"合并图表"命令，或单击右侧工具栏中的"合并"按钮 ，打开如图 8-5-12（a）所示的对话框。①导入需要合并的图表；②勾选"重新调整布局"复选框；③输入行数和列数；④按要求选择排列方向，这里选择"水平方向优先"；⑤如果各图形窗口的图层宽高比不能发生变化，那么需要勾选"保持图层宽高比"复选框；⑥如果各图形窗口中的图形有多个图层，那么需要勾选"将每个源图窗口作为一个整体进行操作"复选框，以免错乱。上述步骤基本都会自动生成，注意调整。

稍微麻烦的是下面的步骤。如图 8-5-12（b）所示，勾选"自动预览"复选框：①将"缩放模式"改为"固定因子"（默认为"自动"），将"固定参数"改为"1"；②将"单位"改为"毫米"；③将"方向"改为"水平"，激活下面的宽度和高度设置；④将"宽度"改为"114"，此时宽度一般会小于默认高度，即第③步的方向会被改为"纵向"，可以根据图层高度大概估计一个数据，也可以暂时不管；⑤将"单位"改为"页面比例（%）"。根据预览窗格中的效果，设置间距，可能需要反复调试。前面流程中的每个图形的页面宽度均为 57 mm，但因为合并图表合并的不是页面而是图层，所以不会每排两个图形刚好排满一页；如果在图 8-5-12（a）中勾选了"保持图层宽高比"复选框，那么有经验可供参考，将水平间距和左边距、右边距和上边距、垂直间距和下边距分别设置为相等的值；⑥调整页面高度，使预览窗格中的图形排布符合要求；⑦根据学术期刊要求添加大写或小写字母标签文本，如果字母标签要带括号，那么设置"标签文本"为"自定义"；⑧设置自定义格式，字号需要在合并图表之后手动调整；⑨设置"标签位置"为"左上内"。

（a）　　　　　　　　　　　　　　　（b）

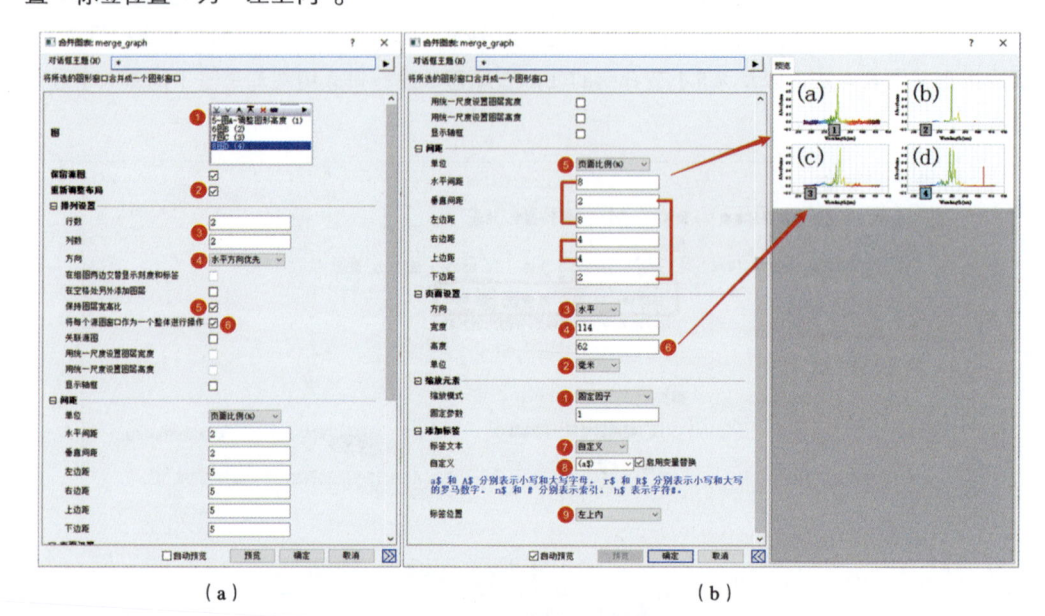

图 8-5-12　合并图表设置

8.5.3　期刊图形快速设置 App：Graph Publisher

Graph Publisher 是非常实用的 App，能够按照学术期刊要求快速调整图形格式，导出符合出版要求的图表。使用该 App 之前，需要先规划好其页面尺寸。

假设将 8.5.2 节介绍的组合图改投到 PNAS 期刊，需要重新调整图形格式。如图 8-5-13 所示，安装 Graph Publisher 后：①单击"Graph Publisher"图标，打开 Graph Publisher；②自动复制原组合图副本，所有修改都在副本中进行，不影响原组合图；③选择 PNAS 期刊；④设置页面尺寸，很多期刊只提供了双栏图的最大尺寸，单栏图和 1.5 栏图的尺寸需要用户自行计算并修改数据；一些期刊以 inch 为单位，也需要自行换算；默认勾选"保持横纵比"复选框，App 会根据原组合图横纵比自动计算高度；⑤假设需要从原来的 114mm 宽的 1.5 栏图改成 PNAS 期刊的 17.8 cm 宽的双栏图，此处单击"应用"按钮；⑥单击 ▸ 按钮。

设置完成之后，图 8-5-14 左下方的图形已符合 PNAS 期刊对双栏图的属性要求。在图 8-5-14 右侧可以根据需求设置导出图形为图片。其中的"复制页面"按钮用于将设置格式之后的图形页面复制为 OLE 对象；"完成"按钮用于将相关设置应用到原组合图中，并取消副本；"保留副本"按钮用于同时保留原组合图和副本，一般单击此按钮。

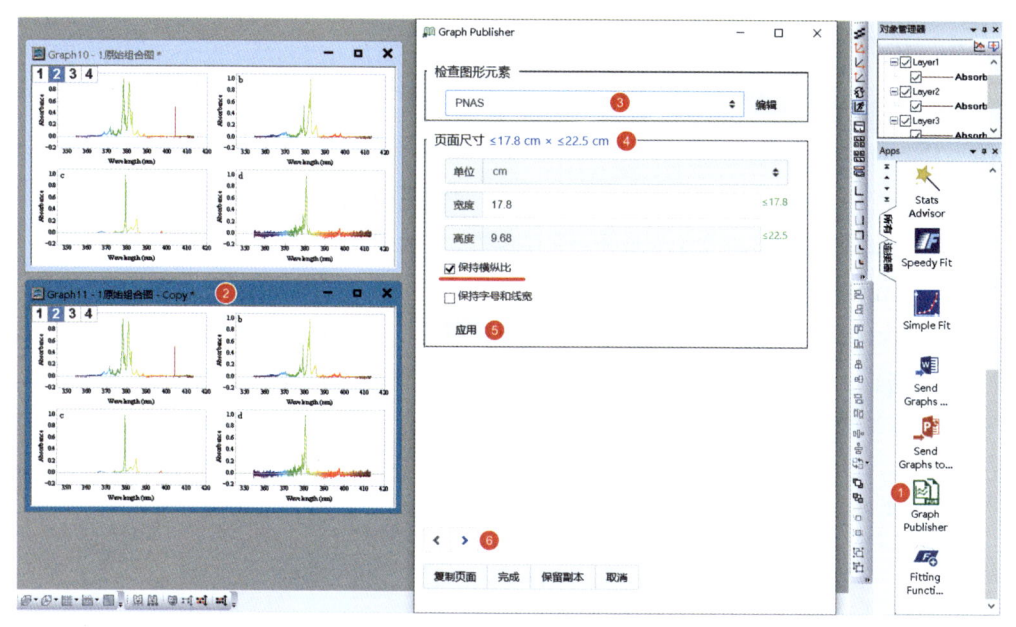

第 8 章　Origin 进阶绘图技巧 | 323

图 8-5-13　图形元素设置

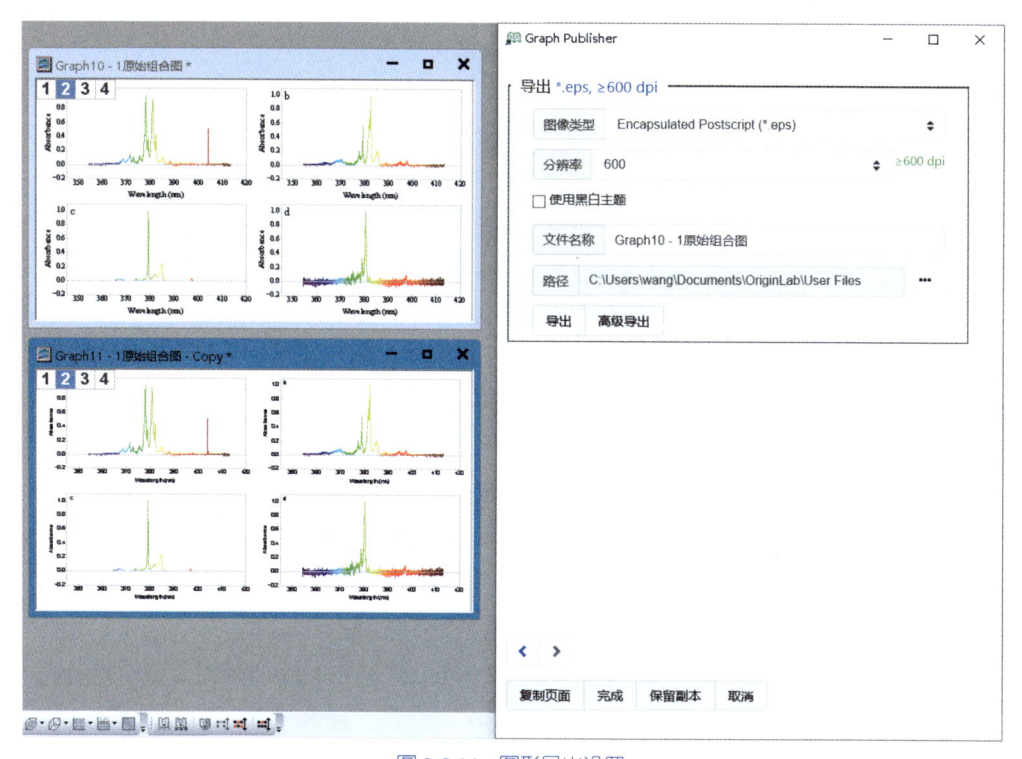

图 8-5-14　图形导出设置

8.5.4 布局窗口排版组图

制作组合图更正式的方法是通过布局窗口来实现，布局窗口可以理解为 Adobe Photoshop、Adobe Illustrator 等软件中的空白画布。在布局窗口中除能够使用图形窗口生成的各种数据图外，还可以添加标注、工具表和其他实验位图等，最终生成符合学术期刊要求的组合图。

下面以由四个图形、一个工作表和一个图像排版组合成 172 mm 宽的两排组合图为例，介绍布局窗口排版组图的方法。

选择菜单栏中的"文件"→"新建"→"布局"命令，或单击标准工具栏中的"新建布局"按钮，新建一个空白布局窗口。打开"绘图细节-页面属性"对话框，在"打印/尺寸"选项卡中，设置"宽度"为 172、"高度"为 120、"单位"为"毫米"，如图 8-5-15 所示。

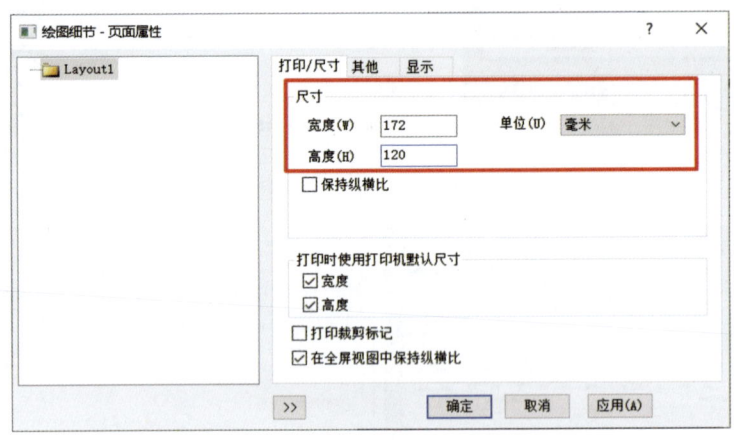

图 8-5-15　布局窗口页面大小设置

在设置好页面大小的布局窗口中单击鼠标右键，在弹出的快捷菜单中选择"添加图形窗口"命令，或选择菜单栏中的"插入"→"图"命令，在打开的如图 8-5-16 所示的"图形浏览器"对话框中，选择需要添加的图形。设置完成后，在布局窗口中单击，即可将图形添加到布局窗口中。单击一次只能选择添加一个图形。

在布局窗口中继续单击鼠标右键，在弹出的快捷菜单中选择"添加工作表"命令，或选择菜单栏中的"插入"→"工作表"命令，在打开的如图 8-5-17 所示的"工作表浏览器"对话框中，选择需要添加的工作表，设置完成后，即可将工作表添加到布局窗口中。单击工作表，将字体改为 Times New Roman，将字号改为 5 磅。

选择菜单栏中的"插入"→"来自图像窗口的图片"命令，也可以选择"来自文件的图片"命令，或直接复制图片，将图片添加到布局窗口中，排版效果如图 8-5-18（a）所示。

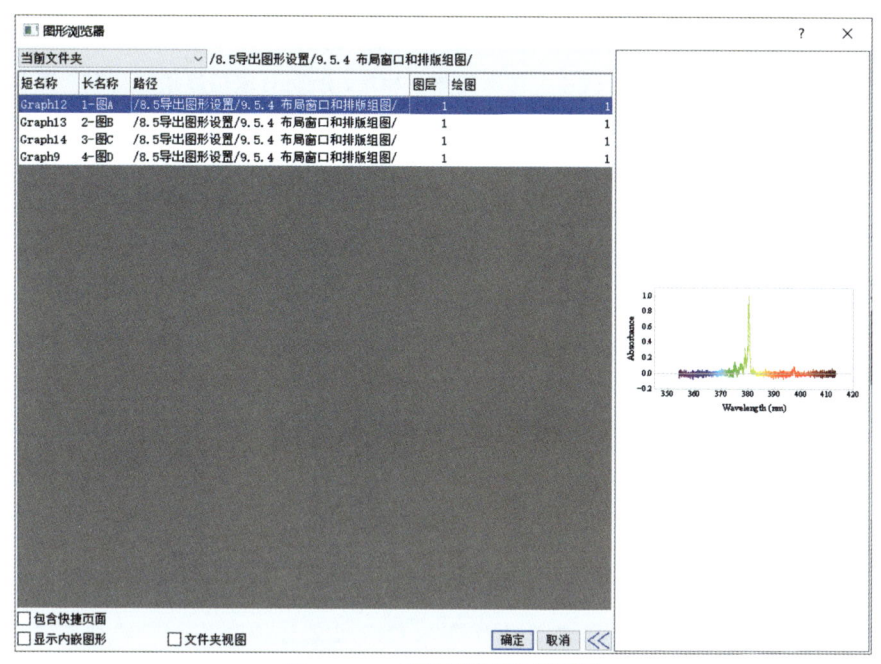

第 8 章　Origin 进阶绘图技巧 | 325

图 8-5-16　"图形浏览器"对话框

图 8-5-17　"工作表浏览器"对话框

（a）　　　　　　　　　　　　　　　　　　（b）

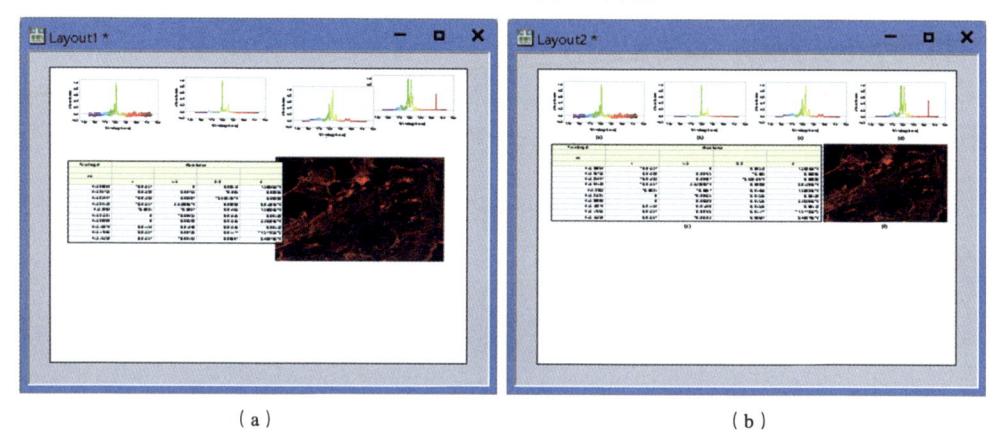

图 8-5-18　排版效果 1

使用右侧工具栏中的"对象编辑"按钮组,将对象对齐、均匀排布,将工作表和对象高度调整一致,且二者的宽度与第 1 行 4 个图形的宽度相等,所有对象均靠顶边排布。在布局窗口各单元的下方通过单击鼠标右键,在弹出的快捷菜单中选择"添加文本"命令来添加字母标签,调整标签的字体、字号,并使其与各单元居中对齐,排版效果如图 8-5-18(b)所示。基于字号过小,建议在调整时将布局窗口最大化显示。这些操作和在 PPT 中排版组图的操作基本一致,此处不展开介绍。注意,在对齐或统一宽度、高度等操作中,后选择的对象将以先选择的对象为标准设置。

排版完成后,下方多出来的空白部分需要删除。打开"绘图细节-页面属性"对话框,在"打印/尺寸"选项卡中,每次修改高度后都调整布局窗口垂直方向上的图形和字母标签的位置(修改高度后,布局窗口中对象的位置也会在垂直方向上发生变化)。设置完成后,获得如图 8-5-19 所示的效果,将其导出为合适格式的图片文件即可。

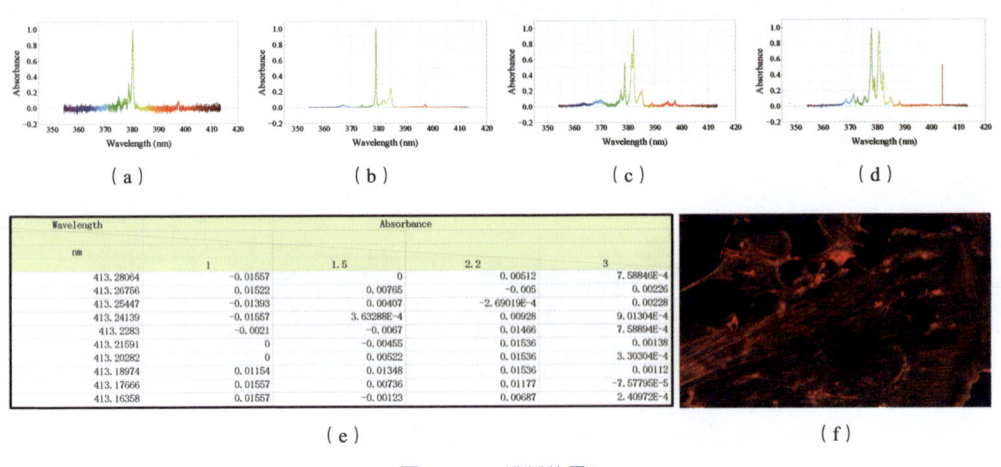

图 8-5-19 排版效果 2

虽然使用 Origin 可以一站式完成组合图的制作,但合并图层只支持数据图,而通过布局窗口操作不是很便利。因此,在大多数情况下,多数用户还是习惯将数据图导出为位图或矢量图。注意,在使用 Adobe Photoshop、Adobe Illustrator 等软件进行排版组图时,要注意保存好 Origin 的源文件。

第 9 章

Origin 统计分析方法

在绘制学术图表的过程中不可或缺的一方面是统计分析。在统计分析方面，Origin 提供了多种方法，支持用户进行各种复杂的统计分析任务。用户可以轻松地进行描述统计、假设检验、方差分析、非参数检验、功效和样本量大小分析、生存分析等经典统计分析方法。无论使用哪种统计分析方法，Origin 都能提供直观、易用的操作界面和强大的分析功能。本章使用的示例大多数是 Origin 自带的或来源于 Learning Center 示例，极少数是另外收集的。

9.1 描述统计

描述统计是数据统计分析的基础。它通过计算数据的统计量来描述数据的中心趋势（均值、中位数等）、离散程度（标准差、方差等）、分布形态（偏度、峰度等）及极值等基本特征，可以帮助研究人员快速掌握数据的概况。这些统计量不仅有助于识别数据中的模式、异常值和趋势，还为后续统计分析奠定了基础。Origin 的描述统计相关命令位于"统计"→"描述统计"下拉菜单中，选择相关命令之后，即可进行数据分析并输出分析报表。

9.1.1 列统计

列统计从数据列出发为用户计算常见的数据特征，如均值、中位数、标准差、最小值、最大值等。在工作表中打开"…\Samples\Statistics"目录中的 body.dat 文件，其中是一份包含青少年姓名、年龄、性别、身高、体重的数据。进行深入分析之前，可以从年龄和性别的角度查看身高与体重的一些基本统计特征。

如图 9-1-1（a）所示，先选择 D 列和 E 列数据，再选择菜单栏中的"统计"→"描述统计"→"列统计"命令，打开如图 9-1-1（b）所示的"列统计"对话框，根据需要在"组"列表框中选择合适的组，此处选择"[Book1]body!C'gender'"和"[Book1]body!B'age'"。首次选择会弹出相应的提示对话框，单击"确定"按钮后，生成如图 9-1-1（c）所示的工作表，该工作表从性别和年龄两个角度计算了身高和体重的均值、标准差、最小值、中位数、最大值等。

(a)

(b)

(c)

(d)

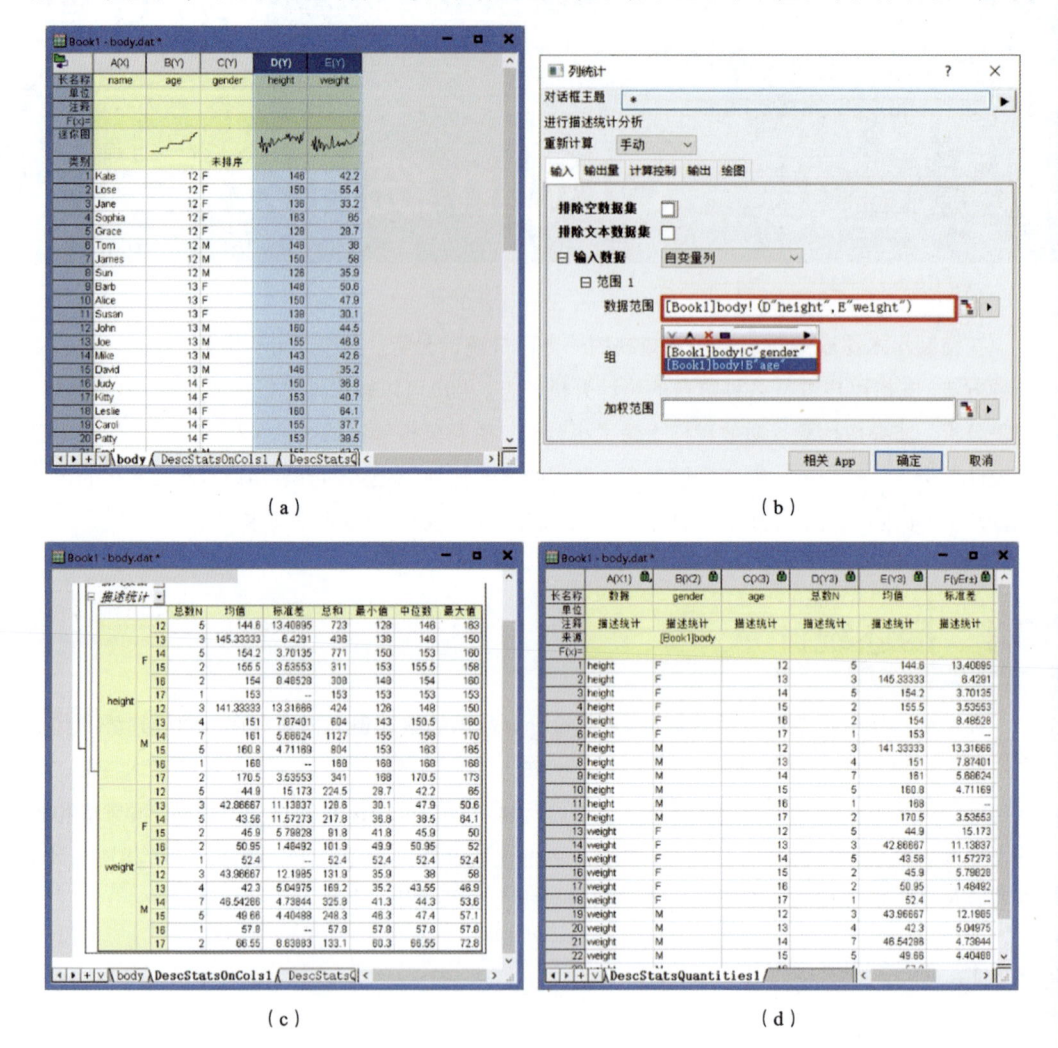

图 9-1-1 列统计

这些统计指标是默认生成的，在"列统计"对话框的"输出量"选项卡中还可以选择其他统计指标；在"输出"选项卡中可以对图形、数据集标识等进行详细设置；在"计算控制"选项卡中可以设置计算过程的对应选项；在"绘图"选项卡中可以选择在输出时是否绘图。"列统计"对话框的这些选项卡中能够设置的选项非常多，默认的选项已基本可以满足常规使用，限于篇幅此处不再一一介绍，读者可自行探索。图 9-1-1（d）中的数据是根据计算后的统计指标生成的索引数据，可以用于进一步分析。

9.1.2　行统计

在工作表中打开"…\Samples\Statistics"目录中的 body_raw.dat 文件，其中的数据是 9.1.1 节所用数据的原始数据格式。先选择如图 9-1-2（a）所示的表示身高和体重的两行数据，再选择菜单栏中的"统计"→"描述统计"→"行统计"命令，打开如图 9-1-2（b）所示的"行统计"对话框，设置组。由于行统计默认的输出区域为原工作表，因此这里在如图 9-1-2（c）所示的"输出"选项卡中将"工作表"设置为"<新建>"。设置完成后，获得如图 9-1-2（d）所示的工作表。注意，在对结果进行解读时应结合黄色的元数据区。

（a）

（b）

（c）

（d）

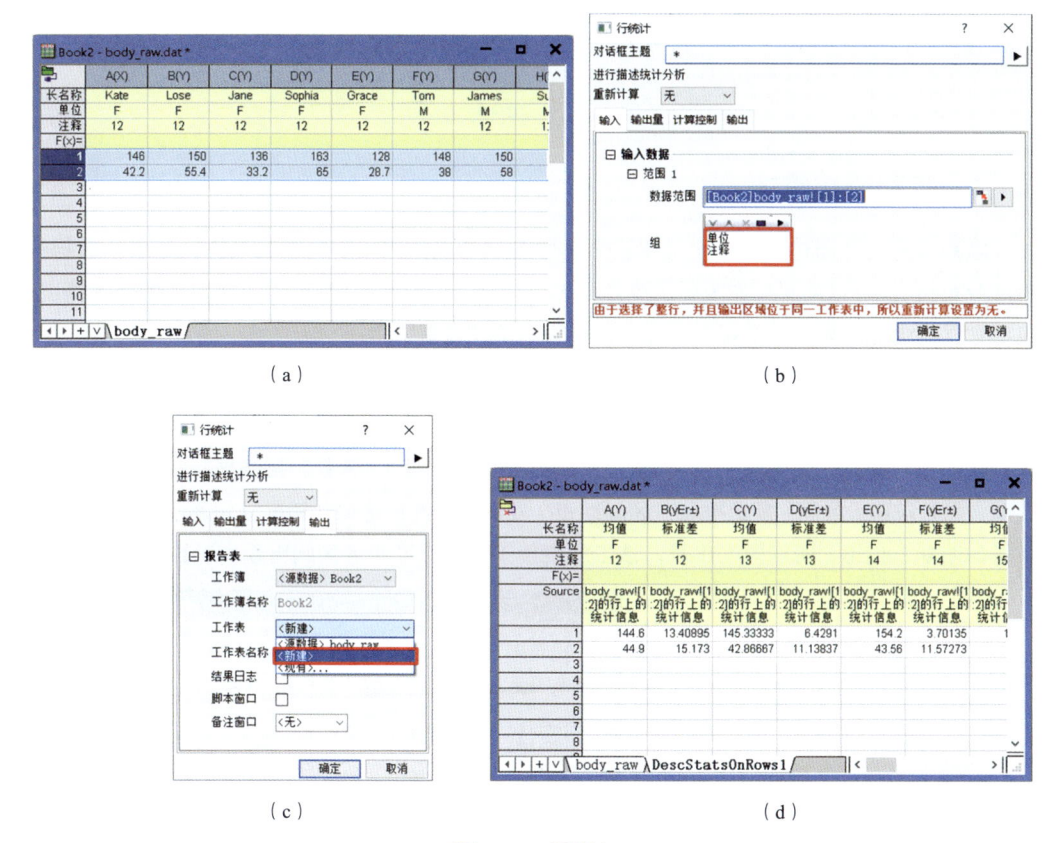

图 9-1-2　行统计

9.1.3　统计整表

统计整表会按列对数据列进行描述统计，效果如图 9-1-3 所示。在数据格式合适的情况下，统计整表是一种快速进行描述统计的方法。

(a)

(b)

图 9-1-3　统计整表

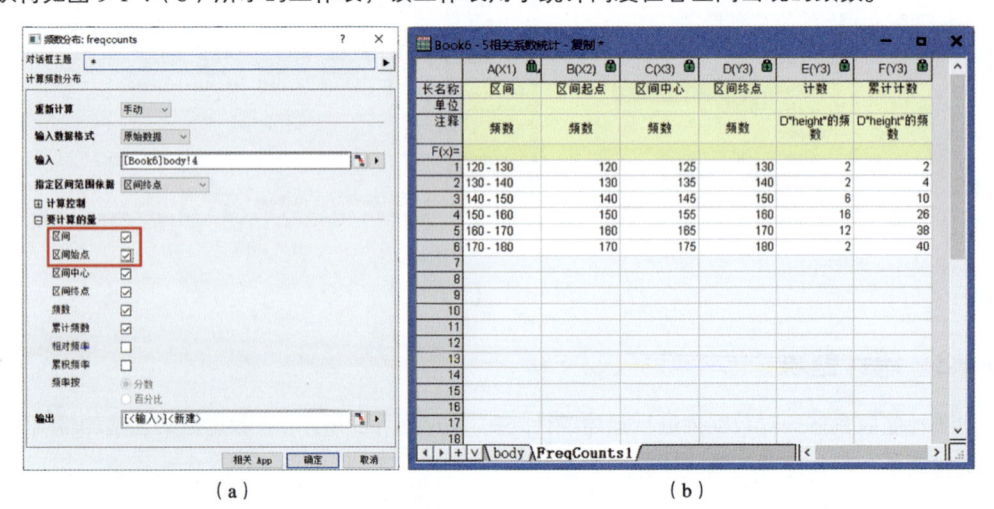

9.1.4　频数分布统计

频数分布统计通过统计某个变量在总体中各取值范围内出现的次数或比例来展示数据的整体分布情况，可以绘制直方图展示统计结果。这种统计分析方法有助于了解数据的分布情况，包括数据的中心趋势、离散程度，以及是否存在异常值等。

在工作表中打开"…\Samples\Statistics"目录中的 body.dat 文件，先选择 D 列数据，再选择菜单栏中的"统计"→"描述统计"→"频数分布"命令，打开如图 9-1-4（a）所示的对话框，默认已勾选"区间中心"复选框、"区间终点"复选框、"频数"复选框、"累计频数"复选框，此时勾选"区间"复选框和"区间始点"复选框，其余选项保持默认设置。设置完成后，获得如图 9-1-4（b）所示的工作表，该工作表用于统计高度在各区间出现的频数。

(a)

(b)

图 9-1-4　频数分布统计

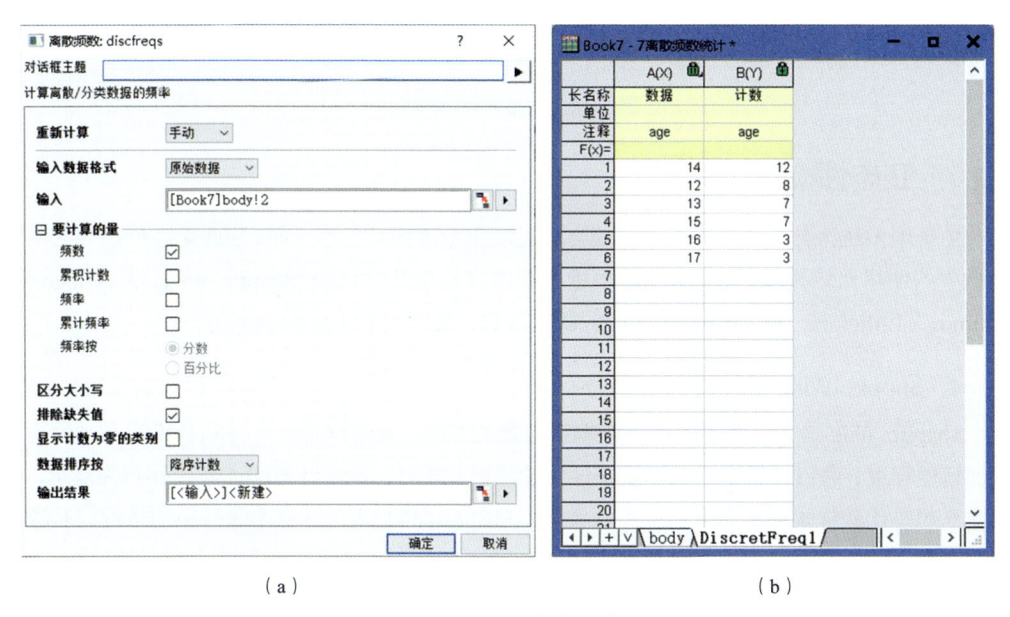

9.1.5 离散频数统计

离散频数统计是一种频数分布统计的特定形式，专指对离散数据进行频数统计。这里的"离散"意味着数据的取值为有限个数，且每个取值都可以被清晰地识别，可以绘制条形图或柱状图展示统计结果。

在工作表中打开"...\Samples\Statistics"目录中的 body.dat 文件，先选择 B 列数据，再选择菜单栏中的"统计"→"描述统计"→"离散频数"命令，打开如图 9-1-5（a）所示的对话框，保持默认设置，单击"确定"按钮，获得如图 9-1-5（b）所示的效果。该工作表用于统计从大到小排列的相同年龄（这里的年龄为离散数据）的人数。

（a） （b）

图 9-1-5　离散频数统计

9.1.6 二维频数分布统计

顾名思义，二维频数分布统计可以同时从两个维度对数据集进行统计。在工作表中打开"...\Samples\Statistics"目录中的 body.dat 文件，将 B 列设置为 X 列。先选择如图 9-1-6（a）所示的 B 列和 D 列数据，再选择菜单栏中的"统计"→"描述统计"→"二维频数分布"命令，打开如图 9-1-6（b）所示的对话框，可以对两个维度的区间大小、输出区间排序等进行设置，这里保持默认设置，单击"确定"按钮，获得如图 9-1-6（c）所示的效果，即统计各年龄下不同身高区间的人数。除了可以统计两个维度的人数，还可以统计最小值、最大值、均值、中位数、总和等，具体在如图 9-1-6（b）所示的对话框中进行设置。

(a)   (b)   (c)

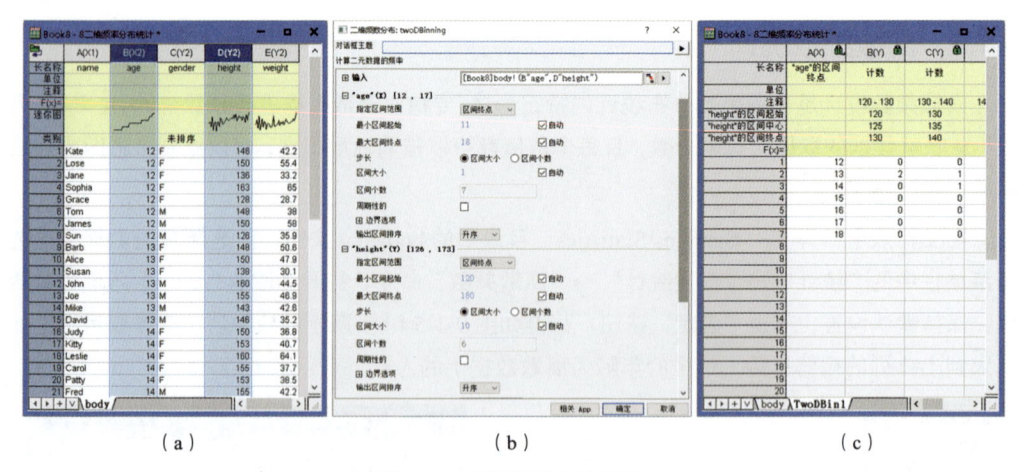

图 9-1-6   二维频数分布统计

9.1.7 正态性检验

由于很多统计分析方法的使用前提之一是要求数据服从正态分布，因此正态性检测在统计分析中的使用比较频繁。在 Origin 中进行正态性检验的方法有 Shapiro-Wilk、Kolmogorov-Smirnov、Lilliefors、Anderson-Darling、D'Agostino-K 平方和 Chen-Shapiro。

1. Shapiro-Wilk

Shapiro-Wilk 是一种用于检验小样本正态性的方法。其原理是基于样本与正态分布的理论值的偏差程度，通过计算一个统计量来评估数据的正态性。该统计量的计算过程较为复杂，但基本思想是比较样本与正态分布的拟合优度。Shapiro-Wilk 适用于样本量较小的情况，对数据的分布形态并不敏感，适用范围较广，是 Origin 中默认采用的正态性检测方法。

2. Kolmogorov-Smirnov

Kolmogorov-Smirnov 是一种非参数的正态性检验方法，用于比较一个样本的分布与某个参考分布（正态分布等），或两个样本的分布是否存在显著性差异。其原理是基于累积分布函数（CDF）的比较，把样本 CDF 与参考 CDF 的最大垂直差作为统计量。

3. Lilliefors

Lilliefors 是一种基于 Kolmogorov-Smirnov 的扩展方法，专门用于检验样本是否符合正态分布。它在检验过程中把经验分布函数（EDF）与理论分布（通常是正态分布）函数的最大绝对差值作为统计量。

4．Anderson-Darling

Anderson-Darling 是一种用于检验数据是否来自某个特定概率分布的统计分析方法。它是基于 Kolmogorov-Smirnov 的扩展方法，通过计算样本与理论分布的加权平方差来评估数据的正态性或其他分布的拟合程度。

5．D'Agostino-K 平方

D'Agostino-K 平方通过计算偏度平方和峰度的线性组合来评估数据的正态性。其中，偏度平方用于衡量数据分布的对称性，峰度用于反映数据分布的尖峰程度。

6．Chen-Shapiro

Chen-Shapiro 是一种不损失功效的、基于 Shapiro-Wilk 的扩展方法，和 Shapiro-Wilk 一样，均只适用于小样本。

不同的正态性检验方法有不同的特点和适用场景。在选择合适的正态性检验方法时，需要根据样本量、样本特性，以及研究需求等因素综合考虑。如果一定要排序，日常使用正态性检验方法的先后顺序一般建议为：Shapiro-Wilk>D'Agostino-K 平方>Anderson-Darling>Lilliefors>Kolmogorov-Smirnov>Chen-Shapiro。

在工作表中打开"…\Samples\Statistics"目录中的 body.dat 文件，先选择 D 列数据，再选择菜单栏中的"统计"→"描述统计"→"正态性检验"命令，打开如图 9-1-7（a）所示的"正态性检验"对话框，保持默认设置，单击"确定"按钮，获得如图 9-1-7（b）所示的效果。可以发现，所选数据符合正态分布。

（a）　　　　　　　　　　　　　（b）

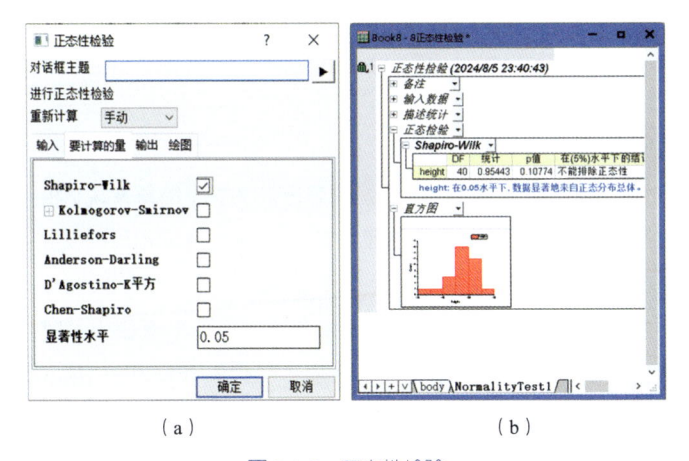

图 9-1-7　正态性检验

9.1.8　分布拟合

分布拟合是指根据一组给定的观察数据，通过统计分析找到一个最能描述该数据分布特性的概率分布模型。换句话说，分布拟合就是试图将数据"拟合"到一个或多个理论的概率分布上，以便很好地理解数据的内在规律、趋势和变异性。要进行分布拟合，应先根据数据分布特

性和分析目的，选择一个或多个认为可能适合数据的概率分布，然后使用观测数据估计该分布的参数，最后评估所选分布与观测数据的拟合程度。

在工作表中打开"…\Samples\Statistics"目录中的 body.dat 文件，先选择 E 列数据，再选择菜单栏中的"统计"→"描述统计"→"分布拟合"命令，打开"分布拟合"对话框，在如图 9-1-8（a）所示的"分布"选项卡中根据数据特性选择分布类型，在如图 9-1-8（b）所示的"拟合优度"选项卡中选择合适的方法，其余选项保持默认设置，单击"确定"按钮，获得如图 9-1-8（c）所示的效果。注意，所选数据不能排除正态分布。

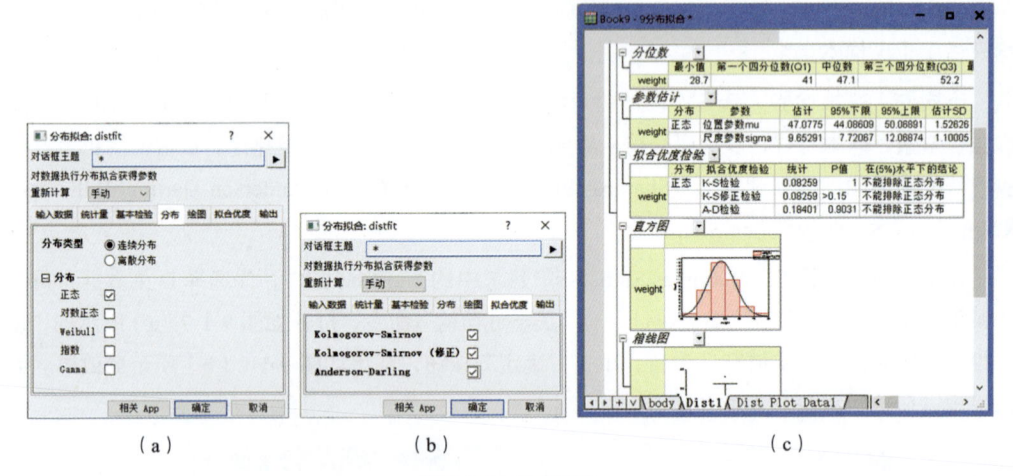

（a） （b） （c）

图 9-1-8 分布拟合

9.1.9 相关系数拟合

相关系数拟合用于量化两个变量线性关系的强度和方向。简单来说，相关系数能够告诉我们当一个变量发生变化时，另一个变量是否也会随之发生相似或相反的变化，以及这种变化的紧密程度如何。

在统计学中，常用的相关系数是 Pearson 相关系数。当相关系数为 1 时，表示两个变量呈完全正相关，即一个变量增加，另一个变量也增加；当相关系数为 –1 时，表示两个变量呈完全负相关，即一个变量增加，另一个变量减少；而当相关系数为 0 时，表示两个变量之间不存在线性关系，但这并不意味着它们之间不存在其他类型的关系，如非线性关系。

除了有 Pearson 相关系数，还有斯皮尔曼秩和相关系数（Spearman's Rank Correlation Coefficient），其用于衡量两组等级数据的相关性，不受数据分布形态的影响，是一种非参数统计分析方法；肯德尔等级相关系数（Kendall's Tau Correlation Coefficient），用于存在非正态分布数据的情况，特别是在处理小样本或存在大量并列数据的情况下更推荐使用，也是一种非参数统计分析方法。

在工作表中打开"...\Samples\Statistics"目录中的 body.dat 文件，先选择 D 列和 E 列数据，再选择菜单栏中的"统计"→"描述统计"→"相关系数拟合"命令，打开如图 9-1-9（a）所示的对话框，进行相关设置后，单击"确定"按钮，获得如图 9-1-9（b）所示的效果。另外，结果还有一个 Pearson 工作表，用于绘制热图，相关内容见 4.1.28 节。

（a）　　　　　　　　　　　　　　　　（b）

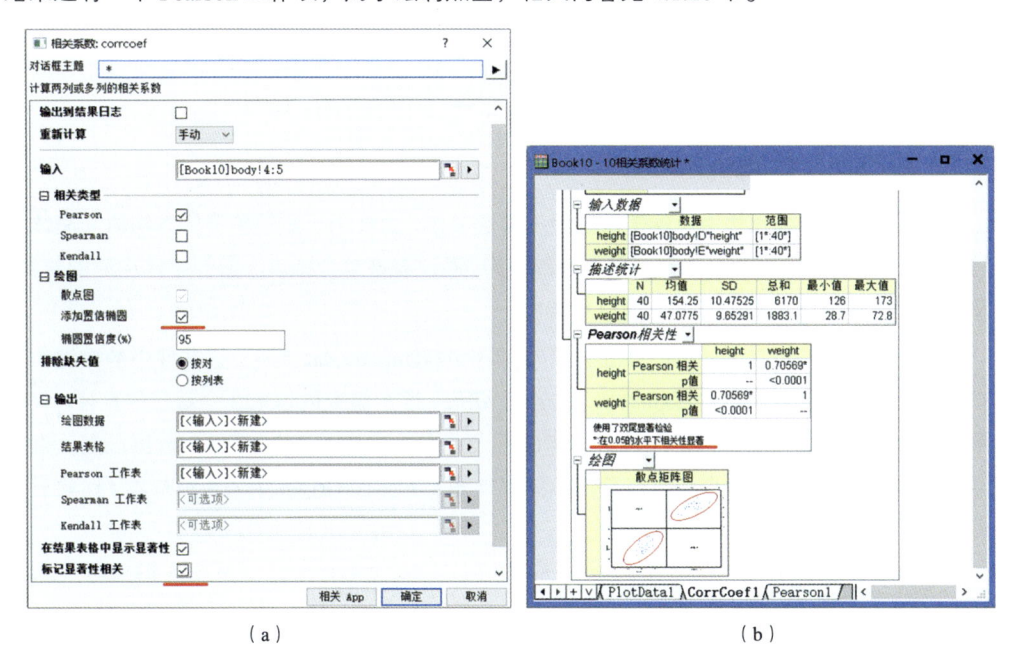

图 9-1-9　相关系数拟合

9.2　假设检验

假设检验又称显著性检验，是统计学中的一种用于判断样本是否足以支持对总体参数的某个特定假设的重要方法。首先根据研究问题设定一个假设，该假设通常是关于总体参数（均值、比例等）的零假设（或称原假设），然后利用样本计算一个统计量，该统计量能够反映样本观测值与零假设的差异程度。下面先选择一个显著性水平，如 $α=0.05$，用于表示愿意接受的拒绝真实零假设的最大概率，然后通过查找统计分布表或使用统计软件，确定在零假设为真时，样本观测值落入拒绝域（表明存在显著性差异的区域）的概率。实施这一过程有助于根据有限的样本信息，对总体特征进行合理的推断。

值得注意的是，假设检验的结论并非绝对正确或错误的，而是基于一定的概率和置信水平得出的。它不能证明零假设为真，只能说明在给定显著性水平下，没有足够的证据支持零假设。因此，在进行假设检验时，需要谨慎考虑研究设计、样本选择，以及统计分析方法的选择等因素。

此外，Origin 的假设检验和非重复方差分析相应的设置对话框中都带有"功效分析"选项卡，该选项卡用于计算当前样本的功效大小，或假定样本量对应的功效，这是一种事后分析。要进行先验分析，即在设计之初提供指导，请参考 9.5 节介绍的功效和样本量大小分析。

在 Origin 中，假设检验包括单样本假设检验、双样本假设检验等，其操作命令位于"统计"→"假设检验"下拉菜单中。

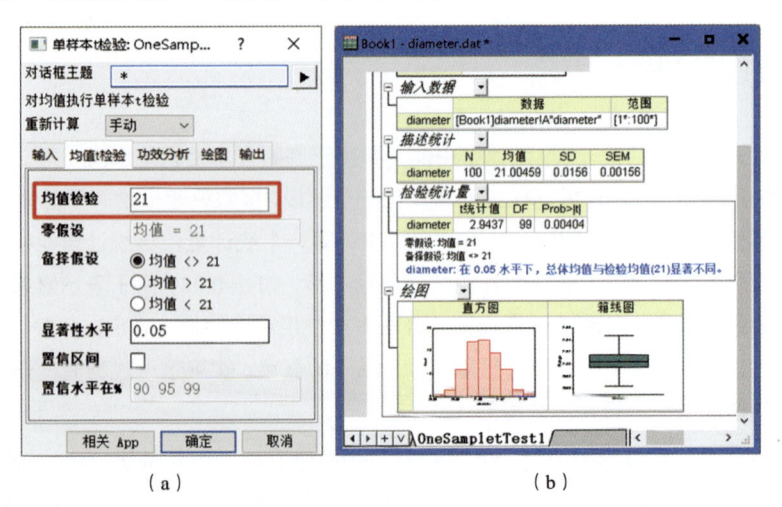

9.2.1 单样本 t 检验

单样本 t 检验是统计学中一种常用的假设检验方法，主要用于比较单个样本均值与总体均值是否存在显著性差异。这种方法基于 t 分布理论，通过观察单个样本均值与总体均值的差异，以及这种差异在统计上是否显著，来进行推断。

在工作表中打开"…\Samples\Statistics"目录中的 diameter.dat 文件，该文件中的数据为某生产厂家质检部门从某批次中随机抽取了 120 个螺母，逐个量取的这 120 个螺母的直径。该厂家希望检验该批次螺母直径的均值是否严格等于 21mm（生产标准）。从历史数据已知，直径的测量数据接近正态分布，但还不能确定总体标准差。下面在 Origin 中采用单样本 t 检验进行分析。

先选择 A 列数据，再选择菜单栏中的"统计"→"假设检验"→"单样本 t 检验"命令，打开"单样本 t 检验"对话框，在如图 9-2-1（a）所示的"均值 t 检验"选项卡中设置"均值检验"为"21"，单击"确定"按钮，获得如图 9-2-1（b）所示的效果。可以发现，在 0.05 水平下，该批次螺母直径的总体均值并不等于 21 mm。

（a）　　　　　　　　　　（b）

图 9-2-1　单样本 t 检验

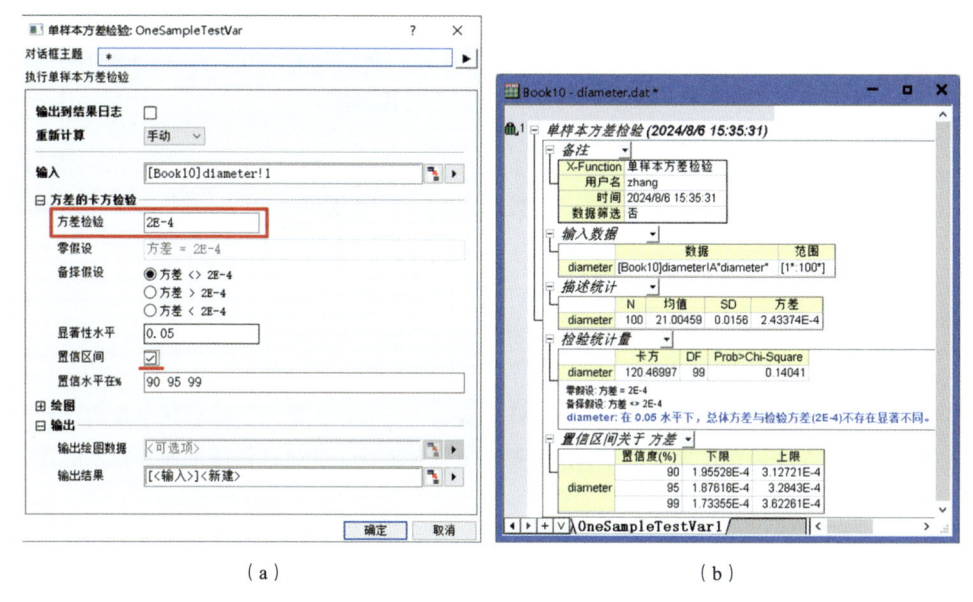

9.2.2 单样本方差检验

在工业生产中，为了确保产品质量的一致性，需要对生产过程中的变异进行监控。单样本方差检验主要用于检验某批次产品的方差是否超出了预定的质量控制界限。例如，对于 9.2.1 节中出现的螺母除了需要检验其直径的均值是否合格，还需要检验其生产精度，确保其在一个相对稳定的范围内。假设根据以往生产要求，螺母直径的生产精度应该为 2E-4，此时可以通过单样本方差检验来判断该批次产品的尺寸变异是否在可接受的水平内。

先选择 A 列数据，再选择菜单栏中的"统计"→"假设检验"→"单样本方差检验"命令，打开如图 9-2-2（a）所示的"单样本方差检验"对话框，在"方差的卡方检验"选项组中设置"方差检验"为"2E-4"，单击"确定"按钮，获得如图 9-2-2（b）所示的效果。可以发现，在 0.05 水平下，该批次螺母直径的总体方差为 2E-4。

(a)

(b)

图 9-2-2 单样本方差检验

9.2.3 单样本比率检验

在统计学中，比率和比例不是一回事，比率检验对样本量有较高的要求。例如，根据以往经验，一般肠溃疡患者中 30%发生胃出血症状，现某医院观察 65 岁以上肠溃疡患者 304 例，其中 96 例发生胃出血症状，出血率约为 31.6%，那么老年患者胃出血情况与一般患者有无不同？

在 Origin 中打开一个空白工作表，选择菜单栏中的"统计"→"假设检验"→"单样本比率检验"命令，打开如图 9-2-3（a）所示的"单样本比率检验"对话框，进行相应的设置后，单击"确定"按钮，获得如图 9-2-3（b）所示的效果。可以发现，老年患者胃出血情况与一般患者不存在显著性差异。

（a）

（b）

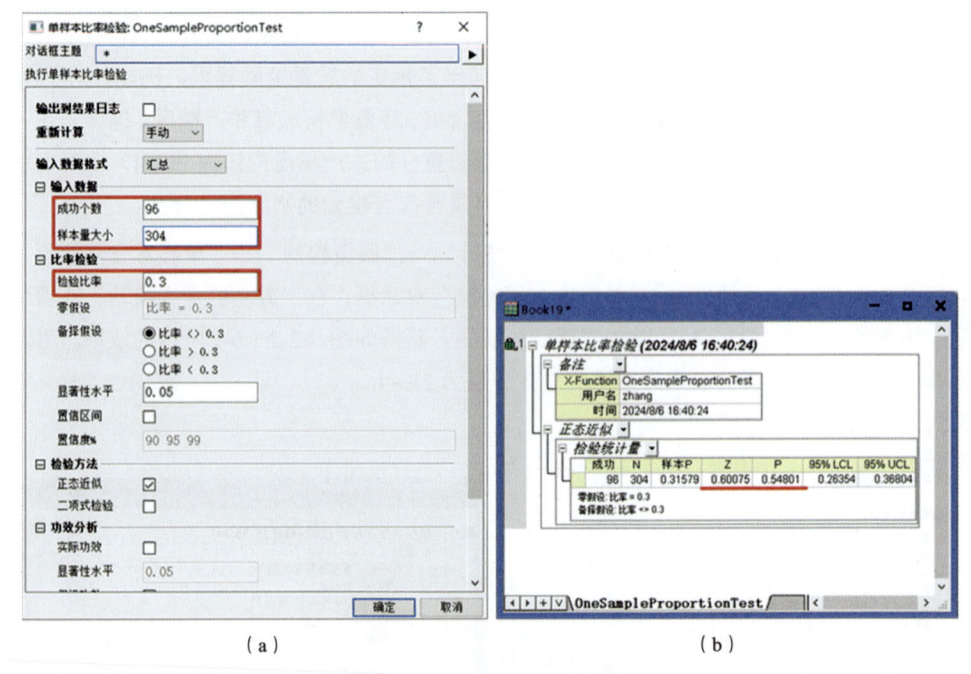

图 9-2-3　单样本比率检验

9.2.4　双样本 t 检验

　　双样本 t 检验也称成组 t 检验、两独立样本资料 t 检验，主要用于检验完全随机设计的两个独立样本的均值是否存在显著性差异。它基于 t 分布理论，通过计算两个独立样本的均值之差，并评估这一差异是否由随机误差引起。

　　在工作表中打开"…\Samples\Statistics"目录中的 time_raw.dat 文件，该文件中的数据为医生为了评估两种药物的效果，随机选择了 20 个失眠症患者，其中一半服用药物 A，另一半服用药物 B，各患者服用了药物之后睡眠延长的时间。现在需要通过双样本 t 检验来评估两种药物的效果是否存在显著性差异。

　　先选择 A 列和 B 列数据，再选择菜单栏中的"统计"→"假设检验"→"双样本 t 检验"命令，打开"双样本 t 检验"对话框，在如图 9-2-4（a）所示的"均值 t 检验"选项卡中保持默认设置；在"绘图"选项卡中勾选"直方图"复选框和"箱线图"复选框，单击"确定"按钮，获得如图 9-2-4（b）所示的效果。可以发现，在 0.05 水平下，无论方差是否齐，两种药物的效果都不存在显著性差异。

(a) (b)

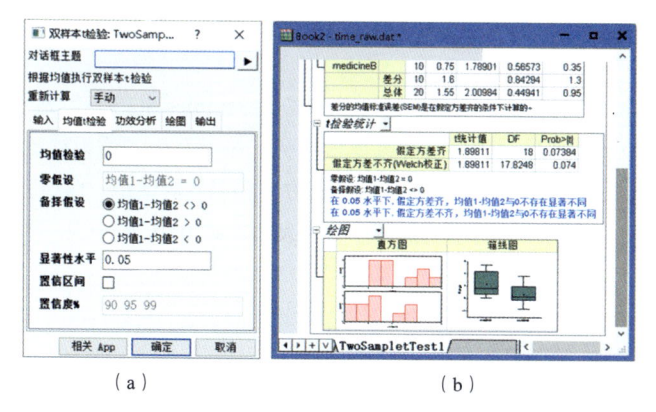

图 9-2-4　双样本 t 检验

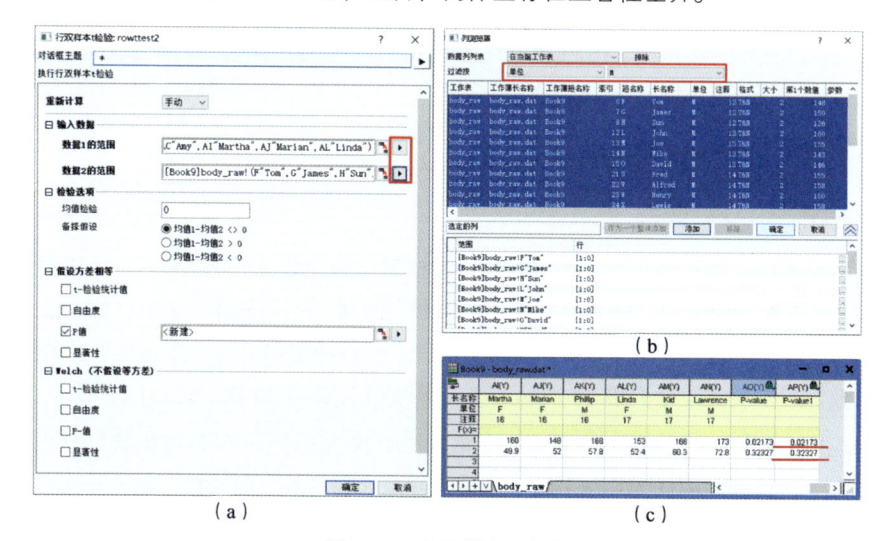

9.2.5　行双样本 t 检验

行双样本 t 检验主要用于对在行中排列的数据进行双样本 t 检验。在工作表中打开 "…\Samples\Statistics" 目录中的 body_raw.dat 文件，先选择数据，再选择菜单栏中的 "统计" → "假设检验" → "行双样本 t 检验" 命令，打开如图 9-2-5（a）所示的 "行双样本 t 检验" 对话框，单击 "输入数据" 选项组中 "数据 1 的范围" 或 "数据 2 的范围" 文本框右侧的下拉按钮，在弹出的下拉列表中选择 "选择列" 选项，打开如图 9-2-5（b）所示的 "列浏览器" 对话框，通过设置 "过滤按" 选项选出所有女性或男性数据列，按快捷键 Ctrl+A 全选后，先单击 "添加" 按钮，再单击 "确定" 按钮，即可完成数据 1 的范围或数据 2 的范围的选择，最终会在每行最后一列添加行双样本 t 检验的 P 值，如图 9-2-5（c）所示。可以发现，在 0.05 水平下，青少年男性与女性的身高不存在显著性差异，而体重存在显著性差异。

(a) (b) (c)

图 9-2-5　行双样本 t 检验

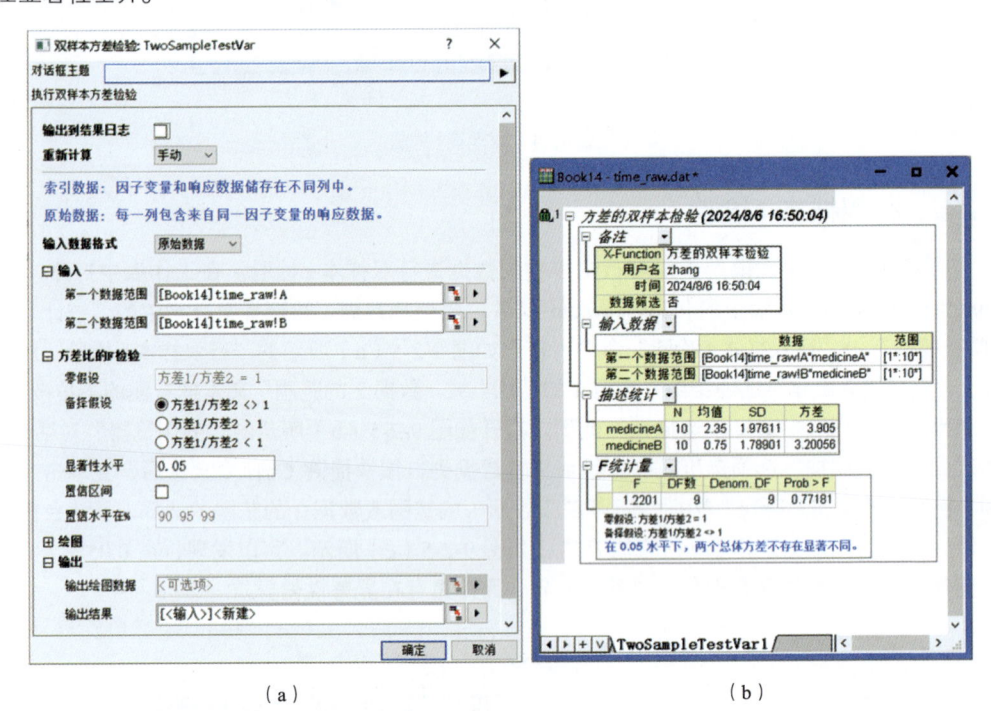

9.2.6 双样本方差检验

双样本方差检验又称 F 检验。在工作表中打开"…\Samples\Statistics"目录中的 time_raw.dat 文件，先选择 A 列和 B 列数据，再选择菜单栏中的"统计"→"假设检验"→"双样本方差检验"命令，打开如图 9-2-6（a）所示的"双样本方差检验"对话框，保持默认设置，单击"确定"按钮，获得如图 9-2-6（b）所示的效果。可以发现，在 0.05 水平下，两种药物的效果不存在显著性差异。

（a）　　　　　　　　　　　　　　（b）

图 9-2-6　双样本方差检验

9.2.7 双样本比率检验

双样本比率检验旨在通过比较两个独立样本中某个特定事件（成功事件、合格事件等）的发生比率，来判断这两个独立样本是否来自具有相同比率的不同总体。这种检验方法有助于分析和解释不同样本的差异，为决策提供依据。例如，假设希望知道两个篮球运动员的投篮命中率是否一致，于是收集了他们投 25 次的成绩。运动员 A 命中 20 次，运动员 B 命中 23 次。

在 Origin 中打开一个空白工作表，选择菜单栏中的"统计"→"假设检验"→"双样本比率检验"命令，打开如图 9-2-7（a）所示的"双样本比率检验"对话框，进行相应的设置后，单击"确定"按钮，获得如图 9-2-7（b）所示的效果。可以发现，正态近似检验和 Fisher 精确检验均显示两名运动员的投篮命中率不存在显著性差异。

(a)

(b)

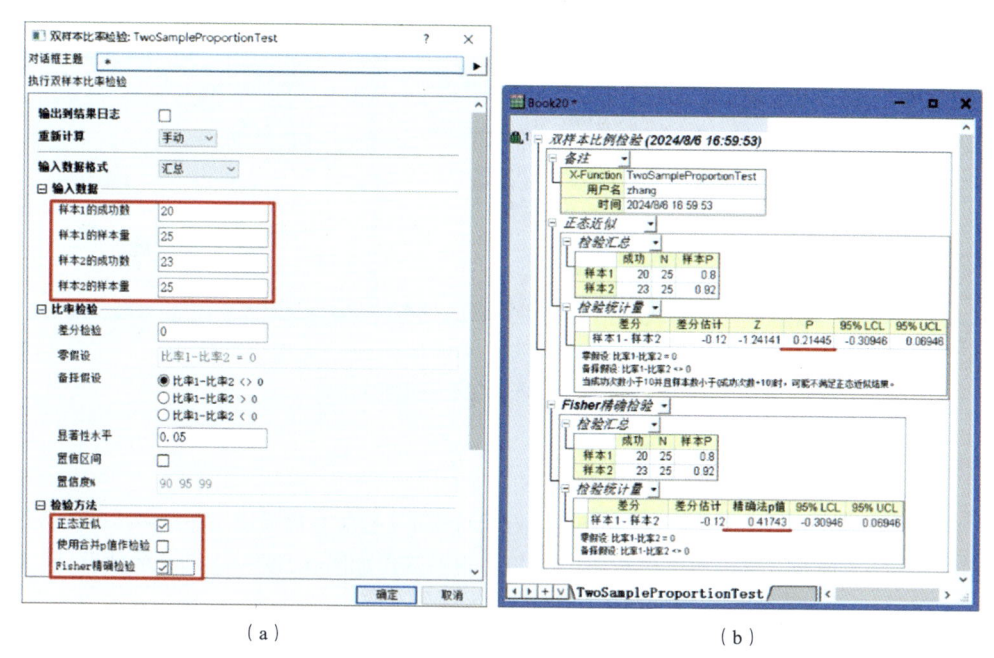

图 9-2-7　双样本比率检验

9.2.8　配对样本 *t* 检验

配对样本 *t* 检验主要用于比较配对对象在两个不同时间点或条件下的观测值差异。它尤其适用于配对设计的研究，即每个对象在两种情况下都有对应的观测值，如治疗前后的效果对比。配对样本 *t* 检验通过计算各对观测值之差，形成差值序列，检验这些差值的均值是否显著不为 0。使用这种检验方法能够减少个体之间的差异对结果的影响，提高统计推断的准确性。如果配对样本 *t* 检验的结果显示差值的均值显著不为 0，那么可以认为两个不同时间点或条件下的观测值存在显著性差异。在配对设计中，两组数据的个数相等，且一一对应。使用配对样本 *t* 检验适合绘制前后对比图。

在工作表中按列输入某遗传病区 12 例遗传病患者患病前后的血磷值，如图 9-2-8（a）所示。先选择 A 列和 B 列数据，再选择菜单栏中的"统计"→"假设检验"→"配对样本 *t* 检验"命令，打开"配对样本 *t* 检验"对话框，在如图 9-2-8（b）所示的"均值 *t* 检验"选项卡中保持默认设置；在"绘图"选项卡中勾选"直方图"复选框和"箱线图"复选框，其余选项保持默认设置，单击"确定"按钮，获得如图 9-2-8（c）所示的效果。可以发现，在 0.05 水平下，12 例遗传病患者患病前后的血磷值存在显著性差异。

(a)   (b)   (c)

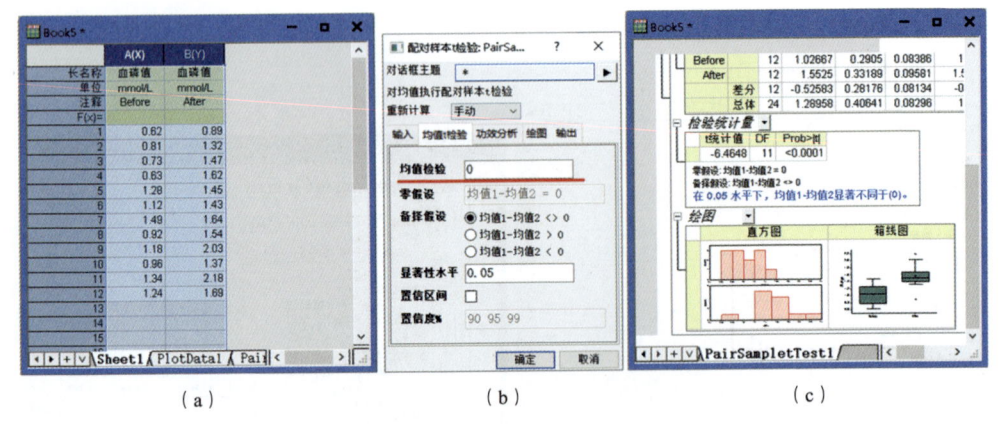

图 9-2-8 配对样本 t 检验

9.2.9 行配对样本 t 检验

与 9.2.5 节介绍的行双样本 t 检验一样，行配对样本 t 检验也需要使用在行中排列的数据，如图 9-2-9（a）所示。其操作过程参考 9.2.5 节，最终获得如图 9-2-9（b）所示的效果。

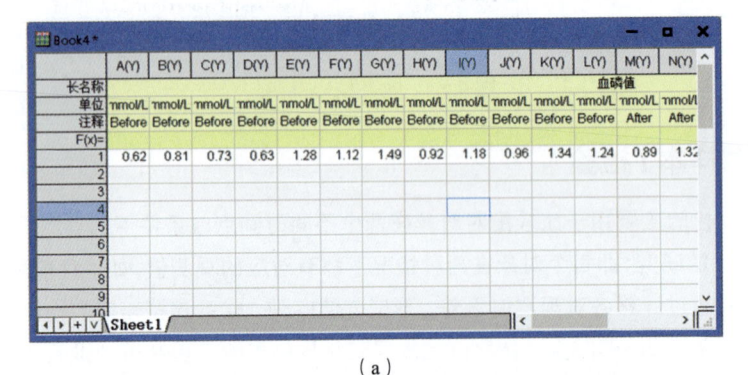

(a)

(b)

图 9-2-9 行配对样本 t 检验

9.3 方差分析

方差分析（Analysis of Variance，ANOVA），主要用于检验两个及以上样本均值差异的显著性。方差分析的基本思想是将总体方差分解为组间方差（反映了不同样本均值之间的差异）和组内方差（反映了相同样本内观测值的差异）。如果组间方差远大于组内方差，那么说明各样本均值之间存在显著性差异；反之，则不存在显著性差异。方差分析的前提假设包括：各样本服从正态分布，各样本的方差相等，且观察值之间相互独立。若数据不满足这些条件，则可能会产生错误的结论。在实际操作中可以根据经验免除相关检测，但一般建议进行正态性检验和方差齐性检测。

在 Origin 中，方差分析分为单因素方差分析、单因素重复测量方差分析、双因素方差分析、双因素重复测量方差分析、双因素重复测量混合方差分析、三因素方差分析等，其操作命令位于"统计"→"方差分析"下拉菜单中。

1. 用于均值比较的方差分析方法

Origin 中用于均值比较的方差分析方法有 Tukey、Bonferroni、Fisher's LSD、Scheffé、Dunn-Sidak、Dunnett、Holm-Bonferroni 和 Holm-Sidak。不同的用于均值比较的方差分析方法略有差异。

1）Tukey

Tukey 也称 Tukey's Honestly Significant Difference（Tukey's HSD），采用学生化极差分布（Studentized Range Distribution）计算比较的置信区间，并控制所有比较中最大的第 1 类错误的概率不超过设定的显著性水平。Tukey 适用于方差齐性较好的多组数据之间的比较，能够同时考虑方差不齐和多重比较的多重性校正，要求比较的样本容量相差不大，一般用于样本容量相同的组之间均值的比较。一般来说，Tukey 因自身良好的统计性能和广泛的应用性而备受推崇。

2）Bonferroni

Bonferroni 是一种通过调整各比较的显著性水平来控制总体错误率的方差分析方法。它简单地将整体的显著性水平除以比较的次数，从而得到各比较所使用的新的显著性水平。使用这种方法可以有效地降低因多次比较而导致的第 1 类错误的概率。当比较的次数不多时，使用这种方法的效果比较好；当比较的次数较多时，使用这种方法的效果不如使用 Holm-Sidak 的效果。

3）Fisher's LSD

由于在使用 Fisher's LSD 时不控制总体第 1 类错误，因此 Fisher's LSD 仅适用于整体双样本方差检验显著且比较次数较少的情况。

4）Scheffé

在比较次数较少的情况下，Scheffé 非常保守（甚至超过 Bonferroni）。Scheffé 主要用于复杂的多重比较。

5）Dunn-Sidak

Dunn-Sidak 是比 Dunnett 更为强大的方差分析方法，尤其适用于比较次数较多的情况。

6）Dunnett

Dunnett 实际上使用该方差分析方法的计算与使用 Fisher's LSD 相同，但是 Fisher's LSD 的临界值表基于 t 分布，而 Dunnett 有特殊的临界值表，通常用于多个实验组和一个对照组均值的比较。

7）Holm-Bonferroni

Holm-Bonferroni 是 Bonferroni 的一种改进，用于动态调整显著性水平，控制整体的错误率。相对来说，Bonferroni 比 Holm-Bonferroni 保守。在使用 Holm-Bonferroni 时，有更多的机会拒绝零假设。

8）Holm-Sidak

Holm-Sidak 是一种基于 Sidak 进行调整的多重比较方法，适用于需要精确控制第 1 类错误且比较次数不是太多的情况。该方法比 Bonferroni 更强大，但不能用于计算置信区间。

2. 用于方差齐性检验的方差分析方法

Origin 中用于方差齐性检验的方差分析方法有 Levene 检验（基于绝对偏差）、Levene 检验（基于偏差平方）、Brown-Forsythe 检验。

1）Levene 检验（基于绝对偏差）

Levene 检验（基于绝对偏差）是一种非参数检验方法，用于检验两个或更多个独立样本的方差是否相等。它的基本原理是比较各样本的观测值与其均值的绝对偏差的均值。Levene 检验（基于绝对偏差）对数据的正态性要求相对较低，但通常假设数据服从对称分布或至少不是极端偏斜。

2）Levene 检验（基于偏差平方）

Levene 检验（基于偏差平方）是 Levene 检验（基于绝对偏差）的变种，与 Levene 检验（基于绝对偏差）使用的偏差方式不同。

3）Brown-Forsythe 检验

Brown-Forsythe 检验是一种 Levene 检验的扩展。它通过使用数据与中位数而不是算术平均数的绝对偏差来进行数据分析，适用于数据非正态分布或存在极端值的情况。

9.3.1 单因素方差分析

单因素方差分析（One-Way ANOVA）是一种用于比较 3 个或更多个组之间均值是否存在显著性差异的统计分析方法。它适用于一个自变量（也称因素）有多个水平的情况，如不同治疗方法或不同药物剂量对某个变量的影响。单因素方差分析的基本假设是各组之间的观察值来自具有相同均值的正态分布。单因素方差分析通过计算组内方差和组间方差的比值来确定是否存在显著的组间差异。

新建工作表，导入"...\Samples\Statistics\ANOVA"目录中的One-Way_ANOVA_raw.dat文件，该文件中记录了3个班级的20组考试成绩，要比较3个班级的20组考试成绩是否存在差异，以及哪些班级之间存在差异，应进行如下操作。

先选择3列数据，再选择菜单栏中的"统计"→"假设检验"→"单因素方差分析"命令，打开"ANOVAOneWay"对话框，在如图9-3-1（a）所示的"输入"选项卡中将"输入数据"改为"原始数据"，在如图9-3-1（b）所示的"均值比较"选项卡中勾选"Tukey"复选框，在如图9-3-1（c）所示的"方差齐性检验"选项卡中勾选"Levene检验（基于绝对偏差）"复选框（此处未汉化好），其余选项保持默认设置，单击"确定"按钮，获得如图9-3-1（d）所示的效果。可以发现：①方差齐性通过；②在0.05水平下，总体方差分析存在显著性差异；③班级1和班级2、班级1和班级3不存在显著性差异，但班级2和班级3存在显著性差异。

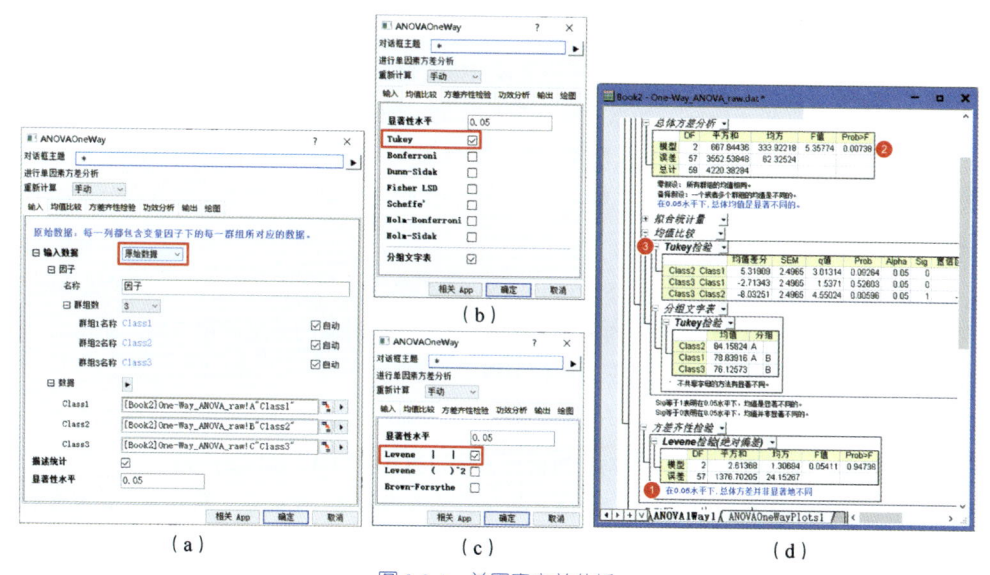

图9-3-1　单因素方差分析

9.3.2　单因素重复测量方差分析

单因素重复测量方差分析（One-Way Repeated Measures ANOVA）用于分析同一组受试对象在不同时间点或条件下接受同一水平处理（或不同水平处理）后某因变量的差异。这种方法考虑了受试对象内部的相关性，即认为同一受试对象在不同时间点或条件下的测量值之间存在一定的联系。通过比较不同时间点或条件下的测量值的差异，可以评估处理效果是否随时间或条件变化而显著不同。使用单因素重复测量方差分析能够排除个体差异对结果的影响，准确地揭示处理效果的变化趋势。单因素重复测量方差分析是医学、心理学等领域常用的数据分析方法。

单因素重复测量方差分析中的球形检验（Sphericity Test）是一个关键步骤，主要用于评估不同时间点的重复测量数据之间是否存在相关性。具体而言，它检验的是数据的协方差矩阵是否等同于一个特定结构的矩阵，这个结构假定所有时间点之间的方差是相同的，即符合球形假设。

在 Origin 中，使用球形 Mauchly 检验评估数据的球形假设是否成立。如果球形 Mauchly 检验的 P 值大于显著性水平，那么认为数据符合球形假设，可以采用未校正的方差分析结果；如果球形 Mauchly 检验的 P 值小于显著性水平，那么表明数据之间存在相关性，违反了球形假设，此时需要采用 Greenhouse-Geisser 或 Huynh-Feldt 等校正方法调整方差分析结果，以确保分析的准确性和可靠性。

在球形 Mauchly 检验表中，Origin 会同步计算 ε 值。该值介于 0 和 1 之间，用于调整自由度。当 ε 值趋近于 1 时，说明在根据 ε 值进行自由度调整时，调整后的自由度与原自由度非常接近。

一般来说，Greenhouse-Geisser 较为保守，更适用于对错误率要求较高的场景；而 Huynh-Feldt 较为宽松，更适用于样本量较小或希望减少假阴性风险的场景。然而，也有学者建议根据 ε 值的大小来选择校正方法，如当 ε 值小于 0.75 时，使用 Greenhouse-Geisser；当 ε 值大于或等于 0.75 时，使用 Huynh-Feldt 或使用二者中的任何一种均可（因为此时二者的差异较小）。注意，以上信息基于统计学原理和一般实践，具体应用时还需结合研究设计和数据分析的实际情况进行判断。

新建工作表，导入"...\Samples\Statistics\ANOVA"目录中的 One-Way RM ANOVA_raw.dat 文件，该文件记录了 3 种不同剂量的药物使用的 30 个受试对象的重复测量数据。要比较不同剂量的药物是否会有不同的效果，应进行如下操作。

先选择 3 列数据，再选择菜单栏中的"统计"→"假设检验"→"单因素重复测量方差分析"命令，打开"ANOVAOneWayRM"对话框，在如图 9-3-2（a）所示的"输入"选项卡中将"输入数据"改为"原始数据"，在"均值比较"选项卡中勾选"Tukey"复选框，其余选项保持默认设置，单击"确定"按钮，获得如图 9-3-2（b）所示的效果。可以发现：①球形 Mauchly 检验通过；②只看"球形假设"行，因 $P=0.03908<0.05$，故 3 种不同剂量药物的效果存在显著性差异；③药物 3 和药物 1、药物 3 和药物 2 不存在显著性差异，但药物 1 和药物 2 存在显著性差异。

注意，在单因素重复测量方差分析结果中，先看球形 Mauchly 检验结果。如果通过球形 Mauchly 检验，那么直接看"观察对象内的效应检验"中的"球形假设"行；如果未通过球形 Mauchly 检验，那么可以进行 Greenhouse-Geisser 或 Huynh-Feldt 等校正，也可以查看多变量检验（多元方差分析）结果；如果进行校正的结果和多变量检验结果不一致，那么一般以多变量检验结果为准。

(a)

(b)

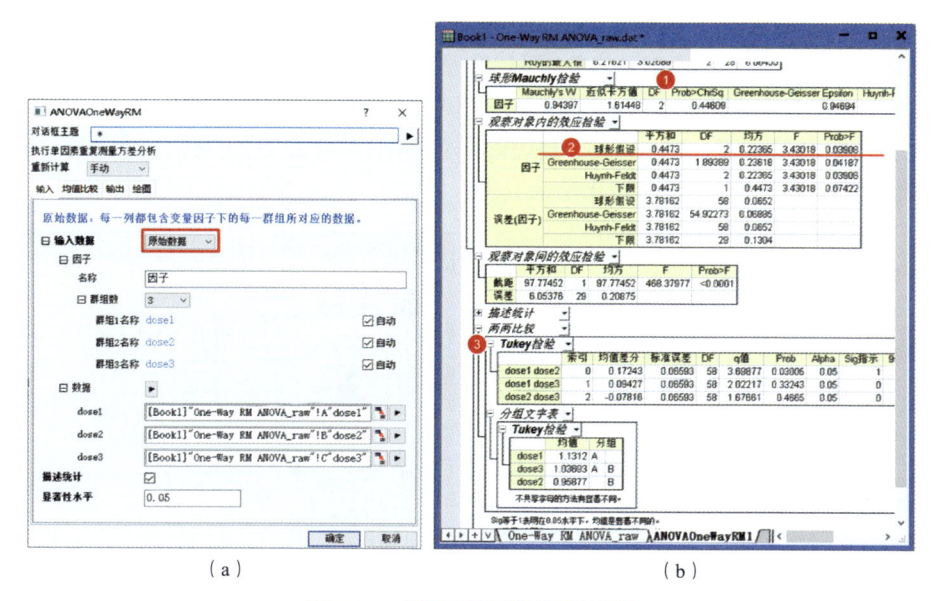

图 9-3-2　单因素重复测量方差分析

9.3.3　双因素方差分析

双因素方差分析（Two-way ANOVA）是一种用于考察两个因素（通常为因素 A 和因素 B，在 Origin 2025 中翻译为因子）对一个连续性因变量的影响的统计分析方法。双因素方差分析主要有两种类型，即无交互作用的双因素方差分析和有交互作用的双因素方差分析。无交互作用的双因素方差分析假定因素 A 和因素 B 的效应是相互独立的，即它们对因变量的影响不存在交互作用。换句话说，一个因素的水平发生变化不会改变另一个因素对因变量的影响。有交互作用的双因素方差分析假定因素 A 和因素 B 的结合会产生一种新的效应，即它们共同对因变量产生影响，且这种影响大于单独作用的总和。例如，不同地区的消费者对某品牌的偏好可能因地区和品牌的交互作用而有所不同。

新建工作表，导入"...\Samples\Statistics\ANOVA"目录中的 Two-Way_ANOVA_raw.dat 文件，该文件中记录了两种运动程度（Exercise：Light 和 Moderate），以及 3 种不同剂量（Dose：100mg、200mg 和 300mg）的药物作用于受试对象的血液总胆固醇（TotalChol）的数据。要比较运动程度与药物剂量对血液总胆固醇的影响，应进行如下操作。

先选择数据，再选择菜单栏中的"统计"→"假设检验"→"双因素方差分析"命令，打开"ANOVATwoWay"对话框。如图 9-3-3（a）所示：①在"输入"选项卡中将"输入数据"改为"原始数据"；②分别设置因子 A 和因子 B 的名称、群组数及各群组名称（之前在进行单因素方差分析时没有修改因子名称，但因子变多后各因子之间及因子的交互作用比较复杂，为了便于分析结果的解读，建议修改因子名称）；③选择各自对应的数据；④勾选"交互"复选框。在"均值比较"选项卡中勾选"Tukey"复选框，其余选项保持默认设置，单击"确定"按钮，获得如图 9-3-3（b）所示的效果。可以发现：①在 0.05 水平下，运动程度和药物剂量对血液总胆固醇存在显著影响，且二者的交互作用不显著；②在"均值比较"中查看分组文字表，能更直观地看出哪些组之间存在差异，建议细看对应的计算结果。这里表示加大运动程度或药物剂量都会显著降低血液总胆固醇水平。

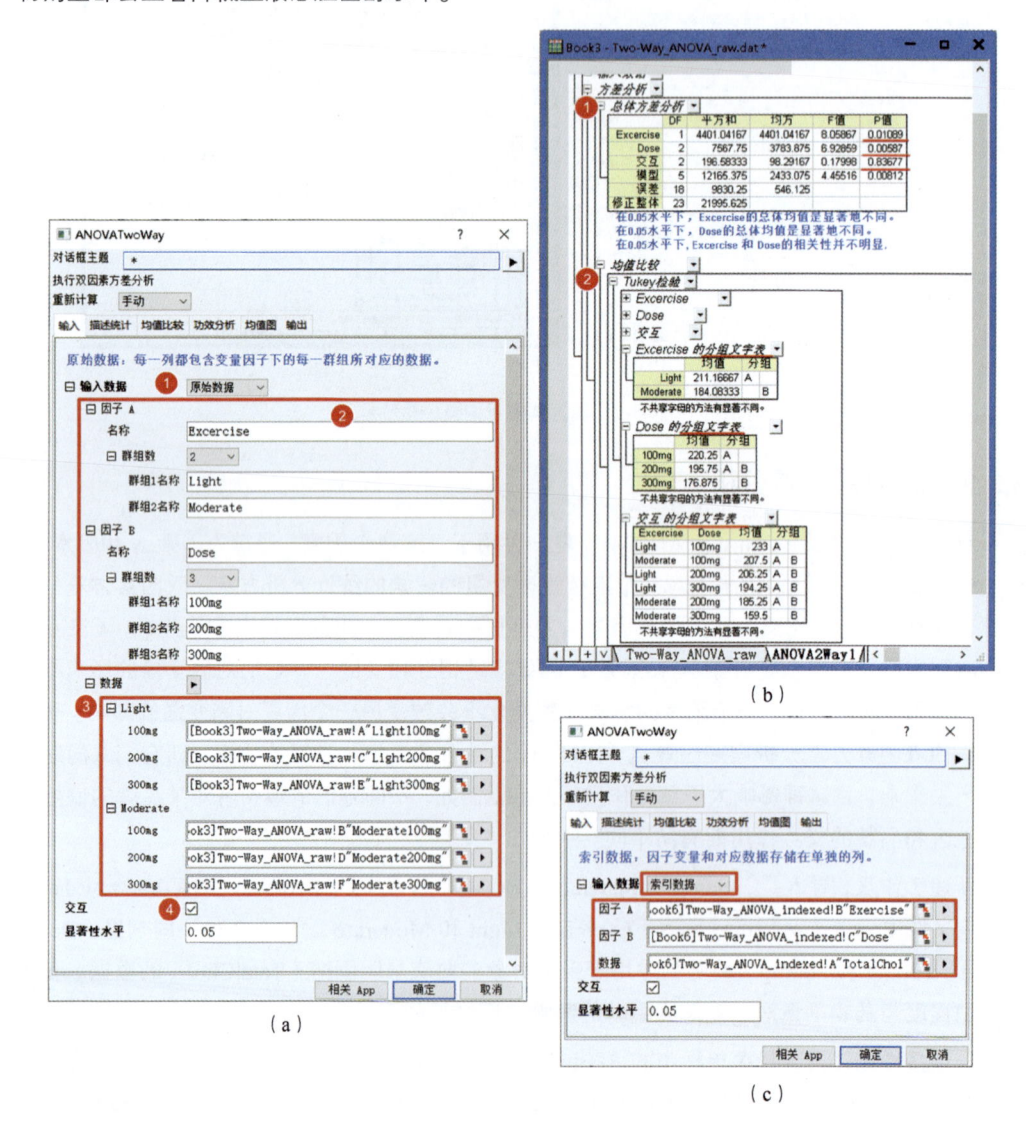

图 9-3-3　双因素方差分析

上述双因素方差分析示例是使用原始数据进行的分析，但 Origin 更推荐使用索引数据（默认）进行分析，因为这种格式会自动读取因素和水平的名称，输入数据会更简便。新建工作表，导入"…\Samples\Statistics\ANOVA"目录中的 Two-Way_ANOVA_indexed.dat 文件。先选择数据，再选择菜单栏中的"统计"→"假设检验"→"双因素方差分析"命令，默认打开如图 9-3-3（c）所示的"ANOVATwoWay"对话框的按索引数据进行输入的"输入"选项卡，只需选择对应分组列和数据列即可。

9.3.4 双因素重复测量方差分析

双因素重复测量方差分析（Two-Way Repeated Measures ANOVA）旨在评估两个因素，以及它们之间的交互作用对同一组受试对象在多个时间点上的重复测量数据的影响。这种方法适用于实验设计中包含两个可操纵变量（治疗方法和药物剂量等），且每个受试对象都在这些因素的不同组合下被多次测量的场景。双因素重复测量方差分析包括两个都是观察对象内（Within-Subjects）因素的双因素重复测量方差分析；一个观察对象间（Between-Subjects）因素和一个观察对象内（Within-Subjects）因素的双因素重复测量方差分析。

新建工作表，导入"…\Samples\Statistics\ANOVA"目录中的 Two-Way RM ANOVA_indexed.dat（注意 RM 是大写，小写是另一个数据示例）文件。先选择数据，再选择菜单栏中的"统计"→"假设检验"→"双因素重复测量方差分析"命令，默认打开"ANOVATwoWayRM"对话框，按索引数据输入因子 A/B、数据和观察对象，并对数据进行分析。如图 9-3-4（a）所示：①药物项（drug）通过了球形 Mauchly 检验，剂量项（dose）因自由度不足故未进行球形 Mauchly 检验，交互项（drug*dose）未通过球形 Mauchly 检验，但 ε=0.65362＜0.75；②药物项（drug）直接看"观察对象内的效应检验"中的"球形假设"行，P=0.06461＞0.05，表示药物对观测对象不存在显著影响；交互项（drug*dose）采用 Greenhouse-Geisser 校正，结果 P=0.02584＜0.05，表示药物项（drug）和剂量项（dose）存在显著交互作用。如图 9-3-4（b）所示：③结合"多变量检验"中的结果，药物项（drug）以"球形假设"行的结果为准，剂量项（dose）以"多变量检验"中的结果为准，交互项（drug*dose）以"多变量检验"与"Greenhouse-Geisser 校正"中的结果为准，最终得出不同药物对观测对象不存在显著影响，不同剂量对观测对象存在显著影响，不同剂量对观测对象的显著影响会随着药物的不同而不同。均值比较请读者自行琢磨。

(a)　　　　　　　　　　　　　　　　(b)

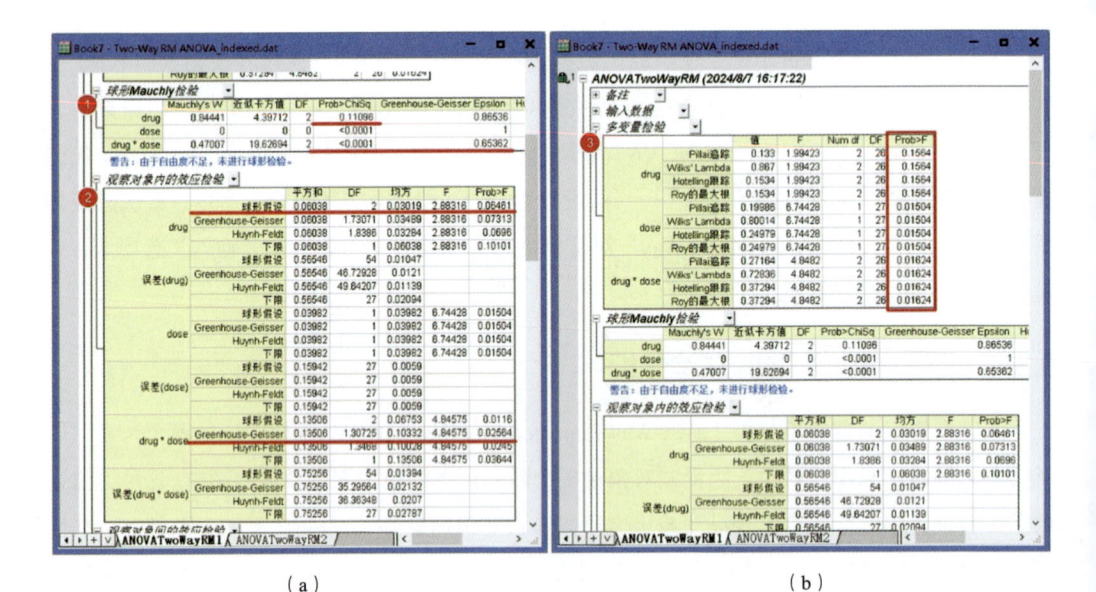

图 9-3-4　双因素重复测量方差分析

9.3.5　双因素重复测量混合方差分析

当双因素重复测量方差分析中的两个因素均为观察对象内因素时，如果其中一个因素变为观察对象间因素，如将观测对象按照性别或对照组/实验组等方式进行分组，那么双因素重复测量方差分析就变成了双因素重复测量混合方差分析。

新建工作表，导入"…\Samples\Statistics\ANOVA"目录中的 Two-Way rm ANOVA1_raw.dat（注意 rm 是小写）文件。先选择数据，再选择菜单栏中的"统计"→"假设检验"→"双因素重复测量方差分析"命令，默认打开"ANOVATwoWayRM"对话框，在如图 9-3-5（a）所示的"输入"选项卡中，将"输入数据"改为"原始数据"，将因子 A 命名为"Gender"，并取消勾选"重复"复选框，将因子 B 命名为"Time"，勾选"重复"复选框，并设置"群组数"为"3"，将 3 个群组分别命名为"Month1""Month2""Month3"；按照因子设定输入对应数据；勾选"交互"复选框，单击"确定"按钮，获得如图 9-3-5（b）所示的效果。可以发现：①时间项（Time）未通过球形 Mauchly 检验，且 ε=0.84981＞0.75，交互项（Time*Gender）亦未通过球形 Mauchly 检验，二者均采用 Huynh-Feldt 校正，表明时间项（Time）具有显著性，即体重是随着时间有显著变化的；交互项（Time*Gender）的 P=0.14025＞0.05，即性别和时间对体重的影响是相互独立的；②"观察对象间的效应检验"中的 Gender 的 P＜0.0001，即性别是一个显著性因子，处理结果对男性和女性的作用存在显著性差异；③结合"多变量检验"中的结果，对时间项（Time）和交互项（Time*Gender）亦有相同的结论。

第 9 章　Origin 统计分析方法 | 351

（a）　　　　　　　　　　　　　　　　　（b）

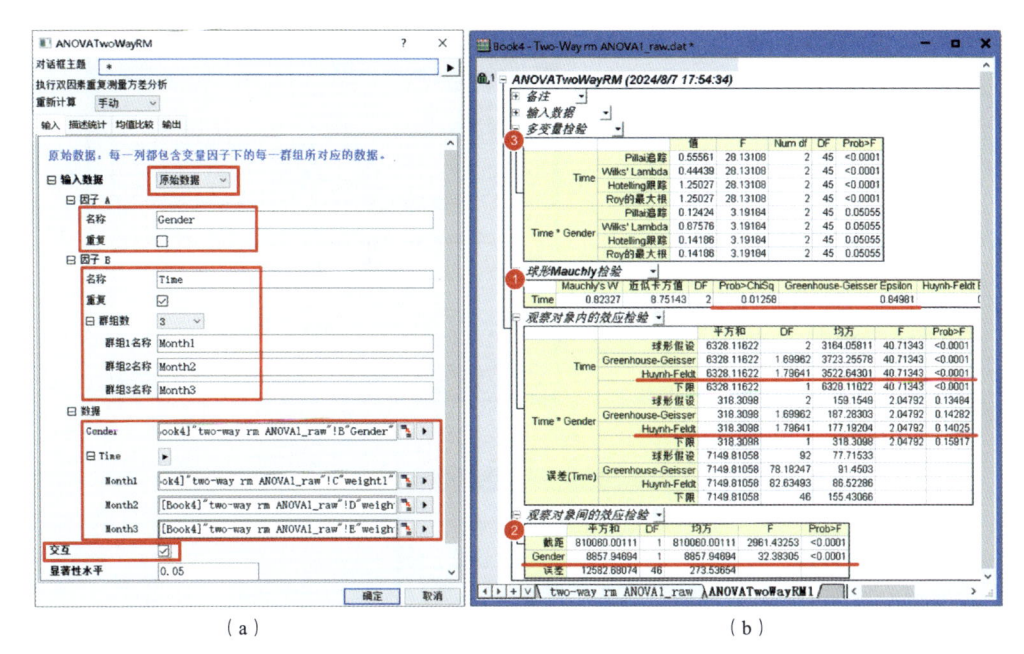

图 9-3-5　双因素重复测量混合方差分析

9.3.6　三因素方差分析

当研究问题中涉及 3 个或 3 个以上的分类变量和 1 个连续变量时，可以使用三因素方差分析（Three-way ANOVA）探讨这些自变量及其交互作用对因变量的影响。

选择菜单栏中的"帮助"→"Learning Center"→"分析示例"→"统计-ANOVA"→"三因素方差分析（Pro）"命令，打开三因素方差分析数据集，该数据集中包括 3 个因素：地区（亚洲/欧洲/非洲等）、发展指数（发达/发展中国家）和时间（2000/2005/2010），以及基于该 3 个因素的各国网民数量占比。要查看上述因素对各国网民数量占比是否有影响并观察各组因素之间是否存在显著性差异，应进行如下操作。

先选择数据，再选择菜单栏中的"统计"→"方差分析"→"三因素方差分析"命令，打开"ANOVAThreeWay"对话框，在如图 9-3-6（a）所示的"输入"选项卡中将"输入数据"改为"索引数据"，单击"确定"按钮，获得如图 9-3-6（b）所示的效果，其中交互项（Developing Index*Year 及 Developing Index*Year*Region）不存在显著性差异。单击图 9-3-6（b）左上方的 🔒 按钮，在弹出的如图 9-3-6（c）所示的下拉列表中选择"更改参数"选项，重新对"输入"等选项卡的参数进行设置，在如图 9-3-6（d）所示的"模型"选项卡中取消勾选"效应 A*B"复选框和"效应 A*B*C"复选框，即上一步中不存在显著性差异的两个交互项，在"均值比较"选项卡中勾选"Bonferroni"复选框，重新计算。接下来可以进一步进行均值比较分析。

(a)　　　　　　　　　　　　　　(b)

(c)　　　　　　　　　　　　　　(d)

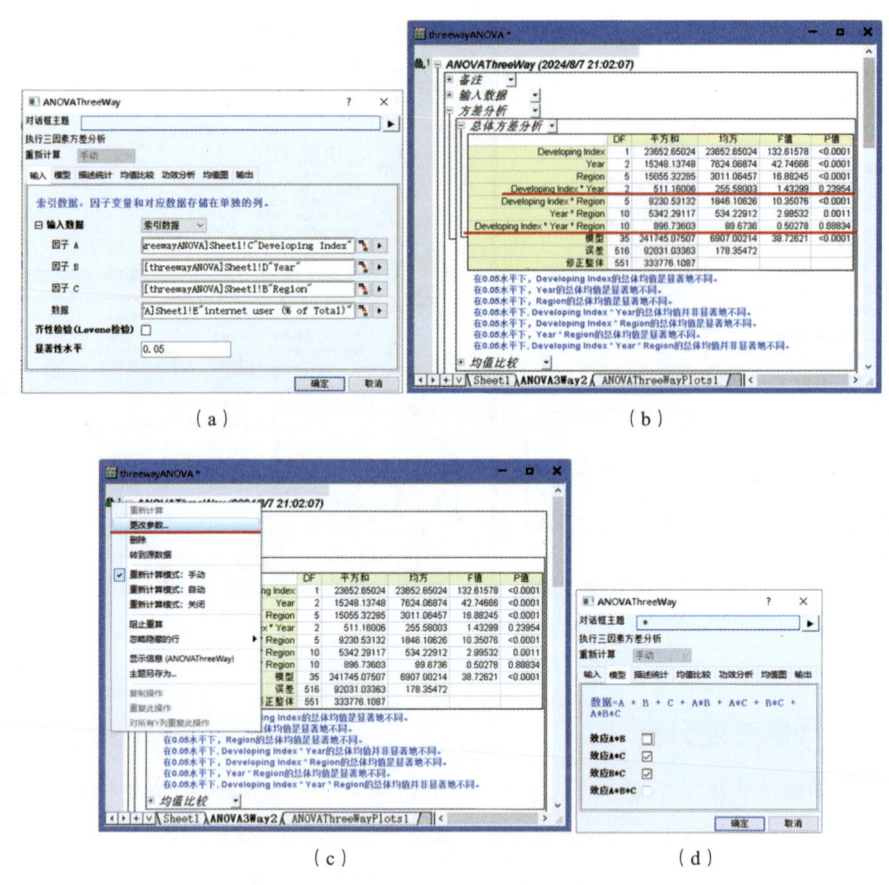

图 9-3-6　三因素方差分析

9.4　非参数检验

Origin 提供了多种非参数检验方法，如 Kruskal-Wallis 方差分析、Mann-Whitney 检验等，这些非参数检验方法不依赖数据的具体分布形态，用于有效处理各类复杂数据。通过非参数检验，用户可以对数据进行深入分析，探索不同组之间的差异，而无须担心数据是否满足正态分布。

9.4.1　单样本 Wilcoxon 符号秩检验

单样本 Wilcoxon 符号秩检验是单样本 t 检验的非参数替代方法，单样本 t 检验要求数据符合正态分布。如果数据不符合正态分布，那么使用单样本 Wilcoxon 符号秩检验。

假设车间中的一位质量工程师意图检测本批次产品质量的中位数（或均值）是否为 166。于是他随机选取了 10 个样本，检测其质量，并使用单样本 Wilcoxon 符号秩检验进行分析。

打开工作表，先选择 A 列数据，再选择菜单栏中的"统计"→"非参数检验"→"单样本 Wilcoxon 符号秩检验"命令，打开如图 9-4-1（a）所示的"单样本 Wilcoxon 符号秩检验"对话框，设置"中位数检验"为"166"，单击"确定"按钮，获得如图 9-4-1（b）所示的效果。可以发现，质量的中位数达标。

（a） （b）

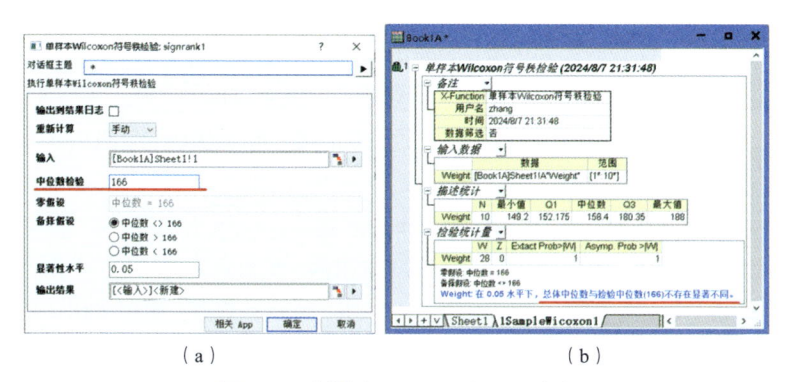

图 9-4-1　单样本 Wilcoxon 符号秩检验

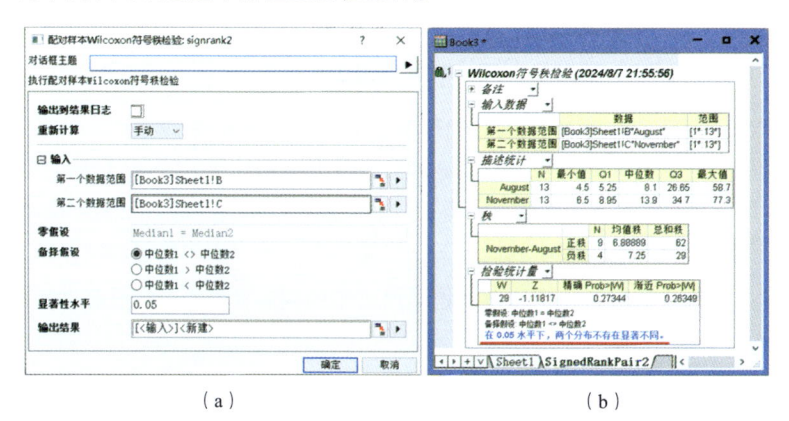

9.4.2　配对样本 Wilcoxon 符号秩检验

配对样本 Wilcoxon 符号秩检验是配对样本 t 检验的非参数替代方法，配对样本 t 检验要求数据符合正态分布。如果数据不符合正态分布，那么使用配对样本 Wilcoxon 符号秩检验。

已知研究人员测量了某年 8 月和 11 月收获的同一年生木的铁含量，实验分析了 13 个样本，研究两个批次的铁含量是否存在显著性差异。

打开工作表，先选择 B 列和 C 列数据，再选择菜单栏中的"统计"→"非参数检验"→"配对样本 Wilcoxon 符号秩检验"命令，打开如图 9-4-2（a）所示的"配对样本 Wilcoxon 符号秩检验"对话框，进行相应的设置后，单击"确定"按钮，获得如图 9-4-1（b）所示的效果。可以发现，两个批次的铁含量不存在显著性差异。

（a） （b）

图 9-4-2　配对样本 Wilcoxon 符号秩检验

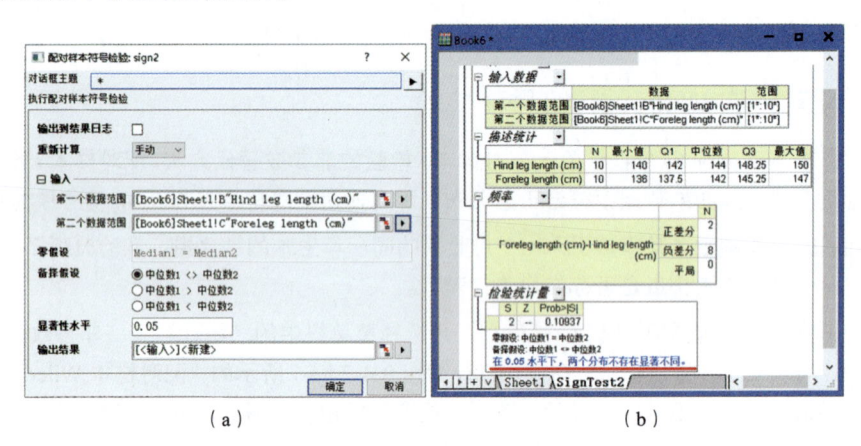

9.4.3 配对样本符号检验

配对样本符号检验的核心在于比较各对观测值之间的差异（通常是差值或比例），并关注这些差异的正负符号。具体来说，在进行配对样本符号检验时，统计正差异（第 1 个观测值大于第 2 个观测值）和负差异的数量，通过比较这两种差异的分布来判断样本之间是否存在显著性差异。配对样本符号检验的优势在于，不要求数据满足特定的分布形态，如正态分布，因此具有广泛的适用性。此外，它还能有效地处理数据中的极端值或异常值，提高分析的稳健性。

已知研究人员测得 10 头鹿的左后肢和右后肢的长度，现需要研究二者的长度是否存在显著性差异。

打开工作表，先选择 B 列和 C 列数据，再选择菜单栏中的"统计"→"非参数检验"→"配对样本符号检验"命令，打开如图 9-4-3（a）所示的"配对样本符号检验"对话框，进行相应的设置后，单击"确定"按钮，获得如图 9-4-3（b）所示的效果。可以发现，鹿的左后肢和右后肢的长度不存在显著性差异。

（a）　　　　　　　　　　　　　　（b）

图 9-4-3　配对样本符号检验

9.4.4 双样本 Kolmogorov-Smirnox 检验

双样本 Kolmogorov-Smirnov 检验，简称 K-S 检验，是双样本 t 检验的非参数替代方法，是一种用于检验两个独立样本是否为相同连续分布的非参数检验方法，对数据的具体分布形态没有假设，适用于各种类型的连续数据。需要注意的是，Kolmogorov-Smirnov 检验对样本量的要求较高，特别是在分布差异较小的情况下，可能需要大量样本才能检测到存在显著性差异。

已知研究人员为了研究手动挡和自动挡美产汽车的耗油量是否存在显著性差异，采集了某年对应的数据。

打开工作表，先选择数据，再选择菜单栏中的"统计"→"非参数检验"→"双样本 Kolmogorov-Smirnox 检验"命令，打开如图 9-4-4（a）所示的"双样本 Kolmogorov-Smirnox 检验"对话框，进行相应的设置后，单击"确定"按钮，获得如图 9-4-4（b）所示的效果。可以发现，手动挡和自动挡美产汽车的耗油量存在显著性差异，手动挡美产汽车的耗油量显著高于自动挡。

（a）

（b）

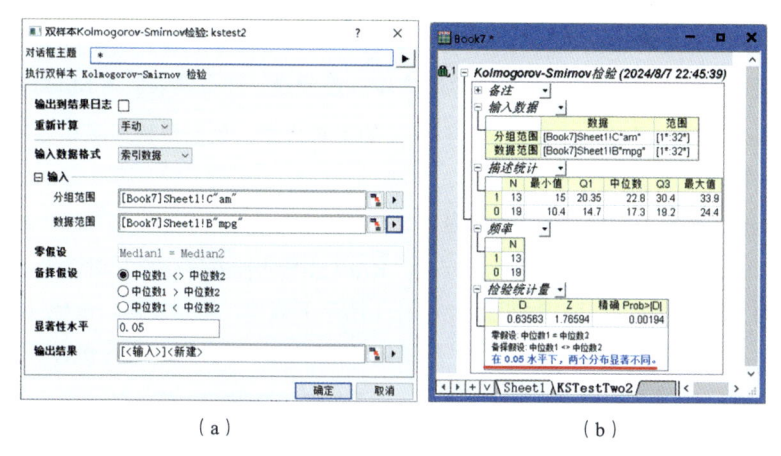

图 9-4-4　双样本 Kolmogorov-Smirnox 检验

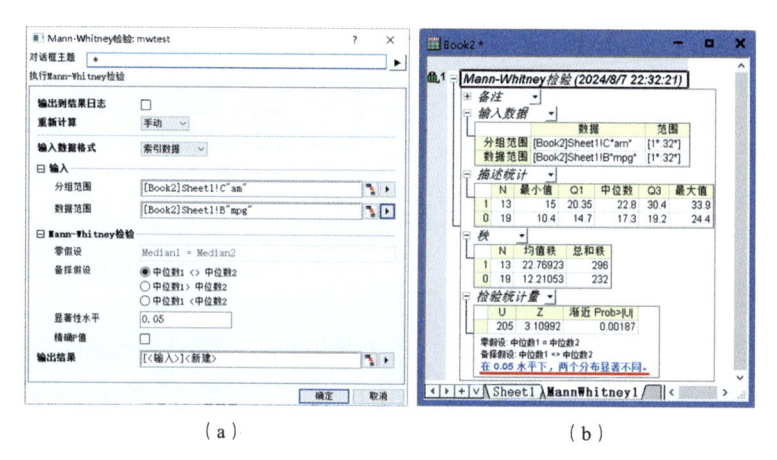

9.4.5　Mann-Whitney 检验

Mann-Whitney 检验也是双样本 t 检验的非参数替代方法，是一种用于检验两个独立样本的中位数是否存在显著性差异的方法，不依赖数据的具体分布形态，对具有偏态分布或含有异常值的数据集特别有用。在样本较少的情况下，推荐使用 Mann-Whitney 检验。

使用 9.4.4 节的数据，先选择数据，再选择菜单栏中的"统计"→"非参数检验"→"Mann-Whitney 检验"命令，打开如图 9-4-5（a）所示的"Mann-Whitney 检验"对话框，进行相应的设置后，单击"确定"按钮，获得如图 9-4-5（b）所示的效果。可以发现，手动挡美产汽车的耗油量显著高于自动挡。

（a）

（b）

图 9-4-5　Mann-Whitney 检验

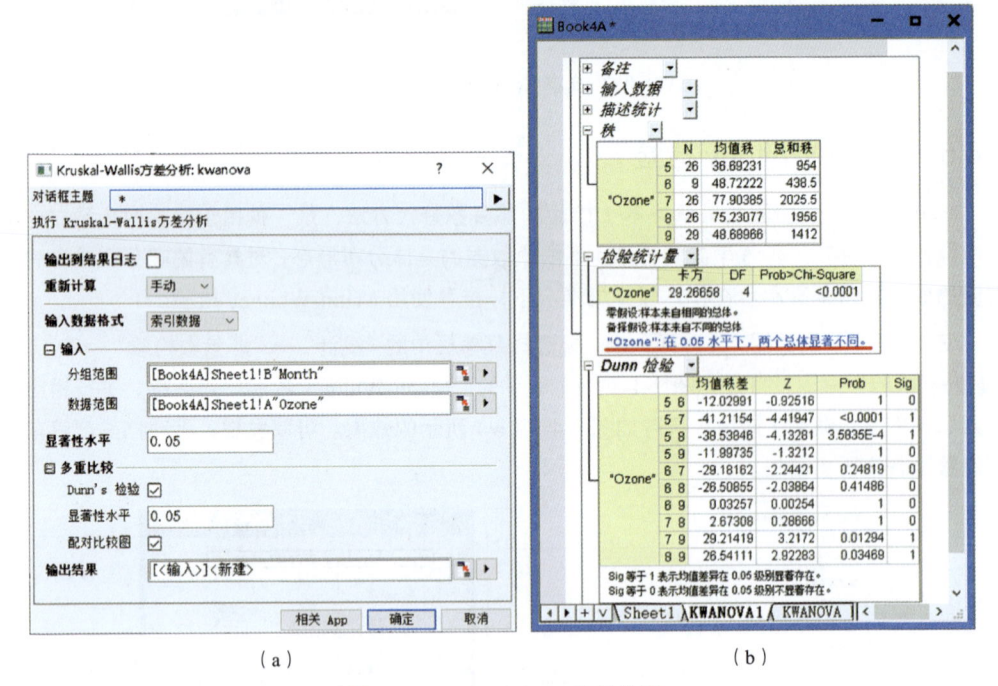

9.4.6 Kruskal-Wallis 方差分析

Kruskal-Wallis 方差分析简称 K-W 方差分析，是单因素方差分析的非参数替代方法，用于比较 3 个或更多个独立样本组之间的中位数是否存在显著性差异。该方法要求样本之间的方差大致相等（满足方差齐性假设），如果不满足方差齐性假设，那么建议使用 Mood 中位数检验。

已知研究人员采集了纽约上空某年 5~9 月的臭氧含量，现需要研究该年 5~9 月的臭氧含量是否存在显著性差异。

打开工作表，先选择数据，再选择菜单栏中的"统计"→"非参数检验"→"Kruskal-Wallis 方差分析"命令，打开如图 9-4-6（a）所示的"Kruskal-Wallis 方差分析"对话框，进行相应的设置后，单击"确定"按钮，获得如图 9-4-6（b）所示的效果。可以发现，该地某年 5~9 月的臭氧含量显著不同。根据"Dunn 检验"中的结果还可以进一步分析哪些月份存在显著性差异。

(a) (b)

图 9-4-6　Kruskal-Wallis 方差分析

9.4.7 Mood 中位数检验

Mood 中位数检验是单因素方差分析的非参数替代方法，直接用于检验两个或更多个独立样本的中位数是否相等，同样不依赖数据的具体分布形态。它被看作 Kruskal-Wallis 方差分析的一种较弱的替代方法，在检测中等甚至大量样本时效率略显不足，用户可以考虑更换使用

Mann-Whitney 检验、Kruskal-Wallis 方差分析。然而，在数据集包含极端异常值的情况下使用 Mood 中位数检验更稳健。

使用 9.4.6 节的数据，先选择数据，再选择菜单栏中的"统计"→"非参数检验"→"Mood 中位数检验"命令，打开如图 9-4-7（a）所示的"Mood 中位数检验"对话框，进行相应的设置后，单击"确定"按钮，获得如图 9-4-7（b）所示的效果。可以发现，该地某年 5~9 月的臭氧含量显著不同。根据"Dunn 检验"中的结果还可以进一步分析哪些月份存在显著性差异。

(a) (b)

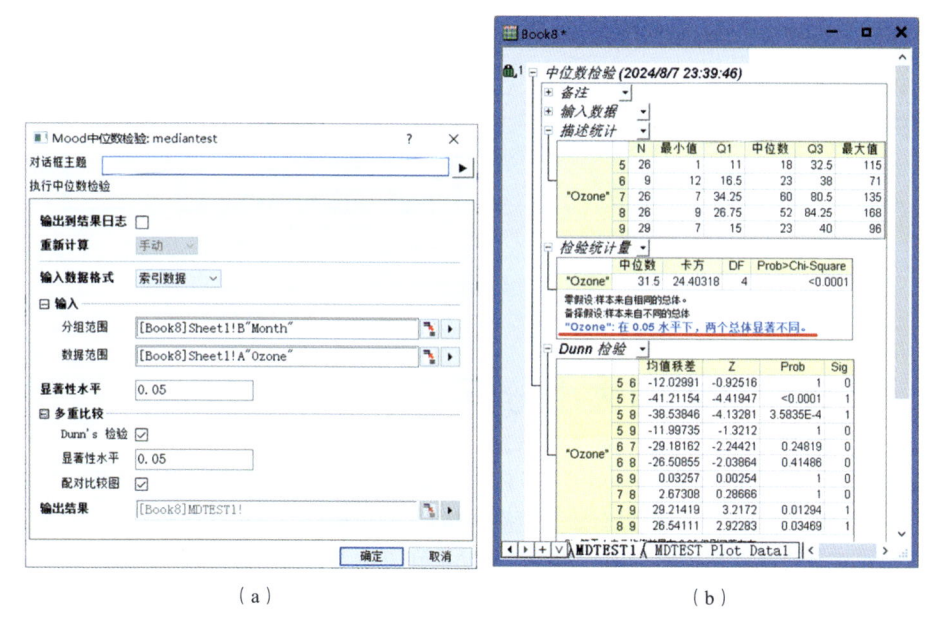

图 9-4-7　Mood 中位数检验

9.4.8　Friedman 方差分析

Friedman 方差分析是单因素重复测量方差分析的非参数替代方法，适用于数据不满足方差分析的正态分布假设的情况。Friedman 方差分析是基于秩次而非原始数据的，通过计算各组的秩次和来评估不同条件下样本的一致性。

假设眼科医生正在调查激光 He-Ne 疗法是否适合儿童使用，已知他们采集了 6~10 岁和 11~16 岁儿童的两组数据，每组数据都包含 5 名患者进行 3 个疗程前后的裸眼视力差。

打开工作表，先选择数据，再选择菜单栏中的"统计"→"非参数检验"→"Friedman 方差分析"命令，打开如图 9-4-8（a）所示的"Friedman 方差分析"对话框，进行相应的设置后，单击"确定"按钮，获得如图 9-4-8（b）所示的效果。可以发现，样本之间存在显著性差异，该疗法对 6~10 岁儿童有效。使用同样的方法，还可以分析 11~16 岁儿童的数据。

（a） （b）

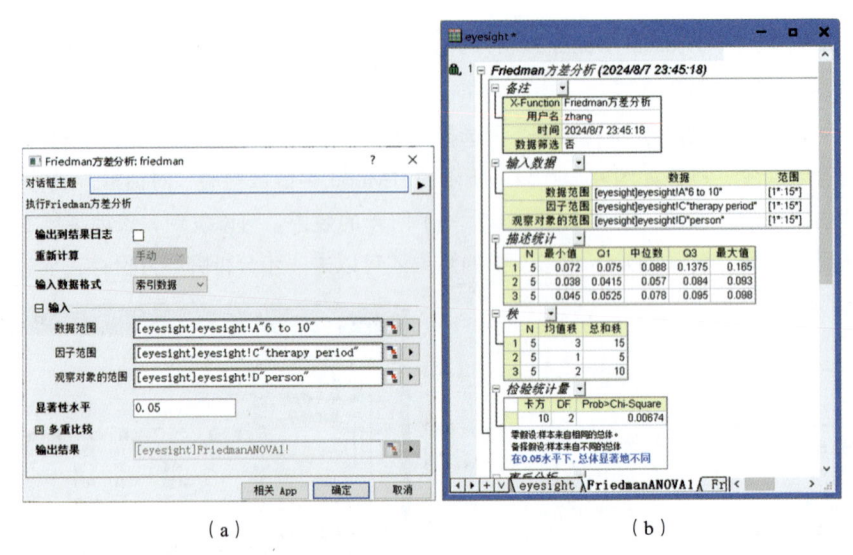

图 9-4-8　Friedman 方差分析

9.5　功效和样本量大小分析

在科学研究与临床试验中，功效分析（Power Analysis）与样本量大小分析是两个至关重要的环节，它们共同构成了确保结果有效和可靠的基石。通过精心设计的功效分析和样本量计算，研究人员能够有效地规划实验，提高研究的成功率和影响力。

功效分析旨在确定在给定显著性水平下，研究能够正确地拒绝零假设的概率。简单来说，功效分析决定了什么样的样本量才能确保以很高的概率正确地拒绝零假设，进行功效分析有助于研究人员评估研究设计是否足够强大，以在统计上显著证明或反驳研究假设。统计功效由 3 个主要参数决定：显著性水平（α，通常为 0.05）、效应大小（预期的真实差异），以及样本量（N）。通过调整这些参数，研究人员可以计算出达到预定功效（通常在 0.8～0.9 内）所需的样本量，从而确保有足够的能力探测到真实的效应。

样本量大小分析则基于研究目的、资源限制及统计要求，确定参与研究的个体或观察单位的数量。合理数量的样本对于减小误差、提高研究精度至关重要。样本过少可能导致结果不稳定，难以推广到更广泛的人群；而样本过多则可能浪费资源，增加研究成本。因此，通过功效分析来确定样本量，可以平衡研究的科学性与可行性。

需要指出的是，9.2 节介绍的假设检验和 9.3 节介绍的方差分析（重复测量方差分析除外）的参数设置对话框中都有"功效分析"选项卡，其用于计算当前样本的功效大小，或假定样本量对应的功效大小，这是一种事后分析。而本节讨论的功效和样本量大小分析则是一种先验分析，用于在实验设计之初提供指导。

第 9 章 Origin 统计分析方法 | 359

Origin 中功效和样本量大小分析的方法有单比率检验、双比率检验、单样本 t 检验、双样本 t 检验、配对样本 t 检验、单方差检验、双方差检验、单因素方差分析等，其操作命令位于"统计"→"功效与样本量大小分析"下拉菜单中。

9.5.1 单比率检验

假设期待检验值为 0.5，实验中收集的数据比例为 0.55。要想估计需要抽取多少个样本才能使实验的置信水平达到 95% 且使检验功效达到 0.80，应进行如下操作。

在 Origin 中打开一个空白工作表，选择菜单栏中的"统计"→"功效和样本量大小分析"→"单比率检验"命令，打开如图 9-5-1（a）所示的"（PSS）单比率检验"对话框，进行相应的设置后，单击"确定"按钮，获得如图 9-5-1（b）所示的效果。可以发现，需要抽取 780 个样本才能达到 95% 的置信水平以保证这次单比率检验的检验功效达到 0.8。

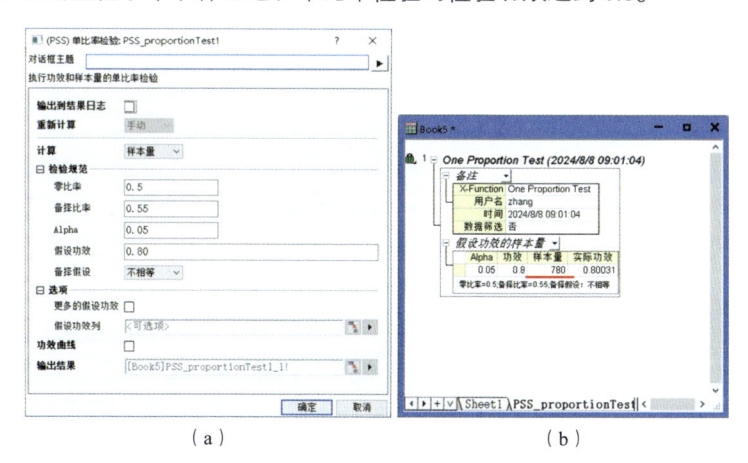

（a） （b）

图 9-5-1　单比率检验

9.5.2 双比率检验

已知某种类型的皮肤损伤若不治疗则将有 30% 的概率发展成癌症，某制药公司正在研发一种新药用于控制皮肤病变。因为只有在新药比现有药物对癌症发病率低 5% 的基础上才值得继续研发，所以该制药公司计划对随机分成两组的患者进行研究，这两组为对照（未治疗）组和治疗组。要想知道需要多少测试样本才能使实验的置信水平达到 95%，使检验功效达到 0.8 且使 Alpha 达到 0.05，应进行如下操作。

在 Origin 中打开一个空白工作表，选择菜单栏中的"统计"→"功效和样本量大小分析"→"双比率检验"命令，打开如图 9-5-2（a）所示的"（PSS）双比率检验"对话框，进行相应的设置（注意，设置"第一组比率"为"0.3"是指不治疗时的癌症发病率，设置"第二组比率"为"0.15"是通过 0.3−10%−5% 来获得的）后，单击"确定"按钮，获得如图 9-5-2（b）所示的效果。可以发现，需要 95 个样本才能达到 95% 的置信水平，以保证这次双比率检验功效达到 0.8 且使 Alpha 达到 0.05。

(a)

(b)

图 9-5-2　双比率检验

9.5.3　单样本 t 检验

已知某社会学家想要设计一个实验以确定美国婴儿死亡率（‰）的均值是否为 8。在实验设计中，死亡率的差异变化不能大于 0.5，从试点研究已知标准偏差是 2.1。要研究在 95%的置信水平下婴儿的平均死亡率的估算达到 0.7,0.8,0.9 的检验功效，分别需要收集多少个样本，应进行如下操作。

在 Origin 中打开一个空白工作表，选择菜单栏中的"统计"→"功效和样本量大小分析"→"单样本 t 检验"命令，打开如图 9-5-3（a）所示的"(PSS)单样本 t 检验"对话框，进行相应的设置后，单击"确定"按钮，获得如图 9-5-3（b）所示的效果。可以发现，在实验设计中，社会学家要达到 0.7 的检验功效需要收集 111 个样本，要达到 0.8 的检验功效需要收集 141 个样本，要达到 0.9 的检验功效需要收集 188 个样本。

(a)

(b)

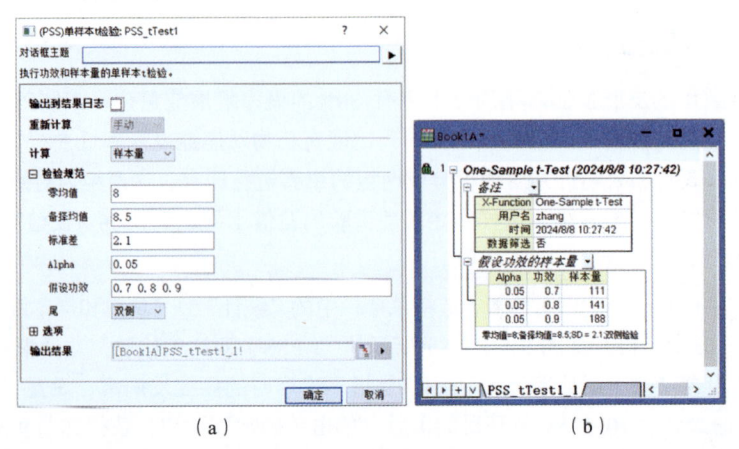

图 9-5-3　单样本 t 检验

9.5.4　双样本 t 检验

已知某医生办公室参与了两个地方保险计划 Healthwise 和 Medcare，目的是比较这两个地方保险计划的平均索赔时间（单位：天）。历史数据显示，Healthwise 的平均索赔时间为 32，标准差为 7.5；而 Medcare 的平均索赔时间为 42，标准差为 3.5。假设选择每个地方保险计划中的 10 个索赔项目，并记录相应的索赔时间，要研究在 95%的置信水平下，检测出两个地方保险计划的平均索赔时间有差异的检验功效是多少，应进行如下操作。

在 Origin 中打开一个空白工作表，选择菜单栏中的"统计"→"功效和样本量大小分析"→"双样本 t 检验"命令，打开如图 9-5-4（a）所示的"（PSS）双样本 t 检验"对话框，进行相应的设置（其中"标准差"是根据两个地方保险计划的标准差和样本量计算出的合并标准差）后，单击"确定"按钮，获得如图 9-5-4（b）所示的效果。可以发现，如果该医生办公室为每个地方保险计划都收集 10 个索赔项目，那么约 95%的概率检测出差异，约 5%的概率不能拒绝无效假设，且得出错误的结论。

（a）　　　　　　　　　　　　　　（b）

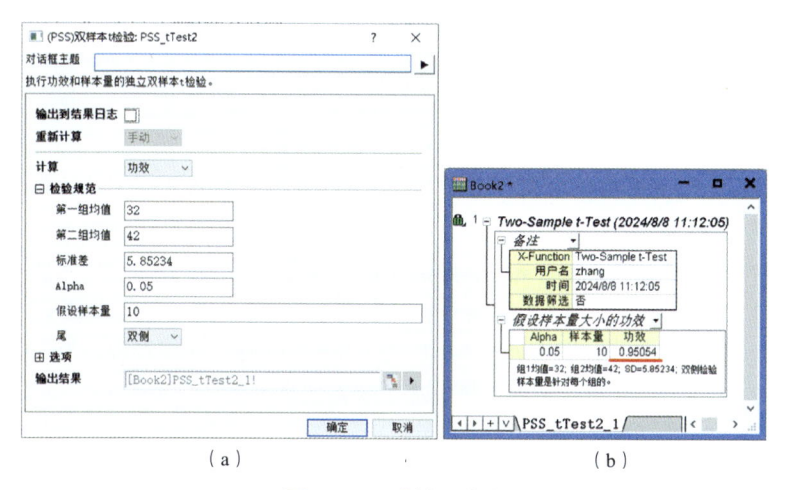

图 9-5-4　双样本 t 检验

9.5.5　配对样本 t 检验

假设某行为研究人员想研究在手动灵巧方面主导手和非主导手的区别。于是他设计了一个实验，其中每个人都将桌子上的 10 个小珠子放在碗中，一次用主导手，一次用非主导手。该行为研究人员测量每轮完成任务所需的秒数。同时，他决定了双手的测量顺序。主导手和非主导手所需的平均时间的期望值分别为 5 秒、10 秒，且主导手的效率更高，标准差为 10。他收集了 35 个受试者的数据作为样本。要研究使用 35 个样本来检测 5 秒的差异的检验功效是多少，应进行如下操作。

在 Origin 中打开一个空白工作表，选择菜单栏中的"统计"→"功效和样本量大小分析"→"配对样本 t 检验"命令，打开如图 9-5-5（a）所示的"（PSS）配对样本 t 检验"对话框，进行相应的设置后，单击"确定"按钮，获得如图 9-5-5（b）所示的效果。可以发现，该行为研究人员有 82%的概率检测到 5 秒的差异。

（a）

（b）

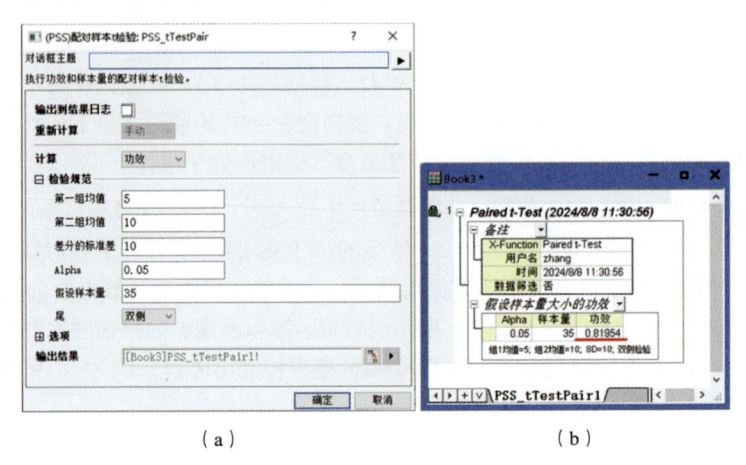

图 9-5-5　配对样本 t 检验

9.5.6　单方差检验

假设方差为 0.5、备择方差为 0.4，要使设计出来的实验在 0.05 水平下的检验功效为 0.8 和 0.9，应进行如下操作。

在 Origin 中打开一个空白工作表，选择菜单栏中的"统计"→"功效和样本量大小分析"→"单方差检验"命令，打开如图 9-5-6（a）所示的"(PSS)单方差检验"对话框，进行相应的设置后，单击"确定"按钮，获得如图 9-5-6（b）所示的效果。可以发现，为了检测 0.4 的备择方差也就是 0.8 的方差比率，必须收集 327 个样本才能使检验功效为 0.8，必须收集 431 个样本才能使检验功效为 0.9。

（a）

（b）

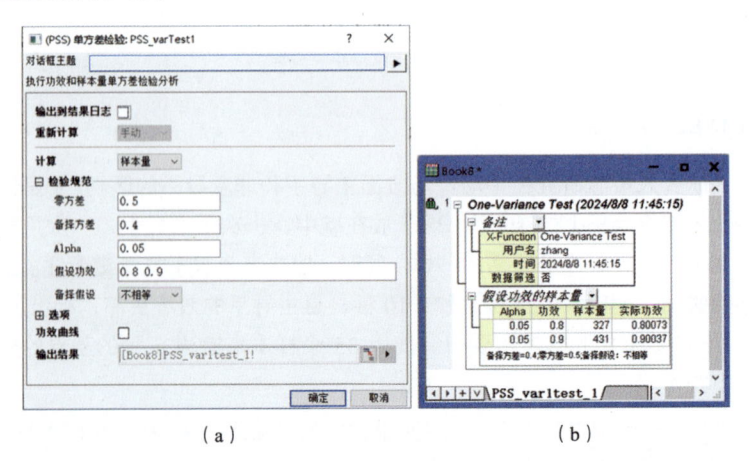

图 9-5-6　单方差检验

9.5.7 双方差检验

已知研究人员想评估两组不同样本的变异性是否相同。要研究在进行双方差检验（两组样本的标准差比为 0.75）时，从每组样本中抽取 40 个的检验功效是多少，抽取 50 个的检验功效又是多少，应进行如下操作。

在 Origin 中打开一个空白工作表，选择菜单栏中的"统计"→"功效和样本量大小分析"→"双方差检验"命令，打开如图 9-5-7（a）所示的"(PSS) 双方差检验"对话框，进行相应的设置后，单击"确定"按钮。注意，Origin 提供了两种双方差检验方法：Levene 检验（详见 9.3.1 节）和双样本方差检验（详见 9.2.6 节）。双方差检验的效果如图 9-5-7（b）所示。可以发现，当有 40 个样本时，检验功效为 0.12877；当有 50 个样本时，检验功效为 0.15164。

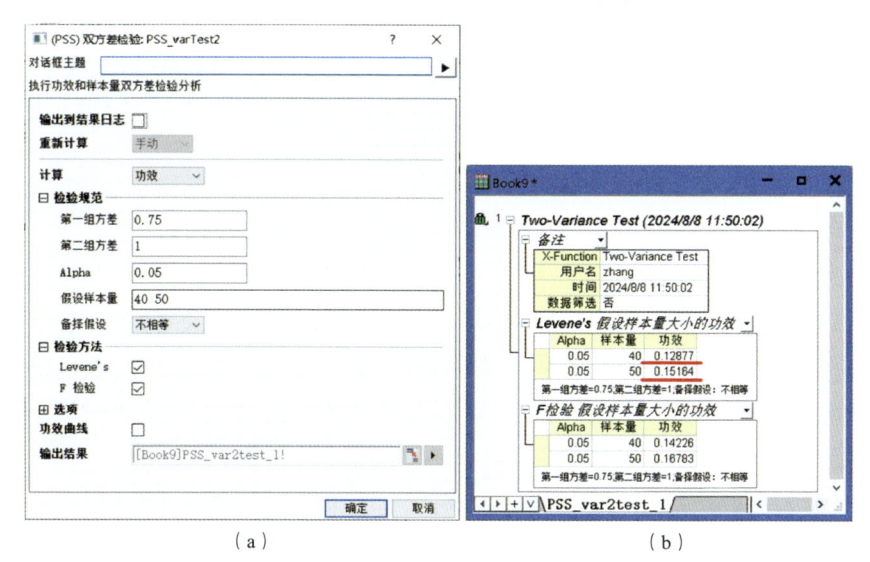

（a）　　　　　　　　　　　　　　（b）

图 9-5-7　双方差检验

9.5.8 单因素方差分析

已知研究人员想知道不同植物是否具有不同的氮含量。他们计划记录 4 种不同植物的氮含量（毫克），每种植物含有 80 个观测样本。以前的研究表明，均方误差（MSE）的平方根为 60，均值的修正平方和为 400。要研究这个计划是否可行，即检验功效是否可接受，应进行如下操作。

在 Origin 中打开一个空白工作表，选择菜单栏中的"统计"→"功效和样本量大小分析"→"单因素方差分析"命令，打开如图 9-5-8（a）所示的"(PSS) 单因素方差分析"对话框，进行相应的设置后，单击"确定"按钮，获得如图 9-5-8（b）所示的效果。可以发现，原来的计划只有约 70% 的概率检测到两组数据的差异，功效不足。为了获得更可靠的结果，研究人员必须为植物收集更多的样本。

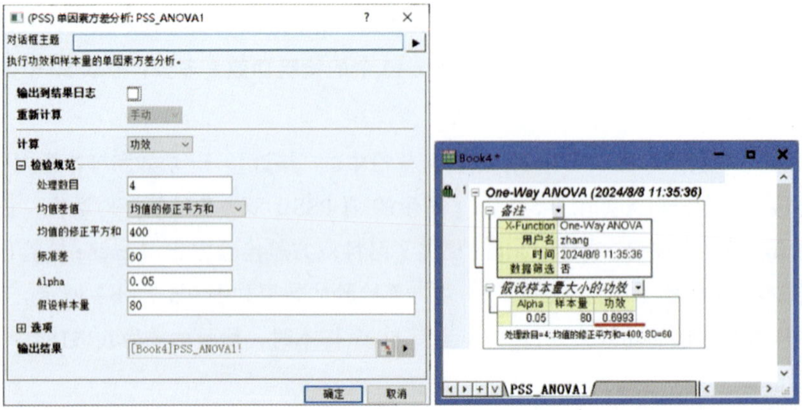

(a)

(b)

图 9-5-8　单因素方差分析

9.6　生存分析

　　生存分析是一种专门用于研究事件（死亡事件、疾病复发事件、设备失效事件等）发生的时间及影响因素的统计分析方法。它被广泛应用于医学、生物学、工程学、经济学和社会科学等多个领域。生存分析不仅关注事件是否发生，还关注事件发生的时间点，即"生存时间"或"失效时间"。

　　常见的生存分析方法包括 Kaplan-Meier 估计（K-M 估计），用于估计生存时间的非参数分布；Cox 模型估计，用于在存在多个协变量的情况下，分析这些因素如何影响生存时间的风险比例；以及参数模型，如 Weibull 分布、指数分布和 Gamma 分布等，这些模型允许对生存时间的分布形态进行假设，并通过极大似然估计等方法拟合数据。Origin 中的生存分析方法有 Kaplan-Meier 估计、Cox 模型估计和 Weibull 拟合 3 种，其操作命令位于"统计"→"生存分析"下拉菜单中。

9.6.1　Kaplan-Meier 估计

　　Kaplan-Meier 估计是一种用于估计样本生存函数或生存率的非参数检验方法。该方法不需要对生存时间的分布形态进行任何假设，仅基于观察到的生存时间和截尾数据构建生存曲线。在生存分析中，横坐标表示随访时间，纵坐标表示生存率，将各时间点对应的生存率连接起来的一条曲线就是生存曲线。生存率表示观察对象的生存时间大于某时刻的概率，其估计方法有非参数检验方法（Kaplan-Meier 估计等）和参数检验方法两种。对于小样本、大样本且有精确生存时间的资料一般采用 Kaplan-Meier 估计。

获取生存率之后，还需要进行两组或更多组生存率的比较，实际上是两条或更多条生存曲线的比较。生存率的假设检验方法也有参数检验方法和非参数检验方法两种，非参数检验方法对资料的分布没有要求，适用范围广，其中 Logrank 检验和 Breslow 检验较为常见。Origin 除了支持这两种检验方法，还支持 Tarone-Ware 检验。这种检验方法直观易懂，被广泛应用于医学研究领域中，如评估新疗法的疗效或预测疾病的预后。

科学家们正在寻找一种更好的抗癌药物。在将一些大鼠暴露在致癌物质二甲基苯并蒽之后，对其分组并使用药物 1 和药物 2 进行治疗，记录它们在接下来 60 小时内的生存状态。在第 1 组中，15 只大鼠被暴露并注射药 1 后依然存活，其中有 1 只大鼠在第 30 小时因特殊原因死亡。在第 2 组中，15 只大鼠被暴露并注射药物 2 后依然存活，其中有 3 只大鼠于第 14 小时、15 小时及 25 小时因特殊原因死亡。这些状态在生存分析时需要以代码形式记录，比如，如图 9-6-1（a）所示的 0 表示非癌死亡、1 表示癌死亡、2 表示存活。

打开工作表，先选择数据，再选择菜单栏中的"统计"→"生存分析"→"Kaplan-Meier 估计"命令，打开"Kaplan-Meier 估计"对话框，在如图 9-6-1（b）所示的"输入"选项卡中，设置"删失范围"选项，并设置"删失值"为"0 2"，中间以空格隔开，表示这两种状态为删失值，其余选项保持默认设置，单击"确定"按钮，获得如图 9-6-1（c）所示的效果。可以看到，"生存函数图"（生存曲线）中的生存函数和"组间相等检验"中的对数秩。

对生存函数图进行细节调整和优化，并添加对数秩（Logrank P）后，获得如图 9-6-1（d）所示的效果。图 9-6-1（d）中为一系列的下降水平阶梯，曲线下降得越快，存活率越小。可以看出，药物 1 的曲线下降得更快（表明药物 2 较药物 1 的抗癌能力强），且 Logrank P = 0.02955。

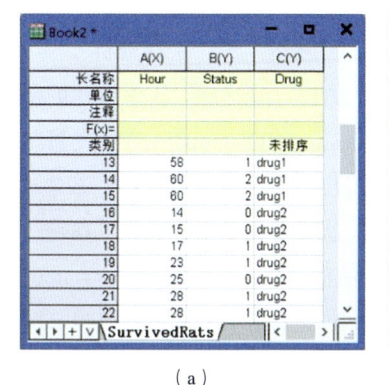

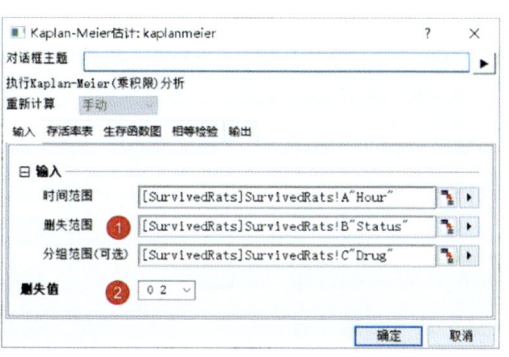

（a）

（b）

图 9-6-1　生存分析

（c）　　　　　　　　　　　　　　　　　（d）

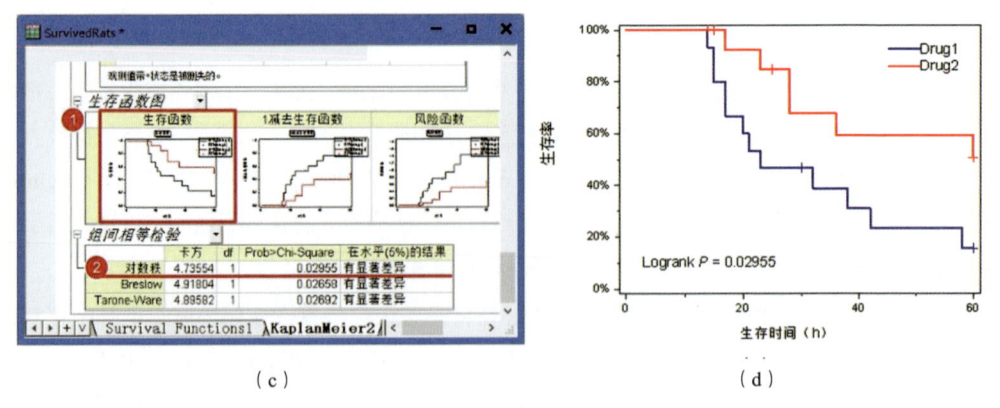

图 9-6-1　生存分析（续）

9.6.2　Cox 模型估计

Cox 模型是生存分析中一种重要的半参数回归模型，用于研究多个协变量对生存时间风险比例的影响。Cox 模型允许研究人员同时考虑多个因素，并评估它们如何独立或联合作用于生存时间的风险。Cox 模型假设各协变量对风险函数的影响是成比例的，即各协变量在不同时间点上对风险函数的影响程度保持不变，通过最大化部分似然函数来估计各协变量的系数，进而估计其对生存时间的影响，是生存分析中极为强大的工具。Origin 的 Cox 模型估计功能还不是很完善，如果有更高要求，建议使用其他专业统计分析软件。

已知研究人员对 30 名膀胱癌患者进行了随访，并记录了这 30 名膀胱癌患者的年龄（age）、肿瘤分级（grade）、肿瘤大小（size）和是否复发（relapse）等因素。要进行膀胱癌患者生存情况的影响因素分析，应进行如下操作。

在 Origin 中打开一个空白工作表，选择菜单栏中的"统计"→"生存分析"→"Cox 模型估计"命令，打开如图 9-6-2（a）所示的"Cox 模型估计"对话框。①设置"时间范围"为"[Book1]Sheet1!F'time'"、"删失范围"为"[Book1]Sheet1!G'status'"、"协变量范围"为"[Book1]Sheet1(B'age',C'grade',D'size',E'relapse'"；②设置"删失值"为"0"；③勾选"生存函数"复选框和"风险函数"复选框，其余选项保持默认设置，单击"确定"按钮，获得如图 9-6-2（b）所示的效果。可以发现：①"-2 对数似然估计值分析"中的 $P<0.0001$，表明模型成立；②"参数估计值分析"中的"age"的 $P>0.05$，表明年龄对膀胱癌患者的生存情况不存在显著影响。

第 9 章　Origin 统计分析方法　|　367

（a）　　　　　　　　　　　　　　　　（b）

（c）　　　　　　　　　　　　　　　　（d）

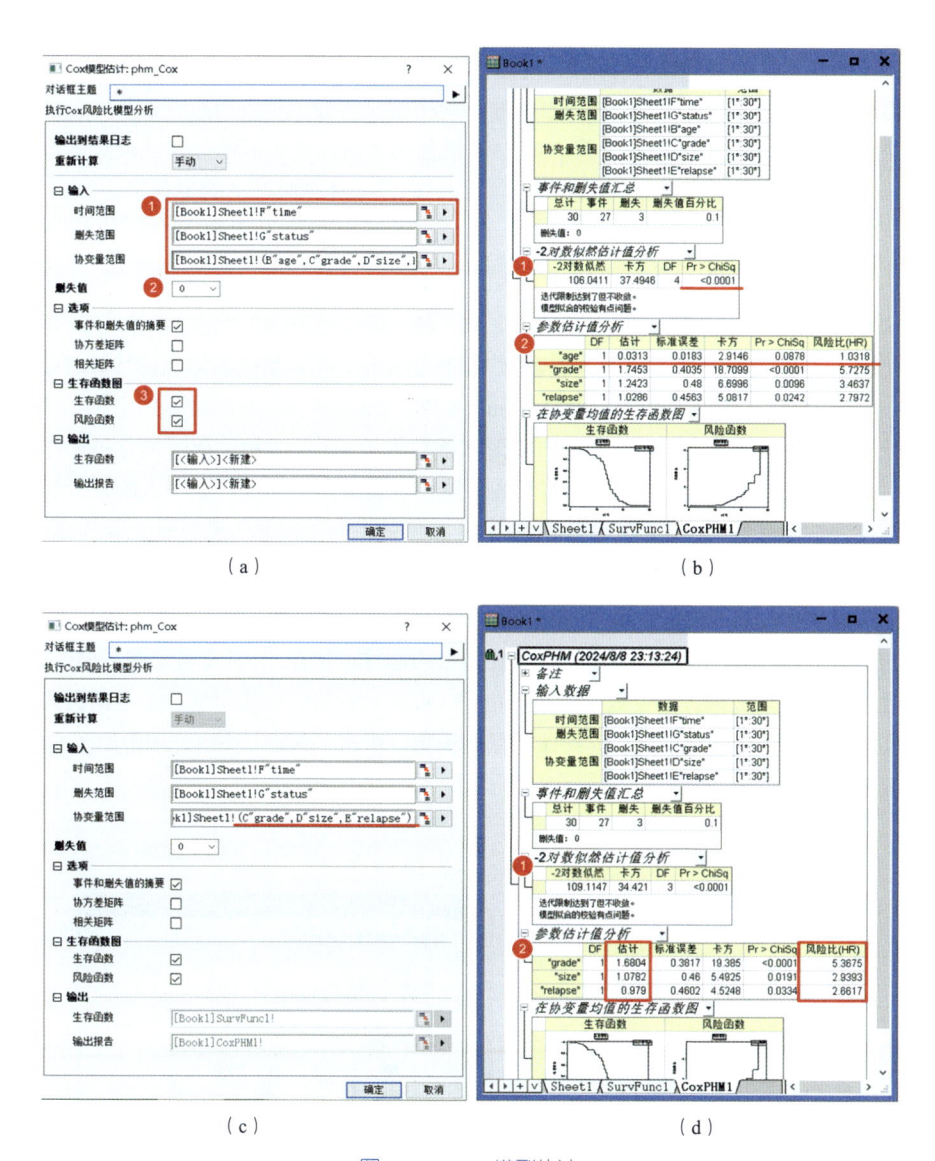

图 9-6-2　Cox 模型估计

单击如图 9-6-2（d）所示左上方的 🔒 按钮，在弹出的下拉列表中选择"更改参数"选项，重新对"Cox 模型估计"等选项卡的参数进行设置，把年龄列从"协变量范围"文本框中删除，如图 9-6-2（c）所示。重新计算，获得如图 9-6-2（d）所示的效果。可以发现：① "−2 对数似然估计值分析"中的 $P < 0.0001$，表明模型成立；② "参数估计值分析"中的 3 个因素的 $P < 0.05$，表明肿瘤分级、肿瘤大小和是否复发为膀胱癌患者的生存影响因素。这些变量的"估计"（回归系数）均为正值，提示三者为膀胱癌患者的死亡危险因素。风险比（HR）提示肿瘤大小相同，无论是在复发者中还是在未复发者中，肿瘤分级每增加 1 级，死亡风险增加 4.3675 倍；

当肿瘤分级相同且是否复发情况相同时,肿瘤≥3.0 cm 的膀胱癌患者的死亡风险是肿瘤<3.0 cm 的膀胱癌患者的死亡风险的 2.939 倍;当肿瘤分级相同且肿瘤大小也相同时,复发者的死亡风险是未复发者的死亡风险的 2.6617 倍。由 Cox 模型估计的结果可以自行列出风险函数的表达式,进一步计算预后指数(Prognostic Index, PI),以及个体在某时刻的生存率。

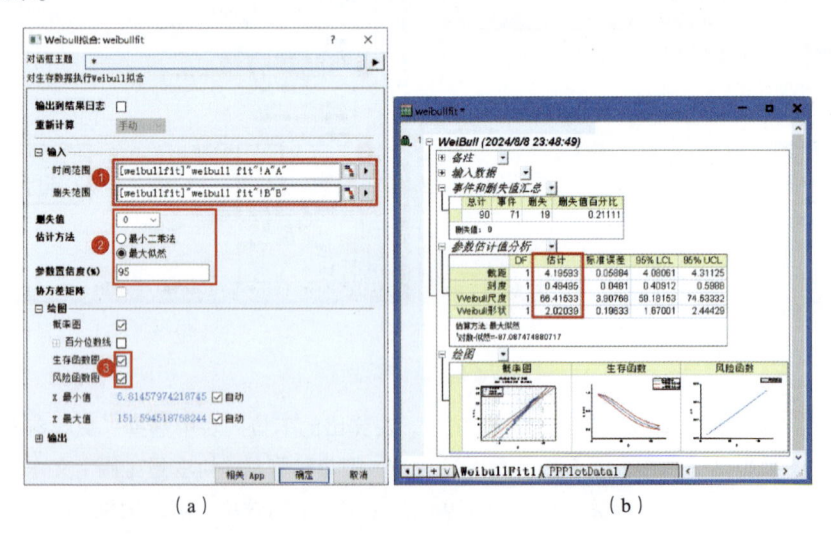

9.6.3 Weibull 拟合

Weibull 分布是一种连续概率分布,常用于生存分析和可靠性工程中,以拟合生存时间数据。Weibull 拟合通过假设生存时间数据遵循 Weibull 分布,并利用极大似然估计等方法,估计 Weibull 分布的参数,如 Weibull 形状和 Weibull 尺度。Weibull 分布具有灵活的形状,可以模拟从指数分布(形状参数为 1)到重尾分布(形状参数小于 1)的多种生存时间分布形态。通过 Weibull 拟合,研究人员可以了解生存时间的具体分布特征,进而进行更深入的分析和预测。这种方法在评估产品寿命、设备可靠性,以及某些疾病的生存时间等方面具有重要的应用价值。

打开工作表,先选择数据,再选择菜单栏中的"统计"→"生存分析"→"Weibull 拟合"命令,打开如图 9-6-3(a)所示的"Weibull 拟合"对话框。①设置"时间范围"为"[weibullfit]'Weibull fit'!A'A'"、"删失范围"为"[weibullfit]'weibull fit'!B'B'";②设置"删失值"为"0",勾选"最大似然"复选框,并设置"参数置信度(%)"为"95";③勾选"生存函数图"复选框和"风险函数图"复选框,其余选项保持默认设置。单击"确定"按钮,获得如图 9-6-3(b)所示的效果。

(a)

(b)

图 9-6-3 Weibull 拟合

观察"估计"列,根据这些参数可以得到生存函数和风险函数;观察生存函数图和风险函数图,可以得出生存率分布置信区间,以及风险随时间增加而增大的结论。

9.7 ROC 曲线

ROC 曲线（Receiver Operating Characteristic Curve，接受者操作特征曲线），又称感受性曲线（Sensitivity Curve），是以真阳性率（灵敏度）为纵坐标，以假阳性率（1-特异度）为横坐标绘制的曲线。ROC 曲线常用于两种或两种以上不同诊断方法对疾病识别能力的比较，是一种检验准确性的方法。在对同一种疾病的两种或两种以上诊断方法进行比较时，可以将各试验的 ROC 曲线绘制到同一个坐标系中，以直观地鉴别优劣，最靠近左上方的 ROC 曲线所代表的接受者操作最准确。亦可以通过分别计算各试验的 AUC（曲线下面积）进行比较，哪种试验的 AUC 最大，哪种试验的诊断价值最佳。

此外，ROC 曲线也是评估一个生物标志物预测性能的有用图形工具，用于指示一个生物标志物组区分两个群组（实验组和对照组、存活组和死亡组、疾病组和健康组、癌症组和癌旁组等）的能力，结合临床数据，可以验证某个基因或模型为疾病诊断物和预后标志物。

已知研究人员使用了两种技术（Method 1 和 Method2）检测患者的血清钠水平，共收集了 45 例血清钠数据。45 名患者分为两组，一组确诊患有 RMSF（洛基山斑疹热），另一组确诊没患病。要想了解血清钠水平对 RMSF 是否有诊断作用，以及哪种检测技术更准确，应进行如下操作。

打开如图 9-7-1（a）所示的工作表，先选择数据，再选择菜单栏中的"统计"→"ROC 曲线"命令，打开如图 9-7-1（b）所示的"ROCCurve"对话框。①设置"数据范围"为"[sodium]sodium!B'Method1':C'Method2'"、"分组范围"为"[sodium]sodium!A'Sickness'"②设置"正状态值"为"RMSF"；③在"检验方向"选项组中选中"正 v.s.低"单选按钮；④根据实际需求，勾选"带对角参考线"复选框和"最佳切点"复选框。单击"确定"按钮，进行 ROC 曲线的计算和分析，获得如图 9-7-1（c）所示的效果，多出两个工作表，其中"ROCCurve1"工作表中为分析报告，主要用于查看渐进概率和 AUC。

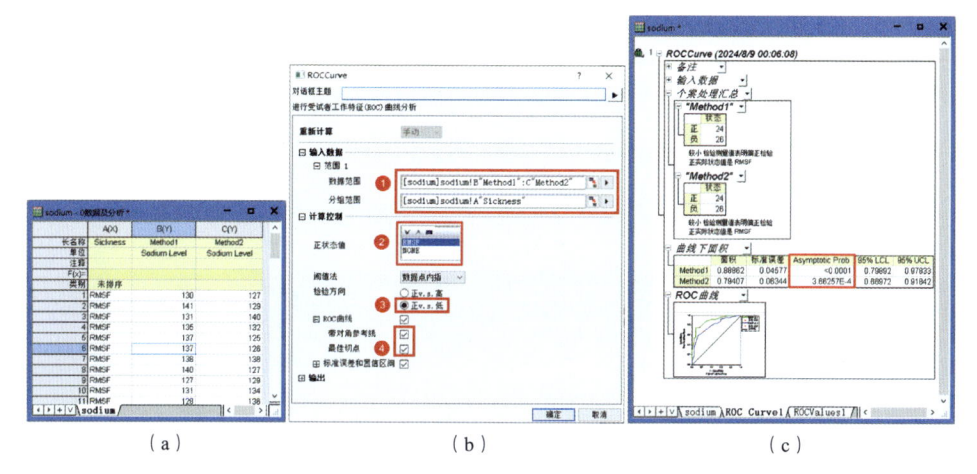

(a) (b) (c)

图 9-7-1 ROC 曲线设置

可以发现，两种技术都是有效的。在进行 ROC 曲线分析时，AUC 越接近 1.0，诊断效果越好，而 AUC 越接近为 0.5，诊断效果越差；一般认为 AUC 在 0.7～0.9 范围内，诊断效果较好。这里的 Method 1 和 Method 2 的 AUC 分别为 0.88862 和 0.79407，表明这两种技术都具有较好的诊断效果，相对来说，Method 1 的 AUC 更接近 1.0，诊断效果更好。

在图 9-7-1（c）的最下方可以看到 ROC 曲线。双击 ROC 曲线，图形窗口将处于临时脱离嵌入工作簿的状态，复制该窗口副本后，单击右上方的"返回"按钮，再次嵌入分析报告。对 ROC 曲线进行设置后，可以获得如图 9-7-2 所示的 ROC 曲线。一般可以将 AUC 等标注在 ROC 曲线上。

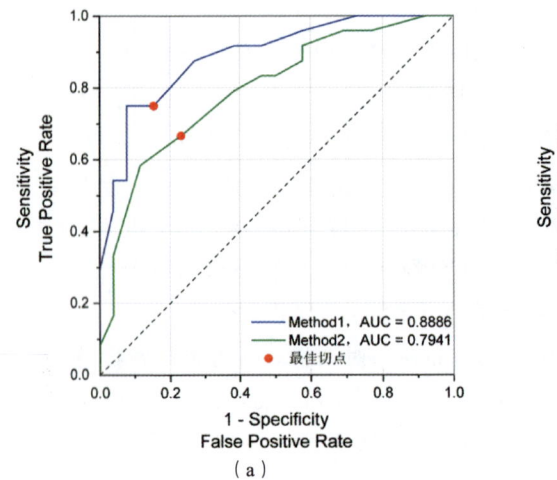

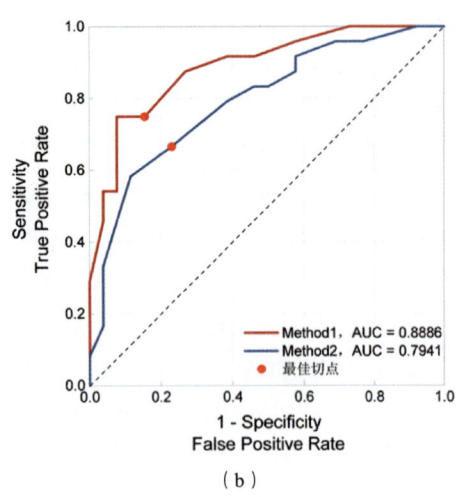

图 9-7-2　ROC 曲线